中 国 国 家 标 准 汇 编

2013 年修订-16

中国标准出版社　编

中国标准出版社

北　京

图书在版编目(CIP)数据

中国国家标准汇编:2013年修订.16/中国标准出版社编.—北京:中国标准出版社,2014.9
ISBN 978-7-5066-7635-9

Ⅰ.①中… Ⅱ.①中… Ⅲ.①国家标准-汇编-中国-2013 Ⅳ.①T-652.1

中国版本图书馆CIP数据核字(2014)第187404号

中国标准出版社出版发行
北京市朝阳区和平里西街甲2号(100029)
北京市西城区三里河北街16号(100045)

网址 www.spc.net.cn
总编室:(010)64275323 发行中心:(010)51780235
读者服务部:(010)68523946

中国标准出版社秦皇岛印刷厂印刷
各地新华书店经销

*

开本 880×1230 1/16 印张 35.75 字数 1 084 千字
2014年9月第一版 2014年9月第一次印刷

*

定价 220.00 元

出 版 说 明

1.《中国国家标准汇编》是一部大型综合性国家标准全集。自1983年起，按国家标准顺序号以精装本、平装本两种装帧形式陆续分册汇编出版。它在一定程度上反映了我国建国以来标准化事业发展的基本情况和主要成就，是各级标准化管理机构，工矿企事业单位，农林牧副渔系统，科研、设计、教学等部门必不可少的工具书。

2.《中国国家标准汇编》收入我国每年正式发布的全部国家标准，分为"制定"卷和"修订"卷两种编辑版本。

"制定"卷收入上一年度我国发布的、新制定的国家标准，顺延前年度标准编号分成若干分册，封面和书脊上注明"20××年制定"字样及分册号，分册号一直连续。各分册中的标准是按照标准编号顺序连续排列的，如有标准顺序号缺号的，除特殊情况注明外，暂为空号。

"修订"卷收入上一年度我国发布的、被修订的国家标准，视篇幅分设若干分册，但与"制定"卷分册号无关联，仅在封面和书脊上注明"20××年修订-1，-2，-3，……"字样。"修订"卷各分册中的标准，仍按标准编号顺序排列(但不连续)；如有遗漏的，均在当年最后一分册中补齐。需提请读者注意的是，个别非顺延前年度标准编号的新制定的国家标准没有收入在"制定"卷中，而是收入在"修订"卷中。

读者配套购买《中国国家标准汇编》"制定"卷和"修订"卷则可收齐由我社出版的上一年度我国制定和修订的全部国家标准。

3.由于读者需求的变化，自1996年起，《中国国家标准汇编》仅出版精装本。

4.2013年我国制修订国家标准共1 979项。本分册为"2013年修订-16"，收入新制修订的国家标准24项。

中国标准出版社

2014年8月

目　　录

ICS 55.020
A 80

中华人民共和国国家标准

GB/T 16472—2013
代替 GB/T 16472—1996

乘客及货物类型、包装类型和包装材料类型代码

Codes for passengers, types of cargo, packages and packaging materials

(UN/CEFACT Recommendation No. 21, 2010, MOD)

2013-07-19 发布 2013-11-30 实施

中华人民共和国国家质量监督检验检疫总局
中国国家标准化管理委员会 发布

前　言

本标准按照 GB/T 1.1—2009 给出的规则起草。

本标准代替 GB/T 16472—1996《货物类型、包装类型和包装材料类型代码》。与 GB/T 16472—1996 相比，主要变化为：

——将原标准名称“货物类型、包装种类和包装材料类型代码”修改为“乘客及货物类型、包装类型、包装材料类型代码”；

——修改了前言部分内容；

——修改了第 2 章和第 3 章的部分内容；

——在第 4 章、第 5 章及附录 A 中将“货物类型、包装类型、包装材料类型代码”增加为“乘客及货物类型、包装类型、包装材料类型代码”，附录 A 中 A.1 的“8 预留”修改为“8 乘客”；

——根据联合国贸易便利化与电子业务中心（UN/CEFACT）第 21 号建议书 2010 年最新版本更新附录 D 和附录 E。

本标准使用重新起草法修改采用 UN/CEFACT 第 21 号建议书《乘客及货物类型、包装类型和包装材料类型代码》2010 年版本。

本标准与 UN/CEFACT 第 21 号建议书的技术性差异如下：

——1996 年版本第 21 号建议书的第Ⅱ章和第Ⅲ章对应本标准的第 1 章；

——1996 年版本第 21 号建议书的第Ⅳ章对应本标准的第 3 章；

——1996 年版本第 21 号建议书的第Ⅴ章对应本标准的第 2 章；

——1996 年版本第 21 号建议书的第Ⅵ章对应本标准的第 4 章；

——1996 年版本第 21 号建议书的第Ⅶ章对应本标准的第 5 章；

——1996 年版本第 21 号建议书的附录Ⅰ、附录Ⅱ、附录Ⅳ对应本标准的附录 A、附录 B、附录 C；

——2010 年版本第 21 号建议书的附录Ⅴ、附录Ⅵ对应本标准的附录 E、附录 D。

本标准由全国电子业务标准化技术委员会（SAC/TC 83）提出并归口。

本标准起草单位：中国标准化研究院、厦门英诺尔电子科技有限公司、中国国际电子商务有限公司、深圳市联合纵横国际货运代理有限公司、天津港信息中心、青岛港（集团）有限公司、宁波港（集团）有限公司、天津港（集团）有限公司。

本标准主要起草人：王凌云、胡涵景、胡荣、李金华、景洪德、张荫芬、李文文、王志刚、张蕾、刘挺、佟文会、江洲。

乘客及货物类型、包装类型和包装材料类型代码

1 范围

本标准规定了在与国际贸易有关的贸易、运输和其他经济活动中使用的乘客、货物类型、包装类型和包装材料类型的数字代码表示，并规定了包装类型的字母代码表示。

本标准适用于从事国际贸易的参与方之间采用自动交换方式进行的数据交换及其他应用的参与方之间进行的数据交换，也适用于人工系统。

2 规范性引用文件

下列文件对于本文件的应用是必不可少的。凡是注日期的引用文件，仅注日期的版本适用于本文件。凡是不注日期的引用文件，其最新版本(包括所有的修改单)适用于本文件。

GB/T 15191—2010 贸易数据交换 贸易数据元目录 数据元

GB/T 17295—2008 国际贸易计量单位代码

3 术语和定义

下列术语和定义适用于本文件。

3.1

货物 cargo

由船舶或其他运输工具运输的货载。

注：货物可以是无包装的液体或固体散装货物，也可以是无包装的裸装货物、有包装的货物、成组化的货物(装在托盘上或集装箱内的货物)或装在运输设备并由带有动力的运输工具载运的货物。

3.2

货物类型 cargo type

对运输工具上载运的或将要载运的货物，按照其一般的外观进行的分类。

3.3

包装货物 package

为准备运输而经过包装处理的完整货物，包括包装(容器、自有集装箱)和其内含的货物。

注：包装货物包括用于包装的全部物品，尤其是用于固定货物内外覆盖物的支架，卷、绕附着货物的支架和容器。该术语不包括运输工具和运输设备，例如托盘和货运集装箱。

3.4

包装材料 packaging material

在运输过程中为了打包、装箱和保护物品或物质，而用于包装操作的材料和部件。

3.5

包装类型 package type

包装货物在运输中呈现的形状和结构。

[GB/T 15191—2010,7064]

4 编码结构和代码表示

4.1 编码结构

4.1.1 乘客及货物类型采用1位数字代码表示。

4.1.2 包装类型采用2位数字代码(第二位为可选的)或2位字母代码表示。

4.1.3 包装材料采用1位数字代码表示。

4.2 代码表示

乘客及货物类型、包装类型、包装材料类型代码的表示、名称、图形在附录中给出,其中:

a) 附录A给出了基本代码1位数字代码系统;

b) 附录B给出了1位数字代码的乘客及货物类型表示和图形符号;

c) 附录C给出了包装类型代码、图形符号表示及名称;

d) 附录D给出了按英文名称字母顺序排列的国际贸易中使用的包装类型名称的代码表示;

e) 附录E给出了按代码顺序排列的国际贸易中使用的包装类型名称的代码表示。

5 使用规则

5.1 乘客及货物类型代码、包装类型代码和包装材料类型代码既可以独立使用,也可以相互组合使用。尤其是包装材料类型代码适合与包装类型代码组合使用。

5.2 乘客及货物类型代码仅被用来记录运输过程中呈现货物的最外部形式和指示最适当的操作方式。

5.3 包装类型代码只是用来(例如由制造商)记录购买人通常在零售中要求的物品的直接包装或容器。本代码也用来(例如由出口商或发货人)记录进口商、批发商或零售商要求的物品最外部包装或容器。

5.4 包装材料类型代码只用来记录制作包装的材料。

5.5 乘客及货物类型和包装类型代码可与其他代码组合使用。例如,运输方式代码。

5.6 包装类型(第1位)和包装名称(2位字母)代码可以和规定计量单位的数据元组合使用,表示包装的精确尺寸。例如,“5KGM”表示5 kg货物的容器,“5LTR”表示5 L装液体的容器(参见GB/T 17295—2008)。

5.7 包装类型代码也可以使用两位数字代码分层结构,第一位代码表示包装货物的形状;第二位代码是可选的,表示包装货物的尺寸。

5.8 数字码制无论1位或2位都是通用的,并能适合于所有现存的和可能的货物类型、包装和包装材料的类型。

5.9 在进一步变通的情况下,也可以使用包装名称的字母代码。2位的字母代码包括英语、法语和俄语中目前普遍适用的包装名称。另外,新增的包装名称和代码可以在维护程序下增加。

5.10 扩展应用的规则

5.10.1 在较复杂的情况下,通过扩展,每一种代码均可用于复合应用,在这种应用中,每个代码(数字的或字母的)的几个特征可以嵌套数据元形式同时使用(相应于一个货物同时嵌套在另一个货物之中的载运货物单位有几级或装运的包装有几层)。

5.10.2 乘客及货物类型代码可以从货物最外层连续记录二层、三层或多层货物。

示例:集装箱货物载运,其中包括托盘装载的袋装咖啡的代码可以是:

6,2,4,9(见附录A)

5.10.3 包装类型代码可以从最外层包装记录连续二层、三层或多层包装。

示例:大箱包含了盛小袋或袋装茶叶的纸箱的代码可以是:

2,2,6(1 位数字码)(见附录 B);或

24,22,61(2 位数字码)(见附录 C);或

BX,CT,SA(2 位字母码)(见附录 D 和附录 E)

5.10.4　包装材料类型代码可在包装类型代码下记录连续的相同顺序的二层、三层或多层包装材料。

5.11　数字代码与字母代码的选择

用户可以在结构化的数字和字母代码间选择,数字代码因其是结构化的,因此,更适合于自动数据处理系统(ADP),而字母代码提供了更多置换的可能。在贸易单证中,当货物是在运输中运送和操作及用于边境管理时,包装类型主要用于描述货物的标识。此时,为便于记忆,特别是当提供了一个带有包装类型名称的记忆链时,常优选较短的字母代码。

附 录 A
（规范性附录）
基本代码 1位数字代码系统

A.1 乘客和货物 passengers and cargo

乘客及货物类型代码 passengers and cargo type code

0	不分件数的液体散货	no cargo unit (liquid bulk goods)
1	不分件数的固体散货	no cargo unit (solid bulk goods)
2	大型货物集装箱	large freight containers
3	其他货运集装箱	other freight containers
4	托盘装载	palletized
5	待吊捆绑货物	pre-slung
6	自备动力的活动装置	mobile self-propelled units
7	其他活动装置	other mobile units
8	乘客	passengers
9	其他货物类型	other cargo types

A.2 包装 package

包装类型代码 package type code

0	散装	bulk
1	无包装散件(不包括散件)	loose,unpacked (excluding bulk)
2	盒形(棱柱形)硬质	rigid,box-type (prismatic)
3	圆筒形(圆柱形)硬质	rigid,drum-type (cylindrical)
4	球状(球形)硬质	rigid,bulb-type (spherical)
5	其他硬质	rigid,other
6	袋型软质	flexible,bag-type
7	备用	(for future use)
8	预留	(reserved)
9	其他或特殊包装	other,or special packages

A.3 包装材料 packaging materials

包装材料类型代码 packaging material code

0	无	none
1	塑料	plastics
2	纸和纤维板	paper and fibreboard
3	木材	wood
4	备用	(for future use)
5	金属	metal

6	玻璃、瓷器、陶瓷、石制品	glass,porcelain,ceramic,stoneware
7	纺织品	textile
8	预留	(reserved)
9	其他	unknown or not otherwise enumerated

附　录　B
（规范性附录）
1 位数字代码的货物类型表示和图形符号

表 B.1　1 位数字代码的货物类型表示和图形符号

货物类型	代码	图形符号
liquid bulk 液体散货	0	
solid bulk 固体散货	1	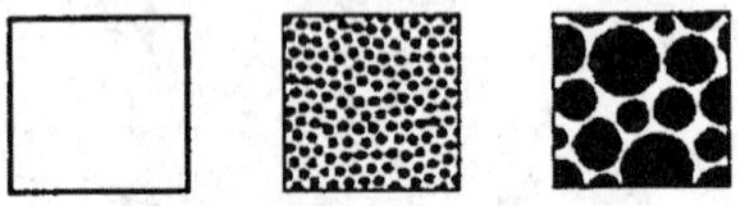
large freight containers 大型货运集装箱	2	
other freight containers 其他货运集装箱	3	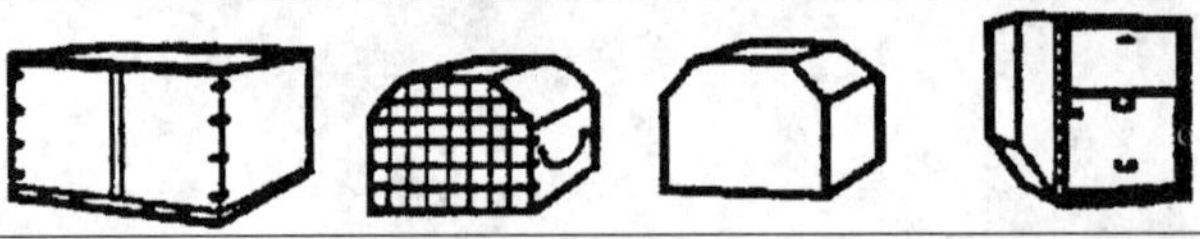
palletized 托盘装载	4	
pre-slung 待吊捆绑货物	5	
mobile self-propelled 自备动力的活动装置	6	
other mobile units 其他活动装置	7	
passengers on foot 乘客	8	
other cargo types 其他货物类型	9	

附 录 C
（规范性附录）
包装类型代码、图形符号表示及名称

表 C.1 包装类型代码、图形符号表示及名称

代码	图形	英文名称	中文名称
0		bulk	散装
01		solid, fine particles ("powders")	微粒子固体 （"粉末"）
02		solid, granular particles ("grains")	粗粒子固体 （"颗粒"）
03		solid, large particles ("nodules")	大粒子固体 （"球粒"）
04		liquid (at normal temperature/pressure)	液体 （在常规温度/压力下）
05		gas (liquefied at abnormal temperature/pressure)	气体 （在特殊温度/压力下液化）
06		gas (at 1031 mbar and 15 ℃)	气体 （1031 毫巴，15 ℃）
07			
08		(reserved)	预留
09		n. o. e. (not otherwise enumerated)	其他
1		loose, unpacked (excluding bulk)	无包装散件（不包括散装）
11		cylinder, long, hollow ("pipe, tube") ("pipe, tubes in bundle/bunch/truss")	长形中空圆柱 （"管子、管形"） （"堆/束/捆形式的管子或管形"）
12		cylinder, long, solid ("rod, log") ("rods, logs in bundle/bunch/truss")	长形实心圆柱 （"钢筋、圆木"） （"堆/束/捆形式的钢筋或圆木"）
13		cylinder, hollow, formed by flat material wound on itself ("rod, bolt")	中空扁平材料自绕形成圆柱 （"钢卷、卷纸"）
14		cylinder, hollow, formed by linear material wound on itself ("coil, ring")	中空直线型材料自绕形成圆柱 （"圆、环"）

表 C.1（续）

代码	图形	英文名称	中文名称
15		rectangle,superficial (“sheet,plate”) (“sheets,plates in bundle/bunch/truss”)	薄片矩形 （“薄板、金属薄板”） （“堆/束/捆形式的薄板或金属薄板”）
16		rectangle,linear (“bar,board,girder,plank”) (“bar,boards,girders,planks in bundle/bunch/truss”)	线型矩形 （“棒、板、桁架、厚木板”） （“堆/束/捆形式的棒、板、桁架、厚木板）
17	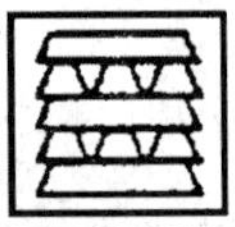	rectangle,dense (“ingot”) (“ingots in bundle/bunch/truss”)	实心矩形 （“锭”） （“堆/束/捆形式的锭”）
18		(reserved)	预留
19		n. o. e. (not otherwise enumerated)	其他
2		rigid,box-type,(prismatic)	盒形(棱柱形)硬质
21	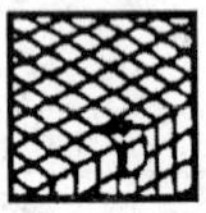	complete,very small (KGM≤1; TR≤1; MTQ≤0.001) (“match box”)	完整特小型 （KGM≤1；TR≤1；MTQ≤0.001） （“火柴盒”）
22		complete,small (1<KGM≤5; 1<LTR≤5; 0.001<MTQ≤0.1) (“rectangular can,carton”)	完整小型 （1<KGM<5；1<LTR<5； 0.001<MTQ≤0.1） （“矩形桶、纸板箱”）
23		complete,medium (5<KGM≤50; 5<LTR≤50; 0.1<MTQ≤0.5) (“carton,footlocker,hamper,jerrycan”)	完整中型 （5<KGM≤50；5<LTR≤50； 0.1<MTQ≤0.5） （“纸板箱、底箱、带盖篮、五加仑液体罐”）
24		complete,large (50<KGM≤300; 50<LTR≤300; 0.5<MTQ≤1) (“carton,nest,coffer,crate,trunk”)	完整大型 （50<KGM≤300；50<LTR≤300； 0.5<MTQ≤1） （“纸板箱、成套器具、保险箱、板条箱、衣箱”）
25		complete,very large (300<KGM; 300<LTR; 1<MTQ) (“carton,nest,coffer,crate,trunk”)	完整特大型 （300<KGM；300<LTR；1<MTQ） （“箱、板条箱、衣箱”）
26		incomplete skeletal framework (“cage,frame,skeletoncase”)	开顶 （“笼、框架、箱”）
27		incomplete on top (“basket,shallow crate,tray,tray pack”)	开顶 （“筐、深板条箱、托盒、托盘包装”）
28		(reserved)	预留

表 C.1（续）

代码	图形	英文名称	中文名称
29		incomplete on top with internal divisions ("bottle crate, bottle rack") & n. o. e	开顶分格箱 （"装瓶板条箱、瓶架"）及其他
3		rigid, drum-type, (cylindrical)	圆筒形（圆柱形）硬质
31		very small (KGM≤1; TR≤1; MTQ≤0.001) ("ampoule, vial")	特小型 （KGM≤1；TR≤1；MTQ≤0.001） （"安瓿瓶、玻璃瓶"）
32		small (1<KGM≤5; 1<LTR≤5; 0.001<MTQ≤0.1) ("cylindrical can, bottle")	小型 （1<KGM<5；1<LTR<5； 0.001<MTQ≤0.1） （"圆柱形罐、瓶"）
33		medium (5<KGM≤50; 5<LTR≤50; 0.1<MTQ≤0.5) ("cylindrical jerrycan, bottle")	中型 （5<KGM≤50；5<LTR≤50； 0.1<MTQ≤0.5） （"圆柱形五加仑液体罐、瓶"）
34		large (50<KGM≤300; 50<LTR≤300; 0.5<MTQ≤1) ("drum")	大型 （50<KGM≤300；50<LTR≤300； 0.5<MTQ≤1） （"圆筒"）
35		very large (300<KGM; 300<LTR; 1<MTQ) ("vat")	特大型 （300<KGM；300<LTR，1<MTQ） （"桶"）
36			
37			
38		(reserved)	预留
39		n. o. e. (not otherwise enumerated)	其他
4		rigid, bulb-type, (spherical)	球状（球形）硬质
41	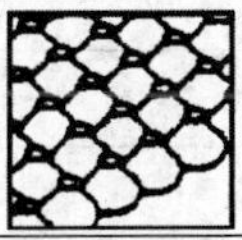	very small, wide opening (KGM≤1; LTR≤1; MTQ≤0.001) ("jug, jar, pitcher, pot")	宽口特小型 （KGM≤1；LTR≤1；MTQ≤0.001） （"带柄罐、大口瓶、大水瓶、罐"）
42		small, narrow, opening, oblate (1<KGM≤5; 1<LTR≤5; 0.01<MTQ≤0.1) ("bulbous bottle")	扁圆窄口小型 （1<KGM≤5；1<LTR≤5； 0.01<MTQ≤0.1） （"球形瓶"）

表 C.1（续）

代码	图形	英文名称	中文名称
43		medium, narrow, opening, oblate (5＜KGM≤50; 5＜LTR≤50; 0.1＜MTQ≤0.5) ("bulbous bottle, carboy, demijohn")	扁圆窄口中型 (5＜KGM≤50; 5＜LTR≤50; 0.1＜MTQ≤0.5) (“球形瓶、坛、细颈坛”)
44		large, truncated, ends, prolate (50＜KGM≤300; 50＜LTR≤300; 0.5＜MTQ≤1) ("barrel, butt, cask, firkin, hogshead, keg, tun")	酒桶状大型 (50＜KGM≤300; 50＜LTR≤300; 0.5＜MTQ≤1) [“桶、大桶、木桶、小桶、大啤酒桶、(小于30加仑)桶、大酒桶”]
45		very large, truncated, ends, prolate (300＜KGM; 300＜LTR; 1＜MTQ) ("barrel, butt, cask, firkin, hogshead, keg, tun")	酒桶状特大型 (300＜KGM; 300＜LTR; 1＜MTQ) [“桶、大桶、木桶、小桶、大啤酒桶、(小于30加仑)桶、大酒桶”]
46			
47			
48		(reserved)	预留
49		n. o. e. (not otherwise enumerated)	其他
5		rigid, other	其他硬质
51		cone, truncated, normally with handle ("bucket, cup, pail, tub")	一般带手柄锥台形 (“吊桶、杯、桶、盆”)
52			
53			
54		parallelepiped ("coffin")	平行六面体 (“棺形”)
55			
56			
57			
58		(reserved)	预留
59		n. o. e. (not otherwise enumerated)	其他
6		flexible, bag-type	袋形软质
61		complete, very small (KGM≤1; LTR≤1; MTQ≤0.001) ("sachet")	完整特小型 (KGM≤1; LTR≤1; MTQ≤0.001) (“小包装袋”)

表 C.1（续）

代码	图形	英文名称	中文名称
62		complete,small (1＜KGM≤5; 1＜LTR≤5; 0.01＜MTQ≤0.1) ("bag,collapsible tube,multi-ply/wall sack")	完整小型 （1＜KGM≤5；1＜LTR≤5； 0.01＜MTQ≤0.1） （"包、收缩管、多用袋"）
63		complete,medium (5＜KGM≤50; 5＜LTR≤50; 0.1＜MTQ≤0.5) ("bag,collapsible tube,multi-ply/wall sack")	完整中型 （5＜KGM≤50；5＜LTR≤50； 0.1＜MTQ≤0.5） （"包、收缩管、多用袋"）
64		complete,large (50＜KGM≤300; 50＜LTR≤300; 0.5＜MTQ≤1) ("bag,collapsible tube,multi-ply/wall sack")	完整大型 （50＜KGM≤300；50＜LTR≤300； 0.5＜MTQ≤1） （"包、收缩管、多用袋"）
65		complete,very large (300＜KGM; 300＜LTR; 1＜MTQ) ("bale")	完整特大型 （300＜KGM；300＜LTR；1＜MTQ） （"包"）
66		incomplete,open mesh ("net")	不完整网袋 （"网"）
67		sheet,superimposed ("film pack,shrink wrapped,vacuum-packed")	薄片重叠 （"薄膜包装、收缩包装、真空包装"）
68		(reserved)	预留
69		n.o.e.(not otherwise enumerated)	其他
7		(for future use)	备用
71			
72			
73			
74			
75			
76			
77			
78		(reserved)	预留
79		n.o.e.(not otherwise enumerated)	其他
8		(reserved)	预留
9		other or special packages	其他或特殊包装

表 C.1（续）

代码	图形	英文名称	中文名称
91		cylinder with rims on which goods are wound ("bobbin,reel,spindle")	物品被绕呈圆柱形（"细绳、卷筒、轴"）
92			
93			
94			
95			
96			
97			
98		(reserved)	预留
99		n. o. e. (not otherwise enumerated)	其他

附 录 D
（规范性附录）
按英文名称字母顺序排列的国际贸易中使用的包装类型名称的代码表示

表 D.1 国际贸易中使用的包装类型名称的代码表示

代码	中文名称	英文名称	说明	数字编码
AE	喷罐	aerosol		42 或 43
AM	安瓿瓶，无保护	ampoule，non-protected		31
AP	安瓿瓶，有保护	ampoule，protected		31
AT	喷雾器	atomizer		42 或 43
BG	袋	bag	用性质柔韧的材料制成的敞口或封口的保护容器	62 至 64
FX	袋子，柔性材质的容器	bag，flexible container		61 至 66
GY	麻袋	bag，gunny	用粗麻布制成的布袋，用于运输粗颗粒商品，如谷物、土豆及其他农产品	63 至 64
JB	集装袋	bag，jumbo	一种柔性材质包装袋，广泛用于粉末、碎屑或颗粒物的储存、运输和装卸作业。通常为聚丙烯（PP）面料制成的立方形编织袋	65
ZB	大型包装袋	bag，large		62 至 64
MB	多用袋	bag，multiply		62 至 64
5M	纸袋	bag，paper		62 至 64
XJ	纸袋，多层	bag，paper，multi-wall		62 至 64
XK	纸袋，多层，防水	bag，paper，multi-wall，water resistant		62 至 64
EC	塑料袋	bag，plastic		62 至 64
XD	塑料薄膜袋	bag，plastics film		62 至 64
44	聚乙烯袋	bag，polybag	一种塑料袋，通常用于包裹宣传品、出版物、产品样本和/或目录	62 或 63
43	超级散货袋	bag，super bulk	具有构成托盘尺码规格的塑料编织袋或纸袋	64
5L	编织袋	bag，textile		62 至 64
XG	编织袋，防撒漏	bag，textile，sift proof		62 至 64
XH	编织袋，防水	bag，textile，water resistant		62 至 64
XF	编织袋，无外层保护/内衬	bag，textile，without inner coat/liner		62 至 64

表 D.1（续）

代码	中文名称	英文名称	说明	数字编码
TT	手提袋	bag,tote	较为宽大的袋或篮	62 或 63
5H	塑料编织袋	bag,woven plastic		62 至 64
XB	塑料编织袋,防撒漏	bag,woven plastic, sift proof		62 至 64
XC	塑料编织袋,防水	bag,woven plastic, water resistant		62 至 64
XA	塑料编织袋,无外层保护/内衬	bag,woven plastic, without inner coat/liner		62 至 64
BL	压缩捆包	bale,compressed		65
BN	未压缩捆包	bale,non-compressed		65
AL	球形容器	ball	固定物体或物品的球形保护容器	46
BF	短颈球状玻璃器皿,无保护	balloon,non-protected		42 或 43
BP	短颈球状玻璃器皿,有保护	balloon,protected		42 或 43
BR	棒材	bar		16
BA	鼓形桶	barrel		44 或 45
2C	鼓形桶,木质	barrel,wooden		44 或 45
QH	木质琵琶桶,塞孔型	barrel,wooden,bung type		44 或 45
QJ	木质琵琶桶,顶部可拆卸	barrel,wooden, removable head		44 或 45
BZ	捆束/绑扎的棒材	bars,in bundle/bunch/ truss		16
BM	盆	basin		51
BK	筐	basket		27
HC	篮/篓/筐,带有手柄,硬纸板材质	basket,with handle,card-board		27
HA	篮/篓/筐,带有手柄,塑料材质	basket,with handle,plas-tic		27
HB	篮/篓/筐,带有手柄,木制	basket,with handle, wooden		27
B4	带状容器	belt	将多个物品固定在一起的带状容器	93
BI	储物箱	bin		21 或 25
OK	块	block	至少具有一处平面的块状硬质物体,如花岗石	17

表 D.1（续）

代码	中文名称	英文名称	说明	数字编码
BD	板	board		16
BY	捆束/绑扎的板材	board,in bundle/bunch/truss		16
BB	线轴	bobbin		91
BT	卷	bolt		13
GB	储气钢瓶	bottle,gas	储存液化或压缩气体的狭颈金属圆筒	31 或 35
BS	无保护的圆球形瓶子	bottle,non-protected,bulbous	狭颈圆球形容器,外部无保护性包装材料	42 或 43
BO	无保护的圆柱形瓶子	bottle, non-protected, cylindrical	狭颈圆柱形容器,外部无保护性包装材料	32 或 33
BO	无保护的圆柱形瓶子	bottle, non-protected, cylindrical	狭颈圆柱形容器,外部无保护性包装材料	32 或 33
BV	有保护的圆球形瓶子	bottle,protected bulbous	狭颈圆球形容器,外部有保护性包装材料	42 或 43
BV	有保护的圆球形瓶子	bottle,protected bulbous	狭颈圆球形容器,外部有保护性包装材料	42 或 43
BQ	有保护的圆柱形瓶子	bottle, protected cylindrical	狭颈圆柱形容器,外部有保护性包装材料	32 或 33
BQ	有保护的圆柱形瓶子	bottle, protected cylindrical	狭颈圆柱形容器,外部有保护性包装材料	32 或 33
BC	瓶类包装箱	bottlecrate / bottlerack		29
BX	箱/盒	box		21 至 25
4B	箱/盒,铝质	box,aluminium		21 至 25
DH	eurobox 箱,联邦装卸设备共用系统(CHEP)	box,Commonwealth Handling Equipment Pool (CHEP),Eurobox	受控于 CHEP 以托盘为底座装配的箱子	27
4G	箱/盒,纤维板材质	box,fibreboard		21 至 25
BW	箱/盒,用于装液体	box,for liquids		21 至 25
4C	箱/盒,实木材质	box,natural wood		21 至 25
4H	箱/盒,塑料材质	box,plastic		21 至 25
QR	泡沫塑料盒/箱	box,plastic,expanded		21 至 25
QS	硬质塑料盒/箱	box,plastic,solid		21 至 25
4D	箱/盒,胶合板材质	box,plywood		21 至 25

表 D.1(续)

代码	中文名称	英文名称	说明	数字编码
4F	箱/盒,再生木板材质	box,reconstituted wood		21 至 25
4A	箱/盒,钢质	box,steel		21 至 25
QP	普通实木盒/箱	box,wooden,natural wood, ordinary		21 至 25
QQ	实木盒/箱,有防渗壁	box,wooden,natural wood, with sift proof walls		21 至 25
BJ	提桶	bucket		51
VG	散装气体(在 1031 毫巴和 15 摄氏度状态下)	bulk,gas (at 1031 mbar and 15 ℃)		6
VQ	散装液化气(在异常的温度和气压下)	bulk,liquefied gas (at abnormal temperature/pressure)		5
VL	液体散货	bulk,liquid		4
VS	散装废金属	bulk,scrap metal	以散装方式运输的散件或无包装的废弃金属	9
VY	细颗粒固体散货("粉末")	bulk, solid, fine particles ("powders")		1
VR	小颗粒固体散货("谷物")	bulk,solid,granular particles ("grains")		2
VO	大颗粒固体散货("球粒")	bulk,solid,large particles ("nodules")		3
BH	堆	bunch		61 至 65
BE	捆	bundle		61 或 65
8C	捆,木材	bundle,wooden	将松散或无包装的木料绑扎或缠绕在一起	16
BU	鼓形大桶	butt		44 或 45
CG	笼	cage		26
DG	笼架,C189	cage,Commonwealth Handling Equipment Pool (CHEP)		26
CW	板条架,卷捆	cage,roll		26
CX	罐头,圆柱形	can,cylindrical		32
CA	矩形罐头	can,rectangular		22

表 D.1（续）

代码	中文名称	英文名称	说明	数字编码
CD	带有手柄和开口部位的金属容器，易拉罐	can, with handle and spout		22
CI	小罐/筒	canister		21 或 22
CZ	帆布封盖	canvas		67
AV	胶囊	capsule		92
CO	大玻璃瓶，无保护	carboy, non-protected		43
CP	大玻璃瓶，有保护	carboy, protected		43
CM	封装卡	card	通常以纤维板制成的平面封装，产品一般与其悬挂或系附在一起	67
FW	平板车	cart, flatbed	装有车轮的平板设备，装上托盘或其他外形规则的物品，以便进行运输	94
CT	纸板箱	carton		22 至 24
CQ	料盒(筒、卷…)	cartridge	封装如火器助推炸药或打印机墨粉之类填料的包装	92
CS	箱/盒	case		21 至 25
7A	车载配件箱	case, car	一种轻便容器，设计用于机动车车载配件的存放	22 或 23
EI	恒温箱	case, isothermic		22 至 25
SK	框架箱	case, skeleton		26
SS	钢质的盒/箱	case, steel		21 至 25
ED	以托盘为底的箱子	case, with pallet base		23 至 25
EF	以托盘为底的硬纸板箱	case, with pallet base, cardboard		23 至 25
EH	以托盘为底的金属箱	case, with pallet base, metal		23 至 25
EG	以托盘为底的塑料箱	case, with pallet base, plastic		23 至 25
EE	以托盘为底的木箱	case, with pallet base, wooden		23 至 25
7B	箱，木质	case, wooden	一种用于保存物体或物品的木质箱子	24 或 25
CK	饮料桶	cask		44 或 45
CH	保险柜	chest		25

表 D.1（续）

代码	中文名称	英文名称	说明	数字编码
CC	奶罐	churn		32 或 33
AI	翻盖盒	clamshell		21 至 23
CF	保险箱	coffer		24
CJ	棺材	coffin		54
CL	盘	coil		14
6P	复合材料包装，玻璃保护容器	composite packaging, glass receptacle		23 或 24 或 25 或 33 或 34 或 62 或 63
YR	铝质板条箱中加置玻璃容器的复合包装	composite packaging, glass receptacle in aluminium crate		24 或 25
YQ	铝桶中加置玻璃容器的复合包装	composite packaging, glass receptacle in aluminium drum		33 或 34
YY	可膨胀塑料包装中加置玻璃容器的复合包装	composite packaging, glass receptacle in expandable plastic pack		62 或 63
YW	纤维板桶中加置玻璃容器的复合包装	composite packaging, glass receptacle in fibre drum		33 或 34
YX	纤维板箱中加置玻璃容器的复合包装	composite packaging, glass receptacle in fibreboard box		24 或 25
YT	胶合板桶中加置玻璃容器的复合包装	composite packaging, glass receptacle in plywood drum		33 或 4
YZ	硬质塑料包装中加置玻璃容器的复合包装	composite packaging, glass receptacle in solid plastic pack		23 或 24
YP	钢质板条箱中加置玻璃容器的复合包装	composite packaging, glass receptacle in steel crate box		24 或 25

表 D.1（续）

代码	中文名称	英文名称	说明	数字编码
YN	钢桶中加置玻璃容器的复合包装	composite packaging, glass receptacle in steel drum		33 或 34
YV	篮筐中加置玻璃容器的复合包装	composite packaging, glass receptacle in wickerwork hamper		23
YS	木箱中加置玻璃容器的复合包装	composite packaging, glass receptacle in wooden box		24 或 25
6H	复合材料包装，塑料保护容器	composite packaging, plastic receptacle		24 或 25 或 33 或 34
YD	铝制板条箱中加置塑料容器的复合包装	composite packaging, plastic receptacle in aluminium crate		24 或 25
YC	铝桶中加置塑料容器的复合包装	composite packaging, plastic receptacle in aluminium drum		33 或 34
YJ	纤维板桶中加置塑料防护的复合包装	composite packaging, plastic receptacle in fibre drum		33 或 34
YK	纤维板箱中加置塑料容器的复合包装	composite packaging, plastic receptacle in fibreboard box		24 或 25
YL	塑料桶中加置塑料容器的复合包装	composite packaging, plastic receptacle in plastic drum		33 或 34
YH	胶合板箱中加置塑料防护的复合包装	composite packaging, plastic receptacle in plywood box		24 或 25
YG	胶合板桶中加置塑料防护的复合包装	composite packaging, plastic receptacle in plywood drum		33 或 34
YM	硬质塑料箱中加置塑料容器的复合包装	composite packaging, plastic receptacle in solid plastic box		24 或 25
YB	钢质板条箱中加置塑料容器的复合包装	composite packaging, plastic receptacle in steel crate box		24 或 25

表 D.1（续）

代码	中文名称	英文名称	说明	数字编码
YA	钢桶中加置塑料容器的复合包装	composite packaging, plastic receptacle in steel drum		33 或 34
YF	木箱中加置塑料容器的复合包装	composite packaging, plastic receptacle in wooden box		24 或 25
AJ	筒	cone	用于运输线材的容器，如纱锭	51
1F	容器，形状可变	container, flexible	结构灵活的包装容器	93
GL	桶，一加仑	container, gallon	一种一加仑容积的容器	32
ME	金属盒/箱	container, metal	一种金属制成的用于保存物体或物品的包装盒/箱	23 至 25 或 27
CN	箱，并非另有所指的运输设备	container, not otherwise specified as transport equipment		25
OU	外层包装箱	container, outer	一种作为运输外包装的包装箱，并非另有所指的运输设备	23 至 25 或 27
CV	封盖	cover		67
CR	板条箱	crate		24 至 25
CB	板条箱，用于装啤酒	crate, beer		23 至 27
DK	大容量板条箱，硬纸板材质	crate, bulk, cardboard		23 至 25 或 27
DL	大容量板条箱，塑料材质	crate, bulk, plastic		23 至 25 或 27
DM	大容量板条箱，木质	crate, bulk, wooden		23 至 25 或 27
FD	框架箱	crate, framed		26
FC	装水果的板条箱	crate, fruit		23 至 27
MA	金属板条箱	crate, metal	金属制成的用于保存物体或物品的板条箱	23 至 25 或 27
MC	乳品板条箱	crate, milk		27
DC	多层硬纸板板条箱	crate, multiple layer, cardboard		23 至 25 或 27

表 D.1（续）

代码	中文名称	英文名称	说明	数字编码
DA	多层塑料板条箱	crate,multiple layer,plastic		23至25或27
DB	多层木制板条箱	crate,multiple layer, wooden		23至25或27
SC	低浅的板条箱	crate,shallow		27
8B	板条箱,木质	crate,wooden	一种木质保护架,将货物固定其中,以方便运输和存储期间的机械化搬运作业	23或27
CE	卷轴	creel		27
CU	杯	cup		51
CY	卷/筒	cylinder		12
DJ	细颈瓶,无保护	demijohn,non-protected		43
DP	细颈瓶,有保护	demijohn,protected		43
DN	分发器	dispenser		93
DR	圆桶	drum		34
1B	桶,铝质	drum,aluminium		34
QC	铝质圆桶,无桶盖	drum,aluminium,non-removable head		34
QD	铝质圆桶,有桶盖	drum,aluminium,removable head		34
1G	桶,纤维板材质	drum,fibre		34
DI	铁桶	drum,iron		34
IH	塑料圆桶	drum,plastic		34
QF	塑料圆桶,无桶盖	drum,plastic,non-removable head		34
QG	塑料圆桶,有桶盖	drum,plastic,removable head		34
1D	桶,胶合板材质	drum,plywood		34
1A	桶,钢质	drum,steel		34
QA	钢质圆桶,无桶盖	drum,steel,non-removable head		34

表 D.1（续）

代码	中文名称	英文名称	说明	数字编码
QB	钢质圆桶，有桶盖	drum，steel，removable head		34
1W	桶，木质	drum，wooden		34 或 35
EN	封套	envelope		67
SV	钢质封套	envelope，steel		67
FP	胶卷袋/暗盒	film pack		67
FI	桶	firkin		44 或 45
FL	细颈瓶	flask		42 或 43
FB	柔性液体货物包装袋	flexibag	塑料材质的柔性包装袋，通常针对使用标准规格海运集装箱运输散装非危险品	65
FE	柔性液体货物包装罐	flexitank	塑料材质的柔性包装罐，通常针对使用标准规格海运集装箱运输散装非危险品	65
FT	食品包装底托	food tainer		21 至 23
FO	提箱	footlocker		23
FR	框架	frame		26
GI	桁材	girder		16
GZ	捆束/绑扎成捆的桁材	girders，in bundle/bunch/truss		16
HR	盖篮	hamper		23
HN	吊架	hanger	一种通用的定形设备，上有挂钩，以便将物品挂上横杆	93
HG	大桶	hogshead		44 或 45
IN	锭	ingot		17
IZ	捆束/绑扎的锭材	ingots，in bundle/bunch/truss		17
WA	散货中转箱/袋	intermediate bulk container	以金属、塑料、编织物、木材或复合材料制成的可重复使用的容器，在固体和液体散货的运输中使用可方便控制货量	23 至 26 或 62 至 64
WD	散货中转箱，铝质	intermediate bulk container，aluminium		23 至 26

表 D.1（续）

代码	中文名称	英文名称	说明	数字编码
WL	液体散货中转箱，铝质	intermediate bulk container，aluminium，liquid		23 至 26
WH	散货中转箱，铝质，增压大于 10 千帕	intermediate bulk container，aluminium，pressurised >10 kPa		23 至 26
ZS	复合包装散货中转箱	intermediate bulk container，composite		23 至 26 或 62 至 64
ZR	柔性塑料复合包装液体散货中转袋	intermediate bulk container，composite，flexible plastic，liquids		62 至 64
ZP	柔性塑料复合包装散货中转箱，增压	intermediate bulk container，composite，flexible plastic，pressurised		62 至 64
ZM	柔性塑料复合包装固体散货中转袋	intermediate bulk container，composite，flexible plastic，solids		62 至 64
ZQ	硬质塑料复合包装液体散货中转箱	intermediate bulk container，composite， rigid plastic，liquids		23 至 26
ZN	质塑料复合包装散货中转箱，增压	intermediate bulk container，composite， rigid plastic，pressurised		23 至 26
ZL	硬质塑料复合包装固体散货中转箱	intermediate bulk container，composite， rigid plastic，solids		23 至 26
ZT	纤维板散货中转箱	intermediate bulk container，fibreboard		23 至 26

表 D.1(续)

代码	中文名称	英文名称	说明	数字编码
ZU	柔性材质散货中转箱	intermediate bulk container, flexible		23 至 26
WF	散货中转箱,金属	intermediate bulk container, metal		23 至 26
WM	液体散货中转箱,金属	intermediate bulk container, metal, liquid		23 至 26
ZV	金属材质散货中转箱,非钢质	intermediate bulk container, metal, otherthan steel		23 至 26
WJ	散货中转箱,金属,增压为10千帕	intermediate bulk container, metal, pressure 10 kPa		23 至 26
ZW	实木散货中转箱	intermediate bulk container, natural wood		23 至 26
WU	实木散货中转箱,加有内衬	intermediate bulk container, natural wood, with inner liner		23 至 26
ZA	多层纸质散货中转袋	intermediate bulk container, paper, multi-wall		62 至 64
ZC	多层纸质散货中转袋,防水	intermediate bulk container, paper, multi-wall, water resistant		62 至 64
WS	散货中转袋,塑料薄膜	intermediate bulk container, plastic film		62 至 64
ZX	胶合板散货中转箱	intermediate bulk container, plywood		23 至 26
WY	胶合板散货中转箱,加有内衬	intermediate bulk container, plywood, with inner liner		23 至 26
ZY	再生木散货中转箱	intermediate bulk container, reconstituted wood		23 至 26

表 D.1（续）

代码	中文名称	英文名称	说明	数字编码
WZ	再生木材散货中转箱，加有内衬	intermediate bulk container, reconstituted wood, with inner liner		23 至 26
AA	散货中转箱，硬质塑料	intermediate bulk container, rigid plastic		23 至 26
ZK	独立的硬质塑料液体散货中转箱	intermediate bulk container, rigid plastic, freestanding, liquids		23 至 26
ZH	独立的硬质塑料固体散货增压中转箱	intermediate bulk container, rigid plastic, freestanding, pressurised		23 至 26
ZF	独立的硬质塑料固体散货中转箱	intermediate bulk container, rigid plastic, freestanding, solids		23 至 26
ZJ	具有结构化配件的硬质塑料液体散货中转箱	intermediate bulk container, rigid plastic, with structural equipment, liquids		23 至 26
ZG	具有结构化配件的硬质塑料固体散货增压中转箱	intermediate bulk container, rigid plastic, with structural equipment, pressurised		23 至 26
ZD	具有结构化配件的硬质塑料固体散货中转箱	intermediate bulk container, rigid plastic, with structural equipment, solids		23 至 26
WC	散货中转箱，钢质	intermediate bulk container, steel		23 至 26
WK	液体散货中转箱，钢质	intermediate bulk container, steel, liquid		23 至 26
WG	散货中转箱，钢质，增压大于10 千帕	intermediate bulk container, steel, pressurised ＞10 kPa		23 至 26
WT	散货中转编织袋，无外层/内衬	intermediate bulk container, textile with out coat/liner		62 至 64

表 D.1(续)

代码	中文名称	英文名称	说明	数字编码
WV	散货中转编织袋,外加保护层	intermediate bulk container, textile, coated		62 至 64
WX	散货中转编织袋,加有外层保护及内衬	intermediate bulk container, textile, coated and liner		62 至 64
WW	散货中转编织袋,加有内衬	intermediate bulk container, textile, with liner		62 至 64
WP	塑料编织散货中转袋,外加保护层	intermediate bulk container, woven plastic, coated		62 至 64
WR	塑料编织散货中转袋,加有外层保护及内衬	intermediate bulk container, woven plastic, coated and liner		62 至 64
WQ	塑料编织散货中转袋,加有内衬	intermediate bulk container, woven plastic, with liner		62 至 64
WN	塑料编织散货中转袋,无外层/内衬	intermediate bulk container, woven plastic, without coat/liner		62 至 64
JR	坛	jar		41
JY	五加仑圆罐	jerrican, cylindrical		33
3H	罐,塑料材质	jerrican, plastic		23 或 33
QM	塑料五加仑罐,无盖	jerrican, plastic, non- removable head		23 或 33
QN	塑料五加仑罐,有盖	jerrican, plastic, removable head		23 或 33
JC	五加仑矩形罐	jerrican, rectangular		23
3A	罐,钢质	jerrican, steel		23 或 33
QK	钢质五加仑罐,无盖	jerrican, steel, non-removable head		23 或 33
QL	钢质五加仑罐,有盖	jerrican, steel, removable head		23 或 33

表 D.1（续）

代码	中文名称	英文名称	说明	数字编码
JG	壶	jug		41
JT	麻袋	jute bag		61 或 65
KG	鼓形圆桶	keg		44 或 45
KI	配件套装	kit	特定用途的一套物品或工具	92
LV	家用储物箱	lift van	用于包装家居用品或个人财物的木质或金属容器	22 至 24
LG	原木	log		12
LZ	捆束/绑扎的原木	logs,in bundle/bunch/truss		12
LT	堆	lot		01 至 03
LU	果蔬箱	lug	一种运输和存放水果或蔬菜的木箱	23
LE	行李	luggage	一批旅途中存放个人财物的箱包和/或容器	21 至 23 或 61 至 63
MT	垫	mat		67
MX	火柴盒	matchbox		21
ZZ	相互约定	mutually defined		0
NS	套叠	nest		24
NT	网络/网兜	net		66
NU	管状网络/网兜,塑料材质	net,tube,plastic		66
NV	管状网络/网兜,编织物	net,tube,textile		66
NA	无效包装	not available		0
OT	八角形大型纸箱	octabin	一种标准的大尺码硬纸板容器,用于储存如蔬菜、塑料颗粒或其他固态产品之类	25
PK	包	package	标准包装货件	21 至 23
IK	带有多孔固定瓶座的硬纸板包装	package, cardboard, with bottle grip-holes	以硬纸板材质制成的包装容器,易于对玻璃或塑料瓶进行分隔	21 至 23
IB	展品包装,硬纸板材质	package, display, cardboard		21 至 23
ID	展品包装,金属材质	package,display,metal		21 至 23
IC	展品包装,塑料材质	package,display,plastic		21 至 23
IA	展品包装,木制	package,display,wooden		21 至 23
IF	充填/灌注的密封容器	package,flow	一种柔性管状的包装或外皮,可能是透明的,通常用于包装食品(如意大利香肠)	61 或 62

表 D.1（续）

代码	中文名称	英文名称	说明	数字编码
IG	纸质包裹的容器	package,paper wrapped		21 至 23
IE	展品包装	package,show		21 至 23
PA	包	packet	小包裹	21 至 23
PL	提桶	pail		51
PX	托盘	pallet	装货平台或开顶箱,通常为木质,以方便在运输和储存阶段对所装货物进行机械化装卸作业	92
AH	托盘,100 cm×110 cm	pallet,100 cm× 110 cm	长度为 110 厘米、宽度为 100 厘米的标准规格托盘	92
OD	托盘,规格 AS 4068—1993	pallet,AS 4068-1993	澳大利亚标准托盘,尺码 115.5 厘米×16.5 厘米(cm)	92
PB	箱型托盘:开顶箱与托盘的组合	pallet,box Combined open-ended box and pallet		92
OC	托盘,CHEP 标准规格 100 cm×120 cm	pallet, CHEP 100 cm × 120 cm	联邦装卸设备共用系统(CHEP) 100 厘米×20 厘米标准托盘	92
OA	托盘,CHEP 标准规格 40 cm×60 cm	pallet, CHEP 40 cm × 60 cm	联邦装卸设备共用系统(CHEP) 40 厘米×60 厘米标准托盘	92
OB	托盘,CHEP 标准规格 80 cm×120 cm	pallet,CHEP 80 cm× 120 cm	联邦装卸设备共用系统(CHEP) 80 厘米×20 厘米标准托盘	92
OE	托盘,规格 ISO T11	pallet,ISO T11	亚太地区流行的 ISO 标准托盘,尺码 110 厘米×110 厘米(cm)	92
PD	标准托盘,周边尺码 80 cm×100cm	pallet,modular,collars 80 cm×100 cm	标准规格托盘,尺码 80 厘米×100 厘米(cm)	92
PE	标准托盘,周边尺码80 cm×120 cm	pallet,modular,collars 80 cm×120 cm	标准规格托盘,尺码 80 厘米×20 厘米(cm)	92
AF	标准托盘,周边尺码为 80 cm×60 cm	pallet,modular,collars 80 cm× 60 cm	长度为 80 厘米、宽度为 60 厘米的标准规格托盘	92
AG	托盘,收缩包裹	pallet,shrinkwrapped	有透明塑胶膜环绕包裹并紧密收缩保护的托盘货载	92

表 D.1（续）

代码	中文名称	英文名称	说明	数字编码
TW	托盘,强化瓦楞纸	pallet,triwall	一种轻型托盘,由强化瓦楞纸板制成	92
8A	托盘,木质	pallet,wooden	一种木质平台或开顶箱,将货物固定其上,以方便运输和存储期间的机械化搬运作业	24 或 25
P2	盘	pan	一种低浅、宽阔、敞口的容器,通常为金属材质	51
PC	包裹	parcel		21 至 23 或 61 至 63
PF	栏	pen	一种拦挡牲畜的小型敞顶封闭围栏	26 或 27
PP	件	piece	散件或未包装物品	19
PI	管材	pipe		11
PV	捆束/绑扎在一起的管材	pipes,in bundle/bunch/truss		11
PH	水壶	pitcher		41
PN	板材	plank		16
PZ	捆束/绑扎在一起的板材	planks,in bundle/bunch/truss		16
PG	盘元	plate		15
PY	捆束/绑扎在一起的盘元	plates,in bundle/bunch/truss		15
OF	货板,未列明重量或尺码	platform,unspecified weight or dimension	与运输货板相当的一种托盘,尺码未知或重量未知	92
PT	壶	pot		41
PO	小袋	pouch		61
PJ	扁筐	punnet		27
RK	架	rack		93
RJ	挂衣架	rack,clothing hanger		93
AB	保护容器,纤维材质	receptacle,fibre	纤维质保护容器,用于固定物体或物品	21 至 23 或 31 至 33 或 41 至 43

表 D.1（续）

代码	中文名称	英文名称	说明	数字编码
GR	玻璃保护容器	receptacle,glass	固定物体或物品的玻璃保护容器	21 至 23 或 31 至 33 或 41 至 43
MR	金属保护容器	receptacle,metal	用于固定物体或物品的金属保护容器	21 至 23 或 31 至 33
AC	保护容器,纸质	receptacle,paper	纸质保护容器,用于固定物体或物品	21 至 23 或 31 至 33 或 41 至 43
PR	塑料保护容器	receptacle,plastic	用于固定物体或物品的塑料保护容器	21 至 23 或 31 至 33 或 41 至 43 或 61 至 63
MW	保护包装,塑料包裹	receptacle, plastic wrapped	有塑料包裹的保护容器,用于固定物体或物品	21 至 23 或 31 至 33 或 41 至 43 或 61 至 63
AD	保护容器,木质	receptacle,wooden	木质保护容器,用于固定物体或物品	21 至 23 或 31 至 33 或 41 至 43
RT	红网	rednet	为固定物品(如树木)用红色网状编织物做成的保护材料	66
RL	卷轴	reel	圆柱形转动装置,每一端均带有边框,线材可缠绕于上	91
RG	圈	ring		14
RD	杆	rod		12
RZ	捆束/绑扎在一起的杆/棒	rods,in bundle/bunch/truss		12
RO	卷	roll		13
SH	装液体的袋/囊	sachet		61
SA	袋	sack		65
MS	麻袋,多层	sack,multi-wall		62 至 64
SE	水手箱	sea-chest		22 或 23
SX	套	set		11 至 45
ST	薄板	sheet		15

表 D.1（续）

代码	中文名称	英文名称	说明	数字编码
SP	用塑料包裹的板材	sheet,plastic wrapping		15
SM	金属板材	sheetmetal		15
SZ	捆束/绑扎在一起的板材	sheets,in bundle/bunch/truss		15
SW	真空收缩包裹	shrinkwrapped	透明塑料薄膜环绕包裹后紧密收缩于货物本体施加保护的货物	67
SI	美式货物装卸底座	skid	一种方便装卸和运输货物的可移动低矮平台或托盘	92
SB	厚板材	slab		16 或 17
SY	套筒	sleeve		69
SL	滑拖板	slipsheet	用于堆放货物的硬质塑料底座，优化集装箱内部空间的利用。可用于替代托盘化包装	67
SD	纱锭	spindle		91
SO	线轴	spool	运输中用于对诸如电线、电缆、磁带好纱线之类的物品进行包装的容器	91
SU	手提箱	suitcase		21 至 23 或 61 至 63
T1	小块	tablet	散装的或无包装的条、块或片	16
TY	圆柱形槽罐	tank,cylindrical		34 或 35
TK	矩形槽罐	tank,rectangular		24 或 25
TC	茶叶箱	tea-chest		21 至 23
TI	42 加仑中号桶	tierce		44
TN	马口铁罐	tin		21 或 22
PU	托架	tray		27
GU	托架，内装水平堆放的扁平物品	tray,containing horizontally stacked flat items	内装上下逐一堆叠扁平物品的托架	27
DV	单层开顶托架，硬纸板材质	tray,one layer no cover,cardboard		27
DS	单层开顶托架，塑料材质	tray,one layer no cover,plastic		27

表 D.1（续）

代码	中文名称	英文名称	说明	数字编码
DU	单层开顶托架，聚苯乙烯材质	tray，one layer no cover，polystyrene		27
DT	单层开顶托架，木制	tray，one layer no cover，wooden		27
IL	有盖可堆叠刚性托架（CEN TS 14482:2002）	tray，rigid，lidded stackable（CEN TS 14482:2002）	符合 CEN TS 14482:2002 规格的有盖可堆叠刚性托架	27
DY	双层开顶托架，硬纸板材质	tray，two layers no cover，cardboard		27 或 29
DW	双层开顶托架，塑料材质	tray，two layers no cover，plastic tray		27 或 29
DX	双层开顶托架，木制	tray，two layers no cover，wooden		27 或 29
TR	汽车行李箱	trunk		24 或 25
TS	捆	truss		16
TB	盆	tub		51
TL	带盖的盆	tub，with lid		51
TU	管材	tube		11
TD	折叠袋	tube，collapsible		61 至 65
TV	带有灌注口的管材	tube，with nozzle	塑料、金属或硬纸板制成的管材，配有灌注口，内装液体或半液态产品如硅胶	31 或 32
TZ	捆束/绑扎在一起的管材	tubes，in bundle/bunch/truss		11
TO	酒桶	tun		44 或 45
TE	轮胎	tyre	橡胶和/或金属制的环绕轮子的环形物体	93
UC	已开包	uncaged		0
UN	件	unit	形成单一物品或物体的一种包装，并非另有所指的成组运输设备	23 至 25 或 27
NE	未包装	unpacked or unpackaged		0
NG	未包装，多件	unpacked or unpackaged，multiple units		0

表 D.1（续）

代码	中文名称	英文名称	说明	数字编码
NF	未包装,单件	unpacked or unpackaged, single unit		0
VP	真空包装	vacuum-packed		67
VK	木质板条箱	vanpack	一种木质板条箱	99
VA	大桶	vat		35
VN	机动车辆	vehicle	一种可以自行驱动的运输工具	93
VI	小瓶	vial		31
WB	带有柳条防护筐的瓶子	wickerbottle		42 或 43
TG	普通槽罐箱	tank container,generic	用于运输散装液体或气体的特殊结构的集装箱	93

附 录 E
（规范性附录）
按代码字母顺序排列的国际贸易中使用的包装类型名称的代码表示

表 E.1 国际贸易中使用的包装类型名称的代码表示

代码	中文名称	英文名称	说明	数字编码
43	超级散货袋	bag,super bulk	具有构成托盘尺码规格的塑料编织袋或纸袋	64
44	聚乙烯袋	bag,polybag	一种塑料袋，通常用于包裹宣传品、出版物、产品样本和/或目录	62 或 63
1A	桶，钢质	drum,steel		34
1B	桶，铝质	drum,aluminium		34
1D	桶，胶合板材质	drum,plywood		34
1F	容器，形状可变	container,flexible	结构灵活的包装容器	93
1G	桶，纤维板材质	drum,fibre		34
1W	桶，木质	drum,wooden		34 或 35
2C	鼓形桶，木质	barrel,wooden		44 或 45
3A	罐，钢质	jerrican,steel		23 或 33
3H	罐，塑料材质	jerrican,plastic		23 或 33
4A	箱/盒，钢质	box,steel		21 至 25
4B	箱/盒，铝质	box,aluminium		21 至 25
4C	箱/盒，实木材质	box,natural wood		21 至 25
4D	箱/盒，胶合板材质	box,plywood		21 至 25
4F	箱/盒，再生木板材质	box,reconstituted wood		21 至 25
4G	箱/盒，纤维板材质	box,fibreboard		21 至 25
4H	箱/盒，塑料材质	box,plastic		21 至 25
5H	塑料编织袋	bag,woven plastic		62 至 64
5L	编织袋	bag,textile		62 至 64
5M	纸袋	bag,paper		62 至 64
6H	复合材料包装，塑料保护容器	composite packaging,plastic receptacle		24 或 25 或 33 或 34
6P	复合材料包装，玻璃保护容器	composite packaging,glass receptacle		23 或 24 或 25 或 33 或 34 或 62 或 63

表 E.1（续）

代码	中文名称	英文名称	说明	数字编码
7A	车载配件箱	case,car	一种轻便容器,设计用于机动车车载配件的存放	22 或 23
7B	箱,木质	case,wooden	一种用于保存物体或物品的木质箱子	24 或 25
8A	托盘,木质	pallet,wooden	一种木质平台或开顶箱,将货物固定其上,以方便运输和存储期间的机械化搬运作业	24 或 25
8B	板条箱,木质	crate,wooden	一种木质保护架,将货物固定其中,以方便运输和存储期间的机械化搬运作业	23 或 27
8C	捆,木材	bundle,wooden	将松散或无包装的木料绑扎或缠绕在一起	16
AA	散货中转箱,硬质塑料	intermediate bulk container,rigid plastic		23 至 26
AB	保护容器,纤维材质	receptacle,fibre	纤维质保护容器,用于固定物体或物品	21 至 23 或 31 至 33 或 41 至 43
AC	保护容器,纸质	receptacle,paper	纸质保护容器,用于固定物体或物品	21 至 23 或 31 至 33 或 41 至 43
AD	保护容器,木质	receptacle,wooden	木质保护容器,用于固定物体或物品	21 至 23 或 31 至 33 或 41 至 43
AE	喷罐	aerosol		42 或 43
AF	标准托盘,周边尺码为 80 cm×60 cm	pallet, modular, collars 80 cm× 60 cm	长度为 80 厘米、宽度为 60 厘米的标准规格托盘	92
AG	托盘,收缩包裹	pallet,shrinkwrapped	有透明塑胶膜环绕包裹并紧密收缩保护的托盘货载	92
AH	托盘,100 cm×110 cm	pallet,100 cm× 110 cm	长度为 110 厘米、宽度为 100 厘米的标准规格托盘	92
AI	翻盖盒	clamshell		21 至 23

表 E.1（续）

代码	中文名称	英文名称	说明	数字编码
AJ	筒	cone	用于运输线材的容器，如纱锭	51
AL	球形容器	ball	固定物体或物品的球形保护容器	46
AM	安瓿瓶，无保护	ampoule，non-protected		31
AP	安瓿瓶，有保护	ampoule，protected		31
AT	喷雾器	atomizer		42 或 43
AV	胶囊	capsule		92
B4	带状容器	belt	将多个物品固定在一起的带状容器	93
BA	鼓形桶	barrel		44 或 45
BB	线轴	bobbin		91
BC	瓶类包装箱	bottlecrate / bottlerack		29
BD	板	board		16
BE	捆	bundle		61 或 65
BF	短颈球状玻璃器皿，无保护	balloon，non-protected 保护		42 或 43
BG	袋	bag	用性质柔韧的材料制成的敞口或封口的保护容器	62 至 64
BH	堆	bunch		61 至 65
BI	储物箱	bin		21 或 25
BJ	提桶	bucket		51
BK	筐	basket		27
BL	压缩捆包	bale，compressed		65
BM	盆	basin		51
BN	未压缩捆包	bale，non-compressed		65
BO	无保护的圆柱形瓶子	bottle，non-protected，cylindrical	狭颈圆柱形容器，外部无保护性包装材料	32 或 33
BP	短颈球状玻璃器皿，有保护	balloon，protected		42 或 43
BQ	有保护的圆柱形瓶子	bottle，protected cylindrical	狭颈圆柱形容器，外部有保护性包装材料	32 或 33

表 E.1(续)

代码	中文名称	英文名称	说明	数字编码
BR	棒材	bar		16
BS	无保护的圆球形瓶子	bottle, non-protected, bulbous	狭颈圆球形容器,外部无保护性包装材料	42 或 43
BT	卷	bolt		13
BU	鼓形大桶	butt		44 或 45
BV	有保护的圆球形瓶子	bottle, protected bulbous	狭颈圆球形容器,外部有保护性包装材料	42 或 43
BW	箱/盒,用于装液体	box, for liquids		21 至 25
BX	箱/盒	box		21 至 25
BY	捆束/绑扎的板材	board, in bundle/bunch/truss		16
BZ	捆束/绑扎的棒材	bars, in bundle/bunch/truss		16
CA	矩形罐头	can, rectangular		22
CB	板条箱,用于装啤酒	crate, beer		23 至 27
CC	奶罐	churn		32 或 33
CD	带有手柄和开口部位的金属容器,易拉罐	can, with handle and spout		22
CE	卷轴	creel		27
CF	保险箱	coffer		24
CG	笼	cage		26
CH	保险柜	chest		25
CI	小罐/筒	canister		21 或 22
CJ	棺材	coffin		54
CK	饮料桶	cask		44 或 45
CL	盘	coil		14

表 E.1(续)

代码	中文名称	英文名称	说明	数字编码
CM	封装卡	card	通常以纤维板制成的平面封装，产品一般与其悬挂或系附在一起	67
CN	箱，并非另有所指的运输设备	container, not otherwise specified as transport equipment		25
CO	大玻璃瓶，无保护	carboy，non-protected		43
CP	大玻璃瓶，有保护	carboy，protected		43
CQ	料盒(筒、卷…)	cartridge	封装如火器助推炸药或打印机墨粉之类填料的包装	92
CR	板条箱	crate		24 至 25
CS	箱/盒	case		21 至 25
CT	纸板箱	carton		22 至 24
CU	杯	cup		51
CV	封盖	cover		67
CW	板条架，卷捆	cage，roll		26
CX	罐头，圆柱形	can，cylindrical		32
CY	卷/筒	cylinder		12
CZ	帆布封盖	canvas		67
DA	多层塑料板条箱	crate，multiple layer，plastic		23 至 25 或 27
DB	多层木制板条箱	crate，multiple layer，wooden		23 至 25 或 27
DC	多层硬纸板板条箱	crate，multiple layer，cardboard		23 至 25 或 27
DG	笼架，C189	cage，Commonwealth Handling Equipment Pool (CHEP)		26
DH	eurobox 箱，联邦装卸设备共用系统(CHEP)	box，Commonwealth Handling Equipment Pool (CHEP)，Eurobox	受控于 CHEP 以托盘为底座装配的箱子	27
DI	铁桶	drum，iron		34
DJ	细颈瓶，无保护	demijohn，non-protected		43
DK	大容量板条箱，硬纸板材质	crate，bulk，cardboard		23 至 25 或 27

表 E.1（续）

代码	中文名称	英文名称	说明	数字编码
DL	大容量板条箱，塑料材质	crate，bulk，plastic		23 至 25 或 27
DM	大容量板条箱，木质	crate，bulk，wooden		23 至 25 或 27
DN	分发器	dispenser		93
DP	细颈瓶，有保护	demijohn，protected		43
DR	圆桶	drum		34
DS	单层开顶托架，塑料材质	tray，one layer no cover，plastic		27
DT	单层开顶托架，木制	tray，one layer no cover，wooden		27
DU	单层开顶托架，聚苯乙烯材质	tray，one layer no cover，polystyrene		27
DV	单层开顶托架，硬纸板材质	tray，one layer no cover，cardboard		27
DW	双层开顶托架，塑料材质	tray，two layers no cover，plastic tray		27 或 29
DX	双层开顶托架，木制	tray，two layers no cover，wooden		27 或 29
DY	双层开顶托架，硬纸板材质	tray，two layers no cover，cardboard		27 或 29
EC	塑料袋	bag，plastic		62 至 64
ED	以托盘为底的箱子	case，with pallet base		23 至 25
EE	以托盘为底的木箱	case，with pallet base，wooden		23 至 25
EF	以托盘为底的硬纸板箱	case，with pallet base，cardboard		23 至 25
EG	以托盘为底的塑料箱	case，with pallet base，plastic		23 至 25
EH	以托盘为底的金属箱	case，with pallet base，metal		23 至 25

表 E.1(续)

代码	中文名称	英文名称	说明	数字编码
EI	恒温箱	case,isothermic		22 至 25
EN	封套	envelope		67
FB	柔性液体货物包装袋	flexibag	塑料材质的柔性包装袋,通常针对使用标准规格海运集装箱运输散装非危险品	65
FC	装水果的板条箱	crate,fruit		23 至 27
FD	框架箱	crate,framed		26
FE	柔性液体货物包装罐	flexitank	塑料材质的柔性包装罐,通常针对使用标准规格海运集装箱运输散装非危险品	65
FI	桶	firkin		44 或 45
FL	细颈瓶	flask		42 或 43
FO	提箱	footlocker		23
FP	胶卷袋/暗盒	film pack		67
FR	框架	frame		26
FT	食品包装底托	food tainer		21 至 23
FW	平板车	cart,flatbed	装有车轮的平板设备,装上托盘或其他外形规则的物品,以便进行运输	94
FX	袋子,柔性材质的容器	bag,flexible container		61 至 66
GB	储气钢瓶	bottle,gas	储存液化或压缩气体的狭颈金属圆筒	31 或 35
GI	桁材	girder		16
GL	桶,1 加仑	container,gallon	一种 1 加仑容积的容器	32
GR	玻璃保护容器	receptacle,glass	固定物体或物品的玻璃保护容器	21 至 23 或 31 至 33 或 41 至 43
GU	托架,内装水平堆放的扁平物品	tray,containing horizontally stacked flat items	内装上下逐一堆叠扁平物品的托架	27
GY	麻袋	bag,gunny	用粗麻布制成的布袋,用于运输粗颗粒商品,如谷物、土豆及其他农产品	63 至 64
GZ	捆束/绑扎成捆的桁材	girders,in bundle/bunch/truss		16
HA	篮/篓/筐,带有手柄,塑料材质	basket,with handle,plastic		27
HB	篮/篓/筐,带有手柄,木制	basket,with handle,wooden		27

表 E.1（续）

代码	中文名称	英文名称	说明	数字编码
HC	篮/篓/筐，带有手柄，硬纸板材质	basket，with handle，cardboard		27
HG	大桶	hogshead		44 或 45
HN	吊架	hanger	一种通用的定形设备，上有挂钩，以便将物品挂上横杆	93
HR	盖篮	hamper		23
IA	展品包装，木制	package，display，wooden		21 至 23
IB	展品包装，硬纸板材质	package， display， cardboard		21 至 23
IC	展品包装，塑料材质	package，display，plastic		21 至 23
ID	展品包装，金属材质	package，display，metal		21 至 23
IE	展品包装	package，show		21 至 23
IF	充填/灌注的密封容器	package，flow	一种柔性管状的包装或外皮，可能是透明的，通常用于包装食品（如意大利香肠）	61 或 62
IG	纸质包裹的容器	package，paper wrapped		21 至 23
IH	塑料圆桶	drum，plastic		34
IK	带有多孔固定瓶座的硬纸板包装	package， cardboard， with bottle grip-holes	以硬纸板材质制成的包装容器，易于对玻璃或塑料瓶进行分隔	21 至 23
IL	有盖可堆叠刚性托架（CEN TS 14482:2002）	tray，rigid，lidded stackable （CEN TS 14482:2002）	符合 CEN TS 14482:2002 规格的有盖可堆叠刚性托架	27
IN	锭	ingot		17

表 E.1（续）

代码	中文名称	英文名称	说明	数字编码
IZ	捆束/绑扎的锭材	ingots,in bundle/bunch/truss		17
JB	集装袋	bag,jumbo	一种柔性材质包装袋，广泛用于粉末、碎屑或颗粒物的储存、运输和装卸作业。通常为聚丙烯(PP)面料制成的立方形编织袋	65
JC	五加仑矩形罐	jerrican,rectangular		23
JG	壶	jug		41
JR	坛	jar		41
JT	麻袋	jute bag		61 或 65
JY	五加仑圆罐	jerrican,cylindrical		33
KG	鼓形圆桶	keg		44 或 45
KI	配件套装	kit	特定用途的一套物品或工具	92
LE	行李	luggage	一批旅途中存放个人财物的箱包和/或容器	21 至 23 或 61 至 63
LG	原木	log		12
LT	堆	lot		01 至 03
LU	果蔬箱	lug	一种运输和存放水果或蔬菜的木箱	23
LV	家用储物箱	lift van	用于包装家居用品或个人财物的木质或金属容器	22 至 24
LZ	捆束/绑扎的原木	logs,in bundle/bunch/truss		12
MA	金属板条箱	crate,metal	金属制成的用于保存物体或物品的板条箱	23 至 25 或 27
MB	多用袋	bag,multiply		62 至 64
MC	乳品板条箱	crate,milk		27
ME	金属盒/箱	container,metal	一种金属制成的用于保存物体或物品的包装盒/箱	23 至 25 或 27
MR	金属保护容器	receptacle,metal	用于固定物体或物品的金属保护容器	21 至 23 或 31 至 33
MS	麻袋，多层	sack,multi-wall		62 至 64

表 E.1（续）

代码	中文名称	英文名称	说明	数字编码
MT	垫	mat		67
MW	保护包装，塑料包裹	receptacle, plastic wrapped	有塑料包裹的保护容器，用于固定物体或物品	21 至 23 或 31 至 33 或 41 至 43 或 61 至 63
MX	火柴盒	matchbox		21
NA	无效包装	not available		0
NE	未包装	unpacked or unpackaged		0
NF	未包装，单件	unpacked or unpackaged, single unit		0
NG	未包装，多件	unpacked or unpackaged, multiple units		0
NS	套叠	nest		24
NT	网络/网兜	net		66
NU	管状网络/网兜，塑料材质	net, tube, plastic		66
NV	管状网络/网兜，编织物	net, tube, textile		66
OA	托盘，CHEP 标准规格 40 cm×60 cm	pallet, CHEP 40 cm×60 cm	联邦装卸设备共用系统（CHEP）40 厘米×60 厘米标准托盘	92
OB	托盘，CHEP 标准规格 80 cm×120 cm	pallet, CHEP 80 cm×120 cm	联邦装卸设备共用系统（CHEP）80 厘米×20 厘米标准托盘	92
OC	托盘，CHEP 标准规格 100 cm×120 cm	pallet, CHEP 100 cm×120 cm	联邦装卸设备共用系统（CHEP）100 厘米×20 厘米标准托盘	92
OD	托盘，规格 AS 4068-1993	pallet, AS 4068-1993	澳大利亚标准托盘，尺码 115.5 厘米×16.5 厘米	92
OE	托盘，规格 ISO T11	pallet, ISO T11	亚太地区流行的 ISO 标准托盘，尺码 110 厘米×110 厘米	92
OF	货板，未列明重量或尺码	platform, unspecified weight or dimension	与运输货板相当的一种托盘，尺码未知或重量未知	92
OK	块	block	至少具有一处平面的块状硬质物体，如花岗石	17

表 E.1（续）

代码	中文名称	英文名称	说明	数字编码
OT	八角形大型纸箱	octa bin	一种标准的大尺码硬纸板容器，用于储存如蔬菜、塑料颗粒或其他固态产品之类	25
OU	外层包装箱	container, outer	一种作为运输外包装的包装箱，并非另有所指的运输设备	23 至 25 或 27
P2	盘	pan	一种低浅、宽阔、敞口的容器，通常为金属材质	51
PA	包	packet	小包裹	21 至 23
PB	箱型托盘：开顶箱与托盘的组合	pallet, box Combined open-ended box and pallet		92
PC	包裹	parcel		21 至 23 或 61 至 63
PD	标准托盘，周边尺码 80 cm ×100cm	pallet, modular, collars 80 cm×100 cm	标准规格托盘，尺码 80 厘米×100 厘米(cm)	92
PE	标准托盘，周边尺码 80 cm ×120 cm	pallet, modular, collars 80 cm× 120 cm	标准规格托盘，尺码 80 厘米×120 厘米(cm)	92
PF	栏	pen	一种拦挡牲畜的小型敞顶封闭围栏	26 或 27
PG	盘元	plate		15
PH	水壶	pitcher		41
PI	管材	pipe		11
PJ	扁筐	punnet		27
PK	包	package	标准包装货件	21 至 23
PL	提桶	pail		51
PN	板材	plank		16
PO	小袋	pouch		61
PP	件	piece	散件或未包装物品	19
PR	塑料保护容器	receptacle, plastic	用于固定物体或物品的塑料保护容器	21 至 23 或 31 至 33 或 41 至 43 或 61 至 63
PT	壶	pot		41
PU	托架	tray		27

表 E.1（续）

代码	中文名称	英文名称	说明	数字编码
PV	捆束/绑扎在一起的管材	pipes, in bundle/bunch/truss		11
PX	托盘	pallet	装货平台或开顶箱，通常为木质，以方便在运输和储存阶段对所装货物进行机械化装卸作业	92
PY	捆束/绑扎在一起的盘元	plates, in bundle/bunch/truss		15
PZ	捆束/绑扎在一起的板材	planks, in bundle/bunch/truss		16
QA	钢质圆桶，无桶盖	drum, steel, non-removable head		34
QB	钢质圆桶，有桶盖	drum, steel, removablehead		34
QC	铝质圆桶，无桶盖	drum, aluminium, non-removable head		34
QD	铝质圆桶，有桶盖	drum, aluminium, removable head		34
QF	塑料圆桶，无桶盖	drum, plastic, non-removable head		34
QG	塑料圆桶，有桶盖	drum, plastic, removable head		34
QH	木质琵琶桶，塞孔型	barrel, wooden, bung type		44 或 45
QJ	木质琵琶桶，顶部可拆卸	barrel, wooden, removable head		44 或 45
QK	钢质五加仑罐，无盖	jerrican, steel, non-removable head		23 或 33
QL	钢质五加仑罐，有盖	jerrican, steel, removable head		23 或 33
QM	塑料五加仑罐，无盖	jerrican, plastic, non-removable head		23 或 33
QN	塑料五加仑罐，有盖	jerrican, plastic, removable head		23 或 33

表 E.1(续)

代码	中文名称	英文名称	说明	数字编码
QP	普通实木盒/箱	box,wooden,natural wood,ordinary		21至25
QQ	实木盒/箱,有防渗壁	box,wooden,natural wood,with sift proof walls		21至25
QR	泡沫塑料盒/箱	box,plastic,expanded		21至25
QS	硬质塑料盒/箱	box,plastic,solid		21至25
RD	杆	rod		12
RG	圈	ring		14
RJ	挂衣架	rack,clothing hanger		93
RK	架	rack		93
RL	卷轴	reel	圆柱形转动装置,每一端均带有边框,线材可缠绕于上	91
RO	卷	roll		13
RT	红网	rednet	为固定物品(如树木)用红色网状编织物做成的保护材料	66
RZ	捆束/绑扎在一起的杆/棒	rods,in bundle/bunch/truss		12
SA	袋	sack		65
SB	厚板材	slab		16或17
SC	低浅的板条箱	crate,shallow		27
SD	纱锭	spindle		91
SE	水手箱	sea-chest		22或23
SH	装液体的袋/囊	sachet		61
SI	美式货物装卸底座	skid	一种方便装卸和运输货物的可移动低矮平台或托盘	92
SK	框架箱	case,skeleton		26
SL	滑拖板	slipsheet	用于堆放货物的硬质塑料底座,优化集装箱内部空间的利用。可用于替代托盘化包装	67
SM	金属板材	sheetmetal		15
SO	线轴	spool	运输中用于对诸如电线、电缆、磁带好纱线之类的物品进行包装的容器	91

表 E.1（续）

代码	中文名称	英文名称	说明	数字编码
SP	用塑料包裹的板材	sheet,plastic wrapping		15
SS	钢质的盒/箱	case,steel		21 至 25
ST	薄板	sheet		15
SU	手提箱	suitcase		21 至 23 或 61 至 63
SV	钢质封套	envelope,steel		67
SW	真空收缩包裹	shrinkwrapped	透明塑料薄膜环绕包裹后紧密收缩于货物本体施加保护的货物	67
SX	套	set		11 至 45
SY	套筒	sleeve		69
SZ	捆束/绑扎在一起的板材	sheets,in bundle/bunch/truss		15
T1	小块	tablet	散装的或无包装的条、块或片	16
TB	盆	tub		51
TC	茶叶箱	tea-chest		21 至 23
TD	折叠袋	tube,collapsible		61 至 65
TE	轮胎	tyre	橡胶和/或金属制的环绕轮子的环形物体	93
TG	普通槽罐箱	tank container,generic	用于运输散装液体或气体的特殊结构的集装箱	93
TI	42 加仑中号桶	tierce		44
TK	矩形槽罐	tank,rectangular		24 或 25
TL	带盖的盆	tub,with lid		51
TN	马口铁罐	tin		21 或 22
TO	酒桶	tun		44 或 45
TR	汽车行李箱	trunk		24 或 25
TS	捆	truss		16
TT	手提袋	bag,tote	较为宽大的袋或篮	62 或 63
TU	管材	tube		11
TV	带有灌注口的管材	tube,with nozzle	塑料、金属或硬纸板制成的管材,配有灌注口,内装液体或半液态产品如硅胶	31 或 32
TW	托盘,强化瓦楞纸	pallet,triwall	一种轻型托盘,由强化瓦楞纸板制成	92

表 E.1（续）

代码	中文名称	英文名称	说明	数字编码
TY	圆柱形槽罐	tank,cylindrical		34 或 35
TZ	捆束/绑扎在一起的管材	tubes,in bundle/bunch/truss		11
UC	已开包	uncaged		0
UN	件	unit	形成单一物品或物体的一种包装,并非另有所指的成组运输设备	23 至 25 或 27
VA	大桶	vat		35
VG	散装气体(在 1031 毫巴和 15 摄氏度状态下)	bulk,gas (at 1031 mbar and 15 ℃)		6
VI	小瓶	vial		31
VK	木质板条箱	vanpack	一种木质板条箱	99
VL	液体散货	bulk,liquid		4
VN	机动车辆	vehicle	一种可以自行驱动的运输工具	93
VO	大颗粒固体散货("球粒")	bulk,solid,large particles ("nodules")		3
VP	真空包装	vacuum-packed		67
VQ	散装液化气(在异常的温度和气压下)	bulk,liquefied gas (at abnormal temperature/pressure)		5
VR	小颗粒固体散货("谷物")	bulk,solid,granular particles ("grains")		2
VS	散装废金属	bulk,scrap metal	以散装方式运输的散件或无包装的废弃金属	9
VY	细颗粒固体散货("粉末")	bulk, solid, fine particles ("powders")		1
WA	散货中转箱/袋	intermediate bulk container	以金属、塑料、编织物、木材或复合材料制成的可重复使用的容器,在固体和液体散货的运输中使用可方便控制货量	23 至 26 或 62 至 64

表 E.1（续）

代码	中文名称	英文名称	说明	数字编码
WB	带有柳条防护筐的瓶子	wickerbottle		42 或 43
WC	散货中转箱，钢质	intermediate bulk container, steel		23 至 26
WD	散货中转箱，铝质	intermediate bulk container, aluminium		23 至 26
WF	散货中转箱，金属	intermediate bulk container, metal		23 至 26
WG	散货中转箱，钢质，增压大于10 千帕	intermediate bulk container, steel, pressurised >10 kPa		23 至 26
WH	散货中转箱，铝质，增压大于10 千帕	intermediate bulk container, aluminium, pressurised >10 kPa		23 至 26
WJ	散货中转箱，金属，增压为10 千帕	intermediate bulk container, metal, pressure 10 kPa		23 至 26
WK	液体散货中转箱，钢质	intermediate bulk container, steel, liquid		23 至 26
WL	液体散货中转箱，铝质	intermediate bulk container, aluminium, liquid		23 至 26
WM	液体散货中转箱，金属	intermediate bulk container, metal, liquid		23 至 26
WN	塑料编织散货中转袋，无外层/内衬	intermediate bulk container, woven plastic, without coat/liner		62 至 64
WP	塑料编织散货中转袋，外加保护层	intermediate bulk container, woven plastic, coated		62 至 64
WQ	塑料编织散货中转袋，加有内衬	intermediate bulk container, woven plastic, with liner		62 至 64

表 E.1（续）

代码	中文名称	英文名称	说明	数字编码
WR	塑料编织散货中转袋，加有外层保护及内衬	intermediate bulk container, woven plastic, coated and liner		62 至 64
WS	散货中转袋，塑料薄膜	intermediate bulk container, plastic film		62 至 64
WT	散货中转编织袋，无外层/内衬	intermediate bulk container, textile with out coat/liner		62 至 64
WU	实木散货中转箱，加有内衬	intermediate bulk container, natural wood, with inner liner		23 至 26
WV	散货中转编织袋，外加保护层	intermediate bulk container, textile, coated		62 至 64
WW	散货中转编织袋，加有内衬	intermediate bulk container, textile, with liner		62 至 64
WX	散货中转编织袋，加有外层保护及内衬	intermediate bulk container, textile, coated and liner		62 至 64
WY	胶合板散货中转箱，加有内衬	intermediate bulk container, plywood, with inner liner		23 至 26
WZ	再生木材散货中转箱，加有内衬	intermediate bulk container, reconstituted wood, with inner liner		23 至 26
XA	塑料编织袋，无外层保护/内衬	bag, woven plastic, without inner coat/liner		62 至 64
XB	塑料编织袋，防撒漏	bag, woven plastic, sift proof		62 至 64
XC	塑料编织袋，防水	bag, woven plastic, water resistant		62 至 64
XD	塑料薄膜袋	bag, plastics film		62 至 64

表 E.1（续）

代码	中文名称	英文名称	说明	数字编码
XF	编织袋，无外层保护/内衬	bag，textile，without inner coat/liner		62 至 64
XG	编织袋，防撒漏	bag，textile，sift proof		62 至 64
XH	编织袋，防水	bag，textile，water resistant		62 至 64
XJ	纸袋，多层	bag，paper，multi-wall		62 至 64
XK	纸袋，多层，防水	bag，paper，multi-wall，water resistant		62 至 64
YA	钢桶中加置塑料容器的复合包装	composite packaging，plastic receptacle in steel drum		33 或 34
YB	钢质板条箱中加置塑料容器的复合包装	composite packaging，plastic receptacle in steel crate box		24 或 25
YC	铝桶中加置塑料容器的复合包装	composite packaging，plastic receptacle in aluminium drum		33 或 34
YD	铝制板条箱中加置塑料容器的复合包装	composite packaging，plastic receptacle in aluminium crate		24 或 25
YF	木箱中加置塑料容器的复合包装	composite packaging，plastic receptacle in wooden box		24 或 25
YG	胶合板桶中加置塑料防护的复合包装	composite packaging，plastic receptacle in plywood drum		33 或 34
YH	胶合板箱中加置塑料防护的复合包装	composite packaging，plastic receptacle in plywood box		24 或 25
YJ	纤维板桶中加置塑料防护的复合包装	composite packaging，plastic receptacle in fibre drum		33 或 34

表 E.1（续）

代码	中文名称	英文名称	说明	数字编码
YK	纤维板箱中加置塑料容器的复合包装	composite packaging, plastic receptacle in fibreboard box		24 或 25
YL	塑料桶中加置塑料容器的复合包装	composite packaging, plastic receptacle in plastic drum		33 或 34
YM	硬质塑料箱中加置塑料容器的复合包装	composite packaging, plastic receptacle in solid plastic box		24 或 25
YN	钢桶中加置玻璃容器的复合包装	composite packaging, glass receptacle in steel drum		33 或 34
YP	钢质板条箱中加置玻璃容器的复合包装	composite packaging, glass receptacle in steel crate box		24 或 25
YQ	铝桶中加置玻璃容器的复合包装	composite packaging, glass receptacle in aluminium drum		33 或 34
YR	铝质板条箱中加置玻璃容器的复合包装	composite packaging, glass receptacle in aluminium crate		24 或 25
YS	木箱中加置玻璃容器的复合包装	composite packaging, glass receptacle in wooden box		24 或 25
YT	胶合板桶中加置玻璃容器的复合包装	composite packaging, glass receptacle in plywood drum		33 或 4
YV	篮筐中加置玻璃容器的复合包装	composite packaging, glass receptacle in wickerwork hamper		23
YW	纤维板桶中加置玻璃容器的复合包装	composite packaging, glass receptacle in fibre drum		33 或 34

表 E.1（续）

代码	中文名称	英文名称	说明	数字编码
YX	纤维板箱中加置玻璃容器的复合包装	composite packaging, glass receptacle in fibreboard box		24 或 25
YY	可膨胀塑料包装中加置玻璃容器的复合包装	composite packaging, glass receptacle in expandable plastic pack		62 或 63
YZ	硬质塑料包装中加置玻璃容器的复合包装	composite packaging, glass receptacle in solid plastic pack		23 或 24
ZA	多层纸质散货中转袋	intermediate bulk container, paper, multi-wall		62 至 64
ZB	大型包装袋	bag, large		62 至 64
ZC	多层纸质散货中转袋，防水	intermediate bulk container, paper, multi-wall, water resistant		62 至 64
ZD	具有结构化配件的硬质塑料固体散货中转箱	intermediate bulk container, rigid plastic, with structural equipment, solids		23 至 26
ZF	独立的硬质塑料固体散货中转箱	intermediate bulk container, rigid plastic, freestanding, solids		23 至 26
ZG	具有结构化配件的硬质塑料固体散货增压中转箱	intermediate bulk container, rigid plastic, with structural equipment, pressurised		23 至 26
ZH	独立的硬质塑料固体散货增压中转箱	intermediate bulk container, rigid plastic, freestanding, pressurised		23 至 26
ZJ	具有结构化配件的硬质塑料液体散货中转箱	intermediate bulk container, rigid plastic, with structural equipment, liquids		23 至 26

表 E.1（续）

代码	中文名称	英文名称	说明	数字编码
ZK	独立的硬质塑料液体散货中转箱	intermediate bulk container, rigid plastic, freestanding, liquids		23 至 26
ZL	硬质塑料复合包装固体散货中转箱	intermediate bulk container, composite, rigid plastic, solids		23 至 26
ZM	柔性塑料复合包装固体散货中转袋	intermediate bulk container, composite, flexible plastic, solids		62 至 64
ZN	质塑料复合包装散货中转箱，增压	intermediate bulk container, composite, rigid plastic, pressurised		23 至 26
ZP	柔性塑料复合包装散货中转箱，增压	intermediate bulk container, composite, flexible plastic, pressurised		62 至 64
ZQ	硬质塑料复合包装液体散货中转箱	intermediate bulk container, composite, rigid plastic, liquids		23 至 26
ZR	柔性塑料复合包装液体散货中转袋	intermediate bulk container, composite, flexible plastic, liquids		62 至 64
ZS	复合包装散货中转箱	intermediate bulk container, composite		23 至 26 或 62 至 64
ZT	纤维板散货中转箱	intermediate bulk container, fibreboard		23 至 26
ZU	柔性材质散货中转箱	intermediate bulk container, flexible		23 至 26
ZV	金属材质散货中转箱，非钢质	intermediate bulk container, metal, other than steel		23 至 26

表 E.1（续）

代码	中文名称	英文名称	说明	数字编码
ZW	实木散货中转箱	intermediate bulk container, natural wood		23 至 26
ZX	胶合板散货中转箱	intermediate bulk container, plywood		23 至 26
ZY	再生木散货中转箱	intermediate bulk container, reconstituted wood		23 至 26
ZZ	相互约定	mutually defined		0

ICS 71.040.30
G 63

中华人民共和国国家标准

GB/T 16494—2013
代替 GB/T 16494—1996

化学试剂　二甲苯

Chemical reagent—Xylene

(ISO 6353-3:1987, Reagents for chemical analysis—
Part 3: Specifications—Second series, NEQ)

2013-12-31 发布　　　　2014-08-01 实施

中华人民共和国国家质量监督检验检疫总局
中国国家标准化管理委员会　发布

前言

本标准按照 GB/T 1.1—2009 给出的规则起草。

本标准代替 GB/T 16494—1996《化学试剂　二甲苯》，与 GB/T 16494—1996 相比，主要技术变化如下：

——酸度、碱度的单位由“mmol/100 g”调整为“mmol/g”(见第 4 章，1996 年版的第 4 章)；

——硫化合物的分析纯规格由“0.006%(以 SO_4 计)”调整为“0.003%(以 S 计)”，化学纯规格由“0.01%(以 SO_4 计)”调整为“0.005%(以 S 计)”(见第 4 章，1996 年版的第 4 章)；

——噻吩及其同系物的规格由“0.000 1%”调整为“合格”(见第 4 章，1996 年版的第 4 章)；

——修改了含量测定方法(见 5.2，1996 年版的 5.1)；

——易炭化物质增加了标准色(见 5.7，1996 年版的 5.6)；

——修改了包装及标志(见第 7 章，1996 年版的第 7 章)。

本标准使用重新起草法参考 ISO 6353-3:1987《化学分析试剂　第 3 部分：规格　第 2 系列》中 R95“二甲苯”编制，与 ISO 6353-3:1987 的一致性程度为非等效。

本标准由中国石油和化学工业联合会提出。

本标准由全国化学标准化技术委员会化学试剂分会(SAC/TC 63/SC 3)归口。

本标准负责起草单位：江苏强盛功能化学股份有限公司。

本标准主要起草人：归向红。

本标准所代替标准的历次版本发布情况为：

——GB/T 16494—1996。

化学试剂　二甲苯

警告——本标准规定的一些试验过程可能导致危险情况，使用者有责任采取适当的安全和健康措施。

示性式：C_8H_{10}

相对分子质量：106.17（根据2007年国际相对原子质量）

1　范围

本标准规定了化学试剂二甲苯的性状、规格、试验、检验规则和包装及标志。

本标准适用于化学试剂二甲苯的检验。

2　规范性引用文件

下列文件对于本文件的应用是必不可少的。凡是注日期的引用文件，仅注日期的版本适用于本文件。凡是不注日期的引用文件，其最新版本（包括所有的修改单）适用于本文件。

GB/T 601　化学试剂　标准滴定溶液的制备

GB/T 602　化学试剂　杂质测定用标准溶液的制备

GB/T 603　化学试剂　试验方法中所用制剂及制品的制备

GB/T 605　化学试剂　色度测定通用方法

GB/T 606　化学试剂　水分测定通用方法　卡尔·费休法

GB/T 6682　分析实验室用水规格和试验方法

GB/T 9722—2006　化学试剂　气相色谱法通则

GB/T 9728　化学试剂　硫酸盐测定通用方法

GB/T 9736—2008　化学试剂　酸度和碱度测定通用方法

GB/T 9737　化学试剂　易炭化物质测定通则

GB/T 9740　化学试剂　蒸发残渣测定通用方法

GB 15258　化学品安全标签编写规定

GB 15346　化学试剂　包装及标志

HG/T 3921　化学试剂　采样及验收规则

3　性状

本试剂为无色透明液体，能与醇、醚及三氯甲烷等有机溶剂混溶，不溶于水。

4　规格

二甲苯的规格见表1。

表 1　二甲苯的规格

名　　称	分析纯	化学纯
含量(C_8H_{10}),w/%	≥99.0	≥99.0
色度/黑曾单位	≤10	≤20
蒸发残渣,w/%	≤0.001	≤0.002
酸度(以 H^+ 计)/(mmol/g)	≤0.000 25	≤0.000 5
碱度(以 OH^- 计)/(mmol/g)	≤0.000 25	≤0.000 5
易炭化物质	合格	合格
硫化合物(以 S 计),w/%	≤0.003	≤0.005
苯(C_6H_6),w/%	≤0.1	≤0.2
甲苯($C_6H_5CH_3$),w/%	≤0.1	≤0.5
乙基苯($C_6H_5C_2H_5$),w/%	≤19	≤24
噻吩及其同系物	合格	合格
水分(H_2O),w/%	≤ 0.03	≤0.06

5　试验

5.1　一般规定

本章中除另有规定外,所用标准滴定溶液、标准溶液、制剂及制品,均按 GB/T 601、GB/T 602、GB/T 603的规定制备,实验用水应符合 GB/T 6682 中三级水规格,样品均按精确至0.1 mL 量取,所用溶液以"%"表示的均为质量分数。

5.2　含量

5.2.1　试剂、材料及仪器

按 GB/T 9722—2006 中第 5 章、第 6 章的规定。

5.2.2　测定条件

检测器:火焰离子化检测器;

载气及流速:氮气,60 mL/ min;

色谱柱:聚乙二醇-20M(PEG-20M)(高惰性交联)毛细管柱(或能达到同等分离效果);

柱长:30 m;

柱内径:0.32 mm;

液膜厚度:0.25 μm;

柱温度:70 ℃;

汽化室温度:200 ℃;

检测室温度:200 ℃;

不对称因子:f≤1.2;

难分离物质对的分离度:R≥1.5(对二甲苯和间二甲苯);

色谱柱有效板高：H_{eff}≤1.24 mm(间二甲苯)；

进样量：0.2 μL；

柱流量：0.55 mL/ min；

分流比：100∶1；

组分相对主体的相对保留值：$r_{苯,间二甲苯}=0.44$；$r_{甲苯,间二甲苯}=0.63$；$r_{乙基苯,间二甲苯}=0.93$；$r_{对二甲苯,间二甲苯}=0.96$；$r_{邻二甲苯,间二甲苯}=1.23$。

5.2.3 定量方法

按 GB/T 9722—2006 中 9.2 的规定测定。

5.3 色度

按 GB/T 605 的规定测定。

5.4 蒸发残渣

量取 116 mL(100 g)[化学纯取 58 mL(50 g)]样品，按 GB/T 9740 的规定测定。

5.5 酸度

取 100 mL 无二氧化碳的水，加 2 滴溴百里香酚蓝指示液(1 g/L)，用氢氧化钠标准滴定溶液[c(NaOH)=0.01 mol/L]滴定至溶液呈纯蓝色，保持 30 s。加 23 mL (20 g)样品于分液漏斗中，振摇 3 min，静置分层，分出 50 mL 水相，加 2 滴溴百里香酚蓝指示液(1 g/L)，若溶液呈黄色，用氢氧化钠标准滴定溶液[c(NaOH)=0.01 mol/L]滴定至溶液呈纯蓝色，并保持 30 s。结果按 GB/T 9736—2008 中 5.2.2 的规定计算。

5.6 碱度

取 100 mL 无二氧化碳的水，加 2 滴溴百里香酚蓝指示液(1 g/L)，用氢氧化钠标准滴定溶液[c(NaOH)=0.01 mol/L]滴定至溶液呈纯蓝色，保持 30 s。加 23 mL (20 g)样品于分液漏斗中，振摇 3 min，静置分层，分出 50 mL 水相，加 2 滴溴百里香酚蓝指示液(1 g/L)，若溶液呈蓝色，用盐酸标准滴定溶液[c(HCl)=0.01 mol/L]滴定至溶液呈黄色，并保持 30 s。结果按 GB/T 9736—2008 中 5.2.2 的规定计算。

5.7 易炭化物质

按 GB/T 9737 的规定测定。其中：量取 15 mL (13 g)样品，置于 50 mL 干燥的比色管中，冷却至 20 ℃±1 ℃，加入 5 mL 硫酸(优级纯，95.0%±0.5%)(20 ℃±1 ℃)，充分振摇 1 min(120 次/min)，并于 20 ℃±1 ℃的水浴中放置 5 min。溶液所呈颜色不应深于下列标准色：

分析纯：G/6 或 K/6；化学纯：G/3 或 K/3。

5.8 硫化合物

量取 5.8 mL(5 g)样品，加入 50 mL 氢氧化钾-乙醇溶液，回流 30 min，从冷凝器上端加入 50 mL 水，除去冷凝器，将有机物全部蒸掉，加 15 mL“30%过氧化氢”，在水浴上保温 15 min，用盐酸溶液(20%)中和并过量 1 mL，稀释至 100 mL。同时做空白试验溶液。取 10 mL 试液，于水浴上蒸干，加 15 mL水溶解残渣(必要时过滤)，用氢氧化钠溶液(10 g/L)中和，加 0.5 mL 盐酸溶液(20%)酸化后，按 GB/T 9728 的规定测定。溶液所呈浊度不应大于标准比浊溶液。

标准比浊溶液的制备是取 10 mL 空白试验溶液及含下列数量的硫酸盐(SO_4)标准溶液，与同体积试液同时同样处理。

分析纯：0.045 mg；化学纯：0.075 mg。

5.9 苯

同5.2。

5.10 甲苯

同5.2。

5.11 乙基苯

同5.2。

5.12 噻吩及同系物

取5 mL新制备的吲哚醌指示液(2 g/L),置于洁净干燥的比色管中,沿壁缓慢加入5 mL样品,形成明显的界面,放置1 h。两种溶液界面间不应有绿色或蓝色出现。

5.13 水分

量取10 mL(8.6 g)样品,以10 mL甲醇为溶剂,按GB/T 606的规定测定。

6 检验规则

按HG/T 3921的规定进行采样及验收。

7 包装及标志

按GB 15346的规定进行包装、贮存与运输,并给出标志,其中:
包装单位:第4类、第5类;
内包装形式:NBY-20、NBY-21、NBY-26、NBY-27、NBY-29;
隔离材料:GC-2、GC-3;
外包装形式:WB-1;
标签:符合GB 15258的规定,注明“易燃液体”。

ICS 27.060.30
J 98

中华人民共和国国家标准

GB/T 16507.1—2013
部分代替 GB/T 16507—1996

水管锅炉 第1部分:总则

Water-tube boilers—Part 1:General requirement

2013-12-31 发布　　2014-07-01 实施

中华人民共和国国家质量监督检验检疫总局
中国国家标准化管理委员会　发布

前　言

GB/T 16507《水管锅炉》分为以下 8 个部分：

——第 1 部分：总则；

——第 2 部分：材料；

——第 3 部分：结构设计；

——第 4 部分：受压元件强度计算；

——第 5 部分：制造；

——第 6 部分：检验、试验和验收；

——第 7 部分：安全附件和仪表；

——第 8 部分：安装与运行。

本部分为 GB/T 16507 的第 1 部分。

本部分按照 GB/T 1.1—2009 给出的规则起草。

本部分部分代替 GB/T 16507—1996，与 GB/T 16507—1996 相比，主要技术变化如下：

——水管锅炉与锅壳锅炉分为两个独立的标准，水管锅炉为 GB/T 16507，锅壳锅炉为 GB/T 16508；

——水管锅炉标准又分为总则，材料，结构设计，受压元件强度计算，制造，检验，试验和验收，安全附件和仪表，安装与运行等 8 个部分；

——规定了制造单位、使用单位、安装单位的资质和责任；

——界定了锅炉的范围；

——增加了钢制螺栓材料许用应力的取值规定；

——增加了安装与运行部分要求；

——增加了节能和环保的要求。

本部分由全国锅炉压力容器标准化技术委员会(SAC/TC 262)提出并归口。

本部分负责起草单位：上海发电设备成套设计研究院。

本部分参与起草单位：上海锅炉厂有限公司、哈尔滨锅炉厂有限责任公司、东方电气集团东方锅炉股份有限公司、北京巴布科克·威尔科克斯有限公司、武汉锅炉股份有限公司、杭州锅炉集团股份有限公司、无锡华光锅炉股份有限公司、中国电力企业联合会、上海工业锅炉研究所。

本部分主要起草人：严宏强、郑国耀、张瑞、亓安芳、徐玉军、曾会强、孔伯汉、肖慧芳、侯晓东、左彩霞、朱志强、陈秀彬、钱风华、吕翔、肖忠华。

本部分所代替标准的历次版本发布情况为：

——GB/T 16507—1996。

引　言

GB/T 16507 是全国锅炉压力容器标准化技术委员会(以下简称“委员会”)负责制订和归口的锅炉通用技术标准之一,用以规范在中国境内建造或使用的锅炉设计、制造、检验、验收和安装的相关技术要求。

由于本标准没有必要、也不可能囊括适用范围内锅炉建造和安装中的所有技术细节,因此,在满足法规所规定的基本安全要求的前提下,不应禁止本标准中没有特别提及的技术内容。

本标准不限制实际工程设计和建造中采用先进的技术方法,但工程技术人员采用先进的技术方法时应能作出可靠的判断,确保其满足本标准规定。

本标准既不要求也不禁止设计人员使用计算机程序实现锅炉的分析或设计,但采用计算机程序进行分析或设计时,除应满足本标准要求外,还应确认:

1)　所采用程序中技术假定的合理性;

2)　所采用程序对设计内容的适应性;

3)　所采用程序输入参数及输出结果用于工程设计的正确性。

对于标准技术条款的询问应以书面形式向委员会秘书处提交,并有义务提供可能需要的资料。与标准条款没有直接关系或不能被理解的询问将视为技术咨询的范畴,委员会有权拒绝回答。

对于未经委员会书面授权或认可的其他机构对标准的宣贯或解释所产生的理解歧义和由此产生的任何后果,本委员会将不承担任何责任。

水管锅炉
第1部分:总则

1 范围

1.1 GB/T 16507 的本部分规定了水管锅炉的材料,结构设计,受压元件强度计算,制造,检验、试验和验收,安全附件和仪表,安装等方面的通用技术要求。

1.2 本部分适用于以下范围的固定式水管锅炉:

a) 额定蒸汽压力≥0.1 MPa 的蒸汽锅炉;

b) 额定出水压力≥0.1 MPa 或者额定热功率≥0.1 MW 的热水锅炉;

c) 以余(废)热利用为主要目的的烟道式或烟道与管壳组合式余热锅炉。

1.3 本部分不适用于以下范围的水管锅炉:

a) 移动式水管锅炉;

b) 为满足设备和工艺流程冷却需要的冷却装置。

2 规范性引用文件

下列文件对于本文件的应用是必不可少的。凡是注日期的引用文件,仅注日期的版本适用于本文件。凡是不注日期的引用文件,其最新版本(包括所有的修改单)适用于本文件。

GB/T 753 蒸汽锅炉参数系列

GB/T 1921 工业蒸汽锅炉参数系列

GB/T 2900.48 电工名词术语 锅炉

GB/T 3166 热水锅炉参数系列

GB/T 10180 工业锅炉热工性能试验规程

GB/T 10184 电站锅炉性能试验规程

GB/T 10863 烟道式余热锅炉热工试验方法

GB 13223 火电厂大气污染物排放标准

GB 13271 锅炉大气污染物排放标准

GB/T 16507.2 水管锅炉 第2部分:材料

GB/T 16507.3 水管锅炉 第3部分:结构设计

GB/T 16507.4 水管锅炉 第4部分:受压元件强度计算

GB/T 16507.5 水管锅炉 第5部分:制造

GB/T 16507.6 水管锅炉 第6部分:检验、试验和验收

GB/T 16507.7 水管锅炉 第7部分:安全附件和仪表

GB/T 16507.8 水管锅炉 第8部分:安装与运行

GB/T 22395 锅炉钢结构设计规范

GB/T 29052 工业蒸汽锅炉节水降耗技术导则

JB/T 2190 锅炉人孔和头孔装置

JB/T 2191 锅炉手孔装置

JB/T 4730 承压设备无损检测

JB/T 6735　锅炉吊杆强度计算方法

JB/T 10094　工业锅炉通用技术条件

NB/T 47014　承压设备焊接工艺评定

TSG G0001　锅炉安全技术监察规程

TSG G0002　锅炉节能技术监察管理规程

3　术语与符号

3.1　术语和定义

GB/T 2900.48 界定的以及下列术语和定义适用于本文件。为了便于使用，以下重复列出了 GB/T 2900.48 中的某些术语和定义。

3.1.1

水管锅炉　water-tube boiler

烟气在受热面管子外部流动，工质在管子内部流动的锅炉(以下简称锅炉)。

[GB/T 2900.48—2008，定义 3.1.2]

3.1.2

受压元件　pressure component

承受内部或外部工质压力作用的元件，它是构成锅炉受压部件的基本单元。

3.1.3

受压部件　pressure part

由若干个受压元件组成，在锅炉系统中是一个相对独立的部分，如锅筒、集箱、水冷壁、过热器、再热器和省煤器等。

3.1.4

非受压元件　non-pressure component

不承受工质压力作用的元件。非受压元件包括承受载荷的和不承受载荷的元件，承受载荷的非受压元件包括支吊件和紧固件。

3.1.5

安全附件　safety accessory

用于保护锅炉设备，防止锅炉超过设计条件运行的器件或装置。包括安全阀、压力测量装置、水(液)位测量与示控装置、温度测量装置、排污和放水装置等。

3.1.6

额定压力　rated pressure

在规定的给水压力和负荷范围内长期连续运行时应予保证的锅炉出口的工质压力，也就是锅炉铭牌上标注的额定工作压力或额定出口压力。

3.1.7

工作压力　working pressure

在正常设计运行工况条件下，受压元件承受的最高压力。

3.1.8

计算压力　calculation pressure

在设计温度下，用以确定受压元件计算厚度的压力。

3.1.9

最高允许工作压力　maximum allowable working pressure (MAWP)

在规定的温度条件下，锅炉受压部件出口处允许承受的最大压力。该压力是根据部件的各受压元件的有效厚度，考虑了该元件承受的所有载荷而计算得到的，且取最小值。

注：当设计文件没有给出最大允许工作压力时，则可以认为该部件的计算压力即是最高允许工作压力。

3.1.10

水压试验压力 hydrostatic test pressure

在水压试验时，按规定对锅炉系统或受压部件(元件)进行水压试验时所施加的压力。

3.1.11

安全阀整定压力 safety release pressure

安全阀在运行条件下开始开启的设定压力。

3.1.12

额定温度 rated steam temperature

在规定的设计条件下长期连续运行应予保证的锅炉出口工质温度。

3.1.13

计算温度 calculation temperature

在正常工作情况下，设定的受压元件或承受载荷的非受压元件的金属温度(内外壁温算术平均值)，通常也称为计算壁温。

3.1.14

试验温度 test temperature

进行压力试验时，受压元件的金属温度。

3.1.15

计算厚度 required thickness

理论计算公式确定的受压元件厚度。必要时还应计入其他载荷所需厚度。

3.1.16

设计厚度 design thickness

计算厚度与腐蚀裕量之和。

3.1.17

名义厚度 nominal thickness

设计厚度加上钢材厚度负偏差和制造减薄量后，向上圆整至钢材标准规格的厚度，即图样标注厚度。

3.1.18

有效厚度 effective thickness

名义厚度减去腐蚀裕量、钢材厚度负偏差和制造减薄量后的厚度。

3.1.19

最小成形厚度 minimum required fabrication thickness

受压元件成形后保证设计要求的最小厚度。

3.1.20

安全系数 safety factor

考虑各种不确定性因素的影响，确定锅炉材料许用应力的系数。

3.2 符号

R_m ——材料室温抗拉强度，MPa；

R_{eL}($R_{p0.2}$或$R_{p1.0}$)——材料室温下屈服强度，MPa；

R_{eL}^t($R_{p0.2}^t$或$R_{p1.0}^t$)——材料设计温度下屈服强度，MPa；

R_D^t ——材料设计温度下持久强度平均值(10^5 h)，MPa；

R_n^t ——材料设计温度下蠕变极限平均值(稳态蠕变速率为1×10^{-5}%/h)，MPa。

4 资格与责任

4.1 资格

4.1.1 锅炉制造、检验、检测、安装单位应按《特种设备安全监察条例》的要求取得相应的生产许可证书。

4.1.2 锅炉焊接、无损检测人员应遵照国家质量监督检验检疫总局《特种设备作业人员监督管理办法》的规定取得特种设备相应资格证书。

4.2 责任

4.2.1 使用单位

使用单位应考虑各种与使用状况有关的因素及确定锅炉的技术要求，以书面形式向制造单位提供设计、制造所需要的以下条件：

a) 与制造单位协商确定的建造标准；
b) 根据设计需要给定锅炉的主要参数；提供厂址、地质和气象条件，以及燃料和工质的资料；提出锅炉布置方式、环境保护、运行方式、运输条件以及其他特殊要求；
c) 根据锅炉安装和运行的需要，提供合适的条件和配备相适应的辅助设备。

4.2.2 制造单位

制造单位应保证锅炉符合使用单位要求，对执行本部分的要求负有责任，并符合以下要求：

a) 根据安全、可靠和节能的原则，按使用单位的要求和需要进行设计，并确保在正常使用时锅炉的能效和环保符合法规和使用单位的要求；
b) 应按照有关安全技术规范的要求建立质量体系并有效运行，接受特种设备安全监察机构的监察，对所制造的锅炉产品质量负责；
c) 应保证设计文件的正确性和完整性，且设计文件的更改应有可追溯性；
d) 锅炉产品应在明显位置装设产品铭牌，铭牌的内容应符合以下要求：
   1) 制造单位名称；
   2) 锅炉型号；
   3) 设备代码；
   4) 产品编号；
   5) 蒸汽锅炉的额定蒸发量或最大连续蒸发量(t/h)，热水锅炉的额定热功率(MW)；
   6) 额定工作压力(MPa)；
   7) 额定蒸汽温度(℃)或者额定出口、进口水温度(℃)；
   8) 再热蒸汽进口、出口温度(℃)及进口、出口压力(MPa)；
   9) 锅炉制造许可证级别和编号；
   10) 制造日期(年月)。
e) 锅炉产品出厂时，应向使用单位提供与安全有关的技术资料，其内容至少包括：
   1) 锅炉图样(包括总图、安装图和主要受压部件图)；
   2) 受压元件的强度计算书或者计算结果汇总表；
   3) 安全阀排放量的计算书或者计算结果汇总表；
   4) 锅炉质量证明书，包括出厂合格证(含产品数据表)、金属材料证明、焊接质量证明和水(耐)压试验证明等；

5） 锅炉安装说明书和使用说明书；

6） 受压元件与设计文件不符的变更资料；

7） 热水锅炉的水流程图及水动力计算书或者计算结果汇总表；

8） 有机热载体锅炉的介质流程图和液膜温度计算书或者计算结果汇总表。

对于大于或等于 9.8 MPa 的蒸汽锅炉，除满足以上要求外，还应当提供以下技术资料：

9） 锅炉热力计算书或者热力计算结果汇总表；

10） 过热器、再热器壁温计算书或者计算结果汇总表；

11） 烟风阻力计算书或者计算结果汇总表；

12） 热膨胀系统图；

13） 高压及以上锅炉水循环（含汽水阻力）计算书或者计算结果汇总表；

14） 高压及以上锅炉汽水系统图；

15） 高压及以上锅炉各项安全保护装置整定值。

4.2.3 安装单位

安装单位的责任如下：

a） 锅炉安装应符合相应法规标准的规定和锅炉制造单位提供的安装说明书的相关技术要求；

b） 安装单位应当对其安装质量负责。

5 锅炉范围界定

5.1 总则

本部分所指锅炉的范围包括锅炉本体、范围内管道、安全附件和仪表等，按下列规定界定。

5.2 锅炉本体

由锅筒、受热面、集箱和连接管道等受压部件所组成的整体。

5.3 范围内管道

锅炉范围内的进出口集箱或管道与外部管道连接时，分界点是在焊接连接的第一道环向接头坡口端面、螺纹连接的第一个螺纹连接端面或法兰连接的第一个法兰密封面以内的管道。

a） 对于电站锅炉，锅炉本体的受压部件及锅炉范围内管道的范围界定分别如图 1、图 2 和图 3 所示。

b） 对于非电站锅炉，有分汽缸的锅炉，从锅炉给水阀出口起，到分汽缸出口止的管道；无分汽缸的锅炉，从锅炉给水阀出口起，到锅炉主蒸汽出口阀止的管道，包括给水、蒸汽、减温水、启动、取样、加药、排污、疏水、放水和放气等管道。

5.4 安全附件和仪表

锅炉安全附件和仪表，包括安全阀、压力测量装置、水（液）位测量与示控装置、温度测量装置等安全附件，以及安全保护装置和相关的仪表等。

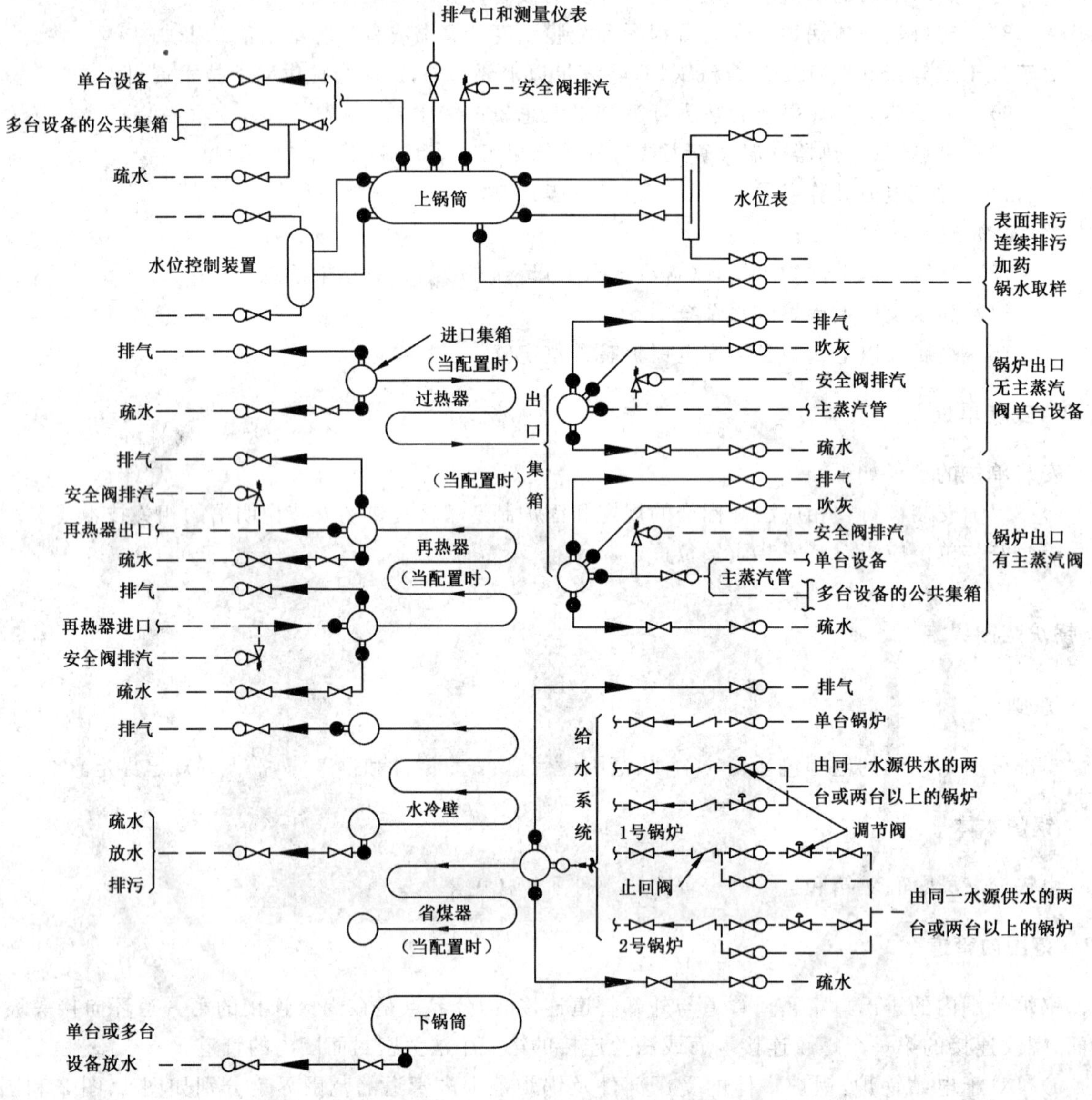

说明：

——— 锅炉本体；

●——— 锅炉范围内管道；

○— — 锅炉范围外管道，不属于锅炉管辖范围。

图 1　锅筒式锅炉

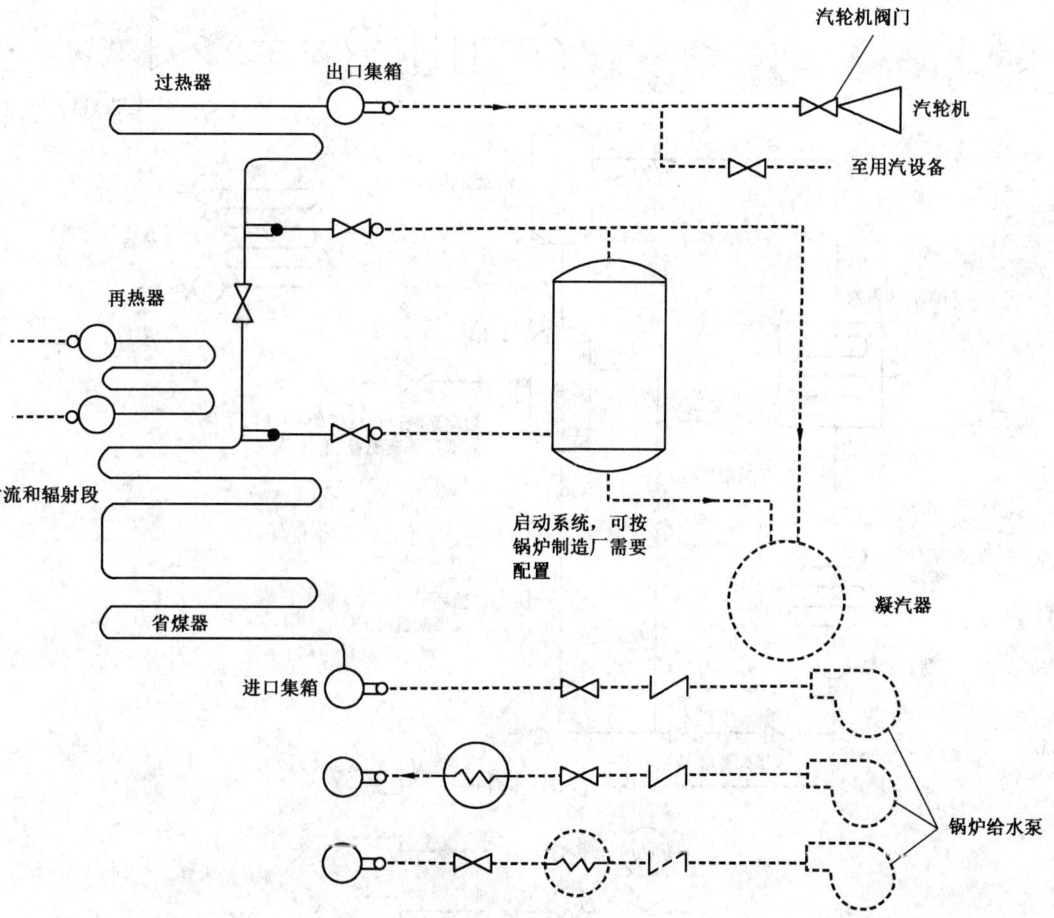

说明：

——— 锅炉本体；

●——— 锅炉范围内管道；

○— — 锅炉范围外管道，不属于锅炉管辖范围。

图 2　带外置式分离器启动系统的无固定汽水分界线锅炉

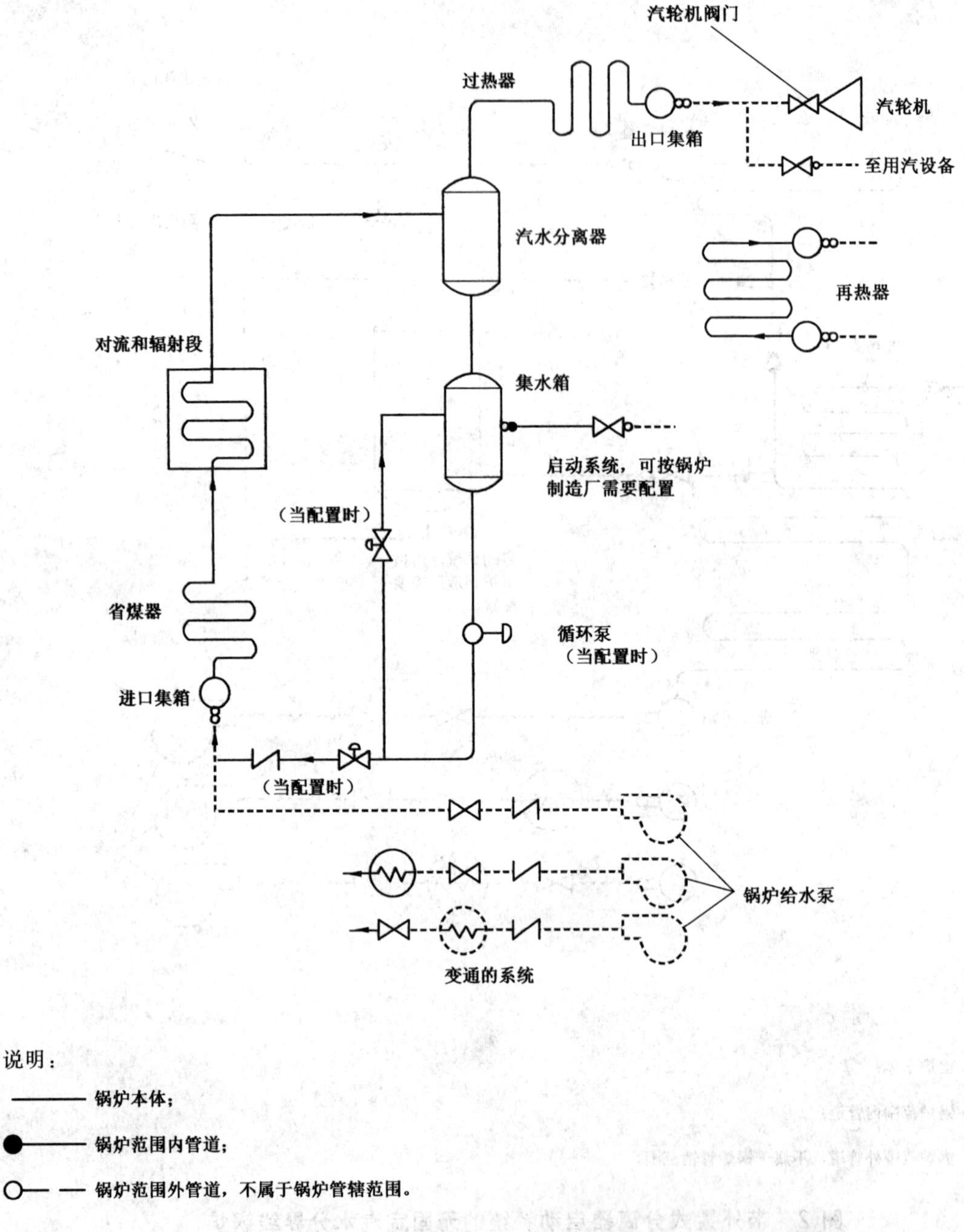

图 3　带内置式分离器启动系统的无固定汽水分界线锅炉

6　通用要求

6.1　基本要求

锅炉的设计、制造、检验、验收、安装和运行等应遵守国家颁布的有关法律、法规和 TSG G0001《锅炉安全技术监察规程》、TSG G0002《锅炉节能技术监督管理规程》等安全技术规范，并满足安全、经济、节能、环保的要求。本部分所有部分符合 TSG G0001《锅炉安全技术监察规程》相应规定的符合性声明见附录 A。

6.2 锅炉容量和额定参数

6.2.1 锅炉的容量用额定蒸发量(t/h)或额定热功率(MW)表示，锅炉的额定参数包括额定出力、额定压力(表压)和额定温度。

6.2.2 制造单位应按使用单位的要求保证锅炉出口处的参数达到额定值，额定值可参照以下标准选取：

a) 工业或生活用固定热水锅炉的参数参照 GB/T 3166；

b) 工业用固定式蒸汽锅炉的额定参数参照 GB/T 1921；

c) 发电用固定式蒸汽锅炉的额定参数参照 GB/T 753。

6.3 材料

6.3.1 受压元件所用材料应符合 GB/T 16507.2 的规定，若选用该部分以外的材料，应符合 TSG G0001《锅炉安全技术监察规程》的有关规定。

6.3.2 材料使用的压力和温度范围应符合 GB/T 16507.2 的规定。

6.3.3 受压元件常用材料的许用应力应从 GB/T 16507.2 相应许用应力表中选取，许用应力表中相邻温度之间的许用应力数值可用算术内插法确定，但应舍去小数点后的数值。未列入的材料可根据材料的强度(R_m、R_{eL}、R_{eL}^t、R_D^t 和 R_n^t)按表 1 的规定确定钢材许用应力。

6.3.4 钢制螺栓应根据材料的强度(R_{eL}^t 和 R_D^t)按表 2 的规定确定钢材许用应力。

表 1 受压元件所用材料许用应力的取值

材 料	许用应力 MPa (取下列各值中的最小值)
碳素钢、合金钢	$\frac{R_m}{2.7}$, $\frac{R_{eL}(R_{p0.2})}{1.5}$, $\frac{R_{eL}^t(R_{p0.2}^t)}{1.5}$, $\frac{R_D^t}{1.5}$, $\frac{R_n^t}{1.0}$
奥氏体钢(允许微量变形)	$\frac{R_m}{2.7}$, $0.9R_{eL}(R_{p0.2})$, $0.9R_{eL}^t(R_{p0.2}^t)$, $\frac{R_D^t}{1.5}$, $\frac{R_n^t}{1.0}$
奥氏体钢(不允许微量变形)	$\frac{R_m}{2.7}$, $\frac{R_{eL}(R_{p0.2})}{1.5}$, $\frac{R_{eL}^t(R_{p0.2}^t)}{1.5}$, $\frac{R_D^t}{1.5}$, $\frac{R_n^t}{1.0}$
铸钢[a]	$\frac{R_m}{(4/\theta)}$, $\frac{R_{eL}^t(R_{p0.2}^t)}{(1.5/\theta)}$, $\frac{R_D^t}{(1.5/\theta)}$
灰口铸铁	$\frac{R_m}{10}$
球墨铸铁	$\frac{R_m}{8}$
[a] θ 为铸钢质量系数。	

表 2　钢制螺栓材料许用应力的取值

材　料	螺栓直径 mm	热处理状态	许用应力[a] MPa (取下列各值中的最小值)	
碳素钢	≤M22	热轧、正火	$\frac{R^t_{eL}}{2.7}$	$\frac{R^t_D}{1.5}$
	M24～M48		$\frac{R^t_{eL}}{2.5}$	
低合金钢、 马氏体高合金钢	≤M22	调质	$\frac{R^t_{eL}(R^t_{p0.2})}{3.5}$	
	M24～M48		$\frac{R^t_{eL}(R^t_{p0.2})}{3.0}$	
	≥M52		$\frac{R^t_{eL}(R^t_{p0.2})}{2.7}$	
奥氏体钢	≤M22	固溶	$\frac{R^t_{eL}(R^t_{p0.2})}{1.6}$	
	M24～M48		$\frac{R^t_{eL}(R^t_{p0.2})}{1.5}$	

[a] 本表不适用锅炉钢结构。

6.3.5　非受压元件根据材料的强度(R_m、R_{eL}、R^t_{eL}、R^t_D 和 R^t_n)按表 3 的规定确定钢材许用应力。如果吊杆上还有螺纹部分，螺纹部分的许用应力值应取吊杆部分许用应力值的 75%(或螺纹部分应比光杆部分的许用应力值降低 25%)。

表 3　非受压元件所用材料许用应力的取值

材　料	许用应力 MPa (取下列各值中的最小值)
吊　杆	$\frac{R_m}{3},\frac{R_{eL}}{1.67},\frac{R^t_{eL}}{1.67},\frac{R^t_D}{1.67},\frac{R^t_n}{1.0}$
其　他	$\frac{R_m}{2.7},\frac{R_{eL}(R_{p0.2})}{1.5},\frac{R^t_{eL}(R^t_{p0.2})}{1.5},\frac{R^t_D}{1.5},\frac{R^t_n}{1.0}$

6.4　结构设计

6.4.1　锅炉受压元件、部件的结构应按 GB/T 16507.3 进行设计，支承式和悬吊式锅炉钢结构的设计应当符合 GB/T 22395 的要求，设计时应符合下列基本要求：

a) 各部分在运行时应当能够按照设计预定方向自由膨胀；
b) 在设计负荷变化范围内，锅炉蒸发系统应能使锅炉水动力特性稳定、可靠，保证所有受热面都能够得到可靠的冷却。受热面布置时，应当合理分配工质流量，尽量减小热偏差；
c) 凡属非受热面的元件，壁温可能超过该元件所用材料的许用温度时，应当采用冷却或绝热措施；
d) 各受压部件和承重结构在承受设计载荷时应有足够的强度、刚度，并保证结构的稳定性；
e) 受压元(部)件结构的形式、开孔和焊缝的布置应尽量避免或者降低应力叠加和应力集中；
f) 炉膛、包墙及烟道的结构应有足够的承载能力；
g) 炉墙应当具有良好的保温性和密封性；
h) 便于安装、运行操作、检修和清洗内外部；
i) 燃烧方式、炉膛和燃烧设备的结构以及布置应当与所设计的燃料相适应，对于燃煤锅炉，还应防止炉膛结渣、结焦或腐蚀、磨损等，以免引起受热面管损害。

6.4.2 应根据锅炉型式、参数和容量等进行热膨胀设计，处理相互间的热膨胀关系，各部分能在运行时按设计预定方向自由膨胀，受热部件的热膨胀不会产生永久变形和疲劳损坏。

管道进行系统热膨胀设计时，应根据锅炉参数和使用条件补充以下要求：
a) 按承受热载荷的要求进行柔性分析；
b) 按承受循环热载荷的要求进行热胀应力范围验算。

6.5 强度设计

6.5.1 一般规定

6.5.1.1 锅炉受压元件的强度设计和计算应按 GB/T 16507.4 的规定进行。对不能按 GB/T 16507.4 通过计算确定结构尺寸的受压元件，可以采用以下方法验证其安全性：
a) 应力验证法；
b) 屈服验证法；
c) 爆破验证法；
d) 应力分析验证法。

6.5.1.2 锅炉钢结构按 GB/T 22395 的规定进行。

6.5.1.3 支吊件应按 JB/T 6735 的规定。

6.5.1.4 人孔和手孔应按 JB/T 2190 和 JB/T 2191 的规定。

6.5.2 计算温度

6.5.2.1 受压元件

强度设计时锅炉受压元件计算温度取值原则如下：
a) 取金属温度最高部位的温度；
b) 各部件在工作状态下的金属温度不同时，可分别设定其计算温度；
c) 受压元件的计算温度通过以下方法确定：
   1) 由传热公式或经验公式计算；
   2) 取同类型锅炉的测量值；
   3) 根据受压元件内部工质温度和外部条件确定。
d) 计算工况不考虑锅炉出口过热蒸汽温度、再热蒸汽温度以及给水温度的允许范围偏差。

6.5.2.2 非受压元件

按非受压元件所在部位的工质温度、环境温度或烟气温度并结合传热条件所确定的金属温度。

6.5.3 载荷

受压元件在确定其尺寸(包括壁厚)时,应考虑下述情况引起的载荷:

a) 承受的内压或外压,以及所承受的静压;

b) 当下述载荷在元件上产生的附加应力使平均应力增加值超过许用应力的10%时,应计入它们的影响:

   1) 在运行工况和水压试验工况下,部件的自重(包括部件金属重、内储工质重、绝热和保温层重,积灰和结渣重、流化床上料层重等);

   2) 由结构相连接所承受的荷载,或由支承方法所引起的荷载。

c) 受压元件因承受下述载荷,应按实际需要采用相应标准规定的方法另外进行分析计算:

   1) 由整体布置的连接管道系统或由其热膨胀形成的力和力矩载荷;瞬时变化的温差或热膨胀系数之差形成的力和力矩;

   2) 在正常运行和启动或停炉期间,压力和温度快速而频繁变化引起的周期性载荷。必要时,还应考虑下列载荷:

d) 附属设备、管道、扶梯、平台等的重力载荷;

e) 风载荷、地震载荷、雪载荷;

f) 连接管道和其他部件的作用力;

g) 冲击载荷,包括压力急剧波动引起的冲击载荷、流体冲击引起的反力等;

h) 运输或吊装时的作用力。

6.5.4 工作压力

受压元件的工作压力包括锅炉额定工作压力、受压元件到锅炉出口最大流量时的流动阻力和受压元件到锅炉出口水柱静压力。

6.5.5 计算压力

以受压元件的工作压力为基准确定受压元件的计算压力。而在确定最高(允许)工作压力时应考虑安全阀起跳的设计附加压力(安全阀整定压力)。

再热蒸汽集箱、管子和管道的计算压力一般取锅炉在额定压力时工质工作压力的1.15倍。

6.5.6 厚度

6.5.6.1 厚度附加量

厚度附加量按式(1)确定:

$$C = C_1 + C_2 + C_3 \qquad (1)$$

式中:

C ——厚度附加量,单位为毫米(mm);

C_1——腐蚀裕量,单位为毫米(mm);

C_2——制造减薄量,单位为毫米(mm);

C_3——钢材厚度负偏差,单位为毫米(mm)。

6.5.6.2 对厚度的其他要求

除强度外,还应考虑受压元件的刚性和制造工艺对最小厚度的限制以及热应力对最大厚度的限制。

6.5.7 焊接接头系数

6.5.7.1 焊接接头系数应按对接接头的焊缝形式及无损检测的比例确定。

6.5.7.2 双面焊对接接头和相当于双面焊的全焊透对接接头：

a) 100%无损检测，$\varphi=1.00$；

b) 局部无损检测，$\varphi=0.90$。

6.5.7.3 单面焊对接接头(沿焊缝根部有垫板)：

a) 100%无损检测，$\varphi=0.9$；

b) 局部无损检测，$\varphi=0.8$。

6.6 制造

6.6.1 锅炉受压元(部)件的制造应符合 GB/T 16507.5 的要求。

6.6.2 锅筒、分离器、集箱、过热器管道及再热器管道的纵向和环向焊缝，封头、管板的拼接焊缝等应当采用全焊透型焊缝。受压元件的焊缝不应采用搭接结构。

6.6.3 锅炉元件在焊接前，应按 NB/T 47014 的规定对下列焊接接头进行焊接工艺评定：

a) 受压元件之间的对接焊接接头；

b) 受压元件之间或者受压元件与承载的非受压元件之间连接的要求全焊透的 T 型接头或角接接头。

6.7 检验和试验

6.7.1 一般规定

6.7.1.1 锅炉受压元(部)件的检验和试验应符合 GB/T 16507.6 的要求。

6.7.1.2 锅炉制造过程中和完工后，制造单位应按图样和质量计划的规定进行各项检验和试验，出具相应报告，并对报告的正确性和完整性负责。

6.7.2 无损检测

6.7.2.1 无损检测主要包括射线(RT)、超声(UT)、磁粉(MT)、渗透(PT)、涡流(ET)等检测方法，锅炉受压元件无损检测方法应当符合 JB/T 4730 的要求。

6.7.2.2 管子对接接头 X 射线实时成像应当符合相关技术规定。

6.7.2.3 选用超声衍射时差法(TOFD)时，应当与脉冲回波法(PE)组合进行检测，检测结论以 TOFD 与 PE 方法的结果进行综合判定。

6.7.3 水压试验

6.7.3.1 受压部件或锅炉整体的水压试验应按 GB/T 16507.6 的有关规定进行。

6.7.3.2 水压试验时，薄膜应力不得超过元件材料在试验温度下屈服强度的 90%。

6.8 安全附件和仪表

锅炉的安全附件和仪表应符合 GB/T 16507.7 的要求，并能保证锅炉安全可靠运行。

6.9 安装和运行

锅炉的安装和运行应符合 GB/T 16507.8 的要求，使用单位应按照制造单位的产品操作与维护说明书的要求正确使用锅炉。

6.10 节能要求

6.10.1 锅炉的设计、制造应遵照节能和节材的原则，应符合 TSG G0002《锅炉节能技术监督管理规程》

等相关法律、法规的要求。

6.10.2 锅炉的热工性能测试方法：

a) 工作压力小于 3.8 MPa 的蒸汽锅炉以及热水锅炉按 GB/T 10180 的要求进行；

b) 工作压力大于或等于 3.8 MPa 的蒸汽锅炉按 GB/T 10184 的要求进行；

c) 烟道式余热锅炉按 GB/T 10863 的要求进行。

6.10.3 在额定工况下，锅炉的热效率应满足法规和订货合同的规定。

6.10.4 工业蒸汽锅炉水汽系统节水降耗应符合 GB/T 29052 的规定。各种容量和燃料的工业锅炉的热效率、蒸汽品质、排烟温度和排烟处过量空气系数及外表温度应符合 JB/T 10094 的要求。

6.11 环保要求

6.11.1 锅炉的设计、制造应遵照环保的原则，应符合国家相关法律、法规的要求。

6.11.2 锅炉大气污染物的排放要求：

a) 除煤粉发电锅炉和单台出力大于 45.5 MW(65 t/h)发电锅炉以外的各种容量和用途的燃煤、燃油和燃气锅炉排放大气污染物应符合 GB 13271 的要求；

b) 单台出力 65 t/h 以上除层燃炉、抛煤机炉外的燃煤发电锅炉，各种容量的煤粉发电锅炉，单台出力 65 t/h 以上燃油、燃气发电锅炉，单台出力 65 t/h 以上采用煤矸石、生物质、油页岩、石油焦等燃料的发电用锅炉应符合 GB 13223 的要求。

附　录　A
（规范性附录）
符合性声明

A.1　本标准所有部分的制定遵循了国家颁布的锅炉安全法规所规定的安全基本要求，其设计准则、材料要求、制造检验技术要求、验收标准和安装要求均应符合《锅炉安全技术监察规程》的相应规定。本标准所有部分均为协调标准，即按本标准所有部分要求建造的锅炉可以满足《锅炉安全技术监察规程》的安全基本要求。

A.2　标准的修订采用提案审查制度。

任何单位和个人均有权利对本标准的修订提出建议，修订建议应采用“表 A.1　标准提案/问询表”的方式提交全国锅炉压力容器标准化技术委员会锅炉分技术委员会（以下简称“锅炉分会”）。锅炉分会对收到的标准修订提案进行审查，根据审查结果，将采纳的技术内容纳入下一版标准。

表 A.1　标准提案/问询表　　　总第　　　号

□标准提案　　□标准问询		标准名称	
单　　位		姓　　名	
联系地址		邮政编码	
电话/传真		电子信箱	
标准条款			
提案/问询内容（可另附页）			
技术依据与相关资料（可另附页）			
附加说明：			
单位图章或提案（问询）人签字：		提交日期： 年　　月　　日	

全国锅炉压力容器标准化技术委员会锅炉分技术委员会

地址：上海市闵行区剑川路 1115 号　　邮政编码：200240

电子邮箱：bsc@speri.com.cn

ICS 27.060.30
J 98

GB

中华人民共和国国家标准

GB/T 16507.2—2013
部分代替 GB/T 16507—1996、GB/T 9222—2008

水管锅炉
第2部分：材料

**Water-tube boilers—
Part 2:Materials**

2013-12-31 发布　　2014-07-01 实施

中华人民共和国国家质量监督检验检疫总局
中国国家标准化管理委员会　发布

前　言

GB/T 16507《水管锅炉》分为以下8个部分：

——第1部分：总则；

——第2部分：材料；

——第3部分：结构设计；

——第4部分：受压元件强度计算；

——第5部分：制造；

——第6部分：检验、试验和验收；

——第7部分：安全附件和仪表；

——第8部分：安装与运行。

本部分为GB/T 16507的第2部分。

本部分按照GB/T 1.1—2009给出的规则起草。

本部分部分代替GB/T 16507—1996和GB/T 9222—2008，与GB/T 16507—1996和GB/T 9222—2008相比，主要技术变化如下：

——将GB/T 16507—1996中材料部分独立成分标准；

——将GB/T 9222—2008中材料要求及许用应力表等内容纳入本部分；

——增加了适应亚临界、超临界、超超临界锅炉的材料；

——删除了长期不用或低档次的材料；

——具体规定了境外牌号的材料和新材料使用要求；

——增加了常用材料的弹性模量和膨胀系数数据。

本部分由全国锅炉压力容器标准化技术委员会(SAC/TC 262)提出并归口。

本部分负责起草单位：上海发电设备成套设计研究院。

本部分参与起草单位：中国特种设备检测研究院、哈尔滨锅炉厂有限责任公司、东方电气集团东方锅炉股份有限公司、北京巴布科克·威尔科克斯有限公司、上海锅炉厂有限公司、无锡华光锅炉股份有限公司、杭州锅炉集团股份有限公司、武汉锅炉股份有限公司、西安热工研究院有限公司。

本部分主要起草人：张瑞、吾之英、张显、程义、杨华春、骆声、徐沁、刘都槐、吕丽华、肖慧芳、刘树涛、陈秀彬。

本部分所代替标准的历次版本发布情况为：

——GB/T 16507—1996、GB/T 9222—2008。

水管锅炉
第2部分:材料

1 范围

GB/T 16507的本部分规定了水管锅炉受压元件允许使用的材料牌号及其标准、材料的基本技术要求、材料的适用范围(温度和压力)和许用应力,以及非受压元件允许使用的材料牌号及其标准。

本部分适用于GB/T 16507.1范围界定的水管锅炉受压元件材料及非受压元件用材料的选择和使用。

2 规范性引用文件

下列文件对于本文件的应用是必不可少的。凡是注日期的引用文件,仅注日期的版本适用于本文件。凡是不注日期的引用文件,其最新版本(包括所有的修改单)适用于本文件。

GB 150.2 压力容器 第2部分:材料
GB/T 228.1 金属材料 拉伸试验方法 第1部分:室温拉伸试验
GB/T 229 金属材料 夏比摆锤冲击试验方法
GB/T 699 优质碳素结构钢
GB/T 700 碳素结构钢
GB/T 711 优质碳素结构钢热轧厚钢板和钢带
GB 713 锅炉和压力容器用钢板
GB/T 1220 不锈钢棒
GB/T 1221 耐热钢棒
GB/T 1348 球墨铸铁件
GB/T 3077 合金结构钢
GB 3087 低中压锅炉用无缝钢管
GB/T 3274 碳素结构钢和低合金结构钢热轧厚钢板和钢带
GB/T 4338 金属材料高温拉伸试验方法
GB 5310 高压锅炉用无缝钢管
GB/T 6394 金属平均晶粒度测定法
GB/T 6803 铁素体钢的无塑性转变温度落锤试验方法
GB/T 9439 灰铸铁件
GB/T 10561 钢中非金属夹杂物含量的测定 标准评级图显微检验法
GB/T 13298 金属显微组织检验方法
GB/T 13303 钢的抗氧化性能测定方法
GB/T 16507.1 水管锅炉 第1部分:总则
JB/T 4730.3 承压设备无损检测 第3部分:超声检测承压设备无损检测
JB/T 9625 锅炉管道附件承压铸钢件技术条件
JB/T 9626 锅炉锻件技术条件
NB/T 47008(JB/T 4726) 承压设备用碳素钢和低合金钢锻件
NB/T 47010(JB/T 4728) 承压设备用不锈钢和耐热钢锻件

NB/T 47018(JB/T 4747)　承压设备用焊接材料订货技术条件

NB/T 47019　锅炉、热交换器用管订货技术条件

TSG G0001　锅炉安全技术监察规程

3　一般要求

3.1　锅炉受压元件和非受压元件用的材料及焊接材料应当符合 TSG G0001《锅炉安全技术监察规程》,以及相应国家标准和行业标准的要求。

3.2　选用材料时应考虑锅炉受压元件的运行条件(压力、温度以及其他环境因素)、材料的性能(力学性能、工艺性能、化学性能和物理性能等)、制造单位的加工工艺和装备。

3.3　锅炉受压元件和非受压元件所用的材料以及焊接材料应是本部分规定的材料,若使用本部分以外的材料,应符合本部分的相关要求,境外牌号的材料和新材料应符合附录 A 的要求。

3.4　未经许可不应在材料中有意加入材料标准未规定的元素。

3.5　锅炉制造、安装单位应当对锅炉用材料按照有关规定进行验收,合格后才能使用。符合下列情形之一的材料可以不进行理化和相应的无损检测复验:

a)　验收人员按照采购技术要求在材料制造单位进行验收,并且在检验报告上进行见证签字确认;

b)　用于压力<3.8 MPa 锅炉的碳素钢钢板、碳素钢钢管以及碳素钢焊材,实物标识清晰、齐全,具有满足 3.10 要求的材料质量证明书,并且质量证明书与实物相符。

3.6　锅炉制造中如有加热温度超过相变点的热加工或部件整体热处理的,其材料可不必要求材料制造单位保证热处理状态,但应在订货技术条件中明确规定。

3.7　受压元件的计算温度(壁温)不应超过本部分所规定该材料的温度限值。

3.8　与受压元件焊接的吊耳、鳍片以及类似的非受压元件材料应与它们所要连接的材料相匹配。

3.9　代用材料应满足原设计的要求,并经材料代用单位的技术部门(包括设计和工艺部门)同意。

3.10　锅炉专用钢板和钢管的制造单位应取得相应的特种设备制造许可证,保证材料的质量,并提供产品质量证明书。材料质量证明书应符合以下要求:

a)　材料制造单位应当按照相应材料标准和订货合同的规定,向用户提供质量证明书原件,并且在材料的明显部位作出清晰、牢固的钢印标志或者其他标志,材料质量证明书的内容应当齐全、清晰,并且加盖材料制造单位质量检验章;

b)　锅炉用材料不是由材料制造单位直接提供时,供货单位应当提供材料质量证明书原件或者材料质量证明书复印件并且加盖供货单位公章和经办人签章。

3.11　锅炉材料的许用应力可直接从相对应的许用应力表中选取,新材料和本部分中未给出的材料应按 GB/T 16507.1 的规定进行计算。

注:各许用应力表中粗实线后面的许用应力值系由持久强度计算。

3.12　材料的弹性模量、导热系数和膨胀系数可按附录 B 选取。

3.13　受压元件用材料应按 GB/T 228.1 进行室温拉伸试验,强度指标(R_{eL}和 R_m)应符合相应材料标准要求,断后伸长率应≥18%。

3.14　必要时,受压元件用材料应按 GB/T 229 进行室温或 0 ℃的夏比 V 型冲击试验,并符合相应材料标准要求,夏比 V 型冲击吸收能量 K_{V2}不低于 27 J。

夏比 V 型缺口冲击试样的取样部位和试样方向应符合相应材料标准的规定。冲击试验每组取 3 个标准试样,允许 1 个试样的冲击功数值低于规定值,但不得低于规定值的 70%。当材料尺寸无法制备标准试样时,则应依次制备宽度为 7.5 mm 或 5 mm 的小试样,其冲击功指标分别为标准试样冲击功指标的 75%或 50%。

奥氏体钢可免做冲击试验。

3.15 受压元件用钢板、钢管和锻件，当直接采用铸造钢坯(包括模铸和连铸)轧制和锻造时，其压缩比应不小于3。

4 钢板

4.1 钢板应符合GB 713或GB/T 3274的要求。

4.2 碳素钢和低合金钢钢板的工作压力和壁温(计算温度)适用范围应符合表1的规定。

4.3 用于锅筒、集箱端盖的钢板，应按JB/T 4730.3逐张进行超声波检测。质量等级：大于9.8 MPa压力等级锅炉用的钢板为Ⅰ级；其他压力等级锅炉不宜低于Ⅱ级。

表1 碳素钢和低合金钢钢板的适用范围

材料牌号	材料标准	适用范围	
		工作压力 MPa	壁温 ℃
Q235B Q235C Q235D	GB/T 3274	≤1.6	≤300
20	GB/T 711	≤1.6	≤350
Q245R	GB 713	≤5.3[a]	≤430
Q345R	GB 713	≤5.3[a]	≤430
13MnNiMoR	GB 713	不限	≤400
15CrMoR	GB 713	不限	≤520
12Cr2Mo1R	GB 713	不限	≤575
12Cr1MoVR	GB 713	不限	≤565

[a] 用于不受辐射热的锅筒等受压元件时，工作压力不受限制。

4.4 常用钢板的许用应力列于表2。

4.5 锅炉制造过程中需进行正火、正火加回火或调质热处理的碳素钢和低合金钢钢板，钢板制造单位的交货状态可不同于表2中的热处理状态。钢板制造单位出厂检验和锅炉制造单位复验钢板力学性能时，应从热处理的样坯上取样进行试验。

4.6 厚度大于36 mm的13MnNiMoR钢板，可按GB/T 6803附加落锤试验，无塑性转变温度(NDT)的合格指标在设计文件中规定。

4.7 设计计算温度高于300 ℃的钢板，可在设计文件中规定附加进行设计计算温度下的高温拉伸试验，高温拉伸试验按GB/T 4338的要求，高温规定非比例延伸强度值 $R_{p0.2}$ 参照附录C的规定。

表 2　锅炉常用钢板的许用应力

材料牌号	材料标准	热处理状态	材料厚度 mm	室温强度		在下列温度(℃)下的许用应力 MPa														
				R_m MPa	$R_{p0.2}$ MPa	20	100	150	200	250	300	350	400	425	450	475	500	525	550	575
Q235B Q235C Q235D	GB/T 3274	热轧、控轧、正火	≤16	370	235	136	133	127	116	104	95									
			>16～36	370	225	136	127	120	111	96	88									
20	GB/T 711	热轧、控轧、正火	≤16	410	245	148	147	140	131	117	108	98								
Q245R	GB 713	热轧 控轧 正火	≤16	400	245	148	147	140	131	117	108	98	91	85	61					
			>16～36	400	235	148	140	133	124	111	102	93	86	83	61					
			>36～60	400	225	148	133	127	119	107	98	89	82	80	61					
			>60～100	390	205	137	123	117	109	98	90	82	75	73	61					
			>100～150	380	185	123	112	107	100	90	80	73	70	67	61					
Q345R	GB 713	正火 正火＋回火	≤16	510	345	189	189	189	183	167	153	143	125	93	66					
			>16～36	500	325	185	185	183	170	157	143	133	125	93	66					
			>36～60	490	315	181	181	173	160	147	133	123	117	93	66					
			>60～100	490	305	181	181	167	150	137	123	117	110	93	66					
			>100～150	480	285	178	173	160	147	133	120	113	107	93	66					
			>150～200	470	265	174	163	153	143	130	117	110	103	93	66					
13MnNiMoR	GB 713	正火＋回火	30～100	570	390	211	211	211	211	211	211	211	203							
			>100～150	570	380	211	211	211	211	211	211	211	200							
15CrMoR	GB 713	正火＋回火	6～60	450	295	167	167	167	160	150	140	133	126	123	119	117	88	58		
			>60～100	450	275	167	167	157	147	140	131	124	117	114	111	109	88	58		
			>100～150	440	255	163	157	147	140	133	123	117	110	107	104	102	88	58		
12Cr2Mo1R	GB 713	正火＋回火	6～150	520	310	193	187	180	173	170	167	163	160	157	147	119	89	61	46	37
12Cr1MoVR	GB 713	正火＋回火	6～60	440	245	163	150	140	133	127	117	111	105	102	100	97	95	82	59	41
			>60～100	430	235	157	147	140	133	127	117	111	105	102	100	97	95	82	59	41

5 钢管

5.1 钢管应符合 GB 3087 或 GB 5310 的要求，采购时订货技术条件应符合 NB/T 47019 的要求。
5.2 外径≥76 mm 且壁厚≥14 mm 的钢管应附加室温冲击试验。
5.3 钢管的工作压力和壁温(计算温度)适用范围应符合表 3 的规定；当特别需要考虑烟气侧高温氧化时，钢管的工作压力和外壁壁温适用范围应符合表 4 的规定。
5.4 钢管的许用应力列于表 5。
5.5 根据锅炉元件运行环境，必要时可规定钢管的特殊抗腐蚀性能要求。
5.6 采用感应加热拉拔式和推制式扩管工艺生产的无缝钢管，碳素钢使用温度不得超过 400 ℃，合金钢使用温度不得超过 450 ℃。

表 3 钢管的适用范围

材料牌号	材料标准	适用范围		
		主要用途	工作压力 MPa	壁温 ℃
10 20	GB 8163	受热面管子	≤1.6	≤350
		集箱、管道	≤1.6	≤350
10 20	GB 3087	受热面管子	≤5.3	≤460
		集箱、管道	≤5.3	≤430
09CrCuSb	NB/T 47019	尾部受热面管子	不限	≤400
20G	GB 5310	受热面管子	不限	≤460
		集箱、管道	不限	≤430
20MnG 25MnG	GB 5310	受热面管子	不限	≤460
		集箱、管道	不限	≤430
15MoG 20MoG	GB 5310	受热面管子	不限	≤480
12CrMoG 15CrMoG	GB 5310	受热面管子	不限	≤560
		集箱、管道	不限	≤550
12Cr2MoG	GB 5310	集箱、管道	不限	≤575
12Cr1MoVG	GB 5310	受热面管子	不限	≤580
		集箱、管道	不限	≤565
15Ni1MnMoNbCu	GB 5310	集箱、管道	不限	≤450
10Cr9Mo1VNbN	GB 5310	集箱、管道	不限	≤620
10Cr9MoW2VNbBN	GB 5310	集箱、管道	不限	≤630

表 4　钢管的适用范围

材料牌号	材料标准	适用范围		
		主要用途	工作压力 MPa	外壁壁温[a] ℃
12Cr2MoG	GB 5310	受热面管子	不限	≤600
12Cr2MoWVTiB	GB 5310	受热面管子	不限	≤600
12Cr3MoVSiTiB	GB 5310	受热面管子	不限	≤600
07Cr2MoW2VNbB	GB 5310	受热面管子	不限	≤600
10Cr9Mo1VNbN	GB 5310	受热面管子	不限	≤650
10Cr9MoW2VNbBN	GB 5310	受热面管子	不限	≤650
07Cr19Ni10	GB 5310	受热面管子	不限	≤670
10Cr18Ni9NbCu3BN	GB 5310	受热面管子	不限	≤705
07Cr25Ni21NbN	GB 5310	受热面管子	不限	≤730
07Cr19Ni11Ti	GB 5310	受热面管子	不限	≤670
07Cr18Ni11Nb	GB 5310	受热面管子	不限	≤670
08Cr18Ni11NbFG	GB 5310	受热面管子	不限	≤700

[a] 外壁壁温指烟气侧管子外壁的温度。

表 5 锅炉常用钢管的许用应力

材料牌号	材料标准	热处理状态	室温强度		在下列温度(℃)下的许用应力 MPa																				备注
			R_m MPa	$R_{p0.2}$ MPa	20	100	150	200	250	300	350	400	425	450	475	500	525	550	575	600	625	650	675	700	
10	GB 3087	正火，≤15 mm	335	205	124	124	118	110	97	81	74	73	72	61	41										
		正火，>16 mm	335	195	124	121	116	110	97	81	74	73	72	61	41										
20	GB 3087	正火，≤16 mm	410	245	152	147	136	125	113	99	91	85	66	49	36										
		正火，>16 mm	410	235	152	143	134	125	113	99	91	85	66	49	36										
09CrCuSb	NB/T 47019	正火	390	245	144	144	137	127	120	113															
20G	GB 5310	正火	410	245	152	152	152	143	131	118	105	85	66	49	36										
20MnG	GB 5310	正火	415	240	154	146	143	139	131	122	117	103	78	58	40										
25MnG	GB 5310	正火	485	275	179	168	163	158	151	140	134	117	85	59	40										
15MoG	GB 5310	正火	450	270	167	167	167	150	137	120	113	107	105	103	102	62									
20MoG	GB 5310	正火	415	220	146	138	135	133	125	121	118	113	110	107	103	70									
12CrMoG	GB 5310	正火+回火	410	205	137	129	125	121	117	113	110	106	103	100	97	75	51	32	17						
15CrMoG	GB 5310	正火+回火	440	295	163	163	163	163	163	161	152	144	141	137	135	97	66	41	23						
12Cr2MoG	GB 5310	正火+回火 油淬+回火	450	280	166	128	125	124	123	123	123	123	122	119	99	81	64	49	35	24					
12Cr1MoVG	GB 5310	正火+回火 油淬+回火	470	255	170	165	162	159	156	153	150	146	143	141	137	123	97	73	53	37					
12Cr2MoWVTiB	GB 5310	正火+回火	540	345	200	200	200	200	200	200	200	200	200	200	196	164	134	108	83	61					
07Cr2MoW2VNbB	GB 5310	正火+回火	510	400	188	188	188	188	188	188	188	188	180	164	147	128	110	89	71	53					

表 5（续）

材料牌号	材料标准	热处理状态	室温强度 R_m MPa	室温强度 $R_{p0.2}$ MPa	在下列温度(℃)下的许用应力 MPa 20	100	150	200	250	300	350	400	425	450	475	500	525	550	575	600	625	650	675	700	备注
12Cr3MoVSiTiB	GB 5310	正火＋回火	610	440	225	225	225	225	225	225	225	225	225	204	172	140	113	90	69	52					
15Ni1MnMoNbCu	GB 5310	正火＋回火 油淬＋回火	620	440	229	229	229	229	229	229	229	229	208	163	105	46									
10Cr9Mo1VNbN	GB 5310	正火＋回火 油淬＋回火	585	415	216	216	216	216	216	216	216	216	216	202	174	147	124	102	81	62	45				
10Cr9MoW2VNbBN	GB 5310	正火＋回火 油淬＋回火	620	440	229	229	229	229	229	229	229	229	229	229	213	181	151	124	100	75	54	37			
07Cr19Ni10	GB 5310	固溶处理	515	205	136	136	136	130	122	116	111	107	105	103	101	99	97	95	78	64	52	42	33	27	a
					136	113	103	96	90	86	82	79	78	76	75	73	72	70	69	64	52	42	33	27	
10C18Ni9NbCu3BN	GB 5310	固溶处理	590	235	156	156	156	156	153	148	143	140	137	135	133	131	130	119	111	102	89	78	61	47	a
					156	135	126	119	113	109	106	103	102	100	99	97	96	95	93	92	89	78	61	47	
07Cr19Ni11Ti	GB 5310	固溶处理	515	205	136	136	136	136	135	128	122	119	117	115	114	113	112	93	75	59	46	37	29	23	a
					136	123	114	107	100	95	91	88	87	85	85	84	83	82	75	59	46	37	29	23	
07Cr18Ni11Nb	GB 5310	固溶处理	520	205	136	136	136	136	136	135	131	127	126	125	125	125	122	120	108	88	70	55	42	32	a
					136	126	118	111	105	100	97	94	93	93	93	93	91	89	88	87	70	55	42	32	
08Cr18Ni11NbFG	GB 5310	固溶处理	550	205	136	136	136	136	136	136	133	130	128	127	126	124	123	122	120	106	85	66	51	39	a
					136	123	116	111	106	102	99	96	95	94	93	92	91	90	89	88	85	66	51	39	
07Cr25Ni21NbN	GB 5310	固溶处理	655	295	196	196	196	188	180	174	170	166	164	162	160	158	155	153	132	107	90	69	54	41	a
					196	163	149	139	133	129	126	123	121	120	118	117	115	113	110	107	90	69	54	41	

[a] 该许用应力仅适用于允许产生微量永久变形的元件，对于有微量永久变形就引起泄漏或故障的场合不能采用。

6 锻件

6.1 受压元件用钢锻件应符合 NB/T 47008、NB/T 47010 或 JB/T 9626 的要求。

6.2 锅炉受压元件用锻件的工作压力和壁温(计算温度)适用范围应符合表 6 的规定,许用应力列于表 7。

6.3 采用未列入表 6 的 NB/T 47008 中材料时,其适用范围可参照 GB 150 的相关规定。

6.4 吊挂装置(U 型卡头、销轴等)用钢锻件的适用范围按表 8 的规定,许用应力列于表 9。

表 6 锅炉用锻件适用范围

材料牌号	材料标准	适用范围	
		工作压力 MPa	壁温 ℃
20	NB/T 47008 JB/T 9626	≤5.3[a]	≤430
16Mn	NB/T 47008 JB/T 9626	≤5.3[a]	≤430
15CrMo	NB/T 47008 JB/T 9626	不限	≤550
12Cr2Mo1	NB/T 47008 JB/T 9626	不限	≤565
12Cr1MoV	NB/T 47008 JB/T 9626	不限	≤565
10Cr9Mo1VNb	NB/T 47008	不限	≤620
S30408 (06Cr19Ni10)	NB/T 47010	不限	≤670
S32168 (06Cr19Ni11Ti)	NB/T 47010	不限	≤670

[a] 不与火焰接触时,工作压力不限。

6.5 当有要求时,用于受压元件的Ⅲ、Ⅳ级锻件应附加金相检验,金相检验要求可参照附录 D 的规定。

6.6 设计计算温度高于 300 ℃的钢锻件,可在设计文件中规定附加进行设计计算温度下的高温拉伸试验,高温拉伸试验按 GB/T 4338 的要求,其高温规定非比例延伸强度值 $R_{p0.2}$ 参照附录 C 的规定。

6.7 各类管件(三通、弯头、变径接头等)以及集箱封头等元件可以采用表 3 和表 4 中相应的钢管材料热加工制作。

6.8 除各种型式的法兰外,空心圆筒形管件或管帽类管件可以用表 6 中相应材料牌号的轧制或锻制圆钢加工而成,加工管件的圆钢不允许采用钢板代替。当采用轧制或锻制圆钢加工空心圆筒形管件或管帽类管件时,应符合以下要求:

a) 碳素钢管件外径不大于 160 mm,合金钢管件或管帽类管件外径不大于 114 mm;

b) 管件纵轴线与圆钢的轴线平行;

c) 加工后的管件热处理状态应符合图纸要求;

d) 加工后的管件应按图纸要求进行无损检测。

表7 锅炉常用锻件许用应力

材料牌号	材料标准	热处理状态	公称厚度 mm	室温强度 R_m MPa	室温强度 $R_{p0.2}$ MPa	在下列温度(℃)下的许用应力 MPa 20	100	150	200	250	300	350	400	425	450	475	500	525	550	575	600	625	650	675	700	备注
20	NB/T 47008	正火	≤100	410	235	152	140	133	124	111	102	93	86	83	61	41										
			>100～200	400	225	148	133	127	119	107	98	89	82	80	61	41										
			>200～300	380	205	137	123	117	109	98	90	82	75	73	61	41										
16Mn	NB/T 47008	正火 正火＋回火	≤100	480	305	178	178	167	150	137	123	117	110	93	66	43										
			>100～200	470	295	174	174	163	147	133	120	113	107	93	66	43										
			>200～300	450	275	167	167	157	143	130	117	110	103	93	66	43										
20MnMo	NB/T 47008	调质	≤300	530	370	196	196	196	196	196	190	183	173	167	131	84	49									
			>300～500	510	350	189	189	189	189	187	180	173	163	157	131	84	49									
			>500～700	490	330	181	181	181	181	180	173	167	157	150	131	84	49									
15CrMo	NB/T 47008	正火＋回火	≤300	480	280	178	170	160	150	143	133	127	120	117	113	110	88	58	37							
			>300～500	470	270	174	163	153	143	137	127	120	113	110	107	103	88	58	37							
12Cr2Mo1	NB/T 47008	正火＋回火	≤300	510	310	189	187	180	173	170	167	163	160	157	147	119	89	61	46	37						
			>300～500	500	300	185	183	177	170	167	163	160	157	153	147	119	89	61	46	37						
12Cr1MoV	NB/T 47008	正火＋回火	≤300	470	280	174	170	160	153	147	140	133	127	123	120	117	113	82	59	41						
			>300～500	460	270	170	163	153	147	140	133	127	120	117	113	110	107	82	59	41						
10Cr9Mo1VNbN	NB/T 47008	正火＋回火	≤300	590	420	219	219	219	219	219	219	219	219	219	203	174	150	125	102	81	62	45	29			
S30408 (06Cr19Ni10)	NB/T 47010	固溶处理	≤300	500	205	137	137	137	130	122	116	111	107	105	103	101	99	97	95	78	64	52	42	33	27	a
			≤300	500	205	137	113	103	96	90	86	82	79	78	76	75	73	72	70	69	64	52	42	33	27	
S32168 (06Cr19Ni11Ti)	NB/T 47010	固溶处理	≤300	500	205	137	137	137	137	135	128	122	119	117	115	114	113	112	93	75	59	46	37	29	23	a
			≤300	500	205	137	123	114	107	100	95	91	88	87	85	85	84	83	82	75	59	46	37	29	23	

[a] 该许用应力仅适用于允许产生微量永久变形的元件，对于有微量永久变形就引起泄漏或故障的场合不能采用。

表 8　锅炉吊挂装置(U 型卡头、销轴等)用钢锻件的适用范围

材料牌号	材料标准	适用温度 ℃
20	NB/T 47008 JB/T 9626	≤450
25	JB/T 9626	≤450
35	NB/T 47008 JB/T 9626	≤450
30CrMo	JB/T 9626	≤500
35CrMo	NB/T 47008 JB/T 9626	≤500
12Cr1MoV	NB/T 47008 JB/T 9626	≤565
10Cr9Mo1VNb	NB/T 47008	≤620
S30408 (06Cr19Ni10)	NB/T 47010	≤670
S32168 (06Cr19Ni11Ti)	NB/T 47010	≤670

表 9 锅炉吊挂装置(U 型卡头、销轴等)用钢锻件的许用应力

材料牌号	材料标准	热处理状态	公称厚度 mm	室温强度		在下列温度(℃)下的许用应力 MPa																			
				R_m MPa	$R_{p0.2}$ MPa	20	100	150	200	250	300	350	400	425	450	475	500	525	550	575	600	625	650	675	700
20	NB/T 47008 JB/T 9626	正火	≤100	410	235	137	126	120	111	100	92	83	77	75	54										
			>100～200	400	225	133	120	114	107	96	88	79	74	71	54										
			>200～300	380	205	123	110	105	98	88	81	74	68	65	54										
25	JB/T 9626	正火	≤100	420	235	140	126	120	111	100	92	83	77	75	54										
			>100～300	390	215	129	110	105	98	88	81	74	68	65	54										
35	NB/T 47008 JB/T 9626	正火	≤100	510	265	159	141	135	123	111	103	94	88	76	54										
			>100～300	490	245	147	135	129	120	108	100	91	85	76	54										
30CrMo	NB/T 47008 JB/T 9626	调质	≤300	620	440	207	207	207	207	207	207	201	192	184	135	100	71								
35CrMo	NB/T 47008 JB/T 9626	调质	≤300	620	440	207	207	207	207	207	207	201	192	184	135	100	71								
			>300～500	610	430	203	203	203	203	203	203	201	192	184	135	100	71								
12Cr1MoV	NB/T 47008 JB/T 9626	正火＋回火	≤300	470	280	157	153	144	138	132	126	120	114	111	108	105	102	74	53	37					
			>300～500	460	270	153	147	138	132	126	120	114	108	105	102	99	96	74	53	37					
10Cr9Mo1VNbN	NB/T 47008	正火＋回火	≤300	590	420	197	197	197	197	197	197	197	197	197	183	157	135	112	92	73	56	41	26		
S30408 (06Cr19Ni10)	NB/T 47010	固溶处理	≤300	500	205	123	102	92	86	81	77	74	71	70	68	67	66	64	63	62	57	46	38	30	24
S32168 (06Cr19Ni11Ti)	NB/T 47010	固溶处理	≤300	500	205	123	110	102	96	90	85	81	79	78	77	76	75	75	74	68	53	41	33	26	21

7 铸钢件

7.1 铸钢件应符合 JB/T 9625 的要求。

7.2 铸钢件的适用范围应符合表 10 的规定。

7.3 铸钢件的材料质量系数取 0.8。

7.4 铸钢的许用应力见表 11。

表 10 铸钢件的适用范围

材料牌号	材料标准	适用范围	
		工作压力 MPa	壁温 ℃
ZG230-450	JB/T 9625	不限	≤430
ZG20CrMo	JB/T 9625	不限	≤510
ZG20CrMoV	JB/T 9625	不限	≤540
ZG15Cr1Mo1V	JB/T 9625	不限	≤570

表 11 锅炉常用铸钢许用应力

材料牌号	材料标准	热处理状态	公称厚度 mm	室温强度		在下列温度(℃)下的许用应力 MPa													
				R_m MPa	$R_{p0.2}$ MPa	20	100	150	200	250	300	350	400	425	450	475	500	525	550
ZG230-450	JB/T 9625	正火	100	450	230	90	84	84	84	84	77	73	69	65	44				
ZG20CrMo	JB/T 9625	正火＋回火	100	460	245	92	88	88	88	88	88	83	80	79	77	75	45	31	
ZG20CrMoV	JB/T 9625	正火＋回火	100	490	315	98	98	98	98	98	98	98	98	98	98	96	62	46	29

8 铸铁件

8.1 铸铁件应符合 GB/T 9439 或 GB/T 1348 的要求。

8.2 铸铁件的适应范围应符合表 12 的规定。

8.3 铸铁的许用应力列于表 13。

表 12 铸铁件的适用范围

材料种类	材料牌号	材料标准	适用范围		
			附件公称通径 mm	工作压力 MPa	介质温度 ℃
灰铸铁	HT300 HT350	GB/T 9439 (JB/T 2639)	≤300	≤0.8	≤230
			≤200	≤1.6	
球墨铸铁	QT400-18 QT450-10	GB/T 1348 (JB/T 2637)	≤150	≤1.6	≤300
			≤100	≤2.5	

表 13 锅炉常用铸铁许用应力

材料牌号	材料标准	热处理状态	公称厚度 mm	室温强度		在下列温度(℃)下的许用应力 MPa					
				R_m MPa	$R_{p0.2}$ MPa	20	100	150	200	250	300
HT300	GB/T 9439 JB/T 2639	退火	—	300		30	30	30	30	30	
HT350			—	350		35	35	35	35	35	
QT400-18	GB/T 1348 JB/T 2637	球化退火	≤30	400	250	50	50	50	50	50	50
			>30～60	390	250	49	49	49	49	49	49
			>60～200	370	240	46	46	46	46	46	46
QT450-10	GB/T 1348 JB/T 2637	球化退火	≤30	450	310	56	56	56	56	56	56
			>30～60	420	280	53	53	53	53	53	53
			>60～200	390	260	49	49	49	49	49	49

9 吊杆和拉撑件

9.1 用于锅炉吊杆和拉撑杆材料可采用轧制或锻制圆钢。吊杆和拉撑杆用圆钢的适用范围按表 14 的规定。

9.2 吊杆圆钢的许用应力列于表 15。

9.3 拉撑板件应选用表 1 中锅炉用钢板材料。

表 14 吊杆和拉撑件用圆钢的适用范围

材料牌号	材料标准	适用范围壁温 ℃
20	GB/T 699	≤450
25	GB/T 699	≤450
35	GB/T 699	≤450
16Mn	NB/T 47008	≤475
15CrMo	GB/T 3077	≤550
30CrMo	GB/T 3077	≤450
35CrMo	GB/T 3077	≤450
12Cr2Mo1	NB/T 47008	≤565
12Cr1MoV	GB/T 3077	≤565
10Cr9Mo1VNbN	NB/T 47008	≤620
S30408 (06Cr19Ni10)	GB/T 1221	≤670
S32168 (06Cr19Ni11Ti)	GB/T 1221	≤670

表 15　锅炉吊杆用圆钢许用应力

材料牌号	材料标准	热处理状态	室温强度		在下列温度(℃)下的许用应力 MPa																	
			R_m MPa	$R_{p0.2}$ MPa	20	100	150	200	250	300	350	400	425	450	475	500	525	550	575	600	625	650
20	GB/T 699	正火	410	245	137	132	126	117	105	97	88	82	76	54								
35	GB/T 699	正火	530	315	177	171	159	147	132	120	111	102	76	54								
30CrMoA	GB/T 3077	调质	700	550	233	233	233	233	233	233	233	204	169	135	100	71						
12Cr1MoV	GB/T 3077	正火＋回火	490	245	147	147	144	138	132	126	120	114	111	108	105	102	74	53	37			
10Cr9Mo1VNbN	NB/T 47010	正火＋回火	590	420	197	197	197	197	197	197	197	197	197	183	157	135	112	92	73	56	41	26
S30408 (06Cr19Ni10)	GB/T 1221	固溶处理	520	205	123	102	92	86	81	77	74	71	70	68	67	66	64	63	62	57	46	38
S32168 (06Cr19Ni11Ti)	GB/T 1221	固溶处理	520	205	123	110	102	96	90	85	81	79	78	77	76	75	75	74	68	53	41	33

10 紧固件

10.1 紧固件的适用范围应符合表16的规定。

10.2 螺母的硬度应低于螺柱(栓)的硬度。

10.3 受压元件的紧固件用材料的许用应力应按GB/T 16507.1中表2的规定来确定。

表16 紧固件的适用范围

材料牌号	材料标准	适用范围	
		工作压力 MPa	介质温度 ℃
Q235-B Q235-C Q235-D	GB/T 700	≤1.6	≤350
20,25	GB/T 699	不限	≤350
35			≤420
40Cr	GB/T 3077		≤450
30CrMo 35CrMo			≤500
25Cr2MoVA	DL/T 439		≤510
25Cr2Mo1VA			≤550
20Cr1Mo1VNiTiB			≤570
20Cr1Mo1VTiB	JB/T 74		≤570
2Cr12WMoVNbB			≤600
06Cr19Ni10	GB/T 1221		≤610

11 焊接材料

焊条、焊剂、焊丝等应符合NB/T 47018(JB/T 4747)相应的要求。

附 录 A
（规范性附录）
材料补充要求

A.1 境外牌号的材料

A.1.1 境外材料制造单位生产的境外牌号材料

a) 应是国外锅炉用钢标准所列的材料牌号，或者列入钢材标准（非锅炉用钢标准），且化学成分和力学性能与国内允许用于锅炉的钢材相近或者未列入国家标准的成熟锅炉用钢牌号。

b) 按照订货合同规定的技术标准和技术条件进行材料验收。技术条件中钢板参照 GB 713、钢管参照 NB/T 47019 的技术要求补齐境外材料标准中缺少的检验项目。

c) 首次使用前应进行焊接工艺评定。

d) 锅炉强度计算应采用该材料的技术标准或者技术条件所规定的性能指标。

A.1.2 境内材料制造单位生产境外牌号的材料

a) 按照该材料国外标准的规定进行生产；

b) 制定企业产品标准，对照本部分同类型锅炉材料标准的技术要求补充所缺的检验项目并进行检验；

c) 批量生产前按《锅炉安全技术监察规程》的规定进行技术评审。

A.2 新材料

A.2.1 材料制造单位应制定该材料的企业标准。

A.2.2 新材料应按《锅炉安全技术监察规程》相关规定进行技术评审，评审资料包括：

a) 化学成分，以及确定上、下限的试验研究数据；

b) 室温夏比冲击吸收能量 K_{V2}；

c) 韧脆转变温度（$FATT_{50}$）；

d) 在从室温到至少超过最高允许工作温度 50 ℃，或到高温屈服强度与持久强度的等强温度以上 50 ℃的范围内，温度间隔 50 ℃的抗拉强度（R_m）、下屈服强度（R_{eL}）或者规定非比例延伸强度（$R_{p0.2}$），以及提供断后伸长率（A）和断面收缩率（Z）；

e) 工作温度高于 350 ℃的碳素钢以及工作温度高于 400 ℃的合金钢，应当提供 10 万 h 的持久强度（R_D^t）、长期时效稳定性以及蠕变极限（R_n^t）；

f) 对用于有疲劳失效倾向部件的材料应提供抗低周疲劳数据；

g) 使用温度高于 500 ℃的锅炉材料应当提供在使用温度（包括超过最高允许工作温度 20 ℃）的抗氧化数据；用于腐蚀介质的材料应给出抗腐蚀性能，若是奥氏体钢应提供抗晶间腐蚀数据；

h) 适用温度范围的弹性模量（E）、平均线膨胀系数（α）和导热系数（λ）等物理性能；

i) 材料的焊接性能及焊接接头力学性能数据；

j) 材料的冷加工和热加工性能的技术资料，例如冲压、卷制、弯曲、热处理等；

k) 材料制造工艺的技术资料，例如冶炼、铸造或者锻轧、热处理、工艺稳定性等。

附 录 B
（资料性附录）
常用材料的弹性模量、导热系数和膨胀系数

表 B.1 材料弹性模量

材料类别	在下列温度下(℃)下的弹性模量 E 10^3 MPa													
	20	100	150	200	250	300	350	400	450	500	550	600	650	700
碳素钢、碳锰钢	201	197	194	191	188	183	178	170	160	149				
锰钼钢、镍钢	200	196	193	190	187	183	178	170	160	149				
铬(0.5%～2%)钼(0.2%～0.5%)钢	204	200	197	193	190	186	183	179	174	169	164			
铬(2.25%～3%)钼(1.0%)钢	210	206	202	199	196	192	188	184	180	175	169	162		
铬(5%～9%)钼(0.5%～1.0%)钢	213	208	205	201	198	195	191	187	183	179	174	168	161	
铬钢(12%～17%)	201	195	192	189	186	182	178	173	166	157	145	131		
奥氏体钢(Cr18Ni8～Cr25Ni20)	195	189	186	183	179	176	172	169	165	160	156	151	146	140

表 B.2 材料导热系数

材料类别	在下列温度下(℃)下的导热系数 λ W/(m·K)														
	20	100	150	200	250	300	350	400	450	500	550	600	650	700	750
普通碳素钢(A)[a]	60.4	58.0	55.9	53.6	51.4	49.2	47.0	44.9	42.7	40.5	38.2	35.8			
碳钼钢、低铬钢、碳锰钢、低镍钢(C)[b]	41.0	40.6	40.4	40.1	39.5	38.7	37.8	36.8	35.8	34.8	33.9	32.8			
铬钼钢(D)[c]	36.3	36.9	37.1	37.2	37.1	36.7	36.2	35.4	34.6	33.7	32.8	32.0	31.1		
9%铬钢(F)[d]	22.3	24.4	25.5	26.3	26.9	27.4	27.7	27.9	27.9	27.9	27.8	27.6	27.3	27.0	
18%铬奥氏体钢(J)[e]	14.8	16.2	17.0	17.9	18.6	19.4	20.1	20.8	21.5	22.2	22.9	23.6	24.3	25.0	25.7
25%铬奥氏体钢(K)[f]	14.1	15.4	16.1	16.8	17.6	18.3	19.0	19.7	20.5	21.2	21.9	22.6	23.2	23.9	24.6

[a] 包括 10、15、20、20G、25、35、Q235、Q245。

[b] 包括 Q345、16Mn、15MoG、20MoG、20MnG、25MnG、12CrMoG、15CrMoG/R、13MnNiMoR、12Cr2MoWVTiB、12Cr3MoVSiTiB、07Cr2MoW2VNbB、30CrMo、35CrMo、15Ni1MnMoNbCu。

[c] 包括 12Cr2MoG、12Cr2Mo1R、12Cr1MoVG/R。

[d] 包括 10Cr9Mo1VNbN、10Cr9MoW2VNbBN。

[e] 包括 07Cr19Ni10、10Cr18Ni9NbCu3BN、07Cr19Ni11Ti、07Cr18Ni11Nb、08CrNi11NbFG、S30408、S32168。

[f] 包括 07Cr25Ni21NbN。

表 B.3 材料平均线膨胀系数

材料类别	在下列温度(℃)与 20 ℃之间的平均线膨胀系数 α 10^{-6} mm/(mm·℃)													
	50	100	150	200	250	300	350	400	450	500	550	600	650	700
碳素钢、碳锰钢、锰钼钢、低铬钼钢	11.12	11.53	11.88	12.25	12.56	12.90	13.24	13.58	13.93	14.22	14.42	14.62		
中铬钼钢(Cr5Mo～Cr9Mo)	10.52	10.91	11.15	11.39	11.66	11.90	12.15	12.38	12.63	12.86	13.05	13.18		
高铬钢(Cr13)	9.59	9.94	10.20	10.45	10.67	10.96	11.19	11.41	11.61	11.81	11.97	12.11		
奥氏体钢(Cr18Ni8～Cr19Ni14)	16.54	16.84	17.06	17.25	17.42	17.61	17.79	17.99	18.19	18.34	18.58	18.71	18.87	18.97
奥氏体钢(Cr25Ni20)		15.84	15.98	16.05	16.06	16.07	16.11	16.13	16.17	16.33	16.56	16.66	16.91	17.14

附　录　C
（资料性附录）
常用材料的高温力学性能

表 C.1　钢板的高温力学性能

牌号	板厚	在下列温度(℃)下的 $R_{p0.2}$(R_{eL}) MPa									
		20	100	150	200	250	300	350	400	450	500
Q235	3～16	235	199	191	174	156	143				
	＞16～36	225	191	180	167	144	132				
20	3～16	245	220	210	196	176	162	147			
Q245R	3～16	245	220	210	196	176	162	147	137	127	
	＞16～36	235	210	200	186	167	153	139	129	121	
	＞36～60	225	200	191	178	161	147	133	123	116	
	＞60～100	205	184	176	164	147	135	123	113	106	
	＞100～150	185	168	160	150	135	120	110	105	95	
Q345R	3～16	345	315	295	275	250	230	215	200	190	
	＞16～36	325	295	275	255	235	215	200	190	180	
	＞36～60	315	285	260	240	220	200	185	175	165	
	＞60～100	305	275	250	225	205	185	175	165	155	
	＞100～150	285	260	240	220	200	180	170	160	150	
	＞150～200	265	245	230	215	195	175	165	155	145	
13MnNiMoR	30～100	390	370	360	355	350	345	335	305		
	＞100～150	380	360	350	345	340	335	325	300		
15CrMoR	6～60	295	270	255	240	225	210	200	189	179	174
	＞60～100	275	250	235	220	210	196	186	176	167	162
	＞100～150	255	235	220	210	199	185	175	165	156	150
12Cr2Mo1R	6～150	310	280	270	260	255	250	245	240	230	215
12Cr1MoVR	6～60	245	225	210	200	190	176	167	157	150	142
	＞60～100	235	220	210	200	190	176	167	157	150	142

表 C.2 钢管的高温力学性能

牌号	在下列温度(℃)下的 $R_{p0.2}$(R_{eL}) MPa											
	20	100	150	200	250	300	350	400	450	500	550	600
10	205(t≤16 mm) 195(t>16 mm)			165	145	122	111	109	107			
20	245(t≤16 mm) 235(t>16 mm)			188	170	149	137	134	132			
09CrCuSb	245	220	205	190	180	170						
20G	245			215	196	177	157	137	98	49		
20MnG	240	219	214	208	197	183	175	168	156	151		
25MnG	275	252	245	237	226	210	201	192	179	172		
15MoG	270			225	205	180	170	160	155	150		
20MoG	220	207	202	199	187	182	177	169	160	150		
12CrMoG	205	193	187	181	175	170	165	159	150	140		
15CrMoG	295			269	256	242	228	216	205	198		
12Cr2MoG	280	192	188	186	185	185	185	185	181	173	159	
12Cr1MoVG	255					230	225	219	211	201	187	
12Cr2MoWVTiB	345					360	357	352	343	328	305	274
07Cr2MoW2VNbB	400	379	371	363	361	359	352	345	338	330	299	266
12Cr3MoVSiTiB	440					403	397	390	379	364	342	
15Ni1MnMoNbCu	440	422	412	402	392	382	373	343	304			
10Cr9Mo1VNbN	415	384	378	377	377	376	371	358	337	306	260	198
10Cr9MoW2VNbBN	440	420	412	405	400	392	382	372	360	340	300	248
07Cr19Ni10	205	170	154	144	135	129	123	119	114	110	105	101
10C18Ni9NbCu3BN	235	203	189	179	170	164	159	155	150	146	142	138
07Cr19Ni11Ti	205	184	171	160	150	142	136	132	128	126	123	122
07Cr18Ni11Nb	205	189	177	166	158	150	145	141	139	139	133	130
08Cr18Ni11NbFG	205	185	174	166	159	153	148	144	141	138	135	132
07Cr25Ni21NbN	295	245	224	209	200	193	189	184	180	175	170	160
t——公称壁厚。												

表 C.3 锻件高温力学性能

牌号	板厚	在下列温度(℃)下的 $R_{p0.2}$(R_{eL}) MPa											
		20	100	150	200	250	300	350	400	450	500	550	600
Q235	3～16	235	199	191	174	156	143						
	>16～36	225	191	180	167	144	132						

表 C.3（续）

牌号	板厚	在下列温度(℃)下的 $R_{p0.2}$(R_{eL}) MPa											
		20	100	150	200	250	300	350	400	450	500	550	600
20	≤100	235	210	200	186	167	153	139	129	121			
	>100～200	225	200	191	178	161	147	133	123	116			
	>200～300	205	184	176	164	147	135	123	113	106			
25	≤300	235	210	200	186	167	153	139	129	121			
35	≤100	265	235	225	205	186	172	157	147	137			
	>100～300	245	225	215	200	181	167	152	142	132			
16Mn	≤100	305	275	250	225	205	185	175	165	155			
	>100～200	295	265	245	220	200	180	170	160	150			
	>200～300	275	250	235	215	195	175	165	155	145			
15CrMo	≤300	280	255	240	225	215	200	190	180	170	160		
	>300～500	270	245	230	215	205	190	180	170	160	150		
12Cr2Mo1	≤300	310	280	270	260	255	250	245	240	230	215		
	>300～500	300	275	265	255	250	245	240	235	225	215		
12Cr1MoV	≤300	280	255	240	230	220	210	200	190	180	170		
	>300～500	270	245	230	220	210	200	190	180	170	160		
30CrMo	≤300	440	400	380	370	360	350	335	320	295			
35CrMo	≤300	440	400	380	370	360	350	335	320	295			
	>300～500	430	395	380	370	360	350	335	320	295			
10Cr9Mo1VNbN	≤300	420	384	378	377	377	376	371	358	337	306	260	198
S30408 (06Cr19Ni10)	≤300	205	170	154	144	135	129	123	119	114	110	105	101
S32168 (06Cr19Ni11Ti)	≤300	205	184	171	160	150	142	136	132	128	126	123	122

表 C.4 圆钢高温力学性能

牌号	在下列温度(℃)下的 $R_{p0.2}$(R_{eL}) MPa											
	20	100	150	200	250	300	350	400	450	500	550	600
20	245	220	210	196	176	162	147					
35	315	285	265	245	220	200	186					
30CrMoA	550	495	480	470	460	450	435	405	375			
12Cr1MoV	280	255	240	230	220	210	200	190	180	170		

表 C.4（续）

牌号	在下列温度(℃)下的 $R_{p0.2}$(R_{eL}) MPa											
	20	100	150	200	250	300	350	400	450	500	550	600
10Cr9Mo1VNbN	420	384	378	377	377	376	371	358	337	306	260	198
S30408 (06Cr19Ni10)	205	170	154	144	135	129	123	119	114	110	105	101
S32168 (06Cr19Ni11Ti)	205	184	171	160	150	142	136	132	128	126	123	122

表 C.5 铸钢的高温力学性能

牌号	厚度	在下列温度(℃)下的 $R_{p0.2}$(R_{eL}) MPa								
		20	100	200	300	350	400	450	500	550
ZG230-450	100	230	210	175	145	135	130	125		
ZG20CrMo	100	245		250	230	215	200	190	175	160
ZG20CrMoV	100	315	264	244	230		214		194	144
ZG15Cr1Mo1V	100	440		385	365	350	335	320	300	260

表 C.6 钢板 10^5 h 持久强度平均值

牌号	在下列温度(℃)下的 R_D MPa								
	400	425	450	475	500	525	550	575	600
Q245R	170	127	91	61					
Q345R	187	140	99	64					
13MnNiMoR	—	—	265	176					
15CrMoR	—	—	—	201	132	87	56		
14Cr1MoR	—	—	—	185	120	81	49		
12Cr1MoVR	—	—	—	—	170	123	88	62	
12Cr2Mo1R	—	—	221	179	133	91	69	56	

表 C.7　钢管 10^5 h 持久强度平均值

牌号	在下列温度(℃)下的 R_D MPa																													
	400	410	420	430	440	450	460	470	480	490	500	510	520	530	540	550	560	570	580	590	600	610	620	630	640	650	660	670	680	690	700
10	170	153	136	120	105	91	79																								
20	128	116	104	93	83	74	65	58	51	45	39																				
20G	128	116	104	93	83	74	65	58	51	45	39																				
20MnG				110	100	87	75	64	55	46	39	31																			
25MnG				120	103	88	75	64	55	46	39	31																			
15MoG						245	209	174	143	117	93	74	59	47	38	31															
20MoG									145	124	105	85	71	59	50	40															
12CrMoG									144	130	113	95	83	71																	
15CrMoG										168	145	124	106	91	75	61															
12Cr2MoG						172	165	154	143	133	122	112	101	91	81	72	64	56	49	42	36	31	25	22	18						
12Cr1MoVG											184	169	153	138	124	110	98	85	75	64	55										
12Cr2MoWVTiB															176	162	147	132	118	105	92	80	69	59	50						
07Cr2MoW2VNbB												184	171	158	145	134	122	111	101	90	80	69	58	43	28	14					
12Cr3MoVSiTiB															148	135	122	110	98	88	78	69	61	54	47						
15Ni1MnMoNbCu	373	349	325	300	273	245	210	175	139	104	69																				
10Cr9Mo1VNbN															166	153	140	128	116	103	93	83	73	63	53	44					
10Cr9MoW2VNbBN													235	218	202	187	172	157	142	127	113	100	87	75	65	56					
07Cr19Ni10																					96	88	81	74	68	63	57	52	47	44	40
10C18Ni9NbCu3BN																							137	131	124	117	107	97	87	79	71
07Cr19Ni11Ti																	123	118	108	98	89	80	72	66	61	55	50	46	41	38	35
07Cr18Ni11Nb																					132	121	110	100	91	82	74	66	60	54	48
08Cr18Ni11NbFG																							132	122	111	99	90	81	73	66	59
07Cr25Ni21NbN																					160	151	142	129	116	103	94	85	76	69	62

表 C.8 锻件 10^5 h 持久强度平均值

牌号	在下列温度(℃)下的 R_D MPa								
	400	425	450	475	500	525	550	575	600
20	170	127	91	61					
25	172	131	87	59	41				
35	170	127	91	61					
16Mn	187	140	99	64					
15CrMo	—	—	—	201	132	87	56		
12Cr1MoV	—	—	—	—	170	123	88	62	
12Cr2Mo1	—	—	221	179	133	91	69	56	
30CrMo	—	—	225	167	118	75			
35CrMo	—	—	225	167	118	75			

表 C.9 用于较高温度的锻件 10^5 h 持久强度平均值

牌号	在下列温度(℃)下的 R_D MPa																
	460	470	480	490	500	510	520	530	540	550	560	570	580	590	600	610	620
10Cr9Mo1VNbN	166	153	140	128	116	103	93	83	73	63	53	44					
S30408 (06Cr19Ni10)							96	88	81	74	68	63	57	52	47	44	40
S32168 (06Cr19Ni11Ti)				118	108	98	89	80	72	66	61	55	50	46	41	38	35

表 C.10 铸钢 10^5 h 持久强度平均值

牌号	在下列温度(℃)下的 R_D MPa				
	400	450	500	550	600
ZG230-450	160	83	40		
ZG20CrMo	370	244	117	55	
ZG20CrMoV		277	140	75	
ZG15Cr1Mo1V	419	275	171	96	28

表 C.11 圆钢 10^5 h 持久强度平均值

牌号	在下列温度(℃)下的 R_D MPa								
	400	425	450	475	500	525	550	575	600
20	170	127	91	61					
35	170	127	91	61					
12Cr1MoV	—	—	—	—	170	123	88	62	
35CrMoA	—	—	225	167	118	75			

表 C.12 用于较高温度的圆钢 10^5 h 持久强度平均值

牌号	在下列温度(℃)下的 R_D MPa																
	460	470	480	490	500	510	520	530	540	550	560	570	580	590	600	610	620
10Cr9Mo1VNbN	166	153	140	128	116	103	93	83	73	63	53	44					
S30408 (06Cr19Ni10)							96	88	81	74	68	63	57	52	47	44	40
S32168 (06Cr19Ni11Ti)				118	108	98	89	80	72	66	61	55	50	46	41	38	35

附 录 D
（资料性附录）
钢锻件的金相检验

D.1 总则

D.1.1 本附录作为标准正文的补充，给出了受压元件用钢锻件金相检验的要求。

D.1.2 受压元件钢锻件除应符合本附录的规定外，还应符合本部分的有关规定。

D.2 金相检验

D.2.1 用于锅炉受压元件用Ⅲ、Ⅳ级钢锻件，可附加进行下面的金相检验(除 Q235 外)。

D.2.2 金相检验取样部位与力学性能试验取样部位相同。

D.2.3 实际晶粒度

钢锻件的实际晶粒度按 GB/T 6394 进行检验，并符合表 D.1 的规定。

表 D.1 钢锻件的实际晶粒度

<table>
<tr><th>钢 号</th><th>晶粒度级别</th><th>两个检测区域
晶粒度最大级别与最小级别差</th></tr>
<tr><td>20</td><td rowspan="4">4～10 级</td><td rowspan="4">不超过 3 级</td></tr>
<tr><td>16Mn</td></tr>
<tr><td>15CrMo、14Cr1Mo、</td></tr>
<tr><td>12Cr1MoV、12Cr2Mo1</td></tr>
</table>

D.2.4 非金属夹杂物

钢锻件的非金属夹杂物按 GB/T 10561 中的 A 法评级，其 A、B、C、D 和 DS 各类夹杂物的细系级别和粗系级别应分别不大于 2.5 级，各类夹杂物的细系级别总数与粗系级别总数应各不大于 6.5。

D.2.5 显微组织

钢锻件的显微组织按 GB/T 13298 进行检验，并符合表 D.2 的规定。

表 D.2 钢锻件的显微组织

钢 号	显微组织
20	铁素体＋珠光体
16Mn	铁素体＋珠光体
15CrMo、14Cr1Mo	铁素体＋珠光体，或铁素体＋珠光体＋贝氏体
12Cr1MoV、12Cr2Mo1	铁素体＋贝氏体，或铁素体＋贝氏体＋珠光体(或索氏体)，或贝氏体

ICS 27.060.30
J 98

中华人民共和国国家标准

GB/T 16507.3—2013
部分代替 GB/T 16507—1996、GB/T 9222—2008

水管锅炉 第3部分:结构设计

Water-tube Boilers—
Part 3:Structure design

2013-12-31 发布 2014-07-01 实施

中华人民共和国国家质量监督检验检疫总局
中国国家标准化管理委员会 发布

前言

GB/T 16507《水管锅炉》分为以下8个部分：

——第1部分：总则；

——第2部分：材料；

——第3部分：结构设计；

——第4部分：受压元件强度计算；

——第5部分：制造；

——第6部分：检验、试验和验收；

——第7部分：安全附件和仪表；

——第8部分：安装与运行。

本部分为GB/T 16507的第3部分。

本部分按照GB/T 1.1—2009给出的规则起草。

本部分部分代替GB/T 16507—1996和GB/T 9222—2008，与GB/T 16507—1996和GB/T 9222—2008相比，主要技术变化如下：

——增加基本要求的内容(4.9、4.10、4.12～4.19)；

——将GB/T 9222—2008中与工艺相关的结构要求纳入本部分；

——修改管接头及吊耳的焊接要求；

——修改管子及管道对接焊缝距离要求；

——增加不等壁锅筒焊缝要求；

——增加管子、管道对接边缘偏差要求；

——修改扳边弯曲起点至焊缝中心线的距离规定；

——增加加强型的管接头要求；

——增加平端盖结构型式(7型和8型)；

——增加锅筒要求；

——增加减温器要求；

——增加吊杆基本要求；

——增加炉墙门孔要求；

——增加钢结构和扶梯及平台要求。

本部分由全国锅炉压力容器标准化技术委员会(SAC/TC 262)提出并归口。

本部分负责起草单位：北京巴布科克·威尔科克斯有限公司。

本部分参与起草单位：东方电气集团东方锅炉股份有限公司、上海锅炉厂有限公司、哈尔滨锅炉厂有限责任公司、上海发电设备成套设计研究院、杭州锅炉集团股份有限公司、无锡华光锅炉股份有限公司、武汉锅炉股份有限公司。

本部分主要起草人：骆声、孔伯汉、肖忠华、王正光、王宏生、施鸿飞、陈永岐、郭建明、蒋刚、杨文、钱钢、王桂玲。

本部分所代替标准的历次版本发布情况为：

——GB/T 16507—1996、GB/T 9222—2008。

水管锅炉 第3部分:结构设计

1 范围

GB/T 16507的本部分规定了水管锅炉锅筒(启动分离器)、集箱、减温器、管道、膜式壁、管子、管接头、吊杆、开孔、门孔、钢结构、扶梯及平台等结构设计的要求。

本部分适用于16507.1范围界定的水管锅炉的结构设计。

2 规范性引用文件

下列文件对于本文件的应用是必不可少的。凡是注日期的引用文件,仅注日期的版本适用于本文件。凡是不注日期的引用文件,其最新版本(包括所有的修改单)适用于本文件。

GB/T 985.1 气焊、焊条电弧焊、气体保护焊和高能束焊的推荐坡口

GB/T 985.2 埋弧焊的推荐坡口

GB/T 2900.48 电工名词术语 锅炉

GB 4053(所有部分) 固定式钢梯及平台安全要求

GB/T 16507.1 水管锅炉 第1部分:总则

GB/T 16507.2 水管锅炉 第2部分:材料

GB/T 16507.4—2013 水管锅炉 第4部分:受压元件强度计算

GB/T 22395 锅炉钢结构设计规范

JB/T 6734 锅炉角焊缝强度计算方法

JB/T 6735 锅炉吊杆强度计算方法

3 术语和定义

GB/T 2900.48及GB/T 16507.1界定的术语和定义适用于本文件。

4 基本要求

4.1 锅炉设计的基本原则应符合GB/T 16507.1的规定。

4.2 设计时应按本部分的规定和GB/T 16507.1及GB/T 16507.4专门要求确定所需考虑的计算荷载及所需进行的荷载计算。

4.3 设计时应保证元件壁温不超过所用材料的许用温度,并考虑受热面管子内外壁温差及内壁抗蒸汽氧化等因素,材料的选用应满足GB/T 16507.2的要求。

4.4 设计时应按GB/T 16507.4中有关强度计算公式或应力分析计算公式和规定,确定受压元件的最小需要厚度。对于承受荷载的非受压元件应按有关规定确定其计算尺寸。

4.5 设计时应保证在预期的运行工况下蒸发受热面、过热器、再热器和省煤器系统工作可靠,保证水动力特性稳定,防止传热恶化。

4.6 炉膛、包墙及尾部烟道的结构应有足够的承载能力,防止出现永久变形和炉墙垮塌,并应有良好的密封性。

4.7 承重结构在承受设计载荷时应具有足够的强度、刚度、稳定性及防腐蚀性。

4.8 炉墙应当具有良好的绝热和密封性。

4.9 各部件的设计应保证其运行时能按设计预定方向自由膨胀，额定压力不小于 3.8 MPa 的锅炉的锅筒和集箱应装设膨胀指示器。悬吊式锅炉本体设计确定的膨胀中心应予固定，应设置膨胀导向装置保证炉体沿预定方向膨胀。额定压力不小于 9.8 MPa 的锅炉，当部件及支撑结构不能承受安全阀排放反力、地震力等瞬时荷载时，应在适当位置设置阻尼装置以减小所受冲击力，防止设备损坏。

4.10 炉膛和燃烧设备的结构以及布置、燃烧方式应与所设计的燃料相适应，对于燃煤锅炉应防止炉膛结渣或者结焦。

4.11 对于受压元、部件的结构形式、开孔和焊缝的布置，设计时应尽量避免或减少应力叠加及应力集中。

4.12 启停频繁等参数波动较大的锅炉的锅筒和启动分离器，应按照 GB/T 16507.4—2013 附录 A 的规定进行疲劳强度校核。

4.13 燃煤锅炉(特别是循环流化床锅炉)应有防止受热面磨损的措施。

4.14 液态排渣锅炉和可能产生高温腐蚀的固态排渣锅炉，应采取防止高温腐蚀的措施。

4.15 直流锅炉蒸发受热面内不应发生膜态沸腾和水平管圈的汽、水分层流动。

4.16 直流锅炉应设置启动系统，容量应与锅炉最低直流负荷相适应。

4.17 直流锅炉启动系统的疏水排放能力应满足锅炉在各种启动方式下发生汽水膨胀时的最大疏水流量。

4.18 直流电站锅炉采用外置式汽水分离器启动系统时，隔离阀的工作压力应当按照最大连续负荷下的设计压力考虑，汽水分离器的强度按照锅炉最低直流负荷的设计参数设计计算；采用内置式汽水分离器启动系统时，各部件的强度应当按照锅炉最大连续负荷的设计参数计算。

4.19 对于控制循环锅炉、低循环倍率锅炉及超临界压力复合循环锅炉，其锅水循环泵(启动循环泵)及其进水管的布置应能避免管内及泵入口处工质发生汽化。

4.20 受热面的管夹、吊挂和夹持管等应设置合理、可靠，防止超温、烧损、拉伤和引起管子相互碰撞及摩擦。

4.21 锅炉结构应便于安装、运行操作、检修和清洗内外部。

5 焊接连接要求

5.1 锅炉角焊缝的强度计算应符合 JB/T 6734 的规定。

5.2 受压元件主要焊缝及其邻近区域应避免焊接附件。如果无法避免，则焊接附件的焊缝可以穿过主要焊缝，而不应在主要焊缝及其邻近区域终止。

5.3 锅炉受热面管子(异种钢接头除外)以及管道直段上，对接焊缝中心线间的距离 L 应满足下列要求：

a) 外径小于 159 mm，$L\geqslant 2$ 倍外径；

b) 外径大于或者等于 159 mm，$L\geqslant 300$ mm。

当锅炉结构难以满足上述要求时，对接焊缝的热影响区不应重合，并且 $L\geqslant 50$ mm。

5.4 受热面管子及管道(盘管及成型管件除外)对接焊缝应位于管子直段上。受热面管子的对接焊缝中心线至锅筒及集箱外壁、管子弯曲起点、管子支吊架边缘的距离至少为 50 mm，对于额定工作压力大于或等于 3.8 MPa 的锅炉距离至少为 70 mm；对于管道距离应不小于 100 mm。

5.5 锅筒、分离器、集箱、过热器管道及再热器管道的纵向和环向焊缝，封头的拼接焊缝等应采用全焊透型焊缝。锅炉受压元件的焊缝不应采用搭接结构。

5.6 锅筒(筒体壁厚不相等的除外)上相邻两筒节的纵向焊缝,以及封头的拼接焊缝与相邻筒节的纵向焊缝,都不应彼此相连。其焊缝中心线间外圆弧长至少应为较厚钢板厚度的 3 倍,且不小于 100 mm。

5.7 由两片不等壁厚钢板压制后焊成的锅筒,相邻两筒节的纵缝允许相连,但焊缝的交叉部位应经射线检测合格。

5.8 锅筒纵、环缝两边的钢板中心线应对齐,锅筒环缝两侧的钢板不等厚时,也允许一侧的边缘对齐。名义壁厚不同的两元件或者钢板对接时,两侧中任何一侧的名义边缘厚度差值若超过 5.9 规定的边缘偏差值,则厚板的边缘须削至与薄板边缘平齐,削出的斜面应平滑,并且斜率不大于 1∶3,必要时,焊缝的宽度可在计算斜面内,参见图 1。

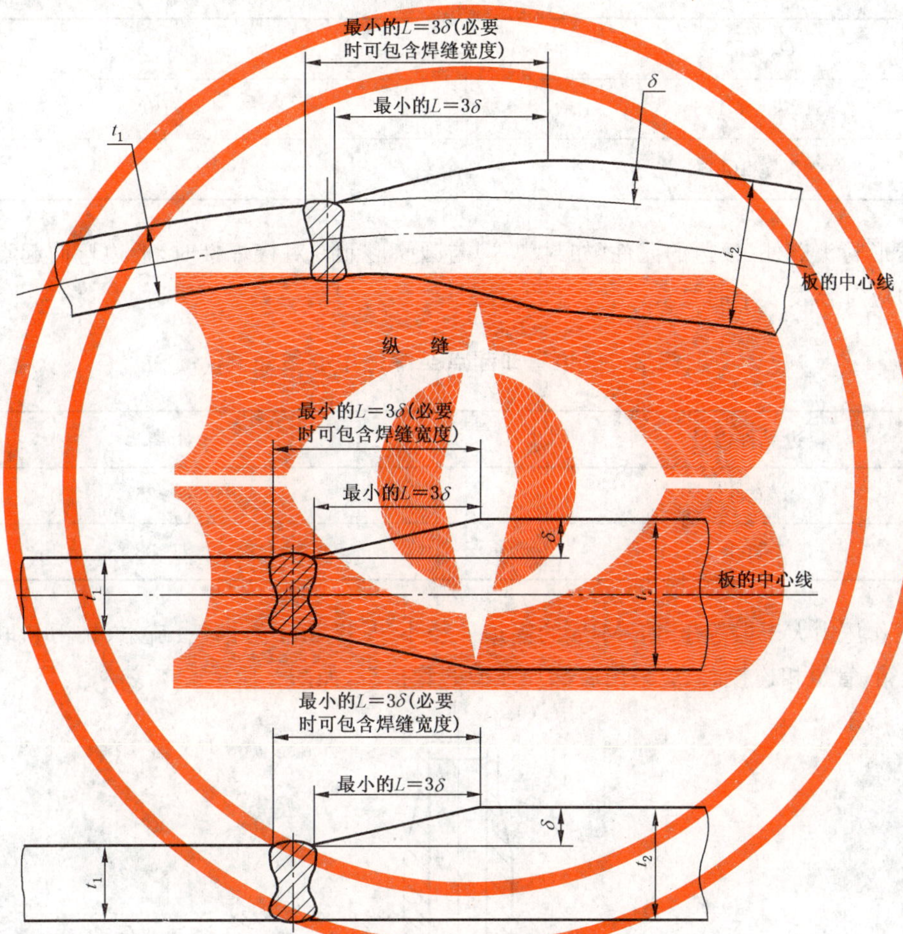

说明:

δ——名义边缘偏差;

t_2——厚板的厚度;

t_1——薄板的厚度;

L——削薄的长度。

图 1 筒体削薄

5.9 锅筒对接焊缝边缘偏差规定如下:

a) 纵缝或封头拼接焊缝两边钢板的实际边缘偏差值不大于名义板厚的 10%,且不超过 3 mm;当板厚大于 100 mm 时，不超过 6 mm。

b) 环缝两边钢板的实际边缘偏差值(包括板厚差在内)不大于名义板厚的 15%加 1 mm，且不超过 6 mm；当板厚大于 100 mm 时，不超过 10 mm。

c) 不同厚度的两元件或钢板对接并且边缘已削薄的，按钢板厚度相同对待，上述的名义板厚指薄板；不同厚度的钢板对接但不带削薄的，则上述的名义板厚指厚板。

5.10 管子、管道对接时，内表面应对齐，外侧边缘偏差应不大于表 1 的规定。

表 1 管子、管道对接外侧边缘偏差

单位为毫米

管子、管道外径 D_o	最大边缘偏差
$D_o \leqslant 51$	0.8
$51 < D_o \leqslant 108$	1.0
$D_o > 108$	2.5

5.11 除了球形封头以外，扳边的元件(如封头等)与圆筒形元件对接焊接时，扳边弯曲起点至焊缝中心线的距离(L)应符合表 2 中的要求。

表 2 扳边弯曲起点至焊缝中心线距离

单位为毫米

扳边元件内径	距离 L
≤600	≥25
>600	≥38

5.12 额定工作压力大于或等于 3.8 MPa 的锅炉外径小于 32 mm 的排气、疏水、排污和取样管等管接头与锅筒、集箱、管道相连接时，应采用底部加强型的管接头，如图 2 所示。

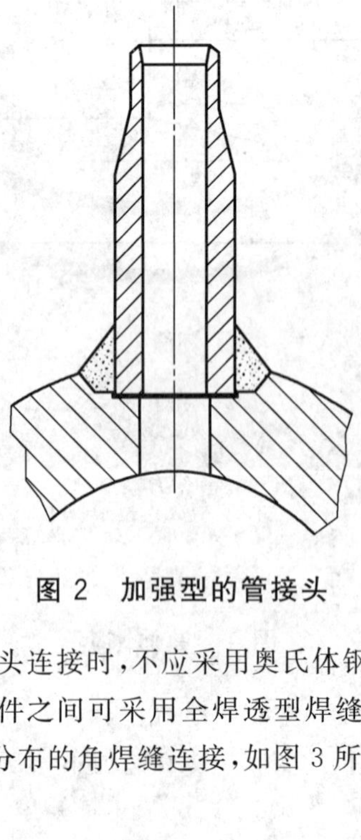

图 2 加强型的管接头

5.13 锅筒、集箱、管道与支管或管接头连接时，不应采用奥氏体钢和铁素体钢的异种钢焊接。

5.14 承受主要荷载的吊耳与受压元件之间可采用全焊透型焊缝连接、坡口焊缝与角焊缝的组合焊缝连接，或者沿周界或接触面全长连续分布的角焊缝连接，如图 3 所示。

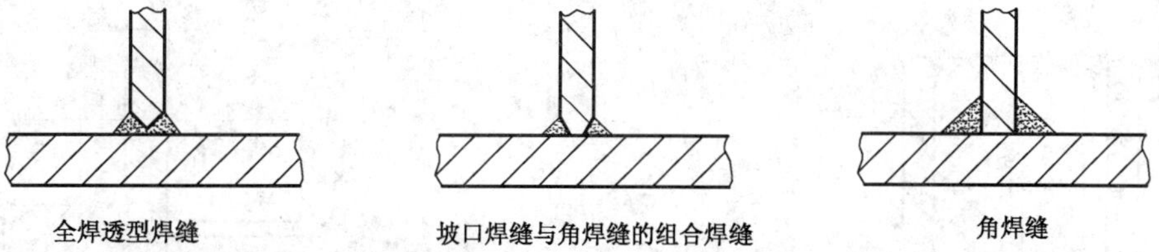

全焊透型焊缝　　坡口焊缝与角焊缝的组合焊缝　　角焊缝

图 3　吊耳连接型式

5.15　对接焊接接头型式，可参照 GB/T 985.1、GB/T 985.2 的规定。

5.16　管子或管接头与筒体或封头的焊接连接允许采用的型式如图 4 和图 5 所示。

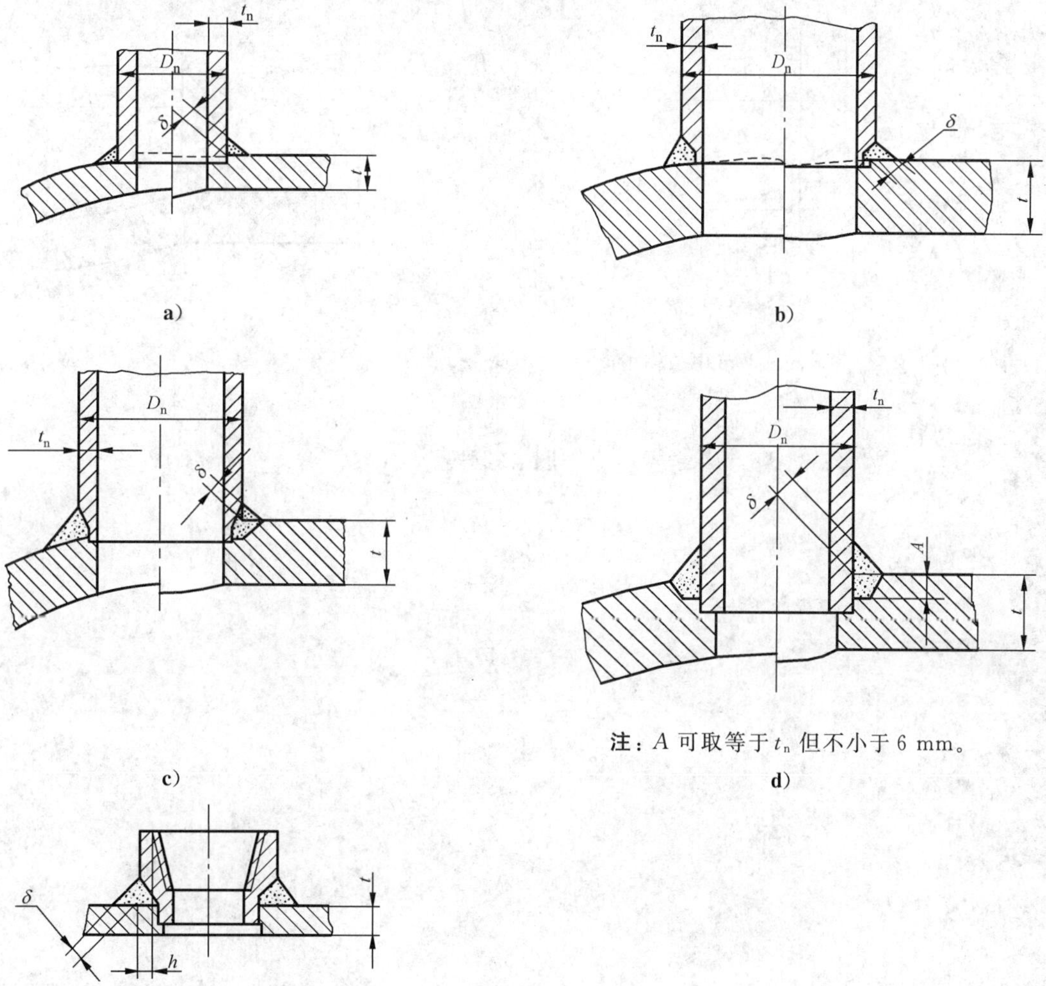

a)

b)

c)

注：A 可取等于 t_n 但不小于 6 mm。

d)

注：用于公称管径不大于 76 mm 的内管螺纹附件，
坡口焊缝的 h 不小于连接管的厚度。

e)

A　部分焊透型

图 4　外置式焊接连接允许采用的型式

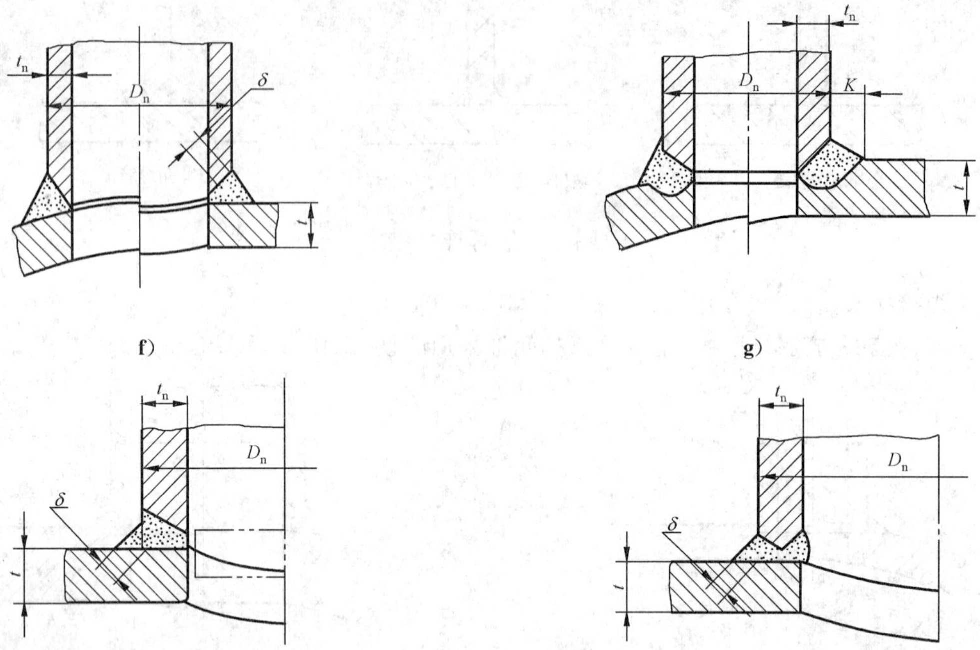

f)　　g)

h)　　i)

说明：δ 不小于 $0.7t_n$ 和 6 mm 两者中的较小值。

B　全焊透型

图 4(续)

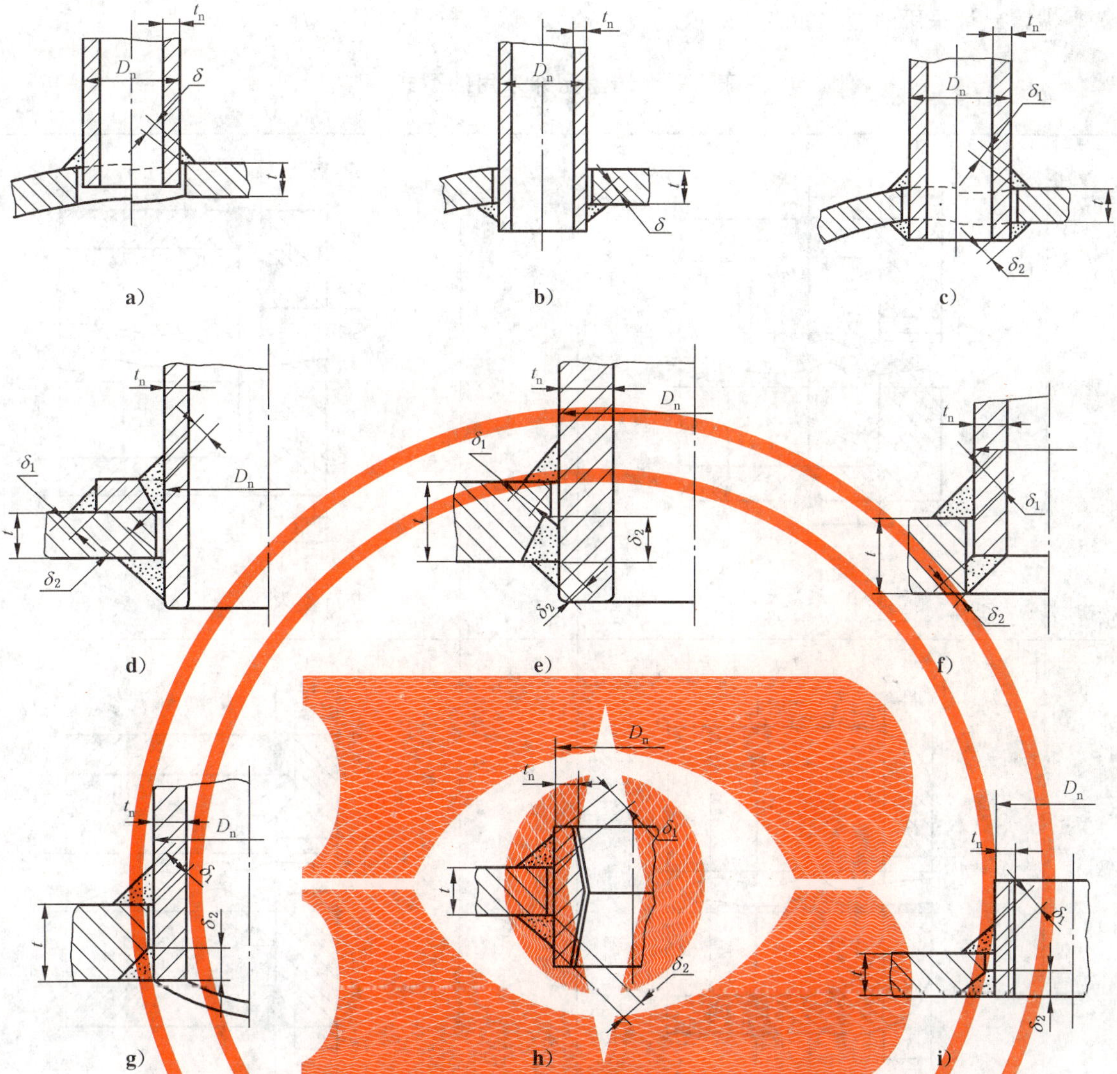

A　部分焊透型

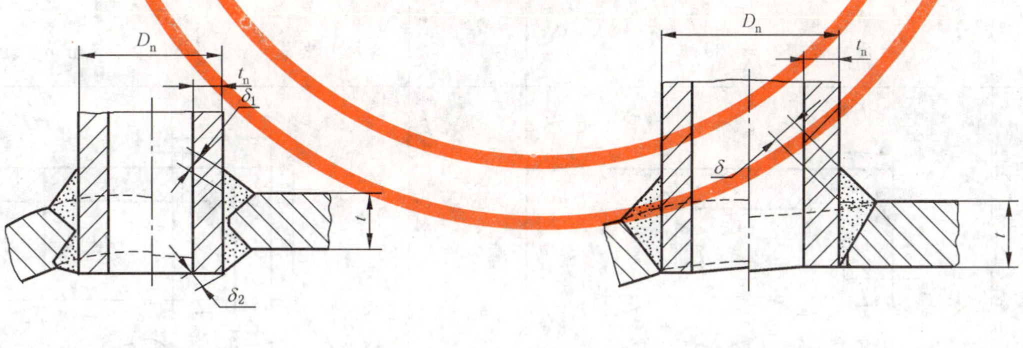

B　全焊透型

说明：

1　δ 不小于 $0.7t_n$ 和 6 mm 两者中的较小值。

2　$\delta_1+\delta_2 \geqslant 1.25t_n$。

图 5　内插式焊接连接允许采用的型式

5.17　平端盖允许采用的型式如表 3 所示。

表 3　平端盖允许采用的型式

<table>
<tr><td>1 型</td><td>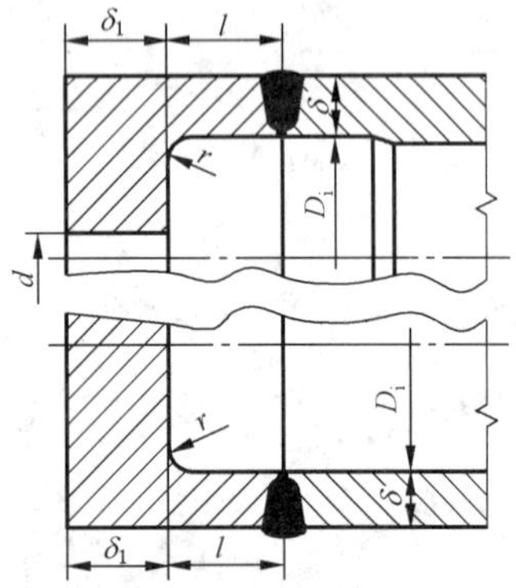

尺寸要求　$r \geqslant \frac{2}{3}\delta$；$l \geqslant \delta$</td><td>2 型</td><td>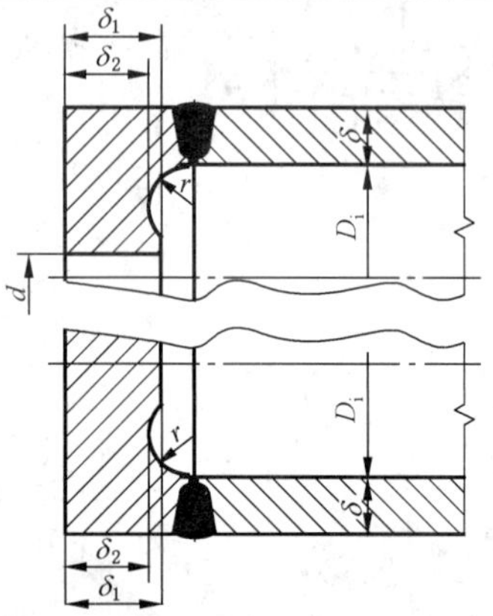

尺寸要求　$r \geqslant 1.5\delta$；$\delta_2 \geqslant 0.8\delta_1$</td></tr>
<tr><td>3 型</td><td>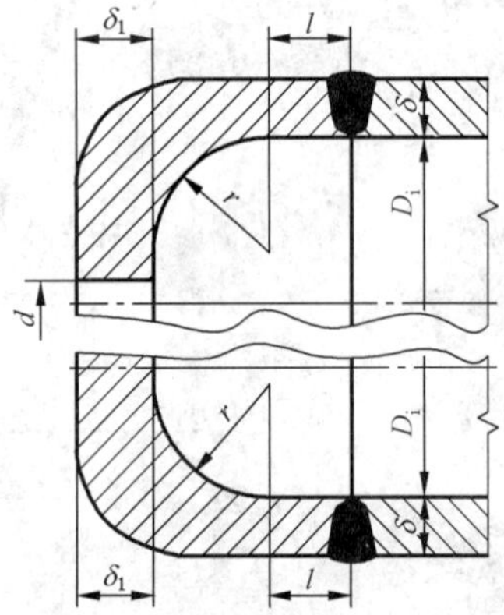

尺寸要求　$r \geqslant 3\delta$；$l \geqslant \delta$</td><td>4 型</td><td>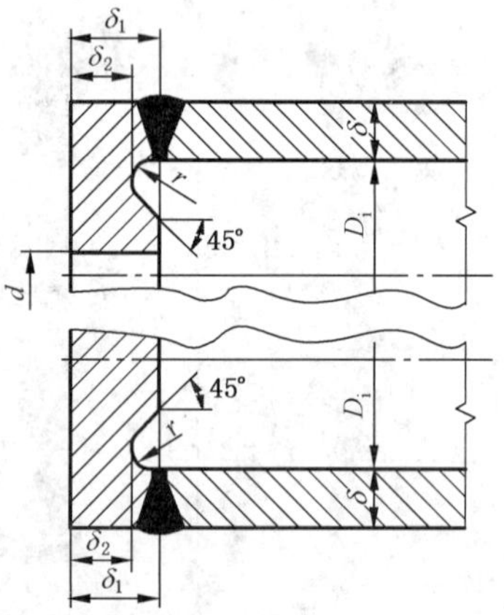

尺寸要求　$r \geqslant \frac{1}{3}\delta$；$r \geqslant 5$ mm；$\delta_2 \geqslant 0.8\delta_1$</td></tr>
<tr><td>5 型</td><td>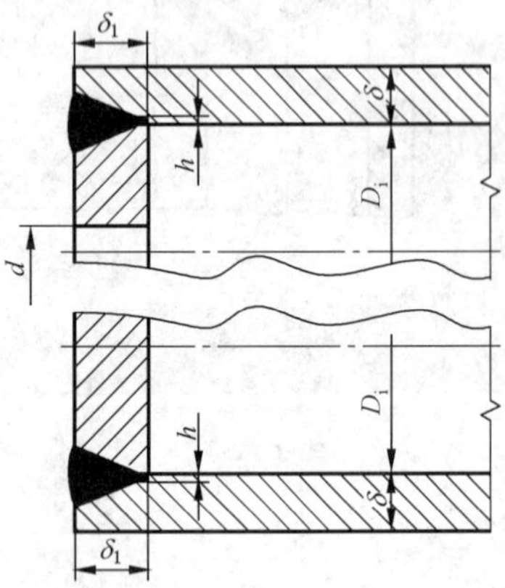

尺寸要求　$h \leqslant 1 \pm 0.5$ mm</td><td>6 型</td><td>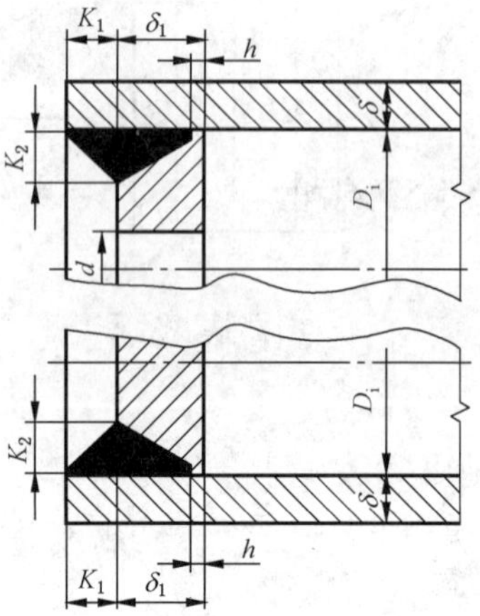

尺寸要求　$K_1 \geqslant \delta$；$K_2 \geqslant \delta$；$h \leqslant 1.5$ mm</td></tr>
</table>

表 3（续）

7 型	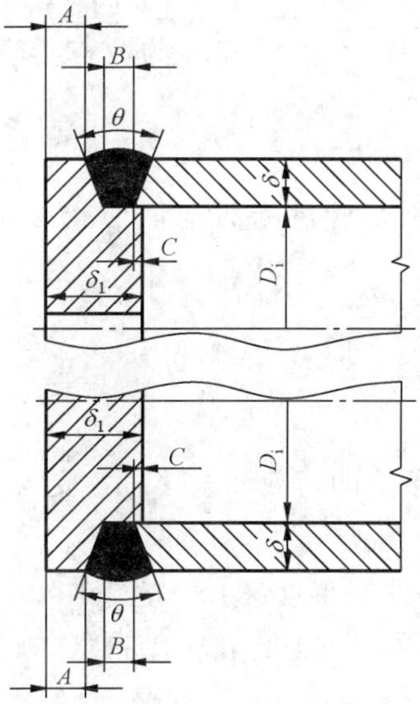 尺寸要求 $\delta \geqslant 1.25\delta_0$；$A \geqslant 6$ mm；$B \geqslant 3$ mm； $C \geqslant 3$ mm；$\theta \geqslant 30°$ **注**：δ_0 为强度未减弱圆筒体的理论计算厚度。	8 型	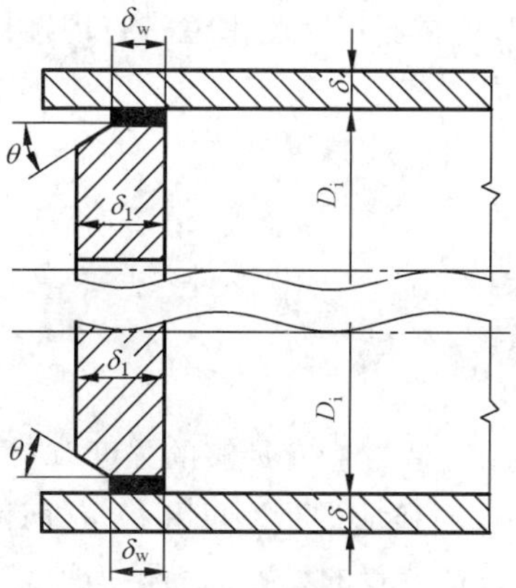 尺寸要求 最小 $\delta_w = 2\delta_0$、且 $\delta_w \geqslant 1.25\delta$，但 $\delta_w \leqslant \delta_1$； $\theta \leqslant 45°$ **注**：δ_0 为强度未减弱圆筒体的理论计算厚度。

6 锅筒

6.1 锅筒筒体的名义厚度不应小于 6 mm；当受热面管与锅筒采用胀接连接时，锅筒筒体的名义厚度不应小于 12 mm。

6.2 当受热面管与锅筒采用胀接连接时，胀接管孔间的净距离不应小于 19 mm。外径大于 89 mm 的管子不应采用胀接。

6.3 锅筒筒体上最短筒节的长度不小于 300 mm。

6.4 封头尽量用整块钢板制成。必须拼接时，允许用两块钢板拼成。拼接焊缝至封头中心线的距离不大于封头公称内径的 30%，并且不应通过扳边人孔，也不应将拼接焊缝布置在人孔扳边圆弧上。

6.5 锅筒吊杆不应布置在锅筒环向焊缝附近，吊杆与焊缝间中心距离不小于 200 mm。吊杆部位的筒体下部 180°范围内的纵向筒体焊缝应磨平。

6.6 凡能够引起锅筒筒壁局部热疲劳的连接管（如给水管、加药管等），在穿过锅筒筒壁处应加装套管。

6.7 锅筒的最低安全水位，应能保证向下降管可靠供水。

6.8 电站锅炉锅筒应设置紧急放水装置，放水管口应高于最低安全水位。

6.9 锅筒内部装置应固定牢靠，防止运行中脱落。

7 减温器

7.1 额定压力大于或等于 3.8 MPa 的锅炉，喷水减温器的减温水管在穿过减温器筒体处应加装套管。

7.2 喷水减温器的筒体与内衬套之间以及喷水管与管座之间的固定方式，应能允许其相对膨胀，并能避免共振。

7.3 喷水减温器的内衬套的长度应满足水汽化的要求。内衬套采用拼接结构时,拼接焊缝应采用全焊透的结构型式。

7.4 喷水减温器的结构和布置应便于检修;应设置1个内径不小于80mm的检查孔,检查孔的位置应便于对内衬套以及喷水管进行内窥镜检查。

7.5 面式减温器冷却水管的结构应能防止冷却水管产生热疲劳裂纹。

7.6 两台面式减温器左右对称布置时,冷却水引入管和引出管的布置应能防止减温器发生汽塞和脉动。

8 吊杆

8.1 吊杆装置应有足够的强度,应根据各种运行工况下所承受的荷载和位移对各受力构件进行强度计算,必要时还应进行刚度和稳定性计算。

8.2 吊杆装置的设置应满足锅炉总体布置和所支吊受压部件的布置要求。

8.3 吊杆装置应结构简单合理、制造安装方便,宜选用成熟可靠并且经济的结构型式。

8.4 悬吊式锅炉顶部的普通吊杆,有无密封罩壳,其吊杆直径均不宜小于M16。

8.5 吊杆装置的结构型式、材料选用及其计算等按JB/T 6735的规定。

9 开孔

9.1 基本要求

设计时应按照GB/T 16507.4的要求进行受压元件上开孔的相关计算。

9.2 受压元件开孔

9.2.1 胀接管孔中心与焊缝边缘的距离不应小于$0.8d$(d为管孔直径),且不小于$0.5d+12$ mm。胀接管孔不应开在锅筒筒体的纵向焊缝上,同时亦应避免开在环向焊缝上;对于环向焊缝,如果结构设计不能避免时,在管孔周围60 mm(若管孔直径大于60 mm,则取孔径值)范围内的焊缝经过射线或者超声检测合格,并且焊缝在管孔边缘上不存在夹渣缺陷,对开孔部位的焊缝内外表面进行磨平且将受压部件整体热处理后,可以在环向焊缝上开胀接管孔。

9.2.2 集中下降管的管孔不应开在焊缝上,其他焊接管孔亦应避免开在焊缝及其热影响区上。如果结构设计不能避免时,在管孔周围60 mm(若管孔直径大于60 mm,则取孔径值)范围内的焊缝经过射线或超声检测合格,并且焊缝在管孔边缘上不存在夹渣,管接头焊后经热处理消除应力的情况下,方可在焊缝上及热影响区开孔。

9.2.3 凸形封头开孔应满足下列条件:

a) 开孔直径大于38 mm时,在任意两孔中心连线上,两孔边缘之间距离的投影长度不应小于两孔径投影之和的1/3。

b) 开孔直径不大于38 mm时,在任意两孔中心连线上,两孔边缘之间距离的投影长度不应小于较小孔径的投影。

c) $h_n/D_n \leqslant 0.35$的封头,开孔边缘至封头外壁边缘之间的投影距离不应小于$0.1D_n+\delta$(这里h_n为封头内高度,D_n为封头内径,δ为封头取用厚度)。

d) $h_n/D_n > 0.35$的封头,开孔边缘至封头与直段交接处的弧长不应小于$\sqrt{D_n\delta_L}$(这里δ_L为封头理论计算厚度)。

e) 开孔边缘与孔扳边起弯点（或与焊接圈焊缝）的距离不应小于 δ。

f) 扳边人孔不应与焊缝重合。

g) 封头人孔密封面切口部位，径向最小剩余厚度不应小于封头成品最小需要厚度。

9.3 检查孔

9.3.1 锅炉上开设的人孔、头孔、手孔、清洗孔、检查孔、观察孔的数量和位置应当满足安装、检修、运行监视和清洗的需要。

9.3.2 锅炉受压元件人孔圈、头孔圈与筒体、封头的连接应采用全焊透结构。

9.3.3 额定压力大于等于 3.8 MPa 的锅炉受压元件上的人孔盖、头孔盖、手孔盖应采用内闭式结构。额定压力小于 3.8 MPa 的锅炉受压元件上的人孔盖、头孔盖、手孔盖可以采用法兰连接结构。

9.3.4 锅筒内径大于或等于 800 mm 的锅炉，应在筒体或封头上开设人孔，由于结构限制导致人员无法进入锅炉时，可以只开设头孔；锅筒内径小于 800 mm 的锅炉，至少应在筒体或封头上开设一个头孔。

9.3.5 锅炉受压元件上椭圆人孔不应小于 280×380 mm，圆形人孔直径不应小于 380 mm。人孔圈最小的密封平面宽度为 19 mm，人孔盖凸肩与人孔圈之间总间隙不应超过 3 mm（沿圆周各点上不超过 1.5 mm），并且盖板凹槽的深度应达到能完整地容纳密封垫片。

9.3.6 锅炉受压元件上椭圆头孔不应小于 220×320 mm，颈部或孔圈高度不应超过 100 mm，头孔圈最小的密封平面宽度为 15 mm。

9.3.7 锅炉受压元件上手孔短轴不应小于 80 mm，颈部或孔圈高度不应超过 65 mm，手孔圈最小的密封平面宽度为 6 mm。

9.3.8 锅炉受压元件上，清洗孔内径不应小于 50 mm，颈部高度不应超过 50 mm。

9.3.9 若由于结构原因颈部或孔圈高度超过 9.3.6～9.3.8 的规定时，各孔的尺寸应适当放大。

9.3.10 集箱手孔孔盖与孔圈采用非焊接连接时，应避免直接与火焰接触。

9.3.11 需要进行焊缝射线检测的受压元件，当无合适的开孔可供射线照相用，则应开设射线照相检查孔。

9.4 炉墙门孔

9.4.1 炉墙上椭圆形人孔一般应不小于 400 mm×450 mm，圆形人孔直径一般应不小于 450 mm，矩形门孔一般应不小于 300 mm×400 mm。

9.4.2 微正压燃烧的锅炉，炉墙、烟道和各部位门孔必须有可靠的密封，看火孔必须装设防止火焰喷出的联锁装置。

9.4.3 炉墙上的人孔门应装设坚固的门闩；炉墙上监视孔的孔盖应保证不会被烟气冲开。

9.4.4 额定蒸发量小于或等于 75 t/h 的燃用煤粉、油或者气体的水管锅炉，未设置炉膛安全自动保护系统时，在炉膛和烟道应设置防爆门，防爆门的设置应不致危及人身的安全。

10 锅炉钢结构和扶梯及平台

10.1 锅炉钢结构的设计应符合 GB/T 22395 的规定。

10.2 扶梯及平台的设计应符合 GB 4053 的规定。

ICS 27.060.30
J 98

中华人民共和国国家标准

GB/T 16507.4—2013
部分代替 GB/T 16507—1996、GB/T 9222—2008

水管锅炉
第4部分:受压元件强度计算

Water-tube boilers—
Part 4: Strength calculation of pressure parts

2013-12-31 发布　　2014-07-01 实施

中华人民共和国国家质量监督检验检疫总局
中国国家标准化管理委员会　发布

前　言

GB/T 16507《水管锅炉》分为以下8个部分：

——第1部分：总则；

——第2部分：材料；

——第3部分：结构设计；

——第4部分：受压元件强度计算；

——第5部分：制造；

——第6部分：检验、试验和验收；

——第7部分：安全附件和仪表；

——第8部分：安装与运行。

本部分为GB/T 16507的第4部分。

本部分按照GB/T 1.1—2009给出的规则起草。

本部分部分代替GB/T 16507—1996和GB/T 9222—2008，与GB/T 16507—1996和GB/T 9222—2008相比，主要技术内容变化如下：

——本部分以GB/T 9222—2008标准为基础，将GB/T 9222—2008中材料及许用应力表等有关要求归入本标准第2部分(GB/T 16507.2)，将与工艺相关的结构要求归入本标准第3部分(GB/T 16507.3)，其余内容均在本部分，同时整合了GB/T 16507—1996中的有关内容。本部分按计算过程分节，包括16章和4个附录；

——对原标准的部分符号、角码等符号进行了修改；

——修改了许用应力修正系数表，仅保留元件工作条件对材料许用应力的修正系数，其他与结构有关的许用应力修正系数废除，等量修正在元件厚度计算中考虑，修改了相应元件的结构系数，取消对额定压力大于或等于16.7 MPa锅炉锅筒和封头的0.95许用应力修正系数；

——修改了计算压力的确定方法，明确要求计算压力应大于或等于工作压力与安全阀整定设计附加压力之和。取消了对安全阀整定设计附加压力值的强制规定，安全阀整定设计附加压力值选取可参照资料性附录B；

——修改了焊缝减弱系数表，明确根据焊缝坡口形式和无损检测范围确定焊缝减弱系数；

——修改了工艺附加厚度的确定方式，取消了对工艺附加厚度值的强制规定，工艺附加厚度选取可参照资料性附录C；

——给出了弯管或弯头的外弧、中弧、内弧的计算厚度公式，并规定外径大于100 mm的弯管或弯头，需校核内弧计算厚度；

——修改了受外压小口径管厚度计算规定，增加了引用GB 150标准计算的条款；

——调整和新增了部分平端盖结构形式；

——修改了应力分析验证法的有关条款，给出了应力分析验证法一般步骤。

本部分由全国锅炉压力容器标准化技术委员会(SAC/TC 262)提出并归口。

本部分负责起草单位：上海发电设备成套设计研究院。

本部分参与起草单位：哈尔滨锅炉厂有限责任公司、东方电气集团东方锅炉股份有限公司、上海锅炉厂有限公司、武汉锅炉股份有限公司、无锡华光锅炉股份有限公司、北京巴布科克·威尔科克斯有限公司、杭州锅炉集团股份有限公司、发电设备国家工程研究中心、四川川锅锅炉有限责任公司、济南锅炉集团有限公司。

本部分主要起草人：李立人、梁剑平、肖忠华、董师宏、肖慧芳、姚梅初、骆声、郑水云、赵伟民、李林、张强军、吴祥鹏、盛建国、陈玮、毛荷芳。

本部分所代替标准的历次版本发布情况为：

——GB/T 9222—2008；

——GB/T 16507—1996。

水管锅炉
第4部分：受压元件强度计算

1 范围

GB/T 16507的本部分规定了水管锅炉受压元件的强度计算方法、材料的设计许用应力和确定元件最高允许工作压力的验证方法。

本部分适用于GB/T 16507.1范围界定的水管锅炉的受压元件，包括锅筒筒体、集箱筒体、管子、锅炉范围内的管道、凸形封头、平端盖及盖板和三通等异形元件。

2 规范性引用文件

下列文件对于本文件的应用是必不可少的。凡是注日期的引用文件，仅注日期的版本适用于本文件。凡是不注日期的引用文件，其最新版本(包括所有的修改单)适用于本文件。

GB 150 压力容器

GB/T 16507.1 水管锅炉 第1部分：总则

GB/T 16507.2 水管锅炉 第2部分：材料

GB/T 16507.5 制造

DL/T 5366 火力发电厂汽水管道应力计算技术规程

JB/T 6734 锅炉角焊缝强度计算方法

3 术语和定义

GB/T 16507.1界定的以及下列术语和定义适用于本文件。

3.1

腐蚀裕量 corrosion allowance thickness

受压元件设计使用期内考虑腐蚀减薄需要附加的厚度。

3.2

厚度负偏差 minus tolerance of thickness

材料标准规定允许厚度负偏差的下限值的绝对值。

3.3

制造减薄量 processing thinning of thickness

制造过程中产生的厚度减薄值。

3.4

最小需要厚度 minimum required thickness

考虑了计算压力等载荷及腐蚀减薄因素所需的厚度。

3.5

元件尺寸 component size

除特别指定外，均表示图样标注尺寸。

3.6

热挤压三通　hot extrusion tee

用无缝钢管经多套模具热挤压成型的直型三通和鼓型三通。

3.7

直型三通　straight tee

支管直径小于或等于主管直径，主流通道呈直线形的三通。

3.8

鼓型三通　drum tee

支管直径大于主管直径，由等径直型三通圆滑过渡锻缩而成，主流通道呈鼓型的三通。

3.9

纵截面　vertical section

过接管回转轴线且与主管回转轴线平行的平面。

3.10

横截面　cross section

与圆筒体或主管等回转体轴线垂直的平面。

4　通用要求

4.1　按本部分设计计算的锅炉受压元件，其材料、设计、制造、安装、使用、修理及改造，应符合国家有关法规及本系列标准的规定。

4.2　用于调峰负荷等参数波动较大机组的锅炉，受压元件应进行疲劳强度校核。锅筒疲劳强度校核按附录A计算。

5　许用应力

5.1　材料的许用应力[σ]应按GB/T 16507.2选取。

5.2　锅筒、集箱筒体、三通和等径叉形管的许用应力[σ]，取GB/T 16507.2中相应材料的选取值与表1修正系数η的乘积。

表1　修正系数η

元件名称	烟温和工作条件	η
锅筒和集箱筒体、三通、等径叉形管	不受热	1
	烟温≤600 ℃、透过管束的低辐射热流且壁面无烟气的强烈冲刷	0.95
	烟温＞600 ℃	0.90

6　计算壁温

6.1　符号

J　——热流均流系数；

p_r　——锅炉额定压力，MPa；

q_{max}——最大热流密度，kW/m^2；

t_b ——金属壁温，℃；

t_i ——金属内壁温度，℃；

t_o ——金属外壁温度，℃；

t_d ——计算壁温，℃；

t_m ——平均工质温度，℃；

t_s ——计算压力对应的工质饱和温度(热水锅炉为出口出水温度)，℃；

Δt ——温度偏差，℃；

X ——工质混合系数；

α_h ——内壁对工质的换热系数，kW/(m^2·℃)；

β ——按名义厚度确定的外径与内径的比值；

δ ——圆筒体、焊制和锻造三通主管、等径叉形管或凸形封头的名义厚度，mm；

λ ——钢材导热系数，kW/(m·℃)。

6.2 金属壁温

受压元件的各点金属壁温可按式(1)计算：

$$t_b = \frac{t_i + t_o}{2} \qquad \cdots\cdots(1)$$

6.3 元件计算壁温

6.3.1 受压元件的计算壁温由传热计算确定，一般可按式(2)计算：

$$t_d = t_m + J \times q_{max}\left(\frac{\beta}{\alpha_h} + \frac{\delta}{1\,000\,\lambda}\frac{\beta}{\beta+1}\right) + X\Delta t \qquad \cdots\cdots(2)$$

6.3.2 锅筒取 $X=0$；管子取 $X=1$；集箱一般可取 $X=0.5$，当工质从端部进入时，取 $X=0$。

6.3.3 集箱和管子取 $\Delta t \geqslant 10$ ℃；不受热过热蒸汽集箱取 $X\Delta t \geqslant 10$ ℃。

6.3.4 锅筒和集箱取 $J=1$。

6.3.5 锅筒的平均工质温度 t_m 取计算压力下工质的饱和温度(热水锅炉为出口水温)。

6.3.6 确定计算壁温时，可不予考虑设计允许范围内锅炉出口过热蒸汽温度的波动值。

6.3.7 计算壁温取受压元件上内外壁温算术平均值中的最大值。

6.3.8 锅筒、集箱和防焦集箱、管子和管道的计算壁温也可分别按表2、表3和表4选取。

表2 锅筒计算壁温 t_d

单位为摄氏度

工作条件		计算公式
不受热	在烟道外	$t_d=t_m$
绝热	在烟道内	$t_d=t_m+10$
	在炉膛内	$t_d=t_m+40$
透过管束的辐射热流不大，而且筒体壁面不受烟气的强烈冲刷		$t_d=t_m+20$
不绝热	对流烟道内，烟温≤600 ℃	$t_d=t_m+30$
	对流烟道内，600 ℃<烟温<900 ℃	$t_d=t_m+50$
	对流烟道或炉膛内，烟温≥900 ℃	$t_d=t_m+90$
注：对于受热的锅筒，t_m 系指水空间温度。		

表 3 集箱和防焦集箱计算壁温 t_d

单位为摄氏度

内部工质	工作条件		计算公式
水或汽水混合物	不受热	烟道外	$t_d=t_m$
	绝热	烟道内	$t_d=t_m+10$
	不绝热	对流烟道内,烟温≤600 ℃	$t_d=t_m+30$
		对流烟道内,600 ℃<烟温<900 ℃	$t_d=t_m+50$
		对流烟道或炉膛内,烟温≥900 ℃	$t_d=t_m+110$
饱和蒸汽	不受热	烟道外	$t_d=t_s$
	绝热	烟道内	$t_d=t_s+25$
	不绝热	对流烟道内,烟温≤600 ℃	$t_d=t_s+40$
		对流烟道内,600 ℃<烟温<900 ℃	$t_d=t_s+60$
过热蒸汽	不受热	烟道外	$t_d=t_m+X\Delta t$
	绝热	烟道内	$t_d=t_m+25+X\Delta t$
	不绝热	对流烟道内,烟温≤600 ℃的	$t_d=t_m+40+X\Delta t$
		对流烟道内,600 ℃<烟温<900 ℃	$t_d=t_m+60+X\Delta t$
注:对于受热的汽水混合物集箱和防焦箱筒体,t_m 系指不出现自由水面时的温度。			

表 4 管子和管道的计算壁温 t_d

单位为摄氏度

元件	条件	计算公式
沸腾管	p_r≤13.7 MPa 及 q_{max}≤407 kW/m²	$t_d=t_s+60$
省煤器管	对流式省煤器	$t_d=t_m+30$
	辐射式省煤器	$t_d=t_m+60$
过热器管	对流式过热器	$t_d=t_m+50$
	辐射式或半辐射式(屏式)过热器	$t_d=t_m+100$
管道	在烟道外	$t_d=t_m$

7 计算压力

7.1 符号

p ——计算压力,MPa;

p_0 ——工作压力,MPa;

p_r ——锅炉额定压力,MPa;

Δp_f ——工质流动阻力,MPa;

Δp_h ——液柱静压力,MPa;

Δp_a ——设计附加压力(考虑安全阀整定压力),MPa。

7.2 工作压力

7.2.1 工作压力按式(3)计算：

$$p_0 = p_r + \Delta p_f + \Delta p_h \quad \cdots\cdots(3)$$

7.2.2 工质流动阻力 Δp_f 取锅炉最大出口流量时，计算元件至锅炉出口之间的压力降。

7.2.3 当元件底部液柱静压值小于或等于 3%($p_r + \Delta p_a + \Delta p_f$) 时，则液柱静压值可不考虑。

7.3 元件计算压力

7.3.1 锅炉再热蒸汽系统，计算压力应取锅炉额定压力时元件工作压力的 1.15 倍。

7.3.2 再热蒸汽系统外的锅炉元件计算压力按式(4)确定：

$$p \geqslant p_0 + \Delta p_a \quad \cdots\cdots(4)$$

7.3.3 蒸汽或热水锅炉设计附加压力 Δp_a 取安全阀或动力驱动泄压阀实际整定压力(较低)与工作压力的差值。

7.3.4 蒸汽或热水锅炉设计附加压力 Δp_a 也可参照附录 B 选取确定。

8 减弱系数

8.1 符号

a ——斜向孔桥两孔间在圆筒体内外壁平均直径圆周方向上的弧长，mm；

b ——斜向孔桥两孔间在圆筒体轴线方向上的距离，mm；

C_x、C_y ——三通结构系数；

d ——开孔直径 mm；

d' ——凹座开孔的沉孔直径、或密封人孔用密封面凹槽直径，mm；

d_a ——三通支管的平均直径，mm；

d_{ae} ——相邻两孔平均当量直径，mm；

d_e ——孔的当量直径，mm；

d_{1e} ——第一孔的当量直径，mm；

d_{2e} ——第二孔的当量直径，mm；

D_a ——三通主管的平均直径，mm；

D_i ——圆筒体、封头、三通主管、等径叉形管的内径，mm；

D_o ——圆筒体、封头、三通主管、等径叉形管的外径，mm；

h ——具有凹座开孔的沉孔深度、或平端盖加工钝边高度，mm；

K ——斜向孔桥的换算系数；

N ——孔桥减弱系数线算图中的参数；

n ——斜向孔桥两孔间在圆筒体轴线方向上的距离 b 与两孔间在圆筒体内外壁平均直径圆周方向上的弧长 a 的比值；

p_r ——锅炉额定压力，MPa；

s ——纵向(轴向)相邻两孔的节距，mm；

s' ——横向(环向)相邻两孔的节距，mm；

s'' ——斜向相邻两孔的节距，mm；

s_c ——相邻两孔的临界节距，mm；

α ——孔的轴线与圆筒体径向在横截面内的夹角，(°)；

β ——按名义厚度确定的外径与内径的比值；

β_t ——按计算厚度确定的外径与内径的比值；

δ ——圆筒体、焊制和锻造三通主管、等径叉形管或凸形封头的名义厚度，mm；

δ_b ——接管或三通支管名义厚度，mm；

δ_{be} ——接管或三通支管的有效厚度，mm；

δ_e ——圆筒体、焊制和锻造三通主管、热挤压三通过渡区、等径叉形管或凸形封头的有效厚度，mm；

$[\sigma]$ ——许用应力，MPa；

$[\sigma]_b$ ——补强接管的许用应力，MPa；

φ ——孔桥减弱系数；

φ_h ——封头开孔减弱系数；

φ_t ——焊制和锻造三通、等径叉形管的减弱系数；

φ_w ——焊缝减弱系数。

8.2 最小减弱系数

8.2.1 圆筒体最小减弱系数取纵向焊缝减弱系数、孔桥减弱系数中的最小值。

8.2.2 孔桥与焊缝重叠，减弱系数取孔桥减弱系数和焊缝减弱系数的乘积。

8.2.3 凸形封头、焊制或锻造三通、等径叉形管等元件，应考虑相应的结构减弱系数。

8.2.4 凸形封头顶部开孔中心与焊缝边缘距离小于或等于$(0.5d+12)$mm时，最小减弱系数取开孔减弱系数和焊缝减弱系数的乘积。

8.3 焊缝减弱系数

8.3.1 元件焊缝质量应符合GB/T 16507.5的有关规定。

8.3.2 对接焊缝减弱系数应根据焊缝形式及无损检测比例，按表5选取。

表5 对接焊缝减弱系数 φ_w

焊缝形式	无损检测(超声波或射线)范围	φ_w
双面坡口焊缝	100%	1.00
	局部	0.90
单面坡口焊缝	100%	0.90
	局部	0.80

8.3.3 当元件计算壁温超出持久强度确定许用应力的起始温度时，焊缝减弱系数φ_w取值不应大于0.80。

8.4 凸形封头开孔减弱系数

8.4.1 凸形封头顶部中心开孔，封头开孔减弱系数按式(5)计算：

$$\varphi_h = 1 - \frac{d}{D_i} \qquad (5)$$

8.4.2 封头顶部中心开孔为椭圆时，d取椭圆长轴。

8.5 孔桥减弱系数

8.5.1 相邻两孔直径均小于或等于未补强孔最大允许直径，且两孔的节距(纵向、横向或斜向)小于孔桥相邻两孔的临界节距时，按本章计算孔桥减弱系数。

8.5.2 孔桥相邻两孔的临界节距按式(6)计算：

$$s_c = d_{ae} + 2\sqrt{(D_i + \delta)\delta} \quad \cdots\cdots(6)$$

8.5.3 相邻两孔的孔桥减弱系数按表6计算。计算的孔桥减弱系数大于1时，取 $\varphi=1$。

表6 孔桥减弱系数 φ

孔桥型式	孔桥示意图	φ
纵向	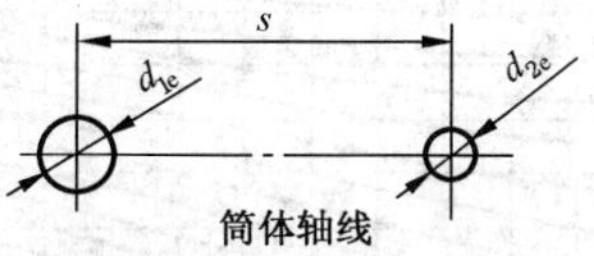	$\dfrac{s-d_{ae}}{s}$
横向	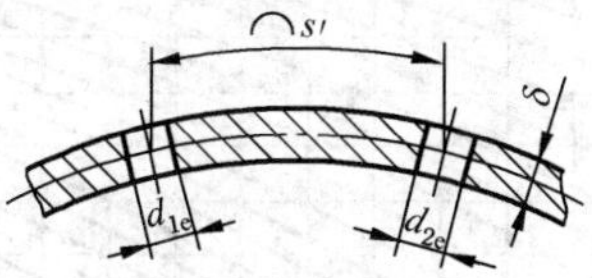	$2\dfrac{s'-d_{ae}}{s'}$ (s'取圆筒体平均直径圆周上的弧长)
斜向	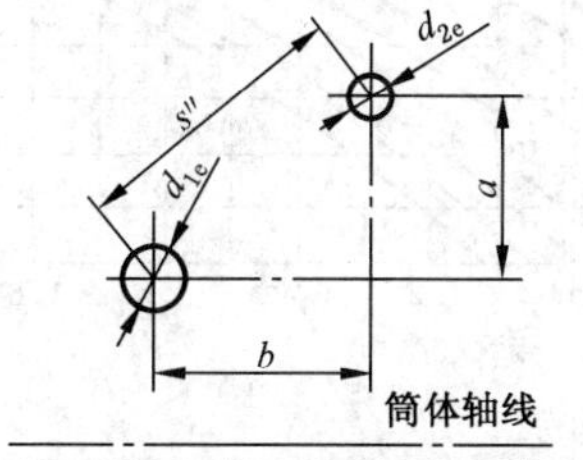	$K\dfrac{s''-d_{ae}}{s''}$ $K=\dfrac{1}{\sqrt{1-\dfrac{0.75}{(1+n^2)^2}}}$ (s''取圆筒体平均直径圆周上的弧长)

8.5.4 相邻两孔平均当量孔径 d_{ae} 按式(7)计算：

$$d_{ae} = \frac{d_{1e} + d_{2e}}{2} \quad \cdots\cdots(7)$$

8.5.5 当量孔径 d_{1e}、d_{2e} 按表7计算。

表7 当量孔径

形式	示意图	当量孔径
等直径	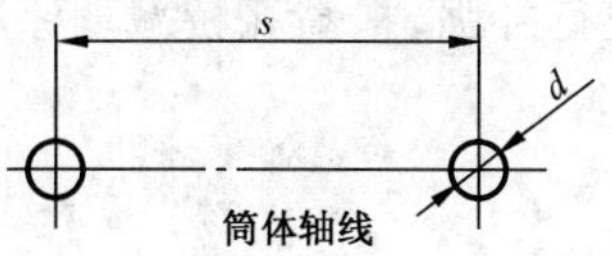	$d_{1e}=d_{2e}=d$
横截面非径向孔	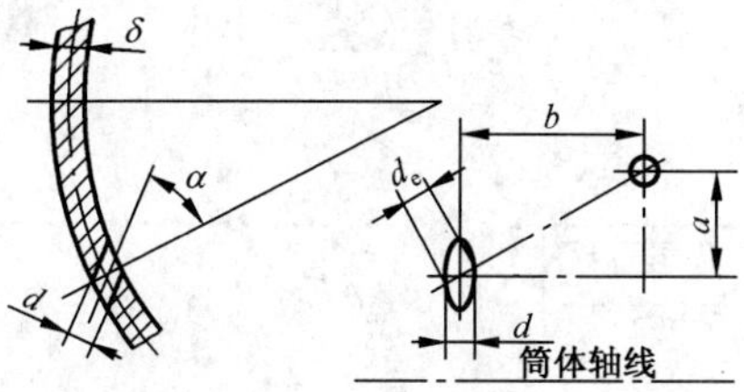	纵向孔桥：$d_e=d$ 横向孔桥：$d_e=\dfrac{d}{\cos\alpha}$ 斜向孔桥：$d_e=d\sqrt{\dfrac{n^2+1}{n^2+\cos^2\alpha}}$ $\alpha\leqslant45°$
具有凹座的孔	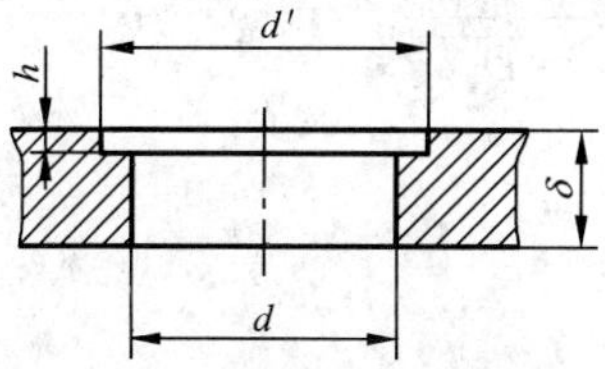	$d_e=d+\dfrac{h}{\delta}(d'-d)$ (未熔合阶梯形管孔的 d_e 等于阶梯形管孔的纵向截面积除以圆筒体名义厚度)

8.5.6 斜向孔桥减弱系数亦可由图1直接查取。图中 $N=(d_{1e}+d_{2e})/(2a)$，虚线为各条曲线极小值的连线。

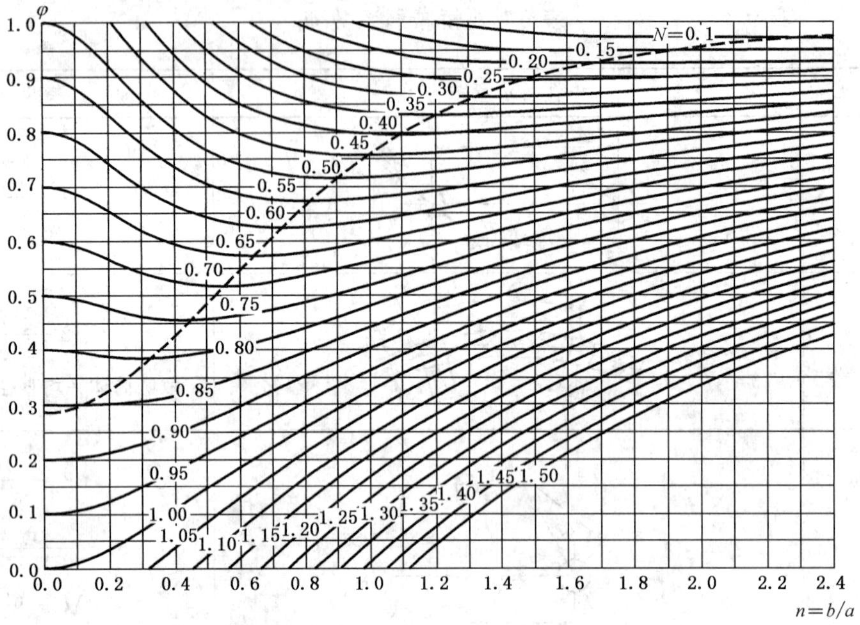

图1 斜向孔桥减弱系数线算图

8.5.7 开孔直径确定：

a) 椭圆孔在孔桥两孔中心连线上的尺寸；

b) 插入式整体焊或双面角焊(仅 $p_r\leqslant 2.5$ MPa 的不受热锅筒)接管的接管内径。

8.5.8 插入式整体焊或双面角焊(仅 $p_r\leqslant 2.5$ MPa 的不受热锅筒)接管(或孔圈)的钢材许用应力 $[\sigma]_b$ 小于圆筒体钢材的许用应力 $[\sigma]$ 时，减弱系数计算中的 d 应取接管(或孔圈)内径与 $2\delta_b[1-([\sigma]_b/[\sigma])]$ 之和。

8.5.9 单独孔桥可利用有效补强范围内接管厚度的裕量进行补强，提高孔桥减弱系数，补强计算条件和方法见第11章。

8.6 焊制和锻造正交三通的减弱系数

8.6.1 无缝钢管焊制三通的减弱系数按表8确定。

8.6.2 锻造三通减弱系数 φ_t 按式(8)和式(9)计算：

$$\varphi_t=\frac{1}{1.20\left[1+C_x\dfrac{\sqrt{1+C_y^2}}{2C_y}\right]} \qquad \cdots\cdots(8)$$

$$C_x=\frac{d^2}{D_a d_a} \qquad C_y=4.05\frac{\delta_e^3+\delta_{be}^3}{\delta_e^2\sqrt{D_a\delta_e}} \qquad \cdots\cdots(9)$$

表 8 焊制三通减弱系数 φ_t

计算壁温	结构参数	补强型式	φ_t
低于由持久强度确定许用应力的起始温度	$1.05 \leqslant \beta < 1.10$	蝶式	0.90
	$p_r \leqslant 2.5$ MPa、$1.05 \leqslant \beta < 1.10$、$D_o \leqslant 273$ mm	厚度	取式(8)值的 2/3
	$1.10 \leqslant \beta$ 且 $\beta_t \leqslant 1.50$	蝶式	0.90
		单筋	0.80
		厚度	按式(8)计算
不低于由持久强度确定许用应力的起始温度	$1.05 \leqslant \beta < 1.10$	蝶式	按式(8)计算
	$p_r \leqslant 2.5$ MPa、$1.05 \leqslant \beta < 1.10$、$D_o \leqslant 273$ mm	厚度	取式(8)值的 2/3
	$1.10 \leqslant \beta < 1.25$ 且 273 mm $< D_o \leqslant 813$ mm	蝶式或单筋	按式(8)计算
	$1.10 \leqslant \beta < 1.25$ 且 $D_o \leqslant 273$ mm	蝶式或单筋	0.70
	$1.25 < \beta$ 且 $\beta_t \leqslant 2.00$	厚度	按式(8)计算
	$1.25 < \beta$ 且 $\beta_t \leqslant 1.50$	蝶式或单筋	0.70

8.7 等径叉形管减弱系数

等径叉形管的减弱系数按表 9 确定。

表 9 等径叉形管减弱系数

计算壁温	φ_t
低于由持久强度确定许用应力的起始温度	0.7
等于或高于由持久强度确定许用应力的起始温度	0.6

9 元件厚度

9.1 符号

C ——厚度附加量，mm；

C_1 ——腐蚀裕量，mm；

δ ——圆筒体、焊制和锻造三通主管、等径叉形管或凸形封头的名义厚度，mm；

δ_b ——接管或三通支管名义厚度，mm；

δ_{be} ——接管或三通支管的有效厚度，mm；

δ_{dc} ——设计厚度，mm；

δ_e ——有效厚度，mm；

δ_{min} ——最小需要厚度，mm；

δ_t ——计算厚度，mm；

δ_1 ——平端盖或盖板的名义厚度，mm。

9.2 最小需要厚度

最小需要厚度按式(10)计算：

$$\delta_{min} = \delta_t + C_1 \qquad (10)$$

9.3 设计厚度

设计厚度按式(11)计算：

$$\delta_{dc} = \delta_t + C \qquad (11)$$

9.4 名义厚度

名义厚度应满足：

$$\begin{aligned} \delta &\geqslant \delta_{dc} \\ \delta_b &\geqslant \delta_{dc} \\ \delta_1 &\geqslant \delta_t \end{aligned} \qquad (12)$$

9.5 有效厚度

有效厚度按式(13)计算：

$$\begin{aligned} \delta_e &= \delta - C \\ \delta_{be} &= \delta_b - C \end{aligned} \qquad (13)$$

10 计算厚度

10.1 符号

D_c ——盖板的计算直径，mm；
D_i ——圆筒体、封头、三通主管、等径叉形管的内径，mm；
D_o ——圆筒体、封头、三通主管、等径叉形管的外径，mm；
d ——开孔直径 mm；
d' ——密封人孔用密封面凹槽直径，mm；
d_o ——接管、三通支管的外径，mm；
$[d]_{i\,max}$ ——热挤压三通满足过渡区强度要求的支管最大允许内径，mm；
h_i ——封头内高度，mm；
h_{min} ——锻造三通支管最小高度，mm；
K_c ——盖板结构特性系数；
K_f ——平端盖结构特性系数；
K_i ——弯管内弧形状系数；
K_o ——弯管外弧形状系数；
K_s ——凸形封头结构形状系数；
l ——平端盖直段部分的长度，mm；
L_1 ——热挤压和锻造三通主管半长，mm；
p ——计算压力，MPa；
p_r ——锅炉额定压力，MPa；
r ——平端盖和三通的内转角过渡圆弧半径、或锻造三通主管和支管外壁过渡圆弧半径，mm；
R ——弯管中心线的曲率半径、或热挤压三通外壁肩部最大过渡半径，mm；
R_i' ——不等厚圆筒体薄壁处内半径，mm；

R''_i ——不等厚圆筒体厚壁处内半径,mm;

Y_c ——盖板形状系数;

α ——等径叉形管主管与接管中心轴线夹角,(°);

β_t ——按计算厚度确定的外径与内径的比值;

δ ——圆筒体、焊制和锻造三通主管、等径叉形管或凸形封头的名义厚度,mm;

δ_0 ——强度未减弱圆筒体的计算厚度,mm;

δ_1 ——平端盖或盖板的名义厚度,mm;

δ_2 ——平端盖环形凹槽处的最小厚度,mm;

δ_3 ——盖板螺栓连接部位或密封面处环状部位的厚度,mm;

δ_b ——三通支管名义厚度, mm;

δ_e ——有效厚度,mm;

δ_{min} ——最小需要厚度,mm;

δ_t ——计算厚度,mm;

$[\sigma]$ ——许用应力,MPa;

φ_{min} ——最小减弱系数;

φ_t ——焊制和锻造三通、等径叉形管的减弱系数;

φ_w ——焊缝减弱系数。

10.2 直圆筒体

10.2.1 直圆筒体的计算厚度按式(14)或式(15)计算:

$$\delta_t = \frac{pD_o}{2\varphi_{min}[\sigma]+p} \quad \cdots\cdots(14)$$

$$\delta_t = \frac{pD_i}{2\varphi_{min}[\sigma]-p} \quad \cdots\cdots(15)$$

10.2.2 承受外压的管子计算厚度可参照 GB 150 确定。当管子计算温度或材料牌号超出 GB 150 规定范围时,外径 $D_o \leqslant 200$ mm 的承受外压的管子计算厚度可取式(14)计算值的 1.45 倍。

10.2.3 中径相等的不等厚度锅筒筒体,薄壁与厚壁部分的强度分别按本节计算,薄壁 $D_i=2R'_i$,厚壁 $D_i=2R''_i$。

10.2.4 直圆筒体厚度计算公式应在表 10 的 β_t 范围内使用。

表 10 直圆筒体厚度计算公式适用的 β_t 范围

元件名称	β_t	范围
锅筒	$\beta_t=1+2\delta_t/D_i$	$\beta_t \leqslant 1.30$
集箱	$\beta_t=D_o/(D_o-2\delta_t)$	$\beta_t \leqslant 1.50$
		$\beta_t \leqslant 2.00$(过热蒸汽)
管子和管道		$\beta_t \leqslant 2.00$

10.3 凸形封头

10.3.1 典型的椭球和球形封头结构见图 2。

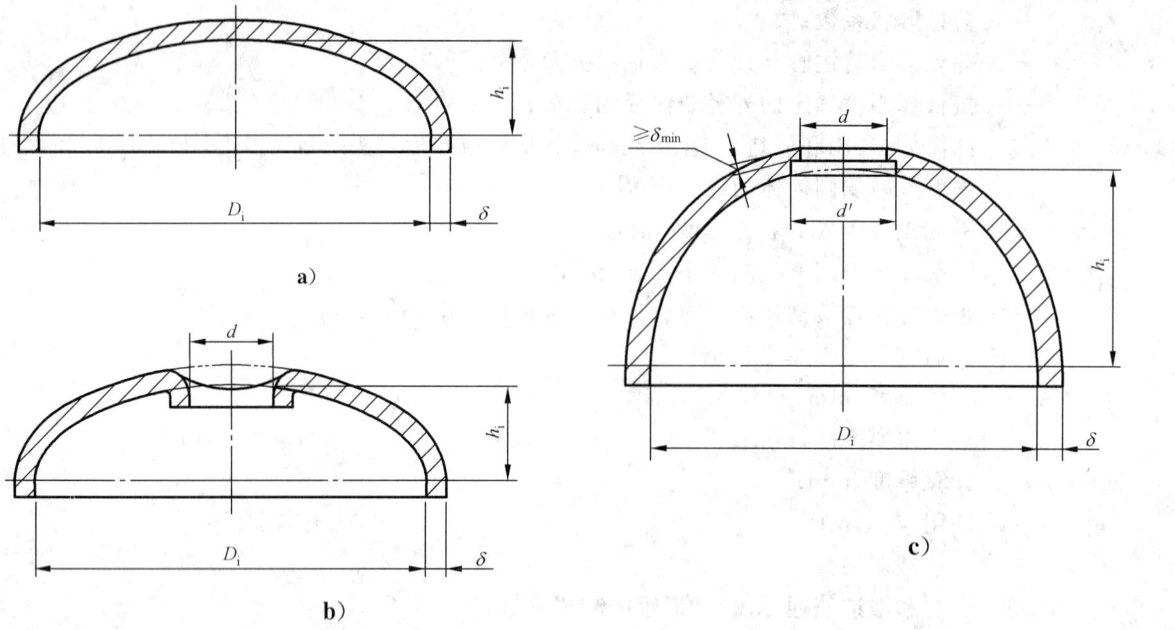

图 2　典型的椭球和球形封头结构示意图

10.3.2　封头顶部中心开孔为椭圆时，d 取椭圆长轴。

10.3.3　椭球和球形封头的计算厚度按式(16)和式(17)计算：

$$\delta_t = K_s \frac{pD_i}{2\varphi_{min}[\sigma]-p} \qquad \cdots\cdots(16)$$

$$K_s = \frac{1}{6}\left[2+\left(\frac{D_i}{2h_i}\right)^2\right] \qquad \cdots\cdots(17)$$

10.3.4　椭球和球形封头的计算厚度公式的适用范围：

$$\frac{h_i}{D_i} \geqslant 0.2;\frac{\delta_t}{D_i} \leqslant 0.15;\frac{d}{D_i} \leqslant 0.6$$

10.3.5　热旋压管制缩口封头顶端工艺开孔 $d \geqslant 80$ mm 时，计算厚度可按本节计算。

10.3.6　热旋压管制缩口封头的 $\delta_0/\delta_e < 0.5$，且 $p_r \leqslant 2.5$ MPa，计算厚度公式适用范围中的 d/D_i 可按式(18)控制：

$$\frac{d}{D_i} \leqslant 0.8 \qquad \cdots\cdots(18)$$

10.3.7　凸形封头直段的计算厚度按式(19)计算：

$$\delta_t = \frac{pD_i}{2\varphi_w[\sigma]-p} \qquad \cdots\cdots(19)$$

10.4　平端盖

10.4.1　平端盖的计算厚度按式(20)计算：

$$\delta_t = K_f D_i \sqrt{\frac{p}{[\sigma]}} \qquad \cdots\cdots(20)$$

10.4.2　平端盖直段的计算厚度按式(21)计算：

$$\delta_t = \frac{pD_o}{2[\sigma]+p} \qquad \cdots\cdots(21)$$

10.4.3 平端盖的结构特性系数 K_f 按表 11 选取。

表 11 平端盖的结构特性系数 K_f

<table>
<tr><td colspan="2">结构型式</td><td>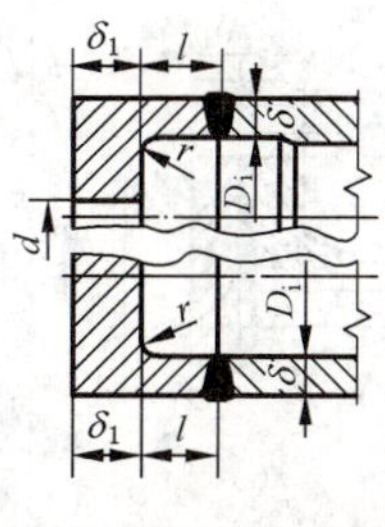</td><td colspan="2">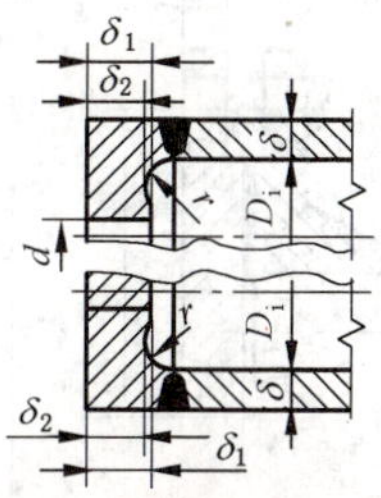</td><td>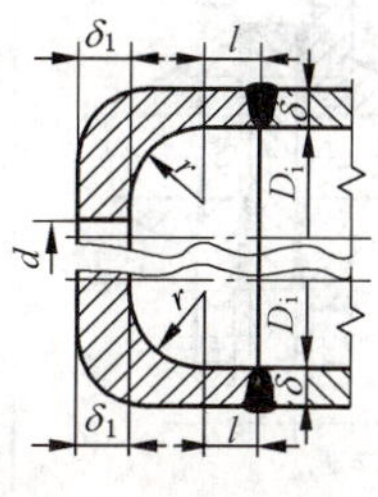</td><td>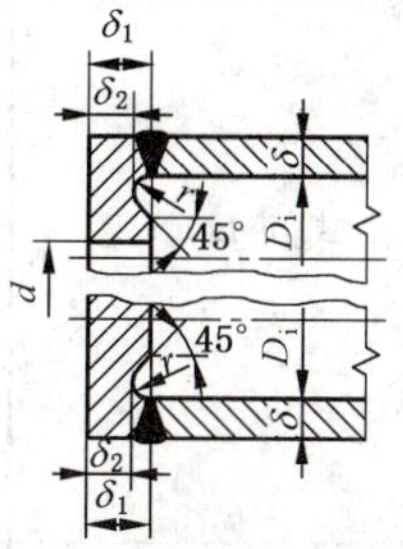</td></tr>
<tr><td rowspan="2">K_f</td><td>无孔</td><td>0.4</td><td colspan="2">0.42</td><td>0.4</td><td>0.42</td></tr>
<tr><td>有孔</td><td>0.45</td><td colspan="2">0.47</td><td>0.45</td><td>0.47</td></tr>
<tr><td colspan="2">推荐范围</td><td>优先</td><td colspan="2">—</td><td>—</td><td>—</td></tr>
<tr><td colspan="2">结构型式</td><td>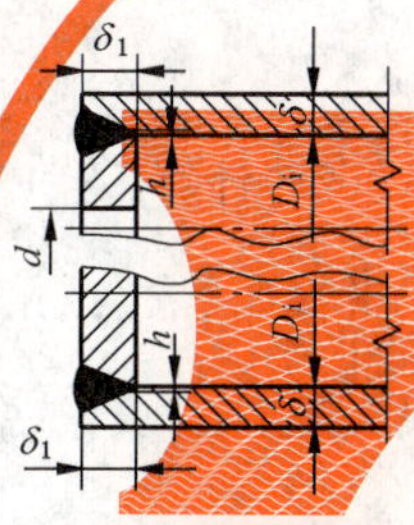</td><td colspan="2"></td><td>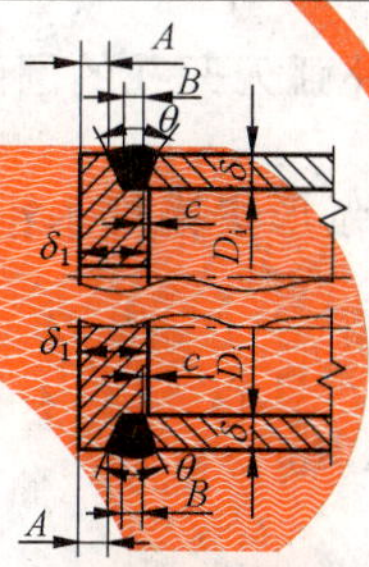</td><td>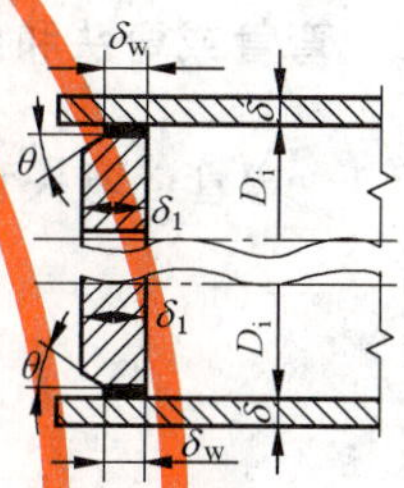</td></tr>
<tr><td rowspan="2">K_f</td><td>无孔</td><td>0.65</td><td>0.65</td><td rowspan="2">0.4</td><td>0.58</td><td>0.5</td></tr>
<tr><td>有孔</td><td>0.76</td><td>0.76</td><td>0.65</td><td>0.56</td></tr>
<tr><td colspan="2">推荐范围</td><td colspan="2">$p_r \leqslant 2.5$ MPa 且 $D_i \leqslant 426$ mm</td><td>水压试验</td><td>—</td><td>—</td></tr>
</table>

10.5 盖板

10.5.1 盖板计算厚度按式(22)计算：

$$\delta_t = K_c Y_c D_c \sqrt{\frac{p}{[\sigma]}} \qquad \cdots\cdots (22)$$

10.5.2 盖板形状系数 Y_c 按表 12 选取。

表 12 盖板形状系数 Y_c

b/a	1.00	0.75	0.50
Y_c	1.00	1.15	1.30
注：b/a 为孔的长短轴比，相邻 b/a 之间 Y_c 值可用算术内插法确定，小数点后第三位四舍五入。			

10.5.3 盖板结构特性系数 K_c 和计算直径 D_c 按表 13 规定选取。

表 13　盖板结构特性系数 K_c 和计算直径 D_c

型式和 D_c 确定	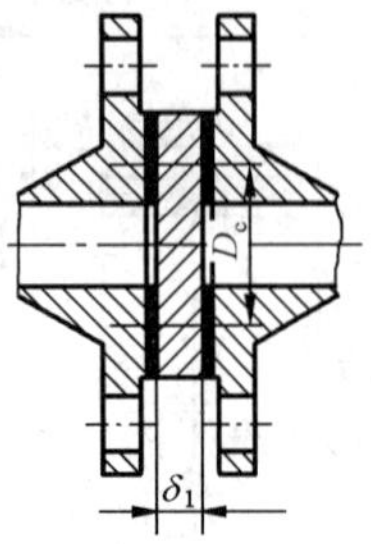	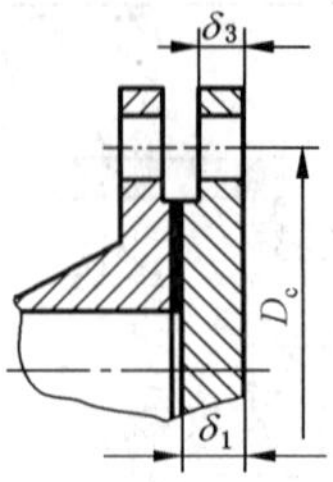	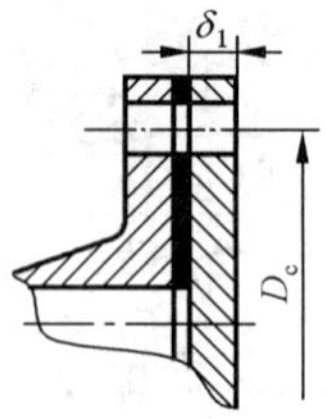	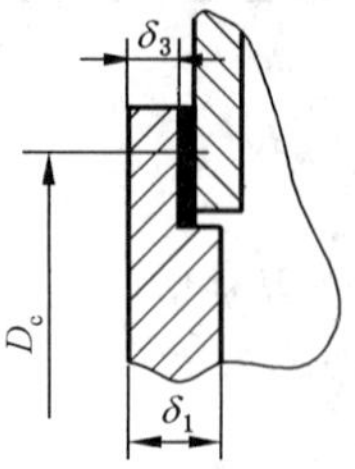
K_c	0.50	0.55	0.45	0.55

10.5.4　盖板的连接处的厚度 δ_3 应满足：

$$\delta_3 \geqslant 0.8\delta_1 \qquad (23)$$

10.6　弯管或弯头和内、外弧无开孔的圆弧形集箱筒体

10.6.1　弯管或弯头和圆弧形集箱筒体外弧计算厚度按式(24)和式(25)计算：

$$\delta_t = K_o \frac{pD_o}{2\varphi_w[\sigma]+p} \qquad (24)$$

$$K_o = \frac{4R+D_o}{4R+2D_o} \qquad (25)$$

10.6.2　弯管或弯头和圆弧形集箱筒体内弧计算厚度按式(26)和式(27)计算：

$$\delta_t = K_i \frac{pD_o}{2\varphi_w[\sigma]+p} \qquad (26)$$

$$K_i = \frac{4R-D_o}{4R-2D_o} \qquad (27)$$

10.6.3　弯管或弯头直段和中弧的计算厚度按式(28)计算：

$$\delta_t = \frac{pD_o}{2\varphi_w[\sigma]+p} \qquad (28)$$

10.6.4　圆弧形集箱筒体中弧的计算厚度按式(29)计算：

$$\delta_t = \frac{pD_o}{2\varphi_{min}[\sigma]+p} \qquad (29)$$

10.6.5　外径 $D_o \leqslant 100$ mm 的弯管或弯头，可不校核内弧计算厚度。

10.7　焊制、锻造三通和等径叉形管

10.7.1　焊制、锻造三通和等径叉形管的结构示意见图 3。

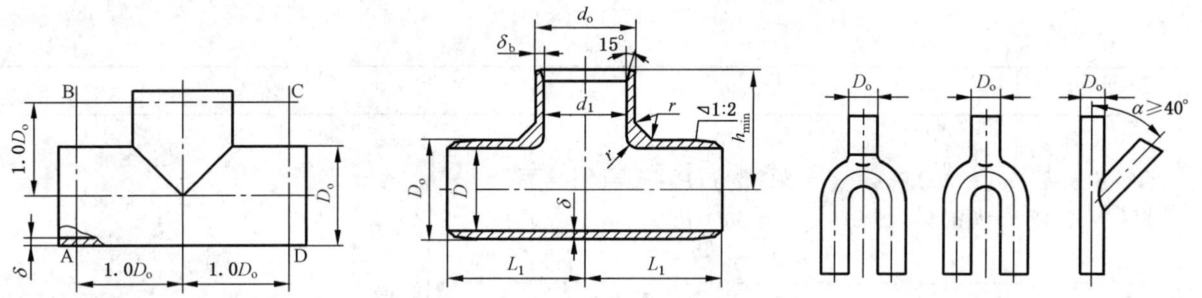

a) 焊制三通　　b) 锻造三通　　c) 等径叉形管

图 3　焊制、锻造三通和等径叉形管结构示意图

10.7.2　焊制、锻造三通主管和等径叉形管的计算厚度按式(30)计算：

$$\delta_t = \frac{pD_o}{2\varphi_t[\sigma] + p} \qquad \cdots\cdots (30)$$

10.7.3　焊制和锻造三通支管的计算厚度按式(31)计算：

$$\delta_t = \frac{pd_o}{2\varphi_t[\sigma] + p} \qquad \cdots\cdots (31)$$

10.7.4　焊制和锻造三通上若有允许开孔的孔桥，则在采用式(30)、式(31)确定三通理论计算壁厚时，φ_t取 8.6 确定的 φ_t与 8.5 规定求得的最小孔桥减弱系数 φ_{min} 中的小者。

10.7.5　焊制和锻造三通的计算厚度计算公式适用范围：

$$d_i/D_i \geqslant 0.8 \text{ 且 } d_o \leqslant 813 \text{ mm}$$

10.7.6　等径叉形管的计算厚度计算公式适用范围：

$$D_o \leqslant 108 \text{ mm 且 } 1.05 \leqslant \beta_t \leqslant 2.00$$

10.8　热挤压三通

10.8.1　热挤压三通主管圆筒体的计算厚度按式(32)计算：

$$\delta_t = \frac{pD_o}{2\varphi_{min}[\sigma] + p} \qquad \cdots\cdots (32)$$

10.8.2　热挤压三通支管圆筒体的计算厚度按式(33)计算：

$$\delta_t = \frac{pd_o}{2\varphi_{min}[\sigma] + p} \qquad \cdots\cdots (33)$$

10.8.3　热挤压三通过渡区计算厚度及支管最大允许内径按表 14 计算。

表 14　热挤压三通过渡区计算厚度及支管最大允许内径　　单位为毫米

主管外径	$\leqslant$660 mm		>660 mm	
过渡区计算厚度及支管最大允许内径	直型三通	$\delta_t = \frac{1.3pD_o}{1.9[\sigma]+p} + 2$	直型三通	$\delta_t = \frac{1.3pD_o}{2[\sigma]+p} + 10$
	鼓型三通	$\delta_t = \frac{1.3pd_o}{1.9[\sigma]+p} + 2$	鼓型三通	$\delta_t = \frac{1.3pd_o}{2[\sigma]+p} + 10$

表 14（续）

单位为毫米

主管外径	≤660 mm	>660 mm
过渡区计算厚度及支管最大允许内径	$[d]_{i\,max}=d_o+2R-2\sqrt{(R+\delta_t+C_1)^2-R^2}$ 当 $R>2.42(\delta_t+C_1)$ 时，取 $[d]_{i\,max}=d_o-2(\delta_t+C_1)$	$[d]_{i\,max}=d_o-2(\delta_t+C_1)$
过渡区（A、B、C、D）范围及相关尺寸示意图	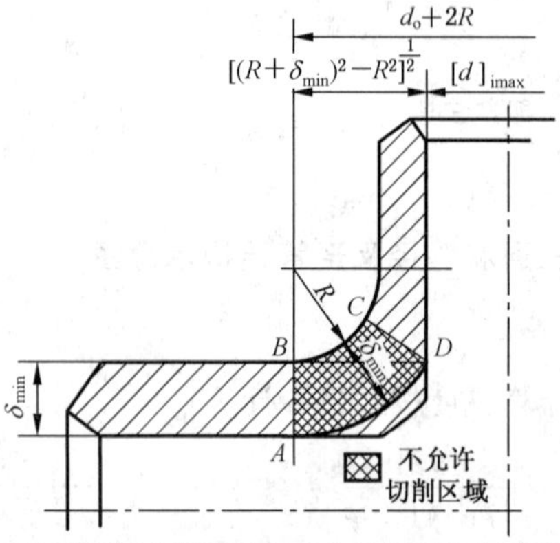	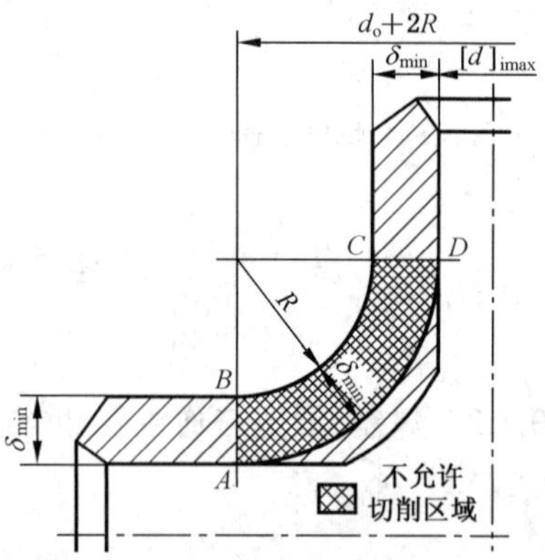

11　开孔补强

11.1　符号

A_0、A_0'、A_0''——纵截面上补强需要的面积，mm^2；
A_1、A_1'、A_1''——纵截面内起补强作用的焊缝面积，mm^2；
A_2、A_2'、A_2''——纵截面内起补强作用的接管面积，mm^2；
A_3——纵截面内起补强作用的垫板面积，mm^2；
A_4——纵截面内(除接管外)起补强作用的圆筒体的面积，mm^2；
b——圆筒体上开孔有效补强宽度，mm；
D_i——圆筒体内径，mm；
D_o——圆筒体外径，mm；
d——开孔直径或插入式整体焊接接管内径，mm；
d_{em}——孔桥相邻小孔当量直径，mm；
d_i——接管内径，mm；
d_o——接管外径，mm；
$[d]$——未补强孔的最大允许直径，mm；
$[d]_e$——孔桥补强计算时的最大允许当量直径，mm；
e——焊缝高度，mm；
h——接管补强有效高度，mm；
h_1——补强接管伸出圆筒体内壁的尺寸，mm；
k——圆筒体开孔结构特性系数；
K——斜向孔桥的换算系数；
p——计算压力，MPa；
s——纵向(轴向)相邻两孔的节距，mm；

s' ——横向(环向)相邻两孔的节距(参见表 6),mm;
s'' ——斜向相邻两孔的节距(参见表 6),mm;
δ ——圆筒体名义厚度,mm;
δ_0 ——强度未减弱圆筒体的计算厚度,mm;
δ_b ——接管名义厚度,mm;
δ_{be} ——接管有效厚度,mm;
δ_{b0} ——接管计算厚度,mm;
δ_e ——圆筒体有效厚度,mm;
δ_r ——补强垫板的厚度,mm;
$[\sigma]$ ——许用应力,MPa;
$[\sigma]_b$ ——补强接管的许用应力,MPa;
$[\sigma]_2$ ——垫板的许用应力,MPa;
φ_{nr} ——孔桥未补强前的孔桥减弱系数;
$[\varphi]$ ——允许最小减弱系数。

11.2 范围

11.2.1 本章规定仅适用于 $d/D_i<0.8$,且 $d\leqslant 600$ mm 的径向开孔。若为椭圆孔,则仅适用于长轴与短轴之比小于或等于 2 的开孔,此时 d 为椭圆孔长轴尺寸。

11.2.2 相邻两孔的节距等于或大于孔桥相邻两孔的临界节距,可视作单孔。相邻两孔的节距小于孔桥相邻两孔的临界节距,应按孔桥处理。

11.2.3 开孔当量孔径大于未补强孔最大允许直径的单孔,圆筒体开孔结构特性系数 $k>0.40$,按本章单孔补强规定计算补强;圆筒体开孔结构特性系数 $k\leqslant 0.40$ 时,不必补强。

11.2.4 对于未形成孔排的单独孔桥,当两孔当量孔径均小于或等于未补强孔的最大允许直径时,可按本章孔桥补强规定计算补强,提高孔桥减弱系数。

11.2.5 对于未形成孔排的单独孔桥,当仅一孔的当量孔径大于未补强孔的最大允许直径,且 $s\geqslant d_{em}+0.5d_o+e$ 时,在满足本章孔桥补强条件基础上,按本章单孔补强规定对大孔计算补强,补强条件满足后,该孔可按无孔处理。

11.2.6 两孔当量孔径均大于未补强孔的最大允许直径的孔桥,不能按本章规定计算补强。

11.3 未补强孔及其最大允许直径

11.3.1 胀接孔、螺丝孔和其他不施焊的孔均为未补强孔。

11.3.2 接管与圆筒体焊接结构型式为非补强结构,或不满足开孔补强条件的孔均视为未补强孔。

11.3.3 插入式整体焊接接管、双面角焊接管(或孔圈),接管(或孔圈)钢材的许用应力 $[\sigma]_b$ 小于筒体钢材的许用应力 $[\sigma]$,补强计算时,d 应取接管(或孔圈)内径与 $2\delta_b[1-([\sigma]_b/[\sigma])]$ 之和。

11.3.4 圆筒体上的未补强孔,其直径不应超过按未补强孔的最大允许直径曲线图(图 4)或式(34)所确定的 $[d]$ 值,且当 $[d]>200$ mm 时,取 $[d]=200$ mm。

$$[d]=8.1\sqrt[3]{D_i\delta_e(1-k)} \qquad (34)$$

11.3.5 锅筒筒体结构特性系数 k 按式(35)计算:

$$k=\frac{pD_i}{(2[\sigma]-p)\delta_e} \qquad (35)$$

11.3.6 集箱筒体结构特性系数 k 按式(36)计算:

$$k=\frac{p(D_o-2\delta_e)}{(2[\sigma]-p)\delta_e} \qquad (36)$$

当 $D_i\delta_e > 130\times10^3\ mm^2$ 时，按 $D_i\delta_e = 130\times10^3\ mm^2$ 查取。

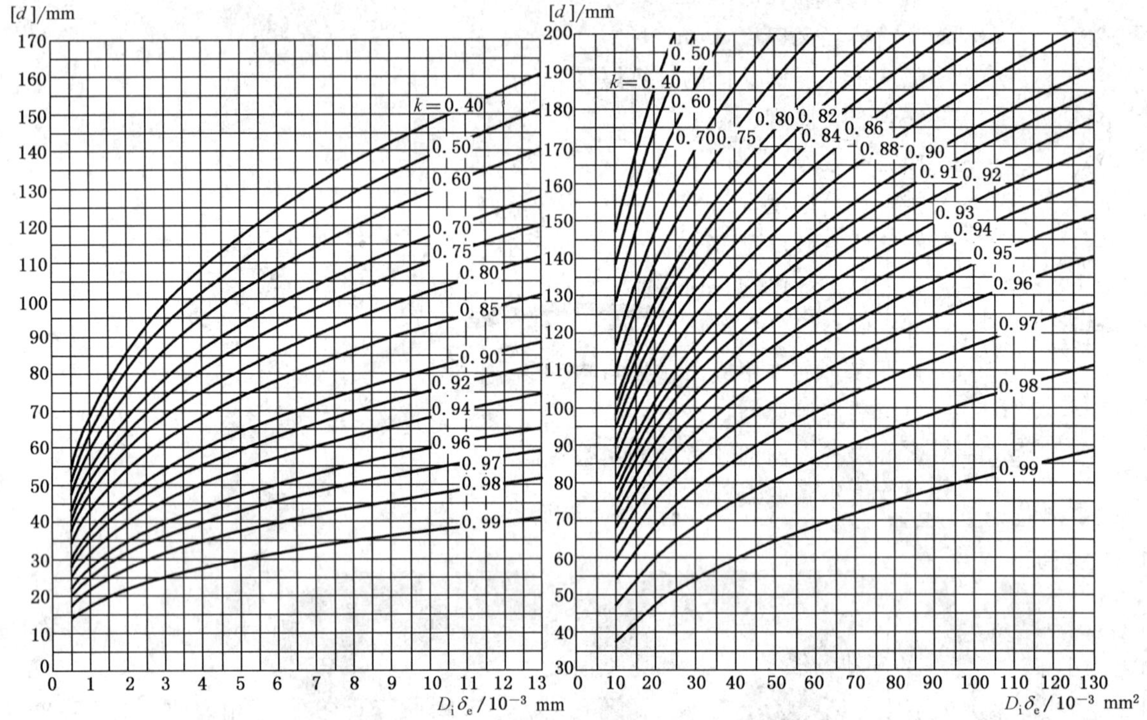

图 4 未补强孔的最大允许直径

11.4 孔的补强结构

11.4.1 孔的补强结构型式见图 5。

11.4.2 结构型式如图 5a)、b)、c)仅适用于锅炉额定压力小于或等于 2.5 MPa 的锅炉。

11.4.3 结构型式如图 5a)仅适用于圆筒体不受热锅筒，其补强计算方法视同如图 5d)型。

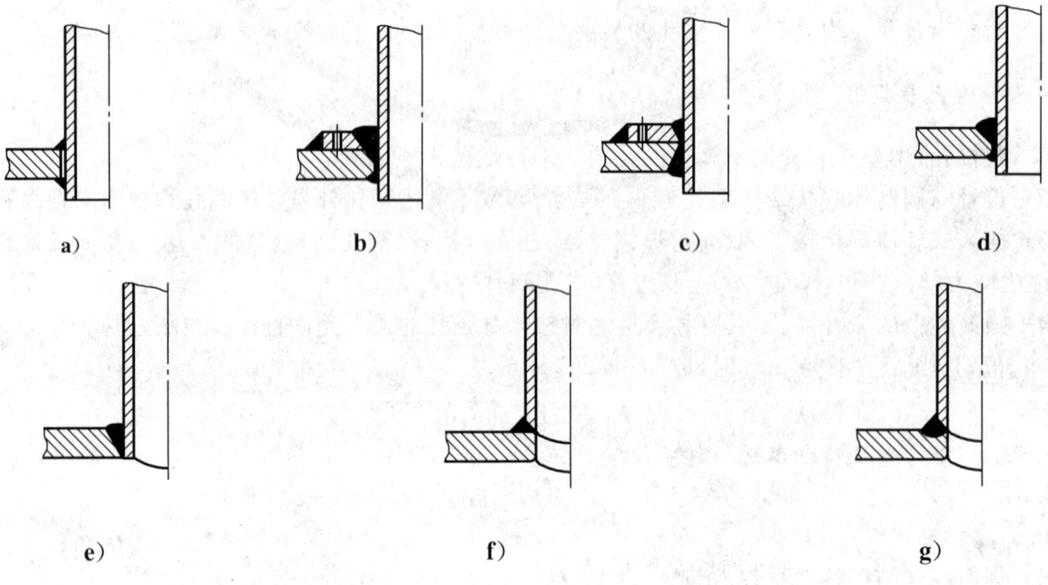

图 5 孔的补强结构型式

11.4.4 仅如图 5d)、e)、f)、g)接管焊接结构适用于孔桥补强。

11.4.5 补强元件与圆筒体的角焊缝强度可按 JB/T 6734 进行验算。

11.5 单孔补强

11.5.1 开孔补强应满足以下条件：

$$A_1+A_2+A_3+A_4 \geqslant A_0 \qquad (37)$$

11.5.2 补强所需面积的三分之二应分布在孔边四分之一孔径的范围内。

11.5.3 当补强元件钢材的许用应力大于被补强元件钢材的许用应力时，则按被补强元件钢材的许用应力计算。

11.5.4 开孔补强有效范围($ABCD$)内的补强面积按表 15 确定。

11.5.5 强度未减弱圆筒体的计算厚度 δ_0 按式(38)或式(39)计算：

$$\delta_0=\frac{pD_i}{2[\sigma]-p} \qquad (38)$$

$$\delta_0=\frac{p(D_o-2\delta_e)}{2[\sigma]-p} \qquad (39)$$

11.5.6 补强接管的计算厚度 δ_{b0} 按式(40)计算：

$$\delta_{b0}=\frac{p(D_o-2\delta_{be})}{2[\sigma]-p} \qquad (40)$$

表 15 孔的补强面积范围及计算

补强尺寸和范围	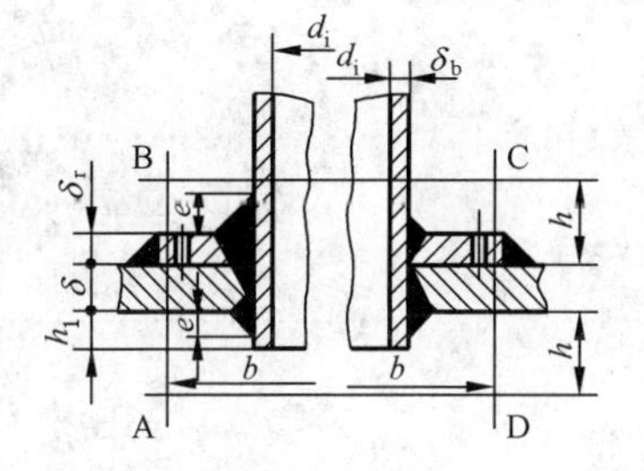 $\delta_r<\delta$, $h_1\leqslant h$	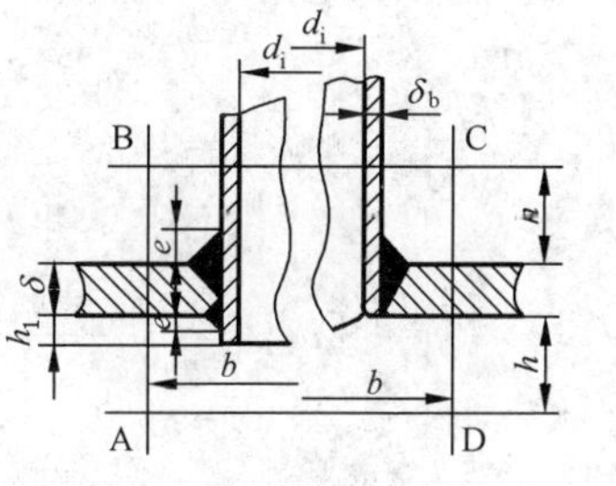 $h_1\leqslant h$	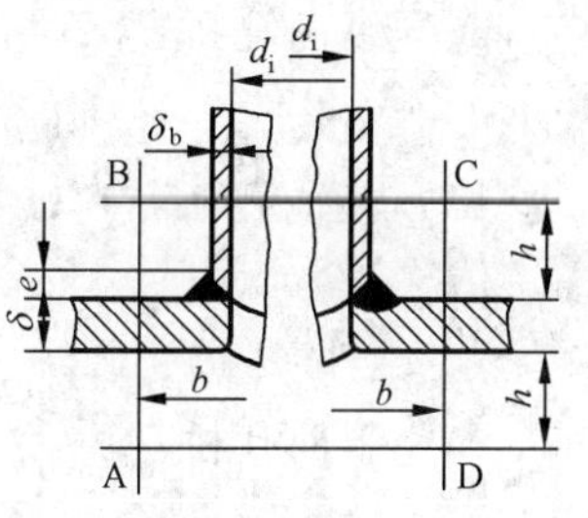
$A_0A_0'A_0''$	$\left[d_i+2\delta_{be}\left(1-\frac{[\sigma]_b}{[\sigma]}\right)\right]\delta_0$	$\left[d_i+2\delta_{be}\left(1-\frac{[\sigma]_b}{[\sigma]}\right)\right]\delta_0$	$d_i\delta_0$
$A_1A_1'A_1''$	$2e^2$	$2e^2$(或 e^2)	e^2
$A_2A_2'A_2''$	$[2h(\delta_{be}-\delta_{b0})+2h_1\delta_{be}]\frac{[\sigma]_b}{[\sigma]}$	$[2h(\delta_{be}-\delta_{b0})+2h_1\delta_{be}]\frac{[\sigma]_b}{[\sigma]}$	$2h(\delta_{be}-\delta_{b0})\frac{[\sigma]_b}{[\sigma]}$
A_3	$0.8\delta_r(b-d_i-2\delta_b)\frac{[\sigma]_2}{[\sigma]}$	0	0
A_4	$\left[b-d_i-2\delta_{be}\left(1-\frac{[\sigma]_b}{[\sigma]}\right)\right](\delta_e-\delta_0)$	$\left[b-d_i-2\delta_{be}\left(1-\frac{[\sigma]_b}{[\sigma]}\right)\right](\delta_e-\delta_0)$	$(b-d_i)(\delta_e-\delta_0)$

11.5.7 有效补强范围和尺寸按以下规定选取：

a) $h=\min\{2.5\delta_b, 2.5\delta\}$；当 $\delta_b/d_i>0.19$ 时，$h=\sqrt{(d_i+\delta_b)\delta_b}$；

b) $b=\max\{2d_i, d_o+2\delta\}$；当 $s-d_{em}<\max\{d_i, 0.5d_o+\delta\}$时，$b=2(s-d_{em})$；

c) 非插入式接管，d_i取圆筒体开孔直径 d；

d) 椭圆孔，d_i取纵截面上的尺寸，d_o系指长轴尺寸；

e) 补强焊缝计算高度取焊脚高度。

11.6 孔桥补强计算

11.6.1 圆筒体纵向、横向或斜向孔桥可用接管多余厚度(见图 6),进行孔桥补强提高孔桥减弱系数。

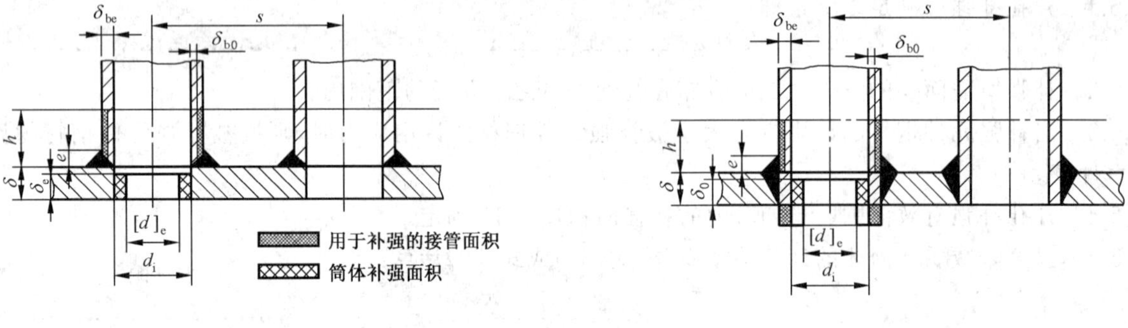

a)　　　　b)

图 6 孔桥补强的接管

11.6.2 孔桥补强应满足以下要求:

a) 采用本章所规定的接管焊接结构;

b) 允许最小减弱系数应满足条件:

$$[\varphi] < \frac{4}{3}\varphi_{nr}$$

11.6.3 孔桥补强的最大允许当量孔径$[d]_e$按下列公式计算:

a) 纵向孔桥:

$$[d]_e = (1 - [\varphi])s \qquad \cdots\cdots (41)$$

b) 横向孔桥:

$$[d]_e = \left(1 - \frac{[\varphi]}{2}\right)s' \qquad \cdots\cdots (42)$$

c) 斜向孔桥:

$$[d]_e = \left(1 - \frac{[\varphi]}{K}\right)s'' \qquad \cdots\cdots (43)$$

11.6.4 按外径计算圆筒体允许最小减弱系数按式(44)计算:

$$[\varphi] = \frac{p(D_o - \delta_e)}{2[\sigma]\delta_e} \qquad \cdots\cdots (44)$$

11.6.5 按内径计算圆筒体允许最小减弱系数按式(45)计算:

$$[\varphi] = \frac{p(D_i + \delta_e)}{2[\sigma]\delta_e} \qquad \cdots\cdots (45)$$

11.6.6 孔桥补强的有效范围和面积计算,参照表 15 单孔补强的规定。

11.6.7 孔桥补强条件:

a) 接管结构和尺寸相同的孔桥:

$$A_1 + A_2 \geqslant \left(\frac{A_0}{\delta_0} - [d]_e\right)\delta_e \qquad \cdots\cdots (46)$$

b) 接管结构或尺寸不同的孔桥:

$$A'_1 + A'_2 + A''_1 + A''_2 \geqslant \left(\frac{A'_0 + A''_0}{\delta_0} - 2[d]_e\right)\delta_e \qquad \cdots\cdots (47)$$

12 确定元件最高允许工作压力的验证法

12.1 符号

f ——制造成型工艺系数；

p_h ——试验爆破压力，MPa；

p_i ——试验温度时的验证压力(i=1,2,3,4)，MPa；

p_{min} ——试验温度下最小验证压力，MPa；

p_y ——试验温度时最薄弱部位达到屈服时的压力，MPa；

$[p]$ ——最高允许工作压力，MPa；

R_a ——圆筒体等回转壳体结构不连续部位的内外壁平均半径，mm；

R_{aa} ——圆筒体等回转壳体两相邻高应力区之间内外壁平均曲率半径的平均值，mm；

R'_e ——试验元件钢材在试验温度时的实际屈服强度或规定非比例延伸强度($R'_{p0.2}$)，MPa；

R_m ——钢材在 20 ℃时的抗拉强度，MPa；

R_{mt} ——试验元件钢材在 20 ℃时的实际抗拉强度，MPa；

δ'_{amin} ——相邻两高应力区的最小厚度的平均值，mm；

δ'_{min} ——结构不连续处的最小厚度，mm；

δ_{pc} ——实用元件对应于试验元件 δ_{tc} 处的实际厚度，mm；

δ_{tc} ——验证试验的元件最薄弱处的厚度，mm；

Δ ——试验测量相对误差，%；

σ_1 ——第一主应力，MPa；

σ_3 ——第三主应力，MPa；

σ_e ——筒体的当量应力，MPa；

$[\sigma]_{bs}$ ——许用应力，MPa；

$[\sigma]_{bst}$ ——试验温度下许用应力，MPa；

φ_w ——焊缝减弱系数。

12.2 通用要求

12.2.1 本章提供了用于决定元件最高允许工作压力的验证试验和有限元计算方法，这些方法包括：应力验证法；屈服验证法；爆破验证法；应力分析验证法。

12.2.2 本章提供的方法可用于不能按本部分前述各章规定进行计算的受压元件。

12.2.3 元件内壁转角处应有圆角过渡。圆角半径应大于 10 mm 或较厚部分厚度的四分之一。

12.3 应力及应力分类

12.3.1 本章的当量应力强度采用最大剪应力强度理论，当量应力按式(48)计算：

$$\sigma_e = \sigma_1 - \sigma_3 \qquad (48)$$

12.3.2 一次应力，由机械载荷产生，满足元件内力与外力平衡的应力，不具自限性。

12.3.3 一次薄膜应力，沿截面厚度的平均一次应力。

12.3.4 一次弯曲应力，沿截面径向变化，平均合力为零的一次应力。

12.3.5 二次应力，满足整体变形协调条件，在结构不连续或相邻元件连接部位及其邻近区域产生的附加应力，具自限性。

12.3.6 在回转壳体经线方向上，内、外壁平均或截面平均当量应力值大于或等于 1.1[σ]的应力区域小于或等于$\sqrt{R_a\delta'_{min}}$，并且相邻两个这样区域的边缘间距大于或等于$2.5\sqrt{R_{aa}\delta'_{amin}}$，则此应力属于一次局部薄膜应力。

12.4 应力验证法

12.4.1 应力验证法步骤如下：

a) 区分一次应力(一次薄膜应力、一次局部薄膜应力)和二次应力区域。

b) 分别在各区域的内、外壁对应点布置粘贴应变片。

c) 确定最高试验压力，控制元件各点应力低于验证试验温度时材料的屈服限。

d) 按最高试验压力，将压力分成若干升压和降压级。

e) 反复分级升压和降压，记录各级压力值及其各应变测点的应变值，直至重复性满意要求为止。

f) 建立一次应力区最大内、外壁平均当量应力与试验压力的线性关系，在该线性关系下，1 倍许用应力对应的压力定义为试验验证压力 p_1。

g) 建立一次应力区最大当量应力与试验压力的线性关系，在该线性关系下，1.5 倍许用应力对应的压力定义为试验验证压力 p_2。

h) 建立二次应力区最大内、外壁平均当量应力与试验压力的线性关系，在该线性关系下，1.5 倍许用应力对应的压力定义为试验验证压力 p_3。

i) 建立二次应力区最大当量应力与试验压力的线性关系，在该线性关系下，3 倍许用应力对应的压力定义为试验验证压力 p_4。

j) 取 p_1、p_2、p_3、p_4 中的最小值 p_{min}。

k) 分析确定验证试验的相对误差 Δ。

12.4.2 应力验证法的元件最高允许工作压力按式(49)确定：

$$[p]=\frac{p_{min}}{1+\Delta} \qquad \cdots\cdots(49)$$

12.4.3 本节确定的元件最高允许工作压力，用于未经试验验证的相同元件时，应按实际情况考虑温度和厚度差异，对最高允许工作压力进行修正。

12.5 屈服验证法

12.5.1 本节只适用于工作温度低于该钢材持久强度对许用应力起控制作用的温度的元件。

12.5.2 元件钢材验证试验温度的屈服强度与抗拉强度之比小于或等于 0.6。

12.5.3 试验元件应未受过液压试验，没有形变硬化和内应力。

12.5.4 屈服验证法的最高允许工作压力按式(50)确定：

$$[p]=0.75\frac{p_y[\sigma]_{bs}\varphi_w}{R'_e} \qquad \cdots\cdots(50)$$

12.5.5 投入运行后，可对元件内外壁作定期检查的，其最高允许工作压力可放大至 1.25[p]。

12.5.6 确定的最高允许工作压力用于未经试验验证的相同元件时，应按实际情况考虑厚度差异进行修正。

12.5.7 元件的屈服压力 p_y 可用应变测量法确定，确定步骤如下：

a) 确定二次应力区部位，在该应力区的外壁布置应变片。

b) 缓慢分级升压，记录每级压力值及相应的每个测点的应变值，建立最大应变点的应变与试验压力的关系曲线(见图 7)，取相应残余应变量为 0.2%的压力为 p_y。

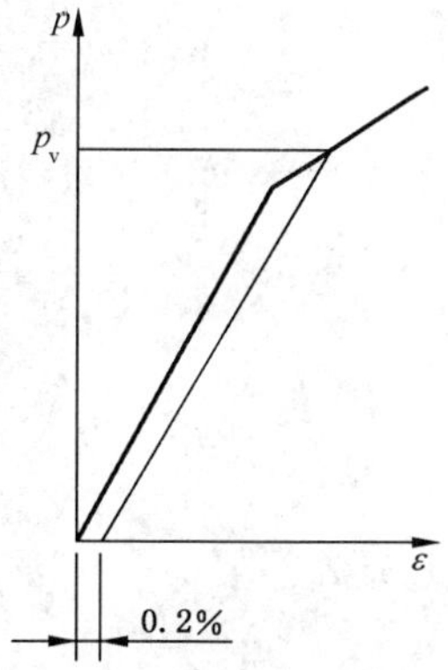

图 7　试验确定 p_v 的应变与压力的关系曲线

12.6　爆破验证法

12.6.1　试件不应少于 3 个，且取试验的最小值。

12.6.2　爆破验证法最高允许工作压力按式(51)确定：

$$[p]=\frac{p_b\delta_{pc}[\sigma]_{bs}R_m}{4\delta_{tc}[\sigma]_{bst}R_{mt}}\varphi_w f \qquad \cdots\cdots(51)$$

12.6.3　除浇铸成型元件的制造成型工艺系数 f 取 0.7 外，制造成型工艺系数 f 一般取为 1。

12.7　应力分析验证法

12.7.1　应力分析验证法应用应符合下列条件和规定：

a)　对分析设计条件的准确性和完整性予以确认；

b)　采用通过认证或公认可靠的有限元计算分析软件，有限元计算分析软件具有完整的说明文件，用户使用手册和标准考题；

c)　分析设计条件和结果文件有元件应力分析验证和设计单位的批准标识；

d)　结果文件至少包括：应力分析报告书、元件结构设计图、计算简化模型图；

e)　应力分析报告书至少包含模型简化、边界条件、单元类型等输入条件及应力、位移等计算结果；

f)　应力分析结果与已有的解析解、数值解或实验结果相比较，以证明应力计算结果的准确性。

12.7.2　应力分析验证法一般步骤包括：

a)　分析计算对象的几何结构和载荷，确定可利用的对称特性；

b)　利用对称特性建立简化计算模型；

c)　按 GB/T 16507.2 确定材料物理参数；

d)　根据计算模型、载荷和分析结果要求，选择确定分析单元类型；

e)　检查计算结果，分析计算误差，确定是否有必要修改输入重新计算；

f)　区分一次应力(一次薄膜应力、一次局部薄膜应力)和二次应力区域，按应力分量控制原则进行应力强度评定，确定最高允许工作压力。

12.7.3　确定最高允许工作压力的应力分量控制原则：

a)　一次应力区，最大内、外壁平均或截面平均当量应力 1 倍的许用应力。

b)　一次应力区，最大当量应力或截面平均应力与弯曲应力之和的当量应力小于 1.5 倍许用应力。

c)　二次应力区，最大内外壁平均应力或截面平均当量应力小于 1.5 倍许用应力。

d)　二次应力区，最大当量应力或截面平均应力与弯曲应力之和的当量应力小于 3 倍许用应力。

13 厚度附加量

13.1 符号

C ——厚度附加量,mm;

C_1 ——腐蚀裕量,mm;

C_2 ——制造减薄量,mm;

C_3 ——钢材厚度负偏差,mm;

D_o ——弯管或弯头的外径,mm;

m ——钢管厚度负偏差的百分比值,%;

α ——弯管工艺厚度变化率,%;

δ ——名义厚度,mm;

δ_t ——计算厚度,mm。

13.2 厚度附加量计算

厚度附加量 C 按式(52)计算:

$$C=C_1+C_2+C_3 \qquad (52)$$

13.3 腐蚀裕量

13.3.1 腐蚀裕量 C_1 应根据实际腐蚀情况确定。一般情况,取 $C_1=0.5$ mm。

13.3.2 锅筒筒体的厚度 $\delta>20$ mm 时,可取 $C_1=0$。

13.3.3 凸形封头的 C_1 取值与相连圆筒体相同。

13.4 制造减薄量 C_2

13.4.1 制造减薄量 C_2 应根据元件的实际制造工艺情况确定,一般情况按附录 C 选取。

13.4.2 外径 $D_o\leqslant 100$ mm 的弯管或弯头,不校核内弧计算厚度时,弯管工艺附加厚度 C_2 应按附录 C 选取,弯管外弧工艺厚度变化率 α 应按式(C.5)计算。

13.5 钢材厚度负偏差 C_3

13.5.1 钢板厚度负偏差 C_3 取钢板标准规定厚度负偏差。

13.5.2 钢管厚度负偏差 C_3 按式(53)或式(54)计算:

$$C_3=\frac{m}{100-m}(\delta_t+C_1+C_2) \qquad (53)$$

$$C_3=\frac{m}{100}\delta \qquad (54)$$

14 最高允许工作压力

14.1 符号

D_c ——盖板的计算直径,mm;

D_i ——圆筒体、封头、三通主管、等径叉形管的内径,mm;

D_o ——圆筒体、封头、三通主管、等径叉形管的外径，mm；

K_c ——盖板结构特性系数；

K_f ——平端盖结构特性系数；

K_i ——弯管内弧形状系数；

K_o ——弯管外弧形状系数；

K_s ——凸形封头结构形状系数；

$[p]$ ——最高允许工作压力，MPa；

$[p]_h$ ——水压试验最高允许压力，MPa；

$[p]_i$ ——弯管或弯头和圆弧形集箱内弧最高允许工作压力，MPa；

$[p]_m$ ——弯管或弯头和圆弧形集箱中弧最高允许工作压力，MPa；

$[p]_o$ ——弯管或弯头和圆弧形集箱外弧最高允许工作压力，MPa；

R_e ——钢材在 20 ℃时的屈服强度或规定非比例延伸强度($R_{p0.2}$)，MPa；

Y_c ——盖板形状系数；

β_e ——按有效厚度确定的外径与内径的比值；

δ_e ——圆筒体、焊制和锻造三通主管、热挤压三通过渡区、凸形封头的有效厚度，mm；

δ_1 ——平端盖或盖板的名义厚度，mm；

$[\sigma]$ ——许用应力，MPa；

φ_{min} ——最小减弱系数；

φ_t ——焊制和锻造三通、等径叉形管的减弱系数；

φ_w ——焊缝减弱系数。

14.2 直圆筒体

14.2.1 直圆筒体最高允许工作压力按式(55)或式(56)计算：

$$[p]=\frac{2\varphi_{min}[\sigma]\delta_e}{D_i+\delta_e} \quad \cdots\cdots(55)$$

或

$$[p]=\frac{2\varphi_{min}[\sigma]\delta_e}{D_o-\delta_e} \quad \cdots\cdots(56)$$

14.2.2 直圆筒体最高允许工作压力还应满足孔的补强章节的条款要求。

14.3 凸形封头

14.3.1 凸形封头最高允许工作压力按式(57)计算：

$$[p]=\frac{2\varphi_{min}[\sigma]\delta_e}{K_sD_i+\delta_e} \quad \cdots\cdots(57)$$

14.3.2 凸形封头最高允许工作压力还应考虑封头直段最高允许工作压力，凸形封头直段最高允许工作压力按 14.2 直圆筒体计算。

14.4 弯管或弯头和圆弧形集箱筒体

14.4.1 弯管或弯头和圆弧形集箱筒体最高允许工作压力取式(58)、式(59)、式(60)三式中的较小值：

外弧：

$$[p]_o=\frac{2\varphi_w[\sigma]\delta_e}{K_oD_o-\delta_e} \quad \cdots\cdots(58)$$

内弧：

$$[p]_i=\frac{2\varphi_w[\sigma]\delta_e}{K_iD_o-\delta_e} \quad\cdots\cdots(59)$$

中弧：

$$[p]_m=\frac{2\varphi_w[\sigma]\delta_e}{D_o-\delta_e} \quad\cdots\cdots(60)$$

14.4.2 式(58)、式(59)、式(60)中的 δ_e 取计算处的有效厚度。

14.4.3 圆弧形集箱筒体，式(60)中的 φ_w 用 φ_{min} 替代。

14.5 平端盖

14.5.1 平端盖的最高允许工作压力按式(61)计算：

$$[p]=\left(\frac{\delta_1}{K_fD_i}\right)^2[\sigma] \quad\cdots\cdots(61)$$

14.5.2 平端盖的最高允许工作压力同时还应考虑平端盖直段最高允许工作压力，平端盖直段最高允许工作压力按 14.2 直圆筒体计算。

14.6 盖板

盖板的最高允许工作压力按式(62)计算：

$$[p]=3.3\left(\frac{\delta_1}{Y_cD_c}\right)^2[\sigma] \quad\cdots\cdots(62)$$

14.7 焊制、锻造三通和等径叉形管

14.7.1 焊制、锻造三通和等径叉形管的最高允许工作压力按式(63)计算：

$$[p]=\frac{2\varphi_t[\sigma]\delta_e}{D_o-\delta_e} \quad\cdots\cdots(63)$$

14.7.2 焊制和锻造三通上若有允许开孔的孔桥，则在采用式(63)确定三通最高允许工作压力时，φ_t 取由 8.6 确定的 φ_t 及参照 8.5 规定求得的最小孔桥减弱系数 φ_{min} 中的小者。

14.8 热挤压三通

14.8.1 $D_o \leqslant 660$ mm 的热挤压三通最高允许工作压力按式(64)计算：

$$[p]=\frac{1.9[\sigma](\delta_e-2)}{1.3D_o-(\delta_e-2)} \quad\cdots\cdots(64)$$

14.8.2 $D_o > 660$ mm 的热挤压三通最高允许工作压力按式(65)计算：

$$[p]=\frac{2[\sigma](\delta_e-10)}{1.3D_o-(\delta_e-10)} \quad\cdots\cdots(65)$$

14.9 水压试验压力

14.9.1 水压试验压力按有关锅炉制造技术条件取用，但不应大于该设备各元件水压试验最高允许压力。

14.9.2 直圆筒体、焊制或锻造三通、等径叉形管水压试验最高允许压力按式(66)计算：

$$[p]_h=0.45\,\frac{\beta_e^2-1}{\beta_e^2}\varphi_{min}R_e \quad\cdots\cdots(66)$$

14.9.3 凸形封头水压试验最高允许压力按式(67)计算：

$$[p]_h = \frac{0.9(\beta_e^3 - 1)}{(2+\beta_e^3)K_h + (\beta_e^3 - 1)}\varphi_{min}R_e \quad \cdots\cdots(67)$$

14.9.4 平端盖的水压试验最高允许压力按式(68)计算：

$$[p]_h = 0.9\left(\frac{\delta_1}{K_f D_i}\right)^2 R_e \quad \cdots\cdots(68)$$

14.9.5 盖板的水压试验最高允许压力按式(69)计算：

$$[p]_h = 0.9\left(\frac{\delta_1}{K_c Y_c D_c}\right)^2 R_e \quad \cdots\cdots(69)$$

14.9.6 水压试验最高允许压力计算的有效直圆筒体外径与内径比按式(70)或式(71)计算：

$$\beta_e = 1 + \frac{2\delta_e}{D_i} \quad \cdots\cdots(70)$$

$$\beta_e = \frac{D_o}{D_o - 2\delta_e} \quad \cdots\cdots(71)$$

15 附加应力校核

15.1 符号

A_e ——管子的有效横截面积，mm^2；

D_i ——圆筒体内径，mm；

D_o ——圆筒体外径，mm；

F ——附加轴向力，kN；

M ——校核截面的弯曲力矩，kN·mm；

M_t ——校核截面的扭转力矩，kN·mm；

p ——计算压力，MPa；

W ——校核截面的抗弯截面模量，mm^3；

δ_e ——圆筒体、焊制和锻造三通主管、热挤压三通过渡区、等径叉形管或凸形封头的有效厚度，mm；

σ_{aa} ——校核截面的附加轴向应力，MPa；

σ_{ab} ——校核截面的附加弯曲应力，MPa；

$[\sigma]$ ——许用应力，MPa；

τ ——校核截面的附加扭转应力，MPa；

φ_{cmin} ——校核截面的最小减弱系数；

φ_w ——焊缝减弱系数。

15.2 圆筒体弯曲应力

15.2.1 圆筒体各校核截面的最大弯曲应力按式(72)计算：

$$\sigma_{ab} = \frac{1\,000\,M}{W\varphi_w} \quad \cdots\cdots(72)$$

15.2.2 抗弯截面模量 W 计算应考虑由于开孔对截面的减弱。W 的近似计算方法见附录 D。

15.2.3 如圆筒体无较大的局部荷重，圆筒体荷重可按均布荷重考虑。

15.2.4 圆筒体荷重应包括：圆筒体及相连元件的金属重量、满水的水重以及绝热材料的重量等。

15.3 圆筒体弯曲应力校核

15.3.1 当锅筒筒体支点间距大于 10 m 或者最小孔桥减弱系数为横向孔桥时，应进行最大弯曲应力校核。最大弯曲应力应满足以下条件：

$$\sigma_{ab} \leqslant [\sigma] - \frac{p(D_i + \delta_e)}{4\varphi_{cmin}\delta_e} \qquad \cdots\cdots (73)$$

15.3.2 集箱筒体最大弯曲应力应满足以下条件：

$$\sigma_{ab} \leqslant [\sigma] - \frac{p(D_o - 2\delta_e)^2}{4\varphi_{cmin}\delta_e(D_o - \delta_e)} \qquad \cdots\cdots (74)$$

15.3.3 校核截面最小减弱系数 φ_{cmin} 为所校核截面上最大弯曲应力部位的横向孔桥减弱系数和环向焊缝减弱系数的较小者。

15.3.4 横向孔桥与环向焊缝减弱重迭，则取两者的乘积。

15.4 管子或管道轴向管壁附加应力校核

15.4.1 由重力载荷引起的管子或管道轴向管壁附加应力（轴向应力、弯曲应力和扭转应力）可按式(75)进行校核：

$$\sigma_{aa} + \sqrt{\sigma_{ab}^2 + 4\tau^2} \leqslant [\sigma] - \frac{p(D_o - 2\delta_e)^2}{4\delta_e\varphi_w(D_o - \delta_e)} \qquad \cdots\cdots (75)$$

$$\sigma_{aa} = \frac{1\,000F}{A_e\varphi_w} \qquad \cdots\cdots (76)$$

$$\sigma_{ab} = \frac{1\,000M}{W\varphi_w} \qquad \cdots\cdots (77)$$

$$\tau = \frac{500M_t}{W\varphi_w} \qquad \cdots\cdots (78)$$

只有在校核断面上有环向焊缝时，才考虑环向焊缝减弱系数 φ_w，其值可按表 5 选取。

15.4.2 管道系统应力按 DL/T 5366 的要求进行校核。

16 结构限制和要求

16.1 符号

C_1 ——腐蚀裕量，mm；

d_i ——接管、三通支管的内径，mm；

$[d]_{imax}$ ——热挤压三通满足过渡区强度要求的支管最大允许内径，mm；

D_i ——圆筒体、封头、三通主管、等径叉形管的内径，mm；

D_o ——圆筒体、封头、三通主管、等径叉形管的外径，mm；

D_{omax} ——圆弧形集箱筒体、弯管或弯头同一截面上的最大外径，mm；

D_{omin} ——圆弧形集箱筒体、弯管或弯头同一截面上的最小外径，mm；

d ——开孔直径、或插入式整体焊接接管内径，mm；

d_o ——接管、三通支管的外径，mm；

d_r ——焊制三通补强筋的直径，mm；

h ——平端盖加工钝边高度、或热挤压三通支管高度，mm；

h_i ——封头内高度，mm；

h_{min} ——锻造三通支管最小高度,mm;

h_r ——焊制三通补强板高度,mm;

K_i ——焊角高度($i=1,2$),mm;

l ——平端盖直段部分的长度,mm;

L ——热挤压三通主管限制开孔最小长度,mm;

L_1 ——热挤压和锻造三通主管半长,mm;

p_r ——锅炉额定压力,MPa;

q_{max} ——最大热流密度,kW/m²;

r ——平端盖和三通的内转角过渡圆弧半径、或锻造三通主管和支管外壁过渡圆弧半径,mm;

R ——弯管中心线的曲率半径、或热挤压三通外壁肩部最大过渡半径,mm;

α ——热挤压三通支管限制开孔区中心角,°;

δ ——圆筒体、焊制和锻造三通主管、等径叉形管或凸形封头的名义厚度,mm;

δ_{1d} ——热挤压鼓型三通缩口后主管圆筒部分的纵截面无接管侧最小需要厚度,mm;

δ_{1u} ——热挤压鼓型三通缩口后主管圆筒部分的纵截面接管侧最小需要厚度,mm;

δ_b ——接管或三通支管名义厚度,mm;

δ_{dc} ——圆筒体、焊制和锻造三通主管、等径叉形管或凸形封头的设计厚度,mm;

δ_{bp} ——热挤压三通支管的最小需要厚度,mm;

δ_d ——热挤压直型三通主管圆筒部分的纵截面无接管侧最小需要厚度、或热挤压鼓型三通缩口前主管圆筒部分的纵截面无接管侧最小需要厚度,mm;

δ_{min} ——最小需要厚度,mm;

δ_r ——焊制三通补强筋的厚度,mm;

δ_t ——计算厚度,mm;

δ_u ——热挤压直型三通主管圆筒部分的纵截面接管侧最小需要厚度、或热挤压鼓型三通缩口前主管圆筒部分的纵截面接管侧最小需要厚度,mm;

λ ——钢材导热系数,kW/(m·℃)。

16.2 最大允许厚度

16.2.1 $p_r \leqslant 2.5$ MPa 的不绝热锅筒筒体,其厚度不应大于表 16 所规定的值。

表 16 不绝热锅筒筒体的最大允许厚度

工作条件	最大允许厚度 mm
烟道内,600 ℃<烟温≤900 ℃	30
烟道或炉膛内,烟温>900 ℃	26

16.2.2 $p_r > 2.5$ MPa 的不绝热集箱筒体、焊制或热挤压三通厚度不应大于表 17 所规定的值。

表 17　不绝热集箱筒体或三通的最大允许厚度

工作条件	最大允许厚度 mm
烟道内，600 ℃＜烟温≤900 ℃	45
烟道或炉膛内，烟温＞900 ℃	30

16.2.3　$p_r \leqslant 2.5$ MPa 的不绝热、防焦箱筒体、焊制或热挤压三通厚度不应大于表 18 所规定的值。

表 18　不绝热或防焦箱筒体或焊制三通的最大允许厚度

工作条件	最大允许厚度 mm
烟道内，烟温＞600 ℃	20
烟道或炉膛内，烟温＞900 ℃	15

16.2.4　$q_{max} \geqslant 580$ kW/m² 的受热面管子，名义厚度应满足以下条件：

$$\delta \leqslant \frac{D_o}{1+\frac{D_o q_{max}}{10^5 \lambda}} \qquad (79)$$

16.3　开孔等结构限制

16.3.1　锅筒胀接管孔的孔桥减弱系数不宜小于 0.30。

16.3.2　锅筒集中下降管的管孔不应开在焊缝上。其他焊接管孔亦不宜开在焊缝上。

16.3.3　不等厚度锅筒筒体过渡区及以外一个厚度长度的区域不应开孔，过渡区的斜度不应超过 1∶3。

16.3.4　额定压力大于 2.5 MPa 的锅炉，接管(连接受热面管子的除外)的名义厚度$\delta_b \geqslant 0.015\ d_o + 3.2$ mm。

16.3.5　凸形封头除中心人孔外，若有 $d>38$ mm 的开孔时，在任意两孔中心的连线上，两孔边缘距离的投影长度不应小于两孔径投影之和的 1/3。

16.3.6　凸形封头除中心人孔外，若有 $d \leqslant 38$ mm 的开孔时，在任意两孔中心的连线上，两孔边缘距离的投影长度不应小于较小的孔径投影长度。

16.3.7　$h_i/D_i \leqslant 0.35$ 的凸形封头，开孔边缘至封头外壁边缘之间的投影距离不应小于 $0.1D_i+\delta$。

16.3.8　$h_i/D_i>0.35$ 的凸形封头，开孔边缘至封头与直段交接处的弧长不应小于$\sqrt{D_i\delta_t}$。

16.3.9　凸形封头开孔边缘与扳边人孔扳边起弯点（或与焊接圈焊缝)的距离大于或等于 δ。

16.3.10　凸形封头扳边人孔不应与焊缝重合。

16.3.11　凸形封头人孔密封面切口部位，径向最小剩余厚度不应小于封头最小需要厚度 δ_{min}。

16.3.12　平端盖中心孔的直径或椭圆孔长轴尺寸与受压直径之比值不应大于 0.8。

16.3.13　平端盖任意两孔边缘之间的距离不应小于其中小孔的直径。

16.3.14　平端盖开孔边缘至平端盖外边缘之间的距离不应小于 $2\delta_{dc}$。

16.3.15　平端盖上的孔不应开在内转角圆弧处。

16.3.16　焊制三通的单筋、蝶式补强和厚度补强结构型式见图 8。

16.3.17　焊制三通单筋、蝶式补强元件的材质应与焊制三通主管的材质相同，其尺寸应满足表 19 要求值。

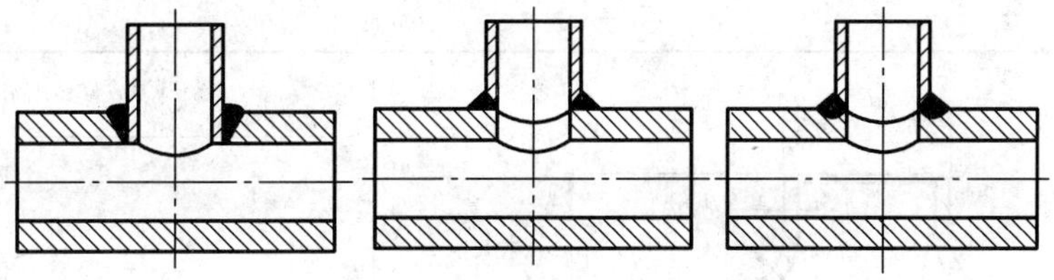

厚度补强

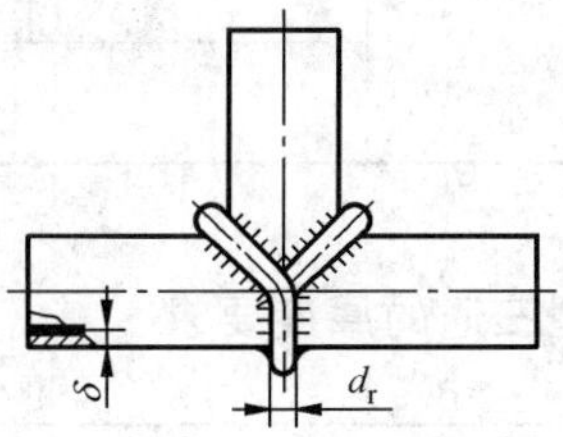

单筋补强

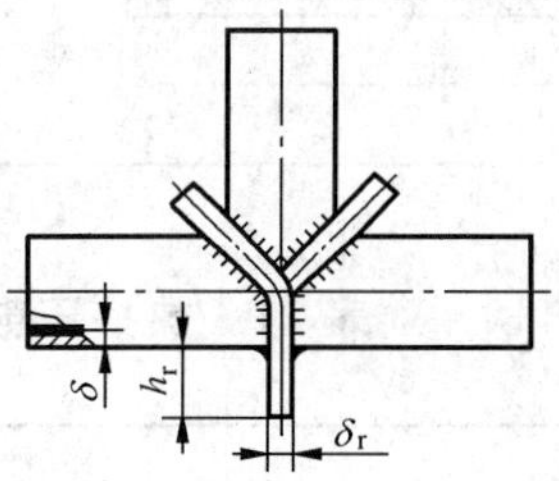

蝶式补强

图 8　焊制三通补强结构型式

表 19　焊制三通单筋、蝶式补强元件的尺寸要求

单位为毫米

补强型式	补强元件尺寸	
	$\delta \leqslant 20$	$\delta > 20$
蝶式	$\delta_r=\delta$；$h_r=6\delta$	$\delta_r=\delta$；$h_r=120$
单筋	$d_r=1.5\delta$	

16.3.18　焊接或锻造三通的主管和支管中心线向两侧偏移一个 D_o 距离为三通区域。三通区域应尽量避免开孔。若必须开孔，则应布置在非支管侧，开孔与主管焊缝边缘间距应大于 20 mm，开孔的直径不应大于 $D_o/4$ 和 60 mm。

16.3.19　锻造三通内壁过渡转角圆弧半径 r 取转角处厚度的四分之一，但小于或等于 10 mm。

16.3.20　锻造三通外壁过渡倒角的宽度和高度均取主管的最小需要厚度 δ_{min}，但小于或等于 50 mm。主管和支管外壁的过渡圆弧半径取 $r=10$ mm。

16.3.21　一般情况下，锻造三通主管外壁过渡段锥度取 1∶2，支管端部内壁锥度取 15°。

16.3.22　锻造三通主管半长 L_1 和支管最小高度 h_{min} 均不应小于 $1.15D_o$。

16.3.23　热挤压直型三通的厚度应符合表 20 要求。

16.3.24　热挤压鼓型三通的厚度应符合表 21 要求。

16.3.25　热挤压鼓型三通，当 $0.5D_o-\delta_{1d}>0.5d_o-\delta_d$ 时，应增大 δ_{1d}，以防有用金属被切削。

表 20　热挤压直型三通的厚度要求

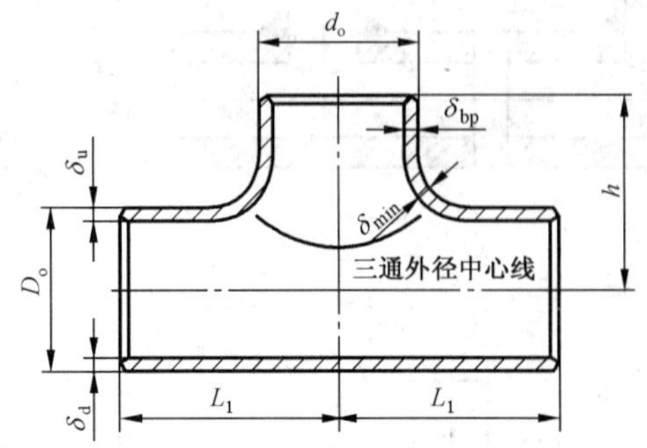

$\delta_d \geqslant 0.8\delta_t + C_1$
$\delta_d \geqslant \delta_{min}$（主管圆筒体）
$\delta_u \geqslant \delta_d$
$\delta_u \geqslant \delta_{min}$（过渡区）
$\delta_{bp} \geqslant 0.5(d_o - [d]_{i\,max})$
$\delta_{bp} \geqslant \delta_{min}$（支管圆筒体）

表 21　热挤压鼓型三通的厚度要求

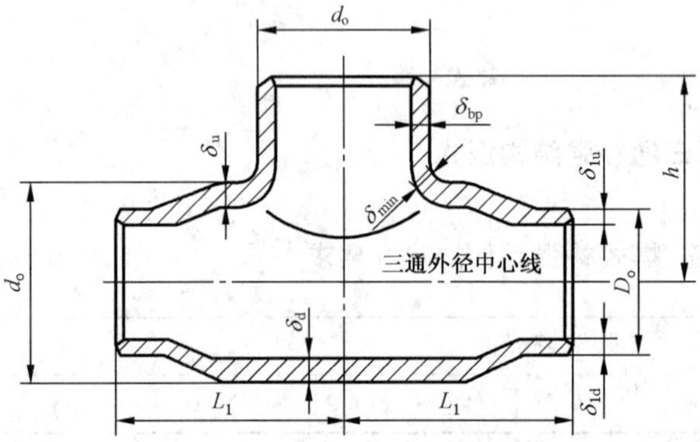

$\delta_d \geqslant 0.8\delta_t + C_1$
$\delta_d \geqslant \delta_{min}$（主管圆筒体）
$\delta_u \geqslant \delta_d$
$\delta_u \geqslant \delta_{min}$（过渡区）
$\delta_{1d} \geqslant \delta_{min}$（主管圆筒体）
$\delta_{1u} \geqslant \delta_{min}$（主管圆筒体）
$\delta_{bp} \geqslant 0.5(d_o - [d]_{i\,max})$
$\delta_{bp} \geqslant \delta_{min}$（支管圆筒体）

16.3.26　热挤压鼓型三通，当 $0.5D_o - \delta_{1u} > 0.5d_o - \delta_u$ 时，应增大 δ_{1u}，以防有用金属被切削。

16.3.27　热挤压直型三通的 h、R、L、L_1 应符合表 22 的规定。

表 22　直型三通的 h、R、L、L_1 规定值

单位为毫米

<table>
<tr><th>三通公称规格尺寸</th><th>h</th><th>R</th><th>L=L1</th></tr>
<tr><td>254×254×203</td><td rowspan="2">203</td><td rowspan="2">46</td><td rowspan="2">216</td></tr>
<tr><td>273×273×219</td></tr>
<tr><td>254×254×254</td><td rowspan="2">216</td><td rowspan="2">51</td><td rowspan="2">216</td></tr>
<tr><td>273×273×273</td></tr>
<tr><td>305×305×203</td><td>229</td><td>51</td><td>254</td></tr>
<tr><td>305×305×254</td><td rowspan="2">241</td><td rowspan="2">62</td><td rowspan="2">254</td></tr>
<tr><td>324×324×273</td></tr>
<tr><td>305×305×305</td><td rowspan="2">254</td><td rowspan="2">61</td><td rowspan="2">254</td></tr>
<tr><td>324×324×324</td></tr>
<tr><td>356×356×254</td><td>257</td><td>61</td><td>279</td></tr>
<tr><td>356×356×305</td><td>270</td><td>72</td><td>279</td></tr>
</table>

表 22（续）

单位为毫米

三通公称规格尺寸	h	R	$L=L_1$
356×356×324	270	72	279
356×356×324	279	67	279
356×356×356			
406×406×305	295	67	304
406×406×356	305	71	304
406×406×406	305	76	304
457×457×356	330	71	343
457×457×406	330	75	343
457×457×457	343	86	343
508×508×457	368	84	381
508×508×508	381	95	381
559×559×508	406	92	419
559×559×559	419	105	419
610×610×559	432	102	432
610×610×610	457	114	432
660×660×660	495	124	495
711×711×711	520	133	520
762×762×762	559	143	559
813×813×813	597	152	597
864×864×864	635	162	635
914×914×914	673	171	673

16.3.28 热挤压鼓型三通的 h、R、L、L_1 应符合表 23 的规定。

表 23 鼓型三通 h、R、L、L_1 规定值

单位为毫米

三通公称尺寸	h	R	L	L_1
203×203×254	216	51	330	355
219×219×273				
254×254×305	254	61	330	355
273×273×324				
254×254×356	279	67	413	438
273×273×356				
305×305×356	279	67	305	330
324×324×356				
305×305×406	305	76	362	387

表 23（续） 单位为毫米

三通公称尺寸	h	R	L	L_1
325×325×377 324×324×406	305	76	362	387
356×356×406	305	76	362	387
356×356×457	343	86	462	489
356×356×508	381	95	529	558
356×356×559	419	105	716	743
356×356×610	457	114	716	743
406×406×457	343	86	360	387
406×406×508	381	95	451	476
406×406×559	419	105	652	679
406×406×610	457	114	652	679
457×457×508	381	95	406	431
457×457×559	419	105	581	610
457×457×610 450×450×635	457	114	581	610
508×508×559	419	105	502	527
508×508×610	457	114	502	527
508×508×660	495	124	591	616
508×508×711	521	133	591	616
559×559×610	457	114	461	482
559×559×660	495	124	591	616
559×559×711	521	133	591	616
610×610×660	495	124	505	533
610×610×711	521	133	505	533
660×660×711	521	133	402	431
注：选用非表列规格的三通时，其结构尺寸可参照表中相近三通尺寸。				

16.3.29 热挤压直型和鼓型三通分区示意见图 9。

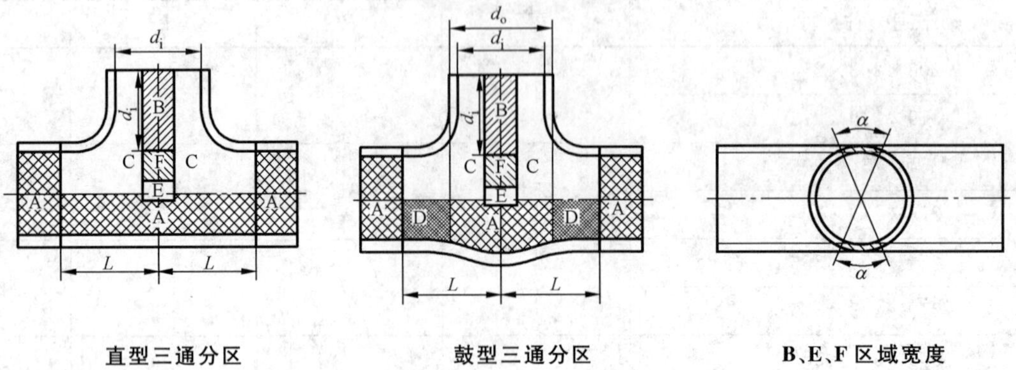

图 9 热挤压直型和鼓型三通分区示意图

16.3.30 热挤压三通 B、F、E 区域的宽度所对应的中心角 α 与三通支管外径有关，支管外径与 α 角的关系见表 24。

表 24 热挤压三通支管外径与 α 角的关系

支管外径 mm	α	支管外径 mm	α
203、219	27°	508	40°
254、273	32°	559	39°
305、324	36°	610	38°
356、377	41°	660、711	37°
406	43°	762、813	36°
457	41°	864、914	35°

16.3.31 热挤压 E 区域的高度为三通主管中心线向支管侧偏移 20°；向无支管侧偏移 10°范围内的弧长距离。

16.3.32 热挤压直型三通允许在 A 区域开孔。

16.3.33 热挤压鼓型出口三通允许在 A 区域开孔，入口三通只能开在内径为常数 A 区域开孔。

16.3.34 热挤压直型和鼓型三通的 C、E 区域不应开孔。

16.3.35 热挤压直型和鼓型 B、F 区域不宜开孔，在无法避免的情况下，允许在各种三通的 F 区域和入口三通的 B 区域开一沿支管轴向的孔排。

16.3.36 热挤压鼓型入口三通和辐射再热器出口三通的 D 区域不应开孔，其他三通允许开孔。

16.3.37 热挤压三通区域的开孔直径不应大于 $D_o/4$ 和 60 mm。

附 录 A
（规范性附录）
锅筒低周疲劳寿命计算

A.1 符号

a ——接管翻边开孔成型结构的内投影的长半轴，mm；
a_t ——材料热扩散率，mm^2/min
b ——接管翻边开孔成型结构的内投影短半轴，mm；
C_f ——径向温差热应力结构系数；
C_t ——径向内外壁温差结构系数；
D_i ——圆筒体内径，mm；
e ——自然对数的底；
E ——钢材弹性模量，MPa；
E_0 ——低周疲劳曲线的钢材弹性模量，MPa；
E^t ——设计计算工况最高温度下材料弹性模量，MPa；
K_{1n} ——内压引起的环向应力集中系数；
K_{1r} ——内压引起的法向应力集中系数；
K_{1z} ——内压引起的轴向应力集中系数。
K_{2n} ——径向温差引起的环向热应力集中系数，推荐 $K_{2n}=1.6$；
K_{2z} ——径向温差引起的轴向热应力集中系数，推荐 $K_{2z}=1.6$；
K_{3n} ——周向温差引起的环向热应力集中系数，推荐 $K_{3n}=-1$；
K_{3z} ——周向温差引起的轴向热应力集中系数，推荐 $K_{3z}=-1$；
m ——总设计循环工况数；
n_i ——给定设计循环工况的预期循环次数；
N ——低周疲劳设计曲线图中的循环次数；
N_i ——给定设计循环工况的允许循环次数；
p ——计算压力，MPa；
p_m ——给定设计循环工况锅筒工质的最高、最低工作压力，MPa；
t ——工质升温或降温所经历的时间，min；
t_C ——给定设计循环工况计算壁温，℃；
t_H ——给定设计循环工况的最高壁温，℃；
t_i ——内壁温度，℃；
t_L ——给定设计循环工况的最低壁温，℃；
t_o ——外壁温度，℃；
α ——材料线膨胀系数，1/℃；
β ——按名义厚度确定的外径与内径的比值；
β_1 ——温度阻尼系数的参数；
μ ——材料的泊松比，$\mu=0.3$；
δ ——圆筒体名义厚度，mm；
δ_e ——圆筒体有效厚度，mm；

Δp ——压力波动范围,MPa;
Δt_{max} ——最大周向外壁温差,℃;
Δt_1 ——径向内外壁温差,℃;
Δt_2 ——周向外壁温差,℃;
$\Delta \sigma$ ——交变应力范围,MPa;
$\Delta \sigma_{12}$、$\Delta \sigma_{23}$、$\Delta \sigma_{31}$——主应力差的波动范围,MPa;
σ_a ——应力幅,MPa;
σ'_a ——修正应力幅,MPa;
σ_e ——锅筒筒体的当量薄膜应力,MPa。
σ_{np} ——内压引起的环向应力分量,MPa;
σ_{nt1} ——径向内外壁温差引起的环向应力分量,MPa;
σ_{nt2} ——周向外壁温差引起的环向应力分量,MPa;
σ_{pi} ——给定循环工况的峰值主应力(i=1, 2, 3),MPa;
σ_{p12}、σ_{p23}、σ_{p31} ——峰值主应力的差值,MPa;
σ_{rp} ——内压引起的法向应力分量,MPa;
σ_{rt1} ——径向内外壁温差引起的法向应力分量,MPa;
σ_{rt2} ——周向外壁温差引起的法向应力分量,MPa;
σ_{vi} ——给定循环工况的谷值主应力(i=1, 2, 3),MPa;
σ_{v12}、σ_{v23}、σ_{v31} ——谷值主应力的差值,MPa;
σ_{zp} ——内压引起的轴向应力分量,MPa。
σ_{zt1} ——径向内外壁温差引起的轴向应力分量,MPa;
σ_{zt2} ——周向外壁温差引起的轴向应力分量,MPa;
σ_1 ——合成第一主应力,MPa;
σ_2 ——合成第二主应力,MPa;
σ_3 ——合成第三主应力,MPa;
$[\sigma]$ ——许用应力,MPa;
τ ——时间常数,min;
υ ——锅筒工质温度变化速率,℃/mim;
χ ——温度阻尼系数。

A.2 范围

本附录适用于强度计算、制造、检验满足 GB/T 16507 要求的锅筒设计疲劳计算,在役锅筒可参照使用。

A.3 结构要求和考核点

A.3.1 锅筒的焊接接管应采用整体结构,翻边接管开孔成型结构的内投影长短半轴 a、b 之比为 2∶1,适用的接管结构见图 A.1。

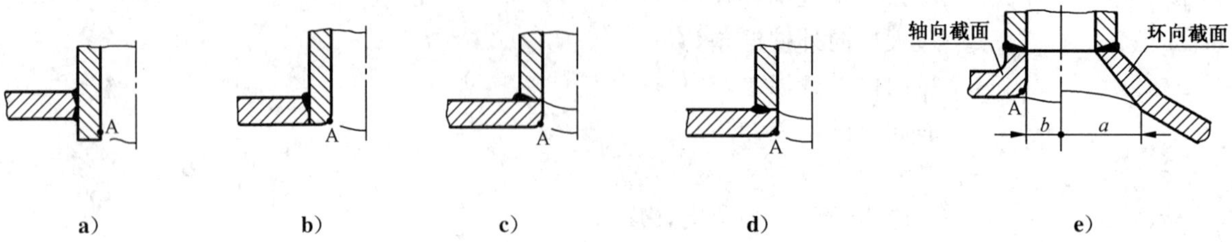

图 A.1 适用的接管结构

A.3.2 疲劳寿命计算首先应确定考核点，锅筒疲劳寿命计算考核点包括接管、孔桥及其他结构不连续和应力集中部位。通常，锅筒疲劳寿命计算考核点位于较大开孔接管内转角处见图 A.1 中的 A 点。

A.4 应力计算原则

A.4.1 应力计算是建立在金属线弹性的基础上的。

A.4.2 假定考核点的主应力方向在载荷循环中不变化。

A.4.3 应力集中系数可取表 A.1 给出的推荐值，也可采用试验或数值计算获得的实际值。

A.4.4 各接管型式考核点 A 处的内压应力集中系数推荐值见表 A.1。

表 A.1 考核点 A 处的内压应力集中系数

内压应力集中系数	结构型式	
	图 A.1a)～d)	图 A.1e)
K_{1n}	3.1	2.5
K_{1z}	−0.2	0.5
K_{1r}	$-\dfrac{2\delta_e}{D_i+\delta_e}$	$-\dfrac{2\delta_e}{D_i+\delta_e}$

A.4.5 计算壁温按式(A.1)确定：

$$t_c = 0.75t_H + 0.25t_L \qquad \text{(A.1)}$$

A.4.6 计算中钢材线膨胀系数 α、弹性模量 E 和热扩散率 a_t 等参数均取计算壁温对应的值。

A.5 疲劳计算的判别条件

A.5.1 调峰负荷机组的锅炉锅筒，应进行低周疲劳寿命计算。

A.5.2 基本负荷机组的锅炉锅筒，可不进行低周疲劳寿命计算。

A.5.3 在设计寿命期间，各设计工况的累计损伤满足式(A.38)条件，可不进行低周疲劳寿命计算。疲劳损伤的应力幅值 σ_a 按 A.5.4 确定。

A.5.4 压力和温度波动等工况的应力幅值 σ_a 简化确定方法：

a) 对全幅度压力循环(包括启动-停炉)工况

$$\sigma_a = 3[\sigma] \qquad \text{(A.2)}$$

b) 对预计压力波动范围 Δp 大于或等于 20%计算压力 p 的循环工况

$$\sigma_a = 3\,\frac{\Delta p}{p}[\sigma] \qquad \text{(A.3)}$$

c) 对筒体径向内外壁温差 Δt_1 大于或等于 20 ℃的温差循环工况

$$\sigma_a = 2\alpha E\Delta t_1 \qquad \text{(A.4)}$$

d) 对筒体周向外壁温差 Δt_2 大于或等于 40 ℃的温差循环工况

$$\sigma_a = \alpha E \Delta t_2 \qquad \cdots\cdots(A.5)$$

A.6 载荷及工况匹配

A.6.1 载荷至少应包括：

a) 锅筒工质内压；

b) 锅筒筒体厚度径向温差；

c) 锅筒筒体的周向温差。

A.6.2 运行工况至少应包括：

a) 冷态启停；

b) 温态启停；

c) 热态启停；

d) 极热态启停；

e) 水压试验。

A.6.3 根据机组的运行方式，确定循环工况的匹配组合。

A.7 考核点的应力计算

A.7.1 内压应力

A.7.1.1 考核点由内压力引起的三个主应力分量见图 A.2。

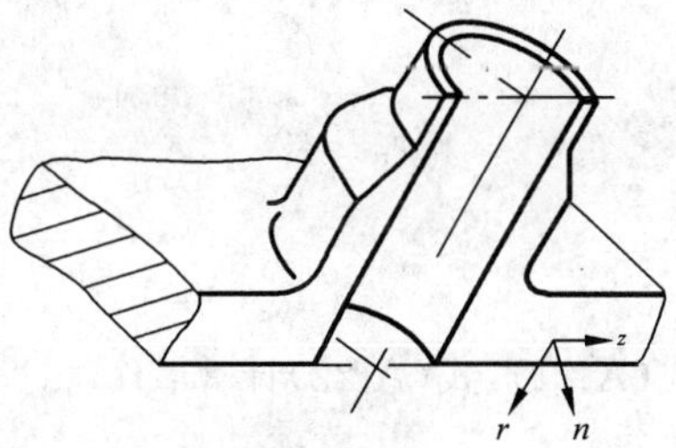

图 A.2 应力分量方向示意图

A.7.1.2 考核点由内压力引起的三个主应力分量值按式(A.6)、式(A.7)、式(A.8)计算：

$$\sigma_{np} = K_{1n}\sigma_e \qquad \cdots\cdots(A.6)$$

$$\sigma_{zp} = K_{1z}\sigma_e \qquad \cdots\cdots(A.7)$$

$$\sigma_{rp} = K_{1r}\sigma_e \qquad \cdots\cdots(A.8)$$

A.7.1.3 锅筒筒体的当量薄膜应力 σ_e 按式(A.9)计算：

$$\sigma_e = \frac{D_i + \delta_e}{2\delta_e} p_m \qquad \cdots\cdots(A.9)$$

A.7.2 径向温差热应力

A.7.2.1 锅筒筒体径向内外壁温差按式(A.10)计算：

$$\Delta t_1 = t_o - t_i = -\frac{C_t \delta^2 \upsilon}{a_t}(1 - e^{-\chi t/\tau}) \qquad \cdots\cdots(A.10)$$

$$C_t=\frac{2\beta^2\ln\beta-\beta^2+1}{4(\beta-1)^2} \qquad \text{(A.11)}$$

$$\chi=\sqrt{\frac{\beta-1}{\beta_1}} \qquad \text{(A.12)}$$

$$\beta_1=\frac{\beta^5-1}{5}-4\beta^2\left(\frac{\beta^2\ln\beta}{3}-\frac{\beta^3-1}{9}\right)+4\beta^4[\beta(\ln\beta-1)^2+\beta-2]+$$

$$2\left\{2\beta^2[\beta(\ln\beta-1)+1]-\frac{\beta^3-1}{3}\right\}+\beta-1 \qquad \text{(A.13)}$$

$$\tau=\frac{D_i^2}{16a_t} \qquad \text{(A.14)}$$

若 $|\Delta t_1|>|\upsilon t|$

$$\Delta t_1=-\upsilon t \qquad \text{(A.15)}$$

A.7.2.2 径向温差热应力按式(A.16)～式(A.19)计算：

环向热应力：

$$\sigma_{nt1}=K_{2n}\frac{\alpha E}{C_f(1-\mu)}\Delta t_1 \qquad \text{(A.16)}$$

轴向热应力：

$$\sigma_{zt1}=\begin{cases}0 & \\ K_{2z}\dfrac{\alpha E}{C_f(1-\mu)}\Delta t_1 & [\text{图 A.1e) 接管型式}]\end{cases} \qquad \text{(A.17)}$$

$$C_f=\frac{4\beta^2(\beta^2-1)\ln\beta-2(\beta^2-1)^2}{4\beta^4\ln\beta-(3\beta^2-1)(\beta^2-1)} \qquad \text{(A.18)}$$

法向热应力：

$$\sigma_{rt1}=0 \qquad \text{(A.19)}$$

A.7.3 周向温差热应力

周向温差热应力按式(A.20)、式(A.21)、式(A.22)计算：

环向热应力：

$$\sigma_{nt2}=0.4K_{3n}\alpha E\Delta t_{max} \qquad \text{(A.20)}$$

轴向热应力：

$$\sigma_{zt2}=\begin{cases}0 & \\ 0.4K_{3z}\alpha E\Delta t_{max} & [\text{图 A.1e) 接管型式}]\end{cases} \qquad \text{(A.21)}$$

法向热应力：

$$\sigma_{rt2}=0 \qquad \text{(A.22)}$$

一般情况，谷值应力计算时 Δt_{max} 可取 40 ℃，峰值应力计算时 Δt_{max} 可取 10 ℃。

A.7.4 合成主应力

内压和温差引起的合成主应力按式(A.23)、式(A.24)、式(A.25)计算：

$$\sigma_1=\sigma_{np}+\sigma_{nt1}+\sigma_{nt2} \qquad \text{(A.23)}$$

$$\sigma_2=\sigma_{zp}+\sigma_{zt1}+\sigma_{zt2} \qquad \text{(A.24)}$$

$$\sigma_3=\sigma_{rp}+\sigma_{rt1}+\sigma_{rt2} \qquad \text{(A.25)}$$

A.8 给定循环工况的低周疲劳寿命计算

A.8.1 峰、谷值主应力和主应力差值

A.8.1.1 峰值主应力 σ_{pi} 和谷值主应力 σ_{vi} 分别按 A.7.1～A.7.4 的规定计算。

A.8.1.2 峰值主应力差值按式(A.26)、式(A.27)、式(A.28)计算：

$$\sigma_{p12}=\sigma_{p1}-\sigma_{p2} \qquad \cdots\cdots(A.26)$$

$$\sigma_{p23}=\sigma_{p2}-\sigma_{p3} \qquad \cdots\cdots(A.27)$$

$$\sigma_{p31}=\sigma_{p3}-\sigma_{p1} \qquad \cdots\cdots(A.28)$$

A.8.1.3 谷值主应力差值按式(A.29)、式(A.30)、式(A.31)计算：

$$\sigma_{v12}=\sigma_{v1}-\sigma_{v2} \qquad \cdots\cdots(A.29)$$

$$\sigma_{v23}=\sigma_{v2}-\sigma_{v3} \qquad \cdots\cdots(A.30)$$

$$\sigma_{v31}=\sigma_{v3}-\sigma_{v1} \qquad \cdots\cdots(A.31)$$

A.8.2 主应力差波动范围、交变应力范围及应力幅值

A.8.2.1 主应力差波动范围按式(A.32)、式(A.33)、式(A.34)计算：

$$\Delta\sigma_{12}=|\sigma_{p12}-\sigma_{v12}| \qquad \cdots\cdots(A.32)$$

$$\Delta\sigma_{23}=|\sigma_{p23}-\sigma_{v23}| \qquad \cdots\cdots(A.33)$$

$$\Delta\sigma_{31}=|\sigma_{p31}-\sigma_{v31}| \qquad \cdots\cdots(A.34)$$

A.8.2.2 交变应力范围按式(A.35)计算：

$$\Delta\sigma=\max\{\Delta\sigma_{12},\Delta\sigma_{23},\Delta\sigma_{31}\} \qquad \cdots\cdots(A.35)$$

A.8.2.3 应力幅值按式(A.36)计算：

$$\sigma_a=\frac{\Delta\sigma}{2} \qquad \cdots\cdots(A.36)$$

A.8.2.4 修正的应力幅值按式(A.37)计算：

$$\sigma'_a=\sigma_a=\frac{E_0}{E^t} \qquad \cdots\cdots(A.37)$$

A.8.3 允许循环次数

由 σ'_a 值在低周疲劳设计曲线(图 A.3)上查取 N 值，此值即为该工况的允许循环次数 N_i。

A.9 累积损伤安全准则

累积损伤的安全准则为：

$$\sum_{i=1}^{m}\frac{n_i}{N_i}\leqslant 1 \qquad \cdots\cdots(A.38)$$

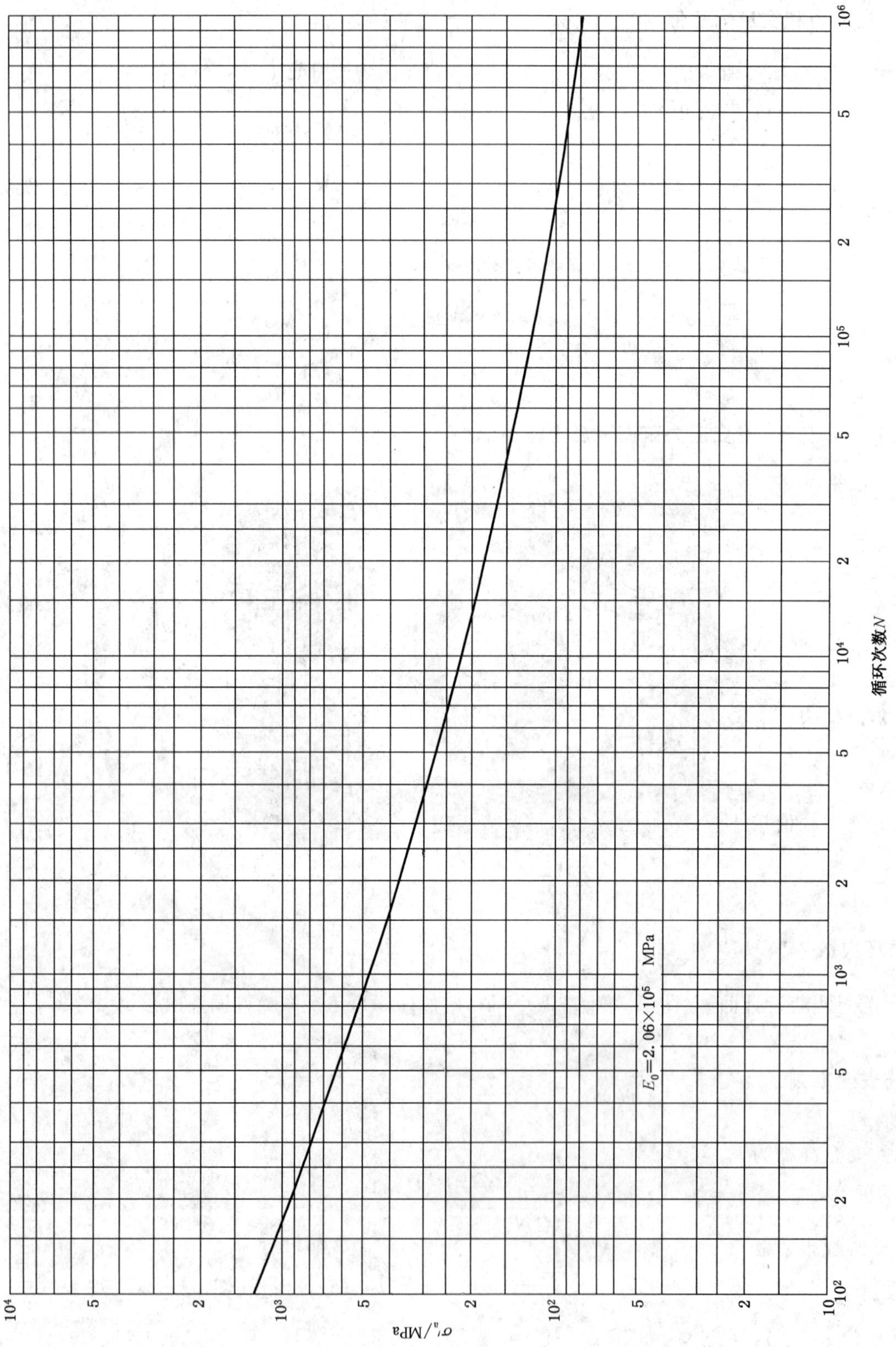

图 A.3 适用于工作温度低于 375 ℃锅筒常用钢材的低周疲劳设计曲线

附　录　B
（资料性附录）
设计附加压力 Δp_a 的选取方法

B.1　符号

p_0 ——工作压力，MPa；

p_r ——锅炉额定压力，MPa；

Δp_a——设计附加压力，MPa。

B.2　Δp_a 的选取方法

蒸汽锅炉（除锅炉再热系统外）和热水锅炉设计附加压力 Δp_a 按表 B.1 确定。

表 B.1　设计附加压力 Δp_a　　单位为兆帕

额定蒸汽压力 p_r	蒸汽锅炉	热水锅炉
≤0.8	0.05	0.10
$0.8 < p_r \leq 5.9$	$0.06 \times p_0$	
$p_r > 5.9$	$0.08 \times p_0$	

附 录 C
（资料性附录）
一般情况工艺附加厚度的选取

C.1 符号

C_1 ——腐蚀裕量，mm；
C_2 ——制造减薄量，即工艺附加厚度，mm；
C_3 ——钢材厚度负偏差，mm；
D_i ——封头、管子内径，mm；
D_o ——封头、管子外径，mm；
h_i ——封头内高度，mm；
p_r ——锅炉额定压力，MPa；
R ——弯管中心线的曲率半径，mm；
α ——弯管工艺厚度变化率，%；
δ ——名义厚度，mm；
δ_t ——计算厚度，mm。

C.2 一般情况工艺附加厚度

C.2.1 锅筒筒体厚度 $\delta \leqslant 100$ mm，卷制工艺附加厚度可按表 C.1 选取。

表 C.1 卷制工艺减薄值 单位为毫米

卷制工艺	热卷		冷卷	
	$p_r \geqslant 9.8$ MPa	$p_r < 9.8$ MPa	热校	冷校
减薄值	4	3	1	0

C.2.2 管制弯管、弯头和圆弧形集箱筒体外弧的工艺附加厚度 C_2 按式(C.1)或式(C.2)计算：

$$C_2 = \frac{\alpha}{100-\alpha}(\delta_t + C_1) \qquad \cdots\cdots(C.1)$$

$$C_2 = \frac{\alpha}{100}(\delta - C_3) \qquad \cdots\cdots(C.2)$$

C.2.3 管制的弯管、弯头和圆弧形集箱筒体内弧的工艺附加厚度 C_2 按式(C.3)或式(C.4)计算：

$$C_2 = -\frac{\alpha}{100+\alpha}(\delta_t + C_1) \qquad \cdots\cdots(C.3)$$

$$C_2 = -\frac{\alpha}{100}(\delta - C_3) \qquad \cdots\cdots(C.4)$$

C.2.4 直管、直集箱筒体与管制弯管、弯头和圆弧形集箱筒体中弧的工艺附加厚度 $C_2=0$。

C.2.5 弯管工艺厚度变化率 α，按实际弯管工艺确定。

C.2.6 无实际弯管工艺厚度变化率时，弯管外弧工艺厚度变化率应按式(C.5)计算：

$$\alpha = \frac{25D_o}{R} \qquad \cdots\cdots(C.5)$$

C.2.7 凸形封头冲压工艺附加厚度 C_2 可按表 C.2 选取。

表 C.2 冲压工艺附加厚度

单位为毫米

结构参数	凸形封头	直段
椭球封头($0.20 \leqslant h_i/D_i \leqslant 0.35$)	$0.10(\delta_t + C_1)$ 或 $0.09(\delta - C_3)$	0
深椭球或球形封头($0.35 < h_i/D_i \leqslant 0.5$)	$0.15(\delta_t + C_1)$ 或 $0.13(\delta - C_3)$	0

附 录 D
（资料性附录）
开孔减弱截面的抗弯截面模量 W_{x1} 的近似算法

D.1 符号

D_i ——圆筒体、封头、三通主管、等径叉形管的内径，mm；

D_o ——圆筒体、封头、三通主管、等径叉形管的外径，mm；

d_i ——孔的直径（$i=1，2，3\cdots$），mm；

I_{x1} ——开孔减弱截面对圆筒体截面重心水平轴线的惯性矩，mm^4；

R_a ——圆筒体等回转壳体结构不连续部位的内外壁平均半径，mm；

W_{x1}——圆筒体开孔减弱截面对截面重心水平轴线抗弯截面模量，简称“抗弯截面模量”，mm^3；

y_b ——圆筒体开孔减弱截面重心与截面水平轴线之间的垂直距离，mm；

α_i ——接管中心线与圆筒体水平中心轴线之间的夹角（$i=1,2,3\cdots$），(°)；

δ ——圆筒体、焊制和锻造三通主管、等径叉形管或凸形封头的名义厚度，mm。

D.2 开孔减弱截面的抗弯截面模量的计算公式

开孔减弱截面的抗弯截面模量按式(D.1)计算：

$$W_{x1}=\frac{I_{x1}}{D_o/2+y_b} \qquad \text{(D.1)}$$

$$y_b=\frac{-\delta R_a\sum d_i\sin\alpha_i}{\pi(D_o^2-D_i^2)/4-\sum\delta d_i} \qquad \text{(D.2)}$$

$$I_{x1}=\frac{\pi}{64}(D_o^4-D_i^4)-\sum\left(\frac{\delta d_i^3}{12}\cos^2\alpha_i+\frac{d_i\delta^3}{12}\sin^2\alpha_i+d_i\delta R_a^2\sin^2\alpha_i\right)-y_b^2\left[\frac{\pi}{4}(D_o^2-D_i^2)-\sum\delta d_i\right] \qquad \text{(D.3)}$$

D.3 开孔减弱截面的抗弯截面模量的近似计算

抗弯截面模量计算的符号见图 D.1，数值可按式(D.4)近似计算：

$$W_{x1}\approx\frac{\frac{\pi}{64}(D_o^4-D_i^4)-\sum d_i\delta R_a^2\sin^2\alpha_i}{D_o/2+y_b} \qquad \text{(D.4)}$$

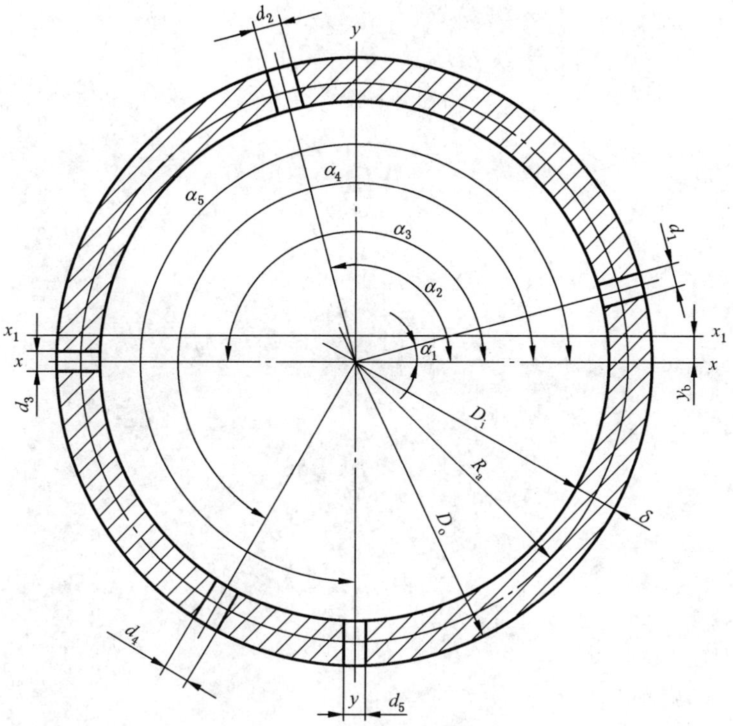

图 D.1 锅筒筒体截面图

ICS 27.060.30
J 98

中华人民共和国国家标准

GB/T 16507.5—2013
部分代替 GB/T 16507—1996

水管锅炉
第5部分：制造

Water-tube Boilers—
Part 5：Fabrication

2013-12-31 发布 2014-07-01 实施

中华人民共和国国家质量监督检验检疫总局
中国国家标准化管理委员会 发布

前　言

GB/T 16507《水管锅炉》分为以下 8 个部分：

——第 1 部分：总则；

——第 2 部分：材料；

——第 3 部分：结构设计；

——第 4 部分：受压元件强度计算；

——第 5 部分：制造；

——第 6 部分：检验、试验和验收；

——第 7 部分：安全附件和仪表；

——第 8 部分：安装。

本部分为 GB/T 16507 的第 5 部分。

本部分按照 GB/T 1.1—2009 给出的规则起草。

本部分部分代替 GB/T 16507—1996，与 GB/T 16507—1996 相比，主要技术内容变化如下：

——增加了“术语和定义”(见第 3 章)；

——增加了“基本要求”(见第 4 章)；

——删除了原第 7 章锅壳锅炉的制造部分；

——细化了对弯管的考核要求；

——增加了“管子弯管工艺试验”(见附录 A)；

——增加了“锅炉膜式管屏焊接工艺评定附加要求”(见附录 B)；

——增加了“锅炉焊接工艺评定材料分类分组”(见附录 C)。

本部分由全国锅炉压力容器标准化技术委员会(SAC/TC 262)提出并归口。

本部分负责起草单位：上海锅炉厂有限公司。

本部分参与起草单位：东方电气集团东方锅炉股份有限公司、哈尔滨锅炉厂有限责任公司、北京巴布科克·威尔科克斯有限公司、上海发电设备成套设计研究院、武汉锅炉股份有限公司、无锡华光锅炉股份有限公司、杭州锅炉集团股份有限公司。

本部分主要起草人：叶上云、蒋秀华、顾卫红、王冬平、周强、张旗、张瑞、陆毅、付春辛、张水星、马红、罗飞。

本部分所代替标准的历次版本发布情况为：

——GB/T 16507—1996。

水管锅炉
第5部分:制造

1 范围

GB/T 16507 的本部分规定了水管锅炉在制造过程中的标记、冷热加工成形、胀接、焊接和热处理等的各项要求。

本部分适用于GB/T 16507.1范围界定的水管锅炉的制造。

2 规范性引用文件

下列文件对于本部分的应用是必不可少的。凡是注日期的引用文件,仅注日期的版本适用于本文件。凡是不注日期的引用文件,其最新版本(包括所有的修改单)适用于本文件。

GB/T 985.1 气焊、焊条电弧焊、气体保护焊和高能束焊的推荐坡口

GB/T 985.2 埋弧焊的推荐坡口

GB/T 2652 焊缝及熔敷金属拉伸试验方法

GB/T 3101.1 紧固件公差 螺栓、螺钉、螺栓和螺母

GB/T 16507.1 水管锅炉 第1部分:总则

GB/T 16507.2 水管锅炉 第2部分:材料

GB/T 16507.3 水管锅炉 第3部分:结构设计

GB/T 16507.4 水管锅炉 第4部分:受压元件强度计算

GB/T 16507.6 水管锅炉 第6部分:检验、试验和验收

JB/T 3223 焊接材料质量管理规程

JB/T 9626 锅炉锻件技术条件

NB/T 47014 承压设备焊接工艺评定

NB/T 47016 承压设备产品焊接试件的力学性能检验

NB/T 47018 承压设备用焊接材料订货技术条件

TSG G0001 锅炉安全技术监察规程

3 术语和定义

GB/T 16507.1 界定的以及下列术语和定义适用于本文件。

3.1

冷成形 cold forming

在工件材料再结晶温度以下进行的塑性变形加工。

在工程实践中,通常将环境温度下进行的塑性变形称为冷成形;介于冷成形和热成形之间的塑性变形加工称为温成形(warm forming)。

3.2

热成形 hot forming

在工件材料再结晶温度以上进行的塑性变形加工。

3.3

管子成形　tube forming

管子的弯管、镦厚、缩颈、扩口等加工过程。

4　基本要求

4.1　锅炉制造单位应具有 GB/T 16507.1 要求的相应制造许可资格，焊接、无损检测人员应具有特种设备人员的相应资质，并按有关规定进行培训和管理，起吊、运输人员也应符合岗位安全操作的资格要求。

4.2　锅炉受压元件的结构应符合 GB/T 16507.3 的规定，强度计算应符合 GB/T 16507.4 的要求。

4.3　制造工艺文件和经鉴定合格的图纸应符合本单位的生产条件。

4.4　受压元件的制造应采用适宜的工艺和方法，不应产生影响安全和使用的附加应力、有害缺陷。

4.5　锅炉受压元件制造中所涉及到的设备、仪器仪表应符合规定精度，并定期进行检定或校正。

4.6　原材料应符合 GB/T 16507.2 和设计图样的要求。

5　标记

5.1　材料标记

5.1.1　应制订受压元件和主要承载构件用材料的材料标识程序。

5.1.2　锅炉主要受压元件用的材料（锅筒、封头、集箱类、公称外径大于或等于 219 mm 的管子）的材料标记应能追溯到材料的质量证明书；其他受压件（公称外径小于 219 mm 的管子）和承受载荷的非受压元件（锅筒上、集箱类产品上的支吊件）的材料标记应便于识别，以防止材料混用。

5.2　材料标记移植

应在制造过程中保留材料标记。锅炉受压元件用的材料切割下料前，应当作标记移植，并且便于识别。

5.3　制造过程中的标记

5.3.1　产品制造过程中有临时性的标记和永久性的标记。

5.3.2　焊工标记和无损检测标记应作为永久性的标记保留，生产过程中标记被覆盖或因加工而丢失标记时应作标记移植。

5.4　标记方法

5.4.1　宜采用下列标记方法或下列方法的组合：

a)　钢印；

b)　震动蚀刻或其他蚀刻工具；

c)　涂漆或用标记笔标记；

d)　其他不损坏锅炉安全性的方法（如贴票签等）。

5.4.2　下列情况不应用钢印标记：

a)　不锈钢管及壁厚小于 5 mm 的管子 ；

b) 在管子弯头内外弧区域不应用钢印标记；

c) 客户要求不允许用钢印标记的材料。

5.4.3 无法在焊缝附近标注焊工标记和无损检测标记的可以用定位图表示。

6 冷热加工成形

6.1 概述

6.1.1 制造单位应确保受压元件成形后的实际厚度不小于设计需要的最小壁厚。

6.1.2 采用冷成形时，应考虑所用钢材的冷脆性。

6.1.3 采用温成形时，应避开钢材的回火脆性温度区。

6.1.4 材料成形工艺应考虑材料的应变量。冷成形所采用的制造方法不应使元件产生不允许的附加应力，否则应进行相应的成形后热处理。

6.1.5 用于制造端盖、法兰、管件等的材料应符合 GB/T 16507.2 和设计图样的规定。

6.2 材料的切割(下料)

6.2.1 根据材料特性和规格选择材料切割方法。采用的切割方法应保证工艺要求的加工精度。

6.2.2 根据钢材的类型和厚度，决定材料的热切割是否需要预热，最低预热温度按第 9 章的相关要求。

6.2.3 热切割表面应通过机械加工或打磨的方法去除所有过烧金属、割渣、有害刻痕及多余金属等。对于合金钢，热切割后应留有加工裕量，除非能表明材料的组织没有损坏。

6.3 锅筒、集箱类筒体和封头成形

6.3.1 用钢板制造锅筒、集箱类筒体和封头时，不应采用锤击的方法加工或成形。当采用锻制、拉伸或冲压方式制造时，应根据锻造加热控制要求进行，并与锅炉制造单位的生产条件相符合。

6.3.2 封头的热成形或冷成形制造应是连续成形工艺。

6.3.3 成形后热处理的要求按如下规定：

a) 奥氏体钢应按照制造单位的工艺确定是否进行热处理，但要保证不损害材料的使用性能；

b) 其他材料，受压元件钢板冷成形如图 1，当变形率大于 5%时，应于成形后进行相应热处理恢复材料的性能，热处理按第 9 章的规定进行；

单向拉伸变形率按式(1)、双向拉伸变形率按式(2)进行计算：

$$\text{单向拉伸变形率}=50\delta[1-(R_f/R_0)]/R_f\times100\% \qquad (1)$$

$$\text{双向拉伸变形率}=75\delta[1-(R_f/R_0)]/R_f\times100\% \qquad (2)$$

式中：

δ ——板材厚度，单位为毫米(mm)；

R_f——成形后中面半径，单位为毫米(mm)；

R_0——成形前中面半径(对于平板为∞)，单位为毫米(mm)。

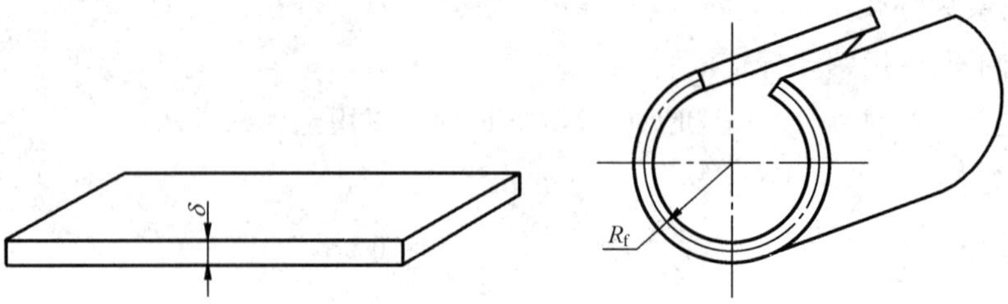

a） 单向拉伸

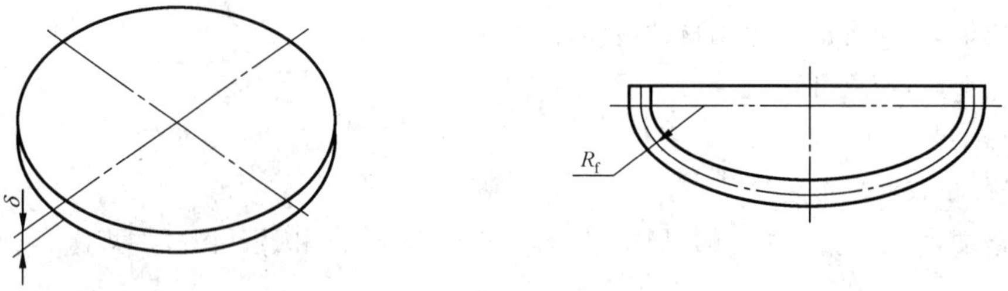

b） 双向拉伸

图 1 单向拉伸和双向拉伸成形

6.3.4 成形后外观质量应符合以下要求：

a） 卷制或压制后的筒体和压制后的封头应清除内外表面的氧化皮、凹陷和疤痕，当其深度不影响设计最小成形厚度且呈圆滑过渡时，可不予修磨；若底部呈尖锐状态应修磨成圆滑过渡。深度影响最小成形厚度的应按评定合格的焊补工艺进行焊补及修磨，并经无损检测合格；

b） 人孔扳边加工完后应经表面检查，不应有裂缝。

6.4 管子成形

6.4.1 一般要求

6.4.1.1 若管子采用冷成形不能满足产品技术要求时应采用热成形。

6.4.1.2 铁素体材料管子成形后热处理的要求按第 9 章。

6.4.1.3 奥氏体材料管子成形后热处理工艺应避免影响材料的使用性能。

6.4.2 弯管

6.4.2.1 管子的弯管成形应根据材料、规格、弯曲半径、弯管形状和弯管设备选用热成形（即热弯，包括内侧加热弯及热挤压成形及中频感应加热弯等）或冷成形（即冷弯）。

6.4.2.2 采用热弯时应严格控制加热规范和加热范围。不锈钢管采用热弯时应避免加热时的渗碳和避开引起晶间腐蚀的敏化温度。

6.4.2.3 弯管成形宜进行工艺试验，以验证所采用的弯管工艺满足产品技术要求。弯管工艺试验可参照附录 A。

6.4.2.4 管子弯管后应检测减薄率弯头内、外侧最小壁厚、弯头圆度、弯曲角度偏差及表面质量。

6.4.2.4.1 减薄率弯头内、外侧最小壁厚应符合如下要求：

a） 弯头外侧减薄

管子弯后弯头外侧任何一点的厚度不得小于式(3)的计算值：

$$\delta_a \geqslant \delta_{min} \times \left(1-\frac{1}{4R/D_o+2}\right) \quad \cdots\cdots(3)$$

式中：

δ_a ——弯头外侧壁厚，单位为毫米(mm)；

R ——平均弯曲半径，单位为毫米(mm)；

D_o——管子公称外径，单位为毫米(mm)；

$\delta_{min}=\delta_t+C_1$

δ_t ——直管的计算厚度，单位为毫米(mm)；

C_1 ——腐蚀裕量，单位为毫米(mm)。

注：δ_t、C_1 按 GB/T 16507.4 的规定。

b) 弯头内侧增厚

公称外径大于 100 mm 的管子，弯后弯头内侧任何一点的厚度不得小于式(4)的计算值：

$$\delta_i \geqslant \delta_{min} \times \left(1+\frac{1}{4R/D_o-2}\right) \quad \cdots\cdots(4)$$

式中：

δ_i ——弯头内侧最小壁厚，单位为毫米(mm)；

R ——平均弯曲半径，单位为毫米(mm)；

D_o——管子公称外径，单位为毫米(mm)；

$\delta_{min}=\delta_t+C_1$

δ_t ——直管的计算厚度，单位为毫米(mm)；

C_1——腐蚀裕量，单位为毫米(mm)。

注：δ_t、C_1 按 GB/T 16507.4 的规定。

c) 弯头减薄率

弯头实际减薄率可作为弯管理论计算时弯管工艺附加厚度(C_2)选取的依据。

6.4.2.4.2 弯头圆度按式(5)计算：

$$圆度=2\frac{D_{max}-D_{min}}{D_{max}+D_{min}}\times 100\% \quad \cdots\cdots(5)$$

式中：

D_{max}——弯头顶点上测得的最大外径，单位为毫米(mm)；

D_{min}——在 D_{max} 同一横截面上测得最小外径，单位为毫米(mm)。

考核标准如下：

a) 成排弯管子圆度≤12%；

b) 其他管子：

当 $R/D_o \leqslant 1.4$ 时，圆度≤14%；

当 $1.4 < R/D_o < 2.5$ 时，圆度≤12%；

当 $R/D_o \geqslant 2.5$，圆度≤10%。

6.4.2.4.3 弯管角度偏差应符合如下要求：

a) 公称外径 $D_o \leqslant 108$ mm 的管子，弯头平面弯曲角度的偏差不超过±1°；

b) 公称外径 $D_o > 108$ mm 的管子，弯头平面弯曲角度的偏差不超过±30′；

c) 当管子公称外径 $D_o \geqslant 108$ mm 时，还应测两端间的距离，距离偏差一般不超过±4 mm。

6.4.2.4.4 弯头表面质量应符合如下要求：

a) 弯头表面不应有裂纹等尖锐性缺陷；

b) 管子的表面机械损伤，其深度值不应超过管壁厚度的负偏差。如果损伤和缺陷无尖锐棱角时，则允许修磨。机械损伤深度大于管壁厚度负偏差时，应进行焊补和修磨。不应采用机械损伤深度大于 1/3 管壁厚度的管子；

c） 弯管后弯头内侧如有明显的波纹应按图 2 的方法测量，也可用模板测量。波纹应同时满足下列条件，若不能满足下列条件，应调换管子：

1） 波纹幅度 $h=(d_1+d_3)/2-d_2\leqslant 3\%\times D_o$；

2） 波距 $A>12\ h$。

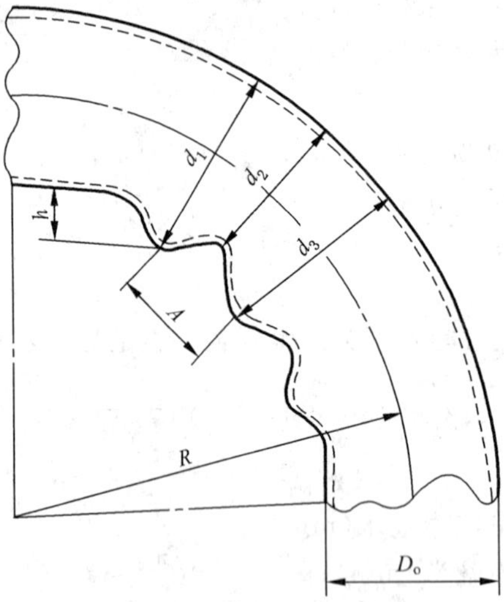

图 2 弯管波纹示意图

d） 任何弯头沿管子中心线方向不应有宽度超过 12 mm 的瘪痕。

6.4.2.4.5 弯头通球要求

应对公称外径不大于 60 mm 的弯管进行通球检查，通球球径按 GB/T 16507.6 的规定。

6.4.3 镦厚、缩颈、扩口

6.4.3.1 为满足不同壁厚管子或不同口径管子的拼接，可对管端进行镦厚、缩颈、扩口加工。

6.4.3.2 壁厚镦厚、缩颈、扩口加工后，管子的外表面及壁厚的过渡区应平滑、无裂纹。

6.4.3.3 管子镦厚、缩颈、扩口量的控制及成形后的热处理，应根据经验证过的工艺进行，并确保不会损害材料的使用性能。

6.4.4 管子成形后的热处理

6.4.4.1 管子弯管成形后，超出表 1 规定的设计温度和成形应变范围时应进行相应的热处理。

a） 铁素体钢弯管

材料为 07Cr2MoW2VNbB、10Cr9Mo1VNbN、10Cr9MoW2VNbBN 的管子，冷弯后按表 1 进行热处理。

表 1 铁素体钢管子冷弯后热处理要求

材料牌号	较低温度限制范围		较高温度限制范围		热处理要求
	设计温度 T ℃	应变量 %	设计温度 ℃	应变量 %	
07Cr2MoW2VNbB	≤480	不强制进行热处理	>480	>20	整体正火+回火
				>5～20	消除应力热处理
10Cr9Mo1VNbN、10Cr9MoW2VNbBN	540<T≤600	>25	>600	>20	整体正火+回火
		>5～25		>5～20	消除应力热处理

材料为 07Cr2MoW2VNbB 、10Cr9Mo1VNbN、10Cr9MoW2VNbBN 的管子，热弯后应进行正火＋回火处理；其他合金钢材料，热弯后应进行去应力热处理；

b) 奥氏体钢弯管

应按照制造单位的工艺确定是否进行热处理，但要保证它们的使用不损害材料的使用性能。

6.4.4.2 管子缩颈、镦厚、扩口成形后，符合下列情况之一应进行相应的热处理：

a) 材料为 07Cr2MoW2VNbB 、10Cr9Mo1VNbN、10Cr9MoW2VNbBN 的管子，冷、热成形后应进行整体正火＋回火处理；

b) 不锈钢管子冷、热成形后应进行固溶处理。

6.4.4.3 管子弯头的应变按式(6)计算：

$$应变(\%)=100r/R \quad \cdots\cdots(6)$$

式中：

r ——管子外半径($D_o/2$)，单位为毫米(mm)；

R——管子弯曲半径，单位为毫米(mm)。

6.4.4.4 管子成形后热处理规范按第 9 章的规定。

6.5 部件制造和装配公差

6.5.1 锅筒制造和装配公差

6.5.1.1 筒体纵缝或封头拼接焊缝两边钢板的实际边缘偏差值不大于名义板厚的 10%，且不超过 3 mm；当板厚大于 100 mm 时，不超过 6 mm。

6.5.1.2 环缝两边钢板的实际边缘偏差值(包括板厚差在内)不大于名义板厚的 15%加上 1 mm，且不超过 6 mm；当板厚大于 100 mm 时，应不超过 10 mm。

6.5.1.3 锅筒纵、环缝两边钢板中心线应对齐。筒体环缝两侧的钢板不等厚时，一般应采用中心线对齐，也可一侧的边缘对齐。锅筒纵、环缝两边钢板(包括两侧名义壁厚不同的钢板)对接时，两侧中任何一侧的名义边缘差值超过本部分规定的边缘偏差值时，则应将较厚一侧钢板的边缘削至与另一侧钢板平齐，或者将较薄侧钢板堆焊至与另一侧钢板平齐。削出或堆焊出的斜面应平滑，并且斜率不大于 1∶3，必要时，焊缝宽度可以计算在斜面内。采用削薄方法时，元件削薄后的实际壁厚不得低于按 GB/T 16507.4 规定计算出的最小成形厚度。

6.5.1.4 锅筒的任意同一横截面上最大内径与最小内径之差不应当大于名义内径的 1%。

6.5.1.5 在焊接接头环向、轴向形成的棱角 E，宜分别用弦长等于 $D_i/6$，且不小于 200 mm 的内样板(或外样板)和直尺检查(见图 3、图 4)。纵缝形成的环向棱角，其 E 值不得大于($\delta_s/10+2$) mm，且不大于 4 mm；轴向棱角应按 6.5.1.3 削薄或堆焊。

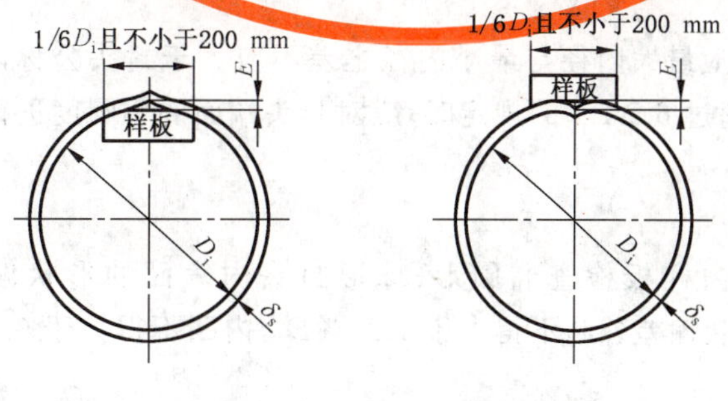

图 3 焊接接头处的环向棱角

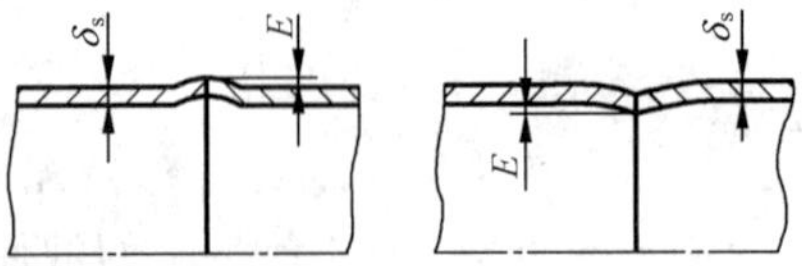

图 4 焊接接头处的轴向棱角

6.5.1.6 筒体尺寸偏差(如图 5 所示)应符合以下规定:

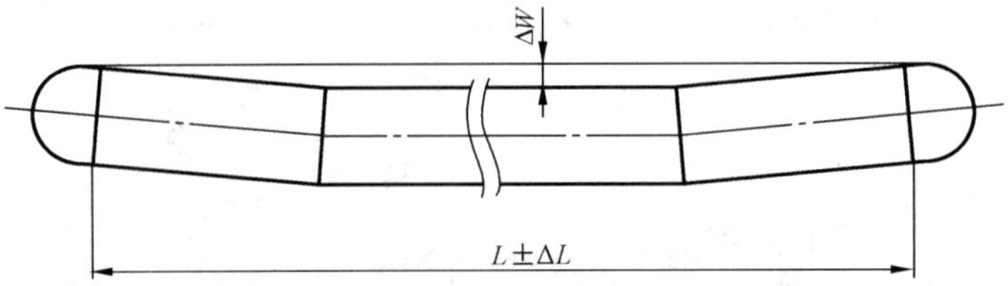

图 5 筒体尺寸偏差示意图

a) 筒体长度偏差应符合表 2 的要求。

表 2 筒体长度偏差

筒体长度 L m	$L\leqslant5$	$5<L\leqslant10$	$L>10$
长度偏差 ΔL mm	$^{+10}_{-5}$	$^{+20}_{-10}$	$^{+30}_{-15}$

b) 筒体直线度偏差应符合表 3 的要求。

表 3 筒体直线度偏差

筒体长度 L m	$L\leqslant5$	$5<L\leqslant7$	$7<L\leqslant10$	$10<L\leqslant15$	>15
筒体直线度偏差 ΔW mm	$\leqslant5$	$\leqslant7$	$\leqslant10$	$\leqslant15$	$\leqslant20$

6.5.1.7 封头尺寸偏差应符合以下规定:

a) 内径偏差

封头成形后,任一截面上最大内径与最小内径之差不应大于封头公称内径的 1%。当封头与筒体环向对接接头的边缘偏差超过 6.5.1.1 的规定时,应对封头端面的不圆度进行校正,或者按 6.5.1.3 的规定进行削薄或堆焊。

b) 形状偏差

用带间隙的全尺寸的内样板检查椭圆形、球形封头内表面的形状偏差(见图 6),缩进尺寸为 3% D_i~5%D_i,其最大形状偏差外凸不得大于 1.25%D_i,内凹不得大于 0.625%D_i。检查时应使样板垂直于待测表面。

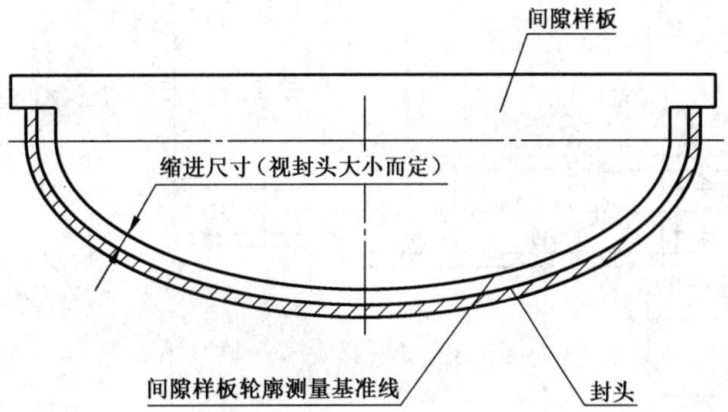

图 6 封头的形状偏差检查

c) 人孔板边处厚度

人孔板边处厚度应不小于封头名义厚度的 0.7 倍。

6.5.2 启动分离器制造和装配公差

6.5.2.1 长度偏差应符合表 4 的要求。

表 4 启动分离器长度偏差

筒体长度 L m	$L \leqslant 10$	$10 < L \leqslant 20$	$L > 20$
长度偏差 ΔL mm	$^{+5}_{-5}$	$^{+6}_{-10}$	$^{+8}_{-12}$

6.5.2.2 直线度偏差为 1 mm/m,且最大偏差小于等于 20 mm。

6.5.2.3 管座(管接头)位置偏差应符合图 7 的规定。允许公称外径大于或等于 219 mm 的斜接管角度偏差 1°。

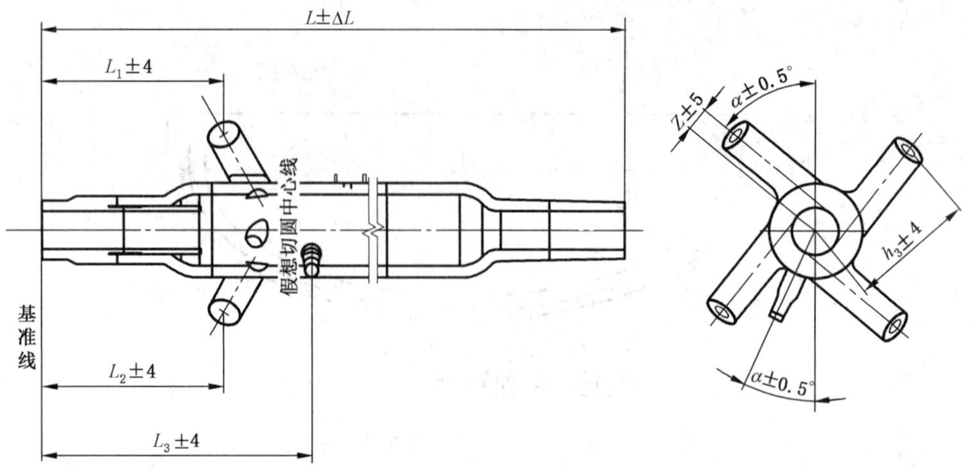

a)

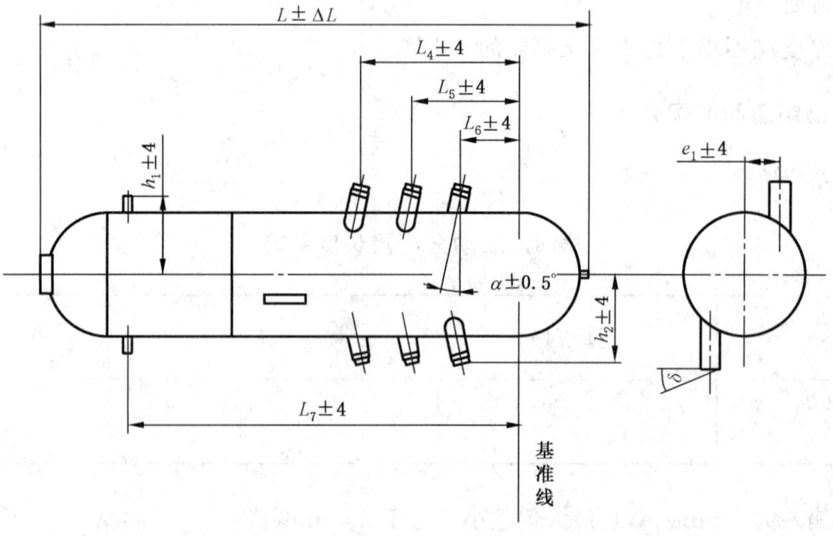

b)

图 7　启动分离器尺寸偏差示意图

6.5.3　蛇形管部件制造公差

蛇形管部件尺寸偏差见图 8 所示。

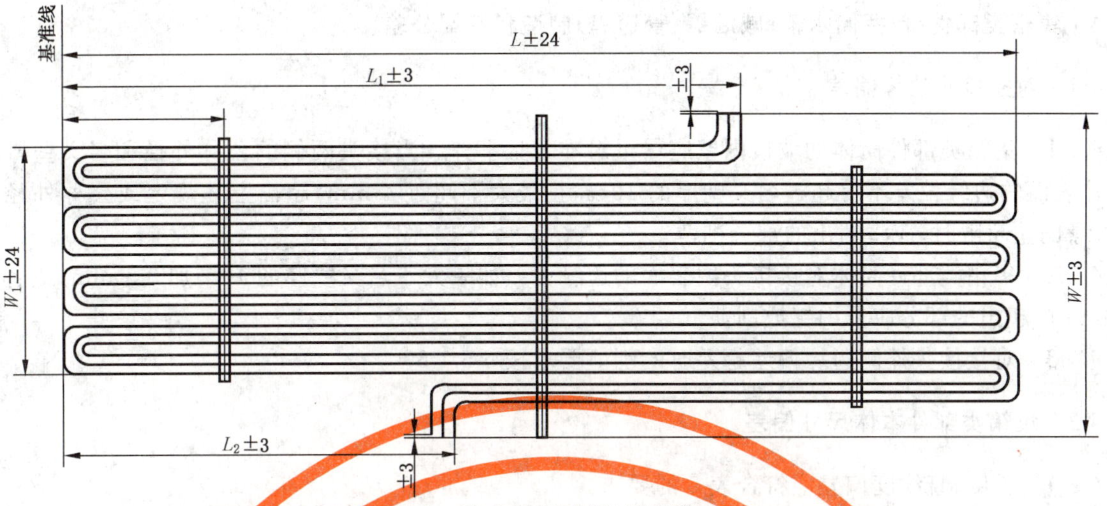

a） 卧式（水平布置）蛇形管

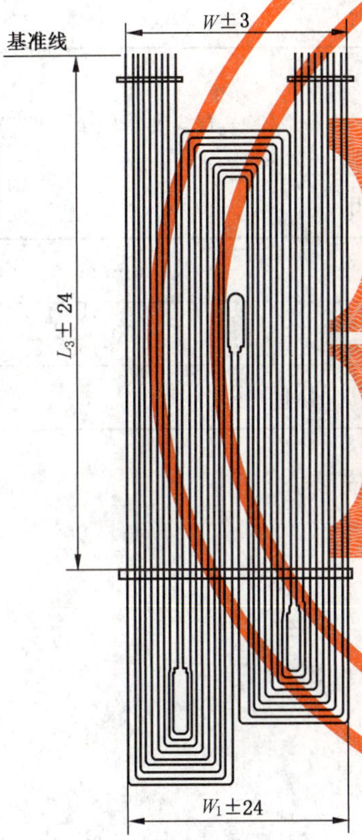

b） 悬吊式（垂直布置）蛇形管

c） 搁置式（水平布置）蛇形管

说明：

尺寸偏差除注明外，尺寸偏差为±12 mm；角度偏差为±1°；

平面度：每 300 mm 不超过 4 mm，最大不超过 12 mm；

对悬吊或支承用管夹偏差为±3 mm；固定用管夹偏差为±24 mm；

装配后，当管圈节距≥100 mm 时，允许管子之间的最小净间隙为 12 mm；当管圈节距＜100 mm 时，允许管子之间的最小净间隙为 1 mm；

对工地焊管端，制造单位应根据现场焊接方法控制其端面倾斜度偏差，满足现场安装要求；

公差不累计。

图示外形与设计外形无关，仅为了示意偏差。

图 8 蛇形管尺寸偏差示意图

6.5.4 集箱类部件(包括储水箱、减温器、管道等)制造和装配公差

6.5.4.1 对接接头边缘偏差

6.5.4.1.1 集箱类部件筒体的坡口内壁应尽量对准并且平齐。当接头两侧的公称外径和名义壁厚相等时,外表面的边缘偏差不得超过名义壁厚的10%,且最大不超过4 mm,超出上述规定或公称外径不同使边缘偏差超限时,应将超出的部分削薄。

6.5.4.1.2 集箱类部件筒体对接接头内表面的边缘偏差如果大于名义壁厚的10%加0.5 mm,或者大于1 mm时,超出的部分应予内镗或削薄。

6.5.4.1.3 对接接头外侧边缘偏差超差时的削薄要求按6.5.1.3。

6.5.4.2 集箱类部件本体尺寸偏差

6.5.4.2.1 长度、直线度偏差应符合表5的要求。

表5 集箱类本体尺寸偏差

本体长度 L m	长度偏差 ΔL mm			直线度偏差 ΔW mm
	两端开口	一端开口,一端封闭	两端封闭	
<20	+5 −8	+8 −10	±10	1.0 mm/m
≥20	±8	+10 −12	±13	<20
采用旋压式端盖的集箱,长度偏差允许比表中的数值增加50%。				

6.5.4.2.2 带弯头的管道部件应控制管道两端部之间的尺寸偏差,以便于安装。

6.5.4.3 管接头偏差

管接头偏差如图9和表6的规定。

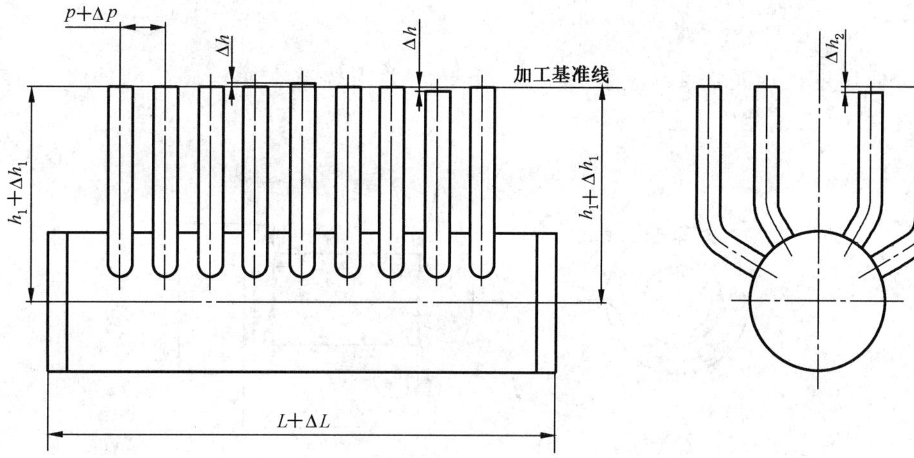

a) 长管接头

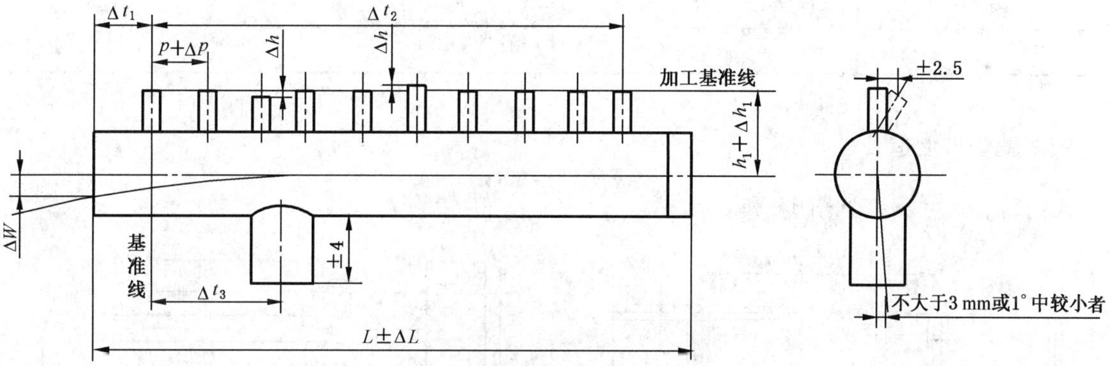

b) 短管接头

图 9 管接头偏差示意图

表 6 管接头偏差

单位为毫米

尺寸偏差	光管水冷壁	膜式壁管屏	过热器和再热器
Δh_1	±2	±2	±3
Δh	±2	±1	±3
Δh_2	—	—	±1
Δp	±3	±2	±5
Δp_1	±6	±4	±10
Δt_1	±2.5	±1.5	±2.5
Δt_2	±6	±4	±6
Δt_3	±6	±6	±6
注：任意两长管接头管端节距偏差为 Δp_1。			

6.5.4.4 法兰

法兰的端面倾斜度 Δf(见图 10)应不大于 2 mm。法兰螺栓孔在螺栓圆上的偏移 Δa 应符合表 7 的要求。法兰高度 H 的偏差应不超过±2 mm。

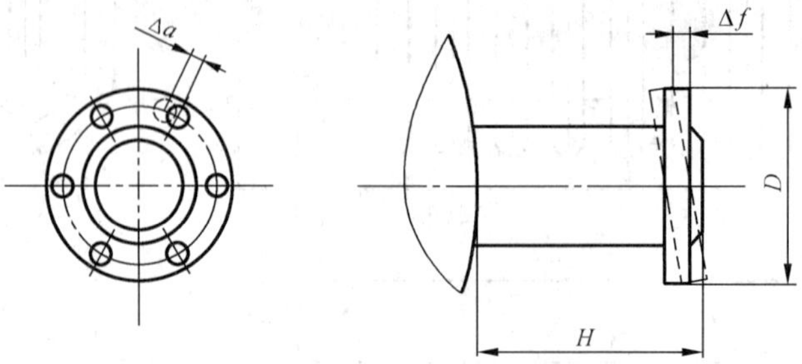

图 10 法兰偏差示意图

表 7 法兰螺栓孔在螺栓圆上的偏移

单位为毫米

法兰外径 D	≤100	$100<D\leqslant200$	>200
Δa	≤1	≤2	≤3

6.5.5 膜式壁管屏制造公差

膜式壁管屏尺寸偏差见图 11 和表 8。

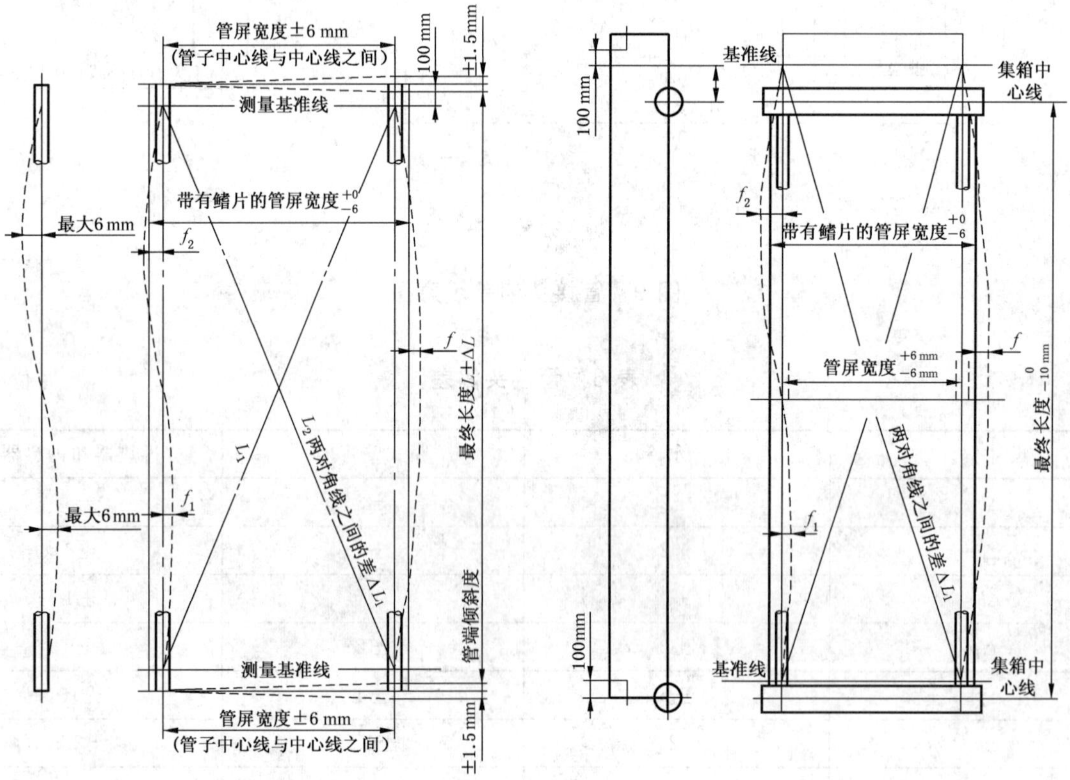

a) 不带集箱管屏　　b) 两端带集箱管屏

对一端带集箱的管屏,除了测量基准线位置根据实际情况选择,尺寸偏差按 a)考核。

图 11 膜式壁管屏尺寸偏差示意图

表 8　膜式壁管屏尺寸偏差

项　目	不带集箱或一端带集箱的管屏		两端带集箱管屏	
	$L \leqslant 12$ m	$L > 12$ m		
长度偏差 ΔL	±2 mm	±3 mm	$^{0}_{-10}$	
对角线偏差 ΔL_1	≤5 mm		≤10 mm	
旁弯度偏差	单向旁弯	双向旁弯	单向旁弯	双向旁弯
	$f \leqslant 6$ mm	$\lvert f_1+f_2 \rvert \leqslant 6$ mm	$f \leqslant 6$ mm	$\lvert f_1+f_2 \rvert \leqslant 6$ mm
节距偏差	±3 mm		—	
管屏宽度尺寸偏差（管子中心线间）	±6 mm		±6 mm	
带鳍片管屏宽度尺寸偏差	$^{0}_{-6}$ mm		$^{0}_{-6}$ mm	
单片管屏的管端不齐度偏差	±1.5 mm		—	
孔的水平位置偏差	±5 mm		±5 mm	

7　胀接

7.1　锅炉管子胀接要求

7.1.1　两个锅筒间需布置大量的受热面时，一般采用胀接连接。

7.1.2　锅炉胀接的使用壁温不宜超过 400 ℃。

7.1.3　管子外径应不大于 89 mm。

7.1.4　管子壁厚应不大于 5 mm，胀接筒体的壁厚应不小于 12 mm；胀接管孔壁之间的距离应不小于 19 mm，且不应小于管子壁厚的 6 倍。

7.2　胀接管孔的技术要求

7.2.1　锅炉胀接管孔不应开在锅筒的纵向焊缝上。如果胀接管孔必须开在环焊缝上时，则应确保管孔周围 60 mm（若管孔直径大于 60 mm，则取孔径值）范围内焊缝射线检测合格，焊缝在管孔边缘上不存在夹渣，并对开孔部位的焊缝内外表面余高磨平，且锅筒整体进行热处理。

7.2.2　胀接管孔中心与焊接边缘（除 7.2.1 外）及管板板边起点的距离不应小于 $0.8d$（d 为管孔直径），且不小于 $0.5d+12$ mm。

7.2.3　胀接管孔的表面粗糙度 Ra 值不应大于 12.5 μm，孔表面不应有纵向或螺旋形贯穿性刻痕。

7.2.4　胀接管孔的尺寸偏差按表 9 的规定。

表 9　管孔尺寸偏差

单位为毫米

管子公称外径 D_o	管孔直径 $D_o+\Delta D$	管孔直径偏差	管孔圆度及圆锥度
14～16	$D_o+0.3$	+ 0.24	0.10
18～25	$D_o+0.3$	+ 0.28	0.11
32～51	$D_o+0.3$	+ 0.28	0.14
57～60	$D_o+0.5$	+ 0.34	0.15
63.5～76	$D_o+0.5$	+ 0.40	0.15
83～89	$D_o+0.6$	+ 0.46	0.19

7.2.5　若锅炉锅筒壁厚不小于 22 mm 时，为提高胀接的拔脱力和紧密接触密封，可在管孔内增设胀接槽，槽深宜 0.5 mm～1 mm，槽宽宜 4 mm 左右。

7.3　胀接管的技术要求

7.3.1　胀接管表面不应有重皮、裂纹、纵向沟纹、压偏等缺陷，胀接处横向沟纹、麻点等缺陷其深度应不大于公称管壁厚度的 10％。

7.3.2　胀接管子的材料宜选用低于锅筒硬度的材料。若管端硬度大于锅筒硬度时，应将管子进行退火，退火管端长度应在 100 mm 左右。

7.3.3　管端胀接处的表面应均匀地打磨，打磨长度不应小于筒体厚度 $\delta+50$ mm。打磨后管子表面粗糙度 Ra 值不应大于 12.5 μm。

7.3.4　管子胀接端同一截面上壁厚允许最大差值应符合如下规定：当名义壁厚 δ 小于或等于 3 mm 时，为 0.3 mm；当 δ 大于 3 mm 时，为 0.35 mm。

7.3.5　胀接管端最小外径应按表 10 的要求。

表 10　胀接管的最小外径

单位为毫米

公称外径	最小外径
32	31.35
38	37.35
42	41.35
51	50.19
57	56.13
60	59.1
63.5	62.57
70	69
76	71.81
83	81.27
89	87.71

7.4 胀管器的选用要求

7.4.1 胀管器的初始最小直径应小于管子的最小内径，并确保胀管器能顺利地放入管孔内。

7.4.2 胀管器圆柱直段的有效长度为锅筒壁厚 δ+15 mm，同时圆整到 0 或 5。

7.4.3 胀管器的胀杆和滚柱工作表面应无刻痕、压坑和碰伤等缺陷，胀杆全长的直线度应不大于 0.1 mm。

7.4.4 电动、风动胀管设备转速一般应不超过 60 r/min。

7.5 胀接工艺要求

7.5.1 胀接管孔与管子外径应逐个逐根进行测量并作好记录，同时管孔与管子装孔后的最大允许间隙应符合表 11 的要求。

表 11 管孔与管子的最大间隙

单位为毫米

公称直径	最大间隙
32～42	1.36
51	1.41
57～60	1.50
63.5	1.53
70～76	1.66
83～89	1.90

7.5.2 胀接时的环境温度宜大于 0 ℃。

7.5.3 在产品正式胀接前应进行试胀，以确定合理的胀管率。

7.6 胀接质量要求

7.6.1 胀管率的控制应符合如下规定：

a) 内径控制法

当采用内径控制时，胀管率一般应控制在 1%～2.1%范围内。胀管率可按式(7)进行计算：

$$H_n = \left(\frac{d_1 + 2\delta}{d} - 1\right) \times 100\% \qquad \cdots\cdots(7)$$

式中：

H_n ——胀管率，单位为百分数(%)；

d_1 ——胀完后的管子实测内径，单位为毫米(mm)；

δ ——未胀时管子实测壁厚，单位为毫米(mm)；

d ——未胀时管孔实测直径，单位为毫米(mm)。

b) 外径控制法

对于水管锅炉，当采用外径控制法时，胀管率一般控制在 1%～1.8%范围内。胀管率可按式(8)计算：

$$H_W = \frac{D - d}{d} \times 100\% \qquad \cdots\cdots(8)$$

式中：

H_W ——外径控制法胀管率，单位为百分数(%)；

D ——胀管后紧靠锅筒外壁处管子的实测外径，单位为毫米(mm)；

d ——未胀时的管孔实测直径，单位为毫米(mm)。

c) 管子壁厚减薄率控制法

1) 在胀管前的试胀工作中应当对每一种规格的管子和壁厚的组合都进行扭矩设定；

2) 扭矩设定是通过试管胀进试板的管孔来实现的，试管胀接完毕后，打开试板，取出试管测量管壁减薄量，然后计算其管壁减薄率，管子壁厚减薄率一般控制在10%～12%范围内，扭矩设定完毕后，应当将扭矩记录下来，并且将其应用于生产；胀接管子壁厚减薄率应按式(9)计算：

$$\text{壁厚减薄率} = \frac{\text{胀接前管壁厚} - \text{胀接后管壁厚}}{\text{胀接前管壁厚}} \times 100\% \qquad \cdots\cdots\cdots\cdots(9)$$

3) 为保证胀管设备的正常运行，在生产中每班工作之前，操作人员都应当进行一次试胀，同时检验部门应当核实用于生产的扭矩是否与原设定的扭矩完全相同。

7.6.2 管端伸出长度宜在6 mm～12 mm，管端喇叭口的扳边与管子中心线的夹角应在12°～15°，扳边起点与锅筒表面宜平齐，由胀接部分转入喇叭口部分应有明显的界限，而不应有明显的切口和挤出现象。

7.6.3 胀接后管子端部不应有起皮、皱纹、裂纹、切口和偏斜等缺陷。

7.6.4 管端翻边、喇叭口的边缘上应无裂纹，胀接口内壁胀大部分过渡到未胀部分，应均匀、平齐、无切口和沟槽。

8 焊接

8.1 概述

8.1.1 本章适用于用焊接方法制造和返修锅炉受压元件和承载构件，对于受压元件之间及与承载构件的焊接，制造单位应制定符合要求的焊接工艺和相应的检查、验收要求，以保证焊接质量。

8.1.2 锅炉受压元件不应采用电渣焊。

8.2 焊接工艺规程(WPS)

8.2.1 受压元件之间或者受压元件与承载构件之间连接的要求全焊透的T形接头或角接接头、焊制鳍片管所采用的焊接工艺均应按NB/T 47014及本章和附录B的附加要求进行评定。NB/T 47014未涉及的焊接方法由制造单位制定符合产品技术要求的焊接工艺评定规程进行焊接工艺评定。锅炉焊接工艺评定材料分类分组按NB/T 47014和附录C。

8.2.2 焊接工艺评定试件应由制造单位采用本单位设备由本单位熟练焊工或焊接操作工施焊，制造单位还应负责对所有检查试件进行试验。焊后热处理(PWHT)和无损检验(NDE)及理化性能试验可委托有资质的机构，但应提供热处理曲线和有效试验报告。制造单位应将焊接工艺评定记录予以保存，记录应注明评定日期、试验结果，焊接工艺评定报告应经制造单位焊接责任工程师审核，技术负责人批准后存入技术档案。不应将非本单位的工艺评定用于本单位产品的焊接操作。批准后的焊接工艺评定的技术内容不应修改，只可作编辑性修改补充。

8.2.3 焊接工艺评定试验除符合NB/T 47014的要求外，还应满足以下要求：

a) 额定工作压力大于或等于 3.8 MPa 的锅炉锅筒的纵向及集箱类部件的纵向焊缝，本体厚度 >20 mm 时，焊接工艺评定试验应补充全焊缝拉伸试验：当 20 mm<板厚≤70 mm 时，应从工艺评定试板上切取全焊缝拉力试样一个；当板厚>70 mm 时，应从工艺评定试板上切取全焊缝拉力试样两个；试样直径 d_0 应取焊缝截面内许可的最大值，但不大于 20 mm。试验方法和取样位置按 GB/T 2652 的规定；

b) 按 TSG G0001《锅炉安全技术监察规程》，额定工作压力大于或等于 3.8 MPa 的锅炉锅筒、合金钢材料集箱类部件和管道，如果双面焊壁厚大于或者等于 12 mm（单面焊壁厚大于或等于 16 mm）应当做焊缝熔敷金属及热影响区 V 型缺口室温冲击试验；

c) 按 TSG G0001《锅炉安全技术监察规程》焊接试件的材料为合金钢时，额定工作压力大于或等于 3.8 MPa 的锅炉锅筒的对接焊缝，工作压力大于或等于 9.8 MPa 或者壁温大于 450 ℃的集箱类部件、管道的对接焊缝，额定工作压力大于或等于 3.8 MPa 的锅炉锅筒、集箱类部件上管接头的角焊缝，在焊接工艺评定时应当进行金相（微观）检验；

d) 水冷壁膜式管屏结构焊接工艺评定采用管子加扁钢焊接角焊缝的形式，生产线埋弧焊（SAW）试件至少为 2 根管子夹 1 根扁钢组成双身管，采用熔化极气体保护焊（GMAW）机械焊接试件应至少为 3 根管子组成的管屏；采用手工方法焊接的试件可为 1 根管子加 1 根扁钢焊接角焊缝进行试验，试验按 NB/T 47014 板-板角焊缝评定试验的要求，取 5 个金相（宏观）试样，试验结果除满足 NB/T 47014 外，一般还应符合附录 B 的要求；

e) 合同规定的其他试验，如接头硬度、断口试验等。

8.2.4 焊接工艺评定试件的力学性能试验和金相（宏观）检验及结果应符合 NB/T 47014 的规定。

8.2.5 全焊缝金属拉力试样的试验结果应当满足母材规定的抗拉强度（R_m）或者屈服强度（$R_{p0.2}$）。

8.2.6 金相（宏观和微观）检验发现有裂纹、疏松、过烧和超标的异常组织之一者，即为不合格；仅因有超标的异常组织而不合格者，允许检查试件再热处理一次，然后取双倍试样复验（合格后仍须复验力学性能），全部试样复验合格后才为合格。

8.2.7 合同规定的其他试验应满足相应的试验标准。

8.3 焊接工艺

8.3.1 焊接受压元件的焊接工艺规程（WPS）应注明如下内容以指导焊接生产：焊接方法及机械化程度、材料、厚度范围、焊接坡口、焊接规范、焊接位置、预热温度、单层（道）或多层（道）、层（道）间温度、焊接材料、热处理要求、施焊技术要求等。

8.3.2 当环境温度低于 0 ℃时应采用预热措施。

8.3.3 管子焊接时，一般应采用多层焊（工艺规定单层焊的除外），各焊层的起、熄弧点应尽量错开。

8.3.4 不应在焊件的非焊接表面引弧，如产生弧坑，应将其磨平或焊补。有裂纹倾向的材料，磨平或焊补后应进行表面无损检测。

8.3.5 焊件纵缝两端的引弧板、熄弧板或试件，焊后不宜锤击打落，应用气割割下。

8.4 焊工及焊接操作人员资质评定

8.4.1 焊接锅炉受压元件的焊工或焊接操作工应具有相应的资格，才能在有效期内从事合格项目范围内的焊接工作。

8.4.2 制造单位应建立焊工焊接档案，内容至少包括：焊工焊绩，焊缝质量检验结果，焊接质量事故并至少每 6 个月记录一次。

8.5 焊接材料

焊接材料应按 NB/T 47018 采购技术要求进行验收,并按 JB/T 3223 要求建立严格的存放、烘干、发放、回收和回用管理制度。

8.6 焊接接头选用和坡口制备

8.6.1 制造单位技术文件应规定焊接接头的坡口形式、尺寸和装配间隙,可参照 GB/T 985.1、GB/T 985.2 的规定执行。

8.6.2 坡口加工可采用热切割、锯切、剪切、打磨、机加工等方法或这些方法的组合,但不得损害材料冶金和力学性能或产生有害缺陷。

8.6.3 制成的坡口表面应清洁,无锈皮和残渣。坡口和施焊表面在焊接前应将油污、铁锈和其他影响焊接质量的杂物清理干净。

8.6.4 必要时应对坡口面进行无损检测。

8.7 预热和后热要求

8.7.1 焊前预热

8.7.1.1 为避免焊接裂纹和热切割表面热影响区淬硬开裂,可在焊前包括定位焊和热切割前进行预热。焊前是否需要预热和预热温度的数值与材料的化学成分、连接零件所受到的拘束度、材料的力学性能、热处理状态和材料厚度、焊接工艺及焊接材料等因素有关。8.7.2 给出常用的推荐预热温度。应当注意,这一推荐温度,不一定能够确保得到完善的焊接接头,个别材料,所需的预热温度可比推荐温度更高或有所放宽。应当按 NB/T 47014 对焊接工艺评定所提出的要求,在焊接工艺规程(WPS)中规定焊接预热温度。

8.7.1.2 通常情况下,当焊接两种不同材料时,应按需要较高预热温度的材料进行预热。当中断焊接重新施焊时,仍需按规定重新预热。

8.7.1.3 采用组合焊接工艺时,如需预热,对每个工艺,应分别确定预热要求。

8.7.2 最低预热温度

除下述情况外,环境温度低于 0 ℃时,应采取预热措施,预热温度不低于 15 ℃:

a) Fe-1 接头处厚度>25 mm 的材料,最低预热温度为 80 ℃;
b) Fe-3 接头处厚度>16 mm 的材料,最低预热温度为 80 ℃;
c) Fe-4-1 接头处厚度>13 mm 的材料,最低预热温度为 120 ℃;
d) Fe-4-2 接头处厚度>13 mm 的材料,最低预热温度为 150 ℃;
e) Fe-5A、Fe-5B-1、Fe-5B-2、Fe-5C 规定的最大含铬量大于 6.0%且接头处厚度>13 mm 的材料,最低预热温度为 200 ℃;接头处厚度≤13 mm 的材料,最低预热温度为 150 ℃;
f) Fe-6 最低预热温度为 200 ℃;
g) Fe-7 不作规定;
h) Fe-8 不作规定。

8.7.3 层(道)间温度

焊接接头有冲击韧性要求时,在焊接工艺规程(WPS)中规定层(道)间最高温度。

8.7.4 焊后后热

对冷裂纹敏感的材料，焊后应及时采取措施（如后热或含消氢处理、缓冷等）保证材料的使用性能。

8.8 焊接操作

8.8.1 锅筒、集箱类（含管道）焊接

8.8.1.1 纵缝、环缝的焊接应满足以下要求：

a) 多道焊接时，后道焊接前均应将前道焊缝的表面清理干净；

b) 在锅筒的纵向和环向对接焊中使用了衬垫材料时，焊接后应将其除去；

c) 锅筒纵向和环向对接焊缝焊后打磨平时，应有记录或标记可追踪到焊缝位置；

d) 集箱对接焊缝不应使用永久性衬环；

e) 易熔填塞物不应被看作为衬环。只有当易熔填塞物材料与母材相容且完全熔入焊缝时，才应使用易熔填塞物。

8.8.1.2 管接头及附件焊接应满足以下要求：

a) 管接头及吊耳每条焊缝至少焊接两道，当采用多道焊接时，后道焊接前均应将前道焊缝的表面清理干净；

b) 不应使用永久性衬环；

c) 易熔填塞物不应被看作为衬环。只有当易熔填塞物材料与母材相容且完全熔入焊缝时，才应使用易熔填塞物；

d) 已完工的焊缝表面在焊道间应无不规则，无锐利的刻痕或凹坑。

8.8.2 管子焊接

8.8.2.1 环缝焊接应满足以下要求：

a) 当采用多道焊接时，后道焊接前均应将前道焊缝的表面清理干净；

b) 当焊接工艺要求通内保护气时，焊缝背面保护应加入足够的气体将焊缝附近的空气除去以避免根部区域的氧化。

8.8.2.2 附件和管子的焊接应满足以下要求：

a) 承载附件的焊接应连续。该焊缝应是围绕在附件周边的角焊缝、部分焊透焊缝、单侧全焊透焊缝或双面全焊透焊缝；

b) 非承载附件的焊接，可允许采用间断焊；

c) 当采用多道焊接时，后道焊接前均应将前道焊缝的表面清理干净。

8.8.2.3 水冷壁拼排焊接可采用埋弧焊、气体保护焊、焊条电弧焊等。

8.8.2.4 应对公称外径不大于 60 mm 的管子对接接头进行通径检查，通球球径按 GB/T 16507.6 的规定。弯制后进行对接的管子，其通球球径取弯管通球球径和对接接头通球球径两者中的较小者。

8.8.3 返修焊

8.8.3.1 受压元件原材料返修焊

如受压元件原材料存在缺陷以及因加工等原因造成不符合要求，需要修补时，应编制专门的返修工艺并经评定合格，按质量保证体系程序文件规定审批后返修。

8.8.3.2 焊缝缺陷返修焊

受压元件的焊接接头经无损检测发现存在不合格的缺陷时，施焊单位应找出原因，制订可行的返修方案，方可进行返修。

补焊前，缺陷应彻底清除。补焊后，补焊区应做外观和无损检测检查。要求焊后热处理的元件，补焊后应做焊后热处理。同一位置上的返修不宜超过两次，如果超过两次，应当经过单位技术负责人批准。

8.8.3.3 存档要求

返修的部位、次数、返修情况应存入锅炉产品技术档案。

8.9 产品焊接试件

8.9.1 为检验产品焊接接头的力学性能，应当焊制产品焊接试件，对于焊接质量稳定的制造单位，经过技术负责人批准，可以免做焊接试件。但属于下列情况之一的，应当制作纵缝焊接试件：

a) 工厂按照新焊接工艺评定结果制造的前5台新锅炉；

b) 用合金钢制作的以及工艺要求进行热处理的锅筒或者集箱；

c) 设计图样要求制作焊接试件的锅炉。

8.9.2 焊接试件制作应符合如下规定：

a) 每个锅筒、集箱类部件纵缝及封头的拼接焊缝应制作一块焊接试件，纵缝焊接试件应当作为产品纵缝的延长部分焊接；

b) 产品焊接试件应当由焊该产品的焊工焊接，试件材料、焊接材料和工艺条件等应当与所代表的产品相同；

c) 需要热处理时，试件应当与所代表的产品同炉热处理；

d) 焊接试件的数量、尺寸应当满足检验和复验所需要试样的制备。

8.9.3 试样制取和性能检验应符合如下规定：

a) 焊接试件经过外观和无损检测后，在合格部位制取试样；

b) 试件上制取试样的力学性能检验类别、试样数量、取样和加工要求、试验方法、合格指标及复验应符合 NB/T 47016 的规定。同时锅筒、集箱类部件纵缝还应当按 8.2.3 和 8.2.5 的规定进行全焊缝拉力试验；

c) 合同规定的其他试验应满足相应的合格标准。

9 热处理

9.1 概述

除管子的冷、热成形热处理外，受压件用钢板的冷、热成形后的恢复材料性能热处理应符合 9.2 的规定。管子冷、热成形后的热处理要求应符合 6.4.4 的规定。水管锅炉中受压元件和受压元件与非受压元件连接焊缝的焊后热处理应符合 9.3 的规定。热处理炉应当配有自动记录热处理温度-时间曲线的记录仪，测温装置应能准确反映工件的实际温度。

9.2 成形后热处理

受压件在热、冷成形后，根据材料技术要求，可不热处理或按下列情况之一进行热处理：

a) 消除应力热处理；

b) 正火；

c) 正火＋回火；

注：如果适用的话，回火可以是焊接应力消除工艺的一部分。

d) 淬火＋回火；

e) 固溶处理。

也可采用其他热处理工艺，只要在成形后对产品进行检测证明完工的部件材料符合相应材料标准的要求。

9.2.1 当规定的最终热处理为正火时，如果部件在成形期间被均匀加热到正火温度，则不要求进一步的热处理。

9.2.2 当规定的最终热处理为正火＋回火时，如果部件在成形期间被均匀加热到正火温度，则应进行另外的回火处理。

9.2.3 对淬火＋回火钢，热成形后，应进行淬火＋回火热处理。

9.3 焊后热处理

9.3.1 焊后热处理时机

焊后需要热处理时，焊后热处理应在所有焊接完成后进行。

9.3.2 焊后热处理方法

9.3.2.1 组件宜作为一个整体放在一个密闭的炉子中进行热处理。在不能实施的地方，可允许采用9.3.2.2～9.3.2.4所描述的方法。

9.3.2.2 组件分段进行热处理 容器类或带管接头类的集箱加热的各段至少要有1 500 mm的重叠部分，管道类加热的各段至少应有300 mm的重叠部分，伸出炉外的部分特别是炉外部分有管接头时，应有绝热措施，使其不会产生有害的温度梯度。

9.3.2.3 局部热处理 焊缝和焊缝两侧的加热宽度应当各不小于焊接接头两侧钢板厚度(取较大值)的3倍或者不小于200 mm。

9.3.2.4 局部热处理时，应配有足够的绝热保温材料覆盖加热区域以外的元件毗邻区域，从而使其不会产生有害的温度梯度。

9.3.2.5 当通过内加热方法对部件进行热处理时，应将元件完全包覆在绝热保温材料内。

9.3.3 焊后热处理工艺

9.3.3.1 组件的主要材料及厚度、焊缝厚度。

9.3.3.2 装炉温度工件可采取冷装炉或热装炉，但装炉温度应≤400 ℃。

9.3.3.3 自400 ℃起缓慢加热焊件至表13所规定的温度并按规定的时间进行保温。

推荐升温速度为：当焊件厚度 $T \leqslant 25$ mm时，升温速度≤220 ℃/h

$25\ \text{mm} < T \leqslant 100$ mm时，升温速度≤5 500/T ℃/h

$T > 100$ mm时，升温速度≤55 ℃/h。

9.3.3.4 保温结束后缓慢冷却至≤400 ℃后出炉，在静止空气中空冷。

推荐冷却速度为：当焊件厚度 $T \leqslant 25$ mm时，冷却速度≤275 ℃/h

$25\ \text{mm} < T \leqslant 100$ mm时，冷却速度≤7 000/T ℃/h

$T > 100$ mm时，冷却速度≤55 ℃/h。

9.3.3.5 局部热处理时的加热宽度和绝热层宽度。

9.3.3.6 热电偶数量、位置及与焊件接触方法。

9.3.3.7 在加热和保温期间，炉内气氛应避免对工件表面的过度氧化。加热火焰不得直接喷射在工件表面。

9.3.3.8 工件热处理加热与冷却过程中，温度≤500 ℃时，工件各处温度差在 4 600 mm 距离内应不超过 140 ℃，且任何温度梯度应是平缓的；温度>500 ℃时，温度差应不超过 100 ℃。

9.3.3.9 热处理完成后，热电偶或热电偶座与工件的连接焊缝应磨平，必要时应进行表面无损检测。

9.3.4 产品焊接试件的热处理

需要热处理时，产品焊接试件应当与所代表的产品同炉热处理。

9.3.5 热处理条件

9.3.5.1 除表 12 注和 9.5 规定的以外，焊接受压元件均应在不低于表 12 所规定的温度进行焊后热处理。

9.3.5.2 当两种不同材料的受压元件用焊接方法连接时，除了 9.3.5.3 指出的以外，应按表 12 和有关的注中对需较高焊后热处理温度材料的规定进行焊后热处理，但不得超过接头两侧任一材料的下临界温度 A_{C1}。如果受压元件由 Fe-8 与其他材料用焊接方法相连时，应按其他材料要求进行热处理。如果受压元件接头两边均为 Fe-8 奥氏体不锈钢时，则不规定应进行焊后热处理，也不禁止。在受压元件上焊接非受压元件时，应按受压元件所要求的焊后热处理温度。

9.3.5.3 将 Fe-5A 或以下类别材料的管接头用角焊缝、部分焊透焊缝或全焊透焊缝焊于较低 Fe-× 的集箱时，当采用较低 Fe-× 的焊接材料焊接时，可按表 12 中较低的 Fe-× 材料的要求进行热处理。

表 12 受压元件和连接件焊后热处理要求

材料	最低保温温度 ℃	在规定温度下的最小保温时间 h 焊缝的公称厚度 t mm		
		$t \leqslant 50$	$50 < t \leqslant 125$	$t > 125$
Fe-1	600	0.04 t 但不少于 0.25 h	以 2 h 为起点，再按超过 50 mm 的部分每 25 mm 增加 0.25 h	
Fe-3	600	0.04 t 但不少于 0.25 h	以 2 h 为起点，再按超过 50 mm 的部分每 25 mm 增加 0.25 h	
Fe-4-1	650	0.04 t 但不少于 0.25 h	0.04 t	以 5 h 为起点，再按超过 125 mm 的部分每 25 mm 增加 0.25 h
Fe-4-2	680	0.04 t 但不少于 0.25 h	0.04 t	以 5 h 为起点，再按超过 125 mm 的部分每 25 mm 增加 0.25 h
Fe-5A	680	0.04 t 但不少于 0.25 h	0.04 t	以 5 h 为起点，再按超过 125 mm 的部分每 25 mm 增加 0.25 h
Fe-5B-2	730	0.04 t 但不少于 0.5 h	0.04 t	以 5 h 为起点，再按超过 125 mm 的部分每 25 mm 增加 0.25 h
Fe-5C	730	0.04 t 但不少于 0.5 h	0.04 t	—
Fe-8	不作规定[a]			

[a] Fe-8 供货为固溶处理状态时，焊后热处理不作规定。

注 1：材料要求的焊后热处理温度与保温时间与表中不同时，应按材料的焊后热处理温度进行焊后热处理。

注 2：在规定的温度下的保温时间并非是连续的，可以是多次焊后热处理多次保温时间之和。

9.3.5.4 为便于制造，应由制造厂自己决定来进行中间热处理。这类中间热处理的持续时间应由制造厂决定。

Fe-1 注：

如果属于以下情况，Fe-1 材料焊后可不热处理：

a) 受压元件上的环向对接焊缝，当接头处的公称厚度≤30 mm；

b) 用焊缝厚度≤13 mm 的角焊缝或焊缝厚度≤13 mm 的坡口焊缝和角焊缝的组合焊缝在受压元件上连接非受压元件，如果受压元件的厚度＞30 mm 时，以不低于 100 ℃的温度进行预热；

c) 连接扩展受热面和管子的焊缝以及敷设覆盖层用销钉和受压元件的焊缝；

d) 在受压元件上进行未包括在以上 c)内的的螺柱焊，如果受压元件的厚度＞30 mm，以不低于 100 ℃的温度进行预热；

e) 堆焊耐腐蚀焊缝金属的管材当满足以下条件时：

1) 堆焊层厚度≤6 mm；

2) 当受压元件的厚度＞30 mm，以不低于 100 ℃的温度进行预热；

3) 管材符合外径≤141 mm；不用于制造集箱、锅筒和筒体。

f) 如果符合以下所有条件，管接头与集箱或母管的焊后可不热处理：

1) 管子的外径≤50 mm；

2) 集箱的外径≤219 mm；

3) 集箱的厚度≤13 mm；

4) 以不低于 100 ℃的温度进行预热。

g) 当不能按本表的规定热处理时，允许按表 13 的规定，以较低的温度和较长的保温时间进行焊后热处理。

Fe-3 注：

a) 如果属于以下情况，Fe-3 -1、Fe-3-2 材料焊后可不热处理(Fe-3-3 所有厚度材料的焊后热处理均为强制性的)；

b) 受压元件上的环向对接焊缝，当接头处的公称厚度≤16 mm；

c) 用焊缝厚度≤13 mm 的角焊缝或焊缝厚度≤13 mm 的坡口焊缝和角焊缝的组合焊缝在受压元件上连接非受压元件，如果非受压元件的最大含碳量≤0.25%，受压元件的厚度＞16 mm 时，以不低于 100 ℃的温度进行预热；

d) 连接扩展受热面和管子的焊缝以及敷设覆盖层用销钉和受压元件的焊缝；

e) 在受压元件上进行未包括在以上 d)内的螺柱焊，如果受压元件的厚度＞16 mm，以不低于 100 ℃的温度进行预热；

f) 堆焊耐腐蚀焊缝金属的管材当满足以下条件时：

1) 堆焊层厚度≤6 mm；

2) 当受压元件厚度＞16 mm 时，以不低于 100℃的温度进行预热；

3) 管材符合外径≤141 mm；不用于制造集箱、锅筒和筒体。

g) 当不能按本表的规定热处理时，允许按表 13 的规定，以较低的温度和较长的保温时间进行焊后热处理。

表 13 碳钢和低合金钢焊后热处理的另一要求

温度低于规定最低保温温度的降低值 ℃	降低保温温度后，每 mm 厚度的保温时间[a] h
28	0.08
56	0.16
83[b]	0.40
111[b]	0.80

[a] 表中每 mm 厚度的保温时间，指公称厚度不大于 50 mm。当公称厚度大于 50 mm 时，超过的厚度每 25 mm 增加 15 min。

[b] 此种降低焊后热处理的规定仅适用于 Fe-1-1、Fe-1-2 材料。

Fe-4-1 注：

如果属于以下情况，材料焊后可不热处理：

a) 受压元件上的环向对接焊缝，厚度≤10 mm；

b) 用焊缝厚度≤13 mm 的角焊缝或焊缝厚度≤13 mm 的坡口焊缝和角焊缝的组合焊缝在受压元件上连接非受压元件，或在其上连接受热面和不承受荷载的螺柱，受压元件的厚度＞10 mm 但≤16 mm 时，以不低于 120 ℃的温度进行预热；

c) 堆焊耐腐蚀焊缝金属的管材当满足以下条件时：

  1) 堆焊层厚度≤6 mm；

  2) 当受压元件厚度＞10 mm 时，以不低于 120 ℃的温度进行预热；

  3) 管材符合：外径≤141 mm；不用于制造集箱、锅筒和筒体。

Fe-4-2 注：

如果属于以下情况，材料焊后可不热处理：

a) 受压元件上的环向对接焊缝，厚度≤6 mm；

b) 用焊缝厚度≤13 mm 的角焊缝或焊缝厚度≤13 mm 的坡口焊缝和角焊缝的组合焊缝在受压元件上连接非受压元件，或在其上连接受热面和不承受荷载的螺柱，受压元件的厚度＞6 mm 但≤10 mm 时，以不低于 150 ℃的温度进行预热；

c) 堆焊耐腐蚀焊缝金属的管材当满足以下条件时：

  1) 堆焊层厚度≤6 mm；

  2) 当受压元件厚度＞6 mm 但≤10 mm 时，以不低于 150 ℃的温度进行预热；

  3) 管材符合：外径≤141 mm；不用于制造集箱、锅筒和筒体。

Fe-5A-1 注：

如果属于以下情况，材料焊后可不热处理：

a) 受压元件上的环向对接焊缝，厚度≤16 mm，以不低于 150 ℃的温度进行预热；

b) 用焊缝厚度≤13 mm 的角焊缝或焊缝厚度≤13 mm 的坡口焊缝和角焊缝的组合焊缝在受压元件上连接非受压元件，或在其上连接受热面和不承受荷载的螺柱，受压元件的厚度＞6 mm 但≤10 mm 时，以不低于 150 ℃的温度进行预热；

c) 堆焊耐腐蚀焊缝金属的管材当满足以下条件时：

  1) 堆焊层厚度≤6 mm；

2） 当受压元件厚度>6 mm但≤10 mm时，以不低于150 ℃的温度进行预热；

3） 管材符合：外径≤141 mm；不用于制造集箱、锅筒和筒体。

Fe-5B-2注：

a） 如焊缝厚度≤13 mm时，最小保温温度为720 ℃；

b） 异种金属焊缝（如P-No.5B第2组与含Cr量较低的其他铁素体钢、奥氏体钢或镍基材料之间所形成的焊缝），如填充材料含Cr量<3.0%，或填充金属是镍基或奥氏体材料，最小保温温度为705 ℃；

c） 如果不知道所用填充金属的化学成分，则最高热处理保温温度为775 ℃。如果填充金属化学成分为已知，则可按以下数值增加保温温度：

1.0%≤Ni+Mn<1.5%，热处理的最高保温温度为790 ℃。

d） 如果零件的一部分被加热到高于以上所允许的热处理温度，应采取下述措施之一：

1） 整个零件应重新正火+回火；

2） 如果超过775 ℃或c)中最高保温温度，但低于800 ℃，应去除焊缝金属并重新焊接；

3） 零件被加热到超过800 ℃的部分及其两侧不小于75 mm的过热区应切除，重新正火+回火或更换。

9.4 焊缝厚度

9.4.1 对接焊缝为焊缝厚度。

9.4.2 角焊缝为角焊缝厚度。

9.4.3 部分焊透焊缝和材料修补时的焊缝为焊接坡口深度和制备修补坡口的深度。

9.4.4 坡口焊缝和角焊缝的组合焊缝为所熔敷焊缝的组合厚度，即坡口深度加角焊缝厚度。

9.5 热处理后的焊接

已经热处理后的锅炉受压元件，如锅筒和集箱等，应避免直接在其上焊接元件。如不能避免，在同时满足下列条件时，焊后可不再进行热处理：

a） 受压元件为碳素钢或碳锰钢材料；

b） 角焊缝的计算厚度不大于10 mm；

c） 应按经评定合格的焊接工艺施焊；

d） 应对角焊缝进行100%表面无损检测。

附　录　A
（资料性附录）
管子弯管工艺试验

A.1　总则

锅炉中各种弯管成形宜进行工艺试验，通过工艺试验来验证管子弯曲满足 6.4.2.4 要求。

弯管成形工艺试验适用于如下弯管方法：

——转模弯管（无芯轴）；

——转模弯管（有芯轴）；

——转模弯管（无芯轴）热弯；

——带顶镦推力转模弯管；

——组合弯（预弯、加热挤压弯）；

——中频感应加热弯管；

——膜式管屏的成排弯曲。

A.2　弯管工艺试验验证内容及要求

A.2.1　弯头外观质量

检查弯头的内、外表面，弯头表面质量（表面瘪痕、机械损伤、内侧波浪度）应符合 6.4.2.4.4 的要求；对可疑的表面缺欠，必要时可进行表面的无损检测确认。

A.2.2　表面缺陷无损检测

对可疑的表面缺欠，必要时可进行表面无损检测确认。

A.2.3　弯头的几何形状和尺寸

在管子的弯曲角内，按 30°或 45°间隔进行测量（应包含弯头顶点位置），检测弯头顶处内、外弧的最小壁厚；检测弯头各检测截面上的圆度偏差；检测弯头直段上的壁厚；弯头的减薄率、最小壁厚和圆度偏差应符合 6.4.2.4 的要求。

检测弯头的弯曲半径、平面度、弯曲角度，弯头的几何形状检测应符合本表标准的要求。

A.2.4　硬度试验

在弯管工序完成后，应测量弯管的直段和弯头部分横截面（不进行剖切的弯管测管子外表面）的硬度。所测得的硬度值应满足使用要求，否则，该弯管须进行弯后热处理满足原材料的性能要求。

对热成形弯头或要求弯后正火加回火热处理的弯头，热处理后的硬度应不超过其母材的规定值。

A.2.5　力学性能试验

所有热成形弯头，或要求进行弯后热处理而非消除应力的弯头，应按材料标准要求分段进行各项力学性能试验。试验的试样在弯头内取，当不可能做到时，所要求的样品应从毗邻弯头开始的直管段中截取。试样的各项力学性能试验值应满足相应的材料标准要求。

A.2.6 金相检验

对材料类别为5类的低合金高强度钢，经正火加回火热处理的弯头及采用中频感应加热弯的弯头，进行金相检验。金相和晶粒度应符合相应钢管技术标准要求；没有过烧组织和晶间裂纹。

A.3 弯管工艺试验验证方法

A.3.1 工艺试验时，按不同的弯管设备、不同的弯管工艺(如冷弯、热弯等)、不同的弯后热处理工艺、不同的材料类别和不同的弯管工艺参数进行分类测试。

A.3.2 对于公称外径不超过80 mm的管子，弯曲到180°，取弯曲角度45°间隔通过切取剖面进行测试；对于公称外径虽不超过80 mm但受材料、结构、设备等因素限制或公称外径超过80 mm的管子，可弯至90°角度，此时应取弯曲角度30°间隔进行测试。对于中频加热弯，弯头可被弯曲到≥30°进行测试。但对公称外径超过80 mm的管子，厚度可通过超声波方法确定。

A.3.3 对于公称外径不超过80 mm的管子，每个工艺试验至少弯制5个弯头。

A.3.4 用于试验的管屏应至少由三根管子成组，且在弯曲前已焊接在一起。成排弯应在一特定的成排弯管机上进行。弯头的考核与单个弯曲的弯管要求相同，见A.2.1～A.2.5。

A.3.5 管子弯曲工艺试验数据应做记录。

A.4 试验的有效范围

A.4.1 只要满足给出的管子成形率(T_{FR})的要求，同类组别材料的管子在给定的弯管工艺下，其外径、壁厚和弯曲半径的任意组合都可以覆盖。

A.4.2 管子弯曲成形率T_{FR}根据A.4.3中弯曲试验参数D_o、δ与R来确定。一次弯管试验的T_{FR}可覆盖在给定同类组别和弯管工艺的任何其他参数组合T_{FR}的110%。

A.4.3 外径小于或等于101 mm的管子弯曲成形比率(T_{FR})用式(A.1)计算得出：

$$T_{FR}=\frac{D_o^2}{\delta\times R} \qquad \text{(A.1)}$$

式中：

D_o—— 管子公称外径，单位mm；

δ ——管子名义壁厚，单位mm；

R ——在管子中心线上测量得到的弯曲半径，单位mm。

A.4.4 外径大于101 mm管子弯曲成形试验有效范围如下：

外径覆盖的直径范围为$0.5D_o$～$1.8D_o$；

壁厚覆盖的厚度范围为0.7δ～1.5δ。

A.5 弯管工艺试验验证结论

记录弯曲工艺试验得出的结论，编制成文件，作为今后所有其他管子弯曲的基础。通过弯管工艺试验，确认该锅炉制造厂所选择的管子弯曲工艺是适合的。管子弯曲只有在满足上述相应的要求后才能用于锅炉的产品中。

附　录　B
（规范性附录）
锅炉膜式管屏焊接工艺评定附加要求

B.1　气体保护焊、焊条电弧焊钢管与扁钢焊接熔深要求按图 B.1，合格标准见表 B.1。

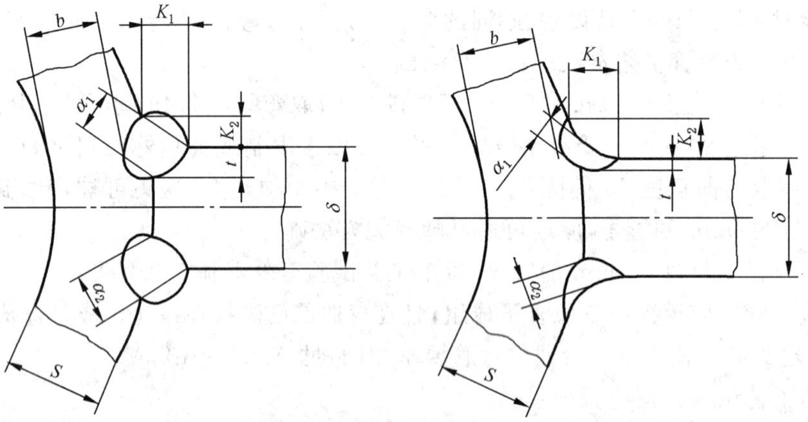

图 B.1　气体保护焊、焊条电弧焊钢管与扁钢焊接熔深要求

表 B.1　气体保护焊、焊条电弧焊钢管与扁钢焊接熔深合格标准　　单位为毫米

钢管壁厚	考核要求		
$S<5$	$\alpha_1+\alpha_2\geqslant1.25\delta$ $t\geqslant1.0$	$b\geqslant0.4S$	K_1、$K_2\geqslant4.0$
$S\geqslant5$		$b\geqslant2.0$	

评定适用厚度范围：

$S<5$ mm 时，最小 S，最大不限；

$S\geqslant5$ mm 时，最小 5 mm，最大不限。

B.2　埋弧焊钢管与扁钢的焊接熔深要求按图 B.2，合格标准见表 B.2。

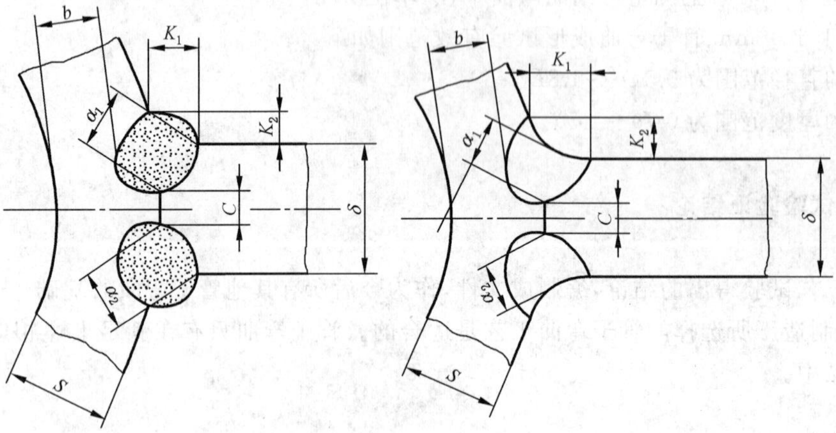

图 B.2　埋弧焊钢管与扁钢的焊接熔深要求

表 B.2 埋弧焊钢管与扁钢的焊接熔深合格标准

单位为毫米

扁钢厚度	钢管壁厚	考核要求		
$\delta \leqslant 6.5$	$S<5$	$\alpha_1+\alpha_2 \geqslant 1.25\delta$ $C \leqslant 0.4\delta$	$b \geqslant 0.4S$	K_1、$K_2 \geqslant 2.5$
	$S \geqslant 5$		$b \geqslant 2.0$	K_1、$K_2 \geqslant 3.0$
$\delta>6.5$	—	$\alpha_1+\alpha_2 \geqslant \delta$ $C \leqslant 0.4\delta$	$b \geqslant 2.0$	K_1、$K_2 \geqslant 3.0$

评定适用厚度范围：

$S<5$ mm 时，最小 S，最大不限；

$S \geqslant 5$ mm 时，最小 5 mm，最大不限。

$\delta \leqslant 6$ mm 时，最小不限，最大 6 mm；

$\delta>6$ mm 时，最小不限，最大 δ（当扁钢采用开坡口的方式保证 C 值时，δ 最大不限）。

符号说明：

S——钢管壁厚，mm；

δ——扁钢厚度，mm；

α_1、α_2——焊缝熔深，mm；

b——未熔管壁厚度，mm；

C——钢管与扁钢允许的未焊透厚度，mm；

K_1、K_2——焊脚高度，mm。

注：焊接工艺评定试样断面检查时，K_1、K_2 值作为参考，其他数据合格时，K_1、K_2 可不作考核，但应记录。

附 录 C
（规范性附录）
锅炉焊接工艺评定材料分类分组

为了减少焊接工艺评定的数量，对材料进行分类。产品有冲击要求时，在类别号下再指定组别号。表 C.1 为用于锅炉受压元件但 NB/T 47014 表 1 未列出的材料。对于 NB/T 47014 和本附录未列入的材料，各制造厂可根据材料的化学成分、力学性能、焊接性，将其列入相应的类、组号。

表 C.1 铁基材料分类分组

母材		牌号、级别、型号	标 准
类别	组别		
Fe-3	Fe-3-3	15Ni1MnMoNbCu	GB 5310
Fe-5B	Fe-5B-2	10Cr9MoW2VNbBN 10Cr11MoW2VNbCu1BN 11Cr9Mo1W1VNbBN	GB 5310 GB 5310 GB 5310
Fe-5C	—	07Cr2MoW2VNbB	GB 5310
Fe-8	Fe-8-1	07Cr19Ni10 10Cr18Ni9NbCu3BN 07Cr19Ni11Ti 07Cr18Ni11Nb 08Cr18Ni11NbFG	GB 5310 GB 5310 GB 5310 GB 5310 GB 5310
Fe-8	Fe-8-2	07Cr25Ni21NbN	GB 5310

ICS 27.060.30
J 98

中华人民共和国国家标准

GB/T 16507.6—2013
部分代替 GB/T 16507—1996

水管锅炉 第6部分:检验、试验和验收

Water-tube Boilers—
Part 6:Inspection,testing and acceptance

2013-12-31 发布　　2014-07-01 实施

中华人民共和国国家质量监督检验检疫总局
中国国家标准化管理委员会　发布

前　言

GB/T 16507《水管锅炉》分为以下 8 个部分：

——第 1 部分：总则；

——第 2 部分：材料；

——第 3 部分：结构设计；

——第 4 部分：受压元件强度计算；

——第 5 部分：制造；

——第 6 部分：检验、试验和验收；

——第 7 部分：安全附件和仪表；

——第 8 部分：安装与运行。

本部分为 GB/T 16507 的第 6 部分。

本部分按照 GB/T 1.1—2009 给出的规则起草。

本部分代替 GB/T 16507—1996 第 9 章的内容，与 GB/T 16507—1996 相比，主要技术内容变化如下：

——检验、试验和验收部分独立成分标准；

——对标准的编制结构及侧重点进行了调整。针对水管锅炉的产品特点及制造工艺流程，重点突出对产品的检验与试验的验收规定，对检验和试验的具体操作方法不再作出规定，因其操作要求在相应的标准中都有规定，故不再赘述。

——按照 TSG G0001—2012《锅炉安全技术监察规程》的规定，取消了原标准 9.9 要求产品焊接接头做金相和断口的规定。

——增加了附录 A；

——增加了附录 B。

本部分由全国锅炉压力容器标准化技术委员会(SAC/TC 262)提出并归口。

本部分负责起草单位：东方电气集团东方锅炉股份有限公司。

本部分参与起草单位：上海锅炉厂有限公司、北京巴布科克·威尔科克斯有限公司、哈尔滨锅炉厂有限责任公司、上海发电设备成套设计研究院、无锡华光锅炉股份有限公司、武汉锅炉股份有限公司、杭州锅炉集团股份有限公司。

本部分主要起草人：王琳、薛明、敬仕煜、吴祥伟、张宏峰、闫德逊、陈端雨、任一平、屈桢、朱永青、许建国、王桂玲、叶苏。

本部分所代替标准的历次版本发布情况为：

——GB/T 16507—1996。

水管锅炉
第6部分：检验、试验和验收

1 范围

GB/T 16507 的本部分规定了水管锅炉受压元件和与其直接连接的承受载荷的非受压元件的检验、试验和验收要求。

本部分适用于 GB/T 16507.1 范围界定的水管锅炉受压元件和与其直接连接的承受载荷的非受压元件的检验、试验和验收。

2 规范性引用文件

下列文件对于本文件的应用是必不可少的。凡是注日期的引用文件，仅注日期的版本适用于本文件。凡是不注日期的引用文件，其最新版本(包括所有的修改单)适用于本文件。

GB/T 247 钢板和钢带包装、标志及质量证明书的一般规定

GB/T 699 优质碳素结构钢

GB/T 700 碳素结构钢

GB/T 702 热轧钢棒尺寸、外形、重量及允许偏差

GB/T 706 热轧型钢

GB/T 709 热轧钢板和钢带的尺寸、外形、重量及允许偏差

GB/T 710 优质碳素结构钢热轧薄钢板和钢带

GB/T 711 优质碳素结构钢热轧厚钢板和钢带

GB 713 锅炉和压力容器用钢板

GB/T 908 锻制钢棒尺寸、外形、重量及允许偏差

GB/T 983 不锈钢焊条

GB/T 984 堆焊焊条

GB/T 1591 低合金高强度结构钢

GB/T 2101 型钢验收、包装、标志及质量证明书的一般规定

GB/T 2102 钢管验收、包装、标志及质量证明书

GB/T 2103 钢丝验收、包装、标志及质量证明书的一般规定

GB/T 2652 焊缝及熔敷金属拉伸试验方法

GB/T 3077 合金结构钢

GB 3087 低中压锅炉用无缝钢管

GB/T 3274 碳素结构钢和低合金结构钢热轧厚钢板和钢带

GB/T 5117 碳钢焊条

GB/T 5118 低合金钢焊条

GB/T 5293 埋弧焊用碳钢焊丝和焊剂

GB 5310 高压锅炉用无缝钢管

GB/T 8163 输送流体用无缝钢管

GB/T 10045 碳钢药芯焊丝

GB/T 11263 热轧 H 型钢和剖分 T 型钢
GB/T 12470 埋弧焊用低合金钢焊丝和焊剂
GB/T 13237 优质碳素结构钢冷轧薄钢板和钢带
GB/T 13298 金属显微组织检验方法
GB/T 14957 熔化焊用钢丝
GB/T 14958 气体保护焊用钢丝
GB/T 16507.1 水管锅炉 第1部分 总则
GB/T 16507.2 水管锅炉 第2部分 材料
GB/T 16507.5 水管锅炉 第5部分 制造
GB/T 17493 低合金钢药芯焊丝
GB/T 17505 钢及钢产品交货一般技术要求
GB/T 17853 不锈钢药芯焊丝
GB/T 17854 埋弧焊用不锈钢焊丝和焊剂
JB/T 4730.1～4730.5 承压设备无损检测
NB/T 47013.10 承压设备无损检测 第10部分:衍射时差法超声检测
NB/T 47016 承压设备产品焊接试件的力学性能检验
NB/T 47018.1～47018.7 承压设备用焊接材料订货技术条件
TSG G0001 锅炉安全技术监察规程

3 材料检验要求

3.1 一般要求

锅炉制造厂应制定材料采购标准并按其规定对锅炉用钢板、锅炉用钢管、型钢(25号及以上)、圆钢(用于制造拉杆和直径40 mm及以上的吊杆)、结构钢板(用于制造大板梁的翼板和腹板)和焊接材料(包括焊条、焊丝、药芯焊丝和焊剂)等进行入厂验收。

3.2 质量证明书要求

3.2.1 所附质量证明书内容应齐全,并与实物相符。

3.2.2 境内牌号材料(境内生产的境内牌号材料)质量证明书内容应符合表1中相应标准和(或)订货合同的要求。

3.2.3 境外牌号材料(包括境内生产的境外牌号材料)质量证明书的内容应符合材料产品标准和(或)订货合同所规定的要求。

3.2.4 对质量证明书内容完整并已由锅炉制造厂委托有关检测单位检验合格的材料;在材料制造单位验收合格的材料;以及用于B级及以下锅炉的碳素钢板、碳素钢管以及碳素钢板材,入厂验收以验证的方式进行。

表1 境内牌号材料的产品标准和质量证明书标准

序 号	材料类别	材料产品标准	质量证明书标准
1	锅炉用板	GB 713	GB/T 247
2	结构用钢板	GB/T 709、GB/T 710、GB/T 711、GB/T 1591、GB/T 3274、GB/T 13237	GB/T 247
3	锅炉用钢管	GB 3087、GB 5310、GB/T 8163	GB/T 2102

表 1（续）

序号	材料类别	材料产品标准	质量证明书标准
4	型钢和圆钢	GB/T 699、GB/T 700、GB/T 702、GB/T 706、GB/T 908、GB/T 1591、GB/T 3077、GB/T 11263	GB/T 2101
5	焊条	GB/T 983、GB/T 984、GB/T 5117、GB/T 5118、NB/T 47018.1～47018.7	
6	焊丝和焊剂	GB/T 2103、GB/T 5293、GB/T 10045、GB/T 12470、GB/T 14957、GB/T 14958、GB/T 17493、GB/T 17853、GB/T 17854、NB/T 47018.1～47018.7	

3.3 境内牌号材料入厂复验

锅炉制造单位应按照 TSG G0001《锅炉安全技术监察规程》，以及 GB/T 16507.2 和订货合同的要求对入厂的境内牌号材料进行复验。

3.4 境外牌号材料的入厂检验

境外牌号材料和境内生产的境外牌号材料，入厂检验的项目、数量、方法和合格标准均应符合国外相应标准，以及 GB/T 16507.2 和订货合同的要求。

3.5 焊接材料的入厂检验按 NB/T 47018.1～47018.7 规定。

3.6 入厂检验数量、方法和合格标准

3.6.1 原材料的表面质量、尺寸偏差和无损检验等项目可抽样检验，也可全数检验；其他检验项目可抽样检验。

3.6.2 抽样数量按材料产品标准的规定。

3.7 各种检验项目的检验方法和合格标准均应符合表 1 中材料产品标准和(或)订货合同的要求。

3.8 对有完整的质量证明书并且质量确实稳定的材料，在连续 3 年以上的时间里，按规定要求抽验合格，并有完整的统计数据作为支撑，由锅炉制造厂质量管理部门提出，并经该厂技术负责人批准，可适当减少检验项目或检验数量。

3.9 材料制造单位对检验合格的材料应在其明显部位作出清晰、牢固的钢印标志或者其他标志。锅炉制造厂应对进厂材料进行验收，合格后方可使用。锅炉制造过程中应按 GB/T 16507.5 的规定进行材料标记移植。

3.10 检验不合格材料的处置

3.10.1 对于全数检验的项目，经按本部分(或)订货合同的规定入厂检验不合格时，可挑选拒收，也可全数拒收。

3.10.2 对于抽样检验的项目，经按本部分和(或)订货合同的规定入厂检验不合格时，应参考 GB/T 17505 的有关规定，对其不合格项目取双倍试样进行复试。如果复试合格，复试试样所代表的材料可判为合格并予以接受；若复试不合格，复试试样所代表的材料应判为不合格并可拒收。

3.11 验收记录与标识

3.11.1 各种材料经按本部分的规定入厂验收后，应由验收人员在材料的入厂验收单上填写验收结论并签字。

3.11.2 入厂验收合格的材料应有合格标识。

3.11.3 凡不合格材料均应有不合格标识，并予以隔离。

3.12 仲裁

当锅炉制造厂与材料供方因材料入厂验收不合格的问题而引起争端时，应由国家认可的第三方检验机构，对该材料在锅炉制造厂和材料供方均同意的实验室进行仲裁性检验。

4 焊接接头外观检查

受压元件焊接接头(包括非受压元件与受压元件焊接的接头)应当进行外观检查,并且至少满足以下要求:

a) 焊缝外形尺寸应符合设计图样和工艺文件的要求;

b) 对接焊缝高度应当不低于母材表面,焊缝与母材应当平滑过渡,焊缝和热影响区表面无裂纹、夹渣、弧坑和气孔;

c) 锅筒、集箱的纵、环缝及封头的拼接焊缝无咬边,其余焊缝咬边深度不超过 0.5 mm,管子焊缝两侧咬边总长度不超过管子周长的 20%,且不超过 40 mm。

5 通球检查

5.1 公称外径不大于 60 mm 的对接接头或弯管应进行通球试验,通球应采用钢球,d_b 为通球直径。对接接头按表 2 的规定,弯管按表 3 的规定。

5.2 弯制后进行焊接的管子,通球直径应选用表 2 和表 3 中的较小值。

5.3 通球用钢球的制造直径偏差为−0.2 mm,即实际选用钢球直径允许比通球直径小 0.2 mm。

5.4 内螺纹管通球时,应首先按理论最小内径选取通球用钢球,即用管子的公称外径减去 2 倍管子的公称壁厚与螺纹高度之和,即 $d=D-2\times$(管子壁厚+螺纹高度)。若按理论最小内径通球仍遇阻,则按管子实测最小内径选取钢球进行通球。

5.5 为保证管子内部清洁度而进行的通球试验可采用海绵球,试验用压缩空气的压力约 0.4 MPa。

表 2 对接接头通球直径

单位为毫米

d	$\leqslant 25$	$25<d\leqslant 40$	$40<d\leqslant 55$	>55
d_b	$\geqslant 0.75d$	$\geqslant 0.80d$	$\geqslant 0.85d$	$\geqslant 0.90d$
注:d 为管子的公称内径,mm。				

表 3 弯管通球直径

单位为毫米

R/D	$1.0\leqslant R/D<1.4$	$1.4\leqslant R/D<1.8$	$1.8\leqslant R/D<2.5$	$2.5\leqslant R/D<3.5$	$\geqslant 3.5$
d_b	$\geqslant 0.70d$	$\geqslant 0.75d$	$\geqslant 0.80d$	$\geqslant 0.85d$	$\geqslant 0.90d$
注:R 为管子弯曲半径,D 和 d 为管子的公称外径和内径,mm。					

6 光谱检验

锅炉受压元件、承载部件的合金钢母材及合金钢焊材(焊缝),出厂前应进行光谱检验,并出具光谱分析检验报告。

7 无损检测

7.1 无损检测基本方法

无损检测方法主要包括射线(RT)、超声(UT)、磁粉(MT)、渗透(PT)等检测方法。制造单位应当根据设计、工艺及其相关技术条件选择检测方法并且制定相应的检测工艺。

当选用超声衍射时差法(TOFD)时,应当与脉冲回波法(PE)组合进行检测,检测结论以 TOFD 与 PE 方法的结果进行综合判定。

7.2 无损检测人员应当按照相关技术规范进行考核,取得资格证书后方可从事相应方法和技术等级的无损检测工作。

7.3 锅炉受压部件如采用多种无损检测方法进行检测,则应按各自验收标准进行评定,均合格后,方可认为无损检测合格。

7.4 制造单位应当如实填写无损检测记录,正确签发无损检测报告,妥善保管无损检测的工艺卡、原始记录、报告、检测部位图、射线底片、光盘或者电子文档等资料(含缺陷返修记录),其保存期限不少于7年。

7.5 无损检测选择方法和比例

7.5.1 锅筒、储水罐和启动(汽水)分离器应按表4的要求进行无损检测。

表4 锅筒、储水罐和启动(汽水)分离器无损检测要求

焊接接头类型	表面检测	体积检测	
		RT	UT
纵向和环向对接接头(包括集中下降管及封头拼接接头)			
$p \geqslant 3.8$ MPa		100%RT 或 100%UT[a]	
0.8 MPa$<p<$3.8 MPa	—	100%RT 或 100%UT[a]	
$p \leqslant 0.8$ MPa,且 $V>50$ L	—	每条焊缝至少 20%	—
$p \leqslant 0.8$ MPa,且 30 L$\leqslant V \leqslant$50 L	—	每条焊缝至少 10%	—
管座角焊缝($p \geqslant 3.8$ MPa 锅炉)			
集中下降管角焊缝	100%		100%UT
其他			
外径>108 mm	100%	—	100%UT
外径≤108 mm	20%	—	—
附件角焊缝			
吊耳	100%	—	100%UT[b]

[a] 壁厚小于20 mm的焊接接头应当采用射线检测方法,壁厚大于或等于20 mm时,可以采用超声检测方法,超声检测仪宜采用数字式可记录仪器,若采用模拟式超声检测仪,应当附加20%局部射线检测。

[b] 全焊透型焊接接头应做100%UT检验。

7.5.2 集箱(包括连接管)和管道应按表5的要求进行无损检测。

表 5 集箱(包括连接管)和管道无损检测要求

焊接接头类型	表面检测	体积检测	
		RT	UT
纵向对接接头	同表 4 锅筒纵向接头要求		
$p \geqslant 0.8$ MPa 锅炉环向对接接头			
外径>159 或 $T \geqslant 20$ mm	—	100%RT 或 100%UT[a]	
外径≤159 mm (受热面管子接触焊除外)			
$p \geqslant 9.8$ MPa	—	100%RT 或 100%UT(安装工地,接头数的 50%)	
$3.8 \leqslant p < 9.8$ MPa	—	至少 50%RT 或 50%UT(安装工地,接头数的 25%)	
0.8 MPa< p <3.8 MPa	—	10%RT	—
管座角焊缝($p \geqslant 3.8$ MPa)			
管子外径>108 mm	≥20%[b]	—	100%UT
管子外径≤108 mm	≥20%[b]	—	—
吊耳和承载附件	≥10%		

[a] 壁厚 T 小于 20 mm 的焊接接头应当采用射线检测方法,壁厚 T 大于或等于 20 mm 时,可以采用超声检测方法,超声检测仪宜采用数字式可记录仪器,若采用模拟式超声检测仪,应当附加 20%局部射线检测。

[b] 可按焊接接头长度抽查,也可按接头数抽查。

7.5.3 管子(管屏)应按表 6 的要求进行无损检测。

表 6 管子(管屏)无损检测要求

焊接接头类型	表面检测	体积检测	
		RT	UT
$p \geqslant 9.8$ MPa 环焊接头[a]	—	100%RT 或 100%UT(安装工地 50%)	
$3.8 \leqslant p < 9.8$ MPa 环焊接头[a]	—	至少 50%RT 或 50%UT[b](安装工地 25%)	
0.8 MPa< p <3.8 MPa 环焊接头[a]	—	10%RT[b]	—
吊耳和承载附件	≥10%	—	—

[a] 受热面管子接触焊除外。

[b] 按焊口数抽查。

7.5.4 蒸汽锅炉管子或者管道与无直段弯头的焊接接头应当进行 100%射线或者超声检测。

7.6 局部无损检测

7.6.1 受压部件局部无损检测部位由制造单位确定,但应包括纵缝和环缝相交对接接头部位。

7.6.2 经局部无损检测的焊接接头,若在检测部位任意一端发现缺陷有延伸可能时应当在缺陷的延长方向进行补充检测。当发现超标缺陷时,应当在该缺陷两端的延伸部位各进行不少于 200 mm 的补充检测,如仍不合格,则应当对该条焊接接头进行全部检测。

7.6.3 对不合格的管子对接接头,应当对该焊工当日焊接的管子对接接头进行抽查数量双倍数目的补充检测,如仍不合格,应当对该焊工当日全部接管焊接接头进行检测。

7.6.4 管座角焊缝和吊耳、承载附件做无损检测抽查时,发现有不合格的缺陷,应当对该焊工当日焊接的焊缝做抽查数量的双倍数目的补充无损检测。如果补充检测仍不合格,则应当对该焊工当日全部焊接接头进行检测。

7.7 无损检测时机

7.7.1 焊接接头无损检测应在形状尺寸和外观检查合格后进行。

7.7.2 有延迟裂纹倾向的材料应当在焊接完成 24 h 后进行无损检测。

7.7.3 有再热裂纹倾向的焊接接头,应当在最终热处理后进行表面无损检测复验。

7.7.4 封头拼接接头的无损检测应在加工成形后进行,如果在成形前进行,则应当于成形后在小圆弧过渡区域再做无损检测。

7.7.5 板材、管子弯曲后,内、外弯曲面以及两侧各 100 mm 的直段应当进行磁粉或渗透检测。

7.8 射线检测验收要求

7.8.1 射线检测应按 JB/T 4730.2 进行。

7.8.2 射线检测技术等级不低于 AB 级,焊接接头质量等级不应低于Ⅱ级。

7.8.3 对于小口径管环焊接头,可以采用射线实时成像检测方法进行检测,检测应符合 JB/T 4730.1 的要求,检测结果的图像应保存。

7.9 超声检测验收要求

7.9.1 超声检测应按 JB/T 4730.3 进行。

7.9.2 超声检测技术等级不应低于 B 级,焊接接头质量等级不应低于Ⅰ级。

7.9.3 超声检测宜采用可自动记录的超声检测仪。

7.9.4 衍射时差法超声检测应按 NB/T 47013.10 进行,焊接接头质量等级不应低于Ⅱ级。

7.10 磁粉检测验收要求

7.10.1 磁粉检测应按 JB/T 4730.4 进行。

7.10.2 磁粉检测合格级别不应低于Ⅰ级。

7.11 渗透检测验收要求

7.11.1 渗透检测应按 JB/T 4730.5 进行。

7.11.2 渗透检测合格级别不应低于Ⅰ级。

8 产品焊接接头力学性能试验

8.1 为检验产品焊接接头的力学性能,应当焊制产品焊接试件。对于焊接质量稳定的制造单位,经过技术负责人批准,可以免做焊接试件。但属于下列情况之一的,应当制作纵缝焊接试件:

a) 制造单位按照新焊接工艺评定结果制造的前 5 台锅炉;
b) 用合金钢制作的以及工艺要求进行热处理的锅筒或者集箱类部件;
c) 设计图样要求制作焊接试件的锅炉。

8.2 产品焊接试件的要求如下:

a) 每个锅筒(包括启动分离器和储水罐)、集箱纵缝应当制作一块焊接试件;
b) 纵缝焊接试件应当作为产品纵缝的延长部分焊接(电渣焊除外);
c) 产品焊接试件应当由焊该产品的焊工焊接。试件材料、焊接材料、焊接设备和工艺条件等应当与所代表的产品相同。试件焊成后应当打上焊工和检验员代号钢印;
d) 需要热处理时,试件应当与所代表的产品同炉热处理;
e) 焊接试样的数量、尺寸应当满足制备检验和复验所需要的性能试样。

8.3 焊接试件经过外观和无损检测检查后,在合格部位制取试样。

8.4 焊接接头力学性能试验

8.4.1 试件上制取试样的力学性能检验类别、试样数量、取样和加工要求、试验方法、合格指标及复验应符合 NB/T 47016 的规定。

8.4.2 A 级锅炉锅筒的纵向及集箱类部件的纵向焊缝，当板厚大于 20 mm，应作全焊缝金属纵向拉伸试样。

8.4.2.1 试样数量：当板厚大于 20 mm 但小于或等于 70 mm 时，应从试件（试板）上沿焊缝纵向切取全焊缝金属拉力试样 1 个；当板厚大于 70 mm 时，应取全焊缝金属拉力试样 2 个。

8.4.2.2 试验方法和取样位置按 GB/T 2652 的要求。

8.4.2.3 全焊缝金属拉伸试样的试验结果应当满足母材规定的抗拉强度（R_m）或者屈服强度（$R_{p0.2}$）。

8.4.3 A 级锅炉锅筒、合金钢材料集箱类部件和管道，如果双面焊壁厚大于或等于 12 mm（单面焊壁厚大于或等于 16 mm）应当做焊缝熔敷金属及热影响区夏比 V 型缺口室温冲击试验。

8.4.4 力学性能试验有某项不合格时，应从原焊制的检查试件中对不合格项目取双倍试样复验（冲击试验项目再取 3 个试样复验），或者将原检查试件与产品再热处理一次后进行全面复验。

9 水压试验

9.1 基本要求

a) 锅炉受压元件的水压试验应当在无损检测和热处理后进行；
b) 水压试验场地应当有可靠的安全防护设施；
c) 水压试验应当在环境温度高于或等于 5 ℃时进行，低于 5 ℃时应当有防冻措施；
d) 水压试验所用的水应当是洁净水，水温应当保持高于周围露点的温度以防表面结露，但也不宜温度过高以防止引起汽化和过大的温差应力；
e) 合金钢受压元件的水压试验水温应当高于所用钢种的脆性转变温度；
f) 奥氏体受压元件水压试验时，应当控制水中的氯离子含量不超过 25 mg/L，如不能满足要求时，水压试验后应当立即将水渍去除干净。

9.2 试验条件

水压试验前，检查人员应确认受压元件的材料、焊接、热处理和无损检验均须符合本部分要求，受压元件的内外部清理干净，无锈斑和涂漆；如内腔需采用镀层处理的，则允许在镀层工序完成后进行。

9.3 水压试验压力及保压时间

水压试验时，薄膜应力不应当超过元件材料在试验温度下屈服点的 90%。

9.3.1 整体水压试验压力应符合表 7 的规定，保压时间为 20 min。

表 7 水压试验压力

名 称	锅筒工作压力	试验压力
锅炉本体	<0.8 MPa	1.5 倍锅筒工作压力，但不小于 0.2 MPa
锅炉本体	0.8 MPa～1.6 MPa	锅筒工作压力加 0.4 MPa
锅炉本体	>1.6 MPa	1.25 倍锅筒工作压力
直流锅炉本体	任何压力	介质出口压力的 1.25 倍，且不小于省煤器进口压力的 1.1 倍
再热器	任何压力	1.5 倍再热器的工作压力
铸铁省煤器	任何压力	1.5 倍省煤器的工作压力
注：本表中的锅炉本体的水压试验，不包括再热器和铸铁省煤器。		

9.3.2 零、部件水压试验

a) 以部件型式出厂的锅筒、启动分离器和汽水分离器为其工作压力的1.25倍，保压时间至少为20 min；

b) 散件出厂锅炉的集箱类部件为其工作压力的1.5倍，保压时间至少为5 min；

c) 对接焊接的受热面管子及其他受压管件为其工作压力的1.5倍，保压时间至少为10 s；

d) 受热面组件为其工作压力的1.5倍，保压时间至少为5 min。

注：敞口集箱、无成排受热面管接头以及内孔焊封底的成排管接头的集箱、启动(汽水)分离器、管道、储水箱、减温器、分配集箱等部件，其所有焊缝经过100%无损检测合格，以及对接焊接的受热面管及其他受压管件经过氩弧焊打底并且100%无损检测合格，能够确保焊接质量，在制造单位内可以不单独进行水压试验。

9.4 水压试验过程控制

进行水压试验时，水压应当缓慢地升降。当水压上升到工作压力时，应当暂停升压，检查有无漏水或者异常现象，然后再升压到试验压力，达到保压时间后，降到工作压力进行检查。检查期间压力应当保持不变。

9.5 合格标准

锅炉或锅炉零部件进行水压试验，符合下列情况时为合格：

a) 在受压元件金属壁和焊缝上没有水珠和水雾；

b) 当降到工作压力后胀口处不滴水珠；

c) 水压试验后，没有发现明显残余变形；

d) 铸铁锅炉锅片的密封处在降到额定工作压力后不滴水珠。

10 检验用文件

10.1 在锅炉制造阶段，对锅炉产品实施的检验方案或检验计划应根据供需双方签订的合同或技术协议，明确规定受压元件和承受载荷非受压元件的检验项目、质量管理点、监检停留点、现场见证点和文件见证点，必要时可经用户代表会签，作为供需双方质量文件交接的依据。

10.2 生产过程中的各种检查、试验、无损检验记录和报告和不合格处理报告等应齐全、正确、可追踪。

11 出厂资料、金属铭牌和标记

11.1 出厂资料基本要求

产品出厂时，锅炉制造单位应当提供与安全有关的技术资料，至少包括以下内容：

a) 锅炉图样(包括总图、安装图和主要受压部件图)；

b) 受压元件的强度计算书或者计算结果汇总表；

c) 安全阀排放量的计算书或者计算结果汇总表；

d) 锅炉质量证明书，包括产品合格证(含锅炉产品数据表，见附录A)、金属材料证明、焊接质量证明和水(耐)压试验证明等；

e) 锅炉安装说明书和使用说明书；

f) 受压元件与设计文件不符的变更资料。

产品合格证上应当有检验责任工程师和质量保证工程师签章和单位公章。

11.2 A级锅炉出厂资料

对于A级锅炉，除满足11.1有关要求外，还应当提供以下技术资料：

a) 锅炉热力计算书或者热力计算结果汇总表；

b) 过热器、再热器壁温计算书或者计算结果汇总表；

c) 烟风阻力计算书或者计算结果汇总表；

d) 热膨胀系统图；

e) 高压及以上锅炉水循环(含汽水阻力)计算书或者计算结果汇总表；

f) 高压及以上锅炉汽水系统图；

g) 高压及以上锅炉各项安全保护装置整定值。

电站锅炉机组整套启动验收前，锅炉制造单位应当提供完整的锅炉出厂技术资料。

11.3 产品铭牌

11.3.1 整体出厂的锅炉应在明显的位置装有金属铭牌，铭牌上至少载明以下项目：

a) 制造单位名称；

b) 锅炉型号；

c) 设备代码(见附录 B)规定；

d) 产品编号；

e) 额定蒸发量或最大连续蒸发量(t/h)；

f) 额定工作压力(MPa)；

g) 额定蒸汽温度(℃)或者额定出口、进口水(油)温度(℃)；

h) 再热蒸汽进口、出口温度(℃)及进口、出口压力(MPa)；

i) 锅炉制造许可证级别和编号；

j) 制造日期。

11.3.2 铭牌的右上角应当留有打制造监督检验标志的位置。

11.3.3 对散件出厂的锅炉，应当在锅筒、过热器集箱、再热器集箱、水冷壁集箱、省煤器集箱以及减温器和启动(汽水)分离器等主要受压部件的封头或者端盖上标记该部件的名称(或者图号)、产品编号。

附 录 A
（规范性附录）
锅炉产品合格证

锅炉产品合格证按表 A.1 的规定。

合格证包括所附的锅炉产品数据表(见表 A.2)，制造单位应当按照特种设备信息化的要求，将其信息输入特种设备的设备数据库。

表 A.1 锅炉产品合格证

编号：

<table>
<tr><td>制造单位</td><td colspan="3"></td></tr>
<tr><td>组织机构代码</td><td></td><td>制造许可证编号</td><td></td></tr>
<tr><td>制造许可级别</td><td></td><td>产品名称</td><td></td></tr>
<tr><td>产品型号</td><td></td><td>产品编号</td><td></td></tr>
<tr><td>设备代码</td><td></td><td>设备级别</td><td></td></tr>
<tr><td colspan="4">制造日期：　年　月</td></tr>
<tr><td colspan="4">本产品在制造过程中经过质量检验，符合《锅炉安全技术监察规程》及其设计图样、相关技术标准和订货合同的要求。

检验责任工程师(签章)：　　日期：

质量保证工程师(签章)：　　日期：

产品质量检验专用章

年　月　日</td></tr>
</table>

表 A.2　锅炉产品数据表　　　　　编号：

设备类别	（蒸汽锅炉、锅炉部件）		产品名称	
产品型号			产品编号	
设备代码			设备级别	
设计情况	设计文件鉴定日期		鉴定报告书编号	
	鉴定机构名称			
主要参数	额定蒸发量(热功率)	t/h(MW)	额定工作压力	MPa
	额定工作温度	℃	设计热效率	%
	给水温度	℃	额定出水(油)回水(油)温度	℃
	锅炉本体水(油)容积	L	整装锅炉本体液压试验介质/压力	MPa
	再热器进(出)口温度	℃	再热器进(出)口压力	MPa
	再热蒸汽流量	t/h		
	燃烧方式	（层燃、室燃、流化床、其他）	燃料(或者热源)种类	（油、气、煤、水煤浆、木材、生物质、电、余热、其他）

主要受压部件	材料	壁厚 mm	无损检测		热处理		水(耐)压试验	
			方法	比例 %	温度 ℃	时间 h	介质	压力 MPa

安全阀数据			
型号	规格	数量	制造单位

制造监检情况	监检机构			
	机构组织代码		机构核准证编号	

注：本表的具体项目可以根据锅炉类别编制，主要受压部件只填写锅筒、过热器出口集箱、启动分离器。其他有关数据应当在产品出厂资料其他要求的内容中提供。

附 录 B
（规范性附录）
特种设备代码编号方法

B.1 编号基本方法

设备代码为设备的代号，必须具有唯一性，由设备基本代码、制造单位代号、制造年份、制造顺序号组成，中间不空格。

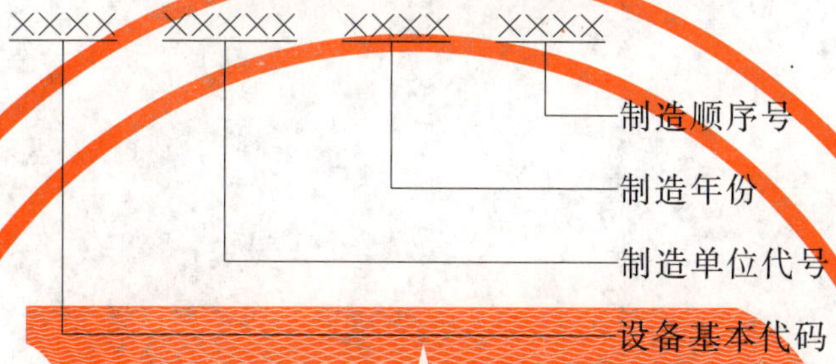

B.2 编号含义

B.2.1 设备基本代码

按照《特种设备目录》中类别的设备代码（4位阿拉伯数字）编写。如承压蒸汽锅炉为“1100”、承压热水锅炉为“1200”、有机热载体锅炉为“1300”等。

B.2.2 制造单位代号

由制造许可审批机关所在地的行政区域代码（2位阿拉伯数字）和制造单位制造许可证编号中的单位顺序号（3位阿拉伯数字）组成。如黑龙江某一锅炉制造单位，由国家质检总局负责审批，其制造许可证编号为“TS2110890-2012”其中国家质检总局行政区域代码用10表示，许可证顺序号为890，则制造单位代号为“10890”；如由黑龙江质量技术监督局负责审批，其制造许可证编号为“TS2123010-2012”，其中黑龙江行政区域代码用23表示，许可证顺序号为10，则制造单位代号为“23010”。

B.2.3 制造年份

制造产品制造的年份（4位阿拉伯数字），如2012年制造的则为“2012”。

B.2.4 制造顺序号

制造单位自行编排的产品顺序号（4位阿拉伯数字）。如2012年制造的某一品种的锅炉的产品制造顺序号为89，则编为“0089”。如果制造顺序号超过9999，可用拼音字母代替。如制造产品的某一品种的锅炉的产品制造顺序号为11000，则制造顺序号为A000或者B000，依此类推。

ICS 27.060.30
J 98

中华人民共和国国家标准

GB/T 16507.7—2013
代替 GB/T 16507—1996

水管锅炉
第7部分:安全附件和仪表

Water-tube boilers—
Part 7:Safety appurtenances and instruments

2013-12-31 发布　　2014-07-01 实施

中华人民共和国国家质量监督检验检疫总局
中国国家标准化管理委员会　发布

前言

GB/T 16507《水管锅炉》分为以下8个部分：

——第1部分：总则；

——第2部分：材料；

——第3部分：结构设计；

——第4部分：受压元件强度计算；

——第5部分：制造；

——第6部分：检验、试验和验收；

——第7部分：安全附件和仪表；

——第8部分：安装与运行。

本部分为GB/T 16507的第7部分。

本部分按照GB/T 1.1—2009给出的规则起草。

本部分部分代替GB/T 16507—1996，与GB/T 16507—1996相比，主要技术变化如下：

——增加术语和定义；

——增加基本要求；

——修改了安全阀装设方面的规定；

——修改了安全阀排放量的计算方面的内容；

——修改了安全阀整定压力的规定；

——取消了锅壳锅炉安全附件方面的内容；

——修改了压力表装设方面的内容；

——修改了温度测量装置的规定；

——增加了排污和放水装置的内容；

——修改了保护装置的内容。

本部分由全国锅炉压力容器标准化技术委员会(SAC/TC 262)提出并归口。

本部分负责起草单位：哈尔滨锅炉厂有限责任公司。

本部分参与起草单位：北京巴布科克·威尔科克斯有限公司、上海锅炉厂有限公司、东方电气集团东方锅炉股份有限公司、上海发电设备成套设计研究院、杭州锅炉集团股份有限公司、武汉锅炉股份有限公司、无锡华光锅炉股份有限公司。

本部分主要起草人：张彦军、梁济山、仲伟汉、曾庆森、叶伟民、肖忠华、陈秀彬、高琴、王琳、蒋建民、陶生智、何雁飞。

本部分所代替标准的历次版本发布情况为：

——GB/T 16507—1996。

水管锅炉
第7部分:安全附件和仪表

1 范围

GB/T 16507 的本部分规定了水管锅炉安全附件和仪表,包括安全阀、压力表、水位表、温度测量装置、排污和放水装置及保护装置的设置、选用等要求。

本部分适用于 GB/T 16507.1 范围界定的水管锅炉所选用的安全附件和仪表。

2 规范性引用文件

下列文件对于本文件的应用是必不可少的。凡是注日期的引用文件,仅注日期的版本适用于本文件。凡是不注日期的引用文件,其最新版本(包括所有的修改单)适用于本文件。

GB/T 1239 圆柱螺旋弹簧技术条件

GB/T 12228 通用阀门 碳素钢锻件技术条件

GB/T 12229 通用阀门 碳素钢铸件技术条件

GB/T 12230 通用阀门 不锈钢铸件技术条件

GB/T 12241 安全阀 一般要求

GB/T 12242 压力释放装置 性能试验规范

GB/T 16507.1 水管锅炉 第1部分:总则

GB/T 16507.2 水管锅炉 第2部分:材料

GB/T 16507.4 水管锅炉 第4部分:受压元件强度计算

TSG G0001 锅炉安全技术监察规程

TSG ZF001 安全阀安全技术监察规程

3 术语和定义

GB/T 16507.1 界定的以及下列术语和定义适用于本文件。

3.1

仪表 instrument

单独地或连同其他设备一起用来进行测量的装置。

3.2

最小流化风量 minimum fluidized air flow

循环流化床锅炉在床料粒度组成一定的情况下,保证颗粒床层处于流化的最小风量。

3.3

冷渣器 quencher

采用风或水对循环流化床锅炉炉底的排渣进行冷却的设备。

3.4

床温　bed temperature

循环流化床锅炉密相区气固两相流的温度。

3.5

床压　bed pressure

循环流化床锅炉布风板下部风室与炉膛出口压力差减去布风板阻力。

3.6

外置换热器　external heat exchanger (EHE)

利用部分外循环物料，对循环流化床锅炉外循环回路中受热面的工质进行加热的设备。

4　基本要求

4.1　锅炉所配置的安全附件和仪表应满足锅炉安全可靠的运行。

4.2　锅炉所配置的安全附件和仪表应满足 TSG G0001《锅炉安全技术安全监察规程》和相关产品标准的要求。

4.3　测量仪表的校验和维护应符合国家计量部门的规定。

4.4　锅炉所配置的压力、水位和温度测量装置应装设在所有必要部位，具有适当量程并可靠，其测量值应有足够的精确度。

5　安全阀

5.1　通用要求

锅炉使用的安全阀应当符合 TSG ZF001《安全阀安全技术监察规程》的相关要求。

5.2　安全阀的数量和型式

5.2.1　每台锅炉至少装设两个安全阀(包括锅筒和过热器安全阀)。符合下列规定之一的，可以只装设一个安全阀：

a)　额定蒸发量小于或等于 0.5 t/h 的蒸汽锅炉；

b)　额定蒸发量小于 4 t/h 且装设有可靠的超压联锁保护装置的蒸汽锅炉；

c)　额定热功率小于或等于 2.8 MW 的热水锅炉。

5.2.2　装设安全阀的其他要求

除满足 5.2.1 要求外，以下位置也应当装设安全阀：

a)　再热器出口处及直流锅炉的外置式启动分离器上；

b)　当直流蒸汽锅炉采用截止阀分段或隔离过热器工质主流系统时，该截止阀前的系统区段；

c)　多压力等级余热锅炉，每一压力等级的锅筒和过热器上。

5.2.3　允许采用的安全阀型式规定如下：

a)　蒸汽锅炉应采用全启式弹簧安全阀、杠杆式安全阀，或控制式安全阀(包括脉冲式、气动式、液动式和电磁式等)，热水锅炉可采用微启式安全阀；

b)　装有容量为 100%快速旁路的直流锅炉，其高压旁路使用组合一体的安全旁路三用阀(减温、减压、安全)时，可只在再热器上装设安全阀，安全旁路三用阀的保护控制必须可靠。再热器安全阀的排放量为全部三用阀的流量和其喷水量之和；

c)　当锅炉装有安全泄放阀时，可作为安全阀起跳前的超压保护装置，减少安全阀的起跳次数。

5.2.4 对于额定工作压力小于或等于 0.1 MPa 的蒸汽锅炉可采用静重式安全阀或水封式安全装置,热水锅炉上装设有水封安全装置时,可以不装设安全阀;水封式安全装置的水封管内径应根据锅炉的额定蒸发量(额定热功率)和额定工作压力确定,不小于 25 mm,且不应装设阀门,同时应有防冻措施。

5.3 安全阀的排量

5.3.1 蒸汽锅炉锅筒和过热器上安装安全阀的总排放量应大于额定蒸发量,对于电站锅炉应大于锅炉的最大连续蒸发量,并且当锅筒和过热器上所有安全阀全开时,锅筒内的蒸汽压力不应当超过锅筒最高允许工作压力的 1.06 倍。

5.3.2 热水锅炉上安装安全阀的总排量应使当锅炉上所有安全阀全开时,锅炉内的压力小于或等于设计计算压力的 1.1 倍。

5.3.3 过热器出口安全阀的排放量在总排放量中所占的比例应保证安全阀开启时过热器能得到足够冷却。

5.3.4 额定出口水温大于或等于 100 ℃的热水锅炉,应按式(1)确定额定热功率时锅炉的最大产汽量 E_v:

$$E_v = 35.3 \times 10^4 Q/\Delta i \quad \cdots\cdots(1)$$

式中:

E_v ——额定热功率时锅炉的最大产汽量,单位为千克每小时(kg/h);

Q ——锅炉额定热功率,单位为兆瓦(MW);

Δi ——焓增,单位为千焦每千克(kJ/kg),取等于额定压力下饱和蒸汽焓与给水焓之差。

5.3.5 再热器安全阀的总排放量应大于再热器的最大设计流量,并且出口处安全阀的排放量应保证安全阀全开时再热器能得到足够的冷却。

5.3.6 直流蒸汽锅炉外置式启动(汽水)分离器安全阀的总排放量应大于直流蒸汽锅炉启动时的产汽量。

5.3.7 安全阀制造厂应通过试验确定安全阀的排放量系数,试验方法和排放量计算应符合 GB/T 12241 和 GB/T 12242 的要求。

注:当缺少试验条件时,可按 5.3.8 的规定计算安全阀的排放量。

5.3.8 蒸汽锅炉安全阀的排放量应按照下列方法之一进行计算:

a) 按照安全阀制造单位提供的额定排放量;

b) 按式(2)计算:

$$E = 0.235\,A(10.2p + 1)K \quad \cdots\cdots(2)$$

式中:

E ——安全阀的理论排放量,单位为千克每小时(kg/h);

p ——安全阀入口处的蒸汽压力(表压),单位为兆帕(MPa);

A ——安全阀的流道面积,单位为平方毫米(mm²);可用 $\pi d^2/4$ 计算,

d ——安全阀的流道直径,单位为毫米(mm);

K ——安全阀入口处蒸汽比容修正系数,按式(3)计算:

$$K = K_p \cdot K_g \quad \cdots\cdots(3)$$

式中:

K_p ——压力修正系数;

K_g ——过热修正系数;

K、K_p、K_g 按表 1 选用和计算。

表 1 安全阀入口处各修正系数

p MPa	工质状态	K_p	K_g	$K=K_p \cdot K_g$
$p \leqslant 12$	饱和	1	1	1
	过热	1	$\sqrt{V_b/V_g}$[a]	$\sqrt{V_b/V_g}$[a]
$p>12$	饱和	$\sqrt{2.1/(10.2p+1)V_b}$	1	$\sqrt{2.1/(10.2p+1)V_b}$
	过热		$\sqrt{V_b/V_g}$[a]	$\sqrt{2.1/(10.2p+1)V_g}$

注：V_b——饱和蒸汽比容，m^3/kg；V_g——过热蒸汽比容，m^3/kg；T_g——过热度，℃。

[a] $\sqrt{V_b/V_g}$亦可以用$\sqrt{1\ 000/(1\ 000+2.7T_g)}$代替。

c) 按 GB/T 12241 中的公式进行计算。

5.4 安全阀性能要求

5.4.1 安全阀的整定压力应按下列要求选取：

a) 除直流蒸汽锅炉外，锅筒和过热器的安全阀最高整定压力应按表 2 或表 3 的规定进行调整和校验，锅炉上有一个安全阀按照表中较低的整定压力进行调整；对有过热器的锅炉，过热器上的安全阀应按较低的整定压力调整，以保证过热器上的安全阀先开启。

b) 直流蒸汽锅炉过热器出口控制式安全阀整定压力为过热器最高允许工作压力。

c) 直流蒸汽锅炉过热器系统安全阀最高整定压力不高于 1.1 倍安装位置过热器工作压力；或采取可靠措施，保证所有安全阀排放时的蒸汽压力不超过过热器出口计算压力的 1.2 倍。

d) 直流蒸汽锅炉外置式启动(汽水)分离器的安全阀最高整定压力为装设地点工作压力的 1.1 倍；再热的安全阀是高整定压力应不高于其计算压力。

e) 直流锅炉采用截止阀分段或隔离过热器系统工质主流系统时，装设于该截止阀前的安全阀整定压力按照过热蒸汽系统出口安全阀最高整定压力进行整定。

表 2 锅筒蒸汽锅炉安全阀整定压力

额定蒸汽压力 MPa	安全阀整定压力	
	最低值	最高值
$\leqslant 0.8$	工作压力+0.03 MPa	工作压力+0.05 MPa
$0.8<p\leqslant 5.9$	1.04 倍工作压力	1.06 倍工作压力
>5.9	1.05 倍工作压力	1.08 倍工作压力

注：表中的工作压力，对于脉冲式安全阀是指控制源接出地点的工作压力，对其他类型的安全阀是指安全阀装置地点的工作压力。

表 3 热水锅炉安全阀的整定压力

最低值	最高值
1.10 倍工作压力，但大于或等于工作压力加 0.07 MPa	1.12 倍工作压力，但大于或等于工作压力加 0.10 MPa

5.4.2 蒸汽锅炉安全阀的整定压力偏差按表4的规定。

表4 蒸汽锅炉安全阀的整定压力偏差

单位为兆帕

安全阀型式	弹簧式				其他	
整定压力 p_s	<0.5	0.5~2.3	>2.3~7	>7	<0.5	≥0.5
整定压力偏差	±0.015	$\pm 0.03p_s$	±0.07	$\pm 0.01p_s$	±0.015	$\pm 0.03p_s$

5.4.3 热水锅炉安全阀的整定压力偏差规定如下：

a) 当整定压力 p_s 小于 0.5 MPa 时，为±0.015 MPa；

b) 当整定压力 p_s 大于或等于 0.5 MPa 时，为 $\pm 0.03p_s$。

5.4.4 蒸汽锅炉弹簧式安全阀的排放压力应小于整定压力的1.03倍。

5.4.5 蒸汽锅炉安全阀的启闭压差应大于或等于整定压力的4%，也不宜大于7%，最大不超过10%，但以下情况除外：

a) 整定压力小于0.3 MPa的安全阀，启闭压差的上限可取0.03 MPa；

b) 强制流动锅炉的安全阀，启闭压差的上限可取10%。

5.4.6 安全阀的开启高度不应有下偏差。

5.5 安全阀的试验和安装

5.5.1 安全阀应按GB/T 12241规定进行强度试验、动作性能试验和排放量试验。

5.5.2 安全阀应铅直安装，并尽可能装在锅筒或集箱的最高位置，或者装在被保护设备液面以上气相空间的最高处。在安全阀和锅筒之间或者安全阀和集箱之间，不应装设有取用蒸汽或者热水的管路和阀门。

5.5.3 受压元件与安全阀之间的连接管路上不应装设截止阀，但控制式安全阀除外。

5.5.4 受压元件与安全阀之间所有连接管路或管道附件的计算截面积均不应小于安全阀流通通道的计算截面积，并且此类连接管路或管道附件的汽水阻力不应影响安全阀的排量和正常运行。

5.5.5 受压元件的开孔设计应保证在受压元件与安全阀之间的介质流动畅通无阻，当受压元件的一个接口需装设两个或更多的安全阀时，接口的计算截面积应不小于与之相连接各安全阀截面积之和。

5.5.6 液体用泄压阀应安装在正常液面以下尽可能低的位置。

5.5.7 安全阀应安装在不会因受压元件中介质性能的影响而失灵的部位。

5.5.8 采用螺纹连接的弹簧安全阀时，应当符合GB/T 12241的要求；安全阀应当与带有螺纹的短管相连接，而短管与锅筒或集箱筒体的连接应当采用焊接结构。

5.5.9 蒸汽锅炉的安全阀排汽管应符合下列要求：

a) 蒸汽锅炉安全阀应设有排汽管，排汽管应直通安全地点，并有足够的流通截面积，保证排汽畅通，同时排汽管应予以固定。应避免由于热膨胀或排汽反作用而影响安全阀的正确动作，不应有任何来自排汽管的外力施加到安全阀上。

b) 两个独立的安全阀的排汽管不应相连接。

c) 由于排汽管露天布置而影响安全阀正常动作时，应加装防护罩，防护罩的安装不应妨碍安全阀的正常动作和维修。

d) 安全阀排汽管上如装有消音器，其结构应有足够的流通截面积，并要有适合的支架和可靠的疏水装置。

e) 安全阀排汽管底部应装有接到安全地点的疏水管，在排汽管和疏水管上都不允许装设阀门。

5.5.10 热水锅炉的安全阀应装设排水管（如采用杠杆安全阀应增加阀芯两侧的排水装置），排水管应直通安全地点，并有足够的排放流通面积，保证排放畅通。在排水管上不允许装设阀门，并应有防冻措施。

5.6 安全阀的结构和材料

5.6.1 安全阀的设计应符合如下要求：

a) 具有螺纹连接的进口或出口的安全阀应具有扳手拧转面，以免正常安装时损坏安全阀零件；

b) 安全阀在安装前或安装后，均能在不拆卸阀门的条件下进行校正，并且校正时不会损坏安全阀的密封；

c) 有附加背压的安全阀，应根据背压的大小和变动情况设置背压平衡机构；

d) 阀体距阀座密封面最低部位开有疏水孔。尺寸大于 DN65 的阀门，疏水孔的直径大于或等于 9.5 mm；尺寸小于或等于 DN65 的阀门，疏水孔的直径不应小于 6.5 mm。

5.6.2 安全阀流道直径 d 的数值规定如下：

a) 蒸汽锅炉

额定压力小于或等于 3.8 MPa 时不应小于 25 mm，大于 3.8 MPa 时不应小于 20 mm。

b) 热水锅炉

额定出口水温小于 100 ℃时，按照表 5 选取。

表 5 低于 100 ℃的锅炉安全阀流道直径选取表

锅炉额定热功率 MW	$Q \leqslant 1.4$	$1.4 < Q \leqslant 7.0$	$Q > 7.0$
安全阀流道直径 mm	$\geqslant 20$	$\geqslant 32$	$\geqslant 50$

额定出口水温大于或等于 100 ℃时，其安全阀的数量和流道直径应当按照式(4)计算：

$$ndh = \frac{35.3Q}{C(p+0.1)(i-i_j)} \times 10^6 \qquad \cdots\cdots(4)$$

式中：

n ——安全阀数量；

d ——安全阀流道直径，单位为毫米(mm)；

h ——安全阀阀芯开启高度，单位为毫米(mm)；

Q——锅炉额定热功率，单位为兆瓦(MW)；

C——排放系数，按照安全阀制造单位提供的数据，或者按照以下数值选取：

当 $h \leqslant d/20$ 时，$C=135$；当 $h \geqslant d/4$ 时，$C=70$；

p ——安全阀的开启压力，单位为兆帕(MPa)；

i ——锅炉额定出水压力下饱和蒸汽焓，单位为千焦每千克(kJ/kg)；

i_j——锅炉进水的焓，单位为千焦每千克(kJ/kg)。

5.6.3 弹簧式安全阀的附加设计要求如下：

a) 为保证安全阀动作稳定和关闭严密，应采用装有调节环的结构；

b) 开启高度规定如下：全启式不应小于阀门喉部直径的 0.25 倍；微启式不应小于阀门喉部直径的 0.025 倍；

c) 用于蒸汽或者高温热水系统中的安全阀，应当为直接载荷式，并且应当装有可靠的提升装置(扳手)。当安全阀进口压力大于整定压力 75%时，利用提升装置(扳手)能够将阀瓣从阀座上提起，该提升装置(扳手)对阀门动作不应造成阻碍；

d) 为防止调整弹簧压缩量的机构松动或者任意改变整定压力，应装设防松装置并加铅封；
e) 弹簧在安全阀规定提升高度时变形量小于或等于弹簧在工作极限负荷下变形量的80%，在室温下，弹簧从自由高度压到并圈高度3次后，停放10 min，检测其自由高度的残余变形量，不应大于自由高度的0.5%；
f) 当弹簧破损时，阀瓣等零件不会飞出阀体外。

5.6.4 杠杆式安全阀应有防止重锤自行移动的装置和限制杠杆越出的导架。

5.6.5 静重式安全阀应有防止重片飞脱的装置。

5.6.6 控制式安全阀应当有可靠的动力源和电源，并符合以下要求：
a) 先导式安全阀导阀冲量接入导管上的截止阀应保持全开并加铅封；
b) 用压缩空气控制的安全阀有可靠的气源和电源；
c) 液压控制式安全阀有可靠的液压传送系统和电源；
d) 电磁控制式安全阀有可靠的电源。

5.6.7 安全阀的材料应符合以下要求：
a) 阀门零件材料应按GB/T 16507.2、GB/T 12228、GB/T 12229、GB/T 12230等标准规定选用；
b) 阀座和阀瓣母体材料的抗腐蚀性能应不低于阀体材料；
c) 调节环的材料应具有良好的耐磨和抗腐蚀性能；
d) 弹簧材料应按GB/T 1239的规定选用。

6 压力表

6.1 每台锅炉应在以下部位装设压力表：
a) 蒸汽锅炉锅筒的蒸汽空间；
b) 给水调节阀前；
c) 省煤器出口；
d) 过热器出口和主汽阀之间；
e) 再热器出口、入口；
f) 直流蒸汽锅炉的启动分离器或其出口管道上；
g) 直流蒸汽锅炉省煤器入口、储水箱和循环泵出口；
h) 直流蒸汽锅炉蒸发受热面出口截止阀前(如果装有截止阀)；
i) 热水锅炉的锅筒上；
j) 热水锅炉的进水阀出口和出水阀入口；
k) 热水锅炉循环水泵的出口、入口；
l) 燃油锅炉、燃煤锅炉的点火油系统的油泵入口(回油)及出口；
m) 燃气锅炉、燃煤锅炉的点火气系统的气源入口及燃气阀组稳压阀(调压阀)后。

6.2 选用的压力表应符合以下规定：
a) 压力表精度不应当低于2.5级，对于额定工作压力大于或等于3.8 MPa的锅炉，压力表精度应当不低于1.6级；
b) 应根据装设部位的工作压力选用压力表的量程，一般应为工作压力的1.5倍～3.0倍，最好选用2.0倍；
c) 压力表表盘直径应大于或等于100 mm，并且还应保证运行操作人员能清楚地看到压力指示值；
d) 压力表装用前应当进行校验，注明下次的校验日期，并且在刻度盘上划红线指示出工作压力，压力表校验后应当加铅封。

6.3 安装压力表应符合以下要求：

a) 应装设在便于观察和吹洗的位置，并应防止受到高温、冰冻和震动的影响；

b) 压力表连接管路应与其最高允许工作压力和温度相适应，当温度大于 208 ℃时，不应使用铜管；

c) 锅炉蒸汽空间设置的压力表应有存水弯管或者其他冷却蒸汽的措施，热水锅炉用的压力表也应有缓冲弯管。弯管用钢管时，其内径不应小于 10 mm；

d) 压力表和存水弯管之间应装设有三通阀门，以便吹洗管路、卸换或校验压力表。

6.4 压力表有以下情况之一时，应停止使用：

a) 带限止钉的压力表无压力时，指针转动后不能回到限止钉处，无限止钉的压力表无压力时，指针离零位的数值超过压力表规定的允许误差；

b) 表面玻璃破碎或表盘刻度模糊不清；

c) 封印损坏或超过校验有效期限；

d) 表内泄漏或指针跳动；

e) 其他影响压力表精确指示的缺陷。

6.5 额定压力大于 3.8 MPa 的锅炉，应在以下部位提供超压报警信号，并且应设置在没有或很少有蒸汽流动的部位：

a) 锅筒内部设备外侧蒸汽空间的最高点(左、右各一点)；

b) 过热器出口集汽集箱或出口集箱上部(左、右集箱各一点)；

c) 给水调节阀前。

6.6 压力表引出部位与监测部位之间垂直距离超过 10 m 时应考虑液柱静压力的影响。

7 水位表

7.1 水位表的型式和数量

7.1.1 每台蒸汽锅炉(直流锅炉除外)应在锅筒上至少装两个彼此独立的直读式水位表，符合下列条件之一的锅炉可以只装设一个直读式水位表：

a) 额定蒸发量小于或等于 0.5 t/h 的锅炉；

b) 额定蒸发量小于或等于 2 t/h 且装有一套可靠的水位指示控制装置的锅炉；

c) 装有两套各自独立并且可靠的远程水位测量装置的锅炉；

d) 电加热锅炉。

7.1.2 多压力等级余热锅炉每个压力等级的锅筒应装设两个彼此独立的直读式水位表。

7.1.3 直流蒸汽锅炉启动系统中储水箱和有储水功能的汽水分离器应至少各装设一台差压式远程水位测量装置。

7.2 水位表的结构和装置

7.2.1 水位表应有指示最高、最低安全水位和正常运行水位的明显标记。水位表上部可见边缘应比最高安全水位至少高 25 mm，下部可见边缘应比最低安全水位至少低 25 mm。

7.2.2 玻璃管式水位计的玻璃管的内径应大于或等于 8 mm 且可见水位的宽度应大于 8 mm。

7.2.3 为防止玻璃板(管)损坏时伤人，水位表应有防护装置(保护罩、快关阀、自动闭锁珠等)，但任何防护装置均不应妨碍观察真实水位。

7.2.4 用两个及两个以上玻璃板或者云母片组成的一组水位表，能够连续指示水位。

7.2.5 锅炉运行中应能够吹洗水位表和更换玻璃板(管)、云母片。

7.2.6 水位表应有吹洗用的放水阀门和接到安全排放地点的放水管，放水阀的公称通径应大于或等于

8 mm。

7.2.7 水位表(或水表柱)和锅筒之间的汽水连接管的内径应大于或等于 18 mm,连接管应尽可能短,当连接管长度大于 500 mm 或者有弯曲部分时,内径应适当放大以保证水位表灵敏准确。

7.2.8 汽连接管中的凝结水应能自行流向水位表,水连接管中的水应能自行流向锅筒,以防止形成假水位(差压式水位测量装置除外)。

7.2.9 水位表(或水表柱)和锅筒之间的汽水连接管上应装有阀门,锅炉运行时,阀门必须处于全开位置。对于额定蒸发量小于 0.5 t/h 且未装设水位指示控制装置的锅炉,水位表与锅筒之间的汽水连管上可不装设阀门。

7.3 水位表的安装

7.3.1 水位表应装在便于观察和操作的地方,如果水位表离锅炉的操作平面高于 6 m,应加装远程水位测量装置或者水位电视监视系统。用远程水位测量装置监视锅炉水位时,其信号应当各自独立取出。在锅炉控制室内应有两个可靠的远程水位测量装置,同时运行中必须保证有一个直读式水位表正常工作。

7.3.2 水位表水连接管的安装部位应能正确反映锅筒的真实水位。

7.3.3 为使水位表所指示的水位尽可能正确反映锅筒的真实水位,汽水连接管等有关元件应有良好保温。

7.3.4 亚临界锅炉水位表安装时须对由于水位表与锅筒内液体密度差引起的测量误差进行修正。

8 温度测量装置

8.1 在锅炉相应部位应当装设温度测点以测量如下温度:

a) 蒸汽锅炉的给水温度(常温给水除外);
b) 铸铁省煤器和电站锅炉省煤器出口水温;
c) 热水锅炉进口、出口水温;
d) 过热器出口和多级过热器的每级出口的汽温;
e) 减温器前、后的汽温;
f) 再热器进、出口的汽温;
g) 额定蒸汽压力大于或等于 9.8 MPa 的锅炉的锅筒上、下壁温;
h) 过热器、再热器的蛇形管的炉外金属壁温;
i) 锅炉空气预热器进口的烟温;
j) 排烟温度;
k) 有再热器的锅炉炉膛出口烟温;
l) 空气预热器进、出口的空气温度;
m) 油燃烧器的燃油(轻油除外)入口油温;
n) 直流蒸汽锅炉上下炉膛水冷壁出口金属壁温,启动系统储水箱壁温。

8.2 在蒸汽锅炉过热器出口、再热器出口和额定热功率大于或等于 7 MW 的热水锅炉出口应当装设可记录式温度测量仪表。

8.3 表盘式测量温度仪表的量程应根据工作温度选用,一般为工作温度 1.5 倍～2.0 倍。

9 排污和放水装置

9.1 蒸汽锅炉锅筒和水循环系统的最低处都应有排污装置;额定工作压力大于 0.8 MPa 且小于

3.8 MPa 的锅炉应当采用快开式排污阀门；排污阀的公称通径为 20 mm～65 mm。

9.2 额定蒸发量大于 1 t/h 的蒸汽锅炉或额定工作压力小于 3.8 MPa 且额定出水温度大于或等于 120 ℃ 的热水锅炉，排污管上应装设两个串联的阀门，其中至少有一个是排污阀，且安装在靠近排污管线出口一侧。

9.3 过热器系统、再热器系统、省煤器系统的最低集箱（或管道）处应装放水阀。有过热器的蒸汽锅炉锅筒应装设连续排污装置。

9.4 每台锅炉应当装设独立的排污管，排污管应当尽量减少弯头，保证排污畅通并且接到安全地点或者排污膨胀箱（扩容器）。如果采用有压力的排污膨胀箱时，排污膨胀箱上应当安装安全阀。

9.5 多台锅炉合用一根排放总管时，应当避免两台以上的锅炉同时排污。

9.6 锅炉的排污阀、排污管不宜采用螺纹连接。

9.7 排污和放水管道设计要求

9.7.1 管道的强度计算应符合 GB/T 16507.4 的要求，管道附件应根据介质参数按有关标准选用。

9.7.2 应根据锅炉工作压力对管道确定相应的压力。在任何情况下，管道的设计压力不应小于 0.6 MPa。

9.7.3 额定功率在 100 MW 以上的锅炉或额定压力在 9.8 MPa 以上的锅炉，宜对管道系统进行应力分析。

10 保护装置

10.1 蒸汽锅炉应当装设高、低水位报警（高、低水位报警信号应当能够区分），额定蒸发量大于或者等于 2 t/h 的锅炉，还应当装设低水位联锁保护装置，保护装置最迟应当在最低安全水位时动作。

10.2 额定蒸发量大于或等于 6 t/h 的锅炉，应当装设蒸汽超压报警和联锁保护装置。超压联锁保护装置动作整定值应当低于安全阀较低整定压力值。安置在多层或高层建筑物内的锅炉，每台锅炉应当配备可靠的超压（温）联锁保护装置和低水位联锁保护装置。额定工作压力大于或等于 9.8 MPa 的锅炉还应当装设高水位联锁保护装置。

10.3 燃气锅炉应设置燃气泄漏监测报警装置。

10.4 锅炉的过热器和再热器，应当根据机组运行方式、自控条件和过热器、再热器设计结构，采取相应的保护措施，防止金属壁超温。再热蒸汽系统应当设置事故喷水装置，并能自动投入使用。

10.5 控制循环蒸汽锅炉应当有下列保护和联锁装置：

a) 锅水循环泵进、出口差压保护；
b) 锅水循环泵电动机内部水温超温保护；
c) 锅水循环泵出口阀与泵的联锁装置。

10.6 额定工作压力大于或等于 3.8 MPa 的直流锅炉还应有下列保护装置：

a) 在任何情况下，当给水流量低于启动流量时的报警装置；
b) 锅炉进入纯直流状态运行后，工质流程中间点温度超过规定值时的报警装置；
c) 给水的断水时间超过规定时间时，自动切断锅炉燃料供应的装置；
d) 亚临界及以上直流锅炉上、下炉膛水冷壁金属温度超过规定值的报警装置；
e) 设置有启动循环泵的直流锅炉，循环泵电动机内部水温超温保护装置。

10.7 室燃锅炉应当装设有下列功能的联锁装置：

a) 全部引风机跳闸时，自动切断燃料供应后再自动切断全部送风；
b) 全部送风机跳闸时，自动切断全部燃料供应；
c) 直吹式制粉系统一次风机全部跳闸时，自动切断全部燃料供应；
d) 燃油及其雾化工质的压力、燃气压力低于规定值时，自动切断燃油或者燃气供应；

e) 热水锅炉压力降低到会发生汽化或水温升高超过了规定值时，自动切断燃料供应；

f) 热水锅炉循环水泵突然停止运转，备用泵无法正常启动时，自动切断燃料供应；

g) 额定工作压力大于或等于 9.8 MPa 的锅炉，除符合 a)～d)的要求外，还应当有炉膛烟气侧高低压力联锁保护装置。

10.8 当循环流化床锅炉采用用水冷却的冷渣器时，冷渣器必须有冷却水流量、温度和压力测量装置。

10.9 具有外置换热器的循环流化床锅炉，宜配置紧急补给水系统。

10.10 循环流化床锅炉在运行过程中还应设有下列保护措施：

a) 循环流化床锅炉应当设置风量与燃料联锁保护装置，当流化风低于最小流化风量时，应当切断燃料供给；

b) 在循环流化床锅炉运行过程中，应将床温控制在一定的范围内，并应控制床温变化率；

c) 循环流化床锅炉应根据物料的粒度组成情况将床压控制在一定的范围内，以满足传热和床温控制的要求。

10.11 室燃锅炉应当装设点火程序控制装置和熄火保护装置，并且满足下列要求：

a) 在点火程序控制中，点火前的总通风量应当大于或等于 3 倍的从炉膛到烟囱入口烟道总换气量。贯流锅炉和非发电用直流锅炉的通风时间至少持续 20 s，水管锅炉的通风时间至少持续 60 s，电站锅炉的通风时间应当持续 5 min 以上；

b) 单位时间通风量一般应当保持额定负荷下的总燃烧空气量。电站锅炉一般应当保持额定负荷下的 25%～40%的总燃烧空气量；

c) 熄火保护装置动作时，应当保证自动切断燃料供给。对额定工作压力大于或等于 3.8 MPa 的锅炉还应当对炉膛和烟道进行充分吹扫。

10.12 用油、气体或煤粉作燃料的锅炉，其燃烧器必须保证点火、熄火安全时间符合表 6、表 7 和表 8。

注：燃烧器启动时，从燃料进入炉膛点火失败到燃料快速切断装置开始动作的时间称为点火安全时间，运行时从火焰熄灭到快速切断装置开始动作的时间称为熄火安全时间。

表 6 燃油燃烧器安全时间要求

额定燃油量 kg/h	点火安全时间 s	熄火安全时间 s
≤30	≤10	≤1[a]
>30	≤5	≤1[a]
[a] 若燃油在 50 ℃时的运动黏度大于 20 mm^2/s，此值可以增至 3 s。		

表 7 燃气燃烧器安全时间要求

点火安全时间 s	熄火安全时间 s
≤5	≤1

表 8 燃煤粉燃烧器安全时间要求

点火安全时间 s	熄火安全时间 s
—	≤5

10.13 用油或者气体作燃料的锅炉，应当严格限制燃烧器点火时的启动热功率。

10.13.1 燃油锅炉燃烧器的启动热功率：

a) 单台额定燃油量 B_e 小于或等于 100 kg/h 的燃油燃烧器可以在额定输出热功率下直接点火；

b) 单台额定燃油量 B_e 大于 100 kg/h 的燃油燃烧器，不可以在额定输出热功率下直接点火，其最大允许启动流量 B_{smax} 见表 9。

表 9 燃油燃烧器最大允许启动流量要求

单台额定燃油量 B_e kg/h	主燃烧器在低燃油量下直接点火的 最大允许启动流量 B_{smax} kg/h	点火燃烧器在低燃油量下点火的 最大允许启动流量 B_{smax} kg/h
$100<B_e\leqslant 500$	$B_{smax}\leqslant 100$ 或者 $B_{smax}\leqslant 70\%\ B_e$	$B_{smax}\leqslant 100$
$B_e>500$	$B_{smax}\leqslant 35\%\ B_e$	$B_{smax}\leqslant 50\%\ B_e$

10.13.2 燃气锅炉燃烧器的启动热功率：

a) 单台额定输出热功率小于或等于 120 kW 的燃气燃烧器，可以在额定输出热功率下直接点火；

b) 单台额定输出热功率大于 120 kW 的燃气燃烧器，启动热功率应当不大于 120 kW 或者不大于额定输出热功率的 20%。

10.14 由于事故引起主燃料系统跳闸，灭火后未能及时进行炉膛吹扫的应当尽快实施补充吹扫。不应当向已经熄火停炉的电站锅炉炉膛内供应煤粉。

10.15 锅炉运行中联锁保护装置不应随意退出运行，联锁保护装置的备用电源或者气源应当可靠，并且定期进行备用电源或者气源自投试验。

10.16 电加热锅炉的电器元件应当有可靠的电气绝缘性能和足够的电气耐压强度。

ICS 27.060.30
J 98

中华人民共和国国家标准

GB/T 16507.8—2013

水管锅炉 第8部分：安装与运行

Water-tube Boilers—
Part 8: Installation and operation

2013-12-31 发布　　2014-07-01 实施

中华人民共和国国家质量监督检验检疫总局
中国国家标准化管理委员会　发布

前　言

GB/T 16507《水管锅炉》分为以下 8 个部分：

——第 1 部分：总则；

——第 2 部分：材料；

——第 3 部分：结构设计；

——第 4 部分：受压元件强度计算；

——第 5 部分：制造；

——第 6 部分：检验、试验和验收；

——第 7 部分：安全附件和仪表；

——第 8 部分：安装与运行。

本部分为 GB/T 16507 的第 8 部分。

本部分按照 GB/T 1.1—2009 给出的规则起草。

本部分为新增部分。

本部分由全国锅炉压力容器标准化技术委员会(SAC/TC 262)提出并归口。

本部分负责起草单位：中国特种设备检测研究院。

本部分参与起草单位：中国能源建设集团安徽电力建设第二工程公司、山东省特种设备检验研究院、泰山集团泰安阳光热能动力设备安装工程有限公司、大唐三门峡发电有限责任公司、上海发电设备成套设计研究院。

本部分主要起草人：陈新中、曹宏伟、钱公、窦文宇、赵军、俞经河、唐杰、宫献平、卫耀东、陈秀彬。

水管锅炉
第8部分:安装与运行

1 范围

GB/T 16507的本部分规定了水管锅炉本体和锅炉范围内管道的安装、调试、质量验收以及运行等要求。

本部分适用于GB/T 16507.1界定的水管锅炉。

2 规范性引用文件

下列文件对于本文件的应用是必不可少的。凡是注日期的引用文件,仅注日期的版本适用于本文件。凡是不注日期的引用文件,其最新版本(包括所有的修改单)适用于本文件。

GB/T 2900.48 电工名词术语 锅炉

GB/T 16507.1 水管锅炉 第1部分:总则

GB/T 16507.6 水管锅炉 第6部分:检验、试验和验收

GB/T 16507.7 水管锅炉 第7部分:安全附件和仪表

GB/T 22395 锅炉钢结构设计规范

GB 50016 建筑设计防火规范

GB 50041 锅炉房设计规范

GB 50045 高层民用建筑设计防火规范

GB 50126 工业设备及管道绝热工程施工规范

GB 50204 混凝土结构工程施工质量验收规范

GB 50205 钢结构工程施工质量验收规范

GB 50273 锅炉安装工程施工及验收规范

GB 50275 风机、压缩机、泵安装工程施工及验收规范

JB/T 4730 承压设备无损检测

TSG G0001 锅炉安全技术监察规程

TSG G3001 锅炉安装改造单位监督管理规则

TSG G5003 锅炉化学清洗规则

3 术语和定义

GB/T 2900.48和GB/T 16507.1界定的以及下列术语和定义适用于本文件。

3.1

调试 commissioning

调整和试验的简称。指锅炉和相关设备、系统在安装后按照设计和设备技术文件规定进行调整、整定和一系列试验工作的总称。

3.2

分部试运 commissioning of individual equipment and system

指对单台设备或者系统进行的动态检查和试验。

3.3

整套启动试运　start up and commissioning

指在完成分部试运的基础上由调试、生产、施工单位共同参加进行汽机、锅炉整套设备联合电气、热工自动化的启动试运。

4　基本要求

4.1　锅炉安装单位应依照 TSG G3001《锅炉安装改造单位监督管理规则》的规定取得特种设备安装许可证，方可从事许可证允许范围内的锅炉安装工作。

4.2　锅炉安装前应将拟进行的安装工作书面告知当地设区的市级特种设备安全监察机构，告知后方可施工。

4.3　安装锅炉的位置和建筑物应满足 GB 50041、GB 50016 以及 GB 50045 的有关规定。

4.4　锅炉安装应该在土建基础工作完成并验收合格后进行。

4.5　锅炉各部件安装前应取得锅炉制造单位的设备制造的相关技术文件和质量证明文件，安装所用的材料进入现场，按照有关规定进行入厂验收，合格后才能使用。

4.6　锅炉的安装应符合相关安全技术规范和制造单位提供的安装说明书的要求。

4.7　锅炉安装焊接施工现场应有防风、防雨雪、防潮措施。当环境温度低于 0 ℃或者其他恶劣天气时，应有相应的技术措施。

4.8　锅炉安装焊接施工除设计规定的冷拉焊接接头以外，焊件装配时不应强力对正，安装冷拉焊接接头使用的冷拉工具在焊接、热处理完毕，并经检验合格后方可拆除。

4.9　安置在多层或高层建筑物内的锅炉，燃料供应管路应采用无缝钢管，焊接时应采用氩弧焊封底；以气体为燃料的燃料管路应有燃气检漏报警装置。

4.10　锅炉安装单位应对安装质量进行自检，并形成自检记录和报告。隐蔽工程在隐蔽前应经检查验收合格。

4.11　锅炉在安装施工和其质量检验、检测中使用的设备、工具、量具、仪器仪表等应处在良好的使用状态，符合规定的精度要求，并定期进行检查和校验。

4.12　在锅炉安装过程中，应由具有相应资质的检验机构对涉及安全性能的项目进行监督检验，并对受检单位质量保证体系运转情况进行监督检查。

4.13　在锅炉安装过程中，安装单位应按 JB/T 4730 对锅炉承压元件、部件的焊接接头进行无损检测，检验的范围和比例应符合 TSG G0001《锅炉安全技术监察规程》的要求。

4.14　在锅炉安装过程中，承压元件、部件的焊接接头的返修及修后检验工作应符合 TSG G0001《锅炉安全技术监察规程》的要求。

4.15　锅炉应按照有关安全技术规范的要求配备必要的压力、温度、水位测量装置和报警装置，以及锅炉超压联锁保护装置，水位超限联锁保护装置，炉膛压力监测与保护装置，点火程序控制与熄火保护装置。

4.16　锅炉鼓风机、引风机及给水泵、循环水泵等辅助设备的安装施工应符合 GB 50275 的要求。

4.17　锅炉应配备符合锅炉给水要求的水处理设备和必要的水汽取样、品质监测装置和系统，对于额定工作压力大于或等于 9.8 MPa 的锅炉还应实现水汽品质的连续监测。

4.18　锅炉安装完成后应按照 TSG G5003《锅炉化学清洗规则》进行化学清洗，并对锅炉给水、减温水管道进行冲洗，对过热器、再热器及其管道进行吹洗。

4.19　锅炉安装完成后应进行整体严密性试验（或称漏风试验），对炉膛、烟风管道的严密性进行检查。

4.20　锅炉调试和试运行应由具有相应调试能力和资格的单位进行。

5 基础、支架和钢结构

5.1 设备基础应按照 GB 50204 的规定进行检查、验收，而且基础强度达到设计强度等级的 70%以上时方可开始设备的安装。

5.1.1 设备基础的标高和预埋地脚螺栓应符合锅炉设计图样的要求。当设计图样未规定偏差时，锅炉基础划线允许偏差如表 1。

表 1 锅炉基础划线允许偏差表

单位为毫米

序号	检验项目	质量标准
1	基础纵横中心线与厂房基准点距离偏差	±20
2	基础各平面标高偏差	$^{0}_{-20}$
3	基础外形尺寸偏差	$^{+20}_{0}$
4	预埋地脚螺栓中心线偏差	±2

5.1.2 基础表面与柱脚底板的二次灌浆间隙应大于或等于 50 mm。

5.2 采用钢筋混凝土的锅炉构架施工前，安装和土建单位应协商确定钢筋混凝土锅炉构架和锅炉本体施工间的相互配合工作和特殊要求。锅炉本体吊装前，安装单位应全面复核锅炉构架的施工是否符合设计图样的要求。

5.3 锅炉采用钢结构时，在钢制立柱安装前应对立柱底板（垫铁）的安装位置和标高进行检查，安装质量应符合表 2 的要求。

表 2 钢立柱底板（垫铁）的安装质量标准

单位为毫米

序号	检验项目		质量标准
1	柱底板检查		表面平整、整洁，无损伤，各尺寸符合图纸要求，调整螺栓螺纹无损伤
2	材质		无错用
3	柱子间距偏差	柱距≤10 m	±1
4		柱距>10 m	±2
5	柱底板水平偏差		≤0.5
6	柱子中心对角线差	对角线≤20 m	≤5
7		对角线>20 m	≤8
8	柱底板标高偏差		±3
9	柱底板相互间标高偏差		≤3
10	垫铁宏观检查		每组块数≤3，无松动；相互点焊，与柱脚底板点焊
11	垫铁放置位置		立柱底板立筋板下方

5.4 锅炉采用钢结构时，应在每层中抽取一定数量的钢制架组合件、立柱、横梁等进行检测，抽查数量应能代表设备的质量分布特性。

5.4.1 钢制架组合件、立柱、横梁等外观在安装前应进行外观检查和材质光谱抽查。材料应无错用，外观无裂纹、重皮、严重锈蚀和机械损伤，焊缝应尺寸符合厂家设计要求，成形良好，无咬边、气孔、裂纹等缺陷。

5.4.2 钢制架组合件、立柱安装检查项目与质量应符合表3的要求。

表3 钢制立柱安装检查项目与质量标准

单位为毫米

序号	检查项目		质量标准
1	立柱长度偏差	$L \leqslant 8$ m	$^{0}_{-4}$
2		$L > 8$ m	$^{+2}_{-6}$
3	立柱弯曲度偏差		小于或等于柱长的1/1 000，且最大不超过10
4	立柱扭转值		小于或等于柱长的1/1 000，且最大不超过10
5	柱脚底板垂直度		≤5/1 000底板长度
6	柱脚底板平整度		≤5/1 000底板长(宽)度
7	连接板位置偏差		≤2
8	柱脚中心线偏差		±5
9	立柱标高偏差		≤5
10	各立柱间标高偏差		≤3
11	立柱间距偏差		小于或等于1/1 000立柱间距，且小于或等于10
12	立柱对角线差		小于或等于1.5/1 000立柱间距，且小于或等于15

5.4.3 钢制横梁安装质量应符合表4的要求。

表4 钢制横梁安装质量标准

单位为毫米

序号	检查项目	质量标准
1	标高偏差	±5
2	水平度偏差	≤5
3	与柱中心线偏差	±5

5.4.4 锅炉钢结构的连接板安装应平整、与构件紧贴，位置符合图样设计要求。

5.5 锅炉顶部板梁

5.5.1 炉顶钢架及炉顶单根横梁、大板梁安装前应按设计图样规定核对各构件的安装编号。

5.5.2 安装前，应检查其外观质量，抽查结构尺寸应符合设计图样的要求，还应对板梁用高强螺栓连接副的材质进行抽查，防止错用材料。

5.5.3 起吊前，应抽查高强螺栓连接孔的开孔直径、中心距符合设计图纸要求。当需要在现场开设连接孔时，应采用机械方法开孔，且开孔内壁应圆滑、无锐边和毛刺。

5.5.4 安装质量检查应在板梁安装完成后仅承担自身重量时进行，在完成设计载荷的承担后，还应对板梁的挠度进行检测。对于叠梁的安装还应保证各梁间结合紧密。

5.5.5 锅炉顶部板梁的外观质量、结构尺寸和安装质量应符合表5的要求。

表 5　顶部板梁的外观质量、结构尺寸和安装质量标准

单位为毫米

序号	检查项目		质量标准
1	外观质量		无裂纹、重皮、严重锈蚀和机械损伤，焊缝尺寸符合厂家设计要求，成形良好，无裂纹、咬边、表面气孔等缺陷
2	材质		无错用
3	长度偏差	主梁	±15
4		辅梁	$^{0}_{-10}$
5	高度偏差	H≤1 600 mm	±3
6		1 600<H≤3 000 mm	±5
7		H>3 000 mm	±8
8	宽度偏差		±5
9	腹板中心位置偏差		≤5
10	板梁盖板倾斜度	H≤1 600 mm	≤3
11		H>1 600 mm	≤5
12	板梁旁弯度		≤板梁全长的 1/1 000，且≤10
13	板梁垂直挠度	向上	≤30[a]
14		向下	符合厂家要求[b] 而且<板梁全长的 1/1 000
15	板梁扭转值	H≤2 000 mm	小于或等于板梁全长的 1/1 000，且小于 10
16		H>2 000 mm	小于或等于板梁全长的 1/1 000，且小于 16
17	板梁连接板高度偏差		±2
18	板梁连接板水平偏差	L≤2 m	±3
19		L>2 m	±5
20	板梁吊孔直径和位置		符合设计图纸要求
21	主梁支座与柱顶平面支座中心线偏差		≤3
22	标高偏差		±5
23	水平度偏差		≤5
24	各梁间平行度偏差		≤5
25	各梁间对角线差		小于或等于板梁全长的 1/1 000，且小于 10

[a] 仅承担自身重量时。

[b] 承担设计载荷时。

5.6　承重吊挂装置（吊架）

5.6.1　锅炉本体部件（含锅筒、启动分离器、集箱、受热面及其连接管道、燃烧器等）的承重吊挂装置（吊架）安装前，应检查其设备型号、结构尺寸、连接型式等符合设计图样的要求并附有制造质量证明文件。

5.6.2　每组受热面（含集箱）的承重吊挂装置的合金部件（含焊接接头）应进行现场光谱随机抽查，当存在错用材质情况时，应对该组的合金部件进行 100%光谱复查。

5.6.3　承重吊挂装置外观质量、结构尺寸和安装质量标准见表 6。

表 6　承重吊挂装置(吊架)外观质量、结构尺寸和安装质量标准　　单位为毫米

序号	检查项目	质量标准
1	宏观检查	焊缝符合图纸要求,无裂纹、咬边和表面气孔等缺陷,成形良好;吊杆螺纹拧进螺母长度符合图纸要求,螺栓露出螺母的长度一致,且不少于 2 倍螺距,并采取了防止螺母松脱措施
2	纵横向中心线偏差	±5
3	销轴安装	销轴、开口销安装齐全,固定牢固
4	联合吊架中间过渡连梁水平度	≤5
5	有相对运动的接合面	运动方向符合设计要求,接合面有符合使用环境的润滑剂
6	弹簧安装高度	符合设备技术文件要求,且误差小于或等于 3
7	吊杆受力情况	载荷合理,无松动[a]

[a] 分别在承受设计的设备载荷后、锅炉水压试验上满水后和锅炉进行蒸汽严密性试验时进行 3 次检查。

5.6.4　用于工作温度不低于 430 ℃,且直径大于 30 mm 的合金钢螺栓应进行光谱分析和硬度检测,检测结果应符合相关产品质量标准的要求。

5.6.5　对于额定工作压力大于或等于 9.8 MPa 的锅炉,应抽查紧固件的硬度。锅炉常用紧固件硬度值见表 7。

表 7　锅炉常用紧固件力学性能及硬度值

序　号	材料牌号	硬度值 HB
1	20	≤156
2	25	≤170
3	35	≤197
4	40Mn	229～277
5	30CrMo	≤229
6	35CrMo	≤229
7	25Cr2MoV	240～270
8	25Cr2Mo1V	240～270
9	20Cr1Mo1VTiB	221～274
10	20Cr1Mo1VNbB	236～278
11	17CrMo1V	229～277

5.7　采用高强螺栓连接的钢结构安装应符合 GB 50205 的要求。

6　锅筒(启动分离器)与集箱、减温器

6.1　锅筒(启动分离器)的安装

6.1.1　锅筒(启动分离器)起吊前应对内外部进行宏观检查。内外壁表面应无裂纹、重皮及疤痕,局部

机械损伤、凹陷及麻坑深度不超过设计壁厚的10%且不应超过4 mm;抽查筒体纵环焊缝可见部位表面成形良好,无裂纹、表面气孔等缺陷,无大于50 mm的连续咬边且咬边最大深度小于或等于0.5 mm。

6.1.2 对于额定工作压力大于或等于3.8 MPa的锅炉,安装前应检查锅筒(启动分离器)内外部各部件的组装符合设计图样的要求。必要时,复核锅筒(启动分离器)的筒体及外径大于273 mm的管接头的材料并符合设计图样的要求。

6.1.3 对于额定工作压力大于或等于3.8 MPa的锅炉,应测量锅筒全长的弯曲度,小于或等于20 mm。

6.1.4 锅筒人孔密封面的结合面应平整光洁,无径向贯穿性伤痕,局部伤痕深度小于或等于0.5 mm。

6.1.5 锅筒(启动分离器)的支座和吊挂装置应完好;且其上安装用起吊耳板的连接焊缝应无裂纹和咬边,符合设计图样的要求。

6.1.6 锅筒(启动分离器)内部应清理,无杂物。

6.1.7 锅筒(启动分离器)找正就位后的检查项目和质量要求应符合表8的要求。

表8 锅筒(启动分离器)的安装检查项目和质量标准

单位为毫米

序号	检查项目		质量标准
1	内部零部件组装[a]	宏观检查	内部清洁无杂物,零部件安装符合设计图样要求;无明显锈蚀、破损、变形;焊缝符合设计图样要求,成形良好,无漏焊,无裂纹、夹渣、气孔等缺陷,无大于50 mm的连续咬边,且最大咬边深度小于或等于0.5 mm;各紧固件齐全,紧固良好并有防止松脱措施
		零部件安装位置	正确,与原标记相符
		连接隔板	严密不漏
2	筒体	安装方向	正确,符合设计图纸要求
		标高偏差	±5
		纵横水平度偏差	≤2
		横向中心位置偏差	±5
		纵向中心位置偏差	±5
		筒体吊环与筒体外壁接触	在90°接触角内圆弧应吻合,局部间隙≤2
		垂直度偏差	≤筒体全长的1‰,且≤10
3	人孔密封面		密封面结合面积大于95%(每平方厘米范围内大于1 mm^2的未结合点少于5个),且径向无大于密封面宽度1/3的连续性未结合存在
4	支座、吊挂装置		符合设计图样及5.7.3的要求
5	膨胀指示器		布局合理,能准确指示筒体的膨胀方向与幅度值,固定良好

[a] 内部零部件需在现场组装时进行检查。

6.2 集箱、减温器的安装

6.2.1 集箱、减温器吊装前应进行宏观检查,表面应无裂纹、重皮及疤痕,局部机械损伤、凹陷及麻坑深度一般不宜超过1 mm,不应超过设计壁厚的10%。

6.2.2 集箱、减温器吊装前应宏观检查直线度，必要时应进行直线度校核，直线度应符合产品制造质量标准。

6.2.3 集箱、减温器的结构应符合设计图样的要求，必要时进行尺寸校核。

6.2.4 管接头应无明显变形和损伤，管接头封堵严密、牢固，管端坡口保护措施应完好。集箱上的各吊挂耳板位置、尺寸、材料及其连接焊缝应符合设计图样要求，耳板与筒体的连接焊缝不应有裂纹和咬边。

6.2.5 额定工作压力大于或者等于 3.8 MPa 的锅炉的合金材料的部件应 100%进行光谱复验，避免错用材料。

6.2.6 集箱、减温器吊装前应进行内部清理，清理完毕在进行连接管和受热面管子对接前应保持各管接头的密封良好。

6.2.7 集箱、减温器内部零件应齐全、完好，装配符合设计图样要求，喷水管内清洁无杂物，喷水孔无堵塞。

6.2.8 集箱、减温器安装就位后检查项目及质量要求应符合表 9。

表 9 集箱、减温器安装检查项目和质量标准

单位为毫米

序号	检查项目	质量标准
1	安装方向	正确，符合设计图纸要求
2	集箱标高偏差	±5(承受设计载荷时)
3	集箱水平度偏差	≤3
4	集箱纵横中心线与炉中心线距离偏差	±5
5	集箱间中心线距离偏差	±5
6	减温器喷水管	喷水管方向正确，喷水孔无堵塞
7	减温器内零部件	齐全、完好，装配符合设计图样要求
8	支座、吊挂装置	符合设计图样及 5.6.3 的要求
9	膨胀指示器	布局合理，能准确指示集箱的膨胀方向与幅度值，固定良好

7 受热面

7.1 宏观检查

7.1.1 受热面设备在安装前应根据供货清单、装箱单和设计图样进行全面清点，数量齐全。

7.1.2 宏观检查受热面管子内外壁应无裂纹、损伤、明显变形及腐蚀、重皮等缺陷，管端无分层现象，坡口加工应符合设计图样要求。

7.1.3 宏观检查受热面固定部件(管夹、管箍等)安装应符合设计图样要求，连接焊缝无裂纹，受热面管侧焊缝无大于 0.5 mm 深度的咬边。

7.2 受热面组合

7.2.1 受热面管在组合和安装前应对照设计图样进行材质复核，并在合金材料部件上做出明显标识。

7.2.2 受热面的组合应在稳固的组合架上进行。

7.2.3 受热面管在组合前和安装前应进行通球试验。试验用球应采用带有编号的钢球，通球结束后要将球逐个回收，做好记录，并应做好可靠的管端口封闭措施，通球球径如表 10。

表 10 受热面管通球球径

单位为毫米

弯曲半径 R	管子外径 D_o		
	$D_o \leqslant 32$ mm	32 mm $< D_o <$ 60 mm	$D_o \geqslant 60$ mm
	通球球径	通球球径	通球球径
$R \geqslant 3.5\ D_o$	$0.70D_i$	$0.80D_i$	$0.85\ D_i$
$2.5\ D_o \leqslant R < 3.5\ D_o$	$0.70D_i$	$0.80D_i$	$0.85\ D_i$
$1.8\ D_o \leqslant R < 2.5\ D_o$	$0.70D_i$	$0.75D_i$	$0.75D_i$
$1.4\ D_o \leqslant R < 1.8\ D_o$	$0.70D_i$	$0.70D_i$	$0.70D_i$
$R < 1.4\ D_o$	$0.65D_i$	$0.65D_i$	$0.65D_i$
注：在进行内螺纹管通球时，应首先按理论最小内径选取通球用钢球，即用管子的公称外径减去 2 倍管子的公称壁厚与螺纹高度之和，即 $d = D - 2$(壁厚＋螺纹高度)。			

7.2.4 受热面管在安装现场需要校正时，校管用工作平台应牢固，其平整度偏差小于或等于 5 mm，放样尺寸偏差小于或等于 1 mm。

7.2.5 合金钢材质的受热面管排组合需要加热校正时，加热温度一般应控制在钢材临界温度 A_{C1} 以下。

7.2.6 受热面管子的安装对接焊口一般不应布置在管子弯曲部位和支吊架范围内。焊口距离管子弯曲起点大于或等于管子直径，且大于或等于 100 mm(焊接、锻制、铸造成形的管件除外)；距支吊架边缘至少 50 mm。

7.2.7 受热面管子组合安装过程中需切割时应采用机械方法切割。因条件不具备而不应不采用火焰切割时，应彻底去除残余的铁渣和管端不平整面，并应采用机械方法完全去除因火焰切割产生的热影响区。

7.2.8 受热面管子在对口前应检查受热面管外径和壁厚的偏差，管端应按设计图样的规定加工坡口，并将管端内、外壁 10 mm～15 mm 范围内清除油垢和铁锈，直至显出金属光泽。

7.2.9 受热面管子对口应保证内壁平齐，其局部错口值不应超过壁厚的 10%，且小于或等于 1 mm。

7.2.10 受热面管子对口间隙应均匀，对口偏折度在距焊缝中心 200 mm 范围内一般不应大于 2 mm。

7.2.11 受热面管端面应与管中心线垂直，其端面倾斜值应符合表 11 的要求。

表 11 受热面管口端面倾斜允许范围

单位为毫米

公称直径	端面倾斜值
$d_o \leqslant 60$	$\leqslant 0.5$
$60 < d_o \leqslant 108$	$\leqslant 0.8$
$108 < d_o \leqslant 159$	$\leqslant 1$
$159 < d_o \leqslant 219$	$\leqslant 1.5$
$d_o > 219$	$\leqslant 2$

7.3 受热面组件安装

7.3.1 有单独水压试验要求的组(部)件应在安装前进行组(部)件水压试验。

7.3.2 受热面组件吊装前，应复查各支点、吊点的位置和吊杆的尺寸符合设计图样要求。

7.3.3 省煤器组合、安装质量标准见表12。

表12 省煤器组合、安装质量标准

单位为毫米

序号	检查项目	质量标准
1	管排间距偏差	±5
2	组合件边排管垂直度偏差	≤5
3	组合件边排管与炉墙 (或其他受热面管)间隙	符合设计图样的要求
4	组合件宽度偏差	±5
5	管排平整度	≤10
6	组件对角线差	≤10
7	组件边管垂直度	±5
8	防磨装置	符合设计图样要求,连接牢固, 不妨碍烟气流通,不影响热膨胀差异
9	固定管夹	符合设计图样要求,管卡固定挡块无脱落
10	定位板	符合设计图样,间距均匀,位置正确、连接牢固
11	集箱间中心线距蛇形管弯头端部长度	±10

7.3.4 光管和鳍片管水冷壁组合安装质量标准见表13。

表13 水冷壁组合、安装检查项目与质量标准

单位为毫米

<table>
<tr><th rowspan="2">序号</th><th rowspan="2" colspan="2">检查项目</th><th colspan="2">质量标准</th></tr>
<tr><th>光管水冷壁</th><th>鳍片管水冷壁</th></tr>
<tr><td>1</td><td colspan="2">集箱水平度</td><td>2</td><td>2</td></tr>
<tr><td>2</td><td colspan="2">集箱间中心线垂直距离</td><td>±3</td><td>±3</td></tr>
<tr><td>3</td><td colspan="2">组件对角线差</td><td>≤10</td><td>≤10</td></tr>
<tr><td>4</td><td rowspan="2">组件宽度</td><td>宽度≤3 000</td><td>±3</td><td>±5</td></tr>
<tr><td>5</td><td>宽度>3000</td><td>±5</td><td>小于或等于2/1 000,且最大小于或等于15</td></tr>
<tr><td>6</td><td colspan="2">燃烧器各喷口开孔(火口)纵横中心线</td><td>±10</td><td>±10</td></tr>
<tr><td>7</td><td colspan="2">组件长度</td><td>±10</td><td>±10</td></tr>
<tr><td>8</td><td colspan="2">组件平面度</td><td>±5</td><td>±5</td></tr>
<tr><td>9</td><td rowspan="2">水冷壁固定挂钩</td><td>标高</td><td colspan="2">±2</td></tr>
<tr><td>10</td><td>错位</td><td colspan="2">±3</td></tr>
</table>

7.3.5 过热器、再热器组合安装质量标准见表14。

表 14　过热器、再热器组合安装检查项目与质量标准

单位为毫米

序号	检查项目	质量标准
1	组件宽度	±5
2	组件对角线差	≤10
3	组件边管垂直度	±5
4	管排平整度	±5
5	管排间距	≤5
6	边缘管与炉墙间隙	符合设计图样
7	管排膨胀间隙	符合设计图样

7.3.6　顶棚过热器管排平整度允许偏差为±5 mm，与炉墙间膨胀间隙应符合图样要求。

7.3.7　悬吊式受热面安装以上集箱为基准，管排下端相互间距离允许偏差为±5 mm。

7.3.8　受热面防磨装置应安装固定牢固，接头处膨胀间隙应符合图样要求，并不应有妨碍烟气流通的地方。

7.3.9　炉膛刚性梁的安装应不影响炉膛的自由膨胀。刚性梁与炉膛的固定应牢固，各梁间的间距允许偏差为±2 mm。预留膨胀间隙应符合设计图样要求，且膨胀方向正确。

8　空气预热器

8.1　管式空气预热器的安装

8.1.1　管式空气预热器在安装前应检查管箱外形尺寸，允许偏差符合设计图样的要求。

8.1.2　管式空气预热器应检查管子和管板的焊接质量，现场安装焊缝应进行渗油试验检查其严密性。

8.1.3　现场组合管式空气预热器时的检查项目和质量标准应符合表 15 的要求。

表 15　管式空气预热器组合检查项目与质量标准

单位为毫米

序号	检查项目		质量标准
1	管箱组件侧面对角线差	组合件高度 $H \leq 3\,000$	≤5
2		组合件高度 $H > 3\,000$	≤7
3	管板对角线差		15
4	管箱组件垂直度偏差		5
5	两管箱相邻管板标高偏差		±5
6	防磨套管组合		装配紧密、点焊牢固，套管露出管端高度符合设计图样要求
7	焊缝宏观		符合设计图样要求，表面成形良好，无裂纹、咬边、气孔等缺陷

8.1.4　管式空气预热器安装就位前应对其支撑框架的标高和水平度进行检查，标高允许偏差为±10 mm，水平度偏差≤3 mm。

8.1.5　管式空气预热器的检查项目和安装质量标准如表 16。

表 16 管式空气预热器安装检查项目与质量标准

单位为毫米

序号	检查项目	质量标准
1	管箱与锅炉立柱中心线间距偏差	±5
2	管箱垂直度偏差	≤5
3	管箱顶部标高偏差	±15
4	焊缝宏观	符合设计图样要求，表面成形良好，无裂纹、咬边、气孔等缺陷

8.1.6 管式空气预热器的转角箱(连通管)及膨胀补偿器的安装应保证中心对齐，出入口中心线偏差小于或等于±10 mm。

8.1.7 膨胀补偿器的冷拉装置应符合设计规定，密封板的焊接方向应与介质流向一致。

8.1.8 空气预热器的焊缝应符合设计要求，全部焊缝完成后应做煤油渗漏试验。

8.1.9 空气预热器安装完成后还需随锅炉进行严密性试验(或称漏风试验)，进行密封性检查。

8.2 回转式空气预热器的安装

8.2.1 回转式空气预热器应在基础验收合格后开始。回转式空气预热器的基础中心线和定子支座中心线偏差小于或等于±2 mm，定子支座支撑点标高偏差为－20 mm～0 mm，水平度偏差小于 2 mm。

8.2.2 回转式空气预热器基础垫铁安装时应放置稳固，接触严密，每处垫铁的总块数不应大于 4 块，且最厚块放置最下层，薄块放置上层，最薄的垫铁应放置于中间层。

8.2.3 受热面回转式空气预热器转子、定子安装检查项目与质量标准如表 17 和表 18。

表 17 受热面回转式空气预热器转子安装检查项目与质量标准

单位为毫米

序号	检查项目		质量标准
1	焊缝宏观		符合设计图样要求，表面成形良好，无裂纹、咬边、气孔等缺陷
2	转子圆度偏差	直径≤6.5 m	≤2
3		10 m≥直径>6.5 m	≤3
4		18 m≥直径>10 m	≤4
5	主轴与转子垂直度偏差	直径≤6.5 m	≤1
6		直径>6.5 m	≤2
7	转子支撑座与中心线偏差		<2
8	转子支撑座水平度偏差		<0.5
9	转子上端面平整度偏差		≤3
10	转子与外壳的同心度		≤3
11	转子外延与外壳的间隙		均匀

表 18 受热面回转式空气预热器定子安装检查项目与质量标准 单位为毫米

序号	检验项目	质量标准
1	焊缝宏观	符合设计图样要求，表面成形良好，无裂纹、咬边、气孔等缺陷
2	定子圆度偏差	≤2
3	定子端面平整度偏差	≤2
4	定子支座与支座基础中心线偏差	<5
5	定子水平度偏差	≤2
6	定子上端面标高偏差	±3
7	定子垂直度	≤2

8.2.4 风罩回转式空气预热器本体及定子安装质量标准分别如表 19 和表 20。

表 19 风罩回转式空气预热器的本体安装检查项目与质量标准 单位为毫米

序号	检验项目		质量标准
1	焊缝宏观		符合设计图样要求，表面成形良好，无裂纹、咬边、气孔等缺陷
2	围带径向跳动		≤2
3	围带轴向跳动		≤8
4	上、下风罩同步偏差		≤10
5	颈部密封装置	密封筒径向跳动	≤2
6		密封筒与卡环座间隙	间隙均匀，符合设计图样要求
7		防磨环	活动自如
8	密封调节装置安装调整	弹簧高度	符合设计图样要求
9		密封框架铸铁板与定子端面间隙	符合设计图样要求
10		双螺母与支架间隙	符合设计图样要求

表 20 风罩回转式空气预热器的定子安装检查项目与质量标准 单位为毫米

序号	检验项目		质量标准
1	焊缝宏观		符合设计图样要求，表面成形良好，无裂纹、咬边、气孔等缺陷
2	定子外壳圆度	直径≤6.5 m	≤10
3		10 m≥直径>6.5 m	≤12
4		18 m≥直径>10 m	≤14
5	定子端面水平度偏差	直径≤6.5 m	≤3
6		10 m≥直径>6.5 m	≤4
7		18 m≥直径>10 m	≤5

表 20（续）

单位为毫米

序号	检验项目		质量标准
8	定子端面拼接错边		≤0.5
9	同步装置组装		与风罩回转方向一致，球铰接头松紧适合
10	风罩扇形底部平整度		≤2‰风罩半径，且整个底部≤8
11	框架密封装置板整体平整度		≤1.5
12	定子支座与支座基础中心线偏差		≤5
13	定子上端面标高偏差		±5
14	定子水平度偏差	传热元件安装前	≤2
15		传热元件安装后	≤6
16	主轴相对定子垂直度偏差		≤2.5

8.2.5 回转式空气预热器安装完成后应进行分部试运，试运过程中应运转平稳、无异常声响、冷却系统能正常投入，各滑动轴承的温度不应超过 65 ℃，滚动轴承温度不超过 80 ℃，转动部件各方向机械振幅小于 0.1 mm，各电机电流符合设备技术文件要求，密封装置调节性能良好，试运时间符合有关设计技术文件的规定，无规定时应不少于 8 h。

9 锅炉范围内管道和安全附件

9.1 锅炉范围内管道的安装

9.1.1 管道的安装施工应符合 TSG G0001《锅炉安全技术监察规程》和管道系统图样设计的要求。

9.1.2 由安装单位现场布置的管道一般应符合统筹规划、布局合理、沿程阻力最小、有疏水坡度、工艺美观、膨胀自由、不影响通道的原则。

9.1.3 管道支吊架应布置合理、结构牢固，既能满足管系荷载的支撑和膨胀需要，又不会因约束不足而造成管系变形和振动。

9.1.4 阀门及其传动装置的安装位置应便于操作和检修，阀门安装时要注意介质流向，一般不应反向安装阀门。

9.1.5 阀门的执行机构安装应符合下列要求：

a) 根据执行机构的特性正确调整行程开关位置，保证阀门能够全行程开关；

b) 根据设备技术文件规定做过力矩保护试验，当超过规定力矩时保护应能可靠动作。

9.1.6 排污和放水装置的设置应符合下列要求：

a) 额定蒸发量大于 1 t/h 的蒸汽锅炉和出水温度大于 120 ℃的热水锅炉，排污管上应安装两个串联的阀门，其中至少有一个是排污阀，且安装在靠近排污管线出口一侧；

b) 过热器系统、再热器系统、省煤器系统的最低集箱（或者管道）处应装放水阀；

c) 有过热器的蒸汽锅炉锅筒应装设连续排污装置；

d) 每台锅炉应装设独立的排污管，排污管应尽量减少弯头，保证排污畅通并且接到安全地点或者排污膨胀箱（扩容器）；如果采用有压力的排污膨胀箱时，排污膨胀箱上应安装安全阀；

e) 锅炉的排污阀、排污管不宜采用螺纹连接。

9.1.7 锅炉排污、疏放水管道、取样管、排空气管道安装应符合下列要求：

a) 管道的坡度大于或等于 0.2%；

b) 膨胀自由而且不妨碍锅筒、集箱和管系的热膨胀；

c) 排空气管道应引到专门的排空地点；

d) 不同压力的排污、疏放水管不应接入同一母管；

e) 在运行中可能形成闭路的疏放水管，其压力等级的选取应与所连接的管道相同；

f) 当管道上游设计压力大于 3.8 MPa 时，管道至少应设置两只串联的阀门，而且其中至少有一只阀门尽量靠近管道引出位置。

9.1.8 对于 9%～12%Cr 钢对接焊缝，在完成最终热处理后还应按照管材规范、焊接和热处理工艺的不同分别抽取 5%且不少于一道进行硬度和金相组织检测。

9.2 安全阀的安装与校验

9.2.1 安全阀应垂直安装，并应装设有足够截面的排汽管，其管路应畅通，并直通至安全地点；排汽管底部应装有疏水管；省煤器的安全阀应装排水管。

9.2.2 安全阀安装前应逐个进行严密性试验。

9.2.3 在安全阀和锅筒之间或者安全阀和集箱之间，不应装有取用蒸汽或者热水的管路和阀门。

9.2.4 采用螺纹连接的弹簧安全阀时，安全阀应与带有螺纹的短管相连接，而短管与锅筒或者集箱筒体的连接应采用焊接结构。

9.2.5 安全阀排汽管应留出热膨胀间隙，确保锅筒、集箱和管道能自由膨胀，应设置独立的支吊架并固定牢固，其自身质量不应传递到安全阀上。

9.2.6 安全阀的校验一般应符合 GB/T 16507.7 的要求。

9.2.7 锅炉安全阀整定压力应按照设计技术文件的要求执行。对有过热器的锅炉，过热器出口的安全阀应按照较低的整定压力调整。当设置有多只安全阀时，安装在过热器系统下游的安全阀应首先起跳。

9.2.8 直流蒸汽锅炉过热器系统安全阀最高整定压力不应高于 1.1 倍安装位置过热器的工作压力；当过热蒸汽系统中任两级间的连接管道上装有截止阀时，装于截止阀前的安全阀整定压力应按照过热蒸汽系统出口安全阀最高整定压力进行整定。

9.2.9 过热器出口动力驱动泄压阀整定压力应能够保证其优先于过热器出口安全阀动作，并不应超过过热器出口设计压力。

9.2.10 再热器、直流蒸汽锅炉外置式启动分离器的安全阀最高整定压力为装设地点工作压力的 1.1 倍。

9.2.11 安全阀的启闭压差一般应为整定压力的 4%～7%，最大不超过 10%。当整定压力小于 0.3 MPa 时，最大启闭压差为 0.03 MPa。

9.2.12 安全阀经过校验后，应在可能改变其整定的活动部件上加锁或者加铅封。

9.2.13 控制式安全阀应分别进行控制回路可靠性试验和开启性能试验。

9.3 水位计的安装

9.3.1 水位计和锅筒的汽侧连接管应向水位计方向倾斜，水侧连接管应向锅筒方向倾斜，汽水连通管需要设置支架时，应不妨碍连通管热膨胀。

9.3.2 云母水位计玻璃压板及云母片盖板结合面宜采用紫铜垫片密封，密封面应平整严密，必要时应进行研磨后安装；

9.3.3 水位计在安装完成后应以锅筒中心线为基准，在水位计上至少标出正常、高、低水位线；其偏差应小于或等于 1 mm；

9.3.4 水位计的汽、水连接管上应设置快速关断阀门，当采用电动阀门作为快速关断阀门时，应选用防爆型电动执行装置；

9.3.5 云母水位计只进行工作压力水压试验，不参加锅炉本体水压试验。

9.3.6 云母水位计所用云母片、玻璃板、石英玻璃管应符合下列要求：

a) 云母片应透明、平直、均匀，无斑点、皱纹、裂纹、弯曲等缺陷；

b) 云母片厚度应依据水位计工作位置的汽水压力选择，工作压力小于 9.8 MPa 时，总厚度为 0.8 mm～1.0 mm；工作压力大于或等于 9.8 MPa 时，总厚度为 1.2 mm～1.5 mm；

c) 玻璃板和石英玻璃管的耐压强度和热稳定性应符合工作位置的汽水压力的要求，其密封面应良好。

9.4 压力表安装

9.4.1 锅炉的下列部位应装设压力表：

a) 蒸汽锅炉锅筒的蒸汽空间；

b) 给水调节阀前；

c) 省煤器出口；

d) 过热器出口和主汽阀之间；

e) 再热器出口、入口；

f) 直流蒸汽锅炉的启动分离器或其出口管道上；

g) 直流蒸汽锅炉省煤器入口、储水箱和循环泵出口；

h) 直流蒸汽锅炉蒸发受热面出口截止阀前(如果装有截止阀)；

i) 热水锅炉的锅筒上；

j) 热水锅炉的进水阀出口和出水阀入口；

k) 热水锅炉循环水泵的出、入口；

l) 燃油锅炉、燃煤锅炉的点火油系统的油泵进口(回油)及出口；

m) 燃气锅炉、燃煤锅炉的点火气系统的气源入口及燃气阀组稳压阀(调压阀)后。

9.4.2 选用的压力表应符合 GB/T 16507.7 中的相关规定。

9.4.3 压力表安装前应进行校验，在刻度盘上应划出指示工作压力的红线，注明下次校验日期。压力表校验后应加铅封。

9.4.4 压力表安装应符合下列要求：

a) 应装设在便于观察和吹洗的位置，并且应防止受到高温、冰冻和震动的影响；

b) 锅炉蒸汽空间设置的压力表应有存水弯管或者其他冷却蒸汽的措施，热水锅炉用的压力表也应有缓冲弯管，弯管内径不应小于 10 mm；

c) 压力表与弯管之间应装有三通阀门，以便吹洗管路，卸换、校验压力表。

10 燃烧设备

10.1 燃烧设备安装

10.1.1 各种燃烧装置不应妨碍受热面的自由膨胀，并防止燃烧器喷口将煤粉气流直接冲刷受热面管。

10.1.2 固定在水冷壁上的燃烧装置的滑动吊架应滑动自由，平衡重锤应安装正确并与杠杆固定牢固；重锤在行程范围内与周围设施应保持一定距离；钢丝绳应避免中间接头，索卡应紧固可靠；外部连接的风道不应妨碍燃烧装置的膨胀和正常位移。

10.1.3 燃烧装置安装位置允许偏差见表 21。

表 21 燃烧装置安装位置允许偏差

单位为毫米

序号	检验项目	允许偏差
1	燃烧器喷口标高	±5
2	燃烧器间的距离	±5
3	边缘位置燃烧器与锅炉立柱中心线距离	±5

10.1.4 燃烧器配风器的焊缝和结合面应严密不漏，必要时做渗油试验或气密性试验。

10.1.5 燃烧器的调节挡板与轴应固定牢固，轴封处应选择允许工作温度相适应的密封材料密封严密；调节挡板操作装置应开关灵活，准确到位；调节挡板操作端上应有挡板实际位置的标识，能准确指示挡板实际位置。

10.1.6 摆动式燃烧器与煤粉管道的连接不宜使摆动式燃烧器承受外力。

10.1.7 扰动式(或带有调整机构的)燃烧装置安装还应符合下列要求：

a) 二次风挡板门与风壳间应预留有适当的膨胀间隙；

b) 一、二次风管同心度允许偏差在不带调整机构时≤5 mm，带有调整机构时≤3 mm；

c) 一、二次风管的连接处应严密不漏。

10.1.8 固定式及摆动式缝隙燃烧装置安装还应符合下列要求；

a) 假想燃烧切圆的切线允许偏差小于或等于 0.5°；

b) 喷口与一次风道间隙小于或等于 5 mm～8 mm；

c) 喷口与二次风道肋板间间隙小于或等于 10 mm～15 mm；

d) 二、三次风口水平度允许偏差小于或等于 2 mm；

e) 喷口摆动角度应符合设计图样要求，带动角度的刻度指示正确。

10.1.9 燃油燃烧装置安装还应符合下列要求：

a) 油枪一般应平直置于燃烧器内，确保枪内剩余燃油能自然流向炉内，油枪宜用无缝管子制造，其内部应保持畅通；

b) 油枪喷嘴和雾化片应清洗干净，光洁无损伤，装配次序和方向应正确，喷油孔应畅通，重新装配后不应渗漏；

c) 油枪与配风器应保持同心，喷嘴与旋流扩散器的距离和旋流方向应符合设计图样的规定；

d) 油枪内的连接处，特别是带有回油装置的结合面应密封良好，不应有渗漏；

e) 油枪推进机构应操作灵活，无卡涩；

f) 高能点火装置安装位置应严格按设计图样施工。

10.1.10 大风箱燃烧装置安装还应符合下列要求：

a) 一、二次风的滑动风门应预留热膨胀间隙，保证在运行中操作灵活；

b) 电气引燃的电极操作装置应不卡涩；

c) 点火用的可燃气体系统应作气密性试验，以保证系统严密不漏。

11 辅助装置

11.1 蒸汽吹灰器及其管道系统的安装

11.1.1 吹灰器安装位置与设计位置的允许偏差为±5 mm。

11.1.2 吹灰器吹灰管全长的水平度应满足运行中系统疏水的要求。

11.1.3 吹灰器的吹灰管应处在吹灰孔的中心。

11.1.4 吹灰器管道应有大于等于 2%的疏水坡度，系统无沉积冷凝水的位置，凝结水通过疏水阀及时排出。

11.1.5 吹灰器管道应满足系统和锅炉本体热膨胀的要求，且不应给吹灰器本体施加附加应力；

11.1.6 吹灰系统安装完成后，应进行蒸汽吹扫或者水冲洗，减压阀、安全阀应经过校验。

11.2 风机与泵类的安装

11.2.1 风机的安装应符合设计图样的要求。

11.2.2 风机的进出口蝶阀的打开方向应是气流方向的顺流方向。

11.2.3 风机的进出口伸缩节的安装方向应符合烟风管道的膨胀方向。

11.2.4 风机的进出口风门应有明显的开度指示，并与实际开度一致；开关装置应能够避免风门受自身重力影响或者振动原因发生异常关闭。

11.2.5 泵的安装应符合设计图样的要求。

11.2.6 泵系统阀门型式、数量应符合设计图样要求。

12 平台、扶梯、栏杆

12.1 平台、扶梯、栏杆的安装应符合 GB 50205 的有关要求。

12.2 平台、扶梯、栏杆的安装不应影响锅炉本体以及附件的膨胀。

12.3 采用悬吊式结构的平台、扶梯应采取可靠措施，防止晃动。

13 水压试验

13.1 锅炉安装过程中受压元件单件和组合件水压试验以及锅炉整体水压试验应符合 GB/T 16507.6 水压试验的要求。

13.2 锅炉受压元件应在无损检测和热处理完成后进行水压试验，水压试验时应有可靠的安全防护设施。

13.3 锅炉整体水压试验时，试验压力允许的压力降应符合表 22。

表 22 锅炉整体水压试验时试验压力允许压降

锅炉类别	允许压降 Δp
额定工作压力大于或等于 9.8 MPa 的锅炉	$\Delta p \leqslant 0.60$ MPa
额定工作压力大于或等于 3.8 MPa 但小于 9.8 MPa 的锅炉	$\Delta p \leqslant 0.40$ MPa
额定工作压力大于 0.8 MPa 但小于 3.8 MPa，额定蒸发量大于 20 t/h 的蒸汽锅炉； 额定热功率大于 14 MW 且出水温度大于或等于 120 ℃的热水锅炉	$\Delta p \leqslant 0.15$ MPa
额定工作压力大于 0.8 MPa 但小于 3.8 MPa，额定蒸发量小于或等于 20 t/h 的蒸汽锅炉； 额定热功率小于或等于 14 MW 且出水温度大于或等于 120 ℃的热水锅炉	$\Delta p \leqslant 0.10$ MPa
其他类别锅炉	$\Delta p \leqslant 0.05$ MPa

13.4 额定工作压力大于或等于 9.8 MPa 的锅炉的主给水管道、主蒸汽管道、高温再热蒸汽管道、低温再热蒸汽管道安装焊缝经过 100％射线或者超声无损检测合格后，可以不进行水压试验。

14 炉墙砌筑、浇注与保温

14.1 炉墙砌筑应符合设计图样和 GB 50273 的相关要求。

14.2 耐火料的浇注

14.2.1 耐火浇注料的品种和配合比应符合设计要求，耐火浇注料在现场浇注前应作试块，按国家现行标准的有关规定进行试验，合格后进行施工。浇注体表面不应有剥落、裂缝和孔洞等缺陷。

14.2.2 耐火浇注料在现场浇注时，对每一种牌号或配合比，应以每 20 m^3 为一批留试块进行检验，不足 20 m^3 亦作一批检验，采用同一牌号或配合比进行多次施工时，每次施工均应留置试块检验。检验项目和要求，应按国家现行标准的有关规定执行。

14.2.3 埋设在耐火浇注料内的钢筋、管子、钢构件等的表面不应有污垢，在浇注前应在其表面涂刷沥青或包裹沥青纸、牛皮纸等。

14.2.4 锅炉砌筑及耐火浇注料施工时，工作地点和砌体周围温度，均不应低于 5 ℃。

14.2.5 黏土结合耐火浇注料、水玻璃耐火浇注料、磷酸盐耐火浇注料施工温度不宜低于 10 ℃，必要时调制耐火浇注料用水可以进行加热，硅酸盐水泥耐火浇注料的水温不应超过 60 ℃；高铝水泥耐火浇注料的水温不应超过 30 ℃。不应对水泥直接加热。耐火浇注料施工过程中不应另加促凝剂。

14.3 保温

14.3.1 保温层施工应在金属烟道、风管、管道等被保温处的强度试验或严密性试验合格后，方可进行。

14.3.2 保温层的形式、伸缩缝的位置及保温材料的强度、密度、导热系数、品种规格均应符合设计要求。

14.3.3 保温层施工前，应清除锅筒、集箱、金属烟道、风管、管道等被保温处表面的油污和铁锈，并按设计规定涂刷耐腐蚀涂料。

14.3.4 保温材料采用成型制品时，捆扎应牢固，接缝应错开，里外层压缝，嵌缝应饱满；当采用胶泥状材料时，应涂抹密实，圆弧均匀，厚度一致，表面平整。当保护层采用卷材时，应紧贴表面，不应折皱和开裂；采用抹面时，应平整光滑，棱角整齐，不应有显著裂缝；采用铁皮、铝皮包裹时，应压边搭接。

14.3.5 保温层施工时，阀门、法兰盘、人孔及其他可折件的边缘应留出空隙，保温层断面应封闭严密；支托架处的保温层不应影响活动面的自由伸缩。

15 化学清洗、冲洗和吹洗

15.1 化学清洗

15.1.1 锅炉在正式投入运行前应进行化学清洗；A 级以下的锅炉（腐蚀严重者除外），可以不进行酸洗，但应进行碱煮。

15.1.2 锅炉本体进行化学清洗前应将不参加清洗的设备，包括脉冲式安全阀、压力测量装置、水位测量装置、流量测量装置、水汽取样一次门后管道及取样门、排气及疏放水一次门后管道等进行可靠隔离。对于无法隔离的固定在设备上的阀门应采取有效防范措施，确保在化学清洗过程中不受到损伤。

15.1.3 化学清洗结束后，检查锅筒、水冷壁下集箱内部、监视管段，要求达到以下要求：内表面应清洁，基本上无残留氧化物和焊渣；不出现二次浮锈，无点蚀、无明显金属粗晶析出的过洗现象，不允许有镀铜现象，并形成完整的钝化保护膜。

15.1.4 化学清洗结束后，检查腐蚀指示片平均腐蚀速度应小于 10 g/(m^2·h)。

15.1.5 锅炉采用碱煮时，药液不应进入过热器；煮 24 h 后，从下部各排污点轮流排污换水直至水质达到试运标准为止。

15.1.6 锅炉碱煮结束后，检查锅筒、水冷壁下集箱内部，彻底清扫内部附着物和残渣。

15.2 冲洗和吹洗

15.2.1 锅炉给水、减温水管道在投入供水前应进行管道冲洗，清除管道内的杂物和锈垢。

15.2.2 下列设备一般不参加减温水管道的冲洗：

a) 表面式减温器；

b) 混合式减温器；

c) 自凝减温水的冷凝器。

15.2.3 冲洗用水宜采用除盐水或软化水，冲洗水量应大于正常运行时的最大水量，当出水澄清、出口水质和入口水质相接近时为合格。

15.2.4 锅炉过热器、再热器及其连接管道、主蒸汽管道、再热蒸汽管道在投入供汽前应进行吹洗，清除内部的杂物和锈垢。

15.2.5 参加管道的冲洗和吹洗工作临时管道的焊接应由合格焊工施焊，靶板前的焊口应采用氩弧焊工艺。

15.2.6 锅炉过热器、再热器及其蒸汽管道系统吹洗时，所用临时管的截面积应大于或等于被吹洗管的截面积，临时管应尽量短以减少阻力。

15.2.7 锅炉吹洗管路应布置、固定合理，排汽口不应朝向人行通道、设备设施，并有可靠的隔离措施。

15.2.8 吹洗时控制门应全开(直流锅炉纯直流吹洗时除外)；用蓄热法吹洗时，控制门的开启时间一般应小于 1 min。

15.2.9 被吹洗系统各处的吹管系数应大于 1。

$$\text{吹管系数}=\frac{\text{吹管蒸汽流量}^2\times\text{吹管时蒸汽比容}}{\text{额定负荷流量}^2\times\text{额定负荷时蒸汽比容}}$$

15.2.10 锅筒锅炉吹洗时的压力下降值应控制在饱和温度下降值小于或等于 42 ℃的范围内。

15.2.11 吹洗过程中，至少应有一次停炉冷却(时间 12 h 以上)，冷却过热器、再热器及其管道，以提高吹洗效果。

15.2.12 再热锅炉蒸汽吹洗时，可采取一、二次系统串联不分阶段进行吹洗的方法，但应在再热蒸汽冷段上加装集粒器(垃圾收集器)，集粒器的强度应满足蒸汽参数的要求且阻力小于 0.1 MPa。

15.2.13 额定蒸发量大于或等于 670 t/h 的锅炉和管道蒸汽吹洗时，宜在排汽口处加装消声器(消音器)。

15.2.14 在被吹洗管末端的临时排汽管内(或排汽口处)装设靶板，靶板可用铝板制成，其宽度约为排汽管内径的 8%，长度纵贯管子内径。

15.2.15 吹洗的合格标准为在保证吹管系数前提下，连续两次更换靶板检查，靶板上冲击斑痕粒度小于或等于 0.8 mm，且斑痕不多于 8 点。

16 调试

16.1 锅炉的调试工作一般按照单体调试、分系统调试、分部试运和整套启动试运的顺序进行。

16.2 锅炉安装后的调试一般应包括空气动力场试验、燃烧性能试验和锅炉性能试验等。

16.3 锅炉的调试过程中的操作，应在调试人员的监护、指导下，由经过培训并且取得相应特种设备作业人员证书的运行人员担任。

16.4 锅炉首次启动时，下列热工设备和保护装置应经过调试并且投入运行：

a) 数据采集系统；
b) 炉膛安全监控系统；
c) 有关辅机的子功能组和联锁；
d) 全部远程操作系统。

16.5 锅炉启动过程中应缓慢升温升压，并符合制造单位提供的启动曲线的要求，启动过程中要监视各部分的膨胀值在设计范围内。

17 质量验收

17.1 安装单位在工程项目施工完毕经自检合格后方可进行质量验收，安装质量验收一般由业主单位(建设单位)组织进行。

17.2 锅炉安装工程质量检验项目发生不合格时，应进行记录并整改处理，整改处理后的质量检查和验收一般应符合下列规定处理。

17.2.1 经返工重做或更换器具、设备的检验项目，应重新进行验收。

17.2.2 经返修处理的检验项目，能满足安全使用要求，可按技术处理方案和协商文件进行验收。

17.3 因设计或设备制造原因造成的质量问题，应由设计或设备制造单位提出整改意见。

17.4 资料管理

17.4.1 锅炉安装完成后，安装及调试单位一般应在锅炉机组试运完成前向使用单位移交安装、调试资料。

17.4.2 锅炉安装资料至少应有以下部分组成：

a) 锅炉技术文件清查记录(包括设计修改的有关文件)；
b) 设备缺损件清单及修复记录；
c) 基础检查记录；
d) 钢架安装记录；
e) 锅炉本体受热面管子通球试验记录；
f) 锅筒、集箱、省煤器、过热器、再热器及空气预热器安装记录；
g) 受热面、管道的焊接和热处理、无损检测记录；
h) 水压试验记录及签证；
i) 锅筒封闭检查记录；
j) 燃烧装置安装检查记录；
k) 炉墙、保温施工记录；
l) 锅炉冲洗及化学清洗记录；
m) 严密性试验(或称漏风试验)记录；
n) 锅炉安装质量验收报告；
o) 风机及泵类安装记录。

17.4.3 锅炉调试资料至少应有以下部分组成：

a) 单体调试报告；
b) 锅炉炉膛空气动力场试验报告(限大于或等于 3.8 MPa 的电站锅炉)；
c) 锅炉燃烧试验调试记录及报告；
d) 锅炉热效率试验记录及报告；
e) 锅炉安全阀调整试验记录及校验报告；
f) 锅炉连锁及保护装置试验报告；
g) 锅炉带负荷连续试运行记录及签证。

18 运行

18.1 锅炉正式投入运行前，应根据调试结果制定现场运行规程。

18.2 锅炉使用单位应制定锅炉事故应急措施和救援预案，包括组织方案、责任制度、报警系统及紧急状态下抢险救援的实施方案。

18.3 锅炉运行操作人员在锅炉运行前应做好各种检查，应按照规定的程序启动和运行，不应任意提高运行参数，压火后应保证锅水温度、压力不回升和锅炉不缺水。

18.4 锅炉燃烧调整应坚持增加负荷时，先增加风，后增加燃料；减少负荷时，先减少燃料后减风的原则。

18.5 当锅炉运行中发生受压元件泄漏、炉膛严重结焦、液态排渣锅炉无法排渣、锅炉尾部烟道严重堵灰、炉墙烧红、受热面金属严重超温、汽水质量严重恶化等情况时，应停止运行。

18.6 锅炉使用单位应根据锅水水质确定排污方式及排污量，并且按照水质变化进行调整。蒸汽锅炉定期排污时宜在低负荷时进行。

18.7 蒸汽锅炉(电站锅炉除外)运行中遇有下列情况之一时,应立即停炉:

a) 锅炉水位低于水位表最低可见边缘;
b) 不断加大给水及采取其他措施但水位仍继续下降;
c) 锅炉满水,水位超过最高可见水位,经过放水仍不能见到水位;
d) 给水泵失效或者给水系统故障,不能向锅炉给水;
e) 水位表、安全阀或者设置在汽空间的压力表全部失效;
f) 锅炉元件受损坏,危及锅炉运行操作人员安全;
g) 燃烧设备损坏、炉墙倒塌或者锅炉构架被烧红等,严重威胁锅炉安全运行;
h) 其他异常情况危及锅炉安全运行。

18.8 电站锅炉运行中遇到下列情况,应立即停止向炉膛送入燃料:

a) 锅炉严重缺水;
b) 锅炉严重满水;
c) 直流锅炉断水;
d) 锅水循环泵发生故障,不能保证锅炉安全运行;
e) 水位装置失效无法监视水位;
f) 主蒸汽管、再热蒸汽管、主给水管和锅炉范围内连接导管爆破;
g) 再热器蒸汽中断(制造单位有规定者除外);
h) 炉膛熄火;
i) 燃油(气)锅炉油(气)压力严重下降;
j) 安全阀全部失效或者锅炉超压;
k) 热工仪表、控制电(气)源中断,无法监视、调整主要运行参数;
l) 严重危及人身和设备安全以及制造单位有特殊规定的其他情况。

ICS 27.060.30
J 98

中华人民共和国国家标准

GB/T 16508.1—2013

锅壳锅炉
第1部分:总则

Shell boilers—
Part 1:General requiments

2013-12-31 发布　　　　2014-07-01 实施

中华人民共和国国家质量监督检验检疫总局
中国国家标准化管理委员会　发布

前　言

GB/T 16508《锅壳锅炉》分为以下 8 个部分：

——第 1 部分：总则；

——第 2 部分：材料；

——第 3 部分：设计与强度计算；

——第 4 部分：制造、检验与验收；

——第 5 部分：安全附件和仪表；

——第 6 部分：燃烧系统；

——第 7 部分：安装；

——第 8 部分：运行。

本部分为 GB/T 16508 的第 1 部分。

本部分按照 GB/T 1.1—2009 给出的规则起草。

本部分由全国锅炉压力容器标准化技术委员会(SAC/TC 262)提出并归口。

本部分起草单位：中国特种设备检测研究院、上海工业锅炉研究所、上海发电设备成套设计研究院。

本部分主要起草人：寿比南、张显、钱风华、张瑞、王善武、王为国、徐锋。

引　言

GB/T 16508 是全国锅炉压力容器标准化技术委员会(以下简称“委员会”)负责制定和归口的锅炉通用技术标准之一，用以规范在中国境内建造或使用的固定式锅壳锅炉设计、制造、检验、验收、安装、运行的相关技术要求。

由于本标准没有必要、也不可能囊括适用范围内锅炉建造和安装中的所有技术细节，因此，在满足法规所规定的基本安全要求的前提下，不应禁止本标准中没有提及的技术内容。

本标准不限制实际工程设计和建造中采用先进的技术方法，但工程技术人员采用先进的技术方法时应能作出可靠的判断，确保其满足本标准规定。

本标准既不要求也不禁止设计人员使用计算机程序实现锅炉的分析或设计，但采用计算机程序进行分析或设计时，除应满足本标准要求外，还应确认：

1)　所采用程序中技术假定的合理性；

2)　所采用程序对设计内容的适应性；

3)　所采用程序输入参数及输出结果用于工程设计的正确性。

对于标准技术条款的询问应以书面形式向委员会秘书处提交，并有义务提供可能需要的资料。与标准条款没有直接关系或不能被理解的询问将视为技术咨询的范畴，委员会有权拒绝回答。

对于未经委员会书面授权或认可的其他机械对标准的宣贯或解释所产生的理解歧义和由此产生的任何后果，本委员会将不承担任何责任。

锅壳锅炉
第1部分:总则

1 范围

1.1 GB/T 16508 的本部分规定了固定式锅壳锅炉的材料、设计、制造和检验、安全附件、燃烧系统、安装、运行、节能与环保等方面的通用技术要求。

1.2 本部分适用于符合下列条件的以水为介质、蒸发受热面主要布置在锅壳或在锅壳内设有炉胆的固定式承压锅壳锅炉:

a) 设计正常水位水容积大于或等于 30 L,且额定蒸汽压力大于或等于 0.1 MPa(表压,下同)的蒸汽锅炉;

b) 额定出水压力大于或等于 0.1 MPa,或者额定功率大于或等于 0.1 MW 的热水锅炉。

1.3 本部分不适用于以下设备:

a) 移动式锅炉(如船用锅炉、铁路机车牵引用锅炉);

b) 为满足设备和工艺流程冷却需要的冷却装置;

c) 军事用途锅炉。

2 规范性引用文件

下列文件对于本文件的应用是必不可少的。凡是注日期的引用文件,仅注日期的版本适用于本文件。凡是不注日期的引用文件,其最新版本(包括所有的修改单)适用于本文件。

GB/T 1576 工业锅炉水质
GB/T 1921 工业蒸汽锅炉参数系列
GB/T 3166 热水锅炉参数系列
GB/T 2900.48 电工名词术语 锅炉
GB 8978 污水综合排放标准
GB/T 10180 工业锅炉热工性能试验规程
GB/T 10863 烟道式余热锅炉热工试验方法
GB/T 12145 火力发电机组及蒸汽动力设备水汽质量
GB 12348 工业企业厂界噪声标准
GB 13271 锅炉大气污染物排放标准
GB/T 16507 水管锅炉
GB/T 16508.2 锅壳锅炉 第2部分:材料
GB/T 16508.3 锅壳锅炉 第3部分:设计与强度计算
GB/T 16508.4 锅壳锅炉 第4部分:制造、检验与验收
GB/T 16508.5 锅壳锅炉 第5部分:安全附件和仪表
GB/T 16508.6 锅壳锅炉 第6部分:燃烧系统
GB/T 16508.7 锅壳锅炉 第7部分:安装
GB/T 16508.8 锅壳锅炉 第8部分:运行
GB/T 22395 锅炉钢结构设计规范
GB 24747 有机热载体安全技术条件

JB/T 6734　锅炉角焊缝强度计算方法
JB/T 6735　锅炉吊杆强度计算方法
NB/T 47013(JB/T 4730)　承压设备无损检测
NB/T 47014　承压设备焊接工艺评定
TSG G0001　锅炉安全技术监察规程
TSG G0002　锅炉节能技术监督管理规程

3　术语和定义

GB/T 2900.48 界定的以及下列术语和定义适用于本标准。

3.1

额定压力　rated pressure

锅炉的额定压力是指在规定的给水压力和负荷范围内长期连续运行所必须保证的锅炉出口的压力,也是锅炉铭牌上标明的额定工作压力或额定出口压力。

3.2

工作压力　operating pressure

在正常工作情况下,受压部件所承受的最高压力。

3.3

设计压力　design pressure

按规定设定的受压部件(元件)最高压力值,与相应的设计温度一起作为设计载荷条件,其值不低于工作压力。

3.4

计算压力　calculating pressure

在相应设计温度下,用以确定受压元件理论计算厚度的压力。

3.5

安全阀动作压力　safety release pressure

安全阀开始泄放时的压力,也称安全阀的整定压力。

3.6

水压试验压力　hydrostatic test pressure

按规定对锅炉系统或受压部件(元件)进行水压试验时所施加的压力。

3.7

额定温度　rated temperature

在规定的设计条件下长期连续运行所保证的出口工质温度。

3.8

计算温度　calculating temperature

在正常工作条件下所设定的元件的金属温度(沿元件金属截面的温度平均值)。

3.9

试验温度　test temperature

进行压力试验时,受压元件的金属温度。

3.10

计算厚度　required thickness

理论计算公式确定的受压元件厚度。必要时还应计入其他载荷所需厚度。

3.11

设计厚度　design thickness

计算厚度与腐蚀裕量之和。

3.12

名义厚度　nominal thickness

设计厚度加上钢材厚度负偏差和制造减薄量后，向上圆整至钢材标准规格的厚度，即图样标注厚度。

3.13

有效厚度　effective thickness

名义厚度减去腐蚀裕量、钢材厚度负偏差和制造减薄量后的厚度。

3.14

最小成形厚度　minimum required fabrication thickness

受压元件成形后保证设计要求的最小厚度。

3.15

失效模式　failure mode

使产品丧失其规定功能的破坏形式。

3.16

安全附件　safety accessory

防止设备超过设计条件的器件或装置。

3.17

锅炉热效率　boiler thermal efficiency

单位时间内锅炉有效利用热量占锅炉输入热量的百分比，或相应于每千克燃料(固体和液体燃料)，或每标准立方米(气体燃料)所对应的输入热量中有效利用热量所占百分比。

3.18

最高火界　the highest fire line

锅炉蒸发受热面上受火焰或高温烟气冲刷的水侧最高点。

3.19

呼吸空位　component space

是指管板上壁温不同的相邻元件之间必须有足够的空间，以防止产生过大的温差应力。

4　资质与责任

4.1　资质

4.1.1　单位资质

锅炉的制造、检验、检测、安装等单位应按《特种设备安全监察条例》要求取得相应特种设备许可资质。

4.1.2　人员资格

4.1.2.1　锅炉受压元件的焊接人员，应当按照《特种设备焊接操作人员考核细则》等有关安全技术规范的要求进行考试，取得《特种设备作业人员证》后，方可在有效期内从事合格项目范围内的焊接工作。

4.1.2.2　无损检测人员应当按照相关技术规范的要求取得特种设备作业人员资格证书后，方能承担与资格证书的种类和技术等级相对应的无损检测工作。

4.1.2.3　锅炉使用单位的作业人员应具有安全技术规范要求的相应资格。

4.2　责任

4.2.1　使用单位

应以书面形式向制造单位提供锅炉设备的工作条件，至少应包括以下内容：

a) 锅炉负荷；

b) 出口介质温度和压力；

c) 燃烧方式和燃料特性；

d) 环境和场地要求；

e) 能效指标及排放要求；

f) 其他要求等。

4.2.2 制造单位

4.2.2.1 应按照有关安全技术规范的要求建立质量体系并有效运行，接受特种设备安全监察机构的监察，对所制造的锅炉产品质量负责。

4.2.2.2 应保证设计文件的正确性和完整性，更改应有可追溯性。

4.2.2.3 锅炉制造过程中和完工后，应按本标准和图样规定对锅炉进行各项检验和试验，出具相应的检验试验报告。

4.2.2.4 产品出厂时，应按 GB/T 16508.4 的规定向使用单位提供与安全有关的技术资料，至少包括：

a) 锅炉图样(包括总图、安装图和主要受压元件图等)；

b) 受压元件强度计算书或计算结果汇总表；

c) 安全阀排放量计算书或计算结果汇总表；

d) 锅炉质量证明书(包括出厂合格证、主要受压元件原材料证明、焊接质量证明、无损检测报告和水压试验证明等)；

e) 锅炉安装说明书和使用说明书；

f) 受压元件重大设计更改资料；

g) 热水锅炉的水流程图及水动力计算书(自然循环的锅壳式锅炉除外)；

h) 制造监督检验证书；

i) 与安全和节能有关的技术资料。

4.2.2.5 制造单位对其制造的锅炉产品在设计使用年限内，除应保存上述出厂技术资料外，还应妥善保存下述技术文件备查：

a) 锅炉设计详图；

b) 材料使用清单；

c) 制造工艺图或制造工艺卡；

d) 焊接工艺文件；

e) 热处理工艺文件；

f) 锅炉制造过程及完工后的检验和试验记录；

g) 制造监督检验证书；

h) 允许的选择项目记录等。

4.2.3 安装单位

安装单位应按照相关安全技术规范标准及锅炉制造厂提供的锅炉图纸和安装说明书进行安装施工，并对施工安全质量负责。

5 锅炉范围界定

5.1 锅炉范围

本标准管辖的锅炉，其范围是指锅炉本体、范围内管道、安全附件、燃烧系统等，按下列范围界定。

5.1.1 锅炉本体

由锅筒及与其连接的受热面、联箱、连接管道等组成的整体。

5.1.2 范围内管道

有分汽(水、油)缸的锅炉,从锅炉给水(油)阀出口起,到分汽(水、油)缸出口止。无分汽(水、油)缸的锅炉,从锅炉给水(油)阀出口起,到锅炉主蒸汽(水、油)出口阀止。包括给水、蒸汽、减温水、启动、取样、加药、排污、疏水、放水和放气等管道。

5.1.3 与外部管道连接

a) 焊接连接的第一道环向接头坡口端面;

b) 螺纹连接的第一个螺纹连接端面;

c) 法兰连接的第一个法兰密封面。

5.1.4 安全附件

包括安全阀、压力测量装置、水(液)位测量与示控装置、报警装置、温度测量装置、排污和排放装置,以及安全保护装置等。

5.1.5 燃烧系统

锅炉燃烧系统包括燃烧设备、燃料输送系统、送风系统、排烟系统、除灰(渣)装置以及所有相关的控制、监测设备等。

5.2 部分典型锅炉结构型式

5.2.1 带内部回燃室的湿背式锅炉(参见图 1)

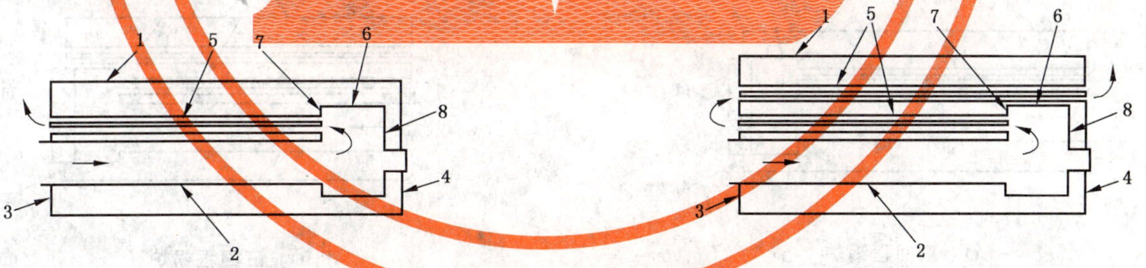

a) 双回程锅炉　　b) 三回程锅炉

说明:

1——筒形壳体;

2——炉胆;

3——前管板;

4——后管板;

5——烟管;

6——转烟室筒体;

7——转烟室前管板;

8——转烟室后管板。

有效辐射受热面由炉胆和回燃室表面组成。

图 1 带内部回燃室的湿背式锅炉示意图

5.2.2 带外部转向室的湿背式锅炉(参见图2)

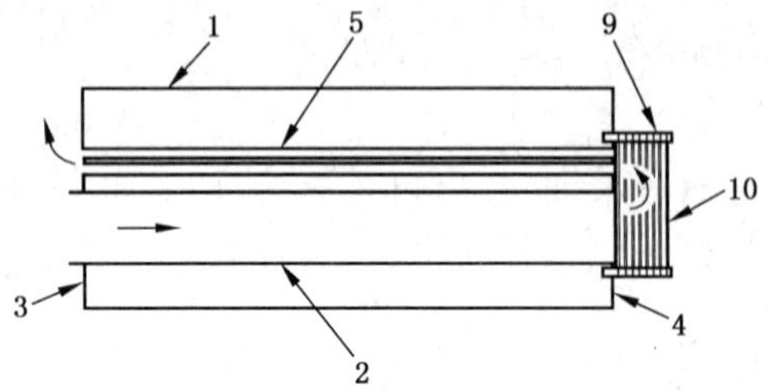

a) 双回程锅炉

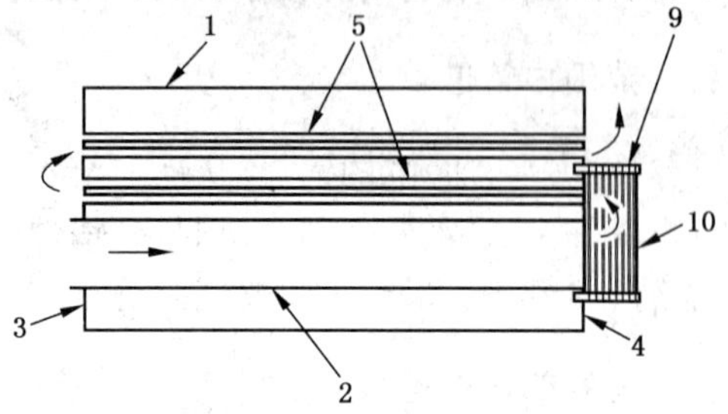

b) 三回程锅炉

说明：

1——筒形壳体；

2——炉胆；

3——前管板；

4——后管板；

5——烟管；

9——集箱；

10——管墙。

有效辐射受热面由炉胆和转烟室所有表面组成。

图2 带外部转烟室的湿背式锅炉示意图

5.2.3 半湿背式锅炉(参见图3)

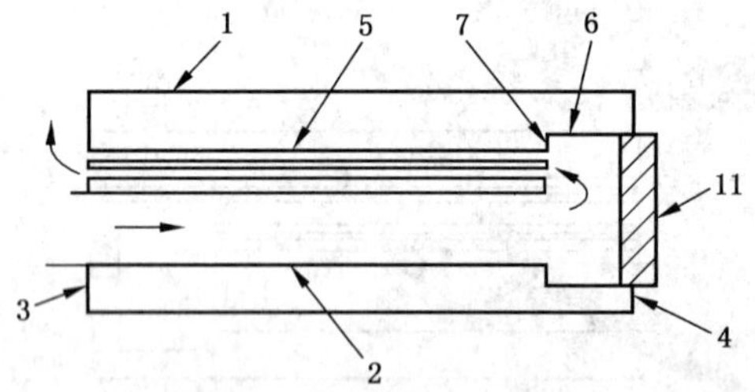

a) 双回程锅炉

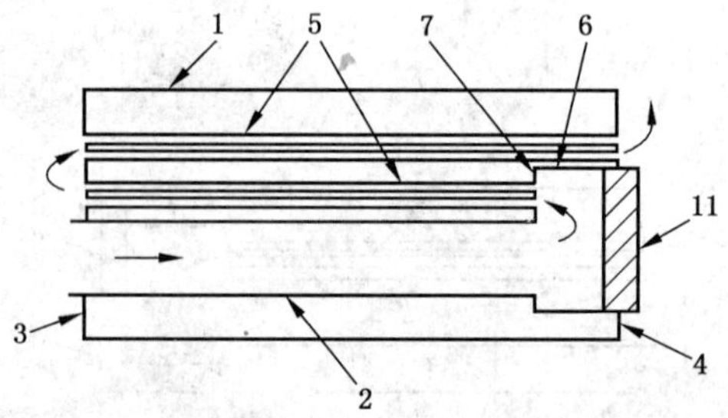

b) 三回程锅炉

说明：

1——筒形壳体；

2——炉胆；

3——前管板；

4——后管板；

5——烟管；

6——转烟室筒体；

7——转烟室前管板；

11——耐火砖。

有效辐射受热面由炉胆覆板和转烟室管板组成。

图3 带外部转烟室的半湿背式锅炉示意图

5.2.4 干背式锅炉(参见图4)

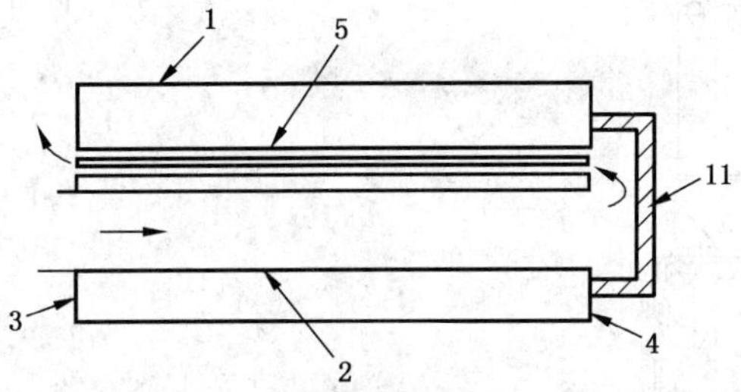

a) 双回程锅炉

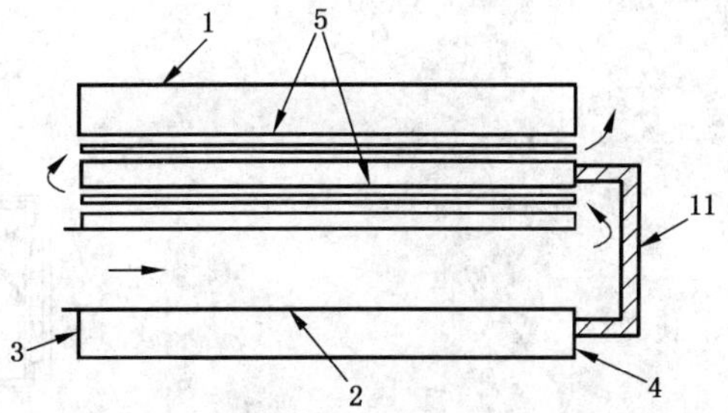

b) 三回程锅炉

说明:

1——筒形壳体;

2——炉胆;

3——前管板;

4——后管板;

5——烟管;

11——耐火砖。

有效辐射受热面由炉胆和后管板组成。

图4 干背式锅炉示意图

5.2.5 回焰式锅炉(参见图5)

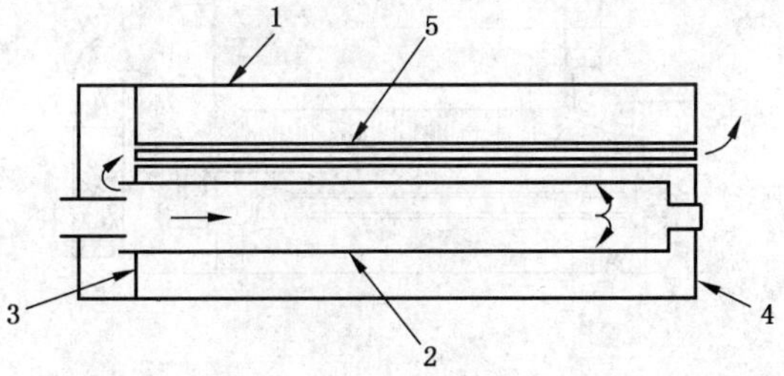

说明:

1——筒形壳体;

2——炉胆;

3——前管板;

4——后部板;

5——烟管。

有效辐射受热面仅由炉胆组成。

图5 回焰式锅炉示意图

5.2.6 立式烟管锅炉示意图(参见图6)

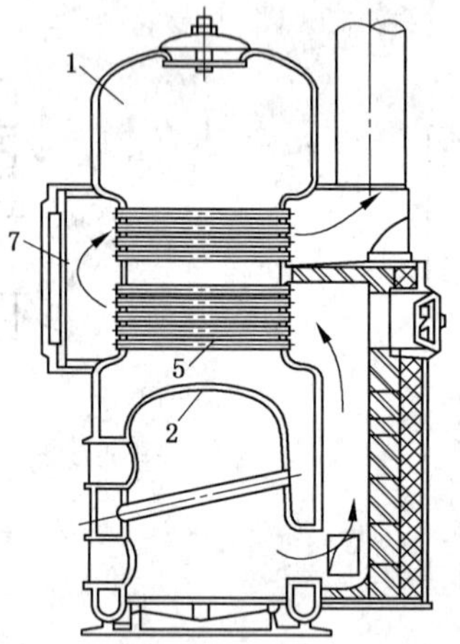

说明:
1——筒形壳体;
2——炉胆;
5——烟管;
7——转烟室管板。

图6 立式烟管锅炉示意图

5.2.7 水火管锅炉示意图(参见图7)

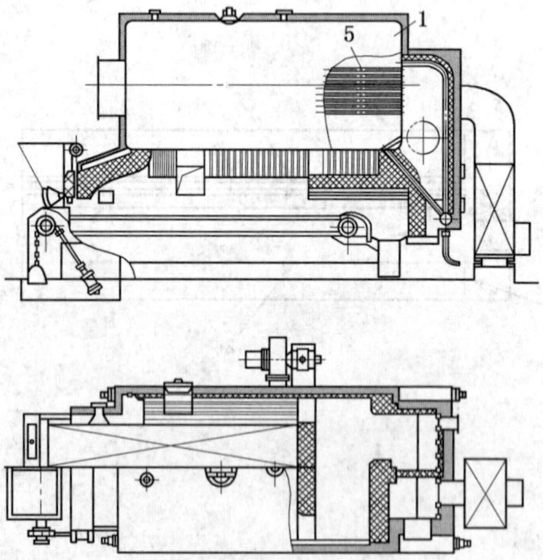

说明:
1——筒形壳体;
5——烟管。

图7 水火管锅炉示意图

5.2.8 **贯流锅炉(参见图 8)**

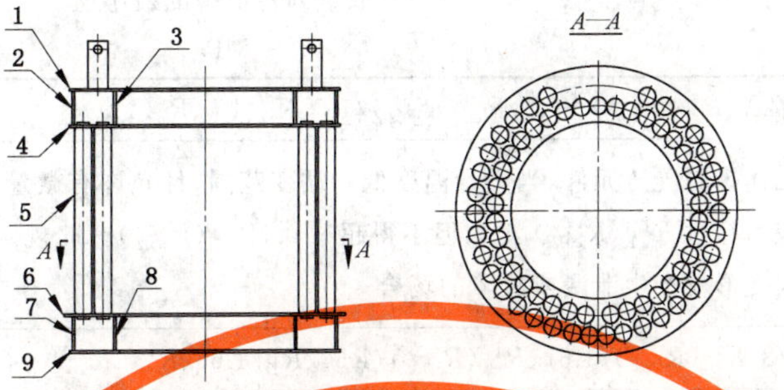

说明：

1——顶部管板；

2——上部筒体(外)；

3——上部筒体(内)；

4——上管板；

5——水管；

6——下管板；

7——下部筒体(外)；

8——下部筒体(内)；

9——底部管板。

图 8 贯流锅炉示意图

6 通用技术要求

6.1 基本要求

锅炉的设计、制造、检验、验收、安装、运行等应遵守国家颁布的有关法律、法规和 TSG G0001《锅炉安全技术监察规程》、TSG G0002《锅炉节能技术监督管理规程》等安全技术规范，并满足安全、经济、节能、环保的要求。本部分所有部分符合 TSG G0001《锅炉安全技术监察规程》相应规定的符合性声明见附录 A。

6.2 锅炉参数

制造单位应按使用单位的要求保证锅炉出口处的参数达到额定值，额定值可参照 GB/T 1921 和 GB/T 3166 选取。

6.3 材料

6.3.1 材料选用

锅炉材料的选用应符合 GB/T 16508.2 的要求，并且在标准规定的使用范围内使用。

6.3.2 许用应力

本标准所用材料的许用应力按 GB/T 16508.2 选取。确定材料许用应力的依据为：钢材按表 1，螺栓材料按表 2。

表 1　钢材许用应力确定依据

MPa

材料	许用应力 （取下列各值中的最小值） MPa
受压元件	$R_m/2.7$、$R_{eL}(R_{p0.2})/1.5$、$R_{eL}^t(R_{p0.2}^t)/1.5$、$R_D^t/1.5$、$R_n^t/1.0$
	奥氏体钢制受压元件，当设计温度低于蠕变范围，且允许有微量的永久变形时，可适当提高许用应力超过 $R_{eL}^t(R_{p0.2}^t)/1.5$，但不得超过 $0.9R_{eL}^t(R_{p0.2}^t)$。此规定不适用于法兰或其他有微量永久变形就产生泄漏或故障的场合
吊杆装置	$R_m/3$、$R_{eL}(R_{p0.2})/1.67$、$R_{eL}^t(R_{p0.2}^t)/1.67$、$R_D^t/1.67$、$R_n^t/1.0$
其他受力构件	$R_m/2.7$、$R_{eL}(R_{p0.2})/1.5$、$R_{eL}^t(R_{p0.2}^t)/1.5$、$R_D^t/1.5$、$R_n^t/1.0$
R_m——钢材标准规定的抗拉强度下限值，MPa； $R_{eL}(R_{p0.2})$——钢材标准规定的下屈服强度（或规定非比例延伸强度），MPa； $R_{eL}^t(R_{p0.2}^t)$——钢材在设计温度下的下屈服强度（或高温规定非比例延伸强度），MPa； R_D^t——钢材在设计温度下的 10 万 h 断裂的持久强度的平均值，MPa； R_n^t——钢材在设计温度下的 10 万 h 蠕变率 1% 的蠕变极限，MPa。	

表 2　螺栓材料许用应力确定依据

材料	螺栓直径 mm	热处理状态	许用应力 （取下列各值中的最小值） MPa	
碳素钢	≤M22	热轧、正火	$R_{eL}^t/2.7$	$R_D^t/1.5$
	M24～M48		$R_{eL}^t/2.5$	
低合金钢、 马氏体高合金钢	≤M22	调质	$R_{eL}^t(R_{p0.2}^t)/3.5$	
	M24～M48		$R_{eL}^t(R_{p0.2}^t)/3.0$	
	≥M52		$R_{eL}^t(R_{p0.2}^t)/2.7$	
奥氏体高合金钢	≤M22	固溶	$R_{eL}^t(R_{p0.2}^t)/1.6$	
	M24～M48		$R_{eL}^t(R_{p0.2}^t)/1.5$	
$R_{eL}^t(R_{p0.2}^t)$——钢材在设计温度下的下屈服强度（或高温规定非比例延伸强度），MPa。				

6.4　设计

6.4.1　锅炉结构

锅炉结构应根据所选用的锅炉蒸发量或热功率、工作压力、工作温度、燃料特性和燃烧方式等参数确定。锅炉结构选用应符合 GB/T 16508.3 的有关规定。

6.4.2　设计计算

6.4.2.1　锅炉元件设计与计算应根据失效模式，按适合的设计准则和设计方法进行设计和计算。锅炉设计计算主要包括热力计算、烟风阻力计算、水动力计算和元件强度计算等。

6.4.2.2　锅炉受压元件设计计算方法应符合 GB/T 16508.3 的有关规定；锅炉角焊缝强度计算方法按

JB/T 6734 的规定；锅炉吊杆强度计算方法按 JB/T 6735 的规定，锅炉钢结构设计计算按 GB/T 22395 的规定。

6.4.2.3 当锅炉结构为锅壳与水管组合设计时，水管形式元件的设计与计算应符合 GB/T 16507 的要求。

6.4.2.4 对无法按 GB/T 16508.3 通过计算确定结构尺寸的受压元件，可以采用试验或者其他计算方法验证其安全性。

6.4.3 计算温度

受压元件计算温度可根据介质温度、传热计算或者实测温度三种方法确定。承受载荷的非受压元件按计算部位的介质温度和环境温度确定。

6.4.4 载荷

6.4.4.1 受压元件设计时应考虑的计算载荷如下：

a) 水或蒸汽的内压或外压力；

b) 液柱静压力；

c) 安全阀整定压力。

需要时还应考虑下列载荷：

d) 受压元件及内装的自重载荷；

e) 附属设备的重力载荷；

f) 风、雪载荷和地震载荷；

g) 连接管道的其他作用力(管道的推力和力距等)；

h) 温度梯度和热膨胀量不同引起的作用力；

i) 压力急剧波动时的冲击载荷；

j) 运输和吊装时的作用力。

6.4.4.2 承受载荷的非受压元件应考虑的计算载荷如下：

a) 永久载荷，包括支吊重力、热膨胀推力；

b) 瞬时载荷，包括安全阀排汽反作用力和其他短时间的作用力。

6.4.5 计算压力

以工作压力为基准，考虑安全阀整定压力和水柱静压的附加压力，确定受压元件的计算压力。

6.4.6 厚度附加量

厚度附加量按式(1)确定：

$$C = C_1 + C_2 + C_3 \qquad \cdots\cdots(1)$$

式中：

C ——厚度附加量，单位为毫米(mm)；

C_1——腐蚀裕量，单位为毫米(mm)；

C_2——制造减薄量，单位为毫米(mm)；

C_3——钢材厚度负偏差，单位为毫米(mm)。

6.4.6.1 根据预期的锅炉使用年限和介质对金属材料的腐蚀速率确定腐蚀裕量。一般只考虑工质侧腐蚀，而烟气侧腐蚀应在订货合同中另作规定。磨损情况可参照本条处理。

6.4.6.2 根据具体情况确定制造加工过程中的制造减薄值，如卷板、冲压和弯管工艺等。

6.4.6.3 钢板和钢管的厚度负偏差根据相应钢材标准确定。

6.4.6.4 除强度外，还应考虑受压元件的刚性和制造工艺对最小厚度的限制以及热应力对最大壁厚的限制。

6.4.7 焊接接头系数

6.4.7.1 焊接接头系数应按对接接头的焊缝型式及无损检测的比例确定。

6.4.7.2 双面焊对接接头和相当于双面焊的全焊透对接接头(例如氩弧焊打底双面成形的焊接接头)：

a) 100%无损检测，$\varphi=1.00$；

b) 局部无损检测，$\varphi=0.85$。

6.4.7.3 单面焊对接接头(沿焊缝根部有垫板)

a) 100%无损检测，$\varphi=0.90$；

b) 局部无损检测，$\varphi=0.80$。

6.4.8 安全水位

6.4.8.1 锅炉的最低安全水位应在锅炉图样上注明。

6.4.8.2 锅炉正常运行时的安全水位应高于最高火界 100 mm，对于锅壳内径不大于 1 500 mm 的卧式锅壳式锅炉的最低安全水位应高于最高火界 75 mm。

6.5 制造与检验

6.5.1 锅炉制造与检验应符合 GB/T 16508.4 的规定。

6.5.2 制造单位在锅炉制造前应制定完善的质量计划，其内容至少应包括主要锅炉受压元件的制造工艺、检验与试验项目和合格指标。锅炉制造过程中和完工后，应按图样和质量计划的规定进行各项检验和试验，出具相应报告，并对报告的正确性和完整性负责。

6.5.3 锅炉主要受压元件的主焊缝，如锅筒(锅壳)、炉胆、回燃室以及集箱的纵向和环向焊缝，封头、管板、炉胆顶和下脚圈的拼接焊缝等，应当采用全焊透的对接焊接接头。锅炉受压元件的焊缝不得采用搭接结构。

6.5.4 锅炉元件在焊接前，应按 NB/T 47014 的规定对下列焊接接头进行焊接工艺评定：

a) 受压元件之间的对接焊接接头；

b) 受压元件之间或受压元件与承载的非受压元件之间连接的要求全焊透的 T 型接头或角接接头。

6.6 无损检测

无损检测主要包括射线(RT)、超声(UT)、磁粉(MT)、渗透(PT)、涡流(ET)等检测方法，锅炉受压元件无损检测方法应当符合 NB/T 47013(JB/T 4730)的要求。

管子对接接头 X 射线实时成像应当符合相关技术规定。

选用超声衍射时差法(TOFD)时，应当与脉冲回波法(PE)组合进行检测，检测结论以 TOFD 与 PE 方法的结果进行综合判定。

6.7 水压试验

6.7.1 基本要求

锅炉受压元件或部件制造完成后，应在无损检验和热处理之后进行水压试验，零部件水压试验压力应不低于所对应的锅炉本体水压试验压力，组装锅炉和在工地安装的锅炉应进行整体水压试验。水压试验应按 GB/T 16508.4 的规定进行。

6.7.2 整体水压试验

整体水压试验时，试验压力按式(2)计算，并和表3进行对比，取较高值作为水压试验压力，保压时间至少20 min。

$$p_T = 1.25p\ [\sigma]/[\sigma]^t \quad \cdots\cdots(2)$$

式中：

p_T ——试验压力，单位为兆帕(MPa)；

p ——工作压力，单位为兆帕(MPa)；

$[\sigma]$ ——受压元件材料试验温度下的许用应力，单位为兆帕(MPa)；

$[\sigma]^t$ ——受压元件材料设计温度下的许用应力，单位为兆帕(MPa)。

其中，各受压部件(元件)所用材料不同，应取各受压部件(元件)材料的$[\sigma]/[\sigma]^t$比值中最小值。

表3 水压试验压力

名称	锅筒(锅壳)工作压力 p	试验压力
锅炉本体及过热器	<0.8 MPa	1.5 p 但不小于0.2 MPa
	0.8 MPa～1.6 MPa	p+0.4 MPa
	>1.6 MPa	1.25 p
直流锅炉本体	任何压力	介质出口压力的1.25倍，且不小于省煤器进口压力的1.1倍
铸铁省煤器	任何压力	1.5倍省煤器的工作压力

6.7.3 部件(元件)单件水压试验

a) 过热器、省煤器试验压力为工作压力的1.5倍，保压时间至少5 min；

b) 锅筒和锅壳试验压力为其工作压力的1.25倍，保压时间至少20 min；

c) 对接焊接的集箱类元件，试验压力为其工作压力的1.5倍，保压时间至少5 min；

d) 对接焊接的受热面管子及其他受压管件，试验压力为其工作压力的1.5倍，保压时间至少10 s～20 s；

e) 敞口集箱和无成排受热面管接头的集箱、管道、分配集箱等部件，其所有焊缝经过100%无损检测合格，以及对接焊接的受热面管及其他受压管件经过氩弧焊打底并且100%无损检测合格，在制造单位内可以不单独进行水压试验，同锅炉整体一起进行水压试验。

6.7.4 应力校核

水压试验前，应按式(3)对薄膜应力进行校核。在试验压力下，薄膜应力应满足式(4)的条件。

$$\sigma_T = p_T(D_n + \delta_e)/2\delta_e \quad \cdots\cdots(3)$$

$$\sigma_T \leqslant 0.9\phi R_{eL}^t(R_{p0.2}^t) \quad \cdots\cdots(4)$$

式中：

σ_T——试验压力下受压元件的薄膜应力，单位为兆帕(MPa)；

p_T——试验压力，单位为兆帕(MPa)；

D_n——受压元件内直径，单位为毫米(mm)；

δ_e——受压元件有效厚度，单位为毫米(mm)；

ϕ——焊接接头系数；

$R_{eL}^t(R_{p0.2}^t)$——受压元件材料试验温度时的下屈服强度(或规定非比例延伸强度)，单位为兆帕(MPa)。

6.8 安全附件和仪表

配置的安全附件(安全阀、压力表、水位计)、报警装置、测量仪表、安全保护装置等应保证锅炉安全可靠。配置的给水、通风、送煤、出渣(除尘)等辅机设备应保证锅炉经济环保和正常运行。安全附件、计量仪表的配置选用应符合 GB/T 16508.5 的规定。

6.9 燃烧系统

锅炉燃烧系统包括燃烧设备、燃料输送、送风、排烟、除灰(渣),以及所有相关的控制监测设备等,应符合 GB/T 16508.6 的规定。

6.10 安装

锅炉的现场安装、安装过程检验、试运行和验收等,应符合 GB/T 16508.7 规定。

6.11 运行

锅炉的运行、调节等应符合 GB/T 16508.8 的有关规定。锅炉使用单位应按照制造单位的产品操作与维护说明书的要求正确使用。

7 汽水品质

蒸汽锅炉和热水锅炉的给水和炉水品质应符合 GB/T 1576 的要求,有机热载体的品质应符合 GB 24747 的规定。

8 节能与环保要求

8.1 在额定工况下,锅炉的热效率应符合 TSG G0002《锅炉节能技术监督管理规程》和 GB/T 16508.3 的规定。

8.2 锅炉的热工性能试验方法应按照 GB/T 10180 的要求进行,烟道式余热锅炉的热工性能试验方法应按照 GB/T 10863 的要求进行。

8.3 锅炉及其系统应符合 GB 13271、GB 12348 和 GB 8978 等环保标准的要求。

附 录 A
(规范性附录)
标准的符合性声明和修订

A.1 GB/T 16508 所有部分的制定遵循了国家颁布的锅炉安全法规所规定的安全基本要求,其设计准则、材料要求、制造和检验技术要求、验收标准、安装要求、运行要求等,均符合《锅炉安全技术监察规程》的相应规定。本标准所有部分均为协调标准,按本标准所有部分要求建造的锅炉可以满足《锅炉安全技术监察规程》的基本安全要求。

A.2 标准的修订采用提案审查制度。任何单位和个人均有权利对本标准的修订提出建议,修订建议应采用“表 A.1 标准提案/问询表”的方式提交全国锅炉压力容器标准化技术委员会锅炉分技术委员会。全国锅炉压力容器标准化技术委员会锅炉分技术委员会对收到的标准修订提案进行审查,根据审查结果,将采纳的技术内容纳入下一版标准。

表 A.1 标准提案/问询表　　　　总第　　　号

<table>
<tr><td colspan="2">□标 准 提 案　　□标 准 问 询</td><td>标准名称</td><td></td></tr>
<tr><td>单　位</td><td></td><td>姓　名</td><td></td></tr>
<tr><td>联系地址</td><td></td><td>邮政编码</td><td></td></tr>
<tr><td>电话/传真</td><td></td><td>电子信箱</td><td></td></tr>
<tr><td>标准条款</td><td colspan="3"></td></tr>
<tr><td colspan="4">提案/问询内容(可另附页)</td></tr>
<tr><td colspan="4"></td></tr>
<tr><td colspan="4">技术依据与相关资料(可另附页)</td></tr>
<tr><td colspan="4"></td></tr>
<tr><td colspan="4">附加说明:</td></tr>
<tr><td colspan="2">单位图章或提案(问询)人签字:</td><td colspan="2">提交日期:
年　月　日</td></tr>
</table>

全国锅炉压力容器标准化技术委员会锅炉分技术委员会
地址:上海市闵行区剑川路 1115 号　邮政编码:200240
电子邮箱:bsc@speri.com.cn

ICS 27.060.30
J 98

中华人民共和国国家标准

GB/T 16508.2—2013
部分代替 GB/T 16507—1996

锅壳锅炉
第2部分:材料

Shell boilers—
Part 2: Material

2013-12-31 发布　　2014-07-01 实施

中华人民共和国国家质量监督检验检疫总局
中国国家标准化管理委员会　发布

前　言

GB/T 16508《锅壳锅炉》分为以下8个部分：

——第1部分：总则；

——第2部分：材料；

——第3部分：设计与强度计算；

——第4部分：制造、检验与验收；

——第5部分：安全附件和仪表；

——第6部分：燃烧系统；

——第7部分：安装；

——第8部分：运行。

本部分为GB/T 16508的第2部分。

本部分按照GB/T 1.1—2009给出的规则起草。

本部分部分代替GB/T 16507—1996中材料等相关内容，与GB/T 16507—1996相比，主要技术变化如下：

——材料部分独立成为系列标准的分标准；

——删除了长期不用或低档次的12Mng、ZG200-400等材料；

——增加了常用材料的化学成分、力学性能、弹性模量和膨胀系数等数据。

本部分由全国锅炉压力容器标准化技术委员会(SAC/TC 262)提出并归口。

本部分起草单位：上海发电设备成套设计研究院、中国特种设备检测研究院、上海工业锅炉研究所、江苏太湖锅炉股份有限公司、张家港市江南锅炉压力容器有限公司。

本部分主要起草人：张显、张瑞、钱风华、陈秀彬、吴国姝、顾利平、张宏。

本部分所代替标准的历次版本发布情况为：

——GB/T 16507—1996。

锅壳锅炉
第2部分:材料

1 范围

GB/T 16508的本部分规定了锅壳锅炉受压元件允许使用的材料牌号及其标准、基本技术要求(包括钢板、钢管、钢锻件、铸钢件、铸铁件、吊杆和拉撑、紧固件、焊接材料)、适用范围(温度和压力)和许用应力,以及非受压元件允许使用的材料牌号及其标准。

本部分适用于GB/T 16508.1范围界定的锅壳锅炉受压元件和非受压元件用材料的选择和使用。

2 规范性引用文件

下列文件对于本文件的应用是必不可少的。凡是注日期的引用文件,仅注日期的版本适用于本文件。凡是不注日期的引用文件,其最新版本(包括所有的修改单)适用于本文件。

GB 150.2 压力容器 第2部分:材料

GB/T 699 优质碳素结构钢

GB/T 700 碳素结构钢

GB/T 711 优质碳素结构钢热轧厚钢板和钢带

GB 713 锅炉和压力容器用钢板

GB/T 1220 不锈钢棒

GB/T 1221 耐热钢棒

GB/T 1348 球墨铸铁件

GB/T 3077 合金结构钢

GB 3087 低中压锅炉用无缝钢管

GB/T 3274 碳素结构钢和低合金结构钢热轧厚钢板和钢带

GB/T 4338 金属材料高温拉伸试验方法

GB 5310 高压锅炉用无缝钢管

GB/T 6394 金属平均晶粒度测定方法

GB/T 6803 铁素体钢的无塑性转变温度落锤试验方法

GB/T 8163 输送流体用无缝钢管

GB/T 9439 灰铸铁件

GB/T 10561 钢中非金属夹杂物含量的测定——标准评级图显微检验法

GB/T 11352 一般工程用铸造碳钢件

GB/T 13298 金属显微组织检验方法

GB/T 16507.2 水管锅炉 第2部分:材料

GB/T 16508.1 锅壳锅炉 第1部分:总则

JB/T 2637 锅炉承压球墨铸铁件技术条件

JB/T 2639 锅炉承压灰铸铁件技术条件

JB/T 4730.3 承压设备无损检测 第3部分:超声检测

JB/T 9625 锅炉管道附件承压铸钢件技术条件

JB/T 9626 锅炉锻件技术条件

NB/T 47008　压力容器用碳素钢和低合金钢锻件
NB/T 47018　承压设备用焊接材料订货技术条件
NB/T 47019　锅炉、热交换器用管订货技术条件
YB 4102　低中压锅炉用电焊钢管
TSG G0001　锅炉安全技术监察规程

3　一般要求

3.1　材料的选用

3.1.1　选用材料时，应考虑锅炉的运行条件（温度、压力、环境等）、材料性能（力学性能、工艺性能、化学性能和物理性能等）、制造工艺，以及经济合理性。

3.1.2　受压元件应选用本部分规定的材料，也可选用符合 GB/T 16507.2 要求的材料，其温度和压力适用范围应符合本部分的规定，其性能应符合所规定的标准要求。

3.1.3　受压元件选用本部分规定以外的材料时，允许使用已列入国家和行业标准中的材料，但其性能应不低于本部分或本部分所列材料标准中相近牌号材料的要求。

3.1.4　受压元件选用的境外牌号材料，应是在国内外承压设备上应用成熟的材料，并且符合 TSG G0001《锅炉安全技术监察规程》的有关规定。

3.1.5　非受压元件（如吊耳、鳍片、挡板等）与受压元件焊接时，选用的材料应与它们所要连接的材料相匹配。

3.2　材料代用

锅炉代用材料的选用应符合 3.1 的要求。材料代用应满足原设计的强度、结构和工艺的要求，并经材料代用单位的技术部门（包括设计和工艺部门）同意。

3.3　质量证明书

受压元件用钢材应附有材料制造单位的材料质量证明书。材料质量证明书应符合以下要求：

a）材料制造单位应当按照相应材料标准和订货合同的规定，向用户提供质量证明书原件，并且在材料的明显部位作出清晰、牢固的钢印标志或者其他标志，材料质量证明书的内容应当齐全、清晰，并且加盖材料制造单位质量检验章；

b）锅炉用材料由非材料制造单位提供时，供货单位应当提供材料质量证明书原件或者材料质量证明书复印件并加盖供货单位公章和经办人签章。

3.4　材料验收

锅炉制造单位应按材料质量证明书对材料进行验收，合格后才能使用。境外牌号材料应按订货合同规定的技术标准和技术条件进行验收，必要时应补做对照国内锅炉用材料标准所缺少的检验项目，合格后才能使用。

符合下列情形之一的材料可以不进行理化和相应的无损检测复验：

a）材料使用单位验收人员按照采购技术要求在材料制造单位进行验收，并且在检验报告上进行见证签字确认的；

b）用于压力＜3.8 MPa 锅炉的碳素钢钢板、碳素钢钢管以及碳素钢焊材，实物标识清晰、齐全，具有满足规定要求的材料质量证明书，并且质量证明书与实物相符的。

3.5　基本要求

3.5.1　受压元件和与受压元件焊接的非受压元件用钢材应是镇静钢。

3.5.2 受压元件所用的钢板、钢管、钢锻件、吊杆用圆钢等，当直接采用铸造钢坯(包括铸锭和连铸坯)轧制或锻造时，其压缩比应不小于3。

3.5.3 受压元件用钢材(钢板、钢管、钢锻件及其焊接接头等)采用标准试样进行拉伸试验后的断后伸长率 A 应不小于18%；V形夏比冲击实验冲击吸收能量 K_{V_2} 值应不低于27 J。

3.5.4 受压元件用钢材许用应力按GB/T 16508.1的原则确定。许用应力表中相邻计算温度之间的许用应力数值可用算术内插法确定，并舍去小数点后的数值。

3.5.5 焊接材料在使用条件下应当具有足够的强度、塑性、韧性以及良好的抗疲劳性能和抗腐蚀性能。

3.5.6 钢材的高温非比例延伸强度值($R_{p0.2}$)、10^5 h持久强度平均值、弹性模量和平均线膨胀系数等，参见附录B。

4 钢板

4.1 常用钢板的适用范围按表1的规定。

4.2 钢板材料的许用应力按表2的规定。

4.3 锅炉制造过程中需要对钢板材料进行正火、正火加回火热处理时，钢板制造单位的交货状态可不同于表2中的热处理状态。钢板制造单位出厂检验和锅炉制造单位入厂验收钢板力学性能时，采用热处理样坯进行试验。

4.4 按GB/T 711采购的20钢板，其材料质量证明书中给出的或入厂复验拉伸试验的下屈服强度值(R_{eL})，不得低于245 MPa。

4.5 厚度大于36 mm的13MnNiMoR钢板，可按GB/T 6803附加进行落锤试验，无塑性转变温度(NDT)的合格指标在设计文件中规定。

4.6 设计计算温度高于300 ℃的钢板，可在设计文件中规定附加进行设计计算温度下的高温拉伸试验，高温拉伸试验按GB/T 4338的要求，高温规定非比例延伸强度值 $R_{p0.2}$ 参照附录B的规定。

4.7 用于锅筒(壳)、炉胆、集箱端盖的钢板，应按JB/T 4730.3逐张进行超声波检测。质量等级：Q245R和Q345R钢板厚度>30 mm～36 mm不低于Ⅲ级，>36 mm不低于Ⅱ级；其他钢板不低于Ⅱ级。

表1 常用钢板的适用范围

材料牌号	材料标准	适用范围	
		工作压力 MPa	壁温 ℃
Q235B、Q235C	GB/T 3274	≤1.6	≤300
20	GB/T 711	≤1.6	≤350
Q245R	GB 713	≤5.3[a]	≤430
Q345R	GB 713	≤5.3[a]	≤430
13MnNiMoR	GB 713	不限	≤400
15CrMoR	GB 713	不限	≤520
12Cr1MoVR	GB 713	不限	≤565
12Cr2Mo1R	GB 713	不限	≤575
[a] 制造不受辐射热的锅筒(锅壳)时，工作压力不受限制。			

表 2　常用钢板的许用应力

材料牌号	材料标准	热处理状态	厚度 mm	室温强度		在下列温度(℃)下的许用应力 MPa														
				R_m MPa	R_{eL} MPa	≤20	100	150	200	250	300	350	400	425	450	475	500	525	550	575
Q235B	GB/T 3274	热轧、控轧 正火	≤16	370	235	136	133	127	116	104	95									
			>16～30	370	225	136	127	120	111	96	88									
Q235C	GB/T 3274	热轧、控轧 正火	≤16	370	235	136	133	127	116	104	95									
			>16～40	370	225	136	127	120	111	96	88									
20	GB/T 711	热轧、控轧 正火	≤16	410	245	148	147	140	131	117	108	98								
Q245R	GB 713	热轧、控轧 正火	≤16	400	245	148	147	140	131	117	108	98	91	85	61					
			>16～36	400	235	148	140	133	124	111	102	93	86	84	61					
			>36～60	400	225	148	133	127	119	107	98	89	82	80	61					
			>60～100	390	205	137	123	117	109	98	90	82	75	73	61					
			>100～150	380	185	123	112	107	100	90	80	73	70	67	61					
Q345R	GB 713	热轧、控轧 正火	≤16	510	345	189	189	189	183	167	153	143	125	93	66					
			>16～36	500	325	185	185	183	170	157	143	133	125	93	66					
			>36～60	490	315	181	181	173	160	147	133	123	117	93	66					
			>60～100	490	305	181	181	167	150	137	123	117	110	93	66					
			>100～150	480	285	178	173	160	147	133	120	113	107	93	66					
			>150～200	470	265	174	163	153	143	130	117	110	103	93	66					
13MnNiMoR	GB 713	正火＋回火	30～100	570	390	211	211	211	211	211	211	211	203							
			>100～150	570	380	211	211	211	211	211	211	211	200							

表 2（续）

材料牌号	材料标准	热处理状态	厚度 mm	室温强度		在下列温度(℃)下的许用应力 MPa														
				R_m MPa	R_{eL} MPa	≤20	100	150	200	250	300	350	400	425	450	475	500	525	550	575
15CrMoR	GB 713	正火＋回火	6～60	450	295	167	167	167	160	150	140	133	126	122	119	117	88	58		
			＞60～100	450	275	167	167	157	147	140	131	124	117	114	111	109	88	58		
			＞100～150	440	255	163	157	147	140	133	123	117	110	107	104	102	88	58		
12Cr1MoVR	GB 713	正火＋回火	6～60	440	245	163	150	140	133	127	117	111	105	103	100	98	95	82	59	41
			＞60～100	430	235	157	147	140	133	127	117	111	105	103	100	98	95	82	59	41
12Cr2Mo1R	GB 713	正火＋回火	6～150	520	310	193	187	180	173	170	167	163	160	157	147	119	89	61	46	37

5 钢管

5.1 常用钢管的适用范围按表 3 的规定。钢管除应符合相应材料标准要求外，还应符合 NB/T 47019 的要求。

5.2 钢管材料的许用应力按表 4 的规定。

5.3 对壁厚大于 30 mm 的 10、20、20G、20MnG、25MnG、15MoG、20MoG 钢管，表 4 中的正火不允许使用终轧温度符合正火温度的热轧代替。对 15Ni1MnMoNbCu、12CrMoG、15CrMoG、12Cr1MoVG 和 12Cr2MoG 钢管，表 4 中的正火必须是钢管成形后重新加热的热处理，不允许使用钢管成形工艺中的热处理替代。

5.4 设计计算温度高于 300 ℃的钢管，可在设计文件中规定附加进行设计计算温度下的高温拉伸试验，高温拉伸试验按 GB/ 4338 的要求，高温规定非比例延伸强度值 $R_{p0.2}$ 参照附录 B 的规定。

5.5 设计计算温度高于 400 ℃的钢管，钢管制造单位应保证其高温持久强度符合 GB 5310 和 NB/T 47019.3的规定。

5.6 奥氏体不锈钢元件禁止直接焊接或螺纹连接到铁素体集箱和管子上。

5.7 采用局部感应加热拉拔式和推制式等扩管工艺生产的无缝钢管，碳素钢使用温度不得超过 400 ℃，合金钢使用温度不得超过 450 ℃。

表 3 钢管的适用范围

材料牌号	材料标准	适用范围		
		主要用途	工作压力 MPa	壁温 ℃
10、20	GB/T 8163	受热面管子	≤1.6	≤350
		集箱、管道	≤1.6	≤350
10、20	YB 4102	受热面管子	≤5.3	≤300
		集箱、管道	≤5.3	≤300
10、20	GB 3087	受热面管子	≤5.3	≤460
		集箱、管道	≤5.3	≤430
09CrCuSb(ND 钢)	GB 150	尾部受热面管子	≤5.3	≤300
20G	GB 5310	受热面管子	不限	≤460
		集箱、管道	不限	≤430
20MnG、25MnG		受热面管子	不限	≤460
		集箱、管道	不限	≤430
15MoG、20MoG		受热面管子	不限	≤480
12CrMoG、15CrMoG		受热面管子	不限	≤560
		集箱、管道	不限	≤550
12Cr1MoVG		受热面管子	不限	≤580
		集箱、管道	不限	≤565
12Cr2MoG		受热面管子	不限	≤600[a]
		集箱、管道	不限	≤575
[a] 此处壁温为烟气侧管子外壁温度。				

表 4　常用钢管的许用应力

材料牌号	材料标准	热处理状态	室温强度		在下列温度(℃)下的许用应力 MPa															
			R_m MPa	R_{eL} MPa	≤20	100	150	200	250	300	350	400	425	450	475	500	525	550	575	600
10	GB 3087	正火,t≤16 mm	335	205	124	124	118	110	97	81	74	73	72	61	41					
		正火,t>16 mm	335	195	124	121	116	110	97	81	74	73	72	61	41					
20		正火,t≤16 mm	410	245	152	147	136	125	113	99	91	85	66	49	36					
		正火,t>16 mm	410	235	152	143	134	125	113	99	91	85	66	49	36					
09CrCuSb(ND 钢)	GB 150	正火	390	245	144	144	137	127	120	113										
20G	GB 5310	正火	410	245	152	152	152	143	131	118	105	85	66	49	36					
20MnG		正火	415	240	154	146	143	139	131	122	115	105	78	58	40					
25MnG		正火	485	275	180	168	163	158	151	140	134	118	85	59	40					
15MoG		正火	450	270	167	167	167	150	137	120	113	107	105	103	102	62				
20MoG		正火	415	220	147	138	135	133	125	121	118	113	110	107	104	70				
12CrMoG		正火+回火	410	205	137	129	125	121	117	113	110	106	103	100	97	75	51	31		
15CrMoG		正火+回火	440	295	163	163	163	163	163	161	152	144	141	137	135	97	66	41	17	
12Cr1MoVG		正火+回火	470	255	170	165	162	159	156	153	150	146	143	140	137	123	97	73	53	37
12Cr2MoG		正火+回火	450	280	167	128	125	124	123	123	123	123	122	115	99	81	64	49	35	24

t——公称壁厚。

6 钢锻件

6.1 受压元件用钢锻件的适用范围按表5的规定，许用应力按表6的规定。

6.2 吊挂装置(U型卡头、销轴)等用钢锻件的适用温度范围按表7的规定，许用应力按表8的规定。

6.3 钢锻件的级别由设计文件规定，并在图样上注明。

6.4 当用户有要求时，用于受压元件的Ⅲ、Ⅳ级钢锻件应附加金相检验，金相检验要求参照附录A的规定。

6.5 设计计算温度高于300 ℃的钢锻件，可在设计文件中规定附加进行设计计算温度下的高温拉伸试验，高温拉伸试验按GB/T 4338的要求，其高温规定非比例延伸强度值$R_{p0.2}$参照附录B的规定。

6.6 工作压力不超过2.5 MPa的板式平焊钢制管法兰可以用表1中的钢板制造。

6.7 各类管件(三通、弯头、变径接头等)以及集箱封头等元件可以采用表3中相应的钢管材料热加工制作。

6.8 除各种型式的法兰外，空心圆筒形管件或管帽类管件可以用表5中相应材料牌号的轧制或锻制圆钢加工而成，加工管件的圆钢不允许采用钢板代替。当采用轧制或锻制圆钢加工空心圆筒形管件或管帽类管件时，应符合以下要求：

a) 碳素钢管件外径不大于160 mm，合金钢管件或管帽类管件外径不大于114 mm；

b) 管件纵轴线与圆钢的轴线平行；

c) 加工后的管件热处理状态应符合图纸要求；

d) 加工后的管件应按图纸要求进行无损检测。

表5 受压元件用钢锻件的适用范围

材料牌号	材料标准	适用范围	
		工作压力 MPa	壁温 ℃
20	JB/T 9626 NB/T 47008	≤5.3[a]	≤430
16Mn		≤5.3[a]	≤430
15CrMo		不限	≤550
14Cr1Mo		不限	≤550
12Cr1MoV		不限	≤565
12Cr2Mo1		不限	≤575

[a] 不与火焰接触时，工作压力不限。

表 6 受压元件用钢锻件的许用应力

材料牌号	材料标准	热处理状态	公称厚度 mm	室温强度		在下列温度(℃)下的许用应力 MPa														
				R_m MPa	R_{eL} MPa	≤20	100	150	200	250	300	350	400	425	450	475	500	525	550	575
20	NB/T 47008	正火	≤100	410	235	152	140	133	124	111	102	93	86	84	61					
			>100～200	400	225	148	133	127	119	107	98	89	82	80	61					
			>100～300	380	205	137	123	117	109	98	90	82	75	73	61					
16Mn	NB/T 47008	正火 正火+回火	≤100	480	305	178	178	167	150	137	123	117	110	93	66					
			>100～200	470	295	174	174	163	147	133	120	113	107	93	66					
			>100～300	450	275	167	167	157	143	130	117	110	103	93	66					
15CrMo	NB/T 47008	正火+回火	≤300	480	280	178	170	160	150	143	133	127	120	117	113	110	88	58	37	
			>300～500	470	270	174	163	153	143	137	127	120	113	110	107	103	88	58	37	
14Cr1Mo	NB/T 47008	正火+回火	≤300	490	290	181	180	170	160	153	147	140	133	130	127	122	80	54	33	
			>300～500	480	280	178	173	163	153	147	140	133	127	123	120	117	80	54	33	
12Cr1MoV	NB/T 47008	正火+回火	≤300	470	280	174	170	160	153	147	140	133	127	123	120	117	113	82	59	41
			>300～500	460	270	170	163	153	147	140	133	127	120	117	113	110	107	82	59	41
12Cr2Mo1	NB/T 47008	正火+回火	≤300	510	310	189	187	180	173	170	167	163	160	157	147	119	89	61	46	37
			>300～500	500	300	185	183	177	170	167	163	160	157	153	147	119	89	61	46	37

表 7 锅炉吊挂装置(U 型卡头、销轴等)用钢锻件的适用温度范围

材料牌号	材料标准	适用温度 ℃
20	JB/T 9626、NB/T 47008	≤430
25	JB/T 9626	≤430
35	JB/T 9626、NB/T 47008	≤430
30CrMo	JB/T 9626	≤500
35CrMo	JB/T 9626、NB/T 47008	≤500
12Cr1MoV	JB/T 9626、NB/T 47008	≤565

表 8　锅炉吊挂装置(U 型卡头、销轴等)用钢锻件的许用应力

材料牌号	材料标准	热处理状态	公称厚度 mm	室温强度 R_m MPa	室温强度 R_{eL} MPa	在下列温度(℃)下的许用应力 MPa ≤20	100	150	200	250	300	350	400	425	450	475	500	525	550	575	600
20	JB/T 9626 NB/T 47008	正火	≤100	410	235	137	126	120	111	100	92	83	77	75	54						
			>100～200	400	225	133	120	114	107	96	88	79	74	71	54						
			>200～300	380	205	123	110	105	98	88	81	74	68	65	54						
25	JB/T 9626	正火	≤100	422	235	141	126	120	111	100	92	83	77	75	54						
			>100～300	392	216	129	110	105	98	88	81	74	68	65	54						
35	JB/T 9626 NB/T 47008	正火	≤100	510	265	159	141	135	123	111	103	94	88	76	54						
			>100～300	490	245	147	135	129	119	108	100	91	85	76	54						
30CrMo	JB/T 9626	调质	≤300	620	440	207	207	207	207	207	207	201	192	184	135	100	71				
35CrMo	JB/T 9626 NB/T 47008	调质	≤300	620	440	207	207	207	207	207	207	201	192	184	135	100	71				
			>300～500	610	430	203	203	203	203	203	203	201	192	184	135	100	71				
12Cr1MoV	JB/T 9626 NB/T 47008	正火＋回火	≤300	470	280	157	153	144	138	132	126	120	114	111	108	105	102	74	53	37	
			>300～500	460	270	153	147	138	132	126	120	114	108	105	102	99	96	74	53	37	

7 铸钢件

7.1 铸钢件的适用范围按表9的规定。

7.2 铸钢件的安全系数按表10规定选取，铸钢件的铸造系数(质量系数)取0.8。

7.3 常用铸钢件材料的许用应力按表11的规定。

表9 铸钢件的适用范围

材料牌号	材料标准	适用范围	
		工作压力 MPa	壁温 ℃
ZG230-450	JB/T 9625	不限	≤430
ZG20CrMo	JB/T 9625	不限	≤510
ZG20CrMoV	JB/T 9625	不限	≤540
ZG15Cr1Mo1V	JB/T 9625	不限	≤570

表10 铸钢件的安全系数和许用应力确定

设计温度 ℃	室温抗拉强度 安全系数	高温屈服强度 安全系数	持久强度 安全系数	许用应力 MPa
≤300	$n_b \geqslant \frac{4.0}{铸造系数}$	—	—	计算出的应力中的最小值为许用应力
>300	$n_b \geqslant \frac{4.0}{铸造系数}$	$n_s \geqslant \frac{1.5}{铸造系数}$	$n_D \geqslant \frac{1.5}{铸造系数}$	

表 11　常用铸钢件的许用应力

材料牌号	材料标准	热处理状态	室温强度指标		在下列温度(℃)下的许用应力 MPa													
			R_m MPa	R_{eL} MPa	≤20	100	150	200	250	300	350	400	425	450	475	500	525	550
ZG230-450	GB/T 11352	退火、正火	450	230	90	84	84	84	84	77	73	69	65	44				
ZG20CrMo	GB/T 11352 JB/T 9625	正火+回火	460	245	92	88	88	88	88	88	83	80	79	77	75	45	31	
ZG20CrMoV	JB/T 9625	正火+回火	490	315	98	98	98	98	98	98	98	98	98	98	96	62	46	29

8 铸铁件

8.1 铸铁件的适用范围按表12的规定。

8.2 灰铸铁室温下抗拉强度安全系数不小于10.0,球墨铸铁室温下抗拉强度安全系数不小于8.0。常用铸铁件材料(公称厚度≤30 mm)的许用应力按表13的规定。

8.3 灰铸铁不应用于制造排污阀和排污弯管。

8.4 额定工作压力小于或等于1.6 MPa的锅炉以及蒸汽温度小于或等于300 ℃的过热器,其放水阀和排污阀的阀体可以用表12中的球墨铸铁制造。

8.5 额定工作压力小于或等于2.5 MPa的锅炉方形铸铁省煤器和弯头,允许采用牌号不低于HT300的灰铸铁,额定工作压力小于或等于1.6 MPa的锅炉方形铸铁省煤器和弯头,允许采用牌号不低于HT300的灰铸铁。

8.6 用于承压部位的铸铁件不准焊补。

表12 铸铁件的适用范围

材料种类	材料牌号	材料标准	适用范围		
			公称通径尺寸 mm	工作压力 MPa	介质温度 ℃
灰铸铁	HT300、HT350	GB/T 9439 JB/T 2639	≤300	≤0.8	<230
			≤200	≤1.6	
球墨铸铁	QT400-18、QT450-10	GB/T 1348 JB/T 2637	≤150	≤1.6	<300
			≤100	≤2.5	

表13 常用铸铁件的许用应力

材料牌号	材料标准	热处理状态	室温强度指标		在下列温度(℃)下的许用应力 MPa					
			R_m MPa	R_{eL} MPa	≤20	100	150	200	250	300
HT300	GB/T 9439 JB/T 2639	退火	300	—	30	30	30	30	30	
HT350			350	—	35	35	35	35	35	
QT400-18	GB/T 1348 JB/T 2637	球化退火	400	250	50	50	50	50	50	50
QT450-10			450	310	56	56	56	56	56	56

9 吊杆和拉撑

9.1 用于锅炉吊杆和拉撑材料可采用轧制或锻制圆钢。吊杆和拉撑用圆钢的适用温度范围按表14的规定。

9.2 吊杆圆钢的许用应力按表15的规定。

9.3 拉撑板件应选用表1中锅炉用钢板材料。

表 14　吊杆和拉撑用圆钢的适用范围

材料牌号	材料标准	适用范围(壁温) ℃
20[a]	GB/T 699 JB/T 9626 NB/T 47008	≤430
25		≤430
35[a]		≤430
16Mn	NB/T 47008	≤430
15CrMo	GB/T 3077 JB/T 9626 NB/T 47008	≤550
12Cr1MoV[a]		≤565
12Cr2Mo1	NB/T 47008	≤575
30CrMo[a]	GB/T 3077 JB/T 9626 NB/T 47008	≤480
35CrMo		≤480

[a] 可用于吊杆。

表 15 锅炉吊杆用圆钢的许用应力

材料牌号	材料标准	热处理状态	室温强度		在下列温度(℃)下的许用应力 MPa														
			R_m MPa	R_{eL} MPa	≤20	100	150	200	250	300	350	400	425	450	475	500	525	550	575
20	GB/T 699	正火	410	245	137	132	126	117	105	97	88	82	76	54					
35		调质	530	315	177	177	159	147	132	119	111	102	76	54					
30CrMoA	GB/T 3077	调质	700	550	233	233	233	233	233	233	233	204	169	135	100	71			
12Cr1MoV		正火+回火	490	245	147	147	144	138	132	126	120	114	111	108	105	102	74	53	37

10 紧固件

10.1 紧固件的适用范围按表16的规定。

10.2 螺母材料的硬度应低于螺柱(栓)材料的硬度。

10.3 用于受压元件的紧固件材料的许用应力按GB/T 16508.1确定。

表16 紧固件的适用范围

材料牌号	材料标准	适用范围	
		工作压力 MPa	介质温度 ℃
Q235B、Q235C、Q235D	GB/T 700	≤1.6	≤350
20、25	GB/T 699	不限	≤350
35			≤420
30CrMo、35CrMo	GB/T 3077		≤500
12Cr18Ni10、06Cr19Ni10	GB/T 1220、GB/T 1221		≤610

11 焊接材料

11.1 焊接材料的技术要求应符合NB/T 47018的规定。焊接产品之前应选用符合标准规范的焊接材料进行焊接工艺评定,根据工艺评定确定产品使用的焊接材料。

11.2 对受压元件用焊接材料,使用单位应建立严格的存放、烘干、发放、回收和回用管理制度。

附 录 A
（资料性附录）
钢锻件的金相检验

A.1 总则

A.1.1 本附录作为标准正文的补充，给出了受压元件用钢锻件金相检验的要求。
A.1.2 受压元件钢锻件除应符合本附录的规定外，还应符合本标准的有关规定。

A.2 金相检验

A.2.1 用于锅炉受压元件的Ⅲ、Ⅳ级钢锻件，可附加金相检验。
A.2.2 金相检验取样部位与力学性能试验取样部位相同。
A.2.3 实际晶粒度

钢锻件的实际晶粒度按 GB/T 6394 进行检验，并符合表 A.1 的规定。

表 A.1 钢锻件的实际晶粒度

材料牌号	晶粒度级别	两个检测区域 晶粒度最大级别与最小级别差
20	4～10 级	不超过 3 级
16Mn		
15CrMo、14Cr1Mo		
12Cr1MoV、12Cr2Mo1		

A.2.4 非金属夹杂物

钢锻件的非金属夹杂物按 GB/T 10561 中的 A 法评级，其 A、B、C、D 和 DS 各类夹杂物的细系级别和粗系级别应分别不大于 2.5 级，各类夹杂物的细系级别总数与粗系级别总数应各不大于 6.5。

A.2.5 显微组织

钢锻件的显微组织按 GB/T 13298 进行检验，并符合表 A.2 的规定。

表 A.2 钢锻件的显微组织

材料牌号	显微组织
20	铁素体＋珠光体
16Mn	铁素体＋珠光体
15CrMo、14Cr1Mo	铁素体＋珠光体，或铁素体＋珠光体＋贝氏体 不允许存在相变临界温度 A_{c1}～A_{c3}之间的不完全相变产物
12Cr1MoV、12Cr2Mo1	铁素体＋贝氏体，或铁素体＋贝氏体＋珠光体（或索氏体），或贝氏体 不允许存在相变临界温度 A_{c1}～A_{c3}之间的不完全相变产物

附 录 B
（资料性附录）
常用材料的高温性能

表 B.1 碳素钢和低合金钢钢板高温规定非比例延伸强度值

材料牌号	钢板板厚 mm	在下列温度（℃）下的 $R_{p0.2}$（R_{eL}） MPa									
		20	100	150	200	250	300	350	400	450	500
Q235	3～16	235	199	191	174	156	143				
	>16～36	225	191	180	167	144	132				
20	3～16	245	220	210	196	176	162	147			
Q245R	3～16	245	220	210	196	176	162	147	137	127	
	>16～36	235	210	200	186	167	153	139	129	121	
	>36～60	225	200	191	178	161	147	133	123	116	
	>60～100	205	184	176	164	147	135	123	113	106	
	>100～150	185	168	160	150	135	120	110	105	95	
Q345R	3～16	345	315	295	275	250	230	215	200	190	
	>16～36	325	295	275	255	235	215	200	190	180	
	>36～60	315	285	260	240	220	200	185	175	165	
	>60～100	305	275	250	225	205	185	175	165	155	
	>100～150	285	260	240	220	200	180	170	160	150	
	>150～200	265	245	230	215	195	175	165	155	145	
13MnNiMoR	30～100	390	370	360	355	350	345	335	305		
	>100～150	380	360	350	345	340	335	325	300		
15CrMoR	6～60	295	270	255	240	225	210	200	189	179	174
	>60～100	275	250	235	220	210	196	186	176	167	162
	>100～150	255	235	220	210	199	185	175	165	156	150
12Cr1MoVR	6～60	245	225	210	200	190	176	167	157	150	142
	>60～100	235	220	210	200	190	176	167	157	150	142
12Cr2Mo1R	6～150	310	280	270	260	255	250	245	240	230	215

表 B.2 碳素钢和低合金钢钢管高温规定非比例延伸强度值

材料牌号	在下列温度(℃)下的 $R_{p0.2}(R_{eL})$ MPa										
	20	100	150	200	250	300	350	400	450	500	550
10	205(t≤16 mm) 195(t>16 mm)	—	—	165	145	122	111	109	107		
20	205(t≤16 mm) 195(t>16 mm)	—	—	188	170	149	137	134	132		
09CrCuSb (ND 钢)	245	220	205	190	180	170					
20G	245	—	—	215	196	177	157	137	98	49	
20MnG	240	219	214	208	197	183	175	168	156	151	
25MnG	275	252	245	237	226	210	201	192	179	172	
15MoG	270	—	—	225	205	180	170	160	155	150	
20MoG	220	207	202	199	187	182	177	169	160	150	
12CrMoG	205	193	187	181	175	170	165	159	150	140	
15CrMoG	295	—	—	269	256	242	228	216	205	198	
12Cr1MoVG	255	—	—	—	—	230	225	219	211	201	187
12Cr2MoG	280	192	188	186	185	185	185	185	181	173	159
t——公称壁厚。											

表 B.3 碳素钢和低合金钢锻件高温规定非比例延伸强度值

材料牌号	公称厚度 mm	在下列温度(℃)下的 $R_{p0.2}(R_{eL})$ MPa									
		20	100	150	200	250	300	350	400	450	500
Q235	3～16	235	199	191	174	156	143				
	>16～36	225	191	180	167	144	132				
20	≤100	235	210	200	186	167	153	139	129	121	
	>100～200	225	200	191	178	161	147	133	123	116	
	>200～300	205	184	176	164	147	135	123	113	106	
25	≤300	235	210	200	186	167	153	139	129	121	
35	≤100	265	235	225	205	186	172	157	147	137	
	>100～300	245	225	215	200	181	167	152	142	132	
16Mn	≤100	305	275	250	225	205	185	175	165	155	
	>100～200	295	265	245	220	200	180	170	160	150	
	>200～300	275	250	235	215	195	175	165	155	145	
15CrMo	≤300	280	255	240	225	215	200	190	180	170	160
	>300～500	270	245	230	215	205	190	180	170	160	150

表 B.3（续）

材料牌号	公称厚度 mm	在下列温度(℃)下的 $R_{p0.2}$(R_{eL}) MPa									
		20	100	150	200	250	300	350	400	450	500
12Cr2Mo1	≤300	310	280	270	260	255	250	245	240	230	215
	>300～500	300	275	265	255	250	245	240	235	225	215
12Cr1MoV	≤300	280	255	240	230	220	210	200	190	180	170
	>300～500	270	245	230	220	210	200	190	180	170	160
30CrMo	≤300	440	400	380	370	360	350	335	320	295	
35CrMo	≤300	440	400	380	370	360	350	335	320	295	
	>300～500	430	395	380	370	360	350	335	320	295	

表 B.4　碳素钢和合金钢圆钢高温规定非比例延伸强度值

材料牌号	在下列温度(℃)下的 $R_{p0.2}$(R_{eL}) MPa									
	20	100	150	200	250	300	350	400	450	500
20	245	220	210	196	176	162	147			
35	315	285	265	245	220	200	186			
30CrMoA	550	495	480	470	460	450	435	405	375	
12Cr1MoV	280	255	240	230	220	210	200	190	180	170

表 B.5　铸钢件高温规定非比例延伸强度值

材料牌号	在下列温度(℃)下的 $R_{p0.2}$(R_{eL}) MPa										
	20	100	150	200	250	300	350	400	450	500	550
ZG230-450	230	210	193	175	160	145	135	130	125		
ZG20CrMo	245	215	203	190	178	165	155	150	145	135	
ZG20CrMoV	315	286	268	250	240	230	215	200	190	175	160

表 B.6　碳素钢和低合金钢钢板高温持久强度平均值

材料牌号	在下列温度(℃)下的 10^5 h R_D MPa								
	400	425	450	475	500	525	550	575	600
Q245R	170	127	91	61					
Q345R	187	140	99	64					
13MnNiMoR	—	—	265	176					
15CrMoR	—	—	—	201	132	87	56		
14Cr1MoR	—	—	—	185	120	81	49		
12Cr1MoVR	—	—	—	—	170	123	88	62	
12Cr2Mo1R	—	—	221	179	133	91	69	56	

表 B.7 碳素钢和低合金钢钢管高温持久强度平均值

材料牌号	在下列温度(℃)下的 10^5 h R_D MPa																				
	400	410	420	430	440	450	460	470	480	490	500	510	520	530	540	550	560	570	580	590	600
10	170	153	136	120	105	91	79	(475)61													
20	128	116	104	94	83	74	65	58	51	45	39										
20G	128	116	104	94	83	74	65	58	51	45	39										
20MnG	—	—	—	110	100	87	75	64	55	46	39	31									
25MnG	—	—	—	120	103	88	75	64	55	46	39	31									
15MoG	—	—	—	—	—	245	209	176	143	118	93	76	59	49	38	31					
20MoG	—	—	—	—	—	—	—	—	145	125	105	88	71	61	50	40					
12CrMoG	—	—	—	—	—	—	—	—	144	129	113	98	83	71							
15CrMoG	—	—	—	—	—	—	—	—	—	168	145	125	106	91	75	61					
12Cr1MoVG	—	—	—	—	—	—	—	—	—	—	184	169	153	139	124	111	98	86	75	65	55
12Cr2MoG	—	—	—	—	—	172	165	154	143	133	122	112	101	91	81	73	64	57	49	43	36

表 B.8 碳素钢和低合金钢钢锻件高温持久强度平均值

材料牌号	在下列温度(℃)下的 10^5 h R_D MPa								
	400	425	450	475	500	525	550	575	600
20	170	127	91	61					
25	172	131	87	59	41				
35	170	127	91	61					
16Mn	187	140	99	64					
15CrMo	—	—	—	201	132	87	56		
12Cr1MoV	—	—	—	—	170	123	88	62	
12Cr2Mo1	—	—	221	179	133	91	69	56	
30CrMo	—	—	225	167	118	75			
35CrMo	—	—	225	167	118	75			

表 B.9 铸钢件高温持久强度平均值

材料牌号	在下列温度(℃)下的 10^5 h R_D MPa								
	400	425	450	475	500	525	550	575	600
ZG230-450	160	122	83	62	40				
ZG20CrMo	310	258	205	145	85	58	30		
ZG20CrMoV	370	307	244	181	117	86	55		

表 B.10 碳素钢和合金钢圆钢高温持久强度平均值

材料牌号	在下列温度(℃)下的 10^5 h R_D MPa								
	400	425	450	475	500	525	550	575	600
20	170	127	91	61					
35	170	127	91	61					
30CrMoA	—	—	225	167	118	75			
12Cr1MoV	—	—	—	—	170	123	88	62	

表 B.11 材料弹性模量

材料类别	在下列温度下(℃)下的弹性模量 $E(10^3)$ MPa											
	20	100	150	200	250	300	350	400	450	500	550	600
碳素钢、碳锰钢	201	197	194	191	188	183	178	170	160	149		
锰钼钢、镍钢	200	196	193	190	187	183	178	170	160	149		
铬(0.5%～2%) 钼(0.2%～0.5%)钢	204	200	197	193	190	186	183	179	174	169	164	
铬(2.25%～3%) 钼(1.0%)钢	210	206	202	199	196	192	188	184	180	175	169	162

表 B.12 材料导热系数

材料类别	在下列温度下(℃)下的导热系数 λ W/(m·K)												
	20	100	150	200	250	300	350	400	450	500	550	600	650
普通碳素钢(A)[a]	60.4	58.0	55.9	53.6	51.4	49.2	47.0	44.9	42.7	40.5	38.2	35.8	
碳钼钢、低铬钢、碳锰钢、低镍钢(C)[b]	41.0	40.6	40.4	40.1	39.5	38.7	37.8	36.8	35.8	34.8	33.9	32.8	
铬钼钢(D)[c]	36.3	36.9	37.1	37.2	37.1	36.7	36.2	35.4	34.6	33.7	32.8	32.0	31.1

[a] 包括 10、15、20、20G、25、35、Q235、Q245。

[b] 包括 Q345、16Mn、15MoG、20MoG、20MnG、25MnG、12CrMoG、15CrMoG/R、13MnNiMoR、12Cr2MoWVTiB、12Cr3MoVSiTiB、07Cr2MoW2VNbB、30CrMo、35CrMo、15Ni1MnMoNbCu。

[c] 包括 12Cr2MoG、12Cr2Mo1R、12Cr1MoVG/R。

表 B.13 材料平均线膨胀系数

材料类别	在下列温度(℃)与 20 ℃之间的平均线膨胀系数 α 10^{-6} mm/(mm·℃)											
	50	100	150	200	250	300	350	400	450	500	550	600
碳素钢 碳锰钢 低铬钼钢	11.12	11.53	11.88	12.25	12.56	12.90	13.24	13.58	13.93	14.22	14.42	14.62

ICS 27.060.30
J 98

中华人民共和国国家标准

GB/T 16508.3—2013
代替 GB/T 16508—1996

锅壳锅炉 第3部分:设计与强度计算

Shell boilers—
Part 3:Design and strength calculation

2013-12-31 发布　　　　2014-07-01 实施

中华人民共和国国家质量监督检验检疫总局
中国国家标准化管理委员会　发布

前言

GB/T 16508《锅壳锅炉》分为以下8个部分：

——第1部分：总则；

——第2部分：材料；

——第3部分：设计与强度计算；

——第4部分：制造、检验和验收；

——第5部分：安全附件和仪表；

——第6部分：燃烧系统；

——第7部分：安装；

——第8部分：运行。

本部分为GB/T 16508的第3部分。

本部分按照GB/T 1.1—2009给出的规则起草。

本部分代替GB/T 16508—1996《锅壳锅炉受压元件强度计算》，在符合国家安全监察法规要求的基础上，为锅炉产品的结构设计、强度计算提出了设计计算规则。

本部分与GB/T 16508—1996相比主要变化如下：

——本部分不限定额定蒸汽压力范围，原标准范围规定额定蒸汽压力范围不大于2.5 MPa；

——增加了设计基本要求，并提出了设计技术指标要求；

——删除了GB/T 16508—1996中"材料"章节；

——增加了"H型下角圈"；

——允许在一定的条件下，对两个相邻大孔进行加强；

——增加了"决定元件最高允许工作压力的验证法"章节；

——增加了"水管管板"计算。

本部分对应于EN 12953《锅壳锅炉》的第3部分，主要差异如下：

——本部分包括了设计计算的一般要求、锅炉性能要求及能效要求；

——本部分补强方法采用面积补强法；欧盟标准采用压力补强法。

本部分由全国锅炉压力容器标准化技术委员会(SAC/TC 262)提出并归口。

本部分起草单位：上海工业锅炉研究所、上海发电设备成套设计研究院、江苏双良锅炉有限公司、泰山集团股份有限公司、张家港海陆重工有限公司、江苏太湖锅炉股份有限公司、无锡太湖锅炉有限公司、张家港市江南锅炉压力容器有限公司、上海市特种设备监督检验技术研究院。

本部分主要起草人：吴国妹、李春、施鸿飞、吴艳、雷钦祥、周冬雷、潘瑞林、顾利平、薛建光、吴钢、张宏、高宏伟、蔡昊、王海荣、喻孟全。

本部分所代替标准的历次版本发布情况为：

——GB/T 16508—1996。

锅壳锅炉
第3部分:设计与强度计算

1 范围

GB/T 16508的本部分规定了锅壳锅炉基本受压元件的设计和结构要求,并给出了铸铁锅炉(附录A)、矩形集箱(附录B)和水管管板(附录C)的基本设计要求。

本部分适用于承受内压圆筒形元件、承受外压圆筒形元件、封头、管板、拉撑件、下脚圈,以及开孔和补强的设计计算。

2 规范性引用文件

下列文件对于本文件的应用是必不可少的。凡是注日期的引用文件,仅注日期的版本适用于本文件。凡是不注日期的引用文件,其最新版本(包括所有的修改单)适用于本文件。

GB/T 1576　工业锅炉水质

GB/T 2900.48　电工名词术语锅炉

GB/T 9252　气瓶疲劳试验方法

GB/T 12145　火力发电机组及蒸汽动力设备水汽质量

GB 13271　锅炉大气污染物排放标准

GB/T 16508.1—2013　锅壳锅炉　第1部分:总则

GB/T 16508.2　锅壳锅炉　第2部分:材料

GB/T 16508.4　锅壳锅炉　第4部分:制造、检验和验收

NB/T 47013(JB/T 4730)　承压设备无损检测

TSG G0001　锅炉安全技术监察规程

TSG G0002　锅炉节能技术监察管理规程

3 术语和定义

GB/T 16508.1和GB/T 2900.48界定的术语和定义适用于本文件。

4 符号和单位

本部分中各章节通用的符号含义和单位如下:

E^t ——计算温度时材料的弹性模量,MPa;

p ——计算压力,MPa;

$[p]$ ——校核计算最高允许工作压力,MPa;

p_r ——锅炉额定压力,MPa;

p_0 ——工作压力,MPa;

t_s ——对应于计算压力下的介质饱和温度(热水锅炉为额定出水温度),℃;

t_c ——计算温度,℃;

t_{mave} ——介质额定平均温度,℃;

Δp_a ——设计附加压力(安全阀整定压力),MPa;

Δp_h ——受压元件所受液柱静压力,MPa;

Δp_f ——介质流动阻力附加压力,MPa;

η ——修正系数;

$[\sigma]_J$ ——许用应力,MPa。

5 设计基本要求

5.1 结构要求

5.1.1 锅炉设计应遵守 TSG G0001《锅炉安全技术监察规程》、TSG G0002《锅炉节能技术监督管理规程》等安全技术规范,并应采用先进的技术,使产品满足安全、可靠、高效、经济和环保的要求。

5.1.2 按本部分的规定确定所需考虑的计算载荷及所需进行的载荷计算。按本部分中的有关强度计算公式或应力分析计算公式和规定,确定受压元件的最小需要厚度。

当采用试验或者其他计算方法确定锅炉受压元件强度时,应当将有关的技术资料和方案以及所做试验的条件和数据提交国家质检总局特种设备安全技术委员会,由该技术委员会评审后,报国家质检总局核准,才能进行试制、试用。

5.1.3 筒体、炉胆壁厚和长度

5.1.3.1 当锅壳内径大于 1 000 mm 时,锅壳的取用壁厚应不小于 6 mm;当锅壳内径不超过 1 000 mm 时,锅壳筒体的取用壁厚应不小于 4 mm。

5.1.3.2 炉胆内径不应超过 1 800 mm,其取用壁厚应不小于 8 mm,并且不大于 22 mm;当炉胆内径小于或等于 400 mm 时,其取用壁厚应不小于 6 mm;卧式内燃锅炉的回燃室,其筒体的取用壁厚应不小于 10 mm,并且不大于 35 mm。

5.1.3.3 胀接连接的筒体、管板,取用壁厚应当不小于 12 mm。外径大于 89 mm 的管子不应采用胀接结构设计。

5.1.3.4 卧式锅壳锅炉平直炉胆的计算长度应不超过 2 000 mm,如果炉胆两端与管板扳边对接连接时,平直炉胆的计算长度可以放大至 3 000 mm。

5.1.4 蒸汽锅炉的最低安全水位应高于最高火界 100 mm,但锅壳内径不大于 1 500 mm 的卧式锅壳锅炉的最低安全水位应高于最高火界 75 mm。锅炉的最低及最高安全水位应当在图样上标明。

5.1.5 受压部件(元件)结构的型式、开孔和焊缝的布置应尽量避免或减少复合应力和应力集中。使用的焊缝类型应符合设计文件和 GB/T 16508.4。要进行无损检测的焊缝应设计成能够进行所要求的无损检测的型式。

5.1.6 锅炉主要受压元件的主焊缝(锅壳、炉胆、回燃室、集箱等的纵向和环向焊缝,以及封头、管板、炉胆顶和下脚圈的拼接焊缝等)应当采用全焊透的对接接头;锅炉受压元件的焊缝不得采用搭接结构;拉撑件不应当采用拼接。

5.1.7 锅壳内径大于 1 000 mm 时,应在筒体或者封头(管板)上开设人孔;由于结构限制导致人员无法进入锅炉时,可以只开设检查孔;对锅壳内布置有烟管的锅炉,人孔和检查孔的布置应当兼顾锅壳上部和下部的检修需求;锅壳内径为 800 mm~1 000 mm 的锅壳锅炉,至少应当在筒体或者封头(管板)上开设一个检查孔;立式锅壳锅炉下部开设的手孔数量应当满足清理和检验的需要,其数量应当不少于 3 个。

5.1.8 对于有炉胆的锅炉,燃烧应在炉胆内完成。进入锅炉的水不得直接冲刷炉胆。炉胆内径大于 1 400 mm 或热量输入大于 12 MW 的锅炉,至少在炉内设 3 个测点进行温度测量。

5.1.9 水压试验压力应符合 GB/T 16508.1 的规定。

5.1.10 腐蚀裕量

腐蚀裕量应符合如下规定：

a) 名义厚度 $\delta>20$ mm 的受压元件以及所有平直部件，腐蚀裕量可为 0 mm；

b) 名义厚度 $\delta\leqslant20$ mm 的受压元件，可取 0.5 mm 作为最小腐蚀裕量；

c) 在可能发生严重腐蚀的情况下，应相应地增加腐蚀裕量的值。

5.2 性能要求

5.2.1 设计性能

5.2.1.1 制造厂应保证锅炉在设计条件下达到额定蒸发量或额定热功率，并提供锅炉经济运行负荷范围。

5.2.1.2 在设计条件下运行，锅炉的蒸汽品质应达到以下指标：

饱和蒸汽锅炉的蒸汽湿度对水火管锅炉和锅壳锅炉不应大于 4%；过热蒸汽锅炉过热器入口的蒸汽湿度不应大于 1%；过热蒸汽含盐量不应大于 0.5 mg/kg。

工业用蒸汽锅炉的过热蒸汽温度 t_{ss} 的偏差应符合如下规定：

a) 当 $t_{ss}\leqslant300$ ℃时，其偏差范围为 $(^{+30}_{-20})$ ℃；

b) 当 300 ℃ $<t_{ss}\leqslant350$ ℃时，其偏差范围为 ±20 ℃；

c) 当 350 ℃ $<t_{ss}\leqslant400$ ℃时，其偏差范围为 $(^{+10}_{-20})$ ℃。

5.2.1.3 热水锅炉出水温度和回水温度偏差绝对值不应大于 5 ℃。

5.3 热效率

5.3.1 设计时应采取有效的措施，以提高锅炉热效率并降低锅炉运行对环境产生的影响，锅炉应设置必要的热工及环保监测的测点。

5.3.2 设计条件下锅炉热效率指标应不小于下列规定值：

a) 层状燃烧锅炉的热效率不应低于表 1 的规定；

b) 燃油和燃气锅炉的热效率不应低于表 2 的规定；

c) 表中未列燃料的锅炉热效率指标由供需双方商定。

表 1 层状燃烧锅炉热效率

燃料品种		燃料收到基低位发热量 $Q_{net,v,ar}$ kJ/kg	锅炉容量 D t/h 或 MW				
			$D<1$ 或 $D<0.7$	$1\leqslant D\leqslant2$ 或 $0.7\leqslant D\leqslant1.4$	$2<D\leqslant8$ 或 $1.4<D\leqslant5.6$	$8<D\leqslant20$ 或 $5.6<D\leqslant14$	$D>20$ 或 $D>14$
			锅炉热效率 %				
烟煤	Ⅱ	$17\,700\leqslant Q_{net,v,ar}\leqslant21\,000$	73	76	78	79	80
	Ⅲ	$Q_{net,v,ar}>21\,000$	75	78	80	81	82
贫煤		$Q_{net,v,ar}\geqslant17\,700$	71	74	76	78	79
无烟煤	Ⅱ	$Q_{net,v,ar}\geqslant21\,000$	60	63	66	68	71
	Ⅲ	$Q_{net,v,ar}\geqslant21\,000$	65	70	74	76	79
褐煤		$Q_{net,v,ar}\geqslant11\,500$	71	74	76	78	80

注：1 表中未列燃料的锅炉热效率指标由供需双方商定，参照相应燃料收到基热位发热值相近的锅炉热效率指标。

2 各燃料品种的干燥无灰基挥发分（V_{daf}）范围为烟煤：$V_{daf}>20\%$；贫煤：$10\%<V_{daf}\leqslant20\%$；Ⅱ类无烟煤：$V_{daf}<6.5\%$；Ⅲ类无烟煤：$6.5\%\leqslant V_{daf}\leqslant10\%$；褐煤：$V_{daf}>37\%$。

表 2 燃油和燃气锅炉热效率

燃料品种	燃料收到基低位发热量 $Q_{net,v,ar}$ kJ/kg	锅炉容量 D t/h 或 MW	
		$D\leqslant2$ 或 $D\leqslant1.4$	$D>2$ 或 $D>1.4$
		锅炉热效率 %	
重油	—	86	88
轻油	—	88	90
气	—	88	90
注："气"是指天然气、城市煤气和液化石油气。			

5.4 排放要求

5.4.1 排烟处过量空气系数应符合如下的规定：

a) 对燃煤室燃炉及带膜式壁的燃煤层燃炉，排烟处过量空气系数不超过 1.4；

b) 对其他燃煤层燃炉，排烟处过量空气系数不超过 1.65；

c) 对正压燃烧的燃油(气)锅炉，排烟处过量空气系数不超过 1.15；

d) 对负压燃烧的燃油(气)锅炉，排烟处过量空气系数不超过 1.25。

5.4.2 在锅炉系统设计时，锅炉配套辅机的驱动电机宜配有变频调速装置。

5.4.3 锅炉设计排烟温度应符合下述要求：

a) 额定蒸发量小于 1 t/h 的蒸汽锅炉，不高于 230 ℃；

b) 额定热功率小于 0.7 MW 的热水锅炉，不高于 180 ℃；

c) 额定蒸发量大于或者等于 1 t/h 的蒸汽锅炉和额定热功率大于或等于 0.7 MW 的热水锅炉，不高于 170 ℃。

5.4.4 锅炉应配置必要的脱硫除尘设备，锅炉宜配备脱硝设备，锅炉大气污染物的排放应符合 GB 13271 的规定。

5.5 许用应力

5.5.1 本部分常用材料的许用应力$[\sigma]_J$按 GB/T 16508.2 选取，用于设计计算时，有时还需考虑元件结构特点和工作条件，按式(1)乘以修正系数：

$$[\sigma]=\eta[\sigma]_J \quad\quad (1)$$

5.5.2 修正系数 η 根据元件结构特点和工作条件，按表 3 选取。

表 3 修正系数 η

元件型式及工作条件	η
锅壳筒体和集箱筒体不受热(在烟道外或可靠绝热)	1.00
受热(烟温≤600 ℃)	0.95
受热(烟温>600 ℃)	0.90

表 3（续）

元件型式及工作条件	η
管子(管接头)、孔圈	1.00
烟管	0.80
波形炉胆	0.60
凸形封头、炉胆顶、半球形炉胆、凸形管板	
立式无冲天管锅炉与干汽室的凹面受压的凸形封头	1.00
立式无冲天管锅炉凸面受压的半球形炉胆	0.30
立式无冲天管锅炉凸面受压的炉胆顶	0.40
立式冲天管锅炉凸面受压的炉胆顶、	0.50
立式冲天管锅炉凹面受压的凸形封头	0.65
卧式内燃锅炉凹面受压的凸形封头	0.80
凸形管板的凸形部分	0.95
凸形管板的烟管管板部分	0.85
有拉撑的平板、烟管管板	0.85
拉撑件(拉杆、拉撑管、角撑板)	0.60
加固横梁	1.00
孔盖	1.00
圆形集箱端盖	(见表 16)
矩形集箱筒板	1.25
矩形集箱端盖	0.75

5.6 计算温度

5.6.1 受压元件计算温度取内外壁温算术平均值中的最大值。若受压元件的计算温度低于 250 ℃时，取 250 ℃。

5.6.2 受压元件的计算温度 t_c 按热力计算确定。当锅炉给水质量符合 GB/T 1576 或 GB/T 12145 标准时，计算温度可按表 4 确定。

表 4 计算温度 t_c

单位为摄氏度

受压元件型式及工作条件	t_c
防焦箱	$t_{mave}+110$
直接受火焰辐射的锅壳筒体、炉胆、炉胆顶、平板、管板、火箱板、集箱	$t_{mave}+90$
与温度 900 ℃以上烟气接触的锅壳筒体、回燃室、平板、管板、集箱	$t_{mave}+70$
与温度 600 ℃～900 ℃烟气接触的锅壳筒体、回燃室、平板、管板、集箱	$t_{mave}+50$
与温度低于 600 ℃烟气接触的锅壳筒体、平板、管板、集箱	$t_{mave}+25$
水冷壁管	$t_{mave}+50$
对流管、拉撑管	$t_{mave}+25$
不直接受烟气或火焰加热的元件	t_{mave}
注：表中 t_c 仅适用于锅炉给水质量符合 GB/T 1576 或 GB/T 12145 的情况。	

5.7 工作压力和计算压力

5.7.1 工作压力按式(2)计算：

$$p_0 = p_r + \Delta p_f + \Delta p_h \quad \cdots\cdots\cdots(2)$$

5.7.2 工质流动阻力 Δp_f取最大流量时计算元件至锅炉出口之间的压力降。

5.7.3 当所受液柱静压力不大于($p_r + \Delta p_a + \Delta p_f$)的 3%时，则取所受液柱静压力等于零。

5.7.4 受压元件的计算压力按式(3)计算：

$$p \geqslant p_0 + \Delta p_a \quad \cdots\cdots\cdots(3)$$

6 承受内压力的圆筒形元件

6.1 范围

本章规定了承受内压的圆筒形元件，包括筒体、集箱、内压管子、大横水管等元件的设计计算方法和结构要求。

6.2 符号与单位

a ——计算斜向孔桥减弱系数时的两孔间在筒体平均直径圆周方向上的弧长，mm；

a_1 ——弯管工艺系数；

b_1 ——弯管外侧厚度实际制造工艺减薄率；

C —— 厚度附加量，mm；

C_1 ——受压元件腐蚀裕量，mm；

C_2 ——受压元件制造减薄量，mm；

C_3 ——受压元件钢材厚度负偏差，mm；

D_i ——锅壳筒体内径，mm；

D_o ——集箱筒体外径，mm；

d ——开孔直径，椭圆孔在相应节距方向上的尺寸，mm；

d_e ——孔的当量直径，mm；

d_m ——相邻两孔直径的平均值，mm；

d_o ——管子的外径，mm；

K —— 斜向孔桥的换算系数；

K_1 ——弯管形状系数；

m ——管子厚度下偏差(为负值时)与管子公称厚度的百分比绝对值，%；

n ——两孔间在筒体轴线方向上的距离 b 与两孔间在筒体平均直径圆周方向上的弧长 a 的比值；

n_1 ——弯管中心线的半径 R 与管子外径的比值；

$[p]_w$ ——弯管校核计算最高允许计算压力，MPa；

R ——弯管中心线的半径或圆弧集箱中心线的半径，mm；

s_0 ——可不考虑孔间影响的相邻两孔的最小节距，mm；

s ——纵向(轴向)相邻两孔的节距，或为火箱管板的内壁间距，mm；

s' ——横向(环向)相邻两孔的节距，mm；

s'' —— 斜向相邻两孔的节距，mm；

a ——孔的轴线偏离筒体径向的角度，(°)；

δ ——受压元件名义厚度，mm；

δ' ——对接边缘厚度偏差，mm；

δ_c ——受压元件计算厚度，mm；

δ_{min} ——受压元件成品最小厚度，mm；

δ_{bc} ——钢管弯成的弯管外侧的理论计算厚度，mm；

δ_{be} ——弯管外侧的有效壁厚，mm；

δ_{bmin} ——弯管成品外侧的最小厚度，mm；

δ_e ——受压元件有效厚度，mm；

φ ——纵向孔桥减弱系数；

φ' ——横向孔桥减弱系数；

φ'' ——斜向孔桥减弱系数；

φ_d ——斜向孔桥当量减弱系数；

φ_w ——焊接接头系数；

φ_{min} ——最小减弱系数；

φ_c ——校核部位的减弱系数。

6.3 锅壳和集箱筒体

6.3.1 锅壳筒体计算厚度按式(4)计算：

$$\delta_c = \frac{pD_i}{2\varphi_{min}[\sigma] - p} \quad \cdots\cdots (4)$$

锅壳筒体成品最小厚度按式(5)计算：

$$\delta_{min} = \delta_c + C_1 \quad \cdots\cdots (5)$$

锅壳筒体名义厚度为圆整数，应满足：

$$\delta \geqslant \delta_c + C \quad \cdots\cdots (6)$$

6.3.2 集箱筒体理论计算厚度按式(7)计算：

$$\delta_c = \frac{pD_o}{2\varphi_{min}[\sigma] + p} \quad \cdots\cdots (7)$$

其成品最小需要厚度 δ_{min} 按式(5)计算。

集箱筒体名义厚度应满足：

$$\delta \geqslant \delta_c + C \quad \cdots\cdots (8)$$

6.3.3 校核计算时，锅壳筒体及集箱筒体的最高允许工作压力按式(9)、式(10)计算：

锅壳筒体：

$$[p] = \frac{2\varphi_c[\sigma]\delta_e}{D_i + \delta_e} \quad \cdots\cdots (9)$$

集箱筒体：

$$[p] = \frac{2\varphi_c[\sigma]\delta_e}{D_o - \delta_e} \quad \cdots\cdots (10)$$

式中有效厚度 δ_e 按式(11)计算：

$$\delta_e = \delta - C \quad \cdots\cdots (11)$$

当 δ_e 按式(11)计算时，取 φ_c 等于 φ_{min}；δ_e 也可取为各校核部位的实际测量厚度减去以后可能的腐蚀减薄量，此时式(9)中的 $(\varphi_c\delta_e)/(D_i+\delta_e)$、式(10)中的 $(\varphi_c\delta_e)/(D_o-\delta_e)$ 应以最小值代入。此外，由式(9)、式(10)算得的最高允许工作压力还应满足第 13 章孔的补强要求。

6.4 承受内压力管子

6.4.1 厚度计算

直管的理论计算厚度按式(12)计算：

$$\delta_c = \frac{pd_o}{2[\sigma]+p} \quad \cdots\cdots (12)$$

用钢管弯成的弯管，弯管外侧的理论计算厚度 δ_{bc} 按式(13)计算：

$$\delta_{bc} = K_1\delta_c \quad \cdots\cdots (13)$$

式中弯管形状系数 K_1 按式(14)计算：

$$K_1 = \frac{4R+d_o}{4R+2d_o} \quad \cdots\cdots (14)$$

直管的名义厚度应满足：

$$\delta \geqslant \delta_c + C \quad \cdots\cdots (15)$$

由钢管弯成的弯管，弯管的名义厚度应满足：

$$\delta \geqslant \delta_{bc} + C \quad \cdots\cdots (16)$$

6.4.2 校核计算时，直管最高允许工作压力按式(17)计算：

$$[p] = \frac{2\varphi_w[\sigma]\delta_e}{d_o-\delta_e} \quad \cdots\cdots (17)$$

δ_e 按式(18)计算：

$$\delta_e = \delta - C \quad \cdots\cdots (18)$$

δ_e 可取实际最小厚度减去腐蚀减薄值。

弯管最高允许计算压力 $[p]_w$ 按式(19)计算：

$$[p]_w = \frac{2\varphi_w[\sigma]\delta_{be}}{K_1d_o-\delta_{be}} \quad \cdots\cdots (19)$$

弯管外侧的有效厚度 δ_{be} 按式(20)计算：

$$\delta_{be} = \delta - C \quad \cdots\cdots (20)$$

带弯管的管子的最高允许工作压力应取式(17)和式(19)中的较小值。

6.5 立式锅炉大横水管

立式锅炉大横水管(D_i 为 102 mm～300 mm)名义厚度和最高允许工作压力按式(21)、式(22)计算：

$$\delta \geqslant \frac{pD_i}{44} + 3 \quad \cdots\cdots (21)$$

$$[p] = \frac{44(\delta-3)}{D_i} \quad \cdots\cdots (22)$$

6.6 减弱系数及焊接接头系数

6.6.1 式(4)和式(7)中的最小减弱系数 φ_{min} 取纵向焊接接头系数 φ_w、纵向孔桥减弱系数 φ、两倍横向

孔桥减弱系数 $2\varphi'$(当 $2\varphi'>1$ 时,取 $2\varphi'=1.00$)及斜向孔桥当量减弱系数 φ_d(当 $\varphi_d>1$ 时,取 $\varphi_d=1.00$)中的最小值。若孔桥位于焊缝上,应按 6.9.3 有关规定处理。

6.6.2　按锅炉制造技术条件检验合格的焊缝,其焊接接头系数 φ_w 按 GB/T 16508.1 选取。若环向焊缝上无孔,则环向焊接接头系数可不予考虑。

6.6.3　孔排中若相邻两孔的节距(纵向、横向或斜向)不小于按式(23)计算的值时,孔桥减弱系数可不必计算。

$$s_0=d_m+2\sqrt{(D_i+\delta)\delta} \quad \cdots\cdots(23)$$

式中 d_m 按式(29)确定。

6.6.4　相邻两孔的节距小于按式(23)确定的 s_0 值,且两孔直径均不大于按 13.3.6 确定的未补强孔最大允许直径时,应按 6.6.6～6.6.12 的规定计算孔桥减弱系数。

若孔排中相邻两孔中的一孔大于按 13.3.6 确定的未补强孔最大允许直径,应在满足 13.7.2 所要求的条件下,按 13.3.7～13.3.9 的规定按单孔进行补强。补强后按无孔处理。

若相邻两孔均需要补强,其节距不应小于其平均直径的 1.5 倍。

当相邻两孔均需要补强时,补强计算除符合 13.3.7～13.3.9 的规定以外,还应符合以下要求:

a)　加厚管接头的高度应为厚度的 2.5 倍;

b)　加厚管接头的焊脚尺寸应等于加厚管接头的厚度;

c)　若两孔的节距小于两孔直径之和,导致它们的有效补强范围重叠,应按两孔总的补强面积不小于各孔单独所需补强面积之和的方法进行补强。重叠部分补强面积不能重复计算。

6.6.5　对于立式锅炉筒体上的加煤孔、出渣孔等,均应按 13.3.7～13.3.9 的规定进行补强,补强后按无孔处理。加煤孔圈、出渣孔圈等最小需要厚度按 13.4.4 确定。

6.6.6　等直径纵向相邻两孔(图 1)的孔桥减弱系数按式(24)计算:

$$\varphi=\frac{s-d}{s} \quad \cdots\cdots(24)$$

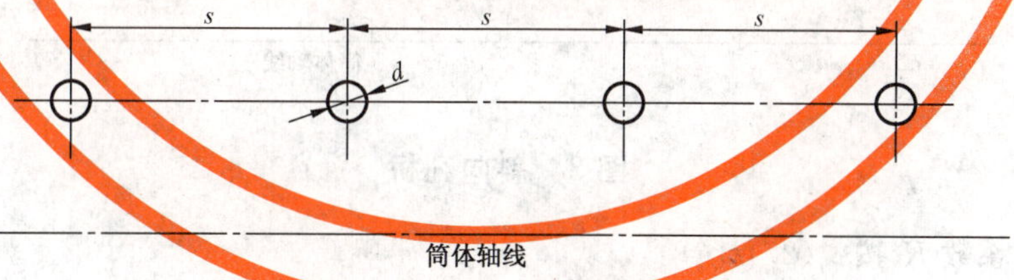

图 1　纵向孔桥

6.6.7　等直径横向相邻两孔(图 2)的孔桥减弱系数按式(25)计算:

$$\varphi'=\frac{s'-d}{s'} \quad \cdots\cdots(25)$$

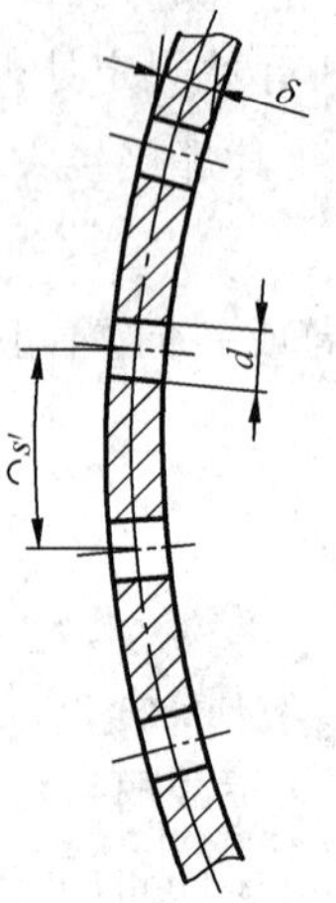

图 2 横向孔桥

6.6.8 等直径斜向相邻两孔(图 3)的孔桥当量减弱系数按式(26)计算：

$$\varphi_d = K\varphi'' \qquad \cdots\cdots(26)$$

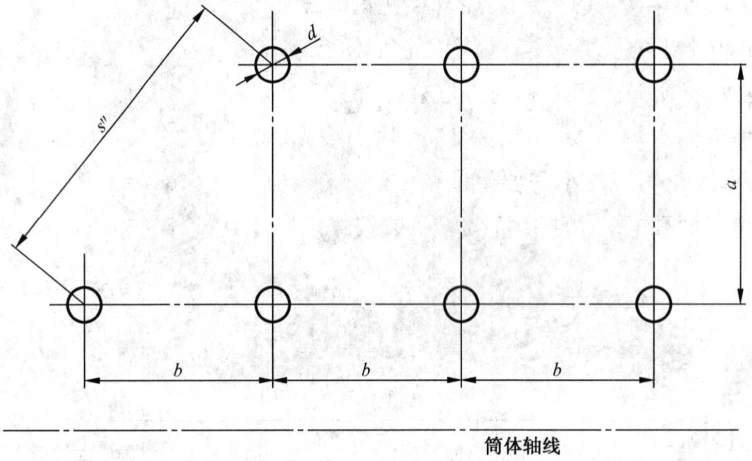

图 3 斜向孔桥

斜向孔桥换算系数 K 按式(27)计算：

$$K = \frac{1}{\sqrt{1 - \frac{0.75}{(1+n^2)^2}}} \qquad \cdots\cdots(27)$$

当 $n \geqslant 2.4$ 时，可取 $K=1$，此时 $\varphi_d = \varphi''$。

斜向孔桥减弱系数 φ'' 按式(28)计算：

$$\varphi'' = \frac{s'' - d}{s''} \qquad \cdots\cdots(28)$$

式中：$s'' = a\sqrt{1+n^2}$；当 $\varphi_d > 1$ 时，取 $\varphi_d = 1.00$；φ_d 也可按线算图(图 4)直接查取。

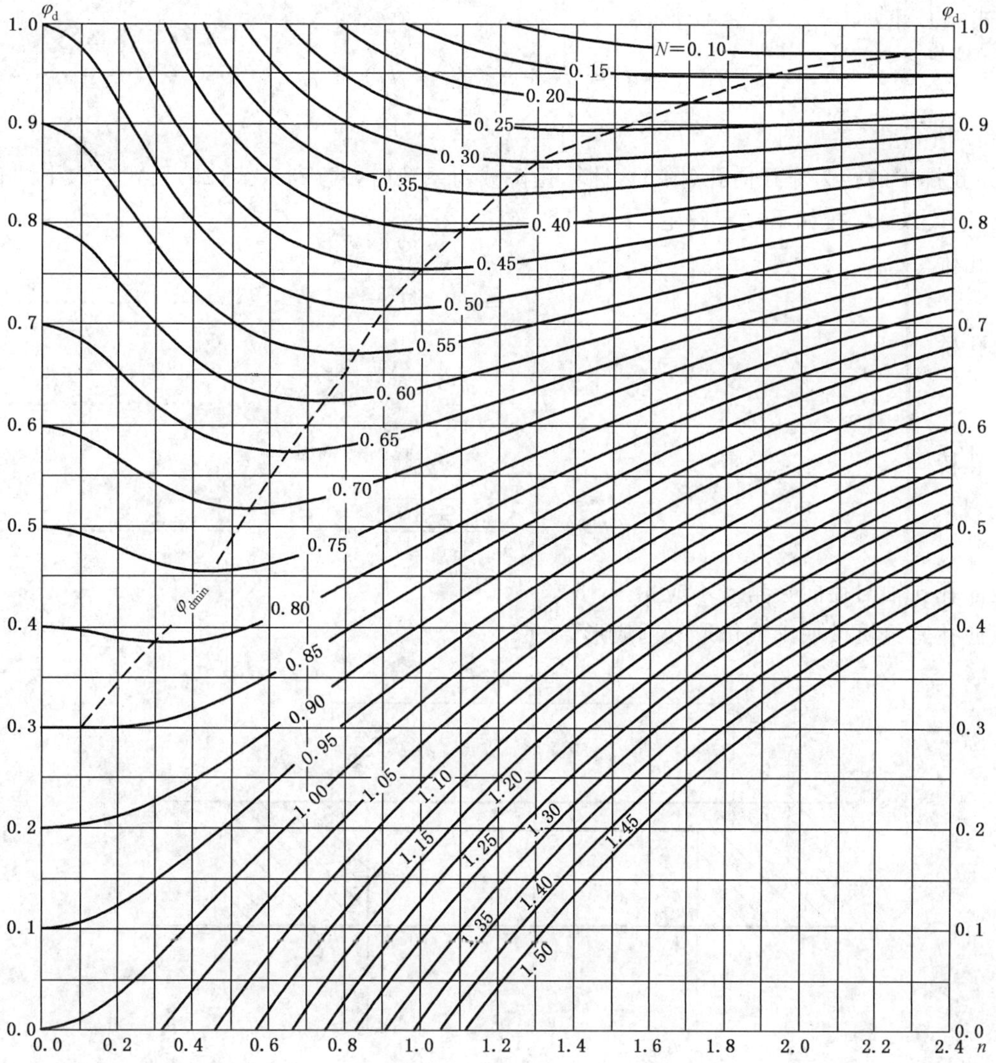

注：图中虚线为各条曲线极小值的连线。

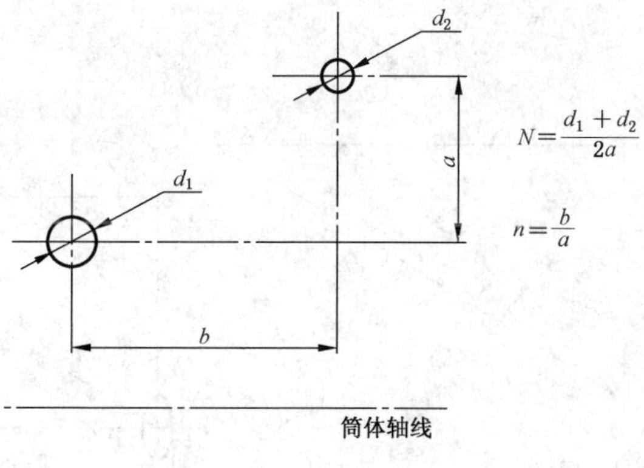

图 4　确定 φ_d 值的线算图

6.6.9　若相邻两孔直径不同，在计算孔桥减弱系数时，式(24)、式(25)及式(28)中的直径 d 取相邻两孔的平均值 d_m，即：

$$d_m = \frac{d_1 + d_2}{2} \quad \cdots\cdots (29)$$

6.6.10 计算凹座开孔(图 5)的孔桥减弱系数时,式(24)、式(25)及式(28)中的直径 d 以当量直径 d_e 代入,d_e 按式(30)计算:

$$d_e = d_1 + \frac{h}{\delta}(d'_1 - d_1) \qquad (30)$$

式(30)中 d_1、d'_1 参见图 5。

6.6.11 如孔排中的孔为非径向孔(图 6),计算孔桥减弱系数时,式(24)、式(25)及式(28)中的直径 d 以当量直径 d_e 代入,d_e 按如下规定确定:

纵向孔桥

$$d_e = d \qquad (31)$$

横向孔桥

$$d_e = \frac{d}{\cos\alpha} \qquad (32)$$

斜向孔桥

$$d_e = d\sqrt{\frac{n^2+1}{n^2+\cos^2\alpha}} \qquad (33)$$

非径向孔孔轴与径向夹角 α 不应大于 45°。

非径向孔宜经机械加工或仿形气割成形。

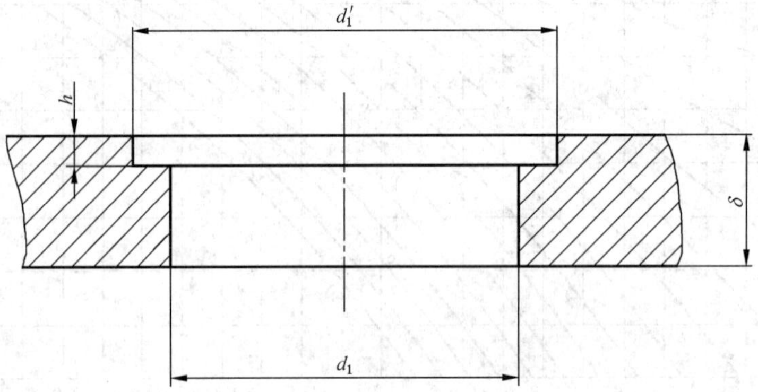

图 5 具有凹座的孔

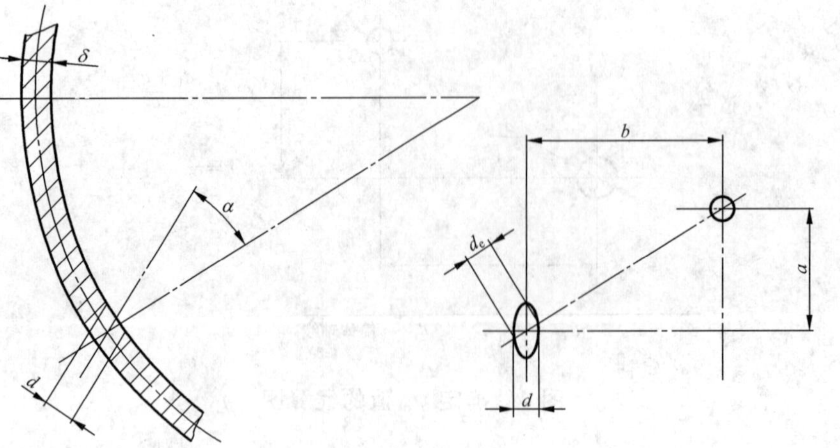

图 6 非径向孔

6.6.12 对于椭圆孔,计算孔桥减弱系数时,孔径 d 按该孔沿相应节距方向上的尺寸确定。

6.7 附加厚度

6.7.1 锅壳筒体的厚度附加量 C 按式(34)计算:

$$C = C_1 + C_2 + C_3 \quad \cdots\cdots(34)$$

腐蚀裕量与水侧的含氧量相关,也与烟气侧的含硫量相关,并与锅炉的设计寿命相关,腐蚀裕量的附加厚度 C_1 一般取 0.5 mm,对厚度超过 20 mm 的元件,腐蚀裕量可取 0 mm,若腐蚀减薄量超过 0.5 mm,则取实际可能的腐蚀减薄值。

制造减薄量的附加厚度 C_2 应根据具体工艺情况而定:一般情况下,冷卷后冷校的锅壳筒体,可取为零;冷卷后热校的锅壳筒体,可取为 1 mm;热卷后热校的锅壳筒体,可取为 2 mm。

钢材厚度负偏差(为负值时)的附加厚度 C_3 按有关材料标准确定。

6.7.2 集箱筒体的附加厚度

6.7.2.1 设计计算时,集箱筒体的厚度附加量按式(38)计算。

对于由钢管制成的直集箱筒体,C_1 按 6.7.1 原则处理,C_2 取为零,C_3 按式(35)计算:

$$C_3 = \frac{m}{100-m}(\delta_c + C_1) \quad \cdots\cdots(35)$$

对于由钢管弯成的圆弧形集箱筒体,C_1 按 6.7.1 原则处理,C_2、C_3 分别按式(36)和式(37)计算:

$$C_2 = \frac{\delta_c}{(4n_1-1)(2n_1+1)} \quad \cdots\cdots(36)$$

式中 n_1 为集箱中心线的弯曲半径与集箱筒体外径的比值,当 $n_1 > 4.5$ 时,按直集箱处理。

$$C_3 = \frac{m}{100-m}(\delta_c + C_1 + C_2) \quad \cdots\cdots(37)$$

6.7.2.2 校核计算时,集箱筒体的厚度附加量 C 按式(38)计算:

$$C = C_1 + C_2 + C_3 \quad \cdots\cdots(38)$$

对于由钢管制成的直集箱筒体,C_1 按 6.7.1 原则处理,C_2 取为零,C_3 按式(39)计算:

$$C_3 = \frac{m}{100}\delta \quad \cdots\cdots(39)$$

对于由钢管弯成的圆弧形集箱筒体,C_1 按 6.7.1 原则处理,C_3 按式(39)计算。C_2 按式(40)计算:

$$C_2 = \frac{\delta - C_1 - C_3}{2n_1(4n_1+1)} \quad \cdots\cdots(40)$$

式中 n_1 为弯管中心线半径与管子外径的比值。

6.7.3 承受内压力管子的附加厚度

6.7.3.1 设计计算时,管子的厚度附加量按式(38)计算。

对于直水管,C_1 按 6.7.1 原则处理,对换热管 C_1 取零,C_2 取为零,C_3 按式(41)计算:

$$C_3 = \frac{m}{100-m}(\delta_c + C_1) \quad \cdots\cdots(41)$$

对于由钢管弯成的弯管,C_1 按 6.7.1 原则处理,对换热管 C_1 取零,C_2、C_3 分别按式(42)和式(44)计算:

$$C_2 = \frac{\alpha_1}{100-\alpha_1}(\delta_{bc} + C_1) \quad \cdots\cdots(42)$$

式中弯管工艺系数 α_1 按式(43)计算:

$$\alpha_1=\frac{25d_o}{R} \quad \cdots\cdots(43)$$

当弯管外侧厚度实际制造工艺减薄率 b_1 大于计算所得的 α_1 值时，α_1 值应取弯管外侧厚度实际制造工艺减薄率值。

$$C_3=\frac{m}{100-m}(\delta_{bc}+C_1+C_2) \quad \cdots\cdots(44)$$

6.7.3.2　校核计算时，管子的厚度附加量 C 按式(38)计算。

对于直管，C_1 按 6.7.1 原则处理，对换热管 C_1 取零，C_2 取为零，C_3 按式(39)计算。

对于由钢管弯成的弯管，C_1 按 6.7.1 原则处理，对换热管 C_1 取零，C_3 按式(39)计算，C_2 按式(45)计算：

$$C_2=\frac{\alpha_1}{100}(\delta-C_3) \quad \cdots\cdots(45)$$

6.8　厚度限制

6.8.1　锅壳内径 D_i 大于 1 000 mm 时，锅壳筒体的名义厚度不宜小于 6 mm；锅壳内径 D_i 不大于 1 000 mm 时，锅壳筒体的名义厚度不宜小于 4 mm。

6.8.2　立式锅炉大横水管的名义厚度不宜小于 6 mm。

6.8.3　不绝热的锅壳置于烟温不小于 600 ℃的烟道或炉膛内时，名义厚度不应大于表 5 所列数值。

表 5　不绝热锅壳的最大允许厚度　　单位为毫米

工作条件	最大允许厚度
在烟温大于 900 ℃的烟道或炉膛内	26
在烟温为 600 ℃～900 ℃之间的烟道内	30

6.8.4　对于额定压力大于 2.5 MPa 的锅炉，不绝热集箱筒体的厚度不应大于 30 mm。

6.8.5　对于额定压力不大于 2.5 MPa 的锅炉，不绝热集箱和防焦箱筒体的厚度不应大于表 6 所规定的值。

表 6　不绝热集箱和防焦箱筒体的最大允许厚度　　单位为毫米

工　作　条　件	最大允许壁厚
在烟温大于 900 ℃的烟道或炉膛内	15
在烟温为 600 ℃～900 ℃之间的烟道内	20

6.9　结构要求

6.9.1　对于胀接管孔，孔桥减弱系数 φ、φ' 及 φ'' 均不应小于 0.3；胀接管孔中心与焊缝边缘的距离不应小于 $0.8d$，且不小于 $0.5d+12$ mm；在纵焊缝上不得有胀接管孔，若需在环缝上开胀接管孔应符合 TSG G0001《锅炉安全技术监察规程》的要求。

6.9.2　胀接管子的锅筒(壳)的厚度应不小于 12 mm。胀接管孔间的净距离不应小于 19 mm。外径大于 63.5 mm 的管子不宜采用胀接。

6.9.3　焊接管孔应尽量避免开在主焊缝上，并避免管孔焊缝边缘与相邻主焊缝边缘的净间距小于 10 mm。如不能避免时，应满足下列要求：

a)　距管孔中心 1.5 倍管孔直径(当管孔直径小于 60 mm 时，为 $0.5d+60$mm)范围内的主焊缝经

射线或者超声波检测合格,且孔周边不应有夹渣缺陷;

b) 管子或管接头焊后经热处理或局部热处理消除残余应力。

此时,该部位的减弱系数取孔桥减弱系数与焊接接头系数的乘积。

相邻焊接管孔焊缝边缘的净间距不宜小于 6 mm,如焊后经热处理或局部热处理,则不受此限。

6.9.4 锅壳筒体与扳边的平管板或凸形封头的连接型式如图 7 所示。

6.9.5 锅壳筒体与平管板采用坡口型角焊连接时,应符合如下规定:

a) 锅炉的额定压力应不大于 2.5 MPa;

b) 烟温不大于 600 ℃部位(不受烟气冲刷部位,且采用可靠绝热时,可不受此限);

c) 应采用全焊透,且坡口经过机械加工(参见图 8),坡口段厚度不需强度校核;

d) 卧式内燃锅炉锅壳、炉胆的管板与筒体的连接应当采用插入式的结构;

e) 连接焊缝的厚度应不小于管板的厚度,且其焊缝背部能封焊的部位均应封焊,不能封焊的部位应采用氩弧焊打底,并应保证焊透;

f) 焊缝应按 NB/T 47013(JB/T 4730)的有关要求进行超声检测;

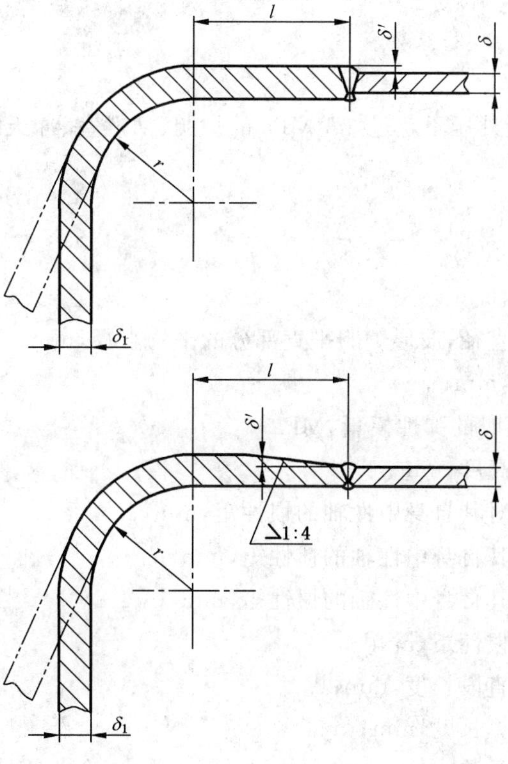

说明:

当扳边元件内径小于或等于 600 mm 时,直段长度应大于或等于 25 mm;

当扳边元件内径大于 600 mm 时,直段长度应大于或等于 38 mm;

对接边缘厚度偏差 δ' 应当小于或等于 $(0.1\delta_1+1)$,且小于或等于 4 mm;

对扳边内半径 r:平板或管板见 9.3.11;碟形封头见 8.4.7;

当 δ' 超过规定值时,应进行削薄,削薄长度不应小于削薄厚度的 4 倍。

图 7 锅壳筒体与扳边的平管板或凸形封头的连接

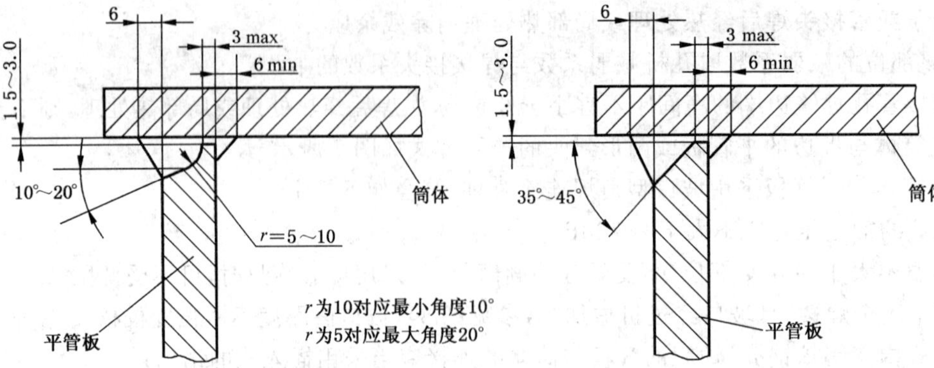

图 8 锅壳筒体与平管板连接的坡口型角焊结构(参考图)

7 承受外压力的圆筒形炉胆、冲天管、烟管和其他元件

7.1 范围

本章计算公式适用于承受外压不超过 2.5 MPa 的炉胆、回燃室、冲天管、烟管等圆筒形元件的设计计算方法和结构要求。

7.2 符号和单位

D_i ——炉胆内径,mm;

D_m ——炉胆平均直径,波形炉胆平直部分的平均直径,mm;

D_o ——炉胆外径,mm;

E^t —— 计算温度时的弹性模量,MPa;

h_o ——炉胆顶外高度,mm;

I_1 ——波纹截面对其自身中性轴的惯性矩,mm^4;

I_2 ——加强圈对其自身中性轴的惯性矩,mm^4;

I_3 ——膨胀环对其自身中性轴的惯性矩,mm^4;

I'、I''、I''' ——所需要的惯性矩,mm^4;

l ——扳边元件直段长度,mm;

L ——炉胆的计算长度,mm;

n_1 ——强度安全系数;

n_2 ——稳定安全系数;

R_o ——波形炉胆的波纹外半径,mm;

R ——波纹炉胆的波纹中半径,mm;

r ——波形炉胆的波纹内半径,mm;

s ——波形炉胆的波纹节距,mm;

u —— 卧式平直炉胆圆度百分率;

W ——波形炉胆的波纹深度,mm;

X —— 平炉胆计算长度的增值;

α ——中性轴 $x—x$ 与通过圆心的轴线 $x_0—x_0$ 的距离,mm;

α' ——半夹角,rad(弧度);

δ ——受压元件名义厚度，mm；

δ_c ——受压元件理论计算厚度，mm；

δ_{min} ——受压元件最小成品厚度，mm；

δ_s ——受压元件设计厚度，mm；

δ_e ——受压元件有效厚度，mm；

φ_{min} ——最小减弱系数。

7.3 圆筒形炉胆

7.3.1 平直炉胆

7.3.1.1 卧式平直炉胆设计厚度按式(46)～式(48)计算，取两者较大值。

$$\delta_s = \frac{B}{2}\left[1+\sqrt{1+\frac{0.12D_m\mu}{B\left(1+\dfrac{D_m}{0.3L}\right)}}\right]+1 \qquad (46)$$

式中：

$$B = \frac{pD_m n_1}{2R_{eL}^t\left(1+\dfrac{D_m}{15L}\right)} \qquad (47)$$

或

$$\delta > D_m^{0.6}\left(\frac{pLn_2}{1.73E^t}\right)^{0.4}+1 \qquad (48)$$

式中，L 为炉胆计算长度；n_1 为炉胆强度安全系数；n_2 为炉胆稳定安全系数，n_1、n_2 按表 8 选取。

7.3.1.2 校核计算时，卧式平直炉胆的最高允许工作压力按式(49)、式(50)计算，取两者较小值。

$$[p] = \frac{2R_{eL}^t(\delta-1)}{n_1 D_m}\left[\frac{1+\dfrac{D_m}{15L}}{1+\dfrac{0.03D_m\mu}{(\delta-1)\left(1+\dfrac{D_m}{0.3L}\right)}}\right] \qquad (49)$$

$$[p] = \frac{1.73E^t(\delta-1)^{2.5}}{LD_m^{1.5}n_2} \qquad (50)$$

式中，L 为炉胆计算长度；n_1 为炉胆强度安全系数；n_2 为炉胆稳定安全系数，n_1、n_2 按表 8 选取。

7.3.1.3 立式平直炉胆的设计厚度和最高允许工作压力按式(51)、式(52)计算：

$$\delta_s = 1.5\frac{pD_i}{\varphi_{min}R_m}\left[1+\sqrt{1+\frac{4.4L}{p(L+D_i)}}\right]+2 \qquad (51)$$

$$[p] = \frac{\varphi_{min}R_m(\delta-2)}{1.5D_i\left[\dfrac{6.6LD_i}{\varphi_{min}R_m[L+D_i][\delta-2]}+2\right]} \qquad (52)$$

7.3.1.4 立式平直炉胆上布置孔排时，最小减弱系数按以下规定确定：

a) 多横水管锅炉(图 9)、水冷炉排锅炉(图 10)的 $\varphi_{min}=1.00$，但 α 不应大于 45°，非径向孔宜经机械加工或仿形气割成形，两侧边缘管孔的焊缝尺寸应满足图 40(拉撑管与平管板的连接)要求；

b) 弯水管锅炉(图 11)的 φ_{min} 按 7.3 确定(带有冲天管时，取横向减弱系数 $\varphi'=1.00$)；如采用坡口型角焊，可按 13.7 的规定考虑管接头和焊缝对开孔的补强。

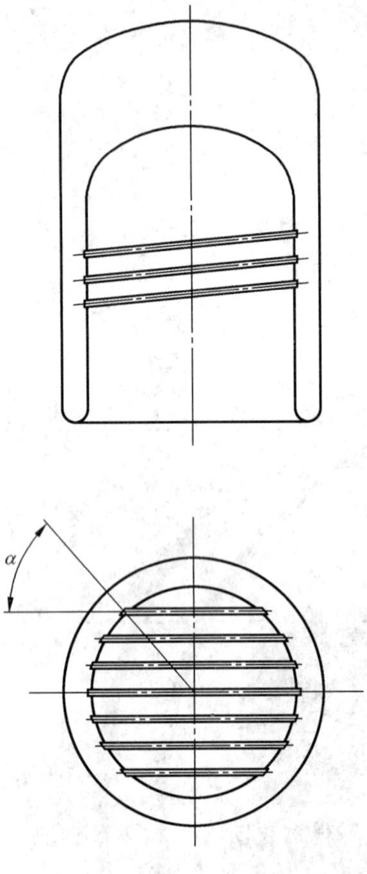

图9 多横水管锅炉

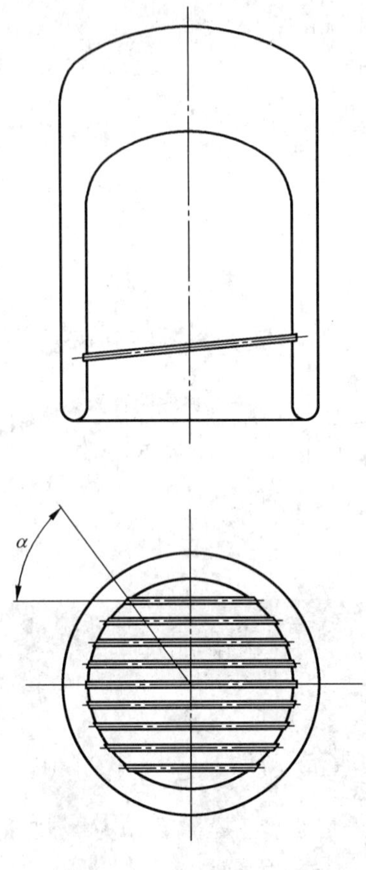

图10 水冷炉排锅炉

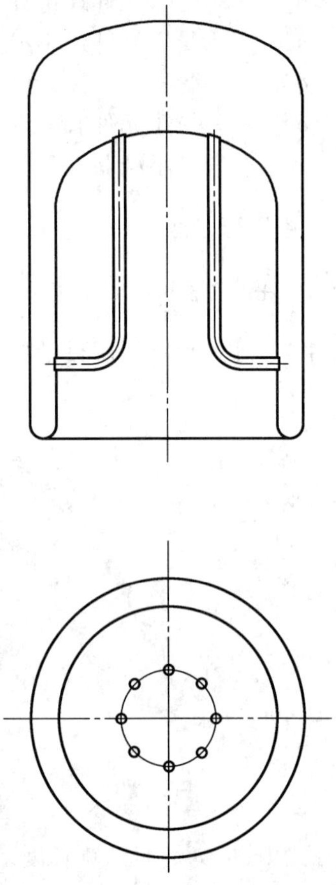

图11 弯水管锅炉

7.3.1.5 炉胆的计算长度 L 按以下规定确定：

a) 炉胆与平管板或凸形封头连接处，若是扳边对接焊时，以扳边起点作为计算支点，即 L 的起算点；若是坡口型角焊时，以角焊根部作为计算支点；

b) 平直炉胆用膨胀环连接时，以膨胀环中心线作为计算支点(图19)；

c) 平直炉胆上焊以加强圈时，以加强圈横向中心线作为计算支点(图18)；

d) 立式锅炉平直炉胆在环向装有拉杆时，如拉杆的节距不超过炉胆厚度的14倍，可取这一圈拉杆的中心线作为计算支点，拉杆直径不应小于18 mm；

e) 立式锅炉平直炉胆与凸形炉胆顶相连时，计算支点如图12所示，其中 X 值按表7选取。

表7 **X 值**

h_o/D_o	0.17	0.20	0.25	0.30	0.40	0.50
X/D_o	0.07	0.08	0.10	0.12	0.16	0.20
注：相邻两个数值间的 X/D_o 采用算术内插法确定，数值保留到小数点后二位。						

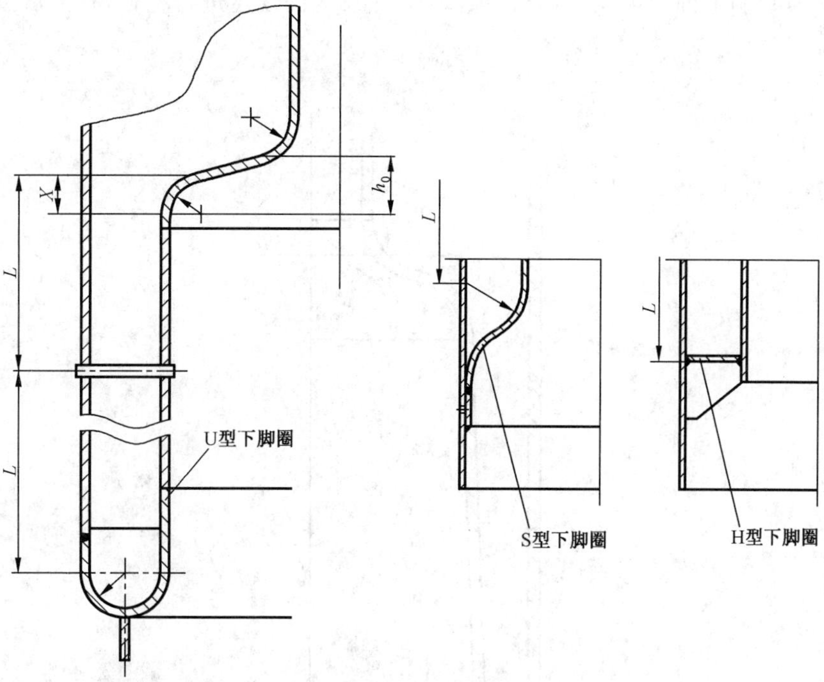

图 12　立式锅炉平直炉胆计算长度 L 的起算点

7.3.1.6　对于有锥度的平直炉胆(图 13),内径 D_i 取 D_i'与 D_i''之和的一半。

7.3.1.7　卧式平直炉胆的圆度百分率 u 按式(53)计算:

$$u=\frac{200(D_{o\,max}-D_{o\,min})}{D_{o\,max}+D_{o\,min}} \qquad (53)$$

也可取 $u=1.2$。

7.3.1.8　卧式平直炉胆强度安全系数 n_1 与稳定安全系数 n_2 按表 8 选取。

表 8　安全系数 n_1、n_2

锅炉级别	n_1	n_2
$p \leqslant 0.38$ MPa,且 $pD_m \leqslant 480$ MPa mm	3.5	3.9
其他情况	2.5	3.0

7.3.1.9　计算温度 t_c 时的屈服点 σ_s^t 按 GB/T 16508.2 确定。

7.3.1.10　材料的弹性模量 E^t 按表 9 确定。

表 9　材料的弹性模量 E^t

计算温度 t_c ℃	250	300	350	400	450
弹性模量 E^t MPa	195×10^3	191×10^3	186×10^3	181×10^3	178×10^3
注:相邻两数值间的 E^t 值采用算术内插法确定。					

7.3.1.11 立式平直炉胆上的加煤孔、出渣孔等，均应按13.3的规定进行补强，补强后按无孔处理。

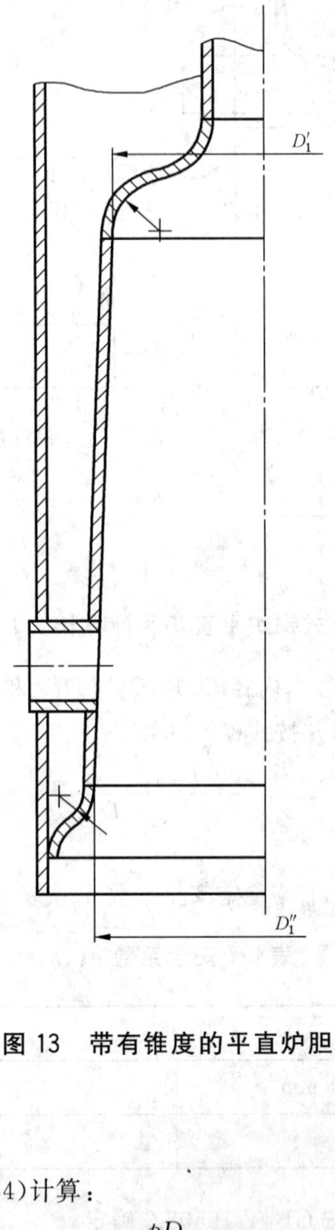

图13 带有锥度的平直炉胆

7.3.2 波形炉胆

7.3.2.1 波形炉胆的设计厚度按式(54)计算：

$$\delta_s = \frac{pD_o}{2[\sigma]} + 1 \quad \cdots\cdots(54)$$

7.3.2.2 校核计算时，最高允许工作压力按式(55)计算：

$$[p] = \frac{2(\delta - 1)[\sigma]}{D_o} \quad \cdots\cdots(55)$$

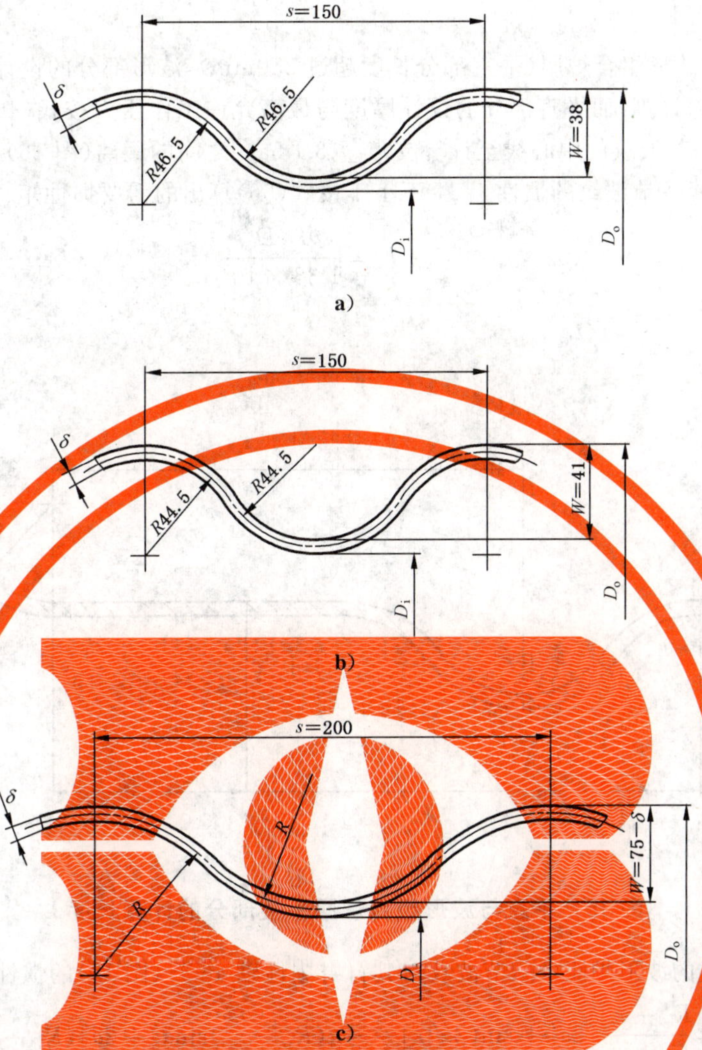

图 14　波形炉胆(参考图)

7.3.2.3　波形炉胆彼此连接处,各自平直部分的长度不应超过 125 mm(图 15)。

7.3.2.4　波形炉胆与平管板或凸形封头连接处的平直部分长度不应超过 250 mm,否则,按 7.3.3.1 处理。

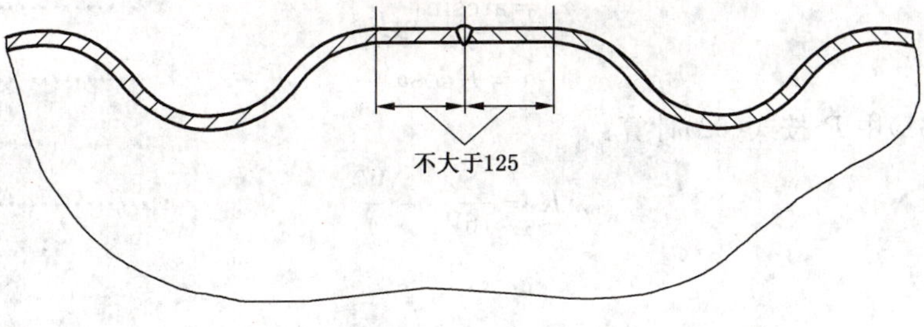

图 15　波形炉胆连接处平直部分尺寸

7.3.3 平直与波形组合炉胆

7.3.3.1 对于平直与波形组合炉胆(平直部分长度超过 250mm),波形部分的设计厚度及最高允许计算压力按式(54)、式(55)计算;而平直部分的设计厚度与最高允许工作压力按式(46)～式(50)计算,其计算长度 L 取最边缘一节波纹的中心线至计算支点[7.3.1.5a)]之间的距离(图 16)。

同时,要求最边缘一节波纹的惯性矩 I_1 不小于按式(56)算出的需要惯性矩 I',即:

$$I_1 \geqslant I' = \frac{pL_2D_m^3}{1.33\times10^6} \quad\cdots\cdots(56)$$

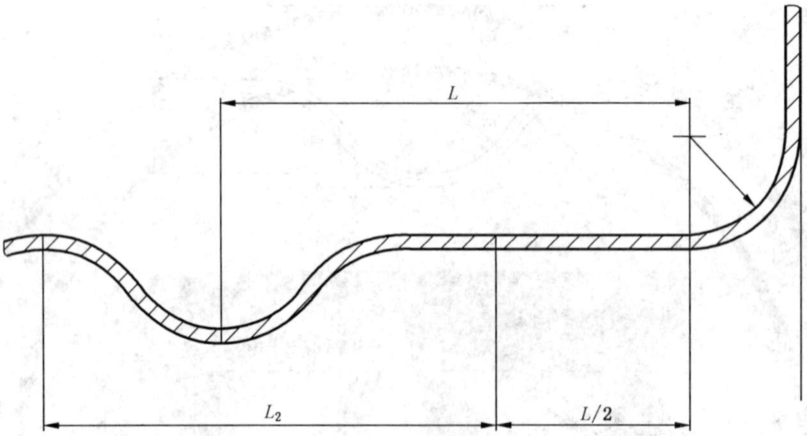

图 16 平直与波形组合炉胆平直部分的计算长度 L

由扇形圆环组成的波形炉胆中一节波纹对其自身中性轴 $x—x$(图 17)的惯性矩 I_1 按式(57)计算:

$$I_1 = \frac{R_o^4 - r^4}{4}[2\alpha' + \sin(2\alpha')] - \frac{8}{3}a(R_o^3 - r^3)\sin\alpha' + 2a^2(R_o^2 - r^2)\alpha' \quad\cdots\cdots(57)$$

式(57)中 R_o、r、α'、a 分别按式(58)～式(61)计算:

$$R_o = R + \frac{\delta}{2} \quad\cdots\cdots(58)$$

$$r = R - \frac{\delta}{2} \quad\cdots\cdots(59)$$

$$\alpha' = \arcsin\left(\frac{s}{4R}\right) \quad\cdots\cdots(60)$$

$$a = R\cos\alpha' \quad\cdots\cdots(61)$$

式(58)～式(61)中 R 按式(62)计算:

$$R = \frac{S_2}{16W} + \frac{W}{4} \quad\cdots\cdots(62)$$

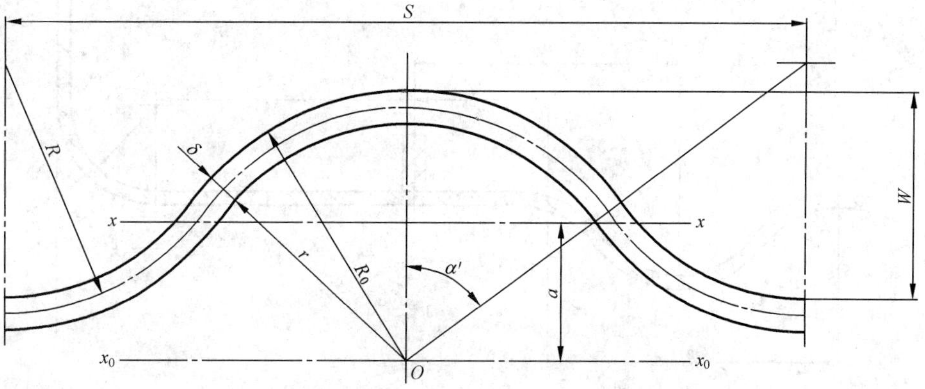

图 17　波纹几何特性

常用波纹(图 14)对其自身中性轴的惯性矩 I_1 如表 10 所示。

表 10　波纹截面对其自身中性轴的惯性矩 I_1　　$10^4\ mm^4$

图序号		δ/mm												
		10	11	12	13	14	15	16	17	18	19	20	21	22
图 14a)	节距 150 波深 38	31.8	35.6	39.5	43.5	47.7	52	56.5	61	65.9	70.9	76.1	81.5	87.2
图 14b)	节距 150 波深 41	37.6	42.1	46.7	51.4	56.2	61.2	66.3	71.7	77.2	82.9	88.8	94.5	101.3
图 14c)	节距 200 波深 75−δ	129.2	138.7	147.5	155.7	163.3	170.3	176.8	182.9	188.4	193.5	198.3	202.7	206.8
注：表中给出的 I_1 值已考虑了厚度减薄量，例如，对于 δ=10 mm，I_1 值是按 9 mm 计算的。														

7.3.3.2　如式(56)未能满足，可在炉胆平直部分设置加强圈(图 18)用以减小 L_2，以满足式(56)的要求。

7.3.4　加强圈与膨胀环

7.3.4.1　加强圈截面对其自身中性轴的惯性矩 I_2，按式(63)计算：

$$I_2=\frac{\delta_J h_J^3}{12} \qquad (63)$$

其中 δ_J 为加强圈厚度(参照图 22)；

h_J 为加强圈高度(参照图 22)。

它不应小于按式(64)算出的需要惯性矩 I''，即：

$$I_2 \geqslant I''=\frac{pL_0 D_m^3}{1.33\times 10^6} \qquad (64)$$

式(64)中承压计算长度 L_0 按各计算支点均分原则处理，例如对图 18 中加强圈，L_0 为 L_1 与 L 之和的一半。

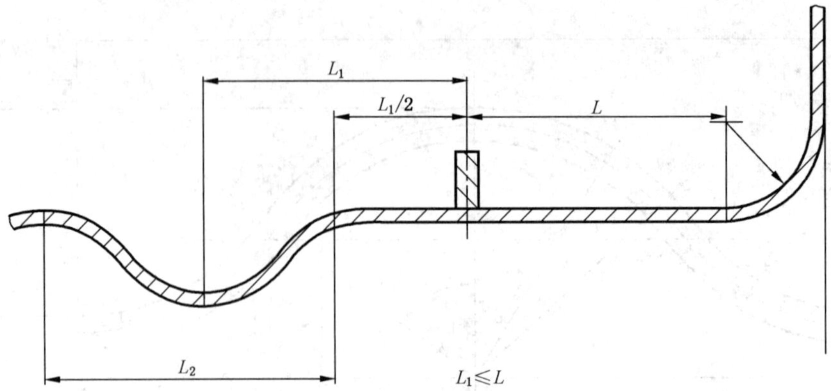

图 18　炉胆平直部分设置加强圈

7.3.4.2　膨胀环(图 19)截面对其自身中性轴的惯性矩 I_3 如表 11 所示，它不应小于按式(65)算出的需要惯性矩 I''，即：

$$I_3 \geqslant I'' = \frac{pL_0 D_m^3}{1.33 \times 10^6} \qquad \cdots\cdots(65)$$

式(65)中承压计算长度 L_0 按 7.3.4.1 所述原则处理。

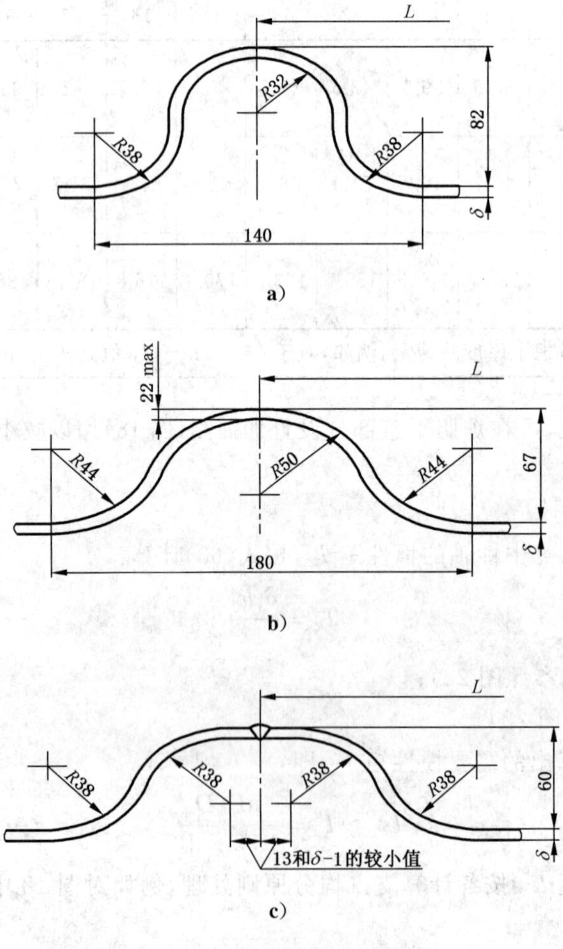

图 19　膨胀环(参考图)

表 11 膨胀环对其自身中性轴的惯性矩 I_3

图序号	δ mm												
	10	11	12	13	14	15	16	17	18	19	20	21	22
	I_3 $10^4\,mm^4$												
图 19a)	189	210	231	252	273	295	317	339	361	384	407	430	454
图 19b)	130	144	159	174	190	204	220	236	252	268	284	301	318
图 19c)	114	128	141	155	170	186	204	222	241	260	280	301	322
注：表中给出的 I_3 值已考虑了厚度减薄量，例如，对于 $\delta=10$ mm，I_3 值是按 9 mm 计算的。													

7.3.5 结构要求

7.3.5.1 平直或波形炉胆的内径 D_i 不应大于 1 800 mm。

7.3.5.2 平直或波形炉胆的名义厚度不应小于 8 mm，且不应大于 22 mm；当炉胆内径不大于 400 mm 时，其名义厚度应不小于 6 mm。

7.3.5.3 卧式平直炉胆计算长度一般不宜超过 2 000 mm，如炉胆两端均为扳边连接，则计算长度可放大至 3 000 mm。超过上述规定时，应采用膨胀环或波形炉胆来提高柔性，此时，波纹部分的长度应不小于炉胆全长的 1/3。

7.3.5.4 平直炉胆与波形炉胆的连接结构如图 20 所示。平直炉胆与波形炉胆的波纹顶部、底部或中部对齐均可。

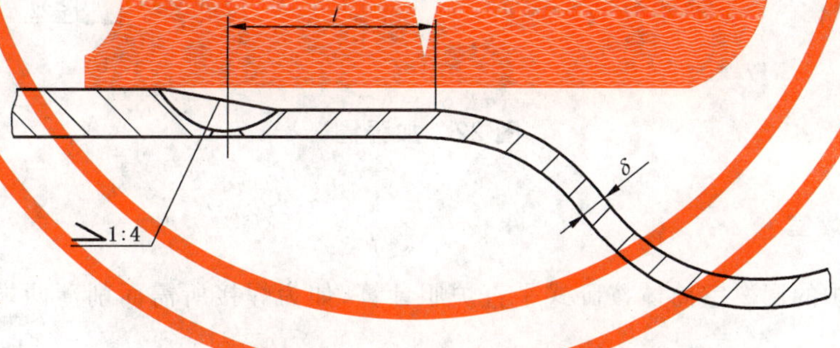

说明：l 见图 7。

图 20 波形炉胆与平直炉胆的连接

7.3.5.5 卧式炉胆与平管板或凸形封头的连接结构如图 21 所示。如采用坡口型角焊连接，应按 6.9.5 的规定处理。

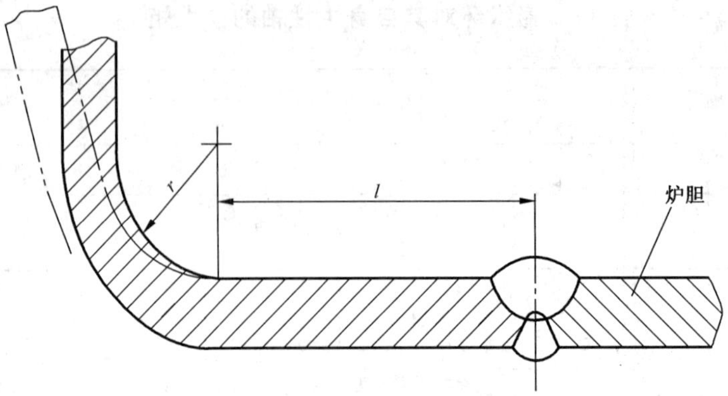

说明：l 见图 7，r 见 9.3.11。

图 21　卧式炉胆与平管板或凸形封头的连接

7.3.5.6　加强圈的厚度 δ_J 应不小于 δ，但不大于 2δ 或 22 mm[见图 22a)]。如大于 22 mm，应将底部削薄，削薄后的根部厚度不应大于 22 mm[见图 22b)]。加强圈高度 h_J 应不大于 $6\delta_J$。加强圈与炉胆的焊接应采用全焊透型(图 22)。

图 22　加强圈

7.4　圆筒形湿背回燃室

7.4.1　卧式内燃锅炉的回燃室筒体按卧式平直炉胆计算，如为焊接所需而削薄两端部时，削薄部分厚度无需另行计算。

7.4.2　回燃室筒体的名义厚度应不大于 35 mm，且不应小于 10 mm。

7.5　冲天管

7.5.1　立式锅炉冲天管的设计厚度和最高允许工作压力按式(51)、式(52)计算，取 $\varphi_{min}=1.00$；对于蒸汽锅炉，附加厚度由 2 mm 增至 4 mm。

7.5.2　冲天管计算长度 L 按 7.3.1.5a)处理。

7.6　烟管

7.6.1　承受外压力烟管(包括螺纹管)的名义厚度和最高允许工作压力按式(66)计算或按表 12，取其中的较大值：

$$\delta \geqslant \frac{pd_o}{2[\sigma]}+C \qquad \cdots\cdots(66)$$

表 12 管子的最小公称厚度

单位为毫米

公称外径	名义厚度
$d_o \leqslant 25$	2
$25 < d_o \leqslant 76$	2.5
$76 < d_o \leqslant 89$	3
$89 < d_o \leqslant 133$	3.5

校核计算时,最高允许工作压力按式(67)计算:

$$[p]=\frac{2[\sigma](\delta-C)}{d_o} \qquad \cdots\cdots(67)$$

式(66)中的 C 和式(67)中的 C 分别按 6.7.3.1 和 6.7.3.2 处理。

8 凸形封头、炉胆顶、半球形炉胆和凸形管板

8.1 范围

本章规定了承受内压或外压的凸形封头(包括椭球形、半球形、蝶形等)、炉胆顶、凸形管板(包括椭球形、拱形等)等元件的设计计算方法和结构要求。

8.2 符号和单位

C —— 厚度附加量,mm;
C_1 ——受压元件腐蚀裕量,mm;
C_2 ——受压元件制造减薄量,mm;
C_3 ——受压元件钢材厚度负偏差,mm;
D_i ——封头内径,mm;
D_{ie} ——拱形管板当量内径,mm;
D'_{ie} ——拱形管板当量内径,mm;
d ——开孔直径,扳边孔或焊接圈的内径,椭圆孔在相应节距方向上的尺寸,mm;
h_i ——凸形封头的内高,mm;
R_i ——碟形封头内曲率半径,mm;
r ——扳边内半径,mm;
S_{min}——封头上两相邻管孔中心线与厚度中线交点的最小展开尺寸,mm;
Y ——形状系数;
α ——孔的轴线偏离凸形元件法线的角度,(°);
δ ——受压元件名义厚度,mm;
δ_c ——受压元件理论计算厚度,mm;
δ_e ——受压元件有效厚度,mm;
φ ——减弱系数;
φ_w ——焊接接头系数;
φ_1 ——凸形封头的孔桥减弱系数。

8.3 椭球形和半球形元件

8.3.1 承受内压的椭球形和半球形元件(图 23)的封头厚度按式(68)计算:

$$\delta \geqslant \frac{pD_iY}{2\varphi[\sigma]-0.5p}+C \qquad \cdots\cdots(68)$$

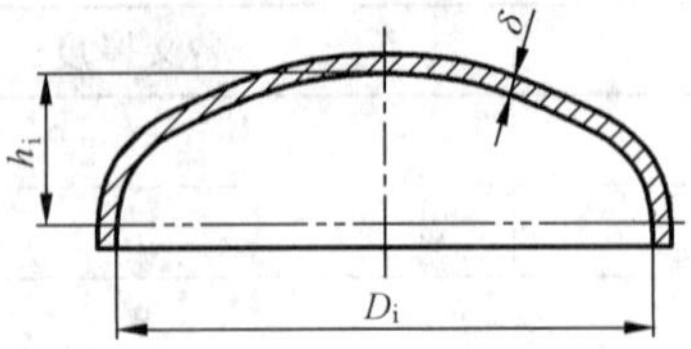

a） 椭球形无孔封头

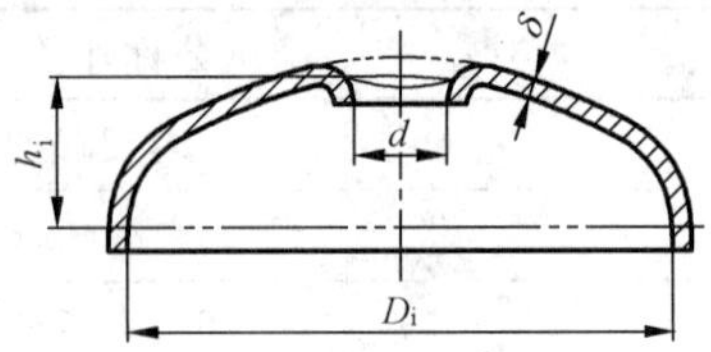

b） 椭球形有孔封头

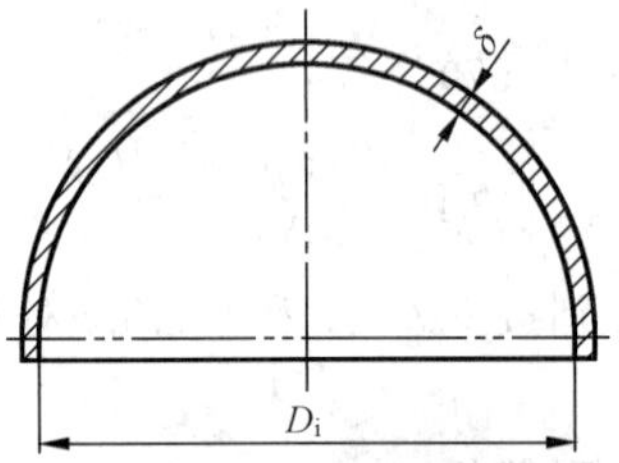

c） 半球形封头

图 23 椭球形和半球形封头

8.3.2 校核计算时，椭球形和半球形元件的最高允许工作压力按式(69)计算：

$$[p]=\frac{2\varphi[\sigma]\delta_e}{D_iY+0.5\delta_e} \qquad \cdots\cdots(69)$$

式中 δ_e 按式(70)计算：

$$\delta_e=\delta-C \qquad \cdots\cdots(70)$$

δ_e 也可取为实际测量最小厚度减去以后可能的腐蚀减薄量。

8.3.3 式(68)、式(69)只有满足下列条件时才有效：

$$\frac{h_i}{D_i}\geqslant 0.2;\frac{\delta-C}{D_i}\leqslant 0.1;\frac{d}{D_i}\leqslant 0.7$$

其中 d 取长轴尺寸。

8.3.4 计算压力取相连元件的计算压力，计算温度按表 4 选取。

8.3.5 形状系数按式(71)计算：

$$Y=\frac{1}{6}\left[2+\left(\frac{D_i}{2h_i}\right)^2\right] \qquad \cdots\cdots(71)$$

8.3.6 凹面受压凸形封头的减弱系数 φ 按表 13 选取。

表 13 减弱系数 φ

结构型式	φ
无孔无拼接焊缝	1.00
无孔有拼接焊缝[a]	φ_w
有孔无拼接焊缝[b]	$1-\frac{d}{D_i}$
有孔有拼接焊缝，但二者不重合[c]	取 φ_w 和 $1-\frac{d}{D_i}$ 中较小者
有孔有拼接焊缝，且二者重合[c]	$\varphi_w\left[1-\frac{d}{D_i}\right]$

[a] 焊接接头系数 φ_w 按 GB/T 16508.1 选取。

[b] 对于椭圆孔圈，d 取长轴内尺寸。

[c] 接管焊缝边缘与主焊缝边缘的净距离大于 10 mm 为不重合，不大于 10 mm 为重合。

8.3.7 对于凸面受压的炉胆顶、半球形炉胆，取减弱系数 $\varphi=1.00$。

8.3.8 如凹面受压的凸形封头有孔排时，若孔桥减弱系数：

$$\varphi_1=\frac{S_{\min}-d}{S_{\min}} \quad\cdots\cdots(72)$$

小于按表13确定的减弱系数 φ 时，则式(68)及式(69)中的 φ 用 φ_1 代入。式中，$S_{\min}$ 为两相邻管孔中心线与厚度中线交点的最小展开尺寸(mm)。

8.3.9 如凸面受压的炉胆顶上有孔排时，若按式(72)确定的 φ_1 不小于表3给出的炉胆顶修正系数 η 时，则不必考虑孔排的影响；若 φ_1 小于 η 时，则式(68)及式(69)中的 φ 用 φ_1 代入，与此同时，取基本许用应力修正系数 $\eta=1.00$。

8.3.10 设计计算和校核计算时的附加厚度按式(73)计算：

$$C=C_1+C_2+C_3 \quad\cdots\cdots(73)$$

其中腐蚀减薄的附加厚度 C_1，一般取为0.5 mm，若厚度大于20 mm，腐蚀裕量可取为0 mm，若腐蚀减薄量超过0.5 mm，则取实际可能的腐蚀减薄值。考虑材料厚度下偏差(为负值时)的附加厚度 C_3 按有关材料标准确定。考虑工艺减薄的附加厚度 C_2 应根据具体工艺情况而定，一般情况下，冲压工艺减薄量可取 0.1δ。

8.3.11 封头内径 D_i 大于1 000 mm时，封头的名义厚度不应小于6 mm；封头内径 D_i 不大于1 000 mm时，封头的名义厚度不宜小于4 mm。炉胆顶和半球形炉胆的名义厚度不应小于8 mm，且半球形炉胆的名义厚度也不应大于22 mm。

8.3.12 热旋压凸形封头可按本章的规定进行计算；但旋压后封头顶端必须开工艺孔，最小孔径不小于80 mm。

8.3.13 封头上开孔应遵守下列要求：

a) 对于封头上的炉胆孔，两孔边缘之间的投影距离不应小于其中较小孔的直径(图24)，此时，不计孔桥的减弱；
b) 炉胆孔边缘至封头边缘之间的投影距离不宜小于 $0.1D_i+\delta$(图24)；
c) 位于人孔附近的小孔，应使小孔边缘与人孔扳边起点之间的距离或者与焊缝边缘之间的距离不小于 δ(图25)；
d) 扳边孔不应开在焊缝上(图25)。

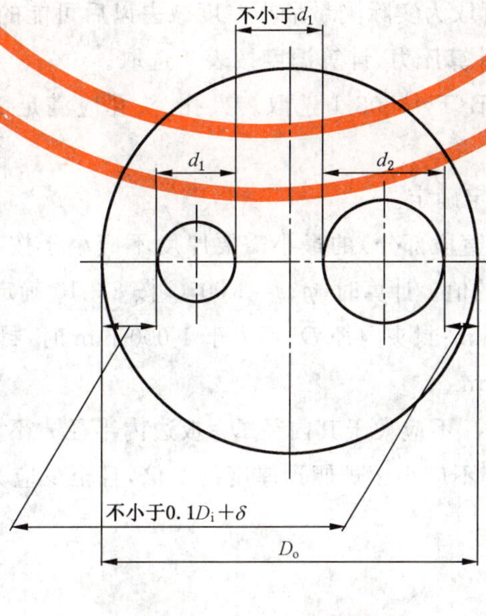

图24 封头开孔的要求

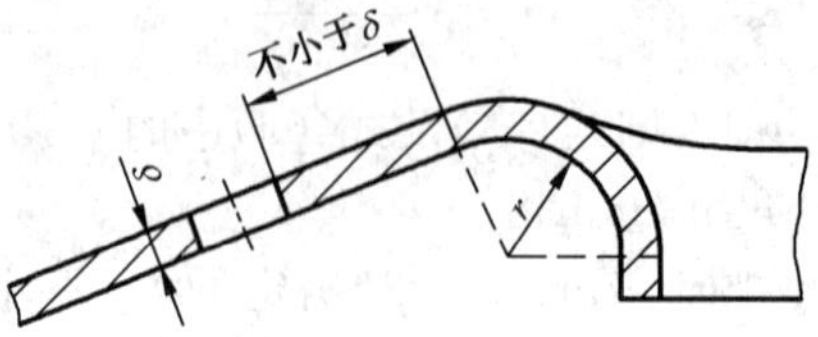

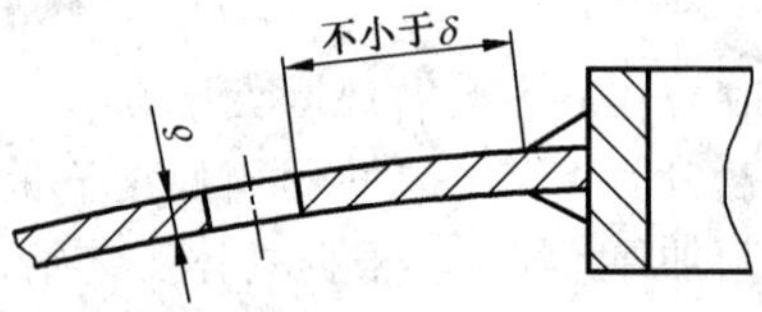

图 25　封头开孔的要求

8.3.14　为减小封头厚度而对孔进行补强时，应按 13.5 中有关规定进行补强计算。

8.4　承受内压的碟形封头

8.4.1　碟形封头(图 26)的名义厚度按式(74)计算：

$$\delta \geqslant \frac{pR_i}{2\varphi_w[\sigma]} + C \qquad \cdots\cdots(74)$$

8.4.2　校核计算时，碟形封头的最高允许工作压力按式(75)计算：

$$[p] = \frac{2\varphi_w[\sigma]\delta_e}{R_i} \qquad \cdots\cdots(75)$$

式中 δ_e 按式(70)计算，也可取为实际测量最小厚度减去以后可能的腐蚀减薄值。

8.4.3　计算压力取相连元件的计算压力，计算温度按表 4 选取。

8.4.4　焊接接头系数 φ_w 应按 GB/T 16508.1 选取。人孔、头孔应满足 13.8 要求，但不计人孔、头孔的减弱。

8.4.5　附加厚度 C 按 8.3.10 规定确定。

8.4.6　碟形封头的圆筒形部分(直段部分)的最小需要厚度不应小于按 6.3.1 所确定的值，最高允许工作压力不应大于按 6.3.3 所确定的值。计算时，$\varphi_{min}=1.00$，C 按 8.3.10 确定。封头内径 D_i 大于 1 000 mm 时，封头的名义厚度不应小于 6 mm；封头内径 D_i 不大于 1 000 mm 时，封头的名义厚度不宜小于 4 mm。炉胆顶的名义厚度不应小于 8 mm。

8.4.7　碟形封头的内曲率半径 R_i 不应大于其内径 D_i；扳边内半径 r 不应小于相连元件厚度的 4 倍，且至少应为 64 mm；扳边内半径 r' 不应小于炉胆顶厚度的 2 倍，且至少应为 25 mm(图 26)。

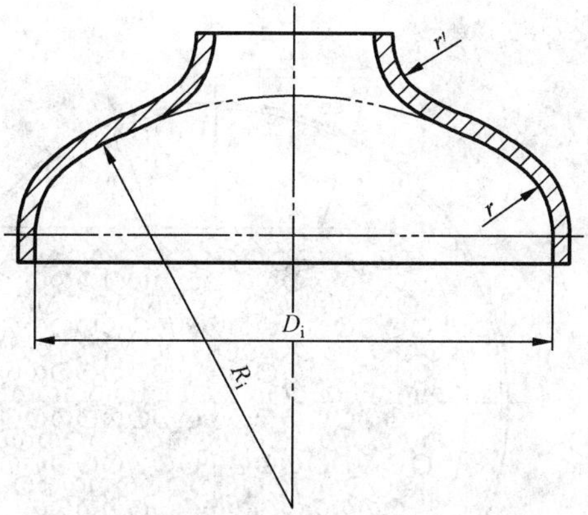

图 26 碟形封头

8.5 凸形管板

8.5.1 椭球形管板

椭球形管板厚度(图 27)按 8.3.1～8.3.11 有关规定确定,但不计烟管孔排的影响。边缘管孔中心线与管板外表面交点的法线所形成的夹角 α 不应大于 45°,管孔宜经机械加工或仿形气割成形。

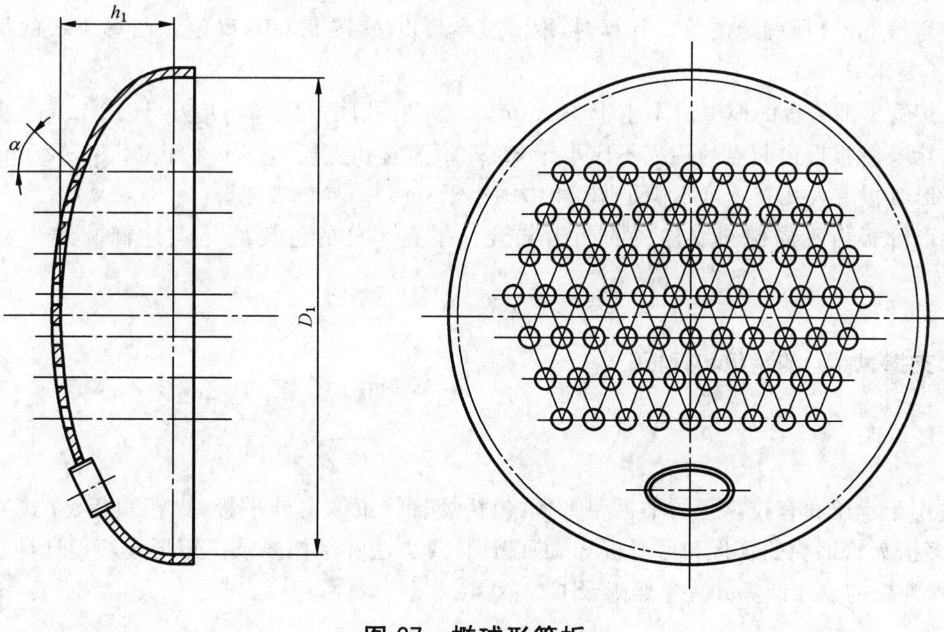

图 27 椭球形管板

8.5.2 拱形管板

8.5.2.1 拱形管板(图 28)中由不同椭圆线构成的凸形部分厚度按 8.3.1～8.3.11 有关规定确定。式(68)～式(71)中的 D_i 用当量内径 D_{ed} 代入,D_{ed} 取两倍椭圆长半轴,而长半轴近似由边缘烟管管排中心线起算,即 $D_{ed}=2\,\overline{\alpha''b}$;8.3.3 中的 D_i 用当量内径 D'_{ed} 代入,取 $D'_{ed}=2\,\overline{\alpha'b}$(见图 28)。

8.5.2.2 拱形管板的平直部分按 9.4 烟管管束区以内的平板有关规定确定,边缘部分(图 28 中斜线所示部分)一般宽度不大,可不进行校核。

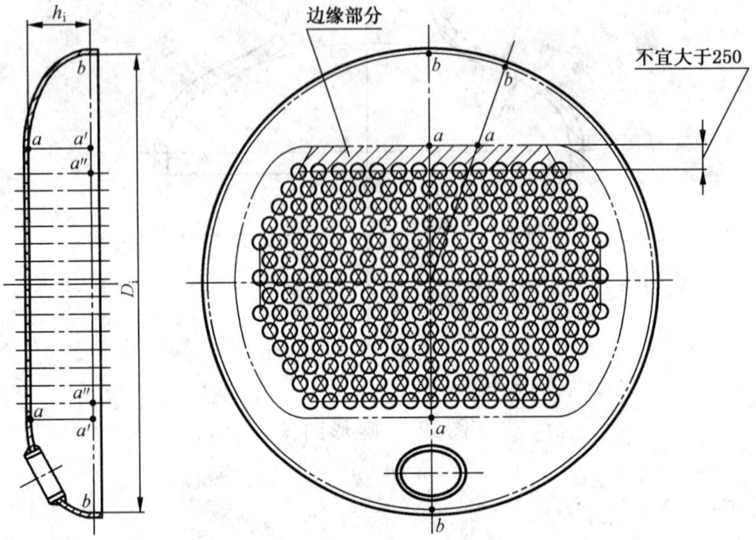

图 28 拱形管板

8.5.3 结构要求

8.5.3.1 凸形管板圆筒形部分(直段部分)的最小需要厚度不应小于按 6.3.1 所确定的值,最高允许工作压力不应大于按 6.3.3 所确定的值。计算时,取 $\varphi_{min}=1.00$,C 按 8.3.10 确定。凸形管板的最小厚度还应满足 9.4.4 要求。

8.5.3.2 胀接管子的管板的厚度应不小于 12 mm。胀接管孔间的距离不应小于 19 mm。胀接管孔中心与焊缝边缘及管板扳边起点的距离不应小于 $0.8d$(d 为管孔直径),且不小于 $0.5d+12$ mm。

8.5.3.3 凸形管板上人孔布置可不满足图 24 中不小于 $0.1D_i+\delta$ 的要求。

8.5.3.4 拱形管板由不同椭圆线构成的凸形部分与平直部分的过渡应是上述椭圆线与直线的平滑过渡。

9 有拉撑(支撑、加固)的平板和管板

9.1 范围

本章适用于承压和有拉撑管的平板和管板(包括烟管管束区内外平板、火箱顶板、立式冲天管锅炉封头、立式多横火管锅炉的管板和弓形板等)的设计计算方法和结构要求。矩形集箱设计计算方法参照附录 B,水管管板的设计计算方法参照附录 C。

9.2 符号和单位

α ——椭圆孔圈的长半轴(内尺寸),mm;

b ——椭圆孔圈的短半轴(内尺寸),mm;

C ——包括含人孔、头孔的平板系数;

D_e ——当量直径;

D_i ——锅筒筒体内径,mm;

d ——孔的直径,mm;

d_e ——当量圆直径,mm;

d_h ——人孔或头孔计算直径(α 与 b 之和),mm;

d_i ——烟管内径,mm;

E ——锅壳内壁至管板外壁的弓形板最大尺寸,mm;

K ——系数;

L_1 ——立式多横火管锅炉最外侧管排中心与前管板厚度中线交点至锅壳中心线之间的距离,mm;

L_2 ——立式多横火管锅炉最外侧管排中心与后管板厚度中线交点至锅壳中心线之间的距离,mm;

r ——扳边内半径,mm;

s ——火箱管板的内壁间距,mm;

S_H ——火箱顶板上加固横梁间距,mm;

S_1 ——火箱管板上管孔横向节距,mm;

S_2 ——立式多横火管锅炉管板上管孔垂直节距,mm;

Z ——系数;

δ ——受压元件名义厚度,mm;

δ_H ——火箱顶板上加固横梁厚度,mm;

δ_c ——受压元件理论计算厚度,mm;

δ_e ——受压元件有效厚度,mm;

φ ——立式多横火管锅炉管板上最外侧垂直管排的孔桥减弱系数。

9.3 有拉撑的平板和烟管管束区以外的平板

9.3.1 有拉撑的平板和烟管管束区以外的平板厚度按式(76)计算:

$$\delta > Kd_e\sqrt{\frac{p}{[\sigma]}} + 1 \qquad (76)$$

9.3.2 校核计算时,最高允许工作压力按式(77)计算:

$$[p] = \left(\frac{\delta - 1}{Kd_e}\right)^2 [\sigma] \qquad (77)$$

9.3.3 计算压力取相连元件的计算压力,计算温度按表4选取。

9.3.4 系数 K 按以下规定确定:

通过3个支撑点画当量圆时,K 按表14确定;通过4个或4个以上支撑点画当量圆时,K 值降低10%;通过2个支撑点画当量圆时,K 值增加10%。

9.3.5 如支撑点型式不同,则系数 K 取各支撑点相应值的算术平均值。

表14 系数 K 的取值

支撑型式		K
支点线	平板或管板与锅壳筒体、炉胆或冲天管连接: 扳边连接[图29a)] 坡口型角焊连接并有内部封焊:图29b)	 0.35 0.37
	内部无法封焊的单面坡口型角焊(图30)[a]	0.50
直拉杆、拉撑管、角撑板、斜拉杆 带垫板的拉杆 焊接烟管(包括螺纹管);管头45°扳边的胀接管		0.43 0.38 0.45

[a] 如氩弧焊打底,且100%无损检测,K 可取0.4;如采用垫板,且100%无损检测,K 可取0.45。

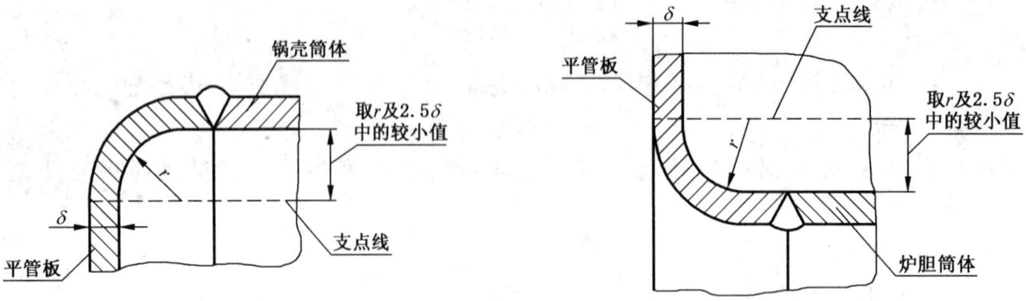

a)

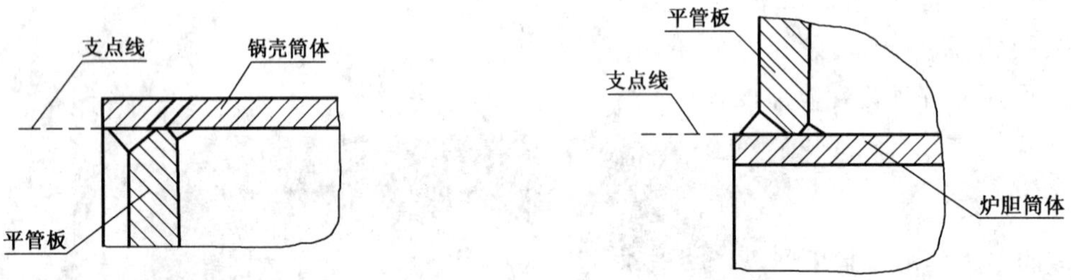

b)

图 29　支点线位置

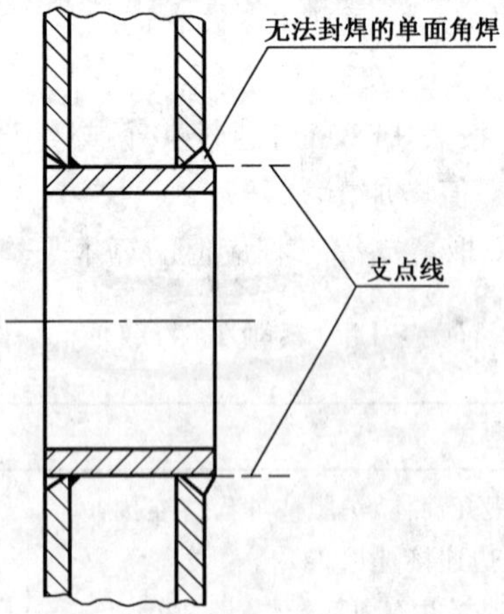

图 30　单面角焊的支点线

9.3.6　如烟管与管板全部采用焊接连接时，这些烟管中心均可视为支撑点，以管束区边缘管子画当量圆时，K 按表 14 选取。当烟管群边缘某些烟管中心与最近支撑点线、最近支撑点的距离大于 250 mm 时，这些烟管的焊接应满足 10.5.8 的要求；两组管束间的宽水区距离大于 250 mm 时，宽水区两侧烟管每隔一根的焊接应满足10.5.8的要求。

9.3.7 当量圆直径 d_e 如为通过3个或3个以上支撑点画圆时，支撑点不应都位于同一半圆周上，当量圆画法如图31所示；如为2个支撑点画圆时，支撑点应位于当量圆直径的两端。

9.3.8 支撑点按下列原则确定：拉撑杆或拉撑管中心；管束区边缘焊接烟管中心；角撑板的中线及支点线上的各点都是支撑点。

9.3.9 支点线按图29、图30所示原则确定。人孔、手孔边缘不是支点线。

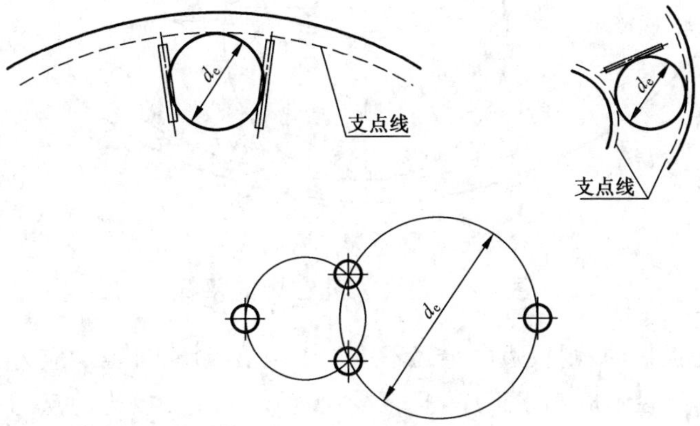

图31 当量圆的画法

9.3.10 包含人孔在内的平板(图32)的厚度及最高允许工作压力按式(78)计算：

$$\delta > 0.62\sqrt{\frac{p}{\sigma_b}(Cd_e^2 - d_h^2)} \quad \cdots\cdots(78)$$

$$[p] = 2.60\sigma_b \frac{\delta^2}{Cd_e^2 - d_h^2} \quad \cdots\cdots(79)$$

式(78)、式(79)中的 d_h 为人孔或头孔的计算直径(或是椭圆孔圈的长半轴 a 与椭圆孔圈的短半轴 b 之和；式(78)、式(79)中的系数 C 按表15确定。

至少有一个当量圆应将人孔或头孔包括在内，并以其中最大当量圆作为强度计算的依据。如为两点画当量圆，δ 增加10%，[p]减小10%。

人孔或头孔应满足13.7要求。

表15 包含人孔、头孔的平板系数

结构型式	C
无拉撑或两侧有拉撑但 $l > \frac{d_e}{10}$	1.64
两侧有拉撑且 $l = 0 \sim \frac{d_e}{10}$	1.19
注：l 为拉杆外缘至当量圆的最小距离(图32)。	

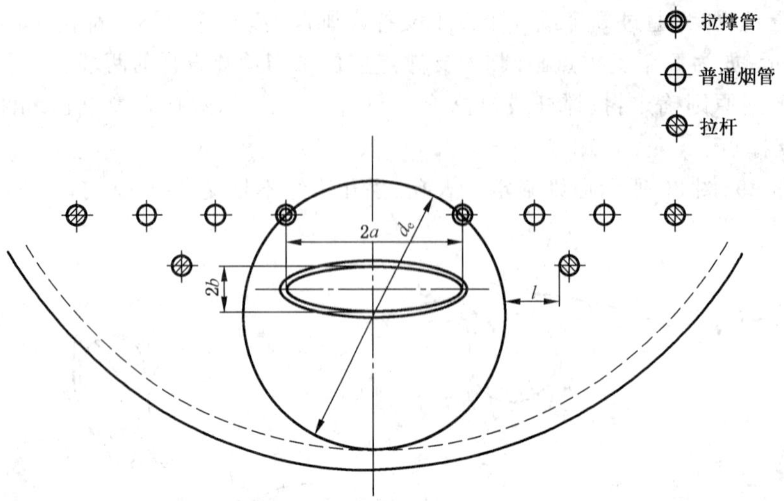

图 32 包含人孔在内的平板

9.3.11 如平板或管板是扳边的，则扳边内半径不应小于两倍板厚，且至少应为 38 mm；如火箱板、回燃室板是扳边的，则扳边内半径不应小于板厚，且至少应为 25 mm。扳边起点与人孔圈或头孔圈焊缝边缘之间的净距离不应小于 6 mm。

9.3.12 扳边孔不应开在对接焊缝上。

9.4 烟管管束区以内的平板

9.4.1 烟管管束区以内的平板厚度及最高允许工作压力按式(76)和式(77)计算。

9.4.2 如管束区内装有拉撑管，系数 K 按 9.3.4 处理，d_e 为按拉撑管所画当量圆的直径。当烟管与管板采用焊接连接时，式(76)和式(77)中 d_e 取为烟管最大节距，并取 $K=0.47$。

9.4.3 拉撑管与管板连接的焊缝高度(含深度)应为管子厚度加 3 mm(图 39)，拉撑管厚度按式(88)计算。除烟管与管板采用胀接连接外，管束区不需要装拉撑管。

9.4.4 胀接管直径不大于 51 mm 时，管板名义厚度不应小于 12 mm，胀接管直径大于 54 mm 时，管板名义厚度不应小于 14 mm。管子与管板连接全部采用焊接时，管板名义厚度不应小于 8 mm；如管板内径大于 1 000 mm，则管板名义厚度不应小于 10 mm。

9.4.5 管子与管板采用胀接连接时，其孔桥不应小于 $0.125d+12.5$ mm。焊接管板孔桥应使相邻焊缝边缘的净距离不小于 6 mm，若进行焊后热处理，可不受此限制。

9.4.6 管孔焊缝边缘至扳边起点的距离不应小于 6 mm。对于胀接管，管孔中心至扳边起点的距离不应小于 $0.8d$，且不应小于 $0.5d+12$ mm。

9.4.7 对于与 600 ℃以上烟气接触的管板，焊接连接的烟管或拉撑管应采取消除间隙的措施，而且管端还应满足 10.5.8 的要求。

9.4.8 对于火箱管板，当火箱顶板用横梁加固时(图 33)，还应按式(80)、式(81)校核横向孔桥的抗压强度：

$$\delta > \frac{psS_1}{186(S_1-d_i)}\frac{400}{R_m} \qquad \cdots\cdots(80)$$

$$[p]=\frac{186\delta(S_1-d_i)}{sS_1}\frac{R_m}{400} \qquad \cdots\cdots(81)$$

式中：

d_i ——烟管内径，mm；

s ——火箱管板的内壁间距，mm；

S_1——管孔横向节距，mm(参见图 33)。

火箱管板厚度应取式(76)和式(80)计算所得较大值；最高允许工作压力取式(77)和式(81)计算所得较小值。

9.5 有加固横梁的火箱顶板

9.5.1 有加固横梁火箱顶板的最小需要厚度及最高允许工作压力按式(76)和式(77)计算。

9.5.2 式(76)和式(77)中的 d_e 按以下规定确定：

a) 横梁有水通道时[见图 33a)]：

$$d_e=\sqrt{(m+\delta_H)^2+S_H^2} \quad \cdots\cdots(82)$$

b) 横梁无水通道时[见图 33b)]

$$d_e=S_H \quad \cdots\cdots(83)$$

图 33 有加固横梁的火箱顶板

9.5.3 用式(76)计算火箱顶板厚度时，当横梁有水通道时，系数 K 取为 0.46，横梁无水通道时，系数 K 取为 0.56。

9.5.4 如火箱顶板是扳边的，则扳边内半径不应小于板厚，且至少为 25 mm。

9.6 立式冲天管锅炉的平封头和平炉胆顶

9.6.1 立式冲天管锅炉平封头和平炉胆顶的厚度和最高允许工作压力按式(76)和式(77)计算。

9.6.2 当量圆直径按以下规定确定：

9.6.2.1 仅靠冲天管支持时，d_e 取与支点线相切所画出的切圆直径(图 34 右半部)。

9.6.2.2 装有拉撑件时，d_e 通过 3 个或 3 个以上支撑点所画出的圆中最大圆的直径(图 34 左半部)。

9.6.3 仅靠冲天管支持时，系数 K 取表 14 给出值的 1.5 倍。装有拉撑时，如为三点支撑，K 按表 14 确定；如为四点支撑，K 值降低 10%。

9.6.4 平封头和平炉胆顶上装有拉杆时，对于外径大于 1 200 mm 但小于 1 500 mm 的锅壳筒体，至少应装 4 根拉杆。外径等于或大于 1 500 mm 但小于 1 800 mm 的锅壳筒体，至少应装 5 根拉杆；外径等于或大于 1 800 mm 的锅壳筒体，至少应装 6 根拉杆。

9.6.5 平封头或平炉胆顶的外缘扳边内半径不应小于两倍板厚，且至少为 38 mm 内缘扳边（与冲天管相接）内半径不应小于板厚，且至少为 25 mm。

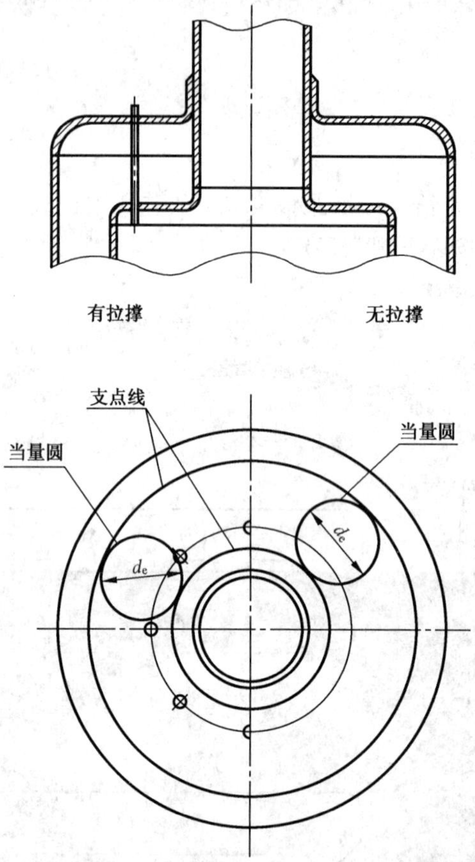

图 34 立式冲天管锅炉的平封头与平炉胆顶

9.7 立式多横火管锅炉的管板和弓形板

9.7.1 立式多横火管锅炉管板的厚度和最高允许工作压力除按 9.3 的规定计算外，还应按式(84)、式(85)校核最外侧垂直管排的强度：

$$\delta = \frac{pD}{2\varphi[\sigma] - p} + 1 \qquad (84)$$

$$[p] = \frac{2\varphi[\sigma](\delta - 1)}{D + (\delta - 1)} \qquad (85)$$

式中：

D ——当量直径，即最外侧管排中心线与管板厚度中线交点至锅壳中心线之间距离的 2 倍。

前管板 $D = 2L_1$（图 35）；

后管板 $D = 2L_1$（图 35）。

φ ——最外侧垂直管排的孔桥减弱系数，按式(86)计算：

$$\varphi = \frac{S_2 - d}{S_2} \qquad (86)$$

式中：

d ——管孔直径；

S_2——管孔垂直节距。

管板厚度取式(76)与式(84)计算所得的较大值,最高允许工作压力取式(77)与式(85)计算所得的较小值。

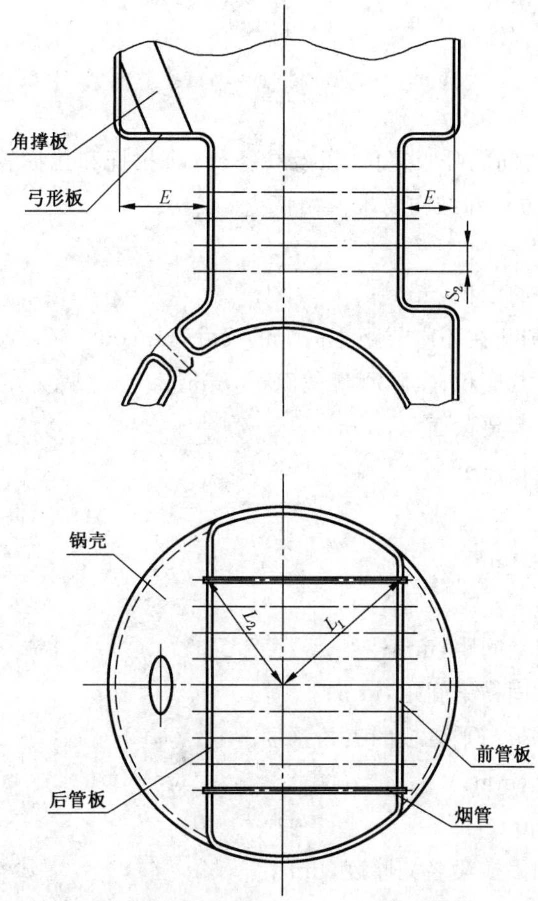

图 35 立式多横管锅炉的管板与弓形板的计算尺寸

9.7.2 立式多横火管锅炉管板最外侧垂直管排如为胀接管,则每隔一根烟管应按 10.5.8 要求对管头进行焊接。如为焊接管孔则无此要求。管板的其他结构要求应满足 9.4.3～9.4.7 的有关规定。

9.7.3 管板的弓形板如由角撑板(或其他拉撑)支持,应按式(87)计算出的 Z 值确定角撑板的数目。

$$Z=\frac{EpD_i}{\delta} \quad \cdots\cdots(87)$$

式中:

E——由锅壳内壁至管板外壁的弓形板最大尺寸(图 35)。

对于后管板(燃烧室管板),角撑板最少应为:

$Z>25\ 000$ 1 块

$Z>35\ 000$ 2 块

$Z>42\ 000$ 3 块

对于前管板(烟箱管板),角撑板最少应为:

$Z>25\ 000$ 1 块

$Z>47\ 000$ 2 块

9.7.4 与管板两边相接的锅壳板厚度至少应比圆筒形锅壳筒体公式计算所得厚度大 1.5 mm。

9.8 矩形集箱参照附录B

9.9 水管管板的计算参见附录C

10 拉撑件和加固件

10.1 本章规定了锅炉元件之间的呼吸空位，以及拉撑件(直拉杆和拉撑管、斜拉杆等)和加固件(角撑板、加固横梁等)的设计计算方法和结构要求。

10.2 符号和单位

A ——拉撑件所支撑的面积，mm^2；

d ——开孔直径，椭圆孔在相应节距方向上的尺寸，mm；

F ——拉撑件的名义截面积、实际测量截面积，mm^2；

F_{min} ——拉撑件的最小需要截面积，mm^2；

h_H ——横梁计算高度，mm；

K_H ——系数；

K_w ——拉杆焊脚尺寸，mm；

L_w ——焊缝长度，mm；

s ——火箱管板的内壁间距，mm；

s_H ——火箱顶板上加固横梁间距，mm；

α ——斜拉杆或角撑板与平管板的夹角，(°)；

δ ——管板名义厚度，mm；

δ_b ——角撑板厚度，mm；

δ_H ——火箱顶板上加固横梁名义厚度，mm；

δ_{Hmin} ——加固横梁的最小需要厚度，mm；

δ_1 ——拉撑管厚度，mm；

δ_w ——焊缝厚度，mm。

10.3 呼吸空位(参见图36)

10.3.1 平管板上应留有足够尺寸的呼吸空位(平管板上温度不同相邻元件之间的最小距离)，以防止产生过大的温差应力。

10.3.2 炉胆外壁与烟管外壁之间或炉胆外壁与锅壳筒体内壁之间的呼吸空位，应不小于锅壳筒体内径的5%和50 mm的较大值，如锅壳筒体内径的5%大于100 mm时，可取100 mm。

10.3.3 角撑板端部或直拉杆边缘与烟管外壁之间的呼吸空位应不小于100 mm。

10.3.4 锅壳筒体内壁与烟管外壁之间的呼吸空位应不小于40 mm。

10.3.5 角撑板端部或直拉杆边缘与炉胆外壁之间的呼吸空位，一般应不小于200 mm。当锅壳筒体外径大于1 800 mm和炉胆长度大于6 000 mm时，呼吸空位应不小于250 mm；当锅壳筒体外径小于1 400 mm和炉胆长度小于3 000 mm时，呼吸空位应不小于150 mm。

10.3.6 所有其他情况的呼吸空位，应不小于锅壳筒体内径的3%和50 mm的较大值，如锅壳筒体内径的3%大于100 mm时，可取100 mm。

10.3.7 与波形炉胆、波形与平直组合炉胆、斜拉杆相邻部位的呼吸空位可为上述规定的70%；如波形炉胆、波形与平直组合炉胆端部为扳边结构且采用斜拉杆，则其间的呼吸空位可为上述规定的50%。

10.3.8 回燃室筒体与其他元件之间的呼吸空位可按上述锅壳筒体处理。

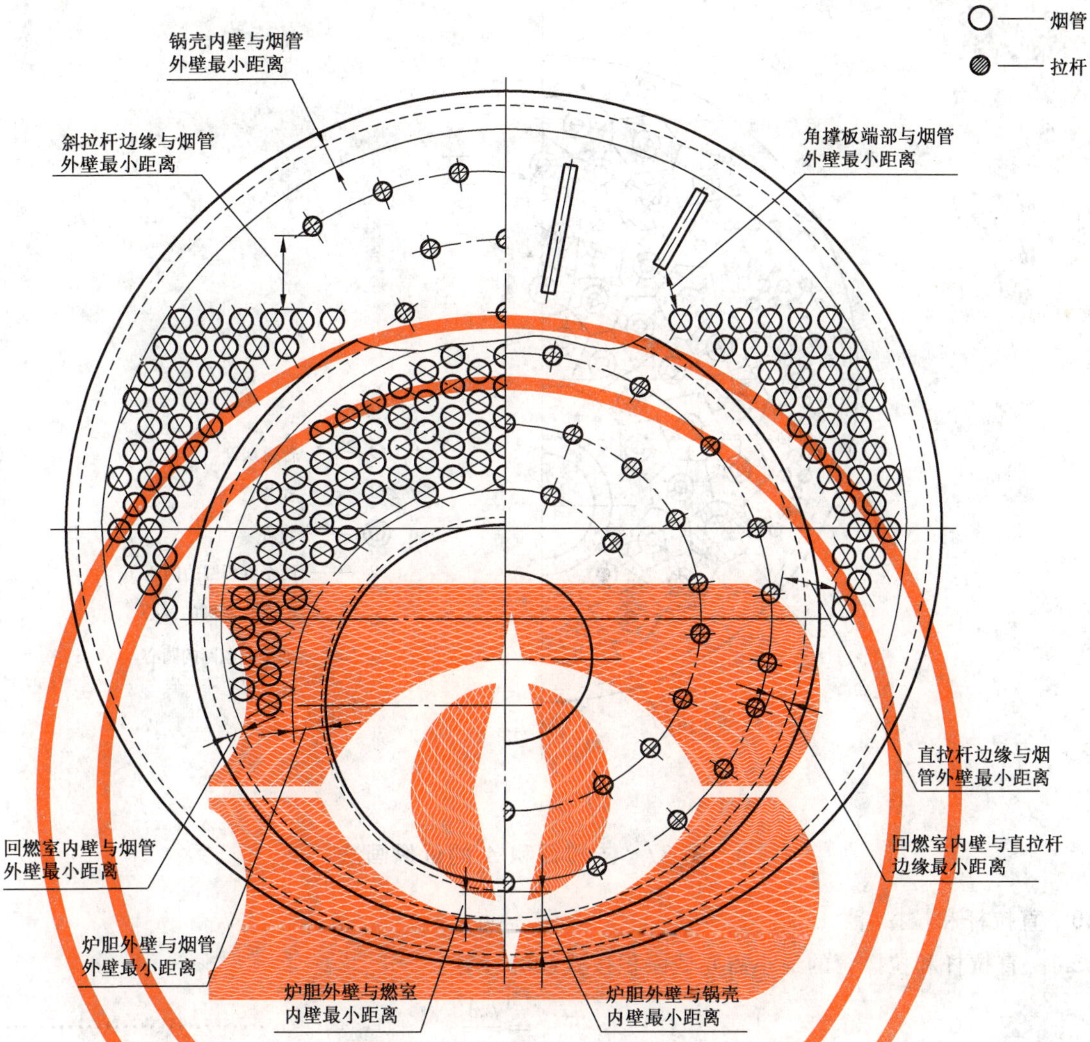

图 36　呼吸空位说明简图

10.4　拉撑件所支撑的面积

10.4.1　拉撑件宜均匀布置，使被拉撑的面积尽量相同。

10.4.2　拉撑件所支撑的面积 A 等于被拉平板上支撑点中位线所包围的面积。支撑点中位线为距相邻支撑点等距离的连线，可近似取为相邻 3 个或 3 个以上支撑点的切圆中心和相邻两个支撑点的中点的连线，如图 37 所示。

对于直拉杆、拉撑管和普通烟管，还应将上述所画面积减去这些元件所占的面积作为支撑面积；而对于斜拉杆和角撑板，则不减去它们所占的面积。

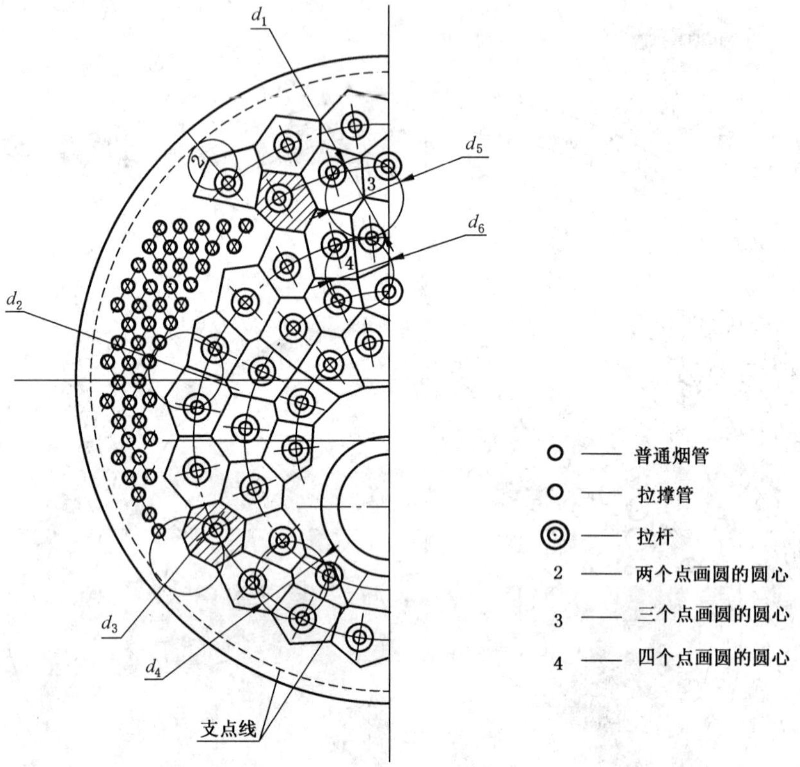

图 37 支撑面积 *A* 的近似画法

10.5 直拉杆和拉撑管

10.5.1 直拉杆和拉撑管的最小需要截面积按式(88)计算：

$$F_{min}=\frac{pA}{[\sigma]} \qquad (88)$$

10.5.2 校核计算时，直拉杆和拉撑管的最高允许工作压力按式(89)计算：

$$[p]=\frac{F[\sigma]}{A} \qquad (89)$$

10.5.3 当焊接烟管视为拉撑管时，其最小需要截面积和最高允许工作压力也分别按式(88)、式(89)计算。

10.5.4 计算压力取相连元件的计算压力，计算温度按表 4 选取，直拉杆按不受热考虑。

10.5.5 直拉杆与平管板的连接结构如图 38 和图 39 所示。

图 38 所示结构用于烟温不大于 600 ℃的部位。图 39 所示结构可用于烟温大于 600 ℃的部位，当用于烟温不大于 600 ℃的部位时，拉杆端头超出焊缝的长度可放大至 5 mm。

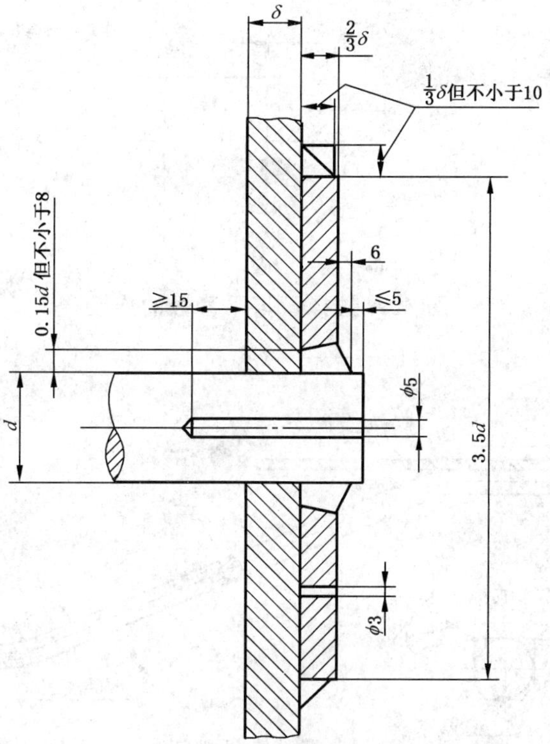

图 38 有垫板的拉撑杆与平管板的连接

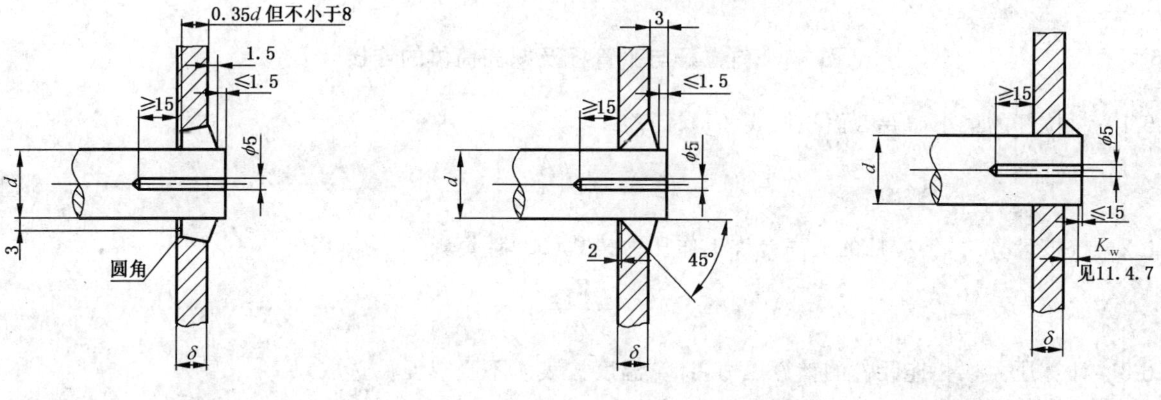

图 39 无垫板的拉杆与平管板的连接

10.5.6 用于平管板的直拉杆的直径不宜小于 25 mm。长度大于 4 000 mm 的直拉杆，中间应加支撑点。用于火箱的直拉杆的直径不宜小于 20 mm。

10.5.7 直拉杆与平管板的连接如采用图 39c）结构时，焊脚尺寸 K_w 应满足式(90)要求：

$$K_w \geqslant \frac{125F_{min}}{\pi d} \qquad (90)$$

10.5.8 拉撑管与平管板的连接结构如图 40 所示。

当用于烟温大于 600 ℃ 的部位时，管端超出焊缝的长度不应大于 1.5 mm；当用于烟温不大于 600 ℃ 的部位时，管端超出焊缝的长度可放大至 5 mm。焊接烟管也按此规定处理。

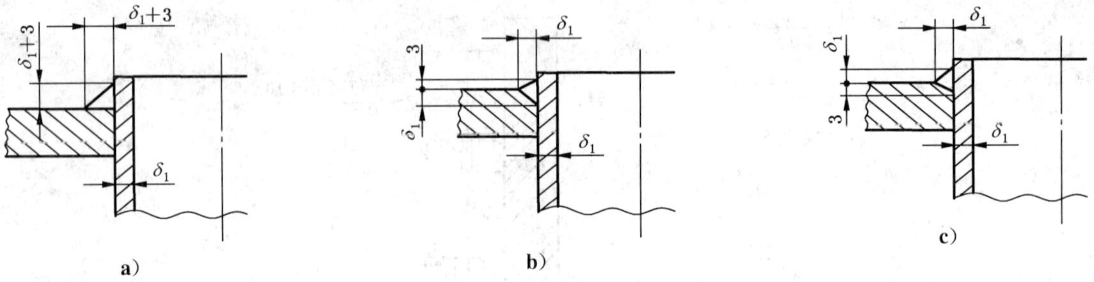

图 40　拉撑管与平管板的连接

10.6　斜拉杆(参见图 41)

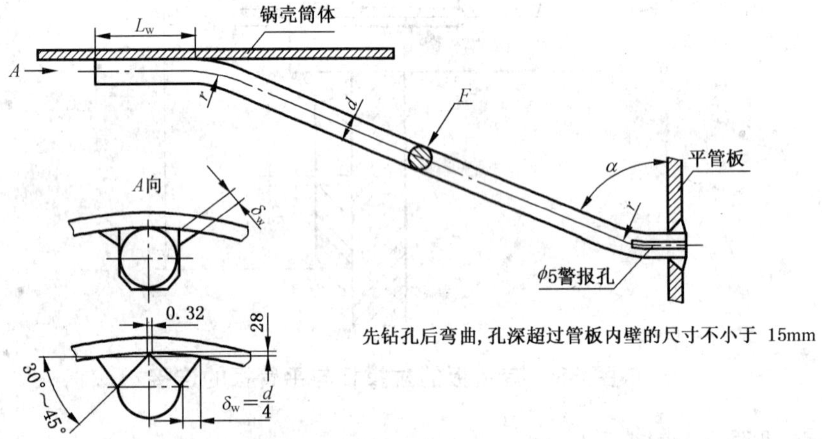

图 41　斜拉杆与平管板及锅壳筒体的连接

10.6.1　斜拉杆的最小需要截面积按式(91)计算：

$$F_{\min}=\frac{pA}{[\sigma]\sin\alpha} \qquad \cdots\cdots(91)$$

10.6.2　校核计算时，斜拉杆的最高允许工作压力按式(92)计算：

$$[p]=\frac{F[\sigma]}{A}\sin\alpha \qquad \cdots\cdots(92)$$

10.6.3　计算压力取相连元件的计算压力，计算温度按表 4 不受热元件选取。

10.6.4　斜拉杆与平管板及锅壳筒体的连接结构如图 41 所示。插入平管板的端头的焊接结构应符合图 38 要求，端头伸出平管板的长度应符合 10.5.5 要求。斜拉杆的转角半径 r 不应小于 2 倍杆的直径。斜拉杆与平管板的夹角 α 不应小于 60°。

10.6.5　斜拉杆与锅壳筒体连接的焊缝厚度 δ_w，对于Ⅰ型焊缝应满足下列要求：

$$\delta_w \geqslant \frac{125F_{\min}}{2L_w} \qquad \cdots\cdots(93)$$

任何情况下，焊缝厚度 δ_w 不应小于 10 mm。

对于Ⅱ型焊缝，厚度 δ_w 取为 $d/4$ 焊缝长度 L_w 应满足式(94)要求：

$$L_w=\frac{250F_{\min}}{d} \qquad \cdots\cdots(94)$$

10.6.6　斜拉杆的直径不宜小于 25 mm。

10.6.7　斜拉杆与锅壳筒体连接部位的烟温应不大于 600 ℃。

10.7　角撑板(参见图 42)

10.7.1 角撑板的最小需要截面积按式(91)计算,最高允许工作压力按式(92)计算。

10.7.2 角撑板在平管板上宜辐射布置,两块角撑板间的夹角宜在 15°~30°之间。应优先采用斜拉杆或当空间允许时,采用直拉杆。

10.7.3 角撑板与平管板、锅壳筒体的连接焊缝均应为坡口型,焊缝应避免咬边等缺陷,焊缝与母材应圆滑过渡。

10.7.4 角撑板与平管板、锅壳筒体的焊缝长度 L_w 应满足式(95)要求:

$$L_w \geqslant \frac{100pA}{0.6[\sigma]\delta_b \sin\alpha} + 20 \quad \cdots\cdots(95)$$

10.7.5 计算压力取相连元件的计算压力,计算温度按表 4 不受热元件选取。

10.7.6 角撑板与平管板的夹角 α 不应小于 60°。

10.7.7 角撑板厚度不应小于平管板厚度的 70%,也不应小于锅壳筒体的厚度和不大于锅壳筒体厚度的 1.7 倍。

10.7.8 角撑板与平管板、锅壳筒体连接处的结构形状与尺寸应符合图 42 要求。

10.7.9 角撑板与平管板、锅壳筒体连接部位的烟温不应大于 600 ℃。

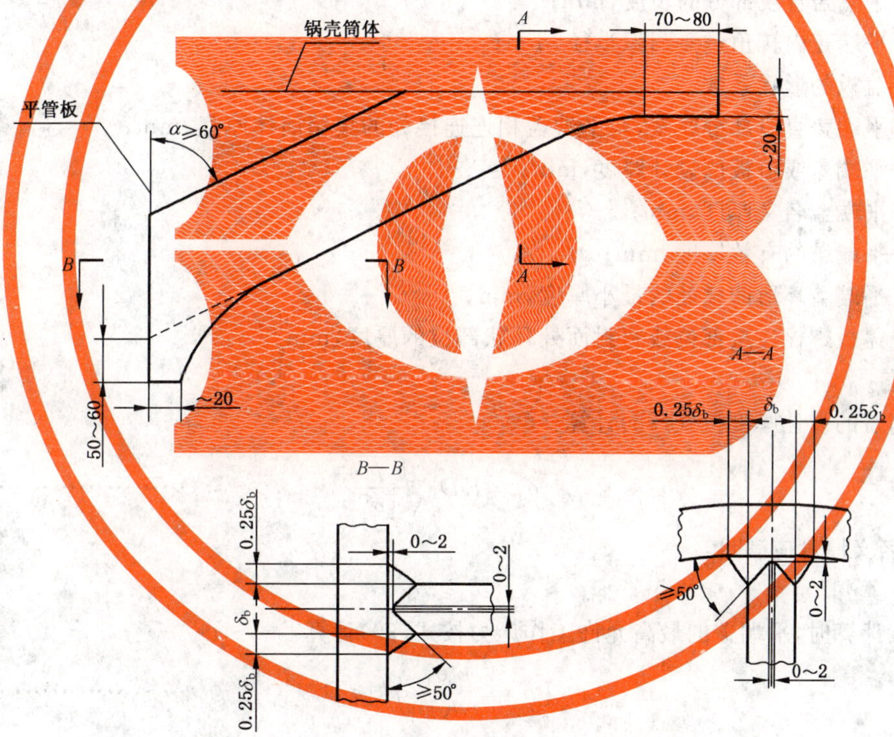

图 42 角撑板与平管板及锅壳筒体的连接

10.8 加固横梁

10.8.1 火箱顶板上加固横梁的最小需要厚度按式(96)计算:

$$\delta_{Hmin} = \frac{ps^2 S_H}{K_H h_H^2 [\sigma]} \quad \cdots\cdots(96)$$

式中:$K_H = 1.13$;

s、S_H、h_H 见图 33。

10.8.2 校核计算时,加固横梁的最高允许工作压力按式(97)计算:

$$[p] = \frac{K_H \delta_H h_H^2 [\sigma]}{s^2 S_H} \quad \cdots\cdots(97)$$

10.8.3 计算压力取相连元件的计算压力，计算温度按表4不受热元件选取。

10.8.4 加固横梁与火箱顶板的连接应采用全焊透结构。

11 平端盖及盖板

11.1 本章规定了承压平端盖和盖板的设计计算方法和结构要求。

11.2 符号和单位

a ——椭圆盖板的长半轴，mm；

b ——椭圆盖板的短半轴，mm；

D_c ——盖板的计算尺寸，mm；

D_i ——与平端盖相连接处的集箱筒体内径，mm；

d ——平端盖开孔直径，mm；

h ——焊缝坡口钝边高度，mm；

K ——端盖和盖板结构系数；

K_w ——焊角高度($w=1,2$)，mm；

l ——平端盖直段部分的长度，mm；

r ——平端盖内转角过渡圆弧半径，mm；

Y ——盖板的形状系数；

δ ——平端盖直段部分厚度，与平端盖相连连接处的集箱筒体厚度，mm；

δ_s ——平端盖或盖板的设计厚度，mm；

δ_1 ——平端盖名义厚度，mm；

δ_{1e} ——平端盖的有效厚度，mm；

δ_2 ——平端盖环形凹槽处的最小厚度，mm；

δ_3 ——盖板螺栓连接部位或密封面处环状部位的厚度，mm。

11.3 平端盖

11.3.1 平端盖的设计厚度按式(98)计算：

$$\delta_s = KD_i\sqrt{\frac{p}{[\sigma]}} \qquad (98)$$

平端盖名义厚度应满足：

$$\delta_1 \geqslant \delta_s$$

11.3.2 校核计算时，平端盖的最高允许工作压力按式(99)计算：

$$[p] = \left(\frac{\delta_1}{KD_i}\right)^2 [\sigma] \qquad (99)$$

同时，$[p]$也不应超过按式$[p]=\dfrac{2\delta_1[\sigma]}{D_i+\delta_1}$所确定的平端盖直段的最高允许工作压力。

11.3.3 结构特性系数按表16选取。平端盖的内转角过渡圆弧半径r、直段部分的长度l等应符合表16所规定的要求。

11.3.4 平端盖的计算压力取相连筒体的计算压力。

11.3.5 平端盖的计算温度t_c按表4确定。

11.3.6 平端盖基本许用应力的修正系数按表16取。

11.3.7 平端盖上中心孔的直径或长轴尺寸与端盖内直径之比值不应大于0.8；平端盖上任意两孔边缘之间的距离不应小于其中小孔的直径；孔边缘至平端盖外边缘之间的距离不应小于$2\delta_c$；孔不应开在内转角过渡圆弧处。

11.3.8 平端盖直段部分的厚度不应小于按6.3.1当减弱系数$\varphi_{min}=1$时所确定的成品最小需要厚度。

表 16　平端盖的结构特性系数 K 和修正系数 η

<table>
<tr><th rowspan="2">序号</th><th rowspan="2">平端盖型式</th><th rowspan="2">结构要求</th><th colspan="2">K</th><th colspan="2" rowspan="2">η</th><th rowspan="2">备注</th></tr>
<tr><th>无孔</th><th>有孔</th></tr>
<tr><td rowspan="2">1</td><td rowspan="2">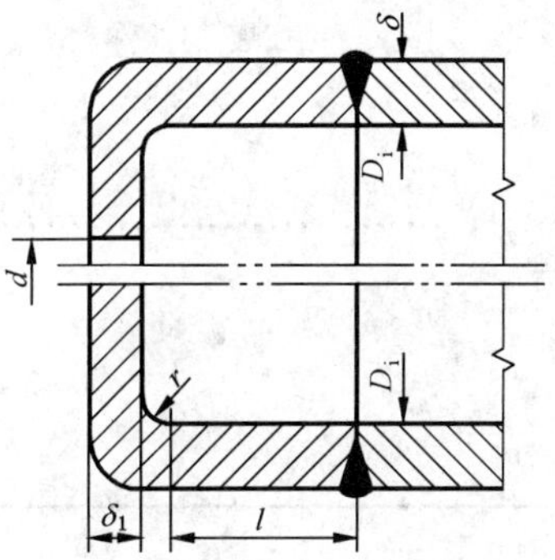</td><td rowspan="2">$r \geqslant 3\delta_1$
$l \geqslant \delta_1$</td><td rowspan="2">0.40</td><td rowspan="2">0.45</td><td>$l \geqslant 2\delta_1$</td><td>$2\delta_1 > l \geqslant \delta_1$</td><td rowspan="2"></td></tr>
<tr><td>1.00</td><td>0.95</td></tr>
<tr><td>2</td><td>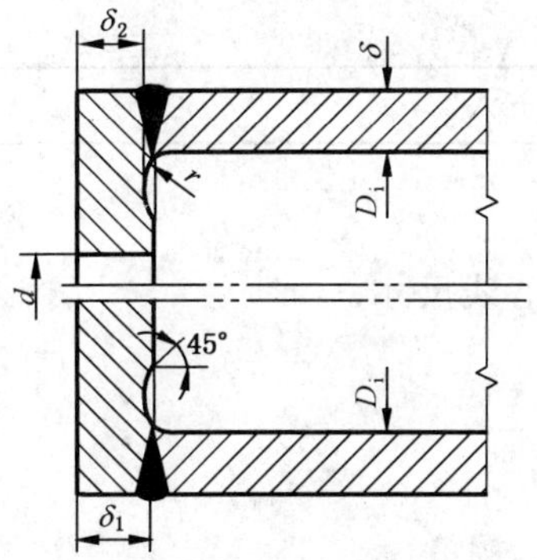</td><td>$r \geqslant \frac{1}{3}\delta$
且
$r \geqslant 5$ mm
$\delta_2 \geqslant 0.8\delta_1$</td><td>0.40</td><td>0.45</td><td colspan="2">0.90</td><td></td></tr>
<tr><td rowspan="2">3</td><td rowspan="2">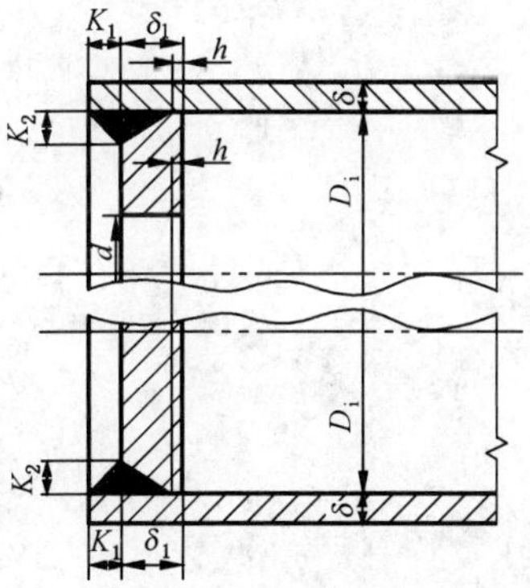</td><td rowspan="2">$K_1 \geqslant \delta$
$K_2 \geqslant \delta$
$h \leqslant$
(1 ± 0.5)mm</td><td>0.50</td><td>0.60</td><td colspan="2">0.85</td><td>用于锅炉额定压力不大于 2.5 MPa 且 D_i 不大于 $\phi 426$ mm</td></tr>
<tr><td>0.40</td><td>0.40</td><td colspan="2">1.05</td><td>用于水压试验[a]</td></tr>
<tr><td>4</td><td>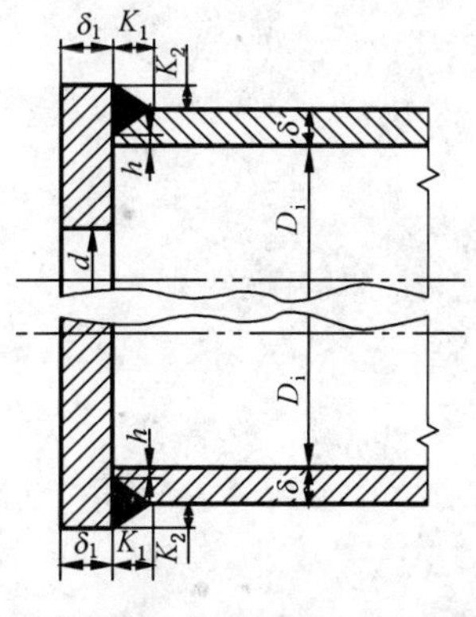</td><td>$K_1 \geqslant \delta$
$K_2 \geqslant \delta$
$h \leqslant$
(1 ± 0.5)mm</td><td>0.60</td><td>0.70</td><td colspan="2">0.85</td><td>用于锅炉额定压力不大于 2.5 MPa 且 D_i 不大于 $\phi 426$ mm</td></tr>
<tr><td colspan="8">[a] 用于水压试验时可以不开或开小坡口。</td></tr>
</table>

11.4 盖板

11.4.1 盖板设计厚度按式(100)计算：

$$\delta_s = KYD_c\sqrt{\frac{p}{[\sigma]}} \qquad \cdots\cdots(100)$$

盖板名义厚度应满足：

$$\delta_1 \geqslant \delta_s$$

11.4.2 校核计算时，盖板的最高允许工作压力按式(101)计算：

$$[p] = \left(\frac{\delta_1}{KYD_c}\right)^2[\sigma] \qquad \cdots\cdots(101)$$

11.4.3 形状系数 Y 按表17选取。

表17 形状系数 Y

b/a	1.00	0.75	0.50
Y	1.00	1.15	1.30
注：表中相邻 b/a 之间 Y 值可用算术内插法确定，小数点后第三位四舍五入。			

11.4.4 结构特性系数 K 和计算尺寸 D_c 按以下规定选取：

a) 两法兰间加盲板(图43)，$K=0.50$，D_c 取法兰密封面的中心线尺寸；

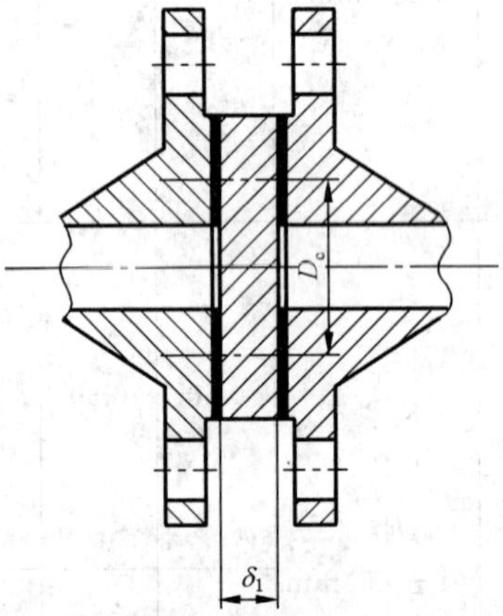

图43 盲板

b) 凸面法兰式盖板(图44)，$K=0.55$，D_c 取法兰螺栓中心线尺寸；

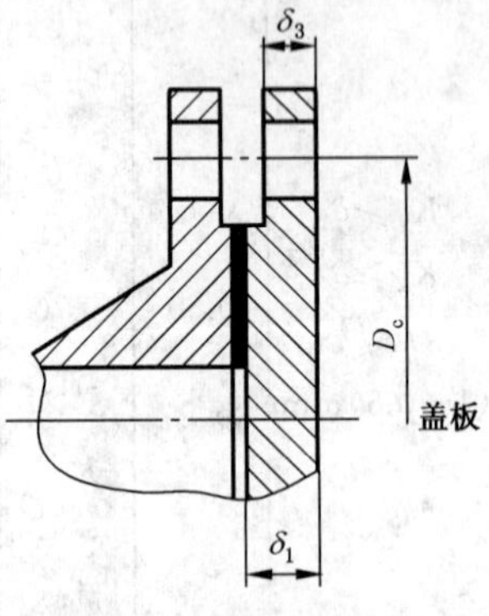

图44 凸面法兰式盖板

c) 平面法兰式盖板(图 45)，$K=0.45$，D_c 取螺栓中心线尺寸；

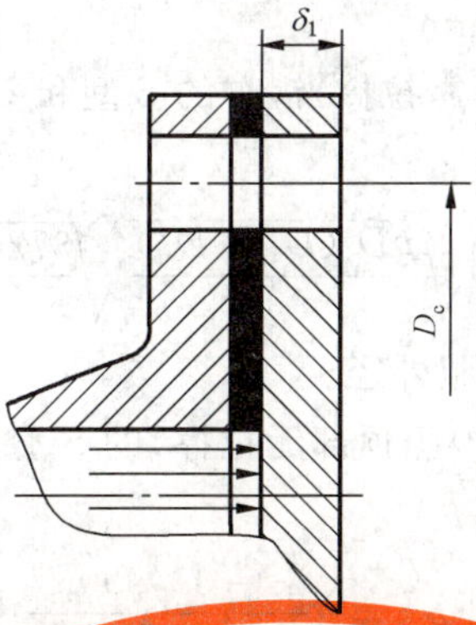

图 45 平面法兰式盖板

d) 受内压的孔盖板(图 46)，$K=0.55$，圆形盖板 D_c 取孔圈密封接触面的中心线尺寸；椭圆形盖板 D_c 取孔圈短轴密封接触面的中心线尺寸。

图 46 承受内压的孔盖板

11.4.5 盖板的计算压力 p，取相连元件的计算压力。

11.4.6 盖板的计算温度 t_c 按表 4 确定。

11.4.7 盖板的连接处的厚度 δ_3(图 44)应满足：

$$\delta_3 \geqslant 0.8\delta_1$$

12 下脚圈

12.1 本章适用于立式锅炉下脚圈的设计计算方法和结构要求。

12.2 符号和单位

D_i ——对应锅壳筒体内径的下脚圈尺寸，mm；

D_o ——对应炉胆外径的下脚圈尺寸，mm；

$[p]$ ——下脚圈最高允许工作压力，MPa；

δ ——锅壳筒体名义厚度，mm；

δ_{1min} ——下脚圈成形最小壁厚，mm；

δ_1 ——下脚圈名义厚度，mm；

δ_{1e} ——下脚圈的有效厚度，mm。

12.3 计算公式

12.3.1 立式冲天管(或炉胆顶部有可靠拉撑)锅炉的 S 型下脚圈和 U 型下脚圈厚度可不必进行计算，名义厚度不小于相连炉胆的厚度，且不小于 8 mm。

12.3.2 立式锅炉 H 型下脚圈(炉胆顶部有可靠拉撑)的计算厚度按第 10 章平板进行计算,但名义厚度应不小于相连炉胆的厚度,且不小于 8 mm。

12.3.3 立式无冲天管(且炉胆顶部无可靠拉撑)锅炉的 S 型和 U 型下脚圈(图 47 和图 48)的厚度按式(102)计算:

$$\delta_1 \geqslant \sqrt{\frac{pD_i(D_i - D_o)}{990}}\sqrt{\frac{372}{R_m}} + 1 \quad \cdots\cdots(102)$$

式中,D_i 是锅壳筒体内径;D_o 是炉胆外径。

12.3.4 校核计算时,立式无冲天管(且炉胆顶部无拉撑)的 S 型和 U 型下脚圈的最高允许工作压力按式(103)计算:

$$[p] = \frac{(\delta_{1e} - 1)^2 990 R_m}{D_i(D_i - D_o)372} \quad \cdots\cdots(103)$$

12.3.5 立式无冲天管(或炉胆顶部无可靠拉撑)锅炉的 H 型下脚圈用于额定压力 $p \leqslant 1.0$ MPa 的锅炉,其下脚圈和支撑板的结构型式按(图 49)的要求。支撑板数量确定:在支撑板的外圈(在锅壳筒体内径处)弧线长度不大于 400 mm,且不少于 4 块;下脚圈底板和支撑板的厚度取不低于炉胆厚度,且不小于 8 mm,支撑板与相邻件的焊接应采用全焊透结构。

12.3.6 在 H 型下脚圈结构中,各相邻件焊接的 T 型接头不得位于温度 $t \geqslant 600$ ℃的场合。

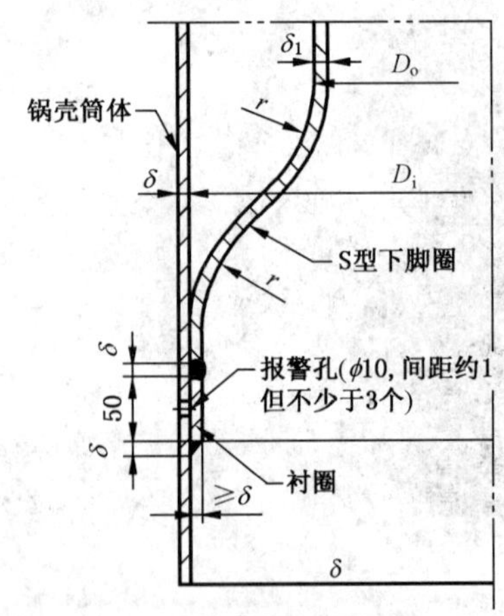

图 47 S 型下脚圈

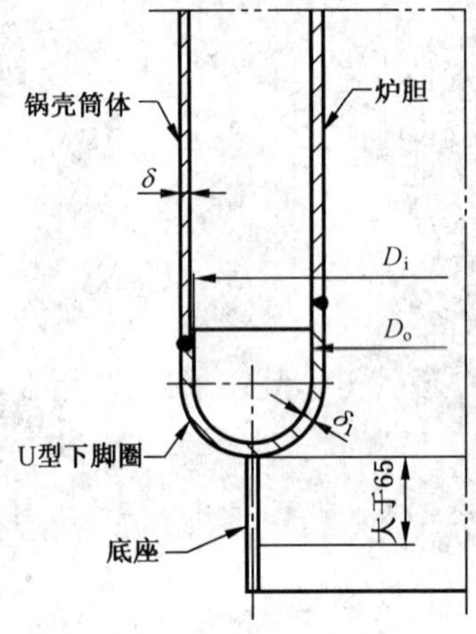

图 48 U 型下脚圈

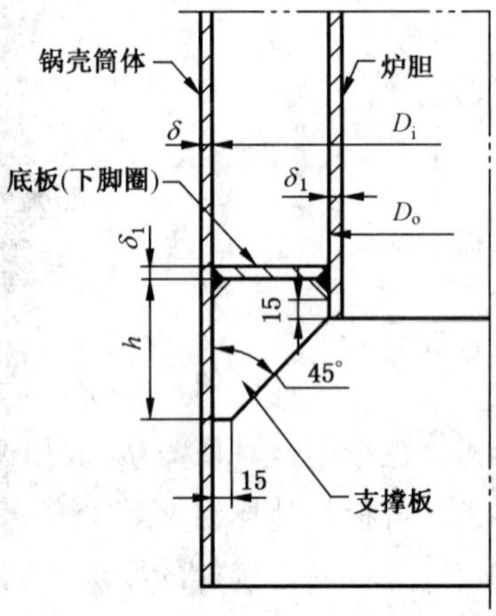

图 49 H 型下脚圈

13 孔和孔的补强

13.1 本章适用于受压元件上的开孔、开孔补强计算,以及补强结构要求。

13.2 符号和单位

A ——锅壳筒体、集箱筒体、炉胆纵截面内的补强需要面积和平板的补强需要面积,mm²;

A_1 ——锅壳筒体、集箱筒体、炉胆纵截面内起补强作用的焊缝面积,mm²;

A_2 ——锅壳筒体、集箱筒体、炉胆纵截面内起补强作用的管接头、加强圈的多余面积,mm²;

A_3 ——锅壳筒体纵截面内起补强作用的补强垫板面积,mm²;

A_4 ——锅壳筒体、集箱筒体、炉胆自身在纵截面内起补强作用的多余面积,mm²;

A_F ——加强件对封头补强时起补强作用的面积,mm;

A_P ——加强件对平板补强时起补强作用的面积,mm²;

B ——锅壳筒体、凸形封头、炉胆、平板的有效补强宽度,mm;

D_i ——锅筒筒体内径，mm；

D_o ——炉胆外径，mm；

d ——开孔直径，插入式整体焊接管接头、插入式双面角焊管接头（或孔圈）的内径，椭圆孔在筒体纵截面上的尺寸，mm；

$[d]_e$——多孔补强计算时的最大允许当量直径，mm；

d_o ——焊接管接头、管子的外径，mm；

e ——加强管接头或加强圈的焊角尺寸，mm；

h ——加强圈高度，或扳边孔的扳边高度，mm；

h_1 ——加强管接头的有效补强高度、加强圈伸入锅壳筒体或凸形封头内壁的尺寸，mm；

h_2 ——加强管接头伸入锅壳筒体或凸形封头内壁的尺寸、加强圈的有效加强高度，mm；

K ——斜向孔桥的换算系数；

K_1 ——系数；

s ——纵向（轴向）相邻两孔的节距，或为火箱管板的内壁间距，mm；

s' ——横向（环向）相邻两孔的节距，mm；

s'' ——斜向相邻两孔的节距，mm；

δ ——锅壳筒体、集箱筒体、炉胆、平板的名义厚度，mm；

δ_c ——理论计算壁厚，mm；

δ_e ——锅壳筒体、集箱筒体、炉胆、平板的有效厚度，mm；

δ_0 ——强度未减弱的锅壳筒体或集箱筒体或炉胆按承受内压所需的理论计算厚度，mm；

δ_1 ——加强管接头或加强圈的名义厚度，mm；

δ_{1e} ——加强管接头或加强圈的有效厚度，mm；

δ_{10} ——加强管接头或加强圈按承受内压所需的理论计算厚度，mm；

$[\sigma]_1$——管接头材料的许用应力，MPa；

$[\sigma]_2$——加强垫板的许用应力，MPa；

$[\varphi]$ ——允许最小减弱系数；

φ_s ——锅壳筒体实际减弱系数；

φ_e ——被补强的多孔在未作补强考虑时的纵向、2 倍横向或斜向当量减弱系数。

13.3 筒体上孔的补强

13.3.1 筒体上孔的补强适用于锅壳筒体和集箱筒体。在进行集箱筒体上孔的补强计算时，应将式(104)、式(106)中的 D_i 以 $(D_o-2\delta_e)$ 代替。

13.3.2 本章规定仅适用于 $d/D_i<0.8$ 和 $d<600$ mm 的孔。如为椭圆孔，d 取长轴尺寸，椭圆孔仅适用于长轴与短轴之比不大于 2 的开孔。

13.3.3 $\dfrac{d}{D_i}\geqslant 0.8$ 的集箱开孔，集箱厚度按三通计算。

13.3.4 确定锅壳筒体未补强孔的最大允许直径$[d]$时，应按式(104)计算锅壳筒体的实际减弱系数 φ_s。

$$\varphi_s=\frac{pD_i}{(2[\sigma]-p)\delta_e} \qquad \cdots\cdots(104)$$

13.3.5 对于实际减弱系数 $\varphi_s\leqslant 0.4$ 的筒体，需要补强的孔已得到自身补强，无需另行补强。

13.3.6 对于实际减弱系数 $\varphi_s>0.4$ 的筒体，未补强孔的直径 d 不应大于按图 50 确定的未补强孔的最大允许直径$[d]$，且最大为 200 mm。如为椭圆孔，d 取筒体纵截面上的尺寸。

13.3.7 对于实际减弱系数 $\varphi_s>0.4$ 筒体，如开孔直径 d 大于按 13.3.6 确定的未补强孔最大允许直径$[d]$时，应采取图 51 的结构予以补强。

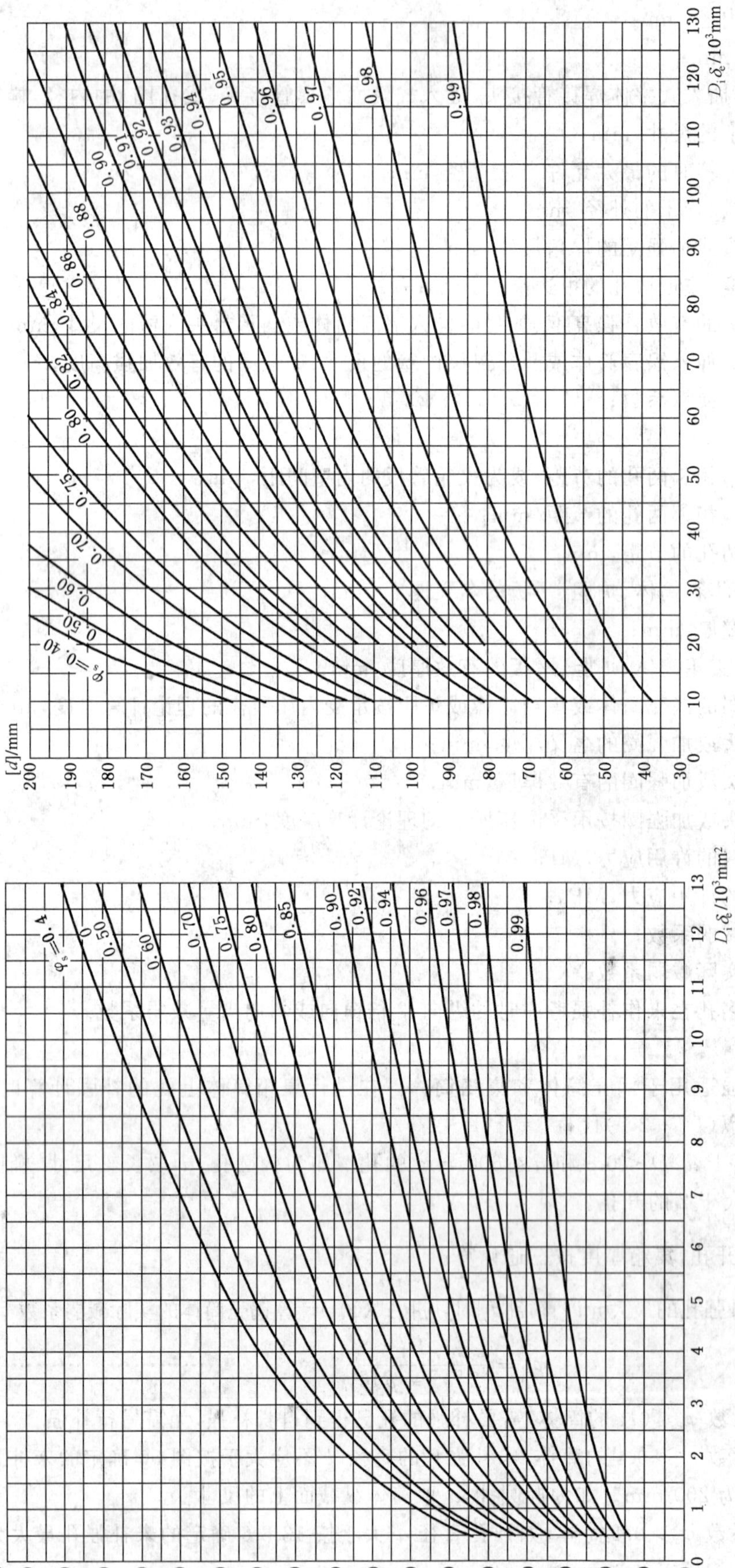

图50 未被补强孔的最大允许直径

图 51　孔的补强结构型式

13.3.8　开孔补强的有效范围(表 18):有效补强高度 h_1、h_2 取 $2.5\delta_1$ 和 2.5δ 中的较小值;有效补强宽度 B 取 $2d$。

13.3.9　开孔补强应满足以下条件:

$$A_1+A_2+A_3+A_4\geqslant A \qquad (105)$$

且应使补强所需面积 A 的 2/3 分布在离孔 1/4 孔径范围内;如为加强管接头,则布置在离管接头内壁 1/4 内径的范围内。式(105)中各面积的计算方法如表 18 所示。表中 δ_0 和 δ_{10} 按式(106)、式(107)计算:

$$\delta_0=\frac{pD_i}{2[\sigma]-p} \qquad (106)$$

$$\delta_{10}=\frac{p(d_{o}-2\delta_{1e})}{2[\sigma]_{1}-p} \qquad (107)$$

如为椭圆孔，d_o 取长轴尺寸。

如加强元件的许用应力大于被加强元件的许用应力，则按被补强元件钢材的许用应力计算，即表18中的$[\sigma]_1$ 或$[\sigma]_2$ 取等于$[\sigma]$。如加强元件的许用应力小于被补强元件的许用应力，则按表18中的公式计算。

13.4 炉胆上孔的补强

13.4.1 炉胆上孔的补强方法适用于炉胆上的 $d/D_o \leqslant 0.6$ 的孔。如为椭圆孔，d 取长轴尺寸。

13.4.2 炉胆上孔的补强计算按13.3有关规定进行。

13.4.3 对炉胆上的孔进行补强计算时，炉胆理论计算厚度按承受内压圆筒式(106)计算，附加厚度按式取 2 mm。

13.4.4 炉胆上的加煤孔圈、出渣孔圈等的理论厚度，按假设承受内压圆筒式(107)计算，附加厚度按6.7有关规定计算，如为椭圆孔圈，d 取孔圈长轴的内尺寸。

13.4.5 不得用垫板对炉胆上的孔进行补强。

表18 补强需要面积与起补强作用面积的确定

型式		双面角焊管接头补强	单面坡口焊管接头补强	垫板与管接头联合补强
补强结构		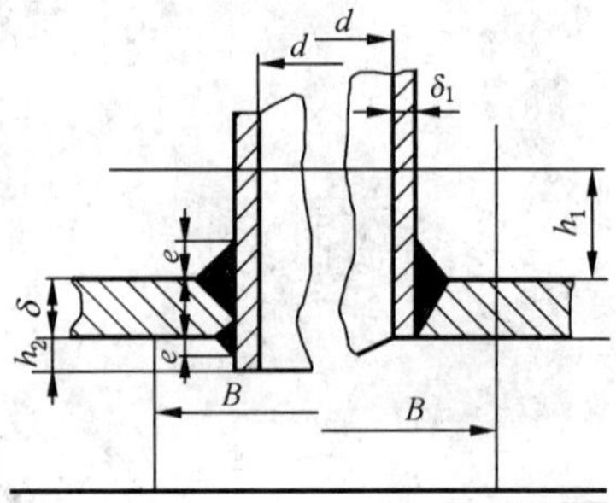	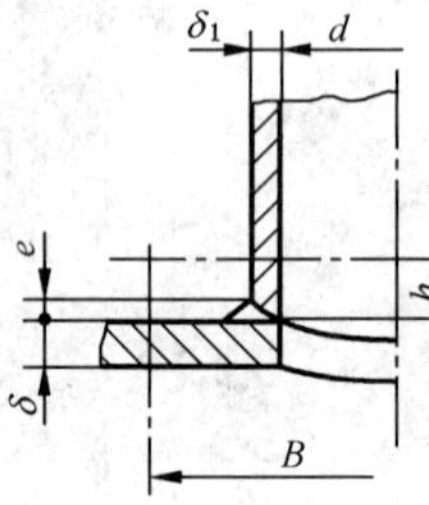	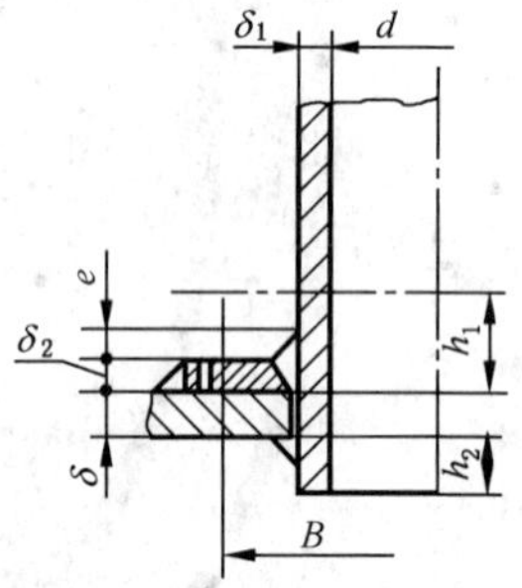
补强需要面积	A	$\left[d+2\delta_{1e}\left(1-\frac{[\sigma]_1}{[\sigma]}\right)\right]\delta_0$	$d\delta_0$	$\left[d+2\delta_{1e}\left(1-\frac{[\sigma]_1}{[\sigma]}\right)\right]\delta_0$
起补强作用的面积	A_1	$2e^2$(或 e^2)	e^2	$2e^2$
	A_2	$[2h_1(\delta_{1e}-\delta_{10})+2h_2\delta_{1e}]\frac{[\sigma]_1}{[\sigma]}$	$2h_1(\delta_{1e}-\delta_{10})\frac{[\sigma]_1}{[\sigma]}$	$[2h_1(\delta_{1e}-\delta_{10})+2h_2\delta_{1e}]\frac{[\sigma]_1}{[\sigma]}$
	A_3	0	0	$0.8(B-d-2\delta_1)\delta_2\frac{[\sigma]_2}{[\sigma]}$
	A_4	$\left[B-d-2\delta_{1e}\left(1-\frac{[\sigma]_1}{[\sigma]}\right)\right](\delta_e-\delta_0)$	$(b-d)(\delta_e-\delta_0)$	$\left[B-d-2\delta_{1e}\left(1-\frac{[\sigma]_1}{[\sigma]}\right)\right]\times(\delta_e-\delta_0)$
注：如为椭圆孔，表中 d 取筒体纵截面上的尺寸。				

13.5 凸形元件上孔的补强

13.5.1 为减小凸形元件厚度,可采用孔边缘焊以加强圈或(和)加强板的办法进行补强。

13.5.2 能起补强作用的截面积 A_F,为图 52 中斜线部分的 2 倍。

图 52 中,补强有效范围(h_1、h_2、B)按 13.3.8 确定;δ_{10} 按式(107)计算;如加强圈用钢板制成,C 按 6.7.1 确定,如加强圈用管子制成,C 按 6.7.2.2 确定;如为椭圆孔,d 取孔的长轴尺寸。

13.5.3 经补强后,表 13 中的 d 用 $d-A_F/\delta_e$ 代替。

如加强元件的许用应力与被补强元件的许用应力不同时,按 13.3.9 原则处理。

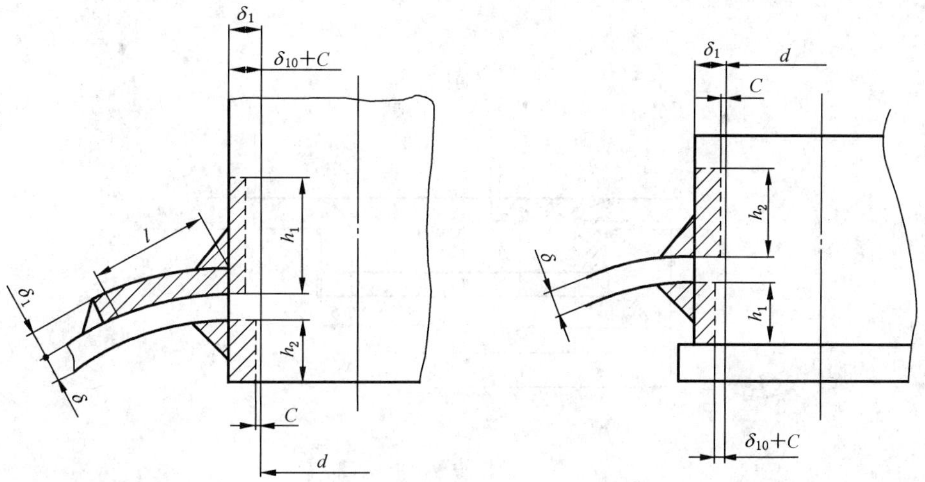

$B=2(l+\delta_1)+d$

图 52 凸形元件上孔的补强计算示意图

13.6 平板上孔的补强

按式(78)、式(79)计算的包含人孔的平板无需再作补强计算。

13.6.1 如平板名义厚度满足式(108)、式(109)时,则孔无需补强。

对图 53 和图 55 的结构:

$$\delta \geqslant 1.5\delta_c \qquad (108)$$

对图 54 的结构:

$$\delta \geqslant 1.25\delta_c \qquad (109)$$

13.6.2 如未能满足 13.6.1 条件时,平板上的孔应予补强。

13.6.3 图 53、图 54、图 55 中孔的补强有效范围(h_1、B)按 13.3.8 确定。

13.6.4 能起补强作用的截面积 A_p 及需要补强的面积 A 如图 53、图 54、图 55 所示。要求:

$$A_p \geqslant A \qquad (110)$$

13.6.5 图 53 中,焊接圈或孔扳边的高度 h 应满足式(111)要求:

$$h \geqslant \sqrt{\delta d} \qquad (111)$$

式中:d 为孔径或孔圈的内径。如为椭圆孔,则为短轴内尺寸。

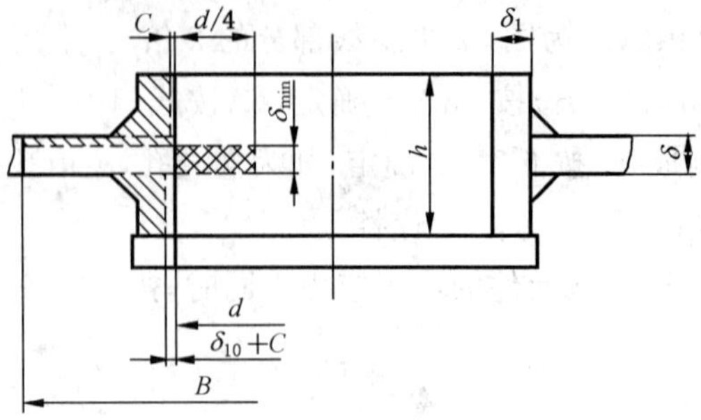

a)

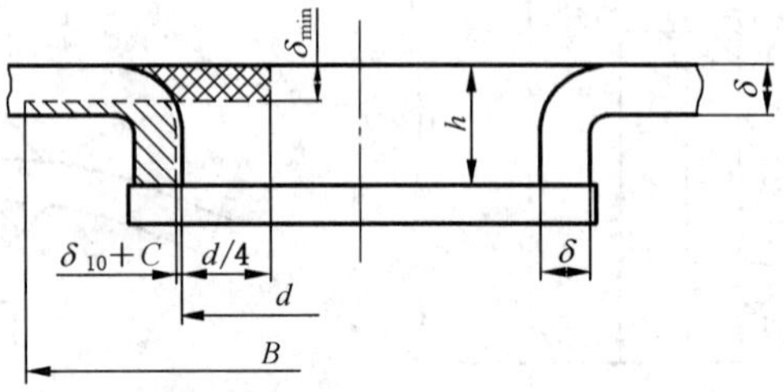

b)

需要加强的面积 A

起加强作用的面积 A

图 53　平板上孔的补强

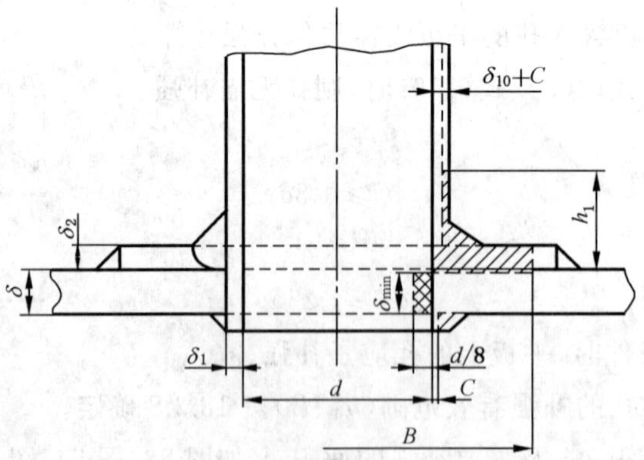

需要加强的面积 A

起加强作用的面积 A

图 54　平板上孔的垫板与管接头加强

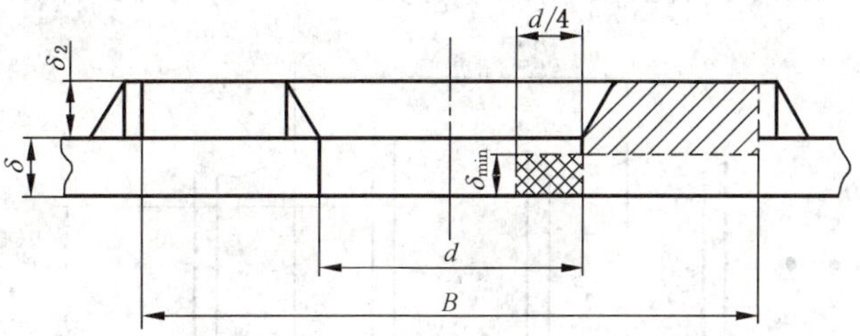

需要加强的面积 A

起加强作用的面积 A

图 55 平板上孔的垫板的加强

13.7 多个开孔的补强计算

13.7.1 本章计算适用于相邻两孔节距小于按式(23)确定的值的下列情况：

a) 两孔直径均小于按 13.3.6 确定的未补强的最大允许直径；

b) 两孔的直径均大于按 13.3.6 确定的未补强的最大允许直径，但两孔的节距不应小于其平均直径的 1.5 倍；

c) 若 $\varphi_e < \frac{3}{4}[\varphi]$ 时，两孔的节距不应小于其平均直径的 1.5 倍；

d) 若两孔中有一孔的直径大于按 13.3.6 确定的未补强的最大允许直径，则按 13.3.7～13.3.9 的规定按单孔补强，补强后按无孔处理。

13.7.2 筒体上纵向、横向或斜向相邻孔可用管接头补强。此时，应采用坡口型焊接结构，如图 51(c)、(d)、(e)所示。

13.7.3 补强管接头按以下要求计算：

a) 加厚管接头的高度应为厚度的 2.5 倍；

b) 加厚管接头的焊脚尺寸应等于加厚管接头的厚度。

13.7.4 对筒体多孔进行补强计算时，允许的当量直径 $[d]_e$ 按式(112)～式(115)计算：

纵向孔桥：

$$[d]_e = (1 - [\varphi])s \quad \cdots\cdots(112)$$

横向孔桥：

$$[d]_e = (1 - 0.5[\varphi])s' \quad \cdots\cdots(113)$$

斜向孔桥：

$$[d]_e = (1 - [\varphi]/K)s'' \quad \cdots\cdots(114)$$

式中：

$$[\varphi] = \frac{p(D_i + \delta_e)}{2[\sigma]\delta_e} \quad \cdots\cdots(115)$$

13.7.5 用于补强孔桥的管接头(图 56)应符合式(116)、式(117)要求：

a) 对于相邻管接头结构、尺寸相同的孔桥：

$$A_1 + A_2 \geqslant \left(\frac{A}{\delta_0} - [d]_e\right)\delta_e \quad \cdots\cdots(116)$$

式中 A_1、A_2 按表 18 中的公式计算。

b) 对于相邻管接头结构、尺寸不同的孔桥：

$$A'_1 + A'_2 + A''_1 + A''_2 \geqslant \left(\frac{A' + A''}{\delta_0} - [d]_e\right)\delta_e \quad \cdots\cdots(117)$$

式中 A'、A'_1、A'_2和 A''、A''_1、A''_2分别按表 18 中计算 A、A_1、A_2的公式计算。

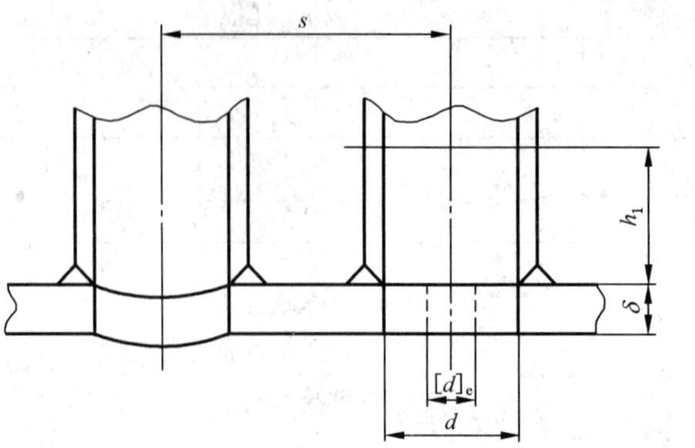

a)

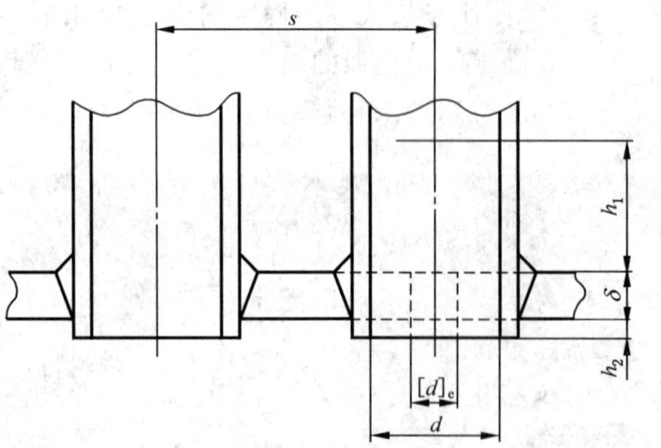

b)

图 56 用管接头补强的孔桥

13.8 人孔、头孔、手孔

13.8.1 筒体、封头、平板上的人孔、头孔、手孔的边缘可采用焊接圈或扳边型式(图 57)。

焊接圈、扳边的高度 h 应满足式(111)要求。

焊接人孔圈和头孔圈的厚度 δ_1 应满足式(118)要求：

$$\delta_1 \geqslant \frac{7}{8}\delta \qquad (118)$$

且 δ_1 对于人孔圈不宜小于 19 mm，对于头孔圈不宜小于 15 mm，对于手孔圈不宜小于 6 mm。

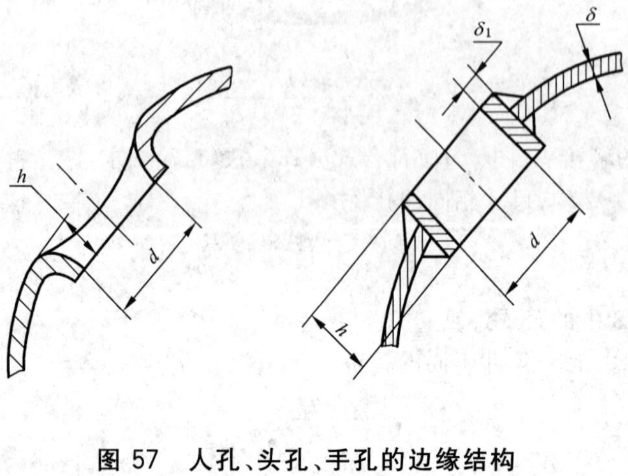

图 57 人孔、头孔、手孔的边缘结构

14 焊制三通

14.1 本章规定了焊制三通的设计计算和结构要求

14.2 符号和单位

C——厚度附加量，mm；

C_1——腐蚀裕量，mm；

D_o——三通主管和等径叉形管的外径，mm；

D_m——三通主管的平均直径，mm；

d_m——三通支管的平均内径，mm；

d_o——三通支管的外径，mm；

d_i——三通支管的内径，mm；

X、Y——系数；

β——按三通主管有效厚度算出的外径与内径的比值；

β_c——按三通主管理论计算厚度算出的外径与内径的比值；

δ——焊制三通主管的名义厚度，mm；

δ_{min}——焊制三通及等径叉形管的成品最小厚度，mm；

δ_c——焊制三通及等径叉形管的理论计算厚度，mm；

δ_s——焊制三通及等径叉形管的设计计算厚度，mm；

δ_e——焊制三通及等径叉形管的有效厚度，mm；

δ_1——焊制三通支管的名义厚度，mm；

δ_{1c}——焊制三通支管的理论计算厚度，mm；

δ_{1min}——焊制三通支管的成品的最小需要厚度，mm；

δ_{1s}——焊制三通支管的设计计算厚度，mm；

δ_{1e}——焊制三通支管的有效厚度，mm；

$[\sigma]$——许用应力，MPa；

φ_Y——三通减弱系数。

14.3 无缝钢管焊制三通

14.3.1 焊制三通的理论计算厚度按式(119)、式(120)计算：

对于主管：

$$\delta_c=\frac{pD_o}{2\varphi_Y[\sigma]+p} \qquad\cdots\cdots(119)$$

对于支管：

$$\delta_{1c}=\delta_c\frac{d_o}{D_o} \qquad\cdots\cdots(120)$$

焊制三通的成品最小需要厚度按式(121)、式(122)计算：

对于主管：

$$\delta_{min}=\delta_c+C_1 \qquad\cdots\cdots(121)$$

对于支管：

$$\delta_{1min}=\delta_{1c}+C_1 \qquad\cdots\cdots(122)$$

焊制三通的名义厚度应满足：

对于主管：

$$\delta \geqslant \delta_c + C \qquad (123)$$

对于支管：

$$\delta_1 \geqslant \delta_{1c} + C \qquad (124)$$

14.3.2 校核计算时，焊制三通的最高允许工作压力按式(125)计算：

$$[p] = \frac{2\varphi_y[\sigma]\delta_e}{D_o - \delta_e} \qquad (125)$$

有效厚度 δ_e 按式(126)计算：

$$\delta_e = \delta - C \qquad (126)$$

δ_e 也可取实际最小厚度减去腐蚀减薄值。

14.3.3 式(119)、式(120)及式(125)适用于 $D_o \leqslant 813$ mm、$d_i/D_i \geqslant 0.8$ 的范围。

14.3.4 焊制三通的计算压力 p 取相连元件的计算压力。

14.3.5 焊制三通的计算温度 t_c 按 5.6 确定。

14.3.6 用厚度补强的焊制三通，应采用图 51c)、d)、e)接管型式。减弱系数 φ_Y 按表 19 确定，表 19 中 $\beta = \frac{D_o}{D_o - 2\delta_e}$；$\beta_c = \frac{D_o}{D_o - 2\delta_c}$。

表 19 焊制三通的减弱系数 φ_Y

t_c	β、β_c	补强型式	φ_y
小于钢材持久强度对基本许用应力起控制作用的温度	$1.10 \leqslant \beta$ 且 $\beta_c \leqslant 1.50$	厚度	按式(127)计算
不小于钢材持久强度对基本许用应力起控制作用的温度	$1.25 \leqslant \beta$ 且 $\beta_c \leqslant 2.00$	厚度	按式(127)计算
注 1：对 $1.05 \leqslant \beta < 1.10$ 对于额定压力不大于 2.5 MPa 的锅炉无缝钢管焊制三通，当主管外径 $D_o \leqslant 426$ mm 时，可用厚度补强型式，减弱系数 φ_Y 取式(127)计算值的 2/3。 注 2：对 $1.05 \leqslant \beta < 1.10$ 对于额定压力不大于 3.8 MPa 的锅炉无缝钢管焊制三通，当主管外径 $D_o \leqslant 273$ mm 时，可用厚度补强型式，减弱系数 φ_Y 取式(127)计算值的 2/3。			

14.3.7 三通减弱系数按公式(127)计算：

$$\varphi_Y = \frac{1}{1.20\left[1 + X\sqrt{1 + Y^2/(2Y)}\right]} \qquad (127)$$

式中：$X = d_i^2/(D_m d_m)$；$Y = 4.05(\delta_e^3 + \delta_{1e}^3)/(\delta_e^2\sqrt{D_m\delta_e})$。

14.3.8 焊制三通的附加厚度 C 按 6.7 的规定计算。

14.3.9 不绝热的焊制三通，其最大允许厚度应符合 6.8 的规定。

14.3.10 在图 58 所示的 $ABCD$ 三通区域内，应尽量避免开孔。若必须开孔，则应布置在弧长 l 范围内，且孔的直径不应大于 D_o 的 1/4，而且以 60 mm 为限。同时，接管焊缝的外边缘至三通焊缝的外边缘的距离 L_2 不应小于 20 mm。若为孔桥，则在采用式(119)、式(125)确定三通理论计算厚度和最高允许工作压力时，φ_Y 取由 14.3.6 确定的 φ_Y 及参照 6.6 规定求得的最小孔桥减弱系数 φ_{min} 中的小者。

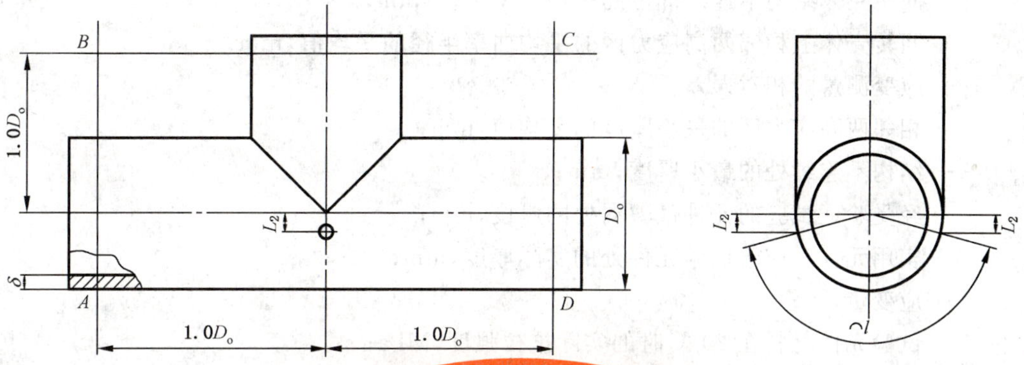

图 58 焊制三通区域

14.3.11 焊制三通的水压试验压力按有关锅炉制造技术条件取用，但不应超过集箱筒体的水压试验压力。

14.4 等径叉形管

14.4.1 本节的等径叉形管计算方法只适用于 $D_o \leqslant 108$ mm，$1.05 \leqslant \beta_c \leqslant 2.00$ 的等径叉形管。

14.4.2 等径叉形管（图 59）的成品最小需要厚度、最高允许工作压力和计算压力、计算温度、附加厚度、水压试验压力均按焊制三通的规定处理。

14.4.3 等径叉形管可用钢管弯制、锻造、铸造或用钢板压焊成型。减弱系数 φ_Y 可按以下规定取用：

当计算温度 t_c 小于钢材持久强度对基本许用应力起控制作用的温度时：$\varphi_Y = 0.70$；

当计算温度 t_c 不小于钢材持久强度对基本许用应力起控制作用的温度时：$\varphi_Y = 0.60$。

图 59 叉形管

15 决定元件最高允许工作压力的验证法

15.1 符号和单位

f ——铸件的质量系数；

p_{ss} ——试验温度时最薄弱部位达到屈服时的压力，MPa；

p_{bs} ——试验温度时的爆破压力，MPa；

p_{ysi} ——试验温度时的验证压力（$i=1,2,3,4$），MPa；

p_{ysmin} ——试验温度时的最小验证压力，MPa；

R_p ——回转壳体结构不连续部位的平均曲率半径,mm;

R_{pp} ——回转壳体上相邻两高应力区的平均曲率半径的平均值,mm;

Δ ——应变测量的相对误差;

δ'_{pmin} ——相邻两高应力区的最小厚度的平均值,mm;

δ'_{min} ——结构不连续处的最小厚度,mm;

δ_{ys} ——经受验证试验的元件最薄弱处的厚度,mm;

δ_{yz} ——实用元件对应于试验元件处的实际厚度,mm;

ε ——应变量,%;

σ_{b1} ——试验元件材料在 20 ℃时的实际抗拉强度,MPa;

σ_{dmax} ——高应力区域中最大当量应力,MPa;

σ'_{dmax} ——低应力区域中最大当量应力,MPa;

$[\sigma]_{Js}$ ——试验温度时的基本许用应力,MPa;

σ_{pdmax} ——高应力区域中内外壁平均应力的当量应力最大值,MPa;

σ'_{pdmax} ——低应力区域中内外壁平均应力的当量应力最大值,MPa;

σ_{s1s} ——试验元件材料在试验温度时的实际屈服点或规定非比例伸长应力,MPa;

φ_w ——焊接接头系数。

15.2 一般要求

15.2.1 本章提供了用于决定元件最高允许工作压力的验证试验和有限元计算方法,这些方法包括应力验证法、屈服验证法、爆破验证法、低周疲劳试验法、应力分析验证法。

15.2.2 本章提供的方法可用于不能按本部分前述各章规定进行计算的受压元件。

15.2.3 采用本章提供的方法确定最高允许工作压力的锅炉受压元件,所使用的材料应符合第 5 章的有关规定。同时,元件的所有转角处应有适当的圆角。圆角半径不应小于以下两值中的较小值:

a) 10 mm;

b) 圆角相连接的较厚部分厚度的 1/4。

15.3 应力验证法

本方法按下列规定程序进行(当量应力按最大剪应力强度理论计算):

a) 在元件可能出现高应力区域的内外壁对应部位粘贴应变片,在元件其他部位的内外壁对应部位也应适当粘贴应变片。

b) 按一定压力分级升压和降压,并记录每级压力值及其相应的每个测点的应变值。试验最高压力以内外壁都不出现屈服为准。反复几次升压和降压,直至测量数据重现性满意为止。

c) 根据验证试验获得的应力值及其分布,按如下规定将应力区分为一次应力、二次应力和一次局部薄膜应力:

   1) 一次应力——试验元件上没有受到结构不连续影响的区域中的应力;

   2) 一次局部薄膜应力——当元件上内、外壁平均应力的当量应力值不小于 1.1[σ]的范围,在回转壳体经线方向上的尺寸不大于$\sqrt{R_p\delta'_{min}}$,并且相邻两个这样区域的边缘间距不小于$2.5\sqrt{R_{pp}\delta'_{pmin}}$,则此应力属于一次局部薄膜应力;

   3) 二次应力——试验元件上结构不连续部位为满足变形协调条件在其邻近区域引起的局部弯曲应力。

为方便起见,将只有一次应力的区域称为低应力区;将有一次局部薄膜应力或二次应力的区域称为高应力区。

d) 作出低应力区域中内外壁平均应力的当量应力最大点的 σ'_{pdmax}-p 关系直线，从该线上定出相应于[σ]的压力 p_{ys1}(图 60)。

e) 作出低应力区域中当量应力最大点的 σ'_{dmax}-p 关系直线，从该线上定出相应于 1.5[σ]的压力 p_{ys2}(图 61)。

f) 作出高应力区域中内外壁平均应力的当量应力最大点的 σ_{pdmax}-p 关系直线，从该线上定出相应于 1.5[σ]的压力 p_{ys3}(图 62)。

g) 作出高应力区域中当量应力最大点的 σ_{dmax}-p 关系直线，从该线上定出相应于 3[σ]的压力 p_{ys4}(图 63)。

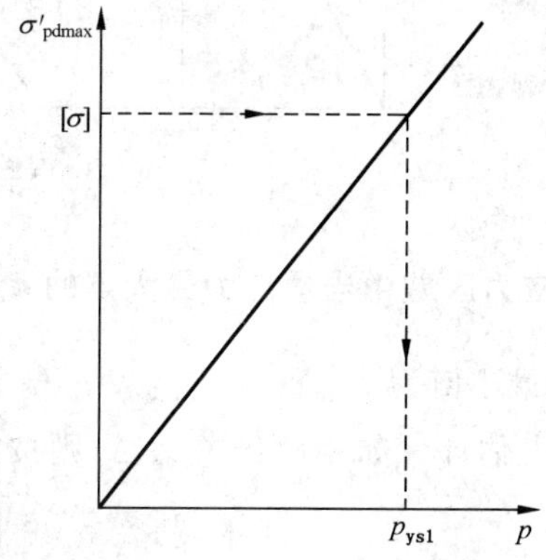

图 60　低应力区域中内外壁平均应力的当量应力最大点的 σ'_{dmax}-p 直线

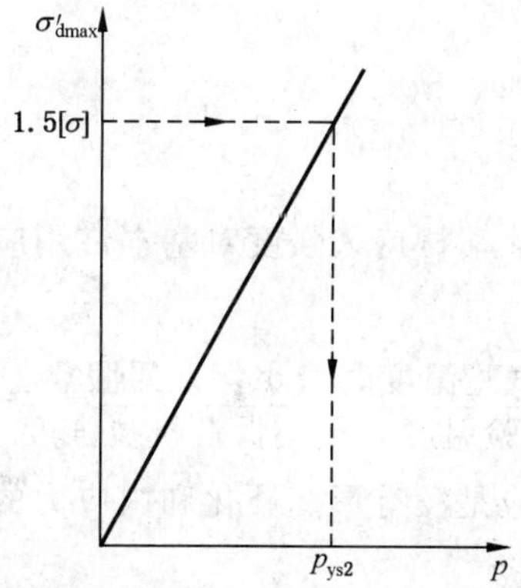

图 61　低应力区域中当量应力最大点的 σ'_{pdmax}-p 直线

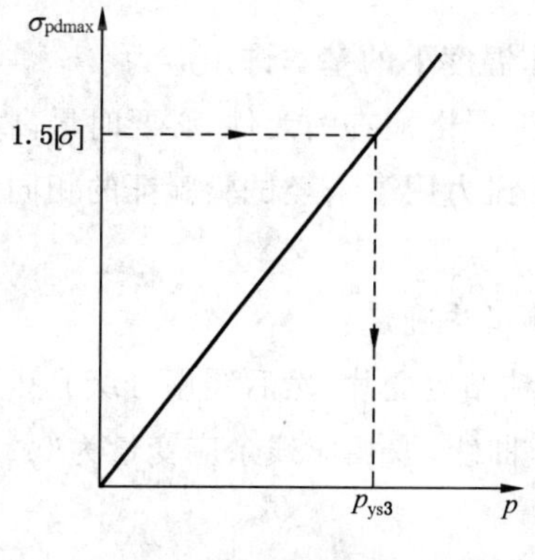

图 62　高应力区域中内外壁平均应力的当量应力最大点的 σ_{pdmax}-p 直线

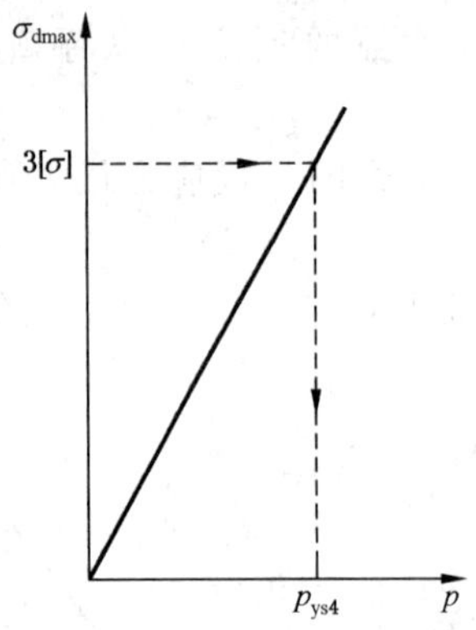

图 63　高应力区域中当量应力最大点的 σ_{dmax}-p 直线

h)　取 p_{ys1}、p_{ys2}、p_{ys3}、p_{ys4} 中的最小值为 p_{ysmin}。

i)　对应变测量的相对误差作出估计。如相对误差为 Δ，则按式(128)确定元件的最高允许工作压力：

$$[p]=\frac{p_{y\,smin}}{1+\Delta} \quad \cdots\cdots(128)$$

按式(128)确定的最高允许工作压力[p]用于未经试验验证的相同元件时，应按实际情况考虑温度和厚度差异，进行修正。

15.4　屈服验证法

本方法只适用于工作温度小于该钢材持久强度对基本许用应力起控制作用的温度的元件，并且元件材料应满足以下条件：

$$\frac{\text{试验温度时最小保证屈服点}}{\text{试验温度时最小保证抗拉强度}}\leqslant 0.6$$

进行屈服验证的元件在试验前应是没有形变硬化和内应力的，也未受过液压试验，否则，元件应在消除应力热处理后进行此项验证试验。

元件的最高允许工作压力按式(129)确定：

$$[p]=0.75\frac{p_{ss}[\sigma]_J\varphi_w}{\sigma_{sls}} \quad \cdots\cdots(129)$$

式中，$[\sigma]_J$ 应取元件材料在工作温度下的基本许用应力。

对于投入运行后内外壁能作定期严格检查的元件，必要时最高允许工作压力可放大至 1.25[p]。

按式(129)确定的最高允许工作压力用于未经试验验证的相同元件时，应按实际情况考虑厚度差异进行修正。

元件的屈服压力 p_{ss} 可用应变测量法确定：

在可能发生高应力部位的外壁粘贴应变片，然后缓慢分级升压，记录每级压力值及相应的每个测点的应变值，作出应变值最大点的 p-ε 曲线，取相应残余应变量为 0.2%的压力为 p_{ss}(图 64)。

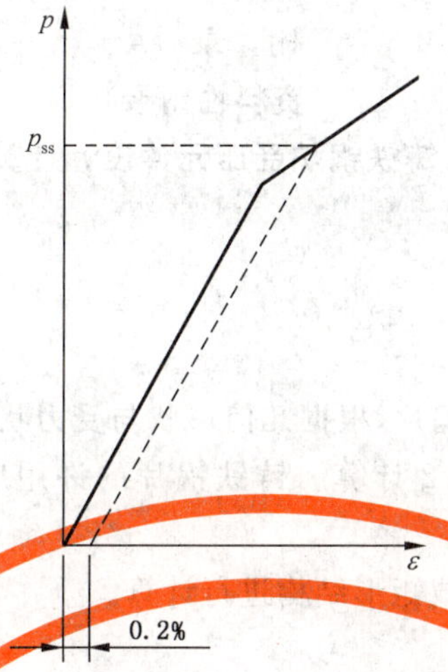

图 64 根据应变最大点的 $p-\varepsilon$ 曲线确定 p_{ss} 的方法

15.5 爆破验证法

元件的最高允许工作压力按式(130)确定：

$$[p]=\frac{p_{bs}\delta_{yz}[\sigma]_J\sigma_b}{4\delta_{ys}[\sigma]_{Js}\sigma_{b1}}\varphi_w f \qquad (130)$$

对于铸钢元件，f 取为 0.7；对于其他元件，均取 $f=1.0$。

15.6 低周疲劳试验法

试验方法参照 GB/T 9252—2001。

15.7 应力分析验证法

15.7.1 设计单位的职责如下：

a) 设计单位应对分析设计的条件的准确性和完整性予以确认；

b) 设计单位应对设计文件的条件的准确性和完整性负责；

c) 设计文件至少应包括应力分析报告书、设计简图、计算简化模型图；

d) 采用分析设计技术的部件总图应有应用本部分的设计单位批准标识。

15.7.2 应力分析计算应符合下列规定：

a) 所采用的有限元计算分析程序应具有完整的程序说明文件、用户手册、标准考题。计算结果应与已有的解析解、数值解或实验结果相比较，以证明计算程序的可靠性。也可应用国际通用的结构分析计算程序；

b) 应力按虚拟线弹性或弹性理论计算，当量应力按最大剪应力理论整理；

c) 应力分类和确定最高允许工作压力的方法按 15.3 的原则进行。

附 录 A
（资料性附录）
铸铁锅炉受压元件设计计算

A.1 公式计算法

A.1.1 铸铁锅炉受压元件——铸铁锅片，根据几何形状与受力状态，按第 6 章～第 13 章给出的基本公式进行计算。对于矩形截面，按 A.1.2 计算。铸铁锅片的许用应力按 A.1.3 确定，附加厚度按A.1.4 确定。

A.1.2 图 A.1 所示截面形状可简化成矩形结构进行计算。

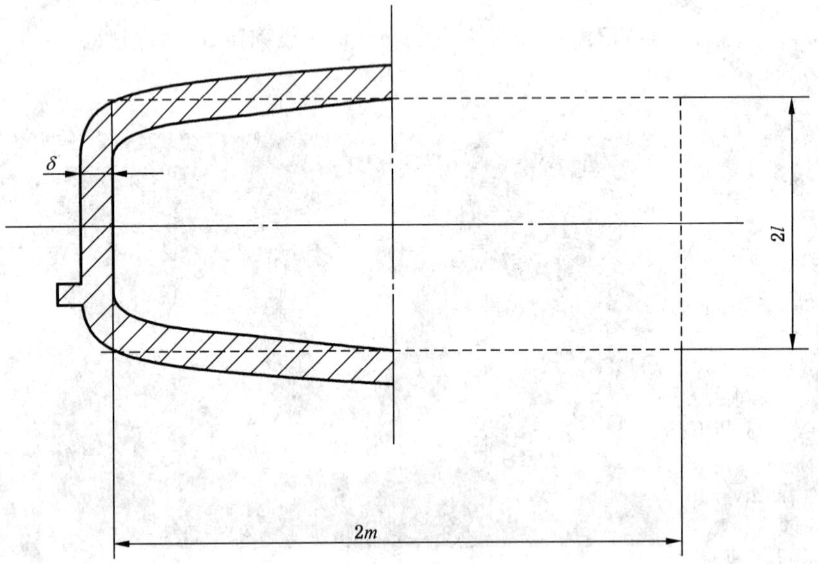

图 A.1

A.1.2.1 矩形结构的设计厚度按式(A.1)、式(A.2)计算。

$$\delta_s = K d_e \sqrt{\frac{p}{[\sigma]}} \quad \cdots\cdots\cdots\cdots (A.1)$$

式中 K 取 0.65。

$$\delta \geqslant \delta_s \quad \cdots\cdots\cdots\cdots (A.2)$$

A.1.2.2 校核算时，矩形结构的最高允许工作压力按式(A.3)计算。

$$[p] = \left(\frac{\delta - 1}{K d_e}\right)^2 [\sigma] \quad \cdots\cdots\cdots\cdots (A.3)$$

A.1.3 许用应力按 GB/T 16508.2 选取。

A.1.4 附加厚度主要用以考虑铸造工艺造成的厚度负偏差，应视各厂工艺水平而定，一般取 C = 2 mm。

A.1.5 如计算法确定的最高允许工作压力高于水压试验法 A.2 确定的相应值，可取此较高值。

A.2 水压试验法

A.2.1 水压试验法按下式确定最高允许工作压力：

$$[p]=\frac{p_{bs}}{5}\frac{R_m}{R_{m1}} \qquad \cdots\cdots (A.4)$$

式中，p_{bs}爆破压力；R_{m1}为常温试验抗拉强度。

A.2.2 如水压试验法确定的最高允许工作压力高于公式计算法 A.1 确定的相应值，可取此较高值。

附 录 B
（资料性附录）
矩形集箱设计计算

B.1 矩形集箱

本章计算方法适用于压力不大于 2.5 MPa 的矩形集箱。

B.1.1 结构要求

B.1.1.1 矩形集箱的结构应符合相关锅炉规范的要求，采用全焊透的对接焊接，如图 B.1。

B.1.1.2 矩形集箱的焊缝不允许布置在集箱角上，如图 B.2、图 B.3 所示。

图 B.1 有纵向焊缝的集箱

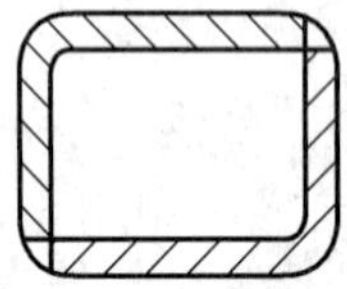

图 B.2 有角焊缝的集箱

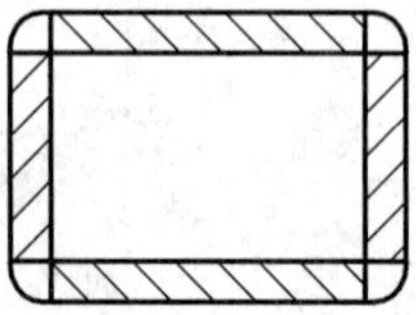

图 B.3 用四块平板角焊成的集箱

B.1.1.3 集箱内圆角半径 r（图 B.4）应满足以下要求：

$$r \geqslant \frac{1}{3}\delta，且\ r \geqslant 6\ \text{mm}$$

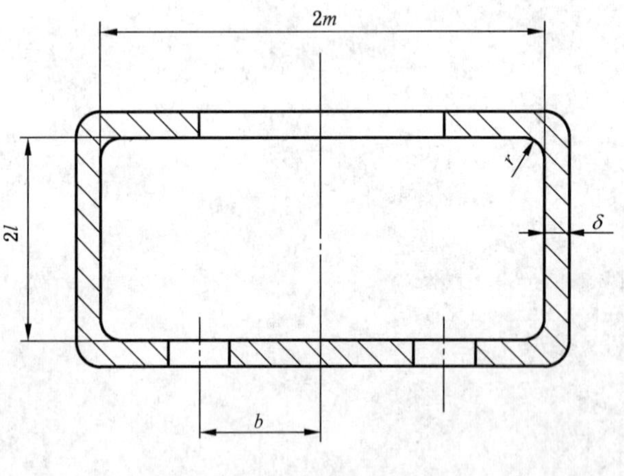

图 B.4 集箱内圆角半径

B.1.1.4 矩形截面的集箱或管子在各个侧面应具有相同的厚度。在一个面和/或其对称面上开孔后，其相距 90°的面上不得开孔，开孔应在一条直线上或两条相平行的直线上开圆形孔。椭圆形开孔只能位于一条直线上。开孔直线应与纵轴相平行，且要求 $b \leqslant m/2$。见图 B.5、图 B.6。

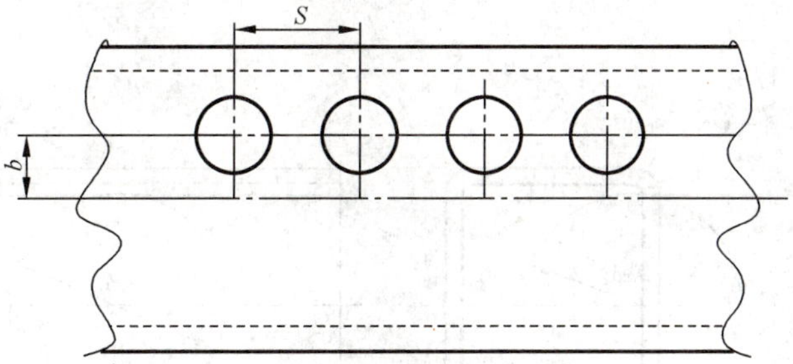

图 B.5 矩形集箱开孔

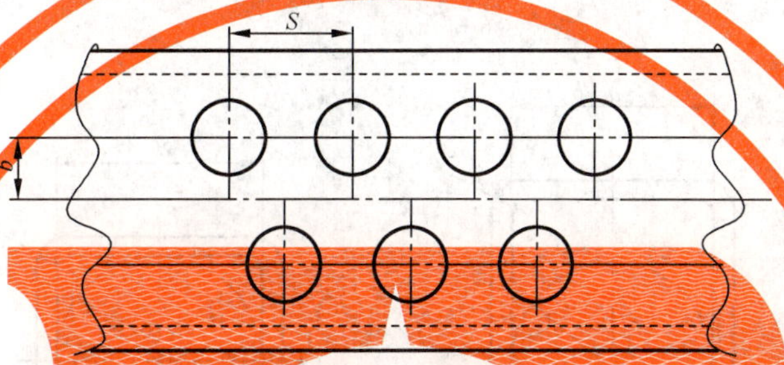

图 B.6 矩形集箱开孔

B.1.2 矩形集箱的筒板和平端盖

B.1.2.1 矩形集箱的筒板和平端盖的设计厚度按式(B.1)计算：

$$\delta_s = Kd_e\sqrt{\frac{p}{[\sigma]}} \quad \cdots\cdots\cdots\cdots(B.1)$$

B.1.2.2 矩形集箱的筒板和平端盖名义厚度应满足：

$$\delta \geqslant \delta_s \quad \cdots\cdots\cdots\cdots(B.2)$$

B.1.2.3 校核计算时，矩形集箱的筒板和平端盖的最高允许工作压力按式(B.3)计算：

$$[p] = \left(\frac{\delta - 1}{Kd_e}\right)^2[\sigma] \quad \cdots\cdots\cdots\cdots(B.3)$$

B.1.2.4 矩形集箱的筒板和平端盖的计算压力 p 按 5.7 确定。

B.1.2.5 矩形集箱的筒板和平端盖的计算温度 t_c 按 5.6 确定。

B.1.2.6 系数 K 按表 B.1 选取。系数 K 取两支撑点相应值的算术平均值再增加 10%。

表 B.1 系数 K

元件名称	系数 K		
l/m	1.0	0.75	0.5
矩形集箱的筒板(η=1.25)	0.65	0.65	0.65
矩形集箱的平端盖(η=0.75)	0.5	0.6	0.65

B.1.2.7 矩形集箱的筒板当量圆直径 d_e 为两支撑点画圆(支撑点为矩形长边的弯边起点)，如图 B.7。

矩形集箱的平端盖当量圆直径 d_e 为两支撑点画圆(矩形短边弯边起点)或四支撑点画圆(正方形弯边起点),如图 B.8。

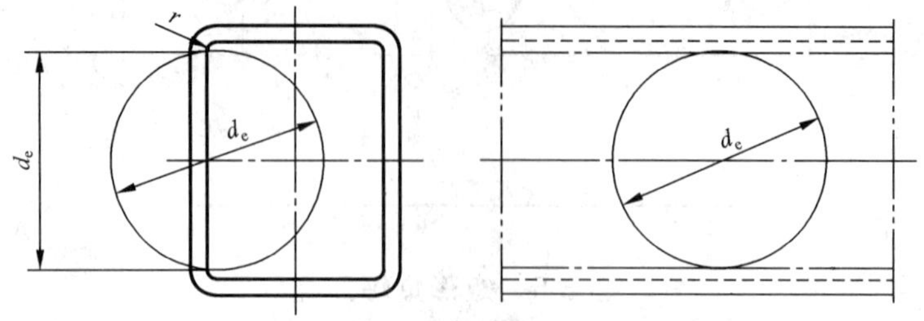

图 B.7 矩形集箱的筒板当量圆直径

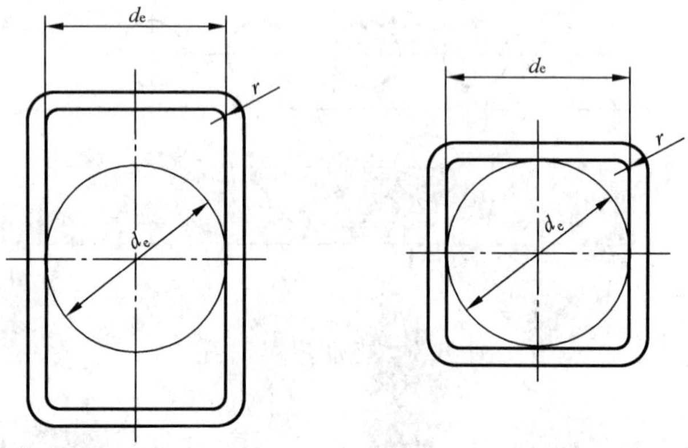

图 B.8 矩形集箱平端盖当量圆直径

B.1.2.8 支撑点和支点线的确定按第 9 章。

B.2 矩形截面环形集箱

B.2.1 结构要求

B.2.1.1 贯流式矩形截面环形集箱的结构应符合相关锅炉规范的要求,采用全焊透的对接焊接。

B.2.1.2 贯流式锅炉的矩形截面环形集箱上下集箱盖板与集箱筒体的连接允许采用 T 形接头,应符合 6.9.5 的规定:

B.2.2 矩形截面环形集箱上下集箱盖板

B.2.2.1 矩形截面环形集箱上下集箱盖板的设计厚度按式(B.4)计算:

$$\delta_s = Kd_e\sqrt{\frac{p}{[\sigma]}} + 1 \qquad \cdots\cdots(B.4)$$

B.2.2.2 上下集箱盖板名义厚度应满足:

$$\delta \geqslant \delta_s$$

B.2.2.3 校核计算时,上下集箱盖板的最高允许工作压力按式(B.5)计算:

$$[p] = \left(\frac{\delta - 1}{Kd_e}\right)^2 [\sigma] \qquad \cdots\cdots(B.5)$$

B.2.2.4 上下集箱盖板的计算压力 p 按 5.7 确定。

B.2.2.5 上下集箱盖板的计算温度 t_c 按 5.6 确定。

B.2.2.6 系数 K 按第 9 章表 14 选取。如支撑点型式不同，则系数 K 取两支撑点相应值的算术平均值再增加 10%。

B.2.2.7 当量圆直径 d_e 为两支撑点画圆，如图 B.9。

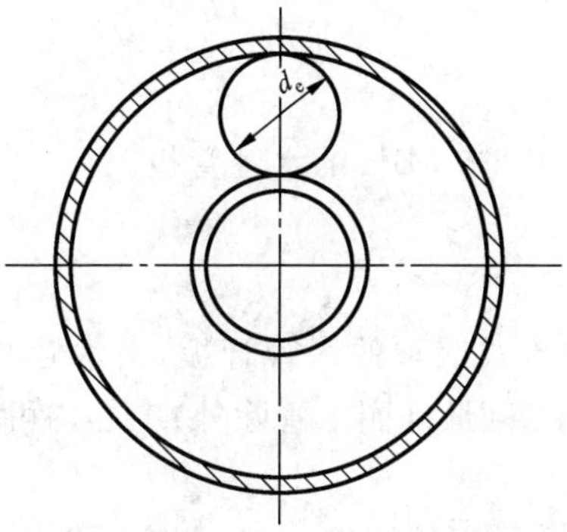

图 B.9

B.2.2.8 支撑点和支点线的确定按第 9 章。

B.2.2.9 如上下集箱盖板是扳边的，则扳边内半径不应小于两倍板厚，且至少应为 38 mm。

B.2.3 矩形截面环形集箱内、外筒体

B.2.3.1 矩形截面环形集箱内筒体按第 7 章相关要求进行计算。

B.2.3.2 矩形截面环形集箱外筒体按第 6 章相关要求进行计算。

附 录 C
（资料性附录）
水管管板设计计算

C.1 水管管板

本章计算方法适用于压力不大于 2.5 MPa 的水管管板。

C.1.1 有拉撑的水管管板

C.1.1.1 对于立式直水管锅炉和贯流式锅炉的水管管板，当水管与管板全部采用焊接连接时，在单根水管稳定性校核满足要求时，这些水管（最外圈水管除外）中心均可视为支撑点。

C.1.1.2 环形水管管板

C.1.1.2.1 当环形水管管板上仅有单圈焊接水管，这些水管中心均不能作为支撑点。

C.1.1.2.2 当环形水管管板上有两圈焊接水管时，以最外圈支点线画圆时，应以内圈水管中心作为支撑点；以最内圈支点线画圆时，应以外圈水管中心作为支撑点。在确定可作为支撑的水管数量 n 时，应取内、外圈管子数量较少的作为 n。

C.1.1.2.3 当环形水管管板上有三圈及以上焊接水管时，最内圈和最外圈水管中心均不能作为支撑点。

C.1.1.3 单根水管稳定性校核

单根水管的失稳临界力：

$$P_{cr}=\frac{\pi^2 EJ}{(\mu L)^2} \qquad \text{(C.1)}$$

式中：μ 为考虑失稳变形的系数，一般水管与管板焊接时可作为两端固支取 0.5；

$$J=\pi(d_o^4-d_i^4)/64$$

单根水管的平均轴向载荷：

$$N=\frac{p\pi(D_o^2-D_i^2-nd_i^2)}{4n} \qquad \text{(C.2)}$$

安全裕度：$S_m=P_{cr}/N$；

当安全裕度 $S_m \geqslant 4$ 时，可认为水管束稳定条件满足。

C.1.2 有拉撑的水管管板的计算

C.1.2.1 水管管板计算之前，应按 C.1.1.3 进行单根水管稳定性校核。

C.1.2.2 当水管束稳定条件满足时，水管束区以外的管板部分，可按 9.3 给出的管板计算方法进行计算，对于可作为支撑点焊接水管，K 取 0.60。当水管群边缘某些水管中心与最近支点线、最近支点的距离大于 250 mm 时，这些水管的焊接应满足图 40 的要求；两组管束间的宽水区距离大于 250 mm 时，宽水区两侧水管每间隔一根的焊接应满足图 40 的要求。

C.1.2.3 当水管束稳定条件满足时，水管束区以内的管板部分，可按 9.3 给出的管板计算方法进行计算，对于可作为支撑点焊接水管，K 取 0.47。

ICS 27.060.30
J 98

中华人民共和国国家标准

GB/T 16508.4—2013
部分代替 GB/T 16507—1996

锅壳锅炉 第4部分：制造、检验与验收

Shell boilers—
Part 4: Fabrication、inspection and acceptance

2013-12-31 发布 2014-07-01 实施

中华人民共和国国家质量监督检验检疫总局
中国国家标准化管理委员会 发布

前　言

GB/T 16508《锅壳锅炉》分为以下 8 个部分：

——第 1 部分：总则；

——第 2 部分：材料；

——第 3 部分：设计与强度计算；

——第 4 部分：制造、检验与验收；

——第 5 部分：安全附件和仪表；

——第 6 部分：燃烧系统；

——第 7 部分：安装；

——第 8 部分：运行。

本部分为 GB/T 16508 的第 4 部分。

本部分按照 GB/T 1.1—2009 给出的规则起草。

本部分代替 GB/T 16507—1996《固定式锅炉建造规程》中的制造、检验与验收等相关内容，与 GB/T 16507—1996 相比，主要技术变化如下：

a） 增加了第 3 章“术语和定义”；

b） 第 4 章：

——增加了新工艺、新技术和新方法使用的管理规定；

——增加了平管板、拱型管板拼接焊缝的规定；

——增加了波形炉胆尺寸偏差的规定；

——增加了管孔中心距尺寸偏差和管孔尺寸偏差的规定；

——增加了螺纹烟管成形要求的规定；

——修订了焊接工艺评定的有关内容；

——修订了焊前预热和后热的有关内容；

——增加了对热处理炉、热处理工艺和记录的要求；

——修订了受压元件需进行焊后热处理的范围及焊后热处理的要求；

——增加了油漆和包装的规定。

c） 第 5 章：

——修订了产品焊接试件的制作条件、范围及要求；

——取消了产品焊接接头金相和断口检验的规定；

——修订了无损检测方法选择、无损检测时机的规定；

——修订了无损检测方法和比例；

——增加了衍射时差法超声检测方法（TOFD），并规定了合格级别；

——增加零、部件免做水压试验的规定。

d） 第 6 章：

——增加了出厂资料的规定；

——修改了产品铭牌所包括的内容，增加了设备代码等项目。

e） 增加了附录 A　锅炉焊接管孔。

本部分由全国锅炉压力容器标准化技术委员会(SAC/TC 262)提出并归口。

本部分起草单位:张家港市江南锅炉压力容器有限公司、青岛荏原环境设备有限公司、江苏太湖锅炉股份有限公司、无锡锡能锅炉有限公司、山东华源锅炉有限公司。

本部分主要起草人:张宏、高宏伟、孟向军、顾利平、朱永忠、符广田、强明刚。

锅壳锅炉
第4部分：制造、检验与验收

1 范围

GB/T 16508的本部分规定了固定式锅壳锅炉的制造、检验及试验、出厂资料及铭牌的要求。

本部分适用于GB/T 16508.1范围界定的锅壳锅炉。

2 规范性引用文件

下列文件对于本文件的应用是必不可少的。凡是注日期的引用文件，仅注日期的版本适用于本文件。凡是不注日期的引用文件，其最新版本(包括所有的修改单)适用于本文件。

GB 146.1 标准轨距铁路机车车辆限界

GB 191 包装储运图示标志

GB/T 1804 一般公差 未注公差的线性和角度尺寸的公差

GB/T 2652 焊缝及熔敷金属拉伸试验方法

GB/T 16507.5 水管锅炉 第5部分：制造

GB/T 16508.1 锅壳锅炉 第1部分：总则

GB/T 16508.2 锅壳锅炉 第2部分：材料

GB/T 16508.3 锅壳锅炉 第3部分：设计与强度计算

GB/T 19293 对接接头X射线实时成像检测法

GB/T 25198 压力容器封头

NB/T 47013.10 承压设备无损检测 第10部分：衍射时差法超声检测

JB/T 4730.1～4730.6 承压设备无损检测

NB/T 47014(JB/T 4708) 承压设备焊接工艺评定

NB/T 47015(JB/T 4709) 压力容器焊接工艺规程

NB/T 47016(JB/T 4744) 承压设备产品焊接试件的力学性能检验

TSG G0001 锅炉安全技术监察规程

3 术语和定义

下列术语和定义适用于本文件。

3.1

冷成形 cold forming

在工件材料再结晶温度以下进行的塑性变形加工。

在工程实践中，通常将环境温度下进行的塑性变形加工称为冷成形；介于冷成形和热成形之间的塑性变形加工称为温成形(warm forming)。

3.2

热成形 hot forming

在工件材料再结晶温度以上进行的塑性变形加工。

4 制造

4.1 基本要求

4.1.1 锅炉制造单位及作业人员的资格应符合 GB/T 16508.1 的规定。

4.1.2 锅炉制造用材料应符合设计文件及 GB/T 16508.2 的规定。

4.1.3 锅炉的制造、检验与验收应符合 TSG G0001《锅炉安全技术监察规程》、设计文件和本部分的要求。

4.1.4 对于采用未列入本部分的锅炉制造检验的新工艺、新技术和新方法时，应按 TSG G0001《锅炉安全技术监察规程》的有关规定执行。

4.2 标记及标记移植

4.2.1 受压元件和主要承受载荷的非受压元件(支吊耳、拉撑件)用材料标记应可追溯。在制造过程中，如原标记被裁掉或材料分成几块时，制造单位应规定标记的表达方式，并在材料分割前完成标记的移植。

4.2.2 受压元件焊缝、产品焊接试件焊缝、受压元件与主要承受载荷的非受压元件之间的角焊缝附近应打上焊工代号钢印，或者在含焊缝布置图的焊接记录中记录焊工代号。

4.2.3 无损检测标记应符合 NB/T 47013(JB/T 4730)的规定。

4.2.4 管子弯头内外侧圆弧区域不允许使用硬印标记。

4.3 材料切割

4.3.1 根据钢材特性和规格选择材料切割方法。采用的切割方法应保证加工精度。

4.3.2 热切割时，可根据钢材的类型和厚度对材料进行预热。

4.3.3 采用热切割方法分割材料后，应清除表面熔渣和影响制造质量的表面层。

4.4 冷热成形及组装

4.4.1 冷热成形的一般要求

4.4.1.1 受压元件成形后的实际厚度应不小于设计要求的成品最小成形厚度外，还应满足以下规定：

a) 管板扳边圆弧、下脚圈及波形炉胆波纹最薄处的厚度不小于设计厚度的 85%；

b) 受压元件的扳边孔，当没有加强圈或不可能加强时，其直段边缘的厚度不小于该元件设计厚度的 70%。

4.4.1.2 采用经过正火、正火加回火或调质处理的钢材制造的受压元件，宜采用冷成形或温成形；采用温成形时，须避开钢材的回火脆性温度区。

4.4.2 表面修磨

4.4.2.1 制造中应避免材料表面的机械损伤。

4.4.2.2 当符合以下规定时，受压元件表面应进行修磨，修磨斜度最大为 1∶3。当超过规定时，应按评定合格的补焊工艺进行补焊及修磨，并按 JB/T 4730 进行表面无损检测，Ⅰ级合格：

a) 热成形受压元件表面的凹陷深度大于 0.5 mm 但不大于材料厚度的 10%且不大于 3 mm；

b) 冷成形受压元件表面的凹陷深度为 0.5 mm～1 mm；

c) 受压元件表面的凸起高度超过 1 mm。

4.4.2.3 封头人孔内扳边、管板上炉胆孔扳边距扳边弯曲起点大于 5 mm 处的裂口可进行修磨或焊补，修磨或焊补按 4.4.2.2 要求。

4.4.2.4　因钢板质量不符合要求和过烧造成的裂纹、裂口不应补焊。

4.4.3　焊缝布置

4.4.3.1　锅筒(筒体壁厚不相等的除外)、锅壳和炉胆上相邻两筒节的纵向焊缝,以及封头、管板、炉胆顶或者下脚圈的拼接焊缝与相邻筒节的纵向焊缝,都不应彼此相连。其焊缝中心线间距离(外圆弧长)至少为较厚钢板厚度的 3 倍,并且不小于 100 mm。

4.4.3.2　锅炉受热面管子(异种钢接头除外)以及管道直段上,对接焊缝中心线间的距离 L 应满足以下要求:

a)　外径小于 159 mm,$L \geqslant 2$ 倍外径;

b)　外径大于或等于 159 mm,$L \geqslant 300$ mm。

当锅炉结构难以满足本条要求时,对接焊缝的热影响区不应重合,并且 $L \geqslant 50$ mm。

4.4.3.3　锅炉受热面管子及管道对接焊缝位置应满足以下规定:

a)　受热面管子及管道(盘管及成型管件除外)对接焊缝应当位于管子直段上;

b)　受热面管子的对接焊缝中心线至锅筒(锅壳)及集箱外壁、管子弯曲起点、管子支吊架边缘的距离至少为 50 mm,对于额定工作压力大于或等于 3.8 MPa 的锅炉该距离至少为 70 mm,对于管道该距离应当不小于 100 mm。

4.4.3.4　受压元件主要焊缝及其邻近区域应当避免焊接附件。如果不能够避免,则焊接附件的焊缝可以穿过主要焊缝,而不应当在主要焊缝及其邻近区域终止。

4.4.3.5　胀接管孔不应布置在锅壳筒体的纵向焊缝上,也尽量避免布置在环向焊缝上。

4.4.3.6　集中下降管的管孔不应当开在焊缝上,其他焊接管孔亦应当避免开在焊缝及其热影响区上。

4.4.3.7　对于名义内径大于 1 800 mm 的锅壳,每节筒体纵向拼接焊缝不应多于 3 条;名义内径不大于 1 800 mm 的锅壳及炉胆,每节筒体纵向拼接焊缝不应多于两条。每节筒体纵向焊缝间外圆弧长不应小于 300 mm。

4.4.3.8　筒体拼接时,锅壳、炉胆任一筒节长度不应小于 300 mm,集箱筒体任一筒节长度不应小于 500 mm。

4.4.3.9　名义内径大于 2 200 mm 的管板和封头的拼接焊缝不应多于两条,名义内径不大于 2 200 mm 的管板和封头的拼接焊缝不应多于 1 条。

4.4.3.10　封头的拼接焊缝离封头中心线的距离不应大于封头名义内径的 30%,并不应通过扳边人孔,也不应布置在人孔扳边圆弧上。

4.4.3.11　平管板的整条拼接焊缝不应布置在扳边圆弧上,且不应通过扳边孔。

4.4.3.12　拱型管板拼接焊缝与平直部分和凸形部分相交线的距离不应超过当量内径的 30%(中心线按边缘烟管管排中心线算起)。

4.4.3.13　下脚圈的拼接焊缝应径向布置,两焊缝中心线间的最短外圆弧长不应小于 300 mm。

4.4.4　坡口加工

4.4.4.1　焊接接头的坡口形式、尺寸和装配间隙应符合设计文件的规定。

4.4.4.2　坡口表面不应有裂纹、分层、夹杂物等缺陷。

4.4.4.3　标准抗拉强度下限值 $R_m \geqslant 540$ MPa 的低合金钢材及 Cr-Mo 低合金钢材经热切割的坡口表面,加工完成后应按 JB/T 4730.4 进行磁粉检测,Ⅰ级合格。

4.4.4.4　施焊前,应清除坡口及两侧母材表面至少 20 mm 范围内(以离坡口边缘的距离计)的氧化皮、油污、熔渣及其他有害杂质。

4.4.5 封头、管板和下脚圈

4.4.5.1 封头的结构应符合 GB/T 16508.3 的规定，制造与验收应符合本部分及 GB/T 25198 的规定。

4.4.5.2 封头、管板和下脚圈拼接焊缝两边钢板的实际边缘偏差值不应大于名义板厚的 10%，且不超过 3 mm；当板厚大于 100 mm 时，不超过 6 mm。

4.4.5.3 同一截面上最大内径与最小内径之差，封头不应大于其名义内径的 1%，管板和下脚圈不应大于其名义内径的 0.5%。

4.4.5.4 管板平面度应符合表 1 的规定。

表 1 管板平面度

单位为毫米

名义内径 d	平面度
≤1 000	6
>1 000～1 500	7
>1 500～1 800	8
>1 800～2 200	9
>2 200	10

4.4.5.5 管板和下脚圈的高度偏差为$^{+5}_{-3}$ mm。

4.4.5.6 封头内表面的形状偏差，用带间隙的全尺寸的内样板检查(见图 1)，其最大形状偏差外凸不应大于名义内径的 1.25%，内凹不应大于名义内径的 0.625%。检查时应使样板垂直于待测表面。

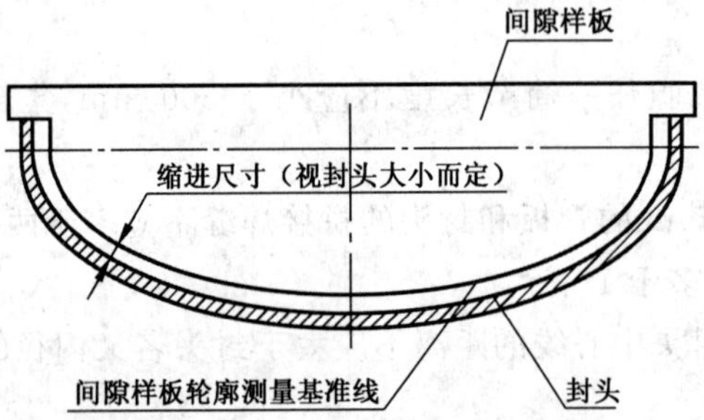

图 1 封头的形状偏差检查

4.4.5.7 管板、下脚圈的转角半径不应小于设计规定值。

4.4.5.8 封头、管板、下脚圈直边部分不应存在纵向褶皱。

4.4.6 锅壳筒体、炉胆、集箱

4.4.6.1 锅壳筒体、炉胆对接接头边缘偏差应符合以下规定：

a) 纵缝两边钢板的实际边缘偏差值不大于名义板厚的 10%，且不超过 3 mm；当板厚大于 100 mm 时，不超过 6 mm；

b) 环缝两边钢板的实际边缘偏差值(包括板厚差在内)不大于名义板厚的 15%加上 1 mm，且不超过 6 mm；当板厚大于 100 mm，不超过 10 mm；

c) 不同厚度的两元件或者钢板对接并且边缘已削薄的，按照钢板厚度相同对待，上述的名义板厚指薄板；不同厚度的钢板对接但不带削薄的，则上述的名义板厚指厚板；

d) 锅壳筒体纵、环缝两边的钢板中心线应当对齐，环缝两侧的钢板不等厚时，也允许一侧的边缘对齐；

e) 名义厚度不同的两元件或者钢板对接时，两侧中任何一侧的名义边缘厚度差值如果超过上述规定的边缘偏差值，则厚板的边缘应当削至与薄板边缘平齐，削出的斜面应当平滑，并且斜率不大于 1∶3，必要时，焊缝的宽度可以计算在斜面内，参见图 2。

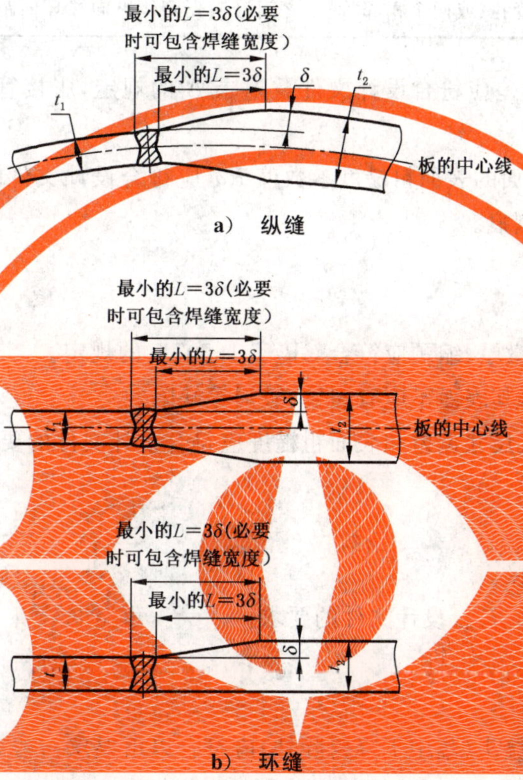

说明：

δ ——名义边缘偏差；

t_1 ——薄板厚度；

t_2 ——厚板厚度；

L ——削薄的长度。

图 2 不同厚度钢板对接时的削薄要求

4.4.6.2 锅壳筒体纵向焊缝的棱角度不应大于 4 mm，炉胆纵向焊缝的棱角度不应大于 3 mm，宜用弦长为名义内径的 1/6，且不少于 300 mm 的样板测量。

4.4.6.3 同一截面上最大内径与最小内径之差，锅壳壳体不应大于其名义内径的 1%，炉胆圆筒形部分不应大于其名义内径的 0.5%。

4.4.6.4 除图样另有规定外，筒体每米长度内的直线度允差不应大于 1.5‰，全长直线度不应大于 7 mm。

4.4.6.5 波形炉胆波距偏差为±10 mm，波纹深度偏差为±5 mm。

4.4.6.6 锅壳和集箱上的管孔应符合以下规定：

a) 管孔中心距尺寸偏差见表 2；

表 2 管孔中心距尺寸偏差

单位为毫米

公称尺寸 t	偏差	公称尺寸 t	偏差
≤260	纵向±1.5,环向±2.0	>1 000～3 150	±3.0
>260～500	±2.0	>3 150～6 300	±4.0
>500～1 000	±2.5	>6 300	±5.0
注：公称尺寸 t 为任何两个管孔(或两个相邻管孔)之间沿锅壳筒体纵向或环向距离。			

b) 焊接管孔尺寸的偏差应符合设计文件及附录 A 的规定，胀接管孔的尺寸偏差应符合本部分 4.5.4 的要求；

c) 人孔和人孔盖密封面的表面粗糙度参数值 Ra 应符合设计文件的要求，允许有轻微的环向刻痕，但不应有径向刻痕。

4.4.7 管子

4.4.7.1 弯管成形和管件的镦厚、缩颈应符合 GB/T 16507.5 的规定。

4.4.7.2 管子经滚压螺纹后，其表面不应有裂纹、皱褶等缺陷。

4.4.7.3 螺纹烟管形状偏差、尺寸偏差和表面粗糙度应符合设计文件的要求。

4.4.8 拉撑件

4.4.8.1 拉撑件不应采用拼接。

4.4.8.2 拉撑件的尺寸偏差应符合设计文件的要求。

4.4.9 受压元件组装

4.4.9.1 锅壳和集箱上的管接头(集中下降管除外)应符合以下要求：

a) 管接头的纵向倾斜度 Δa_1 和横向倾斜度 Δa_2(图 3)均不大于 1.5 mm；

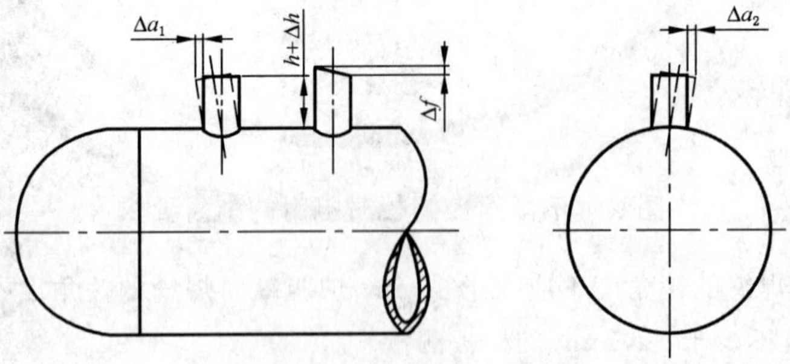

图 3 管接头形状公差

b) 管接头的端面倾斜度 Δf(图 3)不大于 1 mm；

c) 单个管接头的高度偏差 Δh(图 3)不超过±3 mm；

d) 骑座式管接头中心线与管孔中心线间的偏移 e(图 4)不大于 0.5 mm；

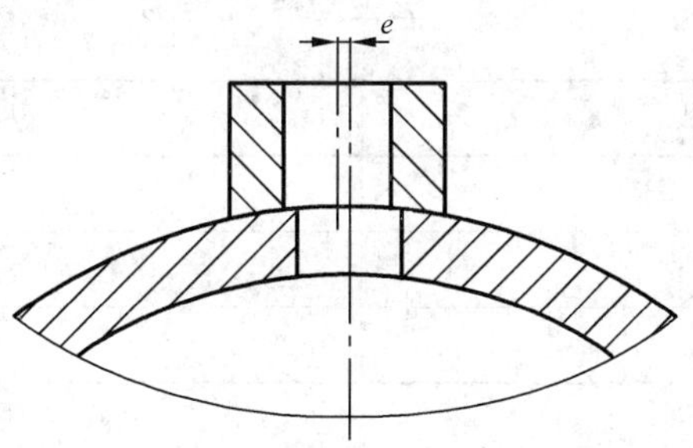

图 4　管接头中心线偏移

e)　成排管接头中相邻两管接头管端节距 P 的偏差 ΔP(图 5)不超过±3 mm,任意两管接头管端节距偏差不超过±6 mm;

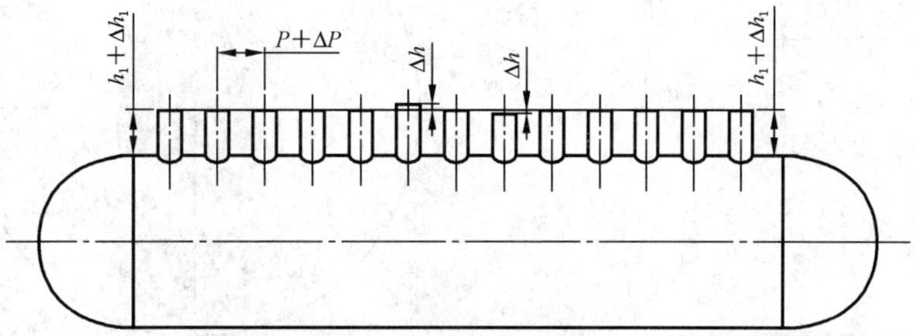

图 5　管接头节距偏差

f)　成排等高管接头的高度偏差,两端的两个管接头,Δh_1 不超过±1.5 mm,其余管接头的高度偏差以两端管接头的高度为基准线进行测量(图 5),Δh 不超过±2 mm。也允许单个进行检查,单个检查时的高度偏差不超过±3 mm。

4.4.9.2　集中下降管管接头应符合以下要求:

a)　集中下降管管接头的纵向倾斜度 Δa_1 和横向倾斜度 Δa_2 均不大于 3 mm;

b)　集中下降管管接头中心线与管孔中心线间的偏移 e 不大于 8 mm;

c)　集中下降管管接头的端面倾斜度 Δf 不大于 2 mm;

d)　集中下降管管接头的高度偏差 Δh 不超过±4 mm。

4.4.9.3　锅壳和集箱上的接管法兰应符合以下要求:

a)　法兰的端面倾斜度 Δf(图 6)不大于 2 mm。法兰螺栓孔在螺栓圆上的偏移 Δa 应符合表 3 的要求。法兰高度 H 的偏差不超过±2 mm;

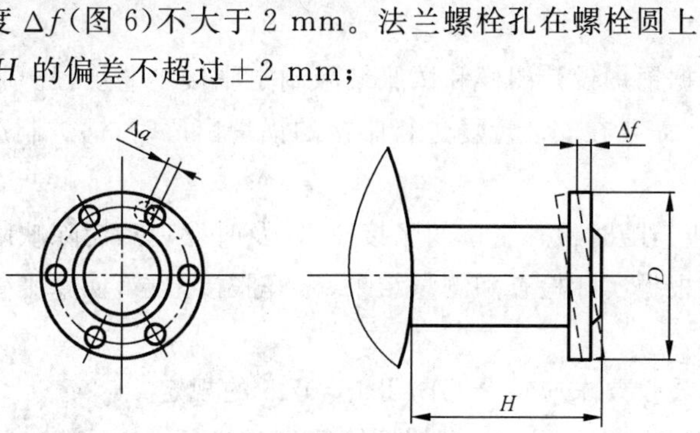

图 6　法兰倾斜度

表 3 法兰螺栓孔偏移

单位为毫米

法兰外径 D	法兰螺栓孔偏移 Δa
≤100	≤1
>100～200	≤2
>200	≤3

b) 水位表法兰位置偏差(图 7)：Δa 为±3 mm，Δb 为±2 mm，Δc≤2 mm，Δd≤1.5 mm。

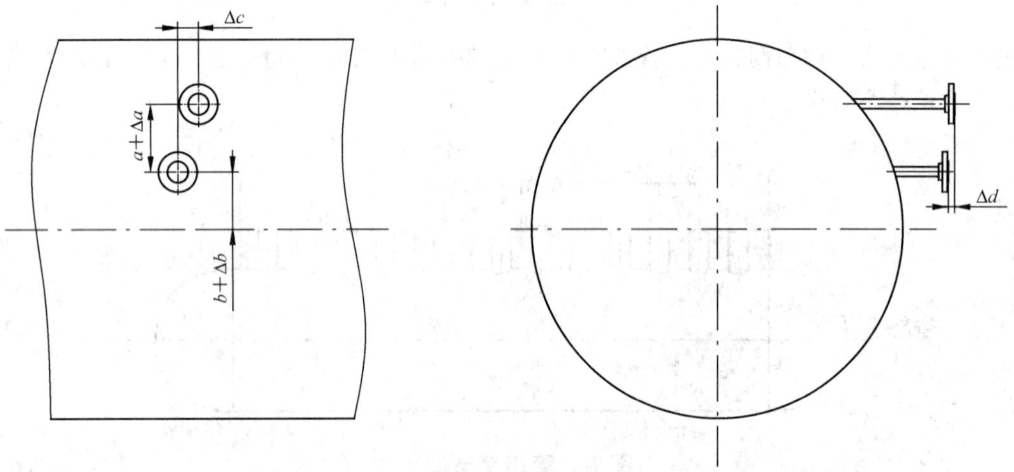

图 7 水位表法兰装配公差

4.4.9.4 烟管与管板装配时，胀接连接应符合 4.5 的要求；对于与 600 ℃以上的烟气接触的管板，焊接连接的烟管和拉撑管应采取消除管板与管孔壁的间隙，且管子超出其与管板连接焊缝的长度应符合下列规定：

a) 当烟温大于 600 ℃时，不应大于 1.5 mm；

b) 当烟温小于或等于 600 ℃时，不应大于 5 mm。

4.5 胀接

4.5.1 一般要求

4.5.1.1 制造单位应当根据锅炉设计图样和试胀结果制定胀接工艺规程。胀接前应当进行试胀。在试胀中，确定合理的胀管率。需要在安装现场进行胀接的锅炉出厂时，锅炉制造单位应当提供适量同牌号的胀接试件。

4.5.1.2 在胀接过程中，应当随时检查胀口的胀接质量，及时发现和消除缺陷。

4.5.1.3 胀接施工单位应根据实际检查和测量结果，做好胀接记录，计算胀管率和核查胀接质量。

4.5.2 胀接技术要求

4.5.2.1 胀接技术要求和质量要求应符合 GB/T 16507.5 的规定。

4.5.2.2 直接与火焰(烟温 800 ℃以上)接触的烟管管端应进行 90°扳边。扳边后的管端与管板应紧密接触，其最大间隙 a 应不大于 0.4 mm，且间隙大于 0.05 mm 的长度不应超过管子周长的 20%(图 8)。

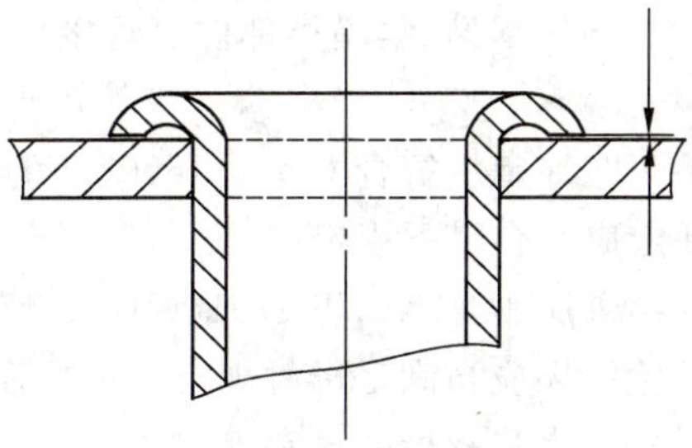

图8　90°扳边

4.5.2.3　对于与600 ℃以上的烟气接触的管板或设计有要求的，焊接连接的烟管和拉撑管应进行贴胀。

4.6　焊接

4.6.1　一般要求

4.6.1.1　焊工应按照评定合格的焊接工艺所编制的焊接工艺规程施焊，并做好施焊记录。

4.6.1.2　非本单位的焊接工艺评定不应用于本单位受压元件产品的焊接工作。

4.6.1.3　制造单位应建立焊工技术档案，并对施焊的实际工艺参数和焊缝质量以及焊工遵守工艺纪律情况进行检查与评价。

4.6.2　焊前准备及施焊环境

4.6.2.1　焊条、焊剂及其他焊接材料的贮存库应保持干燥，相对湿度不应大于60%。

4.6.2.2　当施焊环境出现下列任一情况，且无有效防护措施时，不应施焊：

a)　焊条电弧焊时风速大于10 m/s；

b)　气体保护焊时风速大于2 m/s；

c)　相对湿度大于90%；

d)　雨、雪环境；

e)　焊件温度低于－20 ℃。

4.6.2.3　当焊件温度为－20 ℃～0℃时，应在始焊处100 mm范围内预热到15 ℃以上。

4.6.3　焊接工艺评定

4.6.3.1　锅炉产品焊接前，以下焊接接头应进行焊接工艺评定：

a)　受压元件之间的对接焊接接头；

b)　受压元件之间或者受压元件与承受载荷的非受压元件之间连接的要求全焊透的T型接头或角接接头。

4.6.3.2　焊接工艺评定试件(试样)应符合以下要求：

a)　焊接工艺评定试件(试样)应符合NB/T 47014(JB/T 4708)的规定；

b)　额定工作压力大于或等于3.8 MPa的锅炉锅筒及集箱类部件的纵向焊缝，当板厚大于20 mm但小于或等于70 mm时，应当从焊接工艺评定试件(试板)上沿焊缝纵向切取全焊缝金属拉伸试样一个；当板厚大于70 mm时，应当取全焊缝金属拉伸试样2个。试验方法和取样位置按照GB/T 2652执行；

c)　额定工作压力大于或等于3.8 MPa的锅炉锅筒、合金钢材料集箱类部件和管道，如果双面焊壁厚大于或等于12 mm(单面焊壁厚大于或等于16 mm)应当做焊缝熔敷金属及热影响区夏比V型缺口室温冲击试验；

d)　焊接试件的材料为合金钢时，额定工作压力大于或等于3.8 MPa锅炉锅筒的对接焊缝，额定工作压力大于或等于3.8 MPa锅炉锅筒、集箱类部件上管接头的角焊缝，在焊接工艺评定时应当进行金相检验；

e) 水冷壁膜式管屏结构焊接工艺评定应符合GB/T 16507.5的规定。

4.6.3.3 焊接工艺评定试验结果评定应符合以下规定：

a) 焊接工艺评定试件的检验结果应满足NB/T 47014(JB/T 4708)的规定；

b) 全焊缝金属拉伸试样的试验结果应当满足母材规定的抗拉强度 R_m 或者屈服强度 $R_{p0.2}$。

c) 金相检验发现有裂纹、疏松、过烧和超标的异常组织之一者，即为不合格；仅因有超标的异常组织而不合格者，允许检查试件再热处理一次，然后取双倍试样复验(合格后仍须复验力学性能)，全部试样复验合格后才为合格。

4.6.3.4 焊接工艺评定文件应符合以下规定：

a) 施焊单位应当按产品焊接要求和焊接工艺评定标准编制用于评定的预焊接工艺规程(PWPS)，经焊接工艺评定试验合格，形成焊接工艺评定报告(PQR)，制定焊接工艺规程(WPS)后方能进行焊接生产；

b) 焊接工艺规程至少应包括：焊接方法及机械化程度、材料、厚度范围、焊接坡口、焊接规范、焊接位置、预热温度、焊层数(或焊道数)、焊接材料、热处理要求、施焊技术要求等内容；

c) 焊接工艺评定完成后，焊接工艺评定报告和焊接工艺规程应当经过制造单位焊接责任工程师审核，技术负责人批准后存入技术档案。技术档案应保存至该工艺评定失效为止，焊接工艺评定试样应至少保存5年。批准后的焊接工艺评定的技术内容不应修改，只允许作编辑性修改补充。

4.6.4 焊接工艺

4.6.4.1 不允许在焊件的非焊接表面引弧，如产生弧坑，应将其磨平或焊补。有裂纹倾向的材料，磨平或焊补后应进行表面无损检测。

4.6.4.2 焊件纵缝两端的引弧板、引出板或产品焊接试件，严禁锤击拆除。

4.6.4.3 焊件装配时不应强力对正。焊件装配和定位焊的质量符合工艺文件的要求后，方能进行焊接。

4.6.4.4 多道焊接时，后道焊接前均应将前道焊缝的表面清理干净。

4.6.4.5 额定工作压力不大于2.5 MPa的卧式内燃锅炉以及贯流式锅炉，工作环境烟温小于或等于600 ℃的受压元件T型接头焊缝背部能够封焊的部位均应封焊，不能够封焊的部位应采用氩弧焊打底，并保证焊透。

4.6.4.6 立式锅壳锅炉下脚圈与锅壳连接的焊缝应采用氩弧焊打底。

4.6.4.7 在锅壳、炉胆的纵向和环向对接焊中使用了衬垫时，焊接后应将它们除去。

4.6.4.8 锅壳、炉胆纵向和环向对接焊缝焊后打磨平时，应有记录或标记可追踪到焊缝位置。

4.6.4.9 集箱、管子和其他管件的对接焊缝不应使用永久性衬环。

4.6.4.10 管子焊接时，一般应采用多层焊(工艺规定单层焊的除外)，各焊层的接头应尽量错开。焊缝背面保护应加入足够的气体将焊缝附近的空气除去以避免根部区域的氧化。

4.6.5 焊前预热和后热

4.6.5.1 焊前预热应符合以下规定：

a) 焊前预热及预热温度根据母材交货状态、化学成分、力学性能、焊接性能、厚度及焊件的拘束程度等因素确定，预热温度一般通过焊接性能试验确定；

b) 预热要求及推荐最低预热温度符合NB/T 47015(JB/T 4709)的规定；

c) 当焊接两种不同类别材料组成的焊接接头时，预热温度按要求高的材料选用。焊接中断重新施焊时，仍需按规定进行预热；

d) 采用组合焊接工艺时，如果需要预热，对于每个工艺，分别确定预热要求；
e) 需要预热的焊件接头温度在整个焊接过程中不低于预热温度。

4.6.5.2 后热要求应符合以下规定：

a) 对冷裂纹敏感性较大的低合金钢和拘束度较大的焊件应采取后热措施，后热措施应符合工艺文件的要求；
b) 后热温度一般为 200 ℃～350 ℃，保温时间与后热温度、焊缝金属厚度有关，一般不少于 30 min；
c) 后热应在焊后立即进行，如焊后立即进行热处理可不进行后热。

4.6.6 受压元件焊接接头外观检验

受压元件焊接接头(包括受元压件与主要承受载荷非受压元件之间的焊接接头)应当按下列要求进行外观检验：

a) 焊缝外形尺寸应符合设计图样和工艺文件的规定；
b) 对接接头的焊缝高度应不低于母材表面，焊缝与母材应平滑过渡，焊缝和热影响区表面无裂纹、未熔合、夹渣、弧坑和气孔；
c) 锅壳、炉胆、集箱或管道的纵、环缝及封头、管板、下脚圈的拼接焊缝应无咬边，其余焊缝咬边深度不超过 0.5 mm。管子焊缝两侧咬边总长度不超过管子周长的 20%，且不超过 40 mm；
d) 受压元件与承受载荷非受压元件之间连接焊缝与母材应圆滑过渡，焊缝应连续，焊缝及热影响区表面应无裂纹、未熔合、夹渣、弧坑和气孔等，咬边深度不大于 0.5 mm。

4.6.7 焊接返修

4.6.7.1 当焊缝需要返修时，应找出缺陷原因，并按照 4.6.1 的要求制定返修工艺。

4.6.7.2 补焊前，缺陷应彻底清除，不应在与水接触的情况下进行返修。

4.6.7.3 补焊后，补焊区应进行外观和无损检测检查。要求焊后热处理的元件，补焊后应当做焊后热处理。

4.6.7.4 同一位置上的返修不宜超过两次，如果超过两次，应经单位技术负责人批准，返修的部位、次数、返修情况应存入锅炉产品技术档案。

4.7 热处理

4.7.1 基本要求

4.7.1.1 制造单位应当根据相应标准及图样要求在热处理前编制热处理工艺。对需要进行现场热处理的情况，应当提出具体现场热处理的工艺要求。

4.7.1.2 不应使用燃煤炉进行焊后热处理。

4.7.1.3 热处理设备应配有自动记录热处理的时间与温度曲线的装置。测温装置应当能够准确反映工件的实际温度。

4.7.1.4 焊后热处理过程中，应当详细记录热处理规范的各项参数。热处理后有关责任人员应当详细核对各项记录指标是否符合工艺要求。

4.7.2 成形受压元件恢复性能热处理

4.7.2.1 碳素钢及低合金钢钢板采用冷成形时，变形率应不大于 5%。变形率计算按式(1)和式(2)(见图 9)：

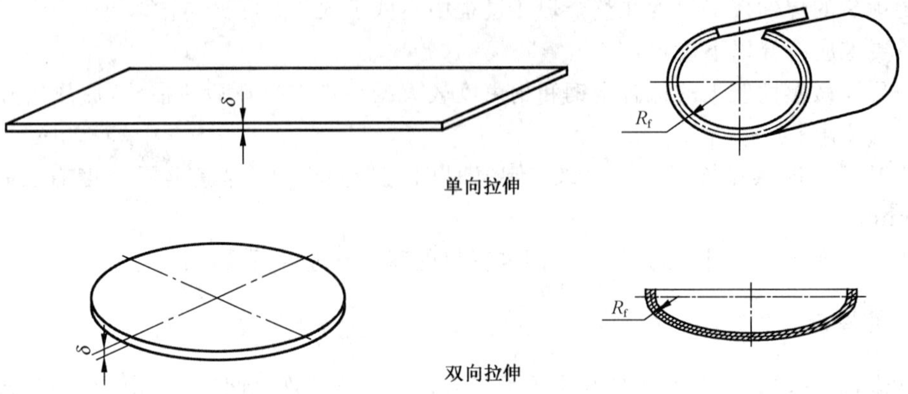

图 9　单向拉伸和双向拉伸成形

单向拉伸(如筒体成形):

$$\varepsilon = 50\delta[1-(R_f/R_0)]/R_f \times 100\% \qquad \cdots\cdots(1)$$

双向拉伸(如封头成形):

$$\varepsilon = 75\delta[1-(R_f/R_0)]/R_f \times 100\% \qquad \cdots\cdots(2)$$

式中:

ε ——变形率,单位为百分比(%);

δ ——板材厚度,单位为毫米(mm);

R_f——成形后中面半径,单位为毫米(mm);

R_0——成形前中面半径(对于平板为∞),单位为毫米(mm)。

当变形率超过以上规定时,且符合下列a)～c)中任意条件之一者,冷成形后应进行消除应力热处理:

a)　成形前厚度大于16 mm者;

b)　成形后减薄量大于10%者;

c)　材料要求做冲击试验者。

4.7.2.2　钢管弯制的冷成形受压元件,如弯曲半径不大于1.3倍管子外径,对碳素钢和合金钢,应进行消除应力热处理;对奥氏体不锈钢,应进行固溶处理。

4.7.2.3　分步冷成形时,如果不进行中间热处理,则成形件的变形率为各分步成形变形率之和;如果进行中间热处理,则分别计算成形件在中间热处理前、后的变形率之和。

4.7.2.4　如果需消除温成形工件的变形残余应力,则应参照4.7.2.1、4.7.2.2对冷成形的条件和要求进行。

4.7.2.5　如果热成形或温成形破坏了材料供货热处理状态,应重新进行热处理,恢复材料供货热处理状态。

4.7.2.6　当对成形温度、恢复材料供货热处理状态的热处理有特殊要求时,应遵循相关标准、规范或设计文件的规定。

4.7.3　焊后热处理

4.7.3.1　受压元件按材料、焊后热处理厚度 δ_{PWHT} 和设计要求确定是否进行焊后热处理。

4.7.3.2　受压元件应在所有焊接(包括非受压元件与其连接的焊接)工作全部结束且经过检验合格后,方可进行焊后热处理。

4.7.3.3　焊后热处理应在压力试验前进行。

4.7.3.4　焊后热处理厚度 δ_{PWHT} 应按以下规定确定：

a)　等厚度全焊透对接接头为母材厚度；

b)　对于对接焊缝和角焊缝为焊缝厚度；对于组合焊缝为对接焊缝和角焊缝厚度中较大值；

c)　不同厚度元件焊接时：

——两相邻对接受压元件为较薄元件母材厚度；

——在壳体上焊接管板、法兰等受压元件时，除图 10 所示 $\delta_f > \delta_0$ 这一类情况外，取壳体厚度；

——接管、人孔等连接件与壳体、封头相焊时，为连接件颈部焊缝厚度、壳体焊缝厚度、封头焊缝厚度，或补强板、连接件角焊缝厚度之中的较大值；

——接管与法兰相焊时，取接头处接管颈厚度；

——管子与管板焊接时，取焊缝厚度；

——焊接返修时，取其所填充的焊缝金属厚度；

——非受压元件与受压元件焊接时，取焊缝厚度。

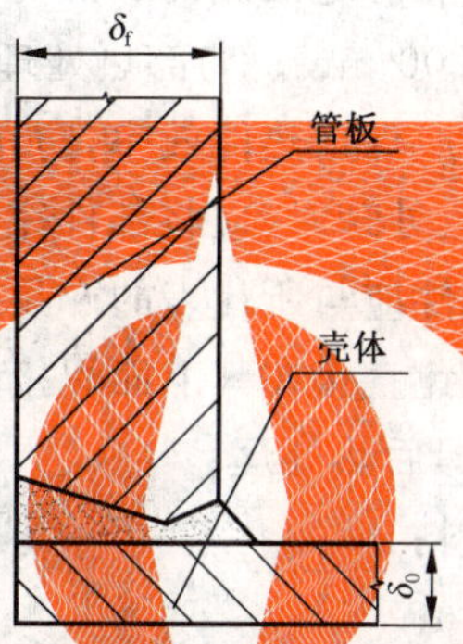

图 10　壳体厚度小于管板、法兰等受压元件时焊接示例

4.7.3.5　锅炉及其受压元件符合以下条件之一者，应进行焊后热处理，焊后热处理应包括受压元件间及其与非受压元件的连接焊缝。

a)　焊后热处理厚度 δ_{PWHT} 符合表 4 规定者；

表 4　需进行焊后热处理的焊后热处理厚度

单位为毫米

材　料	焊后热处理厚度
Q235B、Q235C、Q235D、Q245R、10、20、20G	>30[a]
Q345R、16Mn、20MnG、25MnG、20MnMo、13MnNiMoR、	≥20
12CrMo、15CrMo、15CrMoR、12CrMoG、15CrMoG、15MoG、20MoG	>10
12Cr1MoV、12Cr1MoV R、12Cr1MoVG	>6
12Cr2Mo1R、12Cr2MoG、12Cr2Mo1	任意厚度

[a] 内燃锅炉的筒体或管板，焊后热处理厚度大于 20 mm 的 T 型接头应进行焊后热处理。

b)　如果由于结构设计原因，胀接管孔不能够避免开在环向焊缝上时，在管孔周围 60 mm（如果管孔直径大于 60 mm，则取孔径值）范围内的焊缝经过射线或者超声检测合格，并且焊缝在管孔边缘上不存在夹渣缺陷，对开孔部位的焊缝内外表面进行磨平，且该受压部件应进行整体热处理；

c) 如果由于结构设计原因，焊接管孔不能够避免开在焊缝及其热影响区上时，在管孔周围 60 mm（如果管孔直径大于 60 mm，则取孔径值）范围内的焊缝经过射线或者超声检测合格，并且焊缝在管孔边缘上不存在夹渣缺陷，管接头应进行焊后消除应力热处理；

d) 4.7.3.9 的规定要求时；

e) 当相关标准和图样另有规定时。

4.7.3.6 焊后热处理应符合以下要求：

a) 异种钢焊接接头焊后需要进行消除应力热处理时，焊后热处理温度应按热处理要求高的钢号执行，其温度不应超过接头两侧任一侧材料的下临界点 A_{c1}；

b) 有再热裂纹倾向的材料，焊后热处理时应防止产生再热裂纹。

4.7.3.7 焊后热处理方法应按以下规定：

a) 焊后热处理应优先采用在炉内整体加热的方法进行；

b) 当无法整体热处理时，允许采用分段热处理。如果采用分段热处理，则加热各段至少应有 1 500 mm 的重叠部分。炉外部分应采取保温措施，防止产生有害的温度梯度；

c) 补焊和环缝局部热处理时，焊缝和焊缝两侧的加热宽度应当各不小于焊接接头两侧钢板厚度（取较大值）的 3 倍或者不小于 200 mm。局部热处理的加热带宽度应保证覆盖范围内均温带的温度规范符合规定，绝热带则应保证热能效率，防止产生有害的温度梯度；

e) 当通过内加热方法对部件进行热处理时，应将部件完全包覆在绝热保温材料内。

4.7.3.8 产品焊接试件需要热处理时，试件应与所代表的产品同炉热处理。

4.7.3.9 热处理后的锅炉受压元件，应避免直接在其上面焊接元件。如不能避免，在同时满足以下条件时，焊后可不再进行热处理，否则应进行焊后热处理：

a) 受压元件为碳素钢或碳锰钢材料；

b) 角焊缝的计算厚度不大于 10 mm；

c) 按照经评定合格的焊接工艺施焊；

d) 对角焊缝进行 100％表面无损检测。

4.8 油漆和包装

4.8.1 材料

4.8.1.1 油漆和涂料应具有产品合格证。超过有效储存期的油漆和涂料应重新进行鉴定，合格后方可使用。

4.8.1.2 包装和捆扎用的材料应符合包装设计要求，当没有包装设计时，可因地制宜根据牢固稳妥的原则。

4.8.2 油漆涂层

4.8.2.1 锅壳的外表面应涂底漆和面漆各一层。如锅壳能做到封闭干燥时，其内表面可以不油漆；如不能做到封闭干燥时，其内表面应涂水溶性油漆。

4.8.2.2 锅炉出厂时，管板、炉胆暴露在外的部位应涂面漆一层。

4.8.2.3 集箱和减温器外表面应涂底漆（或面漆）一层。

4.8.2.4 管子的外表面应涂底漆（或面漆）一层。对已有保护层的管子，仅需对弯头或保护层脱落处补漆。

4.8.3 油漆和防锈处理

4.8.3.1 锅炉受压元件应按本部分第 4 章的要求检查合格后方可进行油漆或防锈处理。

4.8.3.2 锅壳、集箱或减温器的内部应清理干净。

4.8.3.3 在油漆或上涂料前,零件的表面应干燥,并应除去其上的油污、铁锈、易剥落的氧化皮、焊接飞溅或其他影响漆膜或涂层质量的杂物。用热卷或热压方法制造的锅壳或集箱,必须将氧化皮清除干净后才能进行油漆或防锈处理。

4.8.3.4 零件的外露加工表面应涂防锈漆或防锈油脂。对需要除锈但又不允许油漆的加工表面,可涂以黄油,对较高等级的精加工表面应涂防锈油脂或无酸性工业凡士林,也可采取其他适宜的防锈措施。

4.8.3.5 应避免在烈日、雨雪或浓雾下进行油漆或防锈施工。

4.8.3.6 经油漆的零部件表面,漆膜应均匀,不应有气泡、夹杂、龟裂、剥落、露底、严重皱皮或杂色等缺陷。否则,应修补合格。

4.8.3.7 漆两层或两层以上的油漆时,应在前层干燥后方可漆下层,对前层漆膜应适当清理并且要防止漏漆。

4.8.4 包装

4.8.4.1 产品的包装应符合包装设计和工艺文件的要求。

4.8.4.2 产品出厂时应附有发货明细表(或发货清单、包装清单,下同)。

4.8.4.3 产品应在油漆干燥并清点合格后方可按发货明细表进行包扎或装箱。对装箱的零部件,应逐箱另行编制相应的装箱清单,装箱时应按装箱清单进行复核并检查装箱质量,合格后,将装箱清单放入箱内才能封箱。制造单位应及时将发货明细表发出,以便用户能据以进行清点和验收。

4.8.4.4 包扎或装箱的零部件应附有标志或标签,标志或标签上应注明生产令号(或工程号、出厂编号、下同)、零部件编号(或图号,下同)、名称和数量等内容。对装箱的零部件、大件或不包装单独出厂的零部件,也可将上述内容用油漆或其他牢固的方法标在明显部位而不必另附标志或标签。

4.8.4.5 凡易损伤或散失的零件均应装箱,不易损坏的零部件可捆扎或夹扎,但应牢固可靠以防在装卸、运输和保存期间松散。

4.8.4.6 零部件装箱时应排列紧密、稳妥牢固,以防止在运输和装卸时在箱内滑动或撞击。对安装时用的紧固件,装箱时应串扎一起或分别包好,并注明所属零部件的图号和数量。

4.8.4.7 精密或易碎的零部件应装箱并充填软性物,以防发生震动或撞击。不宜受潮的零件应当用牛皮纸包好或采用其他防潮措施后,装入用油毡纸垫箱壁的包装箱内。

4.8.4.8 锅壳、集箱和减温器在包装前应清除其内部水分、污垢和杂物。

4.8.4.9 锅壳筒体上胀接管孔应涂防锈油并用油毡纸和木板条复盖;锅筒、集箱或减温器上的管接头和焊接管孔以及不装箱的管子均应封闭。锅筒或集箱上的法兰密封面除涂上防锈油外,还应包上防潮的材料(如牛皮纸、塑料纸或油毡纸等),再用盖子封好。

4.8.4.10 包扎或装箱零部件上的所有活动部分应调整到最小轮廓尺寸并加以固定。

4.8.4.11 零部件装入箱内时位置应尽量对称,重心不宜超过箱高的 1/2。

4.8.4.12 包装后在横截面上的最大尺寸应符合 GB 146.1。

4.8.4.13 产品不论装箱还是捆扎均应便于起吊,重要的零部件应有起吊指示,对重量较大的零部件应专门设计起吊结构。

4.8.4.14 每个包装箱上应附有运输作业标志和发货标志,运输作业标志按 GB 191 的规定,发货标志按技术文件的规定。

5 检验和试验

5.1 外观检验

材料切割、零部件的冷热成形及组装、胀接、焊接的外观检验及尺寸偏差应符合第4章的要求。

5.2 通球试验

5.2.1 外径不大于60 mm的对接接头或弯管应进行通球试验，试验用压缩空气的压力约0.6 MPa。通球应采用钢球，通球直径 d_b 对接接头按表5的规定，弯管按表6的规定。

5.2.2 弯制后进行焊接的管子，通球直径应选用表5和表6中的较小值。

表5 对接接头通球直径

单位为毫米

d	≤25	>25～40	>40～55	>55
d_b	≥0.75d	≥0.8d	≥0.85d	≥0.9d
注：d 为管子的内径。				

表6 弯管通球直径

单位为毫米

R/D	1.0≤R/D<1.4	1.4≤R/D<1.8	1.8≤R/D<2.5	2.5≤R/D<3.5	≥3.5
d_b	≥0.7d	≥0.75d	≥0.8d	≥0.85d	≥0.9d
注：R 为管子弯曲半径，D 和 d 分别为管子的外径和内径。					

5.3 化学成分分析

所有合金钢受压元件、主要承受载荷的非受压元件（支吊耳、拉撑件）及其连接焊缝应逐件进行化学成分光谱验证检验。

5.4 力学性能检验

5.4.1 产品焊接试件的基本要求

为检验产品焊接接头的力学性能，应当焊制产品焊接试件，对于焊接质量稳定的制造单位，经过技术负责人批准，可以免做产品焊接试件。但属于下列情况之一的，应当制作纵缝焊接试件：

a) 制造单位按照首次评定的焊接工艺评定结果制造的前5台锅炉；

b) 用合金钢制作的以及工艺要求进行热处理的锅筒或集箱类部件；

c) 设计图样要求制作焊接试件的锅炉。

5.4.2 产品焊接试件制作

5.4.2.1 每个锅筒（锅壳）、集箱类部件纵缝应当制作一块产品焊接试件，纵缝焊接试件应当作为产品纵缝的延长部分焊接。

5.4.2.2 产品焊接试件应当由焊接该产品的焊工焊接，试件材料、焊接材料、工艺条件等应当与所代表的产品相同，试件焊成后应当打上焊工和检验员代号钢印。

5.4.2.3 需要热处理时，试件应当与所代表的产品同炉热处理。

5.4.2.4 产品焊接试件的数量、尺寸应当满足检验和复验所需要试样的制备。

5.4.3 试样制取和性能检验

5.4.3.1 试件经过外观和无损检测检查后，在合格部位制取试样；

5.4.3.2 试件上制取试样的力学性能检验类别、试样数量、取样和加工要求、试验方法、合格指标及复验应当符合 NB/T 47016(JB/T 4744)的规定，同时锅筒和集箱类部件纵缝还应当按照 4.6.3 的有关规定进行全焊缝拉伸检验。

5.5 无损检测

5.5.1 一般要求

制造单位应当根据设计、工艺及其相关技术文件要求制定无损检测工艺，经试验验证评定合格后方可用于相应产品的无损检测。

5.5.2 无损检测方法

5.5.2.1 厚度小于 20 mm 的对接接头应当采用射线检测方法。

5.5.2.2 厚度大于或等于 20 mm 的对接接头可以采用超声检测方法，超声检测仪宜采用数字式可记录仪器，如果采用模拟式超声检测仪，应当附加 20% 局部射线检测。当选用超声衍射时差法(TOFD)时，应当与脉冲回波法(PE)组合进行检测。

5.5.2.3 管子对接接头可以采用射线实时成像检测方法进行射线检测。

5.5.2.4 铁磁性材料制焊接接头表面应当优先采用磁粉检测。

5.5.3 无损检测时机

5.5.3.1 受压件的焊接接头，经形状尺寸和外观质量的检查合格后，才能进行无损检测。

5.5.3.2 有延迟裂纹倾向的材料应当在焊接完成 24 h 后进行无损检测。

5.5.3.3 有再热裂纹倾向材料的焊接接头，应在最终热处理后进行表面无损检测复验。

5.5.3.4 封头(管板)、波形炉胆、下脚圈的拼接接头的无损检测应在加工成型后进行，如果成型前进行无损检测，则应于成型后在小圆弧过渡区域再次进行无损检测。

5.5.3.5 锅壳(炉胆)筒节的无损检测应在最终校圆后进行。

5.5.4 无损检测比例和方法

5.5.4.1 蒸汽锅炉受压部件焊接接头的无损检测比例和方法应符合表 7 要求。

5.5.4.2 额定工作压力 $p<3.8$ MPa 且额定出水温度 $t\geqslant 120$ ℃的热水锅炉，无损检测比例及方法应当符合表 7 中额定工作压力 0.8 MPa$<p<$3.8 MPa 的蒸汽锅炉要求。

5.5.4.3 额定工作压力 $p<3.8$ MPa 且额定出水温度 $t\geqslant 120$ ℃的热水锅炉，管子或者管道与无直段弯头的焊接接头应进行 100%RT 或 UT。

5.5.4.4 额定工作压力 $p<3.8$ MPa 且额定出水温度 $t<120$ ℃的热水锅炉主要受压元件的主焊缝应进行 10% 的 RT 或 UT，集箱、管子、管道和其他管件的环向对接接头以及角接接头可不进行无损检测。

5.5.4.5 如果因结构原因，管孔不能够避免开在焊缝上时，管孔周围 60 mm(如果管孔直径大于 60 mm，则取孔径值)范围内焊缝应按所在焊缝规定的无损检测方法和比例进行。

表 7　无损检测比例和方法

<table>
<tr><th rowspan="2">锅炉部件</th><th colspan="4">检测方法及比例</th></tr>
<tr><th>$p \geqslant 3.8$</th><th>$0.8 < p < 3.8$</th><th>$p \leqslant 0.8$ ($V > 50$)</th><th>$p \leqslant 0.8$
($30 \leqslant V \leqslant 50$)</th></tr>
<tr><td>锅壳的纵向和环向对接接头，封头(管板)、下脚圈的拼接接头以及集箱的纵向对接接头</td><td colspan="2">100%RT 或 100%UT</td><td>每条焊缝至少20%RT</td><td>10%RT</td></tr>
<tr><td>炉胆的纵向和环向对接接头(包括波形炉胆)、回燃室的对接接头及炉胆顶的拼接接头</td><td>—</td><td colspan="2">20%RT</td><td rowspan="6">—</td></tr>
<tr><td>内燃锅壳锅炉，其管板与锅壳的T型接头，贯流式锅炉集箱筒体T型接头</td><td>—</td><td colspan="2">100%RT</td></tr>
<tr><td>内燃锅壳锅炉，其管板与炉胆、回燃室的T型接头</td><td>—</td><td colspan="2">50%UT</td></tr>
<tr><td>集中下降管角接接头</td><td>100%UT</td><td colspan="2">—</td></tr>
<tr><td>外径大于159 mm或壁厚大于或等于20 mm的集箱、管道和其他管件的环向对接接头</td><td colspan="2">100%RT 或 100%UT</td><td rowspan="2">—</td></tr>
<tr><td>外径小于或等于159 mm的集箱、管道、管子环向对接接头(受热面管子接触焊除外)</td><td>$p < 9.8$，50%RT 或者 50%UT(安装工地:接头数的25%)</td><td>10%RT</td></tr>
<tr><td>锅壳、集箱上管接头的角接接头</td><td>1) 外径大于108 mm，且全焊透结构的，100%UT;
2) 其他结构的角接接头，至少接头数的20%MT或PT</td><td colspan="3">—</td></tr>
<tr><td>管子或者管道与无直段弯头的对接接头</td><td colspan="4">100%RT 或 UT</td></tr>
<tr><td colspan="5">注：p 为锅炉额定工作压力，MPa；V 为设计正常水位水容积，L。</td></tr>
</table>

5.5.5 无损检测标准

5.5.5.1 无损检测方法和评级标准应符合 NB/T 47013.10、JB/T 4730 的要求。

5.5.5.2 管子对接接头 X 射线实时成像，应符合 GB/T 19293 的要求。

5.5.6 无损检测技术要求

5.5.6.1 受压件焊接接头的射线检测技术等级不低于 AB 级时，焊接接头质量等级不低于Ⅱ级。

5.5.6.2 受压件焊接接头的超声检测技术等级不低于 B 级时，焊接接头质量等级不低于Ⅰ级。

5.5.6.3 表面检测的焊接接头质量等级不低于Ⅰ级。

5.5.7 局部无损检测

5.5.7.1 受压件局部无损检测部位由制造单位确定，但应包括纵缝与环缝的相交对接接头部位、管子或管道与无直段弯头的对接接头部位。

5.5.7.2 经局部无损检测的焊接接头，如果在检测部位任意一端发现缺陷有延伸可能时，应当在缺陷的延长方向进行补充检测。当发现超标缺陷时，应在该缺陷两端的延伸部位各进行不少于200 mm的补充检测，如仍不合格，则应对该条焊接接头进行全部检测。对不合格的接管对接接头，应对该焊工焊接的管子对接接头进行抽查数量双倍数目的补充检测，如仍不合格，应对该焊工当班全部接管焊接接头进行检测。

5.5.7.3 进行局部无损检测的锅炉受压元件，制造单位也应当对未检测部分的质量负责。

5.5.8 组合无损检测技术要求

如果采用多种无损检测方法进行检测时，则应按各自相应验收标准进行评定，均合格后，方可认为无损检测合格；当选用超声衍射时差法(TOFD)时，检测结论应以TOFD与PE方法的结果进行综合判定。

5.5.9 无损检测档案

制造单位应如实填写无损检测记录，正确签发无损检测报告，妥善保管无损检测工艺卡、原始记录、报告、检测部位图、射线底片、光盘或电子文档等资料(含缺陷返修记录)，其保存期限不少于7年。

5.6 水压试验

5.6.1 一般要求

5.6.1.1 水压试验应在无损检测和热处理后进行。

5.6.1.2 水压试验场地应当有可靠的安全防护设施。

5.6.1.3 水压试验应在周围环境气温高于或等于5 ℃时进行，低于5 ℃时应有防冻措施。

5.6.1.4 水压试验所用的水应是洁净水，水温应保持高于周围露点的温度以防表面结露，但也不宜温度过高以防止引起汽化和过大的温差应力。

5.6.1.5 合金钢受压件水压试验时，试验温度应高于所用钢种的脆性转变温度。

5.6.1.6 奥氏体钢受压件水压试验时，应控制水中的氯离子的含量不超过25 mg/L，如不能满足要求时，水压试验后应立即将水渍去除干净。

5.6.1.7 试验时如采用压力表测量试验压力，则应使用两只量程相同、并经检定合格且在有效期内的压力表，量程应为试验压力的1.5倍～3倍，最好采用2倍。压力表的精度不应低于1.6级，表盘直径不应小于100 mm。

5.6.2 水压试验前的准备

5.6.2.1 水压试验前受压件内外部应清理干净，无锈斑和涂漆；如内腔需采用镀层处理的，则允许在镀层工序完成后进行。充水时应将内部的空气排尽再封闭排气口。

5.6.2.2 水压试验前，各连接部位的紧固件应装配齐全，并紧固妥当；为进行水压试验而装配的临时受压元件，应采取适当的措施，保证其安全性。

5.6.2.3 试验所用的管路应无堵塞和渗漏，保持正常的工作状态。

5.6.3 水压试验压力及保压时间

5.6.3.1 水压试验压力和应力校核应符合 GB/T 16508.1 的规定。

5.6.3.2 水压试验保压时间应符合以下规定：

a) 整体水压试验保压时间为 20 min；

b) 零、部件单件进行试验时，保压时间锅壳至少为 20 min；

c) 散件出厂锅炉的集箱类部件至少为 5 min；

d) 对接焊接的受热面管子及其他受压管件至少为 10 s～20 s；

e) 受热面组件至少为 5 min。

5.6.4 水压试验程序

进行水压试验时，水压应缓慢地升降。当水压上升到工作压力时，应暂停升压，确认无漏水或者异常现象后继续升压至规定的试验压力，按规定的保压时间进行保压，然后降到工作压力进行检查。检查期间内压力应保持不变，但不应采用连续加压以维持试验压力不变。水压试验完毕后，应将水放尽，并将内部吹干。

5.6.5 水压试验合格要求

5.6.5.1 水压试验过程中应无渗漏、无可见变形和异常声响。

5.6.5.2 水压试验报告应存入产品技术档案内。

5.6.6 零、部件免做水压试验的条件

敞口集箱、无成排受热面管接头以及内孔焊封底的成排管接头的集箱、管道、减温器、分配集箱等部件，其所有焊缝经过 100%无损检测合格，以及对接焊接的受热面管及其他受压管件经过氩弧焊打底并且 100%无损检测合格，能够确保焊接质量，在制造单位内可以不单独进行水压试验。

6 出厂资料及铭牌

6.1 出厂资料

6.1.1 产品出厂时，锅炉制造单位应当提供与安全有关的技术资料，包括以下内容：

a) 锅炉图样(包括总图、安装图和主要受压部件图)；

b) 受压元件的强度计算书或计算结果汇总表；

c) 安全阀排放量的计算书或计算结果汇总表；

d) 锅炉质量证明书，包括产品合格证、主要受压元件的金属材料证明、焊接质量证明和水压试验报告等；

e) 锅炉安装说明书、使用说明书和能效说明书；

f) 受压元件与设计文件不符的变更资料；

g) 特种设备制造监督检验证书；

h) 对于定型产品应提供定型产品能效测试报告。

6.1.2 对于额定工作压力≥3.8 MPa 锅炉，除满足 6.1.1 有关要求外，还应当提供以下技术资料：

a) 锅炉热力计算书或者热力计算结果汇总表；

b) 过热器、再热器壁温计算书或者计算结果汇总表；

c) 烟风阻力计算书或者计算结果汇总表；

d) 热膨胀系统图。

6.2 铭牌

6.2.1 锅炉产品应在明显的位置装设金属铭牌，铭牌的右上角应当留有打制造监督检验标志的位置，铭牌上至少载明以下项目：

a) 制造单位名称；

b) 锅炉型号；

c) 设备代码；

d) 产品编号；

e) 额定蒸发量(t/h)或者额定热功率(MW)；

f) 额定工作压力(MPa)；

g) 额定蒸汽温度(℃)或者额定出口/进口水温(℃)；

h) 锅炉制造许可证级别和编号；

i) 制造日期(年、月)。

6.2.2 散件出厂的锅炉，还应在锅壳、过热器集箱、水冷壁集箱、省煤器集箱以及减温器等主要受压部件的封头或端盖上标记该部件的名称(或者图号)、产品编号。

附　录　A
（规范性附录）
锅炉焊接管孔

A.1　管孔型式及加工方法

A.1.1　受压元件上焊接管孔的型式应为插入式、凹座式或骑座式。

A.1.2　对管子外径不大于 108 mm 的插入式圆形径向孔应采用机械加工；对成排的非径向孔应采用机械加工，当采用热切割方法开孔时，应采用仿形热切割或其他更先进的热切割方法。

A.1.3　集箱上与下降管连接的管孔，如管端未开全焊透型坡口，应在集箱上开全焊透型坡口。但当下降管外径不大于 108 mm，且采用插入式连接时，集箱上与下降管连接的管孔可免开坡口。

A.2　管孔尺寸

A.2.1　用机械加工方法开设插入式圆形径向管孔时，管孔直径 d_1 按表 A.1；用机械加工方法开设凹座式管孔时，管孔直径 d_1 和 d_2 按表 A.1，凹座深度 f 按表 A.2。

表 A.1　管孔直径　　单位为毫米

管子外径 d_o	凹座管孔直径 d_1	管孔直径 d_2
≤45	$d_o+0.5$	d_o-2t
>45～108	$d_o+1.0$	d_o-2t
>108	$d_o+1.5$	d_o-2t
注：t 为管子名义厚度。		

表 A.2　凹座深度　　单位为毫米

管子外径 d_o	锅筒(锅壳)或集箱外径 D_o						
	159	219	273	325	377	426	≥1 000
	凹座深度 f						
14	1.0	1.0	1.0				
16	1.0	1.0	1.0	1.0			
18	1.0	1.0	1.0	1.0	1.0		
22	1.0	1.0	1.0	1.0	1.0	1.0	
25	1.0	1.0	1.0	1.0	1.0	1.0	1.0
28	1.5	1.5	1.0	1.0	1.0	1.0	1.0
32	2.0	1.5	1.5	1.0	1.0	1.0	1.0
38	2.5	2.0	1.5	1.5	1.0	1.0	1.0
42	3.0	2.5	2.0	2.0	1.5	1.0	1.0
45	3.5	2.5	2.0	2.0	1.5	1.5	1.0

表 A.2（续）

单位为毫米

管子外径 d_o	锅筒(锅壳)或集箱外径 D_o						
	159	219	273	325	377	426	≥1 000
	凹座深度 f						
51	4.5	3.5	2.5	2.5	2.0	1.5	1.0
57	5.5	4.0	3.5	3.0	2.5	2.0	1.0
60	6.0	5.0	4.0	3.0	2.5	2.5	1.0
63.5	7.0	5.0	4.0	3.5	3.0	2.5	1.5
70	8.5	6.0	5.0	4.0	3.5	3.0	2.0
73	9.5	6.5	5.5	4.5	4.0	3.5	2.0
76	10.0	7.0	5.5	4.5	4.0	3.5	2.0
83		8.5	7.0	5.5	5.0	4.5	2.0
89		10.0	8.0	6.5	6.0	5.0	2.0
102			10.0	8.5	7.5	6.5	3.0
108			12.0	9.0	8.0	7.0	3.0
133				14.5	12.5	11.0	4.5
159						15.5	7.0

A.2.2 用热切割方法开设插入式圆形径向孔时，管孔直径不应大于管子外径加 2 mm。

A.2.3 骑座式的管孔，管孔直径应等于管子内径。

A.2.4 焊脚尺寸 K 的数值推荐采用表 A.3 中的数值，下降管连接焊缝的焊脚尺寸由设计人员按焊缝强度选用。

表 A.3 焊脚尺寸

单位为毫米

管子类型	管壁厚度 t	焊脚尺寸 K
除拉撑管以外的其他管子	≤3	4
	>3～4.5	t+1.5
	>4.5	t+2
拉撑管	—	t+3

A.3 制造公差

A.3.1 用机械类加工方法开孔时，管孔直径的偏差按 GB/T 1804 中 C 级(粗糙级)，且宜采用正偏差。

A.3.2 用热切割方法开孔时，管孔直径的偏差范围为±1 mm。

A.3.3 各类管孔的表面质量应符合下列要求：

a) 机械加工方法开孔时，管孔的表面粗糙度参数值 Ra 不应大于 25 μm；

b) 用仿形热切割方法开孔时，管孔的表面粗糙度参数值 Ra 不应大于 50 μm；

c) 用手工热切割方法开孔时，管孔的表面粗糙度参数值 Ra 不应大于 100 μm。

ICS 27.060.30
J 98

中华人民共和国国家标准

GB/T 16508.5—2013

锅壳锅炉
第5部分：安全附件和仪表

Shell boilers—
Part 5: Safety appurtenances and instruments

2013-12-31 发布 2014-07-01 实施

中华人民共和国国家质量监督检验检疫总局
中国国家标准化管理委员会 发布

前　言

GB/T 16508《锅壳锅炉》分为以下 8 个部分：

——第 1 部分：总则；

——第 2 部分：材料；

——第 3 部分：设计与强度计算；

——第 4 部分：制造、检验和验收；

——第 5 部分：安全附件和仪表；

——第 6 部分：燃烧系统；

——第 7 部分：安装；

——第 8 部分：运行。

本部分为 GB/T 16508 的第 5 部分。

本部分按照 GB/T 1.1—2009 给出的规则起草。

本部分由全国锅炉压力容器标准化技术委员会(SAC/TC 262)提出并归口。

本部分起草单位：无锡太湖锅炉有限公司、无锡锡能锅炉有限公司、江苏太湖锅炉股份有限公司、泰山集团股份有限公司、上海工业锅炉研究所。

本部分主要起草人：吴钢、朱永忠、顾利平、胡一民、薛建光、赵伟强、周冬雷、钱风华。

锅壳锅炉
第5部分:安全附件和仪表

1 范围

GB/T 16508的本部分规定了锅壳锅炉安全附件和仪表的设置、选用等要求,包括安全阀、压力测量装置、水位测量装置、温度测量装置、排污和放水装置及安全保护装置。

本部分适用于GB/T 16508.1范围界定的锅壳锅炉。

2 规范性引用文件

下列文件对于本文件的应用是必不可少的。凡是注日期的引用文件,仅注日期的版本适用于本文件。凡是不注日期的引用文件,其最新版本(包括所有的修改单)适用于本文件。

GB/T 1576 工业锅炉水质

GB/T 12145 火力发电机组及蒸汽动力设备水汽质量

GB/T 12241 安全阀 一般要求

GB 13271 锅炉大气污染排放标准

GB 50041 锅炉房设计规范

TSG G0001 锅炉安全技术监察规程

TSG G0002 锅炉节能技术监督管理规程

TSG ZF001 安全阀安全技术监察规程

3 术语和定义

下列术语和定义适用于本文件。

3.1

安全附件 safety appurtenances

为了保证锅炉安全运行而设置的附属装置和仪表,包括安全阀、压力测量装置、水位测量装置、温度测量装置、水位报警器、排污装置、联锁保护装置及主要阀门等。

3.2

仪表 instruments

单独地或连同其他设备一起用来进行测量的装置。

3.3

点火安全时间 safety ignition duration

燃烧器点火火焰点燃的安全时间,即无点火火焰形成时,允许点火燃料控制阀处于开启状态的最长时间。

3.4

熄火安全时间 safety flameout duration

燃烧器运行过程中火焰熄火时,从火焰熄灭起至主燃料控制阀开始关闭的时间间隔。

4 基本要求

4.1 锅炉所配置的安全附件、计量仪表应满足相关法律法规和各自产品标准的要求，并应符合TSG G0001《锅炉安全技术监察规程》、TSG G0002《锅炉节能技术监督管理规程》的规定，保证锅炉高效、安全、可靠运行。

4.2 锅炉图纸和技术文件所要求的必要部位，均应配置装设压力、水位和温度等测量装置。这些测量装置应具有适当量程并安全可靠，其测量值应有足够的精确度，并按照法规的要求配置就地和远传压力、水位和温度测量装置。

5 安全阀

5.1 基本要求

5.1.1 安全阀制造许可、产品型式试验、铭牌及质量证明书等技术要求应符合TSG ZF001《安全阀安全技术监察规程》的规定。

5.1.2 每台锅炉至少装设两个安全阀(包括锅筒和过热器安全阀)。符合下列规定之一的，可以只装设一个安全阀：

a) 额定蒸发量小于或等于0.5 t/h的蒸汽锅炉；

b) 额定蒸发量小于4 t/h且装设有可靠的超压联锁保护装置的蒸汽锅炉；

c) 额定热功率小于或等于2.8 MW的热水锅炉。

5.2 安全阀选用

5.2.1 蒸汽锅炉的安全阀应采用全启式的弹簧安全阀、杠杆式安全阀或者控制式安全阀(脉冲式、气动式、液动式和电磁式等)，选用的安全阀应符合TSG ZF001《安全阀安全技术监察规程》和相应技术标准的规定。

5.2.2 对于额定工作压力小于或等于0.1 MPa的蒸汽锅炉可以采用静重式安全阀或者水封式安全装置，热水锅炉上装设有水封安全装置时，可以不装设安全阀。水封式安全装置的水封管内径应根据锅炉的额定蒸发量(额定热功率)和额定工作压力确定，并且不小于25 mm。水封式安全装置的水封管不得装设阀门，且应有防冻措施。

5.3 安全阀的总排放量

5.3.1 蒸汽锅炉锅壳(锅筒)上的安全阀和过热器上的安全阀的总排放量，应大于锅炉额定蒸发量，并在锅壳(锅筒)和过热器上所有安全阀开启后，锅壳(锅筒)内蒸汽压力不应超过设计时计算压力的1.1倍。过热器出口处安全阀的排放量应保证过热器有足够的冷却。蒸汽锅炉安全阀的流道直径应不小于20 mm。排放量应按下列方法之一确定：

a) 按安全阀制造单位提供的额定排放量；

b) 按式(1)进行计算；

$$E = 0.235A(10.2p + 1)K \quad \cdots\cdots(1)$$

式中：

E ——安全阀的理论排放量，单位为千克每小时(kg/h)；

p ——安全阀进口处的蒸汽压力(表压)，单位为兆帕(MPa)；

A ——安全阀的流道面积，可用$\frac{\pi d^2}{4}$计算，单位为平方毫米(mm^2)；

d ——安全阀的流道直径，单位为毫米(mm)；

K ——安全阀进口处蒸汽比容修正系数，按式(2)计算：

$$K = K_{p} \cdot K_{g} \qquad \cdots\cdots (2)$$

式中：

K_{p}——压力修正系数；

K_{g}——过热修正系数；

K、K_{p}、K_{g}——按表1选用和计算。

表1　安全阀进口处蒸汽比容修正系数

p MPa		K_{p}	K_{g}	$K = K_{p} \cdot K_{g}$
$p \leqslant 12$	饱和	1	1	1
	过热	1	$\sqrt{V_{b}/V_{g}}$ [a]	$\sqrt{V_{b}/V_{g}}$ [a]
$p > 12$	饱和	$\sqrt{2.1/(10.2p+1)V_{b}}$	1	$\sqrt{2.1/(10.2p+1)V_{b}}$
	过热		$\sqrt{V_{b}/V_{g}}$ [a]	$\sqrt{2.1/(10.2p+1)V_{g}}$

注：V_{g}——过热蒸汽比容，m^{3}/kg；V_{b}——饱和蒸汽比容，m^{3}/kg；T_{g}——过热度，℃。

[a] $\sqrt{V_{b}/V_{g}}$ 亦可用 $\sqrt{1\,000/(1\,000+2.7T_{g})}$ 代替。

c)　按GB/T 12241中的公式进行计算。

5.3.2　热水锅炉安全阀的泄放能力应满足所有安全阀开启后锅炉内的压力不超过设计时计算压力1.1倍。安全阀流道直径按下列方法之一确定：

a)　额定出口水温小于100 ℃的锅炉，按表2选取：

表2　安全阀流道直径

锅炉额定热功率 MW	$Q \leqslant 1.4$	$1.4 < Q \leqslant 7.0$	$Q > 7.0$
安全阀流道直径 mm	$\geqslant 20$	$\geqslant 32$	$\geqslant 50$

b)　额定出口水温大于或等于100 ℃的锅炉，其安全阀的数量和流道直径应按式(3)计算：

$$ndh = \frac{35.3Q}{C(p+0.1)(i-i_{j})} \times 10^{6} \qquad \cdots\cdots (3)$$

式中：

n ——安全阀数量；

d ——安全阀流道直径，单位为毫米(mm)；

h ——安全阀阀芯开启高度，单位为毫米(mm)；

Q——锅炉额定热功率，单位为兆瓦(MW)；

C ——排放系数，按照安全阀制造单位提供的数据，或按以下数值选取：当 $h \leqslant d/20$ 时，$C=135$；当 $h \geqslant d/4$ 时，$C=70$；

p ——安全阀的开启压力，单位为兆帕(MPa)；

i ——锅炉额定出水压力下饱和蒸汽焓，单位为千焦每千克(kJ/kg)；

i_j——锅炉进水的焓，单位为千焦每千克(kJ/kg)。

5.4 安全阀整定压力

5.4.1 蒸汽锅炉安全阀整定压力应按表3的规定进行调整和校验，锅炉上有一个安全阀按照表3中较低的整定压力进行调整；对有过热器的锅炉，过热器上的安全阀按照较低的整定压力调整，以保证过热器上的安全阀先开启。

表3 蒸汽锅炉安全阀整定压力

额定工作压力 MPa	安全阀整定压力	
	最低值	最高值
$p \leqslant 0.8$	工作压力加0.03 MPa	工作压力加0.05 MPa
$0.8 < p \leqslant 5.9$	1.04倍工作压力	1.06倍工作压力
$p > 5.9$	1.05倍工作压力	1.08倍工作压力
注：工作压力是指安全阀装置地点的工作压力，对于控制式安全阀是指控制源接出地点的工作压力。		

5.4.2 热水锅炉上的安全阀按表4规定的压力进行整定或校验。

表4 热水锅炉安全阀整定压力

最低值	最高值
1.10倍工作压力，但不小于工作压力+0.07 MPa	1.12倍工作压力，但不小于工作压力+0.10 MPa

5.5 安全阀的启闭压差

安全阀的启闭压差一般应为整定压力的4%～7%，最大不超过10%。当整定压力小于0.3 MPa时，最大启闭压差为0.03 MPa。

5.6 安全阀的安装

5.6.1 安全阀应垂直安装在锅壳(锅筒)、集箱的最高位置。在安全阀和锅壳(锅筒)之间或者安全阀与集箱之间，不应装设取用蒸汽或者热水的管路和阀门。

5.6.2 几个安全阀如果共同装在一个与锅壳(锅筒)直接相连的短管上，短管的流通截面积应不小于所有安全阀的流通截面积之和。

5.6.3 采用螺纹连接的弹簧安全阀时，应符合GB/T 12241的要求。安全阀应与带有螺纹的短管相连接，短管与锅壳(锅筒)或者集箱筒体的连接应采用焊接结构。

5.7 安全阀上的装置

5.7.1 基本要求如下：

a) 静重式安全阀应有防止重片飞脱的装置；

b) 弹簧式安全阀应有提升手把和防止随便拧动调整螺钉的装置；

c) 杠杆式安全阀应有防止重锤自行移动的装置和限制杠杆越出的导架。

5.7.2 控制式安全阀应有可靠的动力源和电源，并符合以下要求：

a) 脉冲式安全阀的冲量接入导管上的阀门应保持全开并且加铅封；

b) 用压缩空气控制的安全阀应有可靠的气源和电源；

c) 液压控制式安全阀应有可靠的液压传送系统和电源;

d) 电磁控制式安全阀应有可靠的电源。

5.8 蒸汽锅炉安全阀排汽管

5.8.1 排汽管应直通安全地点,并有足够的流通截面积,以保证排汽畅通,同时排汽管应予以固定,不应有任何来自排汽管的外力施加到安全阀上。

5.8.2 安全阀排汽管底部应装有接到安全地点的疏水管,疏水管上不应装设阀门。

5.8.3 两个独立的安全阀的排汽管不应当相连。

5.8.4 安全阀排汽管上如果装有消音器,其结构应有足够的流通截面积和可靠的疏水装置。

5.8.5 露天布置的排汽管如果加装防护罩,防护罩的安装不应妨碍安全阀的正常动作和维修。

5.9 热水锅炉安全阀排水管

热水锅炉的安全阀应装设排水管(采用杠杆安全阀应增加阀芯两侧的排水装置),排水管应直通安全地点,并有足够的排放流通面积,以保证排放畅通。排水管上不应装设阀门,且应有防冻措施。

5.10 安全阀校验

5.10.1 在用锅炉的安全阀每年至少应校验一次,校验一般在锅炉运行状态下进行,如果现场校验有困难时或者对安全阀进行修理后,可以在安全阀校验台上进行。

5.10.2 新安装的锅炉或者安全阀检修、更换后,应当校验其整定压力和密封性。

5.10.3 安全阀经过校验后,应当加锁或者铅封,校验后的安全阀在搬运或者安装过程中,不应摔、砸、碰撞。

5.10.4 控制式安全阀应分别进行控制回路可靠性试验和开启性能检验。

5.10.5 安全阀整定压力、密封性等检验结果应记入锅炉安全技术档案。

5.11 锅炉运行中安全阀使用

5.11.1 锅炉运行中安全阀应定期进行排放试验。对于控制式安全阀,使用单位应当定期对控制系统进行试验。

5.11.2 锅炉运行中安全阀不允许随意解列和任意提高安全阀的整定压力或者使安全阀失效。

6 压力测量装置

6.1 设置

6.1.1 锅炉的以下部位应当装设压力表:

a) 蒸汽锅炉锅壳(锅筒)的蒸汽空间;

b) 给水调节阀前;

c) 省煤器出口;

d) 过热器出口和主汽阀之间;

e) 热水锅炉的锅壳(锅筒)上;

f) 热水锅炉的进水阀出口和出水阀进口;

g) 热水锅炉循环水泵的出口、进口;

h) 燃油锅炉、燃煤锅炉的点火油系统的油泵进口(回油)及出口;

i) 燃气锅炉、燃煤锅炉的点火气系统的气源进口及燃气阀组稳压阀(调压阀)后。

6.1.2 装设压力测量装置的其他要求：

a) 除满足 6.1.1 的要求外，额定蒸发量大于或等于 2 t/h、额定热功率大于或等于 1.4 MW 的锅炉炉膛出口处应装设炉膛出口烟气压力测量装置(内燃油气锅炉可免装)；

b) 额定蒸发量大于或等于 20 t/h 的蒸汽锅炉装设的蒸汽压力测量装置应具有记录功能。

6.2 压力表的选用

压力表的选用应符合以下规定：

a) 压力表应符合相应技术标准的要求；

b) 压力表精确度应不低于 2.5 级，对于额定工作压力大于或等于 3.8 MPa 的锅炉，压力表的精确度应不低于 1.6 级；

c) 压力表的量程应根据工作压力选用，一般为工作压力的 1.5 倍～3.0 倍，最好选用 2 倍；

d) 压力表表盘大小应保证锅炉操作人员清晰辨别指示值，表盘直径应不小于 100 mm。

6.3 压力表校验

压力表在安装前应进行校验，在刻度盘上划出指示工作压力的红线，注明下次校验日期。压力表校验后应当加铅封。

6.4 压力表安装

压力表安装应符合以下要求：

a) 压力表应装设在便于观察和吹洗的位置，且防止受到高温、冰冻和震动的影响；

b) 锅炉蒸汽空间设置的压力表应有存水弯管或者其他冷却蒸汽的措施，热水锅炉用的压力表也应有缓冲弯管，弯管内径应不小于 10 mm；

c) 压力表与弯管之间应装设三通阀门，以便吹洗管路、卸换、校验压力表；

d) 压力表连接管路应与其最高允许工作压力和温度相适应，当温度大于 208 ℃时，不得使用铜管；

e) 当压力表引出部位与监测部位之间垂直距离超过 10 m 时，应考虑液柱静压力的影响。

6.5 压力表停止使用情况

压力表有下列情况之一时，应当停止使用：

a) 有限止钉的压力表在无压力时，指针转动后不能回到限止钉处；没有限止钉的压力表在无压力时，指针离零位的数值超过压力表规定的允许误差；

b) 表面玻璃破碎或者表盘刻度模糊不清；

c) 封印损坏或者超过校验期；

d) 表内泄漏或者指针跳动；

e) 其他影响压力表准确指示的缺陷。

7 水位测量装置

7.1 设置

每台蒸汽锅炉锅壳(锅筒)至少应装设两个彼此独立的直读式水位表，符合下列条件之一的锅炉可以只装设一个直读式水位表：

a) 额定蒸发量小于或等于 0.5 t/h 的锅炉；

b) 额定蒸发量小于或等于 2 t/h，且装有一套可靠的水位示控装置的锅炉；

c) 装设两套各自独立的远程水位测量装置的锅炉；
d) 电加热锅炉。

7.2 结构装置

水位表的结构、装置应符合下列要求：

a) 水位表应有指示最高、最低安全水位和正常水位的明显标志。水位表的下部可见边缘应比最高火界至少高 50 mm、并应比最低安全水位至少低 25 mm，水位表的上部可见边缘应比最高安全水位至少高 25 mm；
b) 玻璃管式水位表应有不妨碍观察真实水位的防护装置，玻璃管内径应不小于 8 mm；
c) 锅炉运行中应能够吹洗和更换玻璃板(管)、云母片；
d) 用 2 个及 2 个以上玻璃板或者云母片组成的一组水位表，应能够连续指示水位；
e) 水位表或者水表柱和锅壳(锅筒)之间阀门的流道直径应不小于 8 mm，汽水连接管内径应不小于 18 mm，连接管长度大于 500 mm 或者有弯曲时，内径应适当放大，以保证水位表灵敏准确；
f) 连接管应尽可能地短，如果连接管不是水平布置时，汽连管中的凝结水能够流向水位表，水连管中的水应能够自行流向锅壳(锅筒)；
g) 水位表应有放水阀门和接到安全地点的放水管；
h) 水位表或者水表柱和锅壳(锅筒)之间的汽水连接管上应当装设阀门，锅炉运行时，阀门应当处于全开位置；对于额定蒸发量小于 0.5 t/h 的锅炉，水位表与锅壳(锅筒)之间的汽水连管上可以不装设阀门。

7.3 安装

水位表的安装应符合下列要求：

a) 水位表应安装在便于观察的地方，当水位表距离操作地面高于 6 m 时，应加装远程水位测量装置或者水位视频监视系统；
b) 用单个或者多个远程水位测量装置监视锅炉水位时，其信号应各自独立取出；在锅炉控制室内应当有两个可靠的远程水位测量装置，同时运行中应当保证有一个直读式水位表正常工作。

8 温度测量装置

8.1 设置

在锅炉相应部位应装设温度测量装置，测量以下温度：

a) 蒸汽锅炉的给水温度(常温给水除外)；
b) 铸铁省煤器出口水温；
c) 过热器出口和多级过热器的每级出口的汽温；
d) 减温器前、后的汽温；
e) 油燃烧器的燃油(轻油除外)进口油温；
f) 空气预热器进口、出口空气温度；
g) 锅炉空气预热器进口烟温；
h) 排烟温度：额定蒸发量大于或等于 20 t/h 蒸汽锅炉或额定热功率大于或等于 14 MW 的热水锅炉装设的排烟温度测量仪表应具有记录功能；
i) 热水锅炉进口、出口水温；
j) 额定蒸发量大于 4 t/h 的蒸汽锅炉或额定热功率大于 2.8 MW 的热水锅炉的炉膛出口烟气温

度(内燃油气锅炉可免装)；

k) 在蒸汽锅炉过热器出口和额定热功率大于或等于 7 MW 的热水锅炉出口应当装设可记录式的温度测量仪表。

8.2 仪表量程

表盘式温度测量仪表的温度测量量程应根据工作温度选用，一般为工作温度 1.5 倍～2 倍。

9 排污和放水装置

9.1 排污和放水装置的装设应当符合以下要求：

a) 蒸汽锅炉锅壳(锅筒)、立式锅炉的下脚圈和水循环系统的最低处都应装设排污阀；额定工作压力小于 3.8 MPa 的锅炉应采用快开式排污阀门，排污阀的公称通径为 20 mm～65 mm；卧式锅壳锅炉锅壳上排污阀的公称通径应不小于 40 mm；

b) 额定蒸发量大于 1 t/h 的蒸汽锅炉和额定工作压力小于 3.8 MPa，额定出水温度大于或等于 120 ℃的热水锅炉，排污管上应装设两个串联的阀门，其中至少有一个是排污阀，且安装在靠近排污管线出口一侧；

c) 过热器系统、省煤器系统的最低集箱(或者管道)处应装设放水阀；

d) 有过热器的蒸汽锅炉锅筒应装设连续排污装置；

e) 每台锅炉应装设独立的排污管，排污管尽量减少弯头，保证排污畅通并接到安全地点或者排污膨胀箱(扩容器)；如果采用有压力的排污膨胀箱时，排污膨胀箱上需安装安全阀；

f) 多台锅炉合用一根排放总管时，应避免两台以上的锅炉同时排污；

g) 锅炉的排污阀、排污管不宜采用螺纹连接。

9.2 热水锅炉的出水管一般应设在锅炉最高处，在出水阀前出水管的最高处应当装设集气装置，每一个回路的最高处以及锅壳(锅筒)最高处或者出水管上都应装设公称通径不小于 20 mm 的排气阀，每台锅炉各回路最高处的排气管宜采用集中排列方式。

9.3 热水锅炉的锅壳(锅筒)最高处或者出水管上应装设泄放管，其内径应根据锅炉的额定热功率确定，并且不小于 25 mm；泄放管上应装设泄放阀，锅炉正常运行时，泄放阀处于关闭状态；装设泄放阀的锅炉，其锅壳(锅筒)或者出水管上可不装设排气阀。

9.4 热水锅炉锅壳(锅筒)及每个循环回路下集箱的最低处应装设排污阀或者放水阀。

10 安全保护装置

10.1 基本要求

10.1.1 蒸汽锅炉应装设高、低水位报警及低水位联锁保护装置(高、低水位报警信号应能区分)，保护装置最迟应在最低安全水位时动作。

10.1.2 额定蒸发量大于或等于 6 t/h 的锅炉，应装设蒸汽超压报警和联锁保护装置，超压联锁保护装置动作整定值应当低于安全阀较低整定压力值。

10.1.3 安置在多层或者高层建筑物内的锅炉应配备超压(温)联锁保护装置。

10.1.4 燃气锅炉应当设置燃气泄漏监测报警装置。

10.1.5 以下范围内的热水锅炉应装设超温报警装置和联锁保护装置：

a) 额定工作压力小于 3.8 MPa，且额定出水温度小于 120 ℃、额定热功率大于或等于 7 MW；

b) 额定工作压力小于 3.8 MPa，且额定出水温度大于或等于 120 ℃。

10.1.6 层燃热水锅炉应装设当锅炉的压力降低到会发生汽化或者水温超过规定值以及循环水泵突然

停止运转时,能够自动切断鼓、引风的装置。

10.1.7 室燃锅炉应装设具有以下功能的联锁装置:

a) 全部引风机跳闸时,自动切断全部送风和燃料供应;
b) 全部送风机跳闸时,自动切断全部燃料供应;
c) 燃油及其雾化工质的压力、燃气压力低于规定值时,自动切断燃油或者燃气供应;
d) 热水锅炉压力降低到会发生汽化或者水温升高超过了规定值时,自动切断燃料供应;
e) 热水锅炉循环水泵突然停止运转,备用泵无法正常启动时,自动切断燃料供应。

10.1.8 锅炉的过热器应根据锅炉运行方式、自控条件和过热器设计结构等采取相应的保护措施,以防止金属壁超温。

10.2 点火程序控制与熄火保护

室燃锅炉应当装设点火程序控制装置和熄火保护装置,并且满足以下要求:

a) 在点火程序控制中,点火前的总通风量不小于3倍的从炉膛到烟囱进口烟道总容积;锅壳锅炉、贯流锅炉的通风时间至少持续20 s;
b) 单位时间通风量一般保持额定负荷下的总燃烧空气量;
c) 熄火保护装置动作时,应保证自动切断燃料供给。

10.3 油、气体和煤粉锅炉燃烧器安全时间与启动热功率

10.3.1 燃烧器点火、熄火安全时间

用油、气体和煤粉作燃料的锅炉,其燃烧器应保证点火、熄火安全时间符合表5、表6和表7的要求。

表5 燃油燃烧器安全时间要求

额定燃油量 kg/h	点火安全时间 s	熄火安全时间 s
≤30	≤10	≤1[a]
>30	≤5	≤1[a]

[a] 如果燃油在50 ℃时的运动黏度大于20 mm^2/s,此值可增至3 s。

表6 燃气燃烧器安全时间要求

单位为秒

点火安全时间	熄火安全时间
≤5	≤1

表7 燃煤粉燃烧器安全时间要求

单位为秒

点火安全时间	熄火安全时间
—	≤5

10.3.2 燃烧器启动热功率

10.3.2.1 燃油锅炉燃烧器点火时的启动热功率应符合下列要求:

a) 单台额定燃油量 B_e 小于或等于 100 kg/h 的燃油燃烧器可在额定输出热功率下直接点火；

b) 单台额定燃油量 B_e 大于 100 kg/h 的燃油燃烧器，不能在额定输出热功率下直接点火，其最大允许启动流量 B_{smax} 见表 8。

表 8 燃油燃烧器最大允许启动流量要求

单台额定燃油量 B_e kg/h	主燃烧器在低燃油量下直接点火的最大允许启动流量 B_{smax} kg/h	点火燃烧器在低燃油量下点火的最大允许启动流量 B_{smax} kg/h
$100<B_e\leqslant 500$	$B_{smax}\leqslant 100$ 或 $B_{smax}\leqslant 70\%B_e$	$B_{smax}\leqslant 100$
$B_e>500$	$B_{smax}\leqslant 35\%B_e$	$B_{smax}\leqslant 50\%B_e$

10.3.2.2 燃气锅炉燃烧器的启动热功率应符合下列要求：

a) 单台额定输出热功率小于或等于 120 kW 的燃气燃烧器，可在额定输出热功率下直接点火；

b) 单台额定输出热功率大于 120 kW 的燃气燃烧器，启动热功率应不大于 120 kW 或不大于额定输出热功率的 20%。

10.4 其他安全要求

10.4.1 由于事故引起主燃料系统跳闸，灭火后未能及时进行炉膛吹扫的应当尽快实施补充吹扫。不应当向已经熄火停炉的锅炉炉膛内供应燃料。

10.4.2 锅炉运行中联锁保护装置不得随意退出运行，联锁保护装置的备用电源或气源应可靠，不应随意退出备用，且应定期进行备用电源或气源自投试验。

10.4.3 电加热锅炉的电器元件应有可靠的电气绝缘性能和足够的电气耐压强度。

10.4.4 几台锅炉共用一个总烟道时，每台锅炉的支烟道内应装设可靠限位装置的烟道挡板。

10.4.5 锅炉管道上的阀门和烟风系统挡板均应有明显标志，标明阀门和挡板的名称、编号、开关方向和介质流动方向，主要调节阀门还应有开度指示。

10.4.6 阀门、挡板的操作机构均应装设在便于操作的地点。

11 监测计量仪表

11.1 流量

11.1.1 蒸汽流量计量装置

额定蒸发量大于 4 t/h 的蒸汽锅炉主蒸汽阀出口处，应设置蒸汽流量的计量仪表，该仪表应具有指示、积算和记录功能。

11.1.2 给水流量计量装置

在锅炉进口处的给水管上应设置给水流量的计量仪表，该仪表应具有指示、积算和记录功能。

11.1.3 热水锅炉循环水量计量装置

热水锅炉回水进口处应设置循环水流量的计量仪表，该仪表应具有指示、积算和记录功能。

11.1.4 热水锅炉补水量计量装置

额定热功率大于 2.8 MW 热水锅炉补水进口处应设置补水量的计量仪表，该仪表应具有指示、积算和记录功能。

11.2 烟气在线含氧量

额定蒸发量大于 10 t/h 的蒸汽锅炉或额定热功率大于 7 MW 的热水锅炉最后一级受热面后应设置烟气在线含氧量测量仪表。对于额定蒸发量大于或等于 20 t/h 的蒸汽锅炉或额定热功率大于或等于 14 MW 的热水锅炉,装设的烟气含氧量测量仪表还应具有记录功能。

11.3 锅炉燃料量

锅炉应设置燃烧所需燃料量的计量仪表,该仪表应具有指示、积算和记录功能。对于额定蒸发量小于或等于 4 t/h、额定热功率小于或等于 2.8 MW 的燃煤锅炉,燃煤量也可采用人工方式进行积算和记录。

12 其他要求

锅炉配用辅机的设计与制造应满足相应产品标准的规定。

12.1 性能

12.1.1 锅炉配用风机的风量和风压应满足锅炉在额定出力下稳定运行的需要,且具有足够的调节范围和调节灵活性。

12.1.2 锅炉配用水泵的流量和扬程应满足锅炉在额定出力下稳定运行的需要,且具有足够的调节范围。

12.1.3 锅炉配用的水处理设备应保证锅炉给水水质符合 GB/T 1576 和 GB/T 12145 的规定。当锅炉产品使用说明书中注明对水质有特殊要求时,还应符合产品使用说明书的规定。水处理设备出力应能满足锅炉系统最大出力的要求。

12.1.4 锅炉配用的烟气净化设备应使锅炉燃烧产生的污染物排放值符合 GB 13271 的规定。

12.2 环保

各类辅机的单机噪声和锅炉房总体噪声应符合 GB 50041 的规定。

ICS 27.060.30
J 98

中华人民共和国国家标准

GB/T 16508.6—2013

锅壳锅炉
第6部分:燃烧系统

Shell boilers—
Part 6:Combustion systems

2013-12-31 发布　　2014-07-01 实施

中华人民共和国国家质量监督检验检疫总局
中国国家标准化管理委员会　发布

前　言

GB/T 16508《锅壳锅炉》分为以下 8 个部分：

——第 1 部分：总则；

——第 2 部分：材料；

——第 3 部分：设计与强度计算；

——第 4 部分：制造、检验和验收；

——第 5 部分：安全附件和仪表；

——第 6 部分：燃烧系统；

——第 7 部分：安装；

——第 8 部分：运行。

本部分为 GB/T 16508 的第 6 部分。

本部分按照 GB/T 1.1—2009 给出的规则起草。

本部分由全国锅炉压力容器标准化技术委员会(SAC/TC 262)提出并归口。

本部分起草单位：泰山集团股份有限公司、山东华源锅炉有限公司、瓦房店永宁机械厂、奥林公司中国代表处。

本部分主要起草人：周冬雷、符广田、周国华、郭国林、胡一民、何峰。

锅壳锅炉
第6部分:燃烧系统

1 范围

GB/T 16508的本部分规定了锅壳锅炉燃烧系统的技术要求。

本部分适用于GB/T 16508.1范围界定的锅壳锅炉燃烧系统,包括:

a) 液体、气体燃料锅炉的燃料进口管线、送风系统、排烟系统、燃烧设备以及所有相关的控制、监测设备;

b) 固体燃料层燃锅炉的送风系统、排烟系统、燃烧设备、除灰(渣)装置以及所有相关的控制、监测设备。

2 规范性引用文件

下列文件对于本文件的应用是必不可少的。凡是注日期的引用文件,仅注日期的版本适用于本文件。凡是不注日期的引用文件,其最新版本(包括所有的修改单)适用于本文件。

GB 13271 锅炉大气污染物排放标准

GB/T 16508.5 锅壳锅炉 第5部分:安全附件和仪表

GB 17820 天然气

GB/T 18342 链条炉排锅炉用煤技术条件

GB/T 21923 固体生物质燃料检验通则

JB/T 3271 链条炉排技术条件

JB/T 3726 锅炉除渣设备 通用技术条件

JB/T 9620 往复炉排技术条件

3 术语与定义

下列术语和定义适用于本文件。

3.1

液体燃料 liquid fuel

在常温下为液态的天然有机燃料及其加工处理所得的液态燃料,如轻油、重油。

3.2

气体燃料 gaseous fuel

在常温下为气态的天然有机燃料或气态的人工燃料。根据相对密度划分为轻气体和重气体。相对密度低于1.3的气体为轻气体,如天然气、焦炉煤气、高炉煤气;相对密度高于1.3的气体为重气体,如液化石油气。

3.3

固体燃料 solid fuel

呈固态的化石燃料、生物质燃料及其加工处理所得的固态燃料。如各种品质的煤(褐煤、烟煤、贫煤、无烟煤等)、生物质固体燃料等。

3.4

火焰监测装置　flame detector

检测有无火焰或是否脱火并向控制装置发送信号的设备，一般由传感装置(如需要可加装信号放大器)和切换装置组成。

3.5

锁定　interlock

隔断燃料供应，复位要求人工干预。

3.6

相对密度　relative density

在相同压力与温度条件下，气体密度与干空气密度的比值。

3.7

辅助燃烧系统　auxiliary combustion system

为保证安全点火和稳定燃烧而设置的助燃系统。

3.8

点火装置　ignition device

用于保证燃料安全点火的辅助设备。

3.9

漏煤率　rate of riddlings

在试验时间内，炉排每小时平均漏煤(包括漏灰)量占燃煤消耗量的质量比值，用百分数表示。

3.10

炉排横向配风不均匀系数　uneven air distribution coefficient along grate horizontal

衡量风室沿炉排横向风量分配均匀性能的指标，用百分数表示。

4　液体和气体燃料的燃烧系统

4.1　燃料

4.1.1　基本要求

4.1.1.1　在不影响燃烧器安全运行的前提下，液体燃料在燃烧器入口应达到其正常燃烧所要求的黏度。

4.1.1.2　天然气应符合 GB 17820 的规定。

4.1.1.3　对其他类型的燃料，或者当几种不同燃料同时燃烧时，应采取已经过验证的合适技术措施，达到安全、高效燃烧，其燃烧产物的排放应符合 GB 13271 的规定。

4.1.2　燃料进口管线

4.1.2.1　燃油管线应符合下列要求：

a)　燃烧器与固定供油管线的连接宜采用硬管连接，如果采用非金属材料制作的弹性软管，需要有金属材料包裹，并且长度应尽可能短，在安装时应有足够的弯曲半径；

b)　燃油管线安装完成后，应进行强度测试，测试压力为最大允许压力的 1.3 倍，但最小为 0.5 MPa(表压)；

c)　燃油管线应安装泄压阀以实现超压保护；

d)　重油加热器应具有温度自动调节装置和高、低油温联锁保护装置，以确保重油达到燃烧器喷嘴雾化要求的黏度。如果重油加热采用蒸汽加热方式，则引出蒸汽的管段应予以保温，以避免烫伤；

e) 供油母管上应设有一只手动快速切断阀，以便能够快速关闭对燃烧器的燃油供应。手动快速切断阀应安装在安全、便于操作的地方。

4.1.2.2 燃气管线应符合下列要求：

a) 燃气燃烧器与燃气管道的连接宜采用硬管连接，如果采用非金属材料制作的弹性软管，应满足燃气管线耐压要求；

b) 燃气管线安装完成后，应采用空气或惰性气体在最大允许压力的1.5倍(但不低于4 kPa)下进行气密性试验及变形测试；

c) 燃气管线应通过一安全切断阀加上一泄压阀来执行必要的超压保护；

d) 燃气控制阀的入口处应装设过滤装置，过滤装置可以与下游的燃气控制阀成为整体。过滤器的孔径应不大于1.5 mm，过滤器的入口及出口处应设置永久性压力测点；

e) 对于燃用高炉煤气、焦炉煤气等含较多一氧化碳燃料的锅炉，燃气系统应安装一氧化碳在线监测装置；

f) 在主燃气控制阀系的所有自动控制阀的上游，应设置一只手动快速切断阀，以便能够快速切断燃烧器气源。手动快速切断阀应装在安全、便于操作的地方。

4.1.3 燃料的计量

每台锅炉应装设燃料量的指示、积算和记录仪表。

4.2 送风系统

4.2.1 当多个燃烧器共用一台风机时，送风管路上的每个燃烧器前均应装配送风压力测量装置。

4.2.2 对于带多个燃烧器的燃烧系统，当燃烧所需空气是由一共用的供风设备提供时，在每个燃烧器的风管上应装配一关断设备(例如挡板)。关断装置要求如下：

a) 关断装置的开、关位置应有清晰的指示；

b) 切断燃烧器的燃料供给时，应同时自动切断空气供应(必要时，仅保持最小开度)。

4.3 排烟系统

4.3.1 锅炉的排烟系统应有良好的密封性能。

4.3.2 应监测排烟系统的以下运行参数，以满足安全、节能运行要求：

a) 排烟温度；

b) 额定蒸发量大于4 t/h的蒸汽锅炉或额定热功率大于2.8 MW的热水锅炉，应监测排烟含氧量；

c) 如锅炉带引风机，应监测引风机负荷电流。当蒸汽锅炉的额定蒸发量大于4 t/h或热水锅炉的额定热功率大于2.8 MW时，应监测引风机进口挡板开度或调速风机转速。

4.3.3 在确保不产生易燃、易爆混合物的前提下，多台锅炉的排烟道可连在一起，并共用一个烟囱。在每台锅炉的支烟道内应装设烟道挡板，挡板应保证可靠密封。挡板应有可靠的限位装置，以保证锅炉运行时挡板处于全开启位置，不能自行关闭。

4.4 燃烧系统

4.4.1 燃烧器的选型

燃烧器的选型应符合以下基本要求：

a) 燃烧器的实际输出功率不小于锅炉热功率除以锅炉热效率。实际输出功率是在克服锅炉烟气阻力前提下燃烧器所应到达的输出功率；

b) 燃烧器的火焰不能与锅炉的燃烧室壁面或炉管直接接触。

4.4.2 燃烧系统的安全与控制要求

4.4.2.1 燃烧器应设有点火装置，并应保证点火燃烧器和主燃烧器的安全点火。

4.4.2.2 火焰监测装置应当符合以下要求：

a) 燃烧器设有火焰监测装置，能够验证火焰是否建立；

b) 火焰监测装置的安装位置能够使其不受外部信号的干扰；

c) 在点火火焰和主火焰分别设有独立的火焰监测装置的场合，点火火焰不能影响主火焰的检测。

4.4.2.3 对于额定燃油量不大于 100 kg/h 的压力雾化燃油燃烧器，油泵与喷嘴之间应设置安全切断阀，可以允许安全切断阀和油泵采用一体化结构，并且应符合以下要求：

a) 单级式燃烧器应至少设置一套安全切断阀；

b) 两级或多级调节燃烧器，应给每一个喷嘴设置一套安全切断阀；

c) 对于装有回油喷嘴的燃烧器，在供油管和回油管上分别设置一套安全切断阀；

d) 如果喷嘴切断阀经过测试可作为安全切断装置，则可在供油管和回油管上分别设置喷嘴切断阀；

e) 如果燃油雾化器采用回油喷嘴并且燃油量大于 30 kg/h，则应在回油管上设置油压监测装置，监测回油管内的压力。

4.4.2.4 对于额定燃油量大于 100 kg/h 的压力雾化燃油燃烧器，油泵与喷嘴之间应设置安全切断阀，可以允许安全切断阀和油泵采用一体化结构，并且应当符合以下要求：

a) 应在供油管上设置两个串联布置的安全切断阀，其中一个安全切断阀是快关型式的，另一个安全切断阀则可作为燃烧室输入热量的最终控制元件，并且其关闭时间不得超过 5 s；

b) 对于装有回油喷嘴的燃烧器，在回油管上设置两个安全切断阀以及在输出调节器和安全切断阀之间设置一个压力监测装置；

c) 如果喷嘴切断阀经过测试可作为安全切断阀，则其可以代替安全切断阀分别安装在供油管与回油管上；

d) 安全切断阀应是联锁的，供油管上的安全切断阀如果是打开的，则回油管上的安全切断阀不能关闭（在多级调节燃烧器满负荷运行的情况下，该要求不适用）；联锁装置应能保证在两个安全切断阀之间不会产生过大的增压现象。

4.4.2.5 对于转杯雾化燃油燃烧器和介质雾化燃油燃烧器，其安全切断阀的选取与布置要求可参照压力雾化燃烧器执行。

4.4.2.6 带有预热装置的燃烧器在启动过程中，在达到燃油所要求的最低预热温度前，自动安全关断设备不应切断燃烧器的燃料供应。

4.4.2.7 燃气燃烧器主燃气控制阀系应当符合以下要求：

a) 燃烧器主燃气控制阀系应配置两只串联的自动安全切断阀或组合阀；

b) 燃气控制阀关断时，规格小于或者等于 100 mm 的在不超过 1 s 的时间内安全关闭，规格大于 100 mm 的在不超过 3 s 的时间内安全关闭；

c) 额定输出功率大于 1.2 MW 的燃烧器，主燃气控制阀系应设置有阀门检漏装置；

d) 燃烧器主燃气控制阀系上游至少设置一只压力传感器；

e) 设有独立点火燃烧器时，点火火焰已经建立并经火焰监测装置验证后，主燃气控制阀才能开启，建立主火焰。

4.4.2.8 燃油、燃气燃烧器的点火安全时间及熄火安全时间应符合 GB/T 16508.5 中的相关要求。

4.4.2.9 燃烧器启动点火之前，应对燃烧室及烟道进行前吹扫。

4.4.2.9.1 燃油燃烧器前吹扫时间和前吹扫风量应符合以下要求：

a) 对于额定燃油量不大于 30 kg/h 的燃烧器，能够保证风机在全开启状态下前吹扫时间不少于 5 s；

b) 对于额定燃油量大于 30 kg/h 的燃烧器，前吹扫风量可以小于额定输出功率下的空气流量，前吹扫时间与空气流量成反比例，但是前吹扫时间不能低于 15 s，并且吹扫风量不能低于对应锅炉最大输入热量所需风量的 50%。

除了本条 a)、b)项要求外，前吹扫时间与前吹扫风量还应满足所配套锅炉的设计要求。

4.4.2.9.2 燃气燃烧器前吹扫时间和前吹扫风量应当符合以下要求：

a) 以额定输出功率下的空气流量进行前吹扫的时间不少于 20 s；

b) 以小于额定输出功率下的空气流量进行前吹扫时，前吹扫时间与空气流量成反比例增加，最小吹扫空气流量不低于额定空气流量的 50%。

除了本条 a)、b)项要求外，前吹扫时间与前吹扫风量还应满足所配套锅炉的设计要求。

4.4.2.10 燃油、燃气燃烧器的启动热功率应符合 GB/T 16508.5 的相关要求。

4.4.2.11 以下情况时，燃烧器应当在安全时间内自动切断燃料供应，系统应达到安全联锁：

a) 燃烧器启动时，在前吹扫时间内检测到火焰或在点火安全时间内没有检测到火焰；

b) 燃烧器在运行时火焰突然熄灭；

c) 燃烧器在启动或运行过程中，出现空气监测故障信号；

d) 设有位置验证开关的燃烧器，在启动或运行过程中，燃烧器(或部件)的位置验证异常；

e) 如装有烟气挡板，不能证实挡板完全打开时；

f) 引风机跳闸时；

g) 送风机跳闸时；

h) 若设有烟气再循环，当再循环烟气流量与燃烧器燃烧负荷的比例失调时；

i) 如装有烟气再循环风机，当风机发生故障时；

j) 燃油及其雾化工质的压力、燃气压力低于规定值时；

k) 紧急开关动作时；

l) 与锅炉安全有关的控制参数(如压力、水位、温度等)超限。

当排除 a)～j)的原因后，如果装置允许，通过执行常规启动程序可使燃烧器自动重启。

当出现 k)、l)所述工况时，应达到锁定状态。只能采用人工介入来重新启动。

当出现 b)项的情况，如果燃油燃烧器额定燃油量不大于 30 kg/h 或者火焰熄灭后在重新点火之前的燃油切断时间不超过 1 s，则可以允许燃烧器直接重新点火一次。

4.4.2.12 对于空气流量与燃气流量不同时改变的多级调节或连续调节燃气燃烧器，其空气/燃气控制应满足以下任一要求：

a) 调大火先调空气，调小火先调燃气；

b) 调节过程不能出现燃气过剩的情况。

4.4.2.13 带放散装置的燃气控制阀系，放散管的直径应不小于上游主燃气控制阀有效孔径的 25%。

4.4.2.14 气体燃烧系统关闭过程中，在燃气控制阀系关闭之前，供风系统不能自动关闭。

4.4.2.15 燃烧器在启动及运行过程的任何时候电源中断时，应能够安全联锁，只有人工复位或切断、恢复电源燃烧器才允许重新启动。

4.4.2.16 在设有高压点火装置的部位，应设置明显的警示标志。

4.4.2.17 为能观察点火装置和燃烧器火焰，应在燃烧室或燃烧器上开检查孔。如果有可能有热烟气逸出，则应有保护检查人员安全的措施。

4.4.2.18 应自动控制燃烧器的燃烧负荷。

4.4.2.19 对于额定蒸发量大于 20 t/h 的蒸汽锅炉或额定热功率大于 14 MW 的热水锅炉，应装设燃气、燃油的温度和压力的记录仪表。

4.4.3 燃烧器的节能要求

4.4.3.1 燃烧器在额定负荷下运行时，过量空气系数应低于 1.15，燃烧器在最小负荷时，过量空气系数应低于1.5。

4.4.3.2 燃烧器应设置空气调节装置，设置调节挡板的，空气挡板的位置有清晰的指示；

4.4.3.3 燃油燃烧设备额定输出热功率大于或等于4.2 MW时，需采用燃油流量调节装置，使其输出功率在规定范围内连续可调。连续调节燃烧器的燃油流量调节应当有清晰的指示。

燃气燃烧设备额定输出热功率大于或等于0.35 MW时，需采用燃气流量调节装置，使其输出功率在规定范围内可调。燃气燃烧设备额定输出热功率大于或等于4.2 MW时，需采用连续调节装置，燃气流量调节应该有清晰的指示。

4.4.3.4 对多级调节或连续调节的燃烧器，空气和燃油(气)调节装置应该能够通过机械、电动或其他方式实现联动。

4.4.4 锅炉安装完成后，应对燃烧器进行调试，调试内容应包括：

a) 安全性能调试包括气密性(对燃气燃烧器)、安全时间(点火安全时间和熄火安全时间)、前吹扫时间、火焰稳定性、燃气压力开关、空气压力开关等。如配置铰链开关，还应单独测试其连锁功能；
b) 运行性能调试，包括燃烧器输出热功率范围测试以及运行状态下的燃烧产物排放。

4.4.5 燃烧器技术文件

4.4.5.1 燃烧器产品出厂时，至少应附有以下随机资料：

a) 产品外形及安装尺寸图；
b) 电气接线图；
c) 产品使用说明书；
d) 产品合格证书；
e) 产品型式试验合格证书或监督检验抽查合格证书(复印件)；
f) 产品装箱清单。

4.4.5.2 产品使用说明书应当包括以下内容：

a) 产品结构和工作原理说明；
b) 产品性能说明(含工作曲线)；
c) 安装要求；
d) 操作方法的详细说明；
e) 维护保养说明；
f) 警告和注意事项。

5 固体燃料的层状燃烧系统

5.1 燃料

5.1.1 燃料的要求

链条炉排锅炉的燃煤应符合GB/T 18342及锅炉的设计要求；生物质固体燃料应符合GB/T 21923及锅炉的设计要求；其他燃料应与燃烧设备相适应，并符合锅炉的设计要求。

5.1.2 燃料的计量

额定蒸发量大于4 t/h的蒸汽锅炉或额定热功率大于2.8 MW的热水锅炉，应装设燃料量的指示、积算和记录仪表。

5.2 送风系统

5.2.1 风道(包括炉排装置的承载风箱)应能够承受运行期间产生的机械载荷。

5.2.2 风道应保证密封。如锅炉设置空气预热器,热风道还应进行有效保温。
5.2.3 对配有一、二次风的燃烧系统,宜监测送风的配比。
5.2.4 在送风道上应设置配风调节及关断装置。
5.2.5 应监测送风系统的以下运行参数,以满足安全、节能运行要求:

a) 额定蒸发量大于 20 t/h 的蒸汽锅炉或额定热功率大于 14 MW 的热水锅炉应监测一次风压及风室压力。如设有二次风还应监测二次风压;
b) 额定蒸发量大于 4 t/h 的蒸汽锅炉或额定热功率大于 2.8 MW 的热水锅炉,如设置空气预热器,应监测其出口空气温度;
c) 额定蒸发量大于 4 t/h 的蒸汽锅炉或额定热功率大于 2.8 MW 的热水锅炉应监测送风机进口挡板开度或调速风机转速;
d) 送风机负荷电流。

5.3 排烟系统

5.3.1 锅炉的排烟系统应有良好的密封性能。
5.3.2 应监测排烟系统的以下运行参数,以满足安全、节能运行要求:

a) 排烟温度;
b) 额定蒸发量大于 4 t/h 的蒸汽锅炉或额定热功率大于 2.8 MW 的热水锅炉,应监测排烟含氧量;
c) 额定蒸发量大于 4 t/h 的蒸汽锅炉或额定热功率大于 2.8 MW 的热水锅炉应监测引风机进口挡板开度或调速风机转速;
d) 引风机负荷电流。

5.3.3 在确保不产生易燃、易爆混合物的前提下,多台锅炉的排烟道可连在一起,并共用一个烟囱。在每台锅炉的支烟道内应装设烟道挡板,挡板应保证可靠密封。挡板应有可靠的限位装置,以保证锅炉运行时挡板处于全开启位置,不能自行关闭。

5.4 燃烧设备

5.4.1 一般要求

5.4.1.1 燃烧设备应与锅炉结构相适应,并在设计工作条件下完成燃料的持续、稳定和完全燃烧。链条炉排应符合 JB/T 3271 的要求;往复炉排应符合 JB/T 9620 的要求;其他类型的炉排设备可参照 JB/T 3271 中的相关内容,并满足锅炉的设计要求。水冷振动炉排的炉排水冷壁应确保水循环可靠性和承压安全性,并具有抗振动疲劳的能力。
5.4.1.2 链条炉排燃烧设备应装设炉排速度显示仪表。
5.4.1.3 所有与安全有关的控制和保护装置在使用前应进行功能测试。
5.4.1.4 应在适当位置设置检修门。

5.4.2 安全保护

5.4.2.1 一般要求

5.4.2.1.1 锅炉燃烧设备宜设置故障停运报警和保护装置。
5.4.2.1.2 与燃烧设备点火、启动、运行和关闭有关的安全功能应在操作说明书中详细描述。

5.4.2.2 烟道的吹扫

5.4.2.2.1 在锅炉点火前,炉膛、烟气通道和烟气处理系统应得到有效吹扫。

5.4.2.2.2 如锅炉采用电除尘装置，在烟道吹扫期间，电除尘装置应停止运行。

5.4.2.2.3 吹扫期间不应向炉内输送燃料。

5.4.2.2.4 在能确保锅炉安全点火的前提下，可不进行烟道的吹扫。

5.4.2.3 点火过程的安全要求

5.4.2.3.1 如果设置点火设备，应确保其安全运行。

5.4.2.3.2 如果点火设备采用油、气燃料，应符合本部分关于液体和气体燃烧系统的要求。

5.4.2.3.3 为能观察燃烧系统的点火过程，应至少在合适的位置开设一个观火孔，并确保安全观火。

5.4.2.4 启动

5.4.2.4.1 启动期间应保证燃料正常输送。当出现以下情况之一时，应停止向炉内输送燃料：

a) 炉排设备没有正常运转；

b) 安全控制装置失灵；

c) 送风机或引风机没有正常运转；

d) 除渣设备没有正常运转；

e) 没有达到安全点火；

f) 与锅炉安全有关的参数(如水位、温度、压力等)超限。

5.4.2.4.2 当排除 5.4.2.4.1a)～5.4.2.4.1e)的原因后，可直接重新启动；当出现 5.4.2.4.1f)所述情况时，只能采用人工复位来重新启动。

5.4.2.4.3 采用辅助燃烧系统的锅炉，具体操作应参照制造厂家提供的操作说明书。

5.4.2.4.4 如配置点火设备，燃烧系统启动以后，点火设备应保持运转直至稳定燃烧。此后，点火设备应按程序关闭。

5.4.2.5 停炉

5.4.2.5.1 燃烧设备运行期间如出现以下情况之一，应紧急停止送风和输送燃料：

a) 燃烧设备或除渣设备发生故障；

b) 安全控制设备发生故障；

c) 送风机或引风机工作失常；

d) 与锅炉安全有关的控制参数(如水位、温度、压力等)超限时；

e) 锅炉使用说明书规定的其他需要紧急停炉的情况。

5.4.2.5.2 当锅炉燃烧系统被关闭时，应同时停止输送燃料。

5.4.2.5.3 按正常停炉步骤停炉或按 5.4.2.5.1 中要求紧急停炉后，炉内余热应紧急散放。

5.4.3 节能要求

5.4.3.1 选用燃料的颗粒度、水分、灰分、发热值、焦渣特性、灰融性等应符合相应的燃烧设备要求，以提高燃烧效率。

5.4.3.2 各种炉排的炉排片(或炉条)应能使炉排保持合适比率和形状的通风截面，以降低漏煤率。

5.4.3.3 炉排横向宽度较宽时宜选用炉排横向配风不均匀系数较低的炉排型式及配风结构，以提高燃烧效率。

5.4.3.4 对燃煤链条炉排锅炉，为提高燃烧效率，宜根据锅炉及燃料情况选择采用分层给煤装置。

5.4.3.5 宜采用均匀布煤(料)装置，以减小炉排横向燃料粒度不均对通风及燃烧的影响。

5.4.4 燃烧设备技术文件

5.4.4.1 燃烧设备出厂时，至少应附有以下随机资料：

a) 产品外形尺寸图，散装出厂的还需有安装尺寸图；

b) 产品使用说明书；

c) 产品合格证书；

d) 产品装箱清单。

5.4.4.2 燃烧设备产品使用说明书应当包括以下内容：

a) 散装出厂的应包含安装说明；

b) 操作方法的说明；

c) 维护保养说明；

d) 在出现操作问题以及其他非正常情况下应采取的措施。

5.5 除灰(渣)装置

5.5.1 一般要求

5.5.1.1 除灰(渣)装置应符合 JB/T 3726 的要求。

5.5.1.2 除灰(渣)空间应与炉膛或烟道隔离。

5.5.1.3 除灰(渣)装置应避免造成人员伤害。

5.5.2 除灰(渣)装置技术文件

5.5.2.1 除灰(渣)装置出厂时，至少应附有以下随机资料：

a) 产品外形尺寸图，散装出厂的还需有安装尺寸图；

b) 产品使用说明书；

c) 产品合格证书；

d) 产品装箱清单。

5.5.2.2 除灰(渣)装置产品使用说明书应当包括以下内容：

a) 散装出厂的应包含安装说明；

b) 操作方法的说明；

c) 维护保养说明；

d) 在出现操作问题以及其他非正常情况下应采取的措施。

ICS 27.060.30
J 98

中华人民共和国国家标准

GB/T 16508.7—2013

锅壳锅炉
第7部分：安装

Shell boilers—
Part 7: Installation

2013-12-31 发布　　　　2014-07-01 实施

中华人民共和国国家质量监督检验检疫总局
中国国家标准化管理委员会　发布

前　言

GB/T 16508《锅壳锅炉》分为以下 8 个部分：

——第 1 部分：总则；

——第 2 部分：材料；

——第 3 部分：设计与强度计算；

——第 4 部分：制造、检验与验收；

——第 5 部分：安全附件和仪表；

——第 6 部分：燃烧系统；

——第 7 部分：安装；

——第 8 部分：运行。

本部分为 GB/T 16508 的第 7 部分。

本部分按照 GB/T 1.1—2009 给出的规则起草。

本部分由全国锅炉压力容器标准化技术委员会(SAC/TC 262)提出并归口。

本部分起草单位：江苏太湖锅炉股份有限公司、无锡太湖锅炉有限公司、张家港市江南锅炉压力容器有限公司、广东省特种设备检测研究院。

本部分主要起草人：顾利平、吴钢、张宏、喻孟全、刘雪媛、薛建光、高宏伟、李越胜。

锅壳锅炉
第7部分:安装

1 范围

GB/T 16508的本部分规定了固定式锅壳锅炉的安装要求。

本部分适用于GB/T 16508.1范围界定的锅壳锅炉。

2 规范性引用文件

下列文件对于本文件的应用是必不可少的。凡是注日期的引用文件,仅注日期的版本适用于本文件。凡是不注日期的引用文件,其最新版本(包括所有的修改单)适用于本文件。

GB/T 1576 工业锅炉水质

GB/T 2900.48 电工名词术语 锅炉

GB/T 10180 工业锅炉热工性能试验规程

GB/T 16508.1 锅壳锅炉 第1部分:总则

GB/T 16508.4 锅壳锅炉 第4部分:制造、检验与验收

GB/T 16508.5 锅壳锅炉 第5部分:安全附件和仪表

GB 50211 工业炉砌筑工程施工及验收规范

GB 50231 机械设备安装工程施工及验收通用规范

GB 50264 工业设备及管道绝热工程施工及验收规范

GB 50273 锅炉安装工程施工及验收规范

TSG G0001 锅炉安全技术监察规程

TSG G3001 锅炉安装改造单位监督管理规则

3 术语和定义

GB/T 2900.48界定的以及下列术语和定义适用于本文件。

3.1

炉墙 hoiler seltting

用耐火材料和保温材料等所砌筑或敷设的锅炉外墙。

3.2

烘炉 drying-out

用点火或其他加热方法以一定的温升速度和保温时间烘干炉墙的过程。

3.3

煮炉 boiling-out

用氢氧化钠与磷酸三钠混合溶液注入锅炉汽水系统,在0.5 MPa～2 MPa压力下经24 h～48 h加热、除油、去垢并使金属内表面钝化的方法。

3.4

运行小时 service hours,SH

处于运行状态的小时数。

4 基本要求

4.1 锅炉安装单位应按照 TSG G3001《锅炉安装改造单位监督管理规则》的规定，取得相应资质后，方可从事许可证允许范围内的锅炉安装工作。

4.2 安装施工单位应当在施工前，将锅炉设备安装情况告知特种设备安全监督部门后，才可进行施工。

4.3 锅炉安装工作应符合 TSG G0001《锅炉安全技术监察规程》的要求，安装过程应经过国家特种设备安全监督检验机构的监督检验，未经监检合格的不得交付使用。

4.4 焊接、无损检测等作业人员的资格应符合 GB/T 16508.1 的规定。

4.5 锅炉在安装过程中，如发现受压部件存在影响安全使用的质量问题时，应停止安装。

4.6 锅炉安装竣工后，安装单位应当在验收后 30 日内将有关技术资料移交使用单位。

4.7 锅炉使用单位应建立锅炉设备的安全技术档案。

5 基础的检查和划线

5.1 锅炉及其辅助设备就位前，应检查基础尺寸和位置，其允许偏差应符合锅炉设备技术文件的规定；当无规定时，应符合 GB 50273 的要求。

5.2 锅壳锅炉安装前，应划出纵向和横向安装基准线及标高基准点。

6 钢架安装

6.1 钢架安装前，应按照施工图样清点构件数量，并对立柱、梁等主要构件进行检查，其允许偏差应符合锅炉设备技术文件的规定；当无规定时，应符合 GB 50273 的要求。

6.2 钢架安装要求如下：

a) 安装钢架时，宜先根据立柱确定标高线；

b) 立柱就位后，应按设计要求将柱脚固定在基础上。当需与预埋钢筋焊接固定时，应焊接牢固；

c) 平台、撑架、扶梯、栏杆、栏杆柱和挡脚板等应安装平直，焊接牢固；栏杆柱的间距应均匀；栏杆接头处的焊缝表面应光滑；

d) 扶梯的长度、斜度以及扶梯上、下踏脚板与连接平台的间距不应随意更改；

e) 在平台、扶梯、撑架等构件上，不宜随意割切孔洞。如需切割，在切割后应有加固措施。

6.3 钢架安装允许偏差应符合锅炉设备技术文件的规定；当无规定时，应符合 GB 50273 的要求。

7 锅壳、集箱和受热面管

7.1 安装前准备

7.1.1 锅壳、集箱吊装前，应进行下列内容的检查：

a) 锅壳、集箱表面和焊接短管均应无机械损伤，焊缝应无明显的裂纹等缺陷；

b) 检查锅壳、集箱两端水平中心线的位置标记是否超标。如有超标，应根据管孔中心线重新调整；

c) 按锅炉设备技术文件，对 5%～10%的胀接管孔的表面粗糙度 Ra 进行抽查；当无规定时，应符合 GB 50273 的要求；

d) 胀接管孔的允许偏差应符合 GB/T 16508.4 的要求。

7.1.2 锅壳、集箱的支座和吊挂装置安装前应进行下列内容的检查：

a) 接触的部位圆弧应吻合，符合设计文件的要求；
b) 支座与钢梁的接触良好；
c) 吊挂装置应牢固，弹簧吊挂装置的安装符合设计文件要求。

7.2 安装的要求

7.2.1 锅壳应在钢架安装固定后，方可起吊就位。非钢梁直接支撑的锅壳，应安置牢固的临时支架，临时支架应在锅炉水压试验进水前拆除。

7.2.2 锅壳、集箱就位时，应按其膨胀方向预留支座的膨胀间隙，并应临时固定。

7.2.3 锅壳内部装置的安装，应进行下列内容的检查：

a) 零部件的数量不得缺少；
b) 蒸汽、给水连接隔板的连接应符合设计文件的要求；
c) 法兰接合面应严密；
d) 连接件的连接应牢固，且有防松装置。

7.3 安装验收要求

锅壳、集箱安装完毕后，应根据纵向和横向安装基准线和标高基准线对锅壳、集箱中心线进行测量，其允许偏差应符合锅炉设备技术文件的规定；当无规定时，应符合 GB 50273 的要求。

7.4 受压元件的焊接

7.4.1 对于锅炉受热面合金钢管子，应按照同步的要求，焊接 0.5% 的模拟对接接头试件用做检查试件，试件数量不得少于 1 套。

7.4.2 对于合金钢管应逐根进行光谱检查；

7.4.3 在锅炉受压组件的焊缝附近，应采用低应力的钢印打上焊工的代号，或画出焊缝排版图。

7.4.4 锅炉受热面管了及其本体管道的对接接头的内壁应平齐，其错边不应大于壁厚的 10%，且不应大于 1 mm。

7.4.5 焊接管口的端面倾斜度应符合设计图样和工艺文件的规定的要求。

7.4.6 受压组件焊接接头(包括非受压组件与受压组件焊接的接头)应当进行外观检验，检验至少应当满足以下要求：

a) 焊缝的外形尺寸应当符合设计图样和工艺文件的规定；
b) 焊缝的高度不应低于母材表面，焊缝与母材应当平滑过渡，焊缝和热影响区表面无裂纹、夹渣、弧坑和气孔；
c) 焊缝的外观质量符合 GB/T 16508.4 的要求；
d) 受热面管子应做通球检查，通球后的管子应有可靠的封闭措施，通球直径应符合 GB/T 16508.4。

7.4.7 锅炉受热面管子及本体管道焊缝的无损检测应在外观检查合格后进行，并符合下列规定：

a) 锅炉受热面管子的抽检焊接接头数量应为焊接接头总数的 2%～5%；
b) 无损检测应符合 GB/T 16508.4 的要求；
c) 当无损检测的结果不合格时，除应对不合格焊缝进行返修外，尚应对该焊工所焊的同类焊接接头，增做不合格数的双倍复检；当复检仍有不合格时，应对该焊工焊接的同类焊接接头全部做探伤检查；
d) 焊接接头经射线检测发现存在不应有的缺陷时，应找出原因，制定可行的返修方案，方可进行返修；同一位置上的返修次数不应超过 2 次；同一位置上的返修次数不宜超过 2 次，如果超过 2 次，须由单位技术负责人批准，返修的部位、次数、返修情况应存入锅炉产品技术档案。

7.4.8 管子上的所有附属焊接件，均应在水压试验前焊接完毕。

7.4.9 管排安装后的排列应整齐，不得影响砌(挂)砖。

7.4.10 焊后需要热处理时，应在焊接工作全部结束并且经过检验合格后进行，一般采用局部热处理。热处理前应根据相应标准及图样编制热处理工艺；热处理设备应经过检验，且达到热处理工艺要求；焊后热处理各项指标应符合热处理工艺的要求。

7.4.11 焊缝和焊缝两侧的加热宽度应当各不小于焊接接头两侧管壁厚度(取较大值)的3倍或不小于200 mm。局部热处理时，应配有足够的绝热保温材料覆盖加热区域以外的元件毗邻区域，从而使其不会产生有害的温度梯度。

7.5 受热面管的胀接

7.5.1 受热面管子胀接安装前，应符合下列要求：

a) 管子表面不应有重皮、裂纹、压扁和严重锈蚀等缺陷；

b) 合金钢管应逐根进行光谱检查；

c) 受热面管应作外形检查及矫正；

d) 受热面管排列应整齐，局部管段与设计安装位置偏差应符合图样的要求；

e) 胀接管口的端面倾斜度应符合设计图样和工艺文件的规定的要求。

7.5.2 未经退火的管子胀接端硬度不小于锅壳管板、锅筒的硬度时，应对胀接管子的管端进行退火。当胀接管端硬度小于锅筒管孔壁的硬度时，管端可不进行退火。

7.5.3 胀接前，应清除管端的表面油污，并打磨至发出金属光泽；

7.5.4 胀接时，环境温度宜为0 ℃及以上。胀接时管端内部以及胀接器的滚柱、胀杆上均应涂上润滑油脂，严禁油脂渗入管孔与管子的接触面。

7.5.5 正式胀接前应进行试胀，对试样进行检查、比较、观察；胀口应无裂纹，胀接过渡部分应均匀圆滑，胀管口根部与管孔结合状态应良好，并应检查管孔壁与管子外壁的接触印痕和啮合状况，管壁减薄和管孔变形状况，以确定合理的胀管率。

7.5.6 胀接管端应根据打磨后的管孔直接与管端外径的实测数据进行选配；胀接管孔与管端的最大间隙应符合设计图样和工艺文件的规定的要求；

7.5.7 胀管应符合GB/T 16508.4的要求，同时还应注意以下问题：

a) 管端装入管孔后，应立即进行胀接；

b) 基准管固定后，宜从中间分向两边胀接；

c) 胀管率应按测量管子内径在胀接前后的变化值计算(简称内径控制法)，或按测量紧靠锅壳外壁处管子胀完后的外径计算(简称外径控制法)。

7.5.8 为保证胀管工作的正常运行，在生产中每班操作人员都应当进行一次试胀。

7.6 水压试验

7.6.1 锅炉的承压汽、水系统及其附属装置安装完毕后，应进行水压试验。铸铁省煤器安装前，宜逐根(或组)进行水压试验。

7.6.2 主汽阀、出水阀、排污阀和给水截止阀应与锅炉一起进行水压试验；安全阀应单独进行水压试验。

7.6.3 水压试验前的检查应符合下列要求：

a) 对锅壳、集箱等受压部(元)件应进行内部清理和表面检查；

b) 检查水冷壁、对流管束及其他管子应畅通；

c) 装设的压力表不应少于2只，额定工作压力小于2.5 MPa的锅炉，其精度等级不应低于2.5级；额定工作压力大于或等于2.5 MPa的锅炉，精度等级不应低于1.6级。压力表应经过校验合格，其表盘量程应为试验压力的1.5倍～3倍，宜选用2倍；

d) 应在系统的最低处装设排水管道和在系统的最高处装设放空阀。

7.6.4 水压试验应符合GB/T 16508.4的要求。

7.6.5 当水压试验不合格时，应返修。返修后应重做水压试验。

7.6.6 水压试验后，应及时将锅炉内的水全部放尽。当立式过热器内的水不能放尽时，当环境温度低于0 ℃时，应采取防冻措施。

7.6.7 每次水压试验应有记录。

8 管式空气预热器安装

8.1 管式空气预热器安装时，其支承架的允许偏差应符合设计文件的要求。

8.2 管式空气预热器的膨胀节应按设计图纸安装。

9 仪表、阀门

9.1 仪表的校验、安装等方面要求

9.1.1 热工仪表及控制装置安装前，除应按本部分的规定执行外，还应检查仪表、仪器的计量标识是否符合国家计量的有关标准规定。并应进行检查和校验，其精度等级等符合现场使用条件。

9.1.2 仪表及控制装置校验和维护应符合国家计量部门的有关规定。

9.1.3 压力管道及一次仪表的安装，应符合下列要求：

a) 在压力管道和设备上开孔应符合设计图样和工艺文件的规定的要求；

b) 当在同一管段上安装取压装置和测温元件时，取压装置应装在测温元件的上游。

9.1.4 测温装置安装时，应符合下列要求：

a) 测温元件安装位置应符合设计文件的要求；

b) 温度计插座的材质应与主管道相同。

9.1.5 压力测量装置的安装，应符合下列要求：

a) 压力测点应符合设计文件的要求；

b) 当就地压力表测量波动剧烈的压力时，在二次门后应安装缓冲装置；

c) 锅壳压力表上应标有表示锅壳工作压力的红线。

9.1.6 安装在炉墙和烟道上的取压装置应倾斜向上，且不应伸入炉墙和烟道的内壁。

9.1.7 水位表的安装，应符合下列要求：

a) 玻璃管(板)式水位表上应标明“最高水位”“最低水位”和“正常水位”标记；

b) 电接点水位表应垂直安装，其设计零点应与锅壳正常水位相重合；

c) 锅壳水位平衡容器安装前，应核查制造尺寸和内部管道的严密性；安装时应垂直；正、负压管应水平引出，并使平衡器的设计零位与正常水位线相重合。

9.1.8 信号装置的动作应灵敏、可靠，其动作值应按要求进行整定，并做模拟试验。

9.1.9 热工保护及联锁装置应按系统进行分项和整套联动试验，其动作应正确、可靠。

9.1.10 电动执行机构的安装，应符合下列要求：

a) 电动执行机构与调节机构的转臂宜在同一平面内动作；传动部分动作应灵活，无空行程及卡阻现象；

b) 电动执行机构应做远方操作试验。开关操作方向、位置指示器应与调节机构开度一致，并在全行程内动作应平稳、灵活、且无跳动现象，其行程及伺服时间应满足使用要求。

9.1.11 阀门电动装置的传动机构动作应灵活、可靠，其行程开关、力矩开关应按阀门行程和力矩进行

调整。

9.2 阀门的严密性试验、安装等方面要求

9.2.1 阀门均应逐个用清水进行严密性试验。严密性试验压力为工作压力的1.25倍。

9.2.2 蒸汽锅炉安全阀的安装，应符合下列要求：

a） 安全阀应逐个进行严密性试验；

b） 锅壳和过热器的安全阀的整定应符合GB/T 16508.5的要求；

c） 安全阀应垂直安装，并应装设有足够截面的排汽管，其管路应畅通，并直通至安全地点；排气管底部应装有疏水管；省煤器的安全阀应装排水管；

d） 在整定压力下，安全阀应无泄漏和冲击现象；

e） 安全阀经调整检验合格后，应做标记。

9.2.3 热水锅炉安全阀的安装，应符合下列要求：

a） 安全阀应逐个进行严密性试验；

b） 锅炉安全阀的整定压力应符合GB/T 16508.5的要求；

c） 安全阀应垂直安装，并装设泄放管。泄放管应直通安全地点，并应有足够的截面积和防冻措施，确保排泄畅通；

d） 安全阀在调整检验合格后，应做标志。

9.2.4 固定管式吹灰器的安装，应符合设计文件和产品说明书的要求。吹灰器管路应有坡度，并能使凝结水通过疏水阀流出；管路的保温应良好。

10 燃烧设备

10.1 炉排安装等方面要求

10.1.1 链条炉排安装前的检查，应符合GB 50273的要求。

10.1.2 链条炉排安装时允许偏差应符合GB 50273的要求。

10.1.3 对鳞片或横梁式链条炉排在拉紧状态下测量，各链条的相对长度差应符合GB 50273的要求。

10.1.4 炉排片组装不可过紧或过松，装配后应用手扳动，转动宜灵活。

10.1.5 边部炉条与墙板之间，应有膨胀间隙。

10.1.6 往复炉排安装时，允许偏差应符合GB 50273的要求。

10.1.7 炉排冷态试运转宜在筑炉前进行，并应符合下列要求：

a） 冷态试运转运行时间，链条炉排不应小于8 h；往复炉排不应小于4 h。在由低速到高速的调整阶段，应检查传动装置的保安机构动作；

b） 炉排转动应平稳，无异常声响、卡住、抖动和跑偏等现象；

c） 炉排片应能翻转自如，且无突起现象；

d） 滚柱转动应灵活，与链轮啮合应平稳，无卡住现象；

e） 润滑油和轴承的温度均应正常；

f） 炉排拉紧装置应留适当的调节裕量。

10.1.8 煤闸门及炉排轴承冷却装置应做水压检查。水压检查应符合设计文件和产品说明书的要求。

10.1.9 煤闸门升降应灵活，开度、煤闸门下缘与炉排表面的距离偏差应符合设计文件和产品说明书的要求。

10.1.10 挡风门、炉排风管及其法兰结合处、各段风室、落灰门等均应平整，密封良好。

10.1.11 挡渣铁应整齐地贴合在炉排面上，在炉排运转时不应有顶住、翻倒现象。

10.1.12 侧密封块与炉排的间隙应符合设计要求，防止炉排卡住。

10.2 燃烧器安装等方面要求

10.2.1 燃烧器安装前的检查，应符合下列要求：

a) 安装燃烧器的预留孔位置应正确，并应防止火焰直接冲刷周围的水冷壁管；

b) 调风器喉口与油枪的同轴度应符合设计文件和产品说明书的要求；

c) 油枪、喷嘴和混合器内部应清洁，无堵塞现象；油枪应无弯曲变形。

10.2.2 燃烧器安装时，调风装置调节应灵活，燃烧器的安装允许偏差应符合设计文件和产品说明书的要求。

11 炉墙砌筑和绝热层

11.1 炉墙砌筑的要求

11.1.1 炉墙砌筑和绝热层施工时，除应按本部分执行外，尚应符合 GB 50211 和 GB 50264 的有关规定。

11.1.2 炉墙砌筑应在锅炉水压试验合格，及所有砌入墙内的零件、水管和炉顶的支、吊装置等的安装质量均符合设计要求后进行。

11.1.3 砖的加工面和有缺陷的表面不宜朝向炉膛或炉子通道的内表面。

11.1.4 炉墙黏土砖砌至一定高度后，应随即进行外墙红砖的砌筑；拉固砖应在炉墙内外层高度基本相等时放置。

11.1.5 红砖外墙砌筑时，应在适当部位埋入短节钢管或暂留出一块丁砖的空隙，作为烘炉的排汽孔洞。烘炉完毕应将孔洞堵塞。

11.1.6 燃烧器孔砌筑时，孔的中心位置、标高和倾斜角度应符合设计规定。

11.1.7 耐火浇注料的品种和配备比应符合设计要求；浇注体表面不应有剥落、裂纹和孔洞等缺陷。

11.1.8 砌在炉墙内的立柱、梁、炉门框、窥视孔、管子、集箱等与耐火砌体接触的表面，均应铺贴石棉板或缠绕石棉绳等。

11.1.9 砌体膨胀缝的大小、构造及分布位置，应符合设计文件的要求。

11.1.10 砌体各部位砖缝的允许厚度，应符合设计文件的要求。

11.2 绝热层的要求

绝热层施工时，应符合下列要求：

a) 绝热层施工应在金属烟道、风管、管道等被绝热件的强度试验或严密性试验合格后，方可进行；

b) 绝热层的型式、膨胀缝的位置及绝热材料的强度、容重、导热系数、品种规格均应符合设计文件的要求；

c) 绝热层施工前，应清除锅壳、集箱、金属烟道、风管、管道等被绝热件表面的油污和铁锈，并按设计文件的要求涂刷耐腐蚀涂料；

d) 绝热材料采用成型制品时，捆扎应牢固，接缝应错开，里外层压缝，嵌缝应饱满；

e) 绝热层的允许偏差应符合设计文件的要求；

f) 绝热层施工时，阀门、法兰盘、人孔及其他可拆件的边缘应留出空隙，绝热层断面应封闭严密；托架处的绝热层应不得影响活动面的自由伸缩。

12 整装和组装锅炉的安装

12.1 整装和组装锅炉就位前的检查

应检查基础尺寸和位置，其允许偏差应符合锅炉设备技术文件的规定；当无规定时，应符合GB 50273 的要求。

12.2 锅炉的设备验收

锅炉运抵后，应在规定时间内根据制造厂的锅炉随炉资料，对零部件进行清点，复核设备的完整性，检查锅炉大件在运输途中是否有损坏变形等情况，如有缺件或损坏应在指定时间与锅炉制造厂联系。

12.3 整装锅炉(或组装锅炉的大件)的卸车

整装锅炉(或组装锅炉的大件)在卸车时，应按照锅炉随炉资料的要求，采用拉动移动或起吊移动。在采用拉动移动时，可以在锅炉大件的移动支架下放置多根钢管，用钢丝绳拉动，拉动时应注意安放钢丝绳的位置，不可损坏锅炉大件的任何部分；在采用起吊移时，安排的起重设备能力满足锅炉大件起吊的要求，起吊点应在锅炉大件的指定位置，不可任意在其他位置上起吊。

12.4 锅炉的总体安装

12.4.1 整装锅炉(或组装锅炉的大件)就位前，应按照锅炉安装的要求，将预先存放的零部件放入指定位置。

12.4.2 锅炉大件就位后应校正水平，其允许偏差应符合锅炉设备技术文件的规定；当无规定时，应符合 GB 50273 的要求。超差时可用垫铁校正。

12.4.3 组装锅炉应按照锅炉随炉资料的要求进行组装合拢，合拢位置尺寸、各大件的纵向中心偏差、倾斜偏差等应符合锅炉设备技术文件的规定，并对各大件的结合面按照要求进行固定和加填料密封。

13 风机、水泵等辅机的安装

13.1 风机的安装

13.1.1 应检查风机的基础、消音装置和防震装置，并应符合设计文件和产品说明书的有关要求。

13.1.2 风机的开箱检查应符合下列要求：

a) 按设备装箱单清点风机的零件、部件和配套件，并应齐全；
b) 应核对叶轮、机壳和其他部位的主要安装尺寸，并应与设计文件和产品说明书相符；
c) 风机外露部分、各加工面应无锈蚀；转子的叶轮和轴颈、齿轮的齿面和齿轮轴的轴颈的主要零件、部件的重要部位应无碰伤和明显的变形；
d) 整体出厂的风机，进气口和排气口应有防尘盖板遮盖。

13.1.3 风机的安装应符合设计文件和产品说明书的有关要求。

13.2 泵的安装

13.2.1 应检查泵的安装基础的尺寸、位置和标高，并应符合设计文件和产品说明书的有关要求。

13.2.2 泵的开箱检查应符合下列要求：

a) 应按设备技术文件的规定清点泵的零件和部件，并应无缺件、损坏和锈蚀等；管口保护物和堵盖应完好；

b) 应核对泵的主要安装尺寸并应与设计文件和产品说明书相符；

c) 应核对输送特殊介质的泵的主要零件、密封件以及垫片的品种和规格。

13.2.3 泵的安装应符合设计文件和产品说明书规定。

13.2.4 管道的安装除应符合 GB 50231 的规定外，尚应符合下列要求：

a) 管子内部和管端应清洗洁净，清除杂物；密封面和螺纹不应损伤；

b) 吸入管道和输出管道应有各自的支架，泵不得直接承受管道的重量。

13.2.5 泵的试运转应在其各附属系统单独试运转正常后进行。

13.2.6 泵应在有介质情况下进行试运转，试运转的介质或代用介质均应符合设计文件和产品说明书的要求。

13.3 风机、泵的安装验收

13.3.1 风机、泵应在试运转合格后，方可办理工程验收手续。

13.3.2 工程验收时，应具备下列资料：

a) 设备出厂的有关技术文件；

b) 设备的开箱检查记录；

c) 基础复查记录；

d) 设计变更的有关资料；

e) 设备安装过程中的各项实测记录、隐蔽过程记录等；

f) 设备试运转记录以及必要的竣工资料。

14 烘炉、煮炉、严密性试验和试运行

14.1 烘炉方案的制定及烘炉后验收的合格标准

14.1.1 烘炉前，应制定烘炉方案，并应具备下列条件：

a) 锅炉及其水处理、汽水、排污、输煤、除渣、送风、除尘、照明、循环冷却水等系统均应安装完毕，并经试运转合格；

b) 炉体砌筑和绝热工程应结束，并经炉体漏风试验合格；

c) 水位表、压力表、测温仪表等烘炉需用的热工和电气仪表均应安装和调试完毕；

d) 锅壳锅炉给水应符合 GB/T 1576 的规定；

e) 锅壳和集箱上的膨胀指示器应安装完毕，在冷态状态下应按照设计文件调整完毕；

f) 炉墙上的测温点或灰浆取样点应设置完毕；

g) 应有烘炉升温曲线图；

h) 管道、风道、烟道、灰道、阀门及挡板均应标明介质流向、开启方向和开度指示；

i) 炉内外及各通道应全部清理完毕。

14.1.2 烘炉可根据现场条件，采用火焰、蒸汽等方法进行；蒸汽烘炉适用于有水冷壁的各种类型的锅壳锅炉。用于链条炉排的燃料不应有铁钉等金属杂物。

14.1.3 火焰烘炉应符合下列要求：

a) 火焰应集中在炉膛中央，烘炉初期宜采用文火烘焙，初期以后的火势应均匀，并逐日缓慢加大；

b) 链条炉排在烘炉过程中应定期转动，并应防止烧坏炉排；

c) 烘炉温升应按过热器后(或相当位置)的烟气温度测定；根据不同的炉墙结构，其温升应符合下列要求：

1) 炉墙温升应符合设计文件的要求；

2) 耐火浇注料炉墙养护期满后，方可开始烘炉。

d) 当炉墙特别潮湿时，应适当减慢升温速度，延长烘炉时间。

14.1.4 蒸汽烘炉应符合下列要求：

a) 应采用0.3 MPa～0.4 MPa的饱和蒸汽从水冷壁集箱的排污阀接口处连续、均匀地送入锅炉，逐渐加热锅炉；锅炉的水位应保持正常，温度宜为90 ℃，烘炉后期宜补用火焰烘炉；

b) 应开启必要的挡板和炉门排除湿气，并应使炉墙各部均能烘干。

14.1.5 烘炉时，应经常检查砌体的膨胀情况。当出现裂纹或变形迹象时，应减慢升温速度，并应查明原因后，采取相应措施。

14.1.6 烘炉过程中应测定和绘制实际升温曲线图。

14.2 煮炉时的药液量、煮炉时间

14.2.1 在烘炉末期，当炉墙烘炉达到设计文件的要求时，即可进行煮炉。

14.2.2 煮炉开始时的加药量、煮炉的操作过程、煮炉的验收要求等应符合锅炉设备技术文件的规定；当无规定时，可以按GB 50273的规定进行煮炉。

14.3 严密性试验和试运行的要求

14.3.1 锅炉烘炉、煮炉合格后，应按锅炉设备技术文件的规定；当无规定时，可以按GB 50273的步骤进行严密性试验。

14.3.2 在严密性试验合格后，应对安全阀进行最终调整，调整后的安全阀应立即加锁或铅封。

14.3.3 安全阀调整后，锅炉应带负荷连续试运行48 h，整体出厂锅炉宜为4 h～24 h，以运行正常为合格。

15 验收

锅壳锅炉安装工程施工及验收，除应按本部分的规定执行外，还应符合现行国家法律、法规、标准的要求规定。工程验收应包括中间验收和总体验收。

15.1 锅炉验收的条件

锅炉连续试运行合格后，方可办理工程总体验收手续。未经总体验收，严禁锅炉投入使用。

15.2 锅炉验收的相关资料

15.2.1 现场安装的锅炉安装工程验收，应具备下列资料：

a) 开工报告；

b) 锅炉技术文件清查记录(包括设计修改的有关文件)；

c) 设备缺损件清单及修复记录；

d) 基础检查记录；

e) 钢架安装记录；

f) 钢架立柱底板下的垫铁及灌浆层质量检查记录；

g) 锅炉本体受热面管子的通球试验记录；

h) 阀门水压试验记录；

i) 锅壳、集箱、省煤器、过热器及空气预热器安装记录；

j) 管端退火记录;
k) 胀接管孔及管端的实测记录;
l) 锅炉胀管记录;
m) 受热面管子焊接质量检查记录和检验报告;
n) 水压试验记录及签证;
o) 锅壳封闭检查记录;
p) 炉排安装及冷态试运行记录;
q) 炉墙施工记录;
r) 仪表试验记录;
s) 烘炉、煮炉和严密性试验记录;
t) 安全阀调整试验记录;
u) 带负荷连续 48 h 试运行记录及签证。

15.2.2 整体安装的锅炉安装工程验收应具备下列资料:

a) 开工报告;
b) 锅炉技术资料清查记录(包括设计修改的有关文件);
c) 设备缺损件清单及修复记录;
d) 基础检查记录;
e) 锅炉本体安装记录;
f) 风机、除尘机、烟囱安装记录;
g) 给水泵或注水器安装记录;
h) 阀门水压试验记录;
i) 炉排冷态试运行记录;
j) 水压试验记录及签证;
k) 水位表、压力表和安全阀安装记录;
l) 烘炉、煮炉记录;
m) 带负荷连续 4 h～24 h 试运行记录。

15.3 锅炉性能指标的验收

15.3.1 对首批开发的新产品应按照 GB/T 10180 的规定进行性能试验,锅炉的热工、环保等性能指标应符合设计文件和国家法律、法规、标准的要求。

15.3.2 锅炉的性能试验可由验收双方协商确定,采用定型试验或验收试验进行。

ICS 27.060.30
J 98

中华人民共和国国家标准

GB/T 16508.8—2013

锅壳锅炉
第8部分：运行

Shell boilers—
Part 8: Operation

2013-12-31 发布　　　　2014-07-01 实施

中华人民共和国国家质量监督检验检疫总局
中国国家标准化管理委员会　发布

前言

GB/T 16508《锅壳锅炉》分为以下8个部分：

——第1部分：总则；

——第2部分：材料；

——第3部分：设计与强度计算；

——第4部分：制造、检验和验收；

——第5部分：安全附件和仪表；

——第6部分：燃烧系统；

——第7部分：安装；

——第8部分：运行。

本部分为GB/T 16508的第8部分。

本部分按照GB/T 1.1—2009给出的规则起草。

本部分由全国锅炉压力容器标准化技术委员会(SAC/TC 262)提出并归口。

本部分起草单位：广东省特种设备检测研究院、上海工业锅炉研究所、无锡太湖锅炉有限公司、江苏太湖锅炉股份有限公司、张家港海陆重工有限公司。

本部分主要起草人：喻孟全、钱风华、李越胜、吴钢、顾利平、潘瑞林、薛建光、濮剑虹。

锅壳锅炉
第8部分:运行

1 范围

GB/T 16508 的本部分规定了锅壳锅炉运行管理的基本要求、运行前的准备、启动、运行与调节、停炉、故障处理等要求。

本部分适用于 GB/T 16508.1 范围界定的锅壳锅炉。

2 规范性引用文件

下列文件对于本文件的应用是必不可少的。凡是注日期的引用文件,仅注日期的版本适用于本文件。凡是不注日期的引用文件,其最新版本(包括所有的修改单)适用于本文件。

GB/T 1576 工业锅炉水质

GB/T 2900.48 电工名词术语 锅炉

GB/T 12145 火力发电机组及蒸汽动力设备水汽质量

GB 13271 锅炉大气污染物排放标准

TSG G0001 锅炉安全技术监察规程

TSG G0002 锅炉节能技术监督管理规程

TSG ZF001 安全阀安全技术监察规程

3 术语和定义

GB/T 2900.48 界定的以及以下术语和定义适用于本文件。

3.1

停炉保养 boiler maintenance

在锅炉较长时间停炉期间,为了防止金属腐蚀减薄的保养措施。

3.2

干法保养 boiler dry maintenance

在锅炉较长时间停炉期间,采用使锅炉内部无水分的方法防止金属腐蚀减薄的保养措施。

3.3

湿法保养 boiler wet maintenance

在锅炉短时间停炉期间,采用使锅炉内部水中的氧与金属表面不起作用的方法防止金属腐蚀减薄的保养措施。

4 运行管理的基本要求

4.1 锅炉使用单位应选用符合国家安全技术规范和有关标准要求的锅炉设备,不应选用国家明令淘汰的锅炉和辅机产品。

4.2 锅炉在投入使用前应按照 TSG G0001《锅炉安全技术监察规程》的规定向当地锅炉安全监督管理

部门办理使用登记。

4.3 使用单位应按照 TSG G0001《锅炉安全技术监察规程》和 TSG G0002《锅炉节能技术监督管理规程》的规定，建立锅炉安全与节能的技术档案、锅炉使用管理制度和操作规程。

4.4 锅炉作业人员应按照《特种设备作业人员监督管理办法》的规定持证上岗，按章作业，做好运行检查和记录，发现隐患应及时报告和正确处理。

4.5 锅炉正式投运前，应按 TSG ZF001《安全阀安全技术监察规程》的要求对安全阀进行整定与校验。

4.6 锅炉在运行中，应保证汽压、水位、温度正常，自动控制及联锁保护装置完好，不应在非保护状态下运行。

4.7 锅炉水(介)质应符合 GB/T 1576 或 GB/T 12145 的规定。

4.8 锅炉运行时的大气污染物排放限值应符合 GB 13271 的规定以及锅炉使用地区的环保要求。

5 运行前的准备

5.1 锅炉的外部检查

5.1.1 锅炉本体、辅机设备，以及支承、吊架应完好。

5.1.2 风道及烟道的调节门、挡板应完好、开关灵活、启闭指示正确。

5.1.3 锅炉外部炉墙及保温应完好。

5.1.4 炉门、灰门、看火门孔、防爆门，以及手孔、人孔、检查门孔等装置应完好，且关闭严密。

5.2 锅炉安全附件的检查

5.2.1 安全附件齐全、完好，处于启动要求的位置。

5.2.2 压力表应齐全完好，指针指示正确。存水弯管应正常不变形，压力表三通旋塞启闭灵活。

5.2.3 水位表及其附件应齐全完好，保证水位指示清晰可见。水位表的连接阀、排污阀应启闭灵活。

5.2.4 温度测量仪表及连接件应齐全完好，指针指示正确。

5.2.5 安全阀、泄放阀的铅封应完好，泄放管完好畅通，确保泄放安全，必要时应有防冻措施。

5.3 能效监控装置、能源计量仪表的检查

燃料消耗量计量装置、介质温度计及流量计等应齐全完好，指针指示正确。

5.4 受热面的检查

5.4.1 使用单位应按照锅炉使用说明书的要求，制定锅炉受热面定期检查操作规程。在锅炉的定期检验和大修后应对受热面进行检查。

5.4.2 受热面的外包装、保温及各连接处密封应完好，检查门、孔在关闭状态时密封良好。必要时，应检查过热器、省煤器及空气预热器内部有无异物，保证烟道畅通。

5.5 汽水管道和阀门的检查

锅炉的蒸汽管道、给水管道、进水管道、出水管道、疏水管道和排污管道应畅通，各管道的支架、保温应良好。管道上的阀门应完好且开关灵活，阀门的启闭和开度应保持正确位置。

5.6 燃烧设备的检查

5.6.1 燃烧设备应无影响正常运行的变形和损伤，机械传动装置应进行试运转正常，且润滑良好。

5.6.2 炉排无影响正常运行的变形和损伤，炉排片的间隙合适，给煤机应运转正常。

5.6.3 燃油或燃气锅炉应检查燃烧器、燃料供应管路、滤网、油泵、油加热器等。各旋塞、阀门、接头等

不应堵塞或泄漏。油压表、油温表、气压表应完好，指针指示正确。

5.7 给水系统及水处理设备的检查

5.7.1 水泵应处于正常状态并经试运转正常，给水管路、阀门、水箱及附件应处于正常状态。

5.7.2 离子交换设备、除氧设备及加药设备应完好，无泄漏、腐蚀、堵塞，具备运行条件。

5.8 通风设备的检查

检查送、引风机内有无异物。风机处于正常状态并经试运转正常，润滑油油位正常。烟、风挡板转动灵活，启闭和开度符合要求。

5.9 除渣及除尘脱硫设备的检查

5.9.1 除渣设备装置齐全完好，润滑、冷却系统正常，试运转无异常现象。

5.9.2 除尘脱硫设备外部应清洁，无漏风、漏水及堵塞等现象。

5.10 燃料供应和输送设备的检查

燃料储存应充足，输送系统试运转无异常现象。

5.11 吹灰装置的检查

吹灰装置应完好，且无泄漏，动作灵活。配套设施应运转正常。

6 启动

6.1 锅炉进水

6.1.1 蒸汽锅炉进水

应在锅炉进水阀处于开启状态时进水，进水速度应按锅炉使用说明书的要求。在进水过程中，应检查空气阀是否排气，锅筒、联箱的孔盖及各部的阀门、法兰、堵头等处是否有漏水现象。当进水至最低安全水位时，停止进水进行检查，如有异常情况，应进行处理；当锅炉点火对水位有特殊要求时，应进水至点火水位。

6.1.2 热水锅炉进水

热水锅炉充水前应关闭所有的排水及疏水阀，同时开启管网末端的连接供水与回水管的旁通阀。进水至锅炉顶部、管网中、集气罐上的空气阀冒出水为止。

6.2 点火

6.2.1 锅炉的点火方法和程序应按锅炉使用说明书的要求或使用单位制定的操作规程进行。

6.2.2 链条炉排锅炉的点火，应先打开烟道挡板，保持烟气通道畅通。点火不应使用易爆燃的燃料。热水锅炉在点火前应启动循环水泵。

6.2.3 燃油燃气锅炉点火，应按规定的点火程序进行。在点火前应用风机对炉膛进行吹扫，吹扫风量应足以使炉膛和烟道中的残存气体被吹尽。如果一次点火不成功，应检查火焰探测器是否正常、熄火保护是否起作用、熄火后是否切断燃料的供给。再次点火应有足够的时间间隔且满足风量足够的要求。

6.3 蒸汽锅炉的升压与并汽

6.3.1 升压

6.3.1.1 为确保锅炉不致产生过大的热应力，锅炉从冷态备用状态点火到升至工作压力应保证有一定的时间，按锅炉使用说明书或使用单位制定的操作规程进行。

6.3.1.2 升压过程中应控制水位，水位过高时采用锅炉下部放水方法，水位过低则进行补水。

6.3.1.3 对于非沸腾式省煤器，有旁路烟道者应使省煤器出口水温低于相同压力下的饱和温度 30 ℃以下，无旁路烟道者可用再循环管路保持省煤器出口水温。

6.3.2 并汽

6.3.2.1 并汽前应使锅炉出口蒸汽压力略低于蒸汽母管汽压，以免并汽时汽压突降引起锅水急剧蒸发。

6.3.2.2 并汽时应先开启并汽阀的旁路阀，后开启并汽阀。开阀时要缓慢，并汽阀开启后再关闭并汽阀的旁路阀。

6.4 热水锅炉升温

在升温期间，应密切监视出水温度及压力的变化。当出水温度接近正常供水温度时，应检查各连接处有无渗漏现象。

6.5 水泵的检查

锅炉启动前，应对水泵进行试运转，并应检查轴承盒内润滑油是否充足，轴承冷却水系统是否正常。

6.6 风机的开启

风机的开启方法和程序应按锅炉的使用说明书或使用单位制定的操作规程进行，同时配备鼓风机和引风机的锅炉，一般情况下，应先开启引风机，后开启鼓风机。

6.7 除尘脱硫设备的启动

除尘脱硫设备应随锅炉同时启动，开启方法和程序应按锅炉的使用说明书或使用单位制定的操作规程进行。

7 运行与调节

7.1 安全附件

7.1.1 压力表

运行中压力表及三通旋塞出现破裂、渗漏、指示压力不正确等影响安全的故障时，应及时修复，必要时应停炉检修。压力表存水弯管及连接管应定期进行冲洗，保证通畅。

7.1.2 水位表

7.1.2.1 水位表应保持清洁，如不能清晰显示水位时应及时更换。

7.1.2.2 水位表应定期冲洗检查，当锅炉开启时，应按如下方式冲洗水位表：

a） 锅炉内有压，则在点火前进行；

b） 锅炉内无压，则在产生蒸汽升压后进行。

7.1.2.3 使用压差式远程水位表时，应防止管路中出现泄漏。

7.1.2.4 水位表阀门应定期开启，保持操作灵活，便于拆卸检修。

7.1.3 安全阀

7.1.3.1 应定期进行安全阀手动排放试验。

7.1.3.2 当安全阀发生蒸汽泄漏时，应及时处理，必要时应停炉更换。对于弹簧安全阀，不应采用压紧弹簧的方式处理；对于杠杆式安全阀，不应采用外移重锤的方法处理。

7.1.3.3 若安全阀达到整定压力没有起跳排放时，应在手动提升杠杆使其排放后再行试验。当动作仍达不到要求时，则应停炉检修。

7.2 辅机

7.2.1 水泵

水泵运转时应保持平稳，无异常声响。当出现异常情况，应切换至备用水泵，并及时检修。

7.2.2 风机

风机正常运行中，应观察电动机的电流变化，并经常观察轴承润滑、油位及轴承温度等。遇到下列情况时，应立即停机检查或修理：

a) 电动机冒烟；

b) 发生强烈振动和有较大的碰撞声；

c) 电流值突然变大。

7.2.3 除尘设备

7.2.3.1 除尘器在运行中应保持密封，排灰系统应运转正常，排灰畅通。

7.2.3.2 水膜除尘器应保持除尘器水箱水位正常，不允许水箱向外溢水或中断供水；锁风器应灵活，水封严密；除尘器水门应全开，喷嘴水流畅通；除尘器底部有堵灰时，应及时疏通。

7.2.3.3 袋式除尘器入口前应设有旁通烟道，旁通烟道阀应为自动控制。烟温过低或烟温超高时应隔离袋式除尘器，使烟气进入旁通烟道，以免损坏滤袋。如长期停运，应在停止工作后进行 15 min～30 min 的清灰运转，停运期间应保持滤袋干燥。

7.2.3.4 静电除尘器运行中应观察电流、电压的变化，出现异常时应及时进行检查与维修。

7.2.3.5 应经常检查湿法脱硫装置的喷口是否有堵塞，洗涤液中脱硫剂的浓度是否达到要求，如发现堵灰应及时疏通。

7.2.4 除渣设备

除渣设备的转动部分应及时添加润滑油，以防止部件的磨损；刮板除渣机应空载启动，如无特殊情况不得负载停车。

7.2.5 上煤设备

应经常检查传动部件，保持传动轴承和驱动部分润滑良好。

7.2.6 水处理设备

7.2.6.1 对于锅内水处理，应根据锅水水质化验报告及时向锅内加药，并调整连续排污阀开度或开启定期排污阀排水。蒸汽锅炉的排污应保证锅水的碱度和含盐量在规定的范围内；热水锅炉的排污应保证出水水质符合要求。

7.2.6.2 对于锅外水处理，应定期化验经过水处理设备处理后的水质，加强树脂的使用和管理，防止其失效。

7.2.6.3 应定期对除氧器出水水质进行分析，控制给水水质。除氧器停用时应放尽水箱内部存水，检查和清洗所有部件，并保持水封管畅通，防止除氧器超压运行。

7.3 蒸汽压力调节

通过调整燃烧等方法调节蒸汽压力，以保证锅炉蒸发量满足供汽负荷的要求。蒸汽压力应保持稳定，不得超压运行。

7.4 水位调节

7.4.1 在运行中应保持水位表完好，指示正确、清晰可见、照明充足。

7.4.2 锅炉给水应维持锅炉水位在锅筒水位表的正常范围内。锅炉给水应按锅筒水位表的指示进行调整。水位表的偏差应符合锅炉使用说明书的要求。当水位表有异常时，应及时处理。

7.4.3 在锅炉负荷变化较大时，应注意水位的"虚假"变化，避免误操作。

7.4.4 当给水自动调节器投入运行时，应监视锅筒水位的变化，并对照检查给水流量与蒸汽流量是否相符。

7.5 热水锅炉出水温度调节

7.5.1 锅炉使用单位应根据当地情况，制定锅炉出水温度与室外气温关系曲线，运行中依据规定的出水温度与室外气温的对应关系及时进行燃烧调节。

7.5.2 热水锅炉出水温度应低于运行压力下相应饱和温度(即锅水汽化温度)的 30 ℃以下。

7.6 燃烧调整

7.6.1 调整方式的确定

按照锅炉使用说明书的要求，根据锅炉负荷变化情况调整燃烧工况，调整方式可根据锅炉的燃料种类、炉膛结构和燃烧方式等进行确定，如调整燃料供应量、空气供应量等。

7.6.2 链条炉排锅炉调整

7.6.2.1 锅炉在正常运行中，应根据锅炉负荷的变化及时调整给煤量和送风量，一般采取改变炉排速度的方式调整给煤量；只有在锅炉负荷变化较大或煤质改变时，可采用变更煤层厚度的方式调整给煤量。

7.6.2.2 应采用调整鼓、引风机的风量、炉排配风风门的开度等方法降低排烟处过量空气系数、降低炉渣和飞灰含碳量。在运行中，应防止炉排片、炉排托架和挡灰板过热；在压火后，如有过热现象时，可加强自然通风使其冷却，禁止浇水冷却。

7.6.3 燃油气锅炉燃烧调整

7.6.3.1 锅炉操作人员应密切关注锅炉的出力情况。如锅炉及供热系统出现异常，应及时处理。

7.6.3.2 如锅炉的运行工况超出了自动调节的范围，则应通过更换燃油的油嘴、改变供油(气)压力等方法进行调整。调整方法应按锅炉和燃烧器的使用说明书进行。

7.7 自动控制与联锁保护

7.7.1 自动控制系统的运行

7.7.1.1 自动控制系统应定期进行验证，锅炉自动控制系统不得解列，自动控制装置的损坏或故障应及时修复。

7.7.1.2 自动控制系统投入运行时,应监视锅炉运行参数的变化、自动控制系统的动作情况,避免因失灵而造成不良后果。

7.7.1.3 当自动控制装置出现故障不能立即修复,又不能停止锅炉运行,并且解列的自动控制确认不影响锅炉的安全运行时,须得到使用单位锅炉设备技术主管确认后方可解列。

7.7.2 联锁保护系统的运行

7.7.2.1 锅炉联锁保护系统出现失效时,应立即停止锅炉运行,修复或更换后方可重新启动锅炉。

7.7.2.2 锅炉运行时保护装置与联锁装置不得退出停用。

7.8 吹灰装置的运行

7.8.1 吹灰装置的操作应按锅炉使用说明书的要求或使用单位制定的操作规程进行。

7.8.2 当锅炉运行负荷变化较大或燃料变化等情况时,应加强吹灰条件的监视,调整吹灰的频次和吹灰的强度。

7.8.3 实施吹灰时,应密切监视锅炉各部分运行参数或状态的变化,并进行现场检查。发生异常时,应进行分析并排除故障。

8 停炉

8.1 正常停炉

8.1.1 锅炉的正常停炉应符合安全技术规范的规定,操作方法和程序应按锅炉使用说明书或使用单位制定的操作规程进行。

8.1.2 蒸汽锅炉的正常停炉操作为停止供给燃料,停止送风,再停止引风;降低压力,保持水位,待冷却后再关闭给水阀;关闭主汽阀,打开疏水阀;关闭烟道挡板。

8.1.3 热水锅炉的正常停炉操作为停止供给燃料,停止送风,再停止引风,但不可立即停止循环水泵,只有当锅炉出水温度低于 50 ℃时才能停止循环水泵。停止循环水泵时要防止产生水击。

8.2 紧急停炉

8.2.1 紧急停炉的条件、操作方法和程序应按锅炉使用说明书或使用单位制定的操作规程进行。

8.2.2 紧急停炉时,应先停止燃料供给,同时按照锅炉使用说明书的要求调整烟风系统、汽水系统,保证不超压、不干锅、不爆炸,不影响其他设备的安全。当锅炉内部水温低于 70 ℃时,方可排尽锅水。

8.2.3 紧急停炉时,如无缺水和满水现象,可以采用给水、排污的方式来加速冷却和降低锅炉压力。

8.2.4 对于链条炉排锅炉,可根据故障的性质进行处理。必要时可排出炉膛内燃煤,但在任何情况下不得采用往炉膛里浇水冷却锅炉的方法。

8.2.5 对于热水锅炉紧急停炉,不得立即停止循环水泵,待锅炉出口水温度降到 50 ℃以下时,才能停止循环水泵,关闭出口阀门,打开泄放管,排出蒸汽。如继续汽化,可向锅炉进水,从泄放管放水,使锅水流动,降低锅水温度。热水锅炉与热水供热系统有自然循环回路的,应打开自然循环回路上的阀门。

9 维护与保养

使用单位应根据锅炉使用说明书制定符合本单位实际情况的维护保养制度和操作方法。

9.1 运行维护保养

锅炉在运行期间不停炉进行局部的、预防性的检修。一般锅炉运行3个月后进行1次。

9.2 定期维护保养

使用单位应有计划地安排停炉，对设备进行全面的、恢复性的检修或更换零部件的保养工作。一般锅炉运行1年后进行1次。

9.3 停炉保养

9.3.1 锅炉在停炉后应进行保养，防止锅炉被腐蚀等侵害，延长锅炉使用寿命。停炉后应有防寒措施，冬季停炉后，应监视锅炉房的温度，维持室温经常在10 ℃以上。热工仪表导管内的积水应排净，湿式除尘脱硫器中的存水应排净。

9.3.2 停炉时间较长的锅炉应采用干法保养。停炉后将水放净，清除水垢和烟灰，关闭汽、水管道及排污管道上的阀门。打开锅筒上的人孔，将足量干燥剂放入锅筒内，然后将人、手孔密封。及时更换失效的干燥剂。如果锅炉房环境较为潮湿，则炉膛内也应放入干燥剂防潮。

9.3.3 停炉时间较短的锅炉应采用湿法保养。停炉后将水放净，清除水垢和烟灰。将配置的碱性防腐液注入锅炉，关闭所有汽、水、排污阀及手孔、人孔等。开启给水阀门将软化水灌满锅炉(包括过热器和省煤器)，然后关闭空气阀和给水阀门，再开启专用水泵使锅炉内部的水循环流动，保持锅炉内壁各处的碱液浓度均匀。保养期要保持锅水碱度，pH值为10～12。

10 故障处理

10.1 锅炉管理人员应按锅炉使用说明书的要求，掌握锅炉故障的处理方法和操作程序。

10.2 蒸汽锅炉超压故障的处理方法如下：

a) 停止燃料供给，迅速减弱燃烧强度；
b) 如果安全阀失灵而不能自动排气时，可人工启动安全阀排气，或打开锅炉上的空气阀，使锅炉逐渐降压；
c) 进行给水和排污，降低锅内温度；
d) 压力降低到允许范围后，检查本体有无损坏和查找锅炉超压原因后，再决定停炉或恢复运行。

10.3 蒸汽锅炉缺水故障的处理方法如下：

a) 当锅炉汽压及给水压力正常，而锅筒水位低于最低安全水位时，应采取下列措施：
   1) 验证低位水位表的指示正确性(如对其有怀疑时，应与锅筒水位表对照，必要时还应冲洗水位表)；
   2) 若因给水自动调整器失灵而影响水位时，应手动开大调整阀，增加给水；
   3) 如用调整阀不能增加给水时，则应投入备用给水管道，增加给水；
   4) 检查所有的排污阀及放水阀是否关闭，必要时，可适当降低锅炉蒸发量；
   5) 如锅筒水位继续下降，且在锅筒水位表中消失时，应立即紧急停炉。
b) 如给水压力不正常，锅筒水位降低时，应降低锅炉蒸发量，维持水位，同时进行处理。仍然不能维持水位，应立即紧急停炉。

10.4 蒸汽锅炉汽水共腾故障的处理方法如下：

a) 适当降低锅炉蒸发量，并保持稳定；
b) 全开连续排污阀，必要时，开启故障放水阀或其他排污阀，注意保持锅筒水位不低于最低安全水位；

c) 采用锅内投药处理的锅炉，应停止加药；
d) 开启过热器和蒸汽管道等处的疏水阀进行疏水；
e) 测定蒸汽含盐量，并改善锅水质量；
f) 在锅水质量未改善前，不允许增加锅炉负荷；
g) 故障消除后，应冲洗锅筒水位表。

10.5 蒸汽锅炉爆管故障的处理方法如下：

a) 炉管爆管的处理方式：
 1) 炉管轻微破裂，如水位尚能维持，故障不会迅速扩大时，可短时间减负荷运行，至备用锅炉升火后再停炉；
 2) 炉管爆裂，不能维持水位和汽压时，应紧急停炉，特别是当水位表中已看不到水位，炉膛温度又很高时，切不可给水，以免导致更大故障发生。但引风机应继续运行，待排尽高温烟气和蒸汽后方可停止；
 3) 如有数台锅炉并列供汽，应将故障锅炉与蒸汽母管隔断。
b) 过热器管爆裂的处理方式：
 1) 过热器管轻微破裂，不致引起故障扩大时，可维持短时间运行，待备用锅炉投入运行后再停炉检修；
 2) 过热器管爆裂较严重时，应紧急停炉。
c) 省煤器管爆裂的处理方式：
 1) 对于沸腾式省煤器，如能维持锅炉正常水位时，可加大给水量，并且关闭所有的放水阀和再循环管阀，以维持短时间运行，待备用锅炉投入运行后再停炉检修。如果故障扩大，不能维持水位时，应紧急停炉；
 2) 对于非沸腾式省煤器，应开启旁路烟道挡板，关闭主烟道挡板，暂停使用省煤器。同时开启省煤器旁通管路旁通阀，继续向锅炉供水；
 3) 如省煤器烟气进出口挡板很严密，开启旁路烟道后省煤器被隔绝，可不停炉进行检修；
 4) 锅炉在隔绝有故障省煤器运行时，排烟温度不应超过引风机铭牌的规定，否则应降低负荷运行。

10.6 热水锅炉汽化故障的处理方式如下：

a) 停止锅炉运行；
b) 检查热水锅炉和供热循环回路系统产生汽化的原因，并进行处理。

10.7 热水锅炉水击故障的处理方式如下：

a) 锅炉局部汽化造成的水击故障应停止锅炉运行；
b) 省煤器中发生水击故障时，有旁路烟道的应打开旁路烟道，关闭主烟道。随着省煤器中烟温降低，其水击现象会随之减缓。此时，应开大省煤器回水阀，增加回水流量，待水击现象消除后，再使烟气流经省煤器；
c) 对无旁路烟道的中热水锅炉，应视省煤器与锅炉的连接形式分别处理：
 1) 省煤器与锅炉采用并联连接方式：应首先减弱燃烧，待水击现象缓解后开大省煤器进水阀，加大流经省煤器的回水量，待水击现象完全消除，再恢复正常燃烧。并注意监视省煤器的进、出水温度；
 2) 省煤器与锅炉采用旁路管的连接方式：应首先减弱燃烧，同时观察省煤器进、出水温度，如水在省煤器中温升不大，应打开省煤器顶部的安全阀，放水排气，待水击现象完全消除后再恢复正常运行；
 3) 省煤器与锅炉采用串联连接方式：参照上述方法进行处理；
d) 汽水两用锅炉中发生由蒸汽窜入热水引出管而造成水击故障时，应立即减弱燃烧，停止循环水泵的运行,同时缓慢上水,使热水引出管上部水位高度增加。在进行以上操作的过程中应随时监视锅筒压力,使之保持在正常范围内。

10.8 燃油或燃气锅炉炉膛熄火故障的处理方式如下:

a) 关闭总进油阀及油嘴的进、回油阀,关闭燃气供应阀门;
b) 保持锅炉正常水位;
c) 重新启炉点火要有足够的时间间隔且满足风量足够的要求。再次点火应按锅炉使用说明书的要求进行,防止炉内的残余可燃气体发生爆燃引起安全事故。

10.9 燃油或燃气锅炉炉膛爆炸故障的处理方式如下:

a) 立即停炉,切断全部电源;
b) 切断燃料供应。

10.10 锅炉尾部烟道二次燃烧故障的处理方式如下:

a) 立即停炉,切断燃料供应;
b) 关闭烟道、风道挡板,严禁启动送、引风机;
c) 立即投入二氧化碳或其他灭火装置,不能用水灭火;
d) 当排烟温度低于150 ℃且稳定1 h以上,可打开检查门孔检查,确认无火源后,方可启动风机通风降温。当排烟温度下降到50 ℃以下时,方可进入烟道内检查。

ICS 83.080.10
G 32

中华人民共和国国家标准

GB/T 16579—2013
代替 GB/T 16579—1996

D001 大孔强酸性苯乙烯系阳离子交换树脂

D001 macroporous strongly acidic styrene type cation exchange resins

2013-09-06 发布 2014-01-31 实施

中华人民共和国国家质量监督检验检疫总局
中国国家标准化管理委员会 发布

前　言

本标准按照 GB/T 1.1—2009 给出的规则起草。

本标准代替 GB/T 16579—1996《D001 大孔强酸性苯乙烯系阳离子交换树脂》，与 GB/T 16579—1996 相比，主要技术变化如下：

——取消了各类产品"优等品"、"一等品"和"合格品"分级。

——增加了 D001TR 分类及相应的指标，其"范围粒度"要求为"(0.710 mm～1.250 mm) ≥95%"、"下限粒度"要求为"(<0.710 mm)　≤1%"。

——"交换容量"指标改为"≥4.35 mmol/g"。

——"体积交换容量"指标改为"≥1.8 mmol/mL"。

——"含水量"指标改为"45.0%～55.0%"。

——"湿视密度"指标改为"0.77 g/mL ～0.85 g/mL"。

——"湿真密度"指标改为"1.24 g/mL ～1.28 g/mL"。

——D001 的"有效粒径"指标改为"≥0.40 mm"、"均一系数"指标改为"≤1.6"。

——D001FC 的"有效粒径"指标改为"≥0.50 mm"。

——D001SC 的"有效粒径"指标改为"≥0.63 mm"。

——D001MB 的"有效粒径"指标改为"0.55 mm～0.90 mm"、"范围粒度"指标改为"(0.500 mm～1.250 mm)≥95%"。

——"渗磨圆球率" 指标改为"≥90%"。

本标准由中国石油和化学工业联合会提出。

本标准由全国塑料标准化技术委员会通用方法和产品分会(SAC/TC 15/SC 4)归口。

本标准主要起草单位：江苏苏青水处理工程集团公司、西安热工研究院有限公司、宁波争光树脂有限公司、淄博东大化工股份有限公司、国家合成树脂质量监督检验中心。

本标准主要起草人：蒋惠平、崔焕芳、沈建华、彭章华、赵平、翟静华。

本标准所代替标准的历次版本发布情况为：

——GB/T 16579—1996。

D001大孔强酸性苯乙烯系阳离子交换树脂

1 范围

本标准规定了D001大孔强酸性苯乙烯系阳离子交换树脂的产品分类、要求、检验方法、检验规则、标志、包装、运输和贮存。

本标准适用于含有磺酸基团的钠型D001大孔强酸性苯乙烯系阳离子交换树脂。该产品主要用于硬水软化、纯水制备、湿法冶金等。

2 规范性引用文件

下列文件对于本文件的应用是必不可少的。凡是注日期的引用文件，仅注日期的版本适用于本文件。凡是不注日期的引用文件，其最新版本(包括所有的修改单)适用于本文件。

GB/T 1631 离子交换树脂命名系统和基本规范

GB/T 5475 离子交换树脂取样方法

GB/T 5476 离子交换树脂预处理方法

GB/T 5757 离子交换树脂含水量测定方法

GB/T 5758 离子交换树脂粒度、有效粒径和均一系数的测定

GB/T 8144 阳离子交换树脂交换容量测定方法

GB/T 8330 离了交换树脂湿真密度测定方法

GB/T 8331 离子交换树脂湿视密度测定方法

GB/T 12598 离子交换树脂渗磨圆球率、磨后圆球率的测定

3 产品分类

D001大孔强酸性苯乙烯系阳离子交换树脂的型号按GB/T1631编制。MB表示混床专用;FC表示浮床专用;SC表示双层床专用;TR表示三层床专用。

4 要求

4.1 外观

驼色或褐色球状不透明颗粒。

4.2 出厂型式

钠型。

4.3 技术要求

技术要求应符合表1的规定。

表 1 D001 大孔强酸性苯乙烯系阳离子交换树脂(钠型)技术要求

项 目	D001	D001FC	D001SC	D001MB	D001TR
交换容量/(mmol/g)	≥4.35				
体积交换容量/(mmol/mL)	≥1.8				
含水量/%(质量分数)	45.0～55.0				
湿视密度/(g/mL)	0.77～0.85				
湿真密度/(g/mL)	1.24～1.28				
有效粒径/mm	≥0.40	≥0.50	≥0.63	(0.55～0.90)	—
均一系数	≤1.6		≤1.4		—
范围粒度/%	(0.315 mm～1.250 mm)≥95	(0.450 mm～1.250 mm)≥95	(0.630 mm～1.250 mm)≥95	(0.500 mm～1.250 mm)≥95	(0.710 mm～1.250 mm)≥95
下限粒度/%	(<0.315 mm)≤1	(<0.450 mm)≤1	(<0.630 mm)≤1	(<0.500 mm)≤1	(<0.710 mm)≤1
渗磨圆球率/%	≥90				

5 试验方法

5.1 外观

目测。

5.2 试样预处理

按 GB/T 5476 规定的方法进行处理。

5.3 交换容量和体积交换容量的测定

5.3.1 交换容量的测定

按 GB/T 8144 规定的方法进行测定,结果保留小数点后 2 位数字。

5.3.2 体积交换容量的计算

体积交换容量按式(1)计算,结果保留小数点后 1 位数字。

$$Q_v = Q_w \cdot \rho (1 - w) \qquad \cdots\cdots (1)$$

式中:

Q_v ——体积交换容量,单位为毫摩尔每毫升(mmol/mL);

Q_w ——交换容量,单位为毫摩尔每克(mmol/g);

ρ ——湿视密度,单位为克每毫升(g/mL);

w ——含水量,%。

5.4 含水量的测定

按 GB/T 5757 规定的方法进行测定，结果保留小数点后 1 位数字。

5.5 湿视密度的测定

按 GB/T 8331 规定的方法进行测定，结果保留小数点后 2 位数字。

5.6 湿真密度的测定

按 GB/T 8330 规定的方法进行测定，结果保留小数点后 2 位数字。

5.7 有效粒径和均一系数的测定

按 GB/T 5758 规定的方法进行测定，有效粒径结果保留小数点后 2 位数字，均一系数保留小数点后 1 位数字。

5.8 粒度的测定

按 GB/T 5758 规定的方法进行测定，范围粒度结果保留 2 位有效数字，下限粒度结果保留 1 位有效数字。

5.9 渗磨圆球率的测定

采用原样，按 GB/T 12598 规定的渗磨圆球率的方法进行测定，结果保留 2 位有效数字。

6 检验规则

6.1 检验分类与检验项目

产品的检验分为出厂检验和型式检验。

6.1.1 出厂检验

生产单位应对每批产品进行出厂检验。表 1 中的交换容量、体积交换容量、含水量、湿视密度、湿真密度、粒度、渗磨圆球率为出厂检验至少应包括的项目。供需双方可商定增加出厂检验项目。

6.1.2 型式检验

表 1 中的全部性能项目为型式检验项目。正常生产过程中，每半年至少进行一次型式检验。如有下列情况之一，也应进行型式检验：

a） 新产品投产或者产品转厂生产；

b） 正式生产后，如配方、工艺条件或原料有变化时；

c） 产品停产超过 1 个月，恢复生产时；

d） 当出厂检验结果与型式检验结果有较大差异时。

6.2 取样方法

按 GB/T 5475 的规定进行。

6.3 判定和复验规则

6.3.1 判定规则

产品应由生产单位的质量检验部门按照本标准规定的试验方法进行检验，依据检验结果和标准中的要求对产品作出质量判定，并提供证明。

产品出厂时，每批产品应附有产品质量检验合格证。合格证上应注明产品名称、型号、批号、执行标准，并盖有质检专用章。

6.3.2 复验规则

若一次检验结果中有某项不符合表1的要求时，应重新双倍取样对该项目进行复验。复验应进行两次，两次复验结果均符合该项要求时判定该批产品合格，否则判定该批产品不合格。

7 标志、包装、运输和贮存

7.1 标志

产品的外包装袋上应有明显标志。标志内容应包括：生产单位名称、产品名称、型号、产品执行标准号和净含量等信息。

7.2 包装

产品宜用内衬塑料袋的编织袋或其他包装形式。包装材料应保证在运输、贮存时不被污染和泄漏。

7.3 运输

本产品按非危险品运输。在运输过程中，应保持在5 ℃～40 ℃环境中，避免过冷或过热，注意不使产品失水。

7.4 贮存

产品在7.3规定的温度条件下，贮存在阴凉的室内。贮存期为2年。超过贮存期的，可按本标准规定的项目进行型式检验，结果符合要求的仍可正常使用。

ICS 83.080.10
G 32

中华人民共和国国家标准

GB/T 16580—2013
代替 GB/T 16580—1996

D201 大孔强碱性苯乙烯系阴离子交换树脂

D201 macroporous strongly basic styrene type anion exchange resins

2013-09-06 发布　　2014-01-31 实施

中华人民共和国国家质量监督检验检疫总局
中国国家标准化管理委员会　发布

前　言

本标准按照 GB/T 1.1—2009 给出的规则起草。

本标准代替 GB/T 16580—1996《D201 大孔强碱性苯乙烯系阴离子交换树脂》，与 GB/T 16580—1996 相比，主要技术变化如下：

——“中性盐交换容量”改为“强型基团容量”，其指标改为“≥3.70 mmol/g”。

——取消了各类产品“优等品”、“一等品”和“合格品”分级。

——取消了“质量全交换容量”项目及相应的指标。

——增加了 D201TR 分类及相应的指标，其“上限粒度”指标为“(>0.900 mm)≤1%”、“范围粒度”指标为“(0.400 mm～0.900 mm)≥95%”、“下限粒度”指标为“(<0.315 mm)≤1%”。

——“中性盐交换容量”改为“强型基团容量”，其指标改为“≥3.70 mmol/g”。

——“体积全交换容量”改为“体积交换容量”，其指标改为 D201SC“≥1.1 mmol/mL”，其他“≥1.2 mmoL/mL”。

——“含水量”指标改为“50.0%～60.0%”。

——D201 的“有效粒径”指标改为“≥0.40 mm”。

——D201 的“均一系数”指标改为“≤1.6”。

——D201SC 的“下限粒度”指标改为“(<0.630 mm)≤1%”。

——D201MB 的“范围粒度”指标改为“(0.400 mm～0.900 mm)≥95%”。

——D201MB 增加了“下限粒度”指标为“(<0.315 mm≤1%”、“有效粒径”指标为“0.50 mm～0.80 mm”和“均一系数”要求为“≤1.4”。

——“渗磨圆球率”指标改为“≥90%”。

本标准由中国石油和化学工业联合会提出。

本标准由全国塑料标准化技术委员会通用方法和产品分会(SAC/TC 15/SC 4)归口。

本标准主要起草单位：江苏苏青水处理工程集团公司、西安热工研究院有限公司、宁波争光树脂有限公司、淄博东大化工股份有限公司、国家合成树脂质量监督检验中心。

本标准主要起草人：钱平、崔焕芳、翟静华、彭章华、沈建华、刘力荣。

本标准所代替标准的历次版本发布情况为：

——GB/T 16580—1996。

D201 大孔强碱性苯乙烯系阴离子交换树脂

1 范围

本标准规定了 D201 大孔强碱性苯乙烯系阴离子交换树脂的产品分类、要求、检验规则及标志、包装、运输与贮存。

本标准适用于以季胺基为主要活性基团的 D201 大孔强碱性苯乙烯系阴离子交换树脂。该产品主要用于纯水制备、湿法冶金等。

2 规范性引用文件

下列文件对于本文件的应用是必不可少的。凡是注日期的引用文件,仅注日期的版本适用于本文件。凡是不注日期的引用文件,其最新版本(包括所有的修改单)适用于本文件。

GB/T 1631 离子交换树脂命名系统和基本规范

GB/T 5475 离子交换树脂取样方法

GB/T 5476 离子交换树脂预处理方法

GB/T 5757 离子交换树脂含水量测定方法

GB/T 5758 离子交换树脂粒度、有效粒径和均一系数的测定

GB/T 8330 离子交换树脂湿真密度测定方法

GB/T 8331 离子交换树脂湿视密度测定方法

GB/T 11992 氯型强碱性阴离子交换树脂交换容量测定方法

GB/T 12598 离子交换树脂渗磨圆球率、磨后圆球率的测定

3 产品分类

D201 大孔强碱性苯乙烯系阴离子交换树脂的型号按 GB/T 1631 编制,MB 表示混床专用;FC 表示浮床专用;SC 表示双层床专用;TR 表示三层床专用。

4 要求

4.1 外观

乳白色或淡黄色球状不透明颗粒。

4.2 技术要求

技术要求应符合表 1 中的规定。

表 1　D201 大孔强碱性苯乙烯系阴离子交换树脂(氯型)技术要求

检测项目	D201	D201FC	D201SC	D201MB	D201TR
强型基团容量/(mmol/g)	≥3.70				
体积交换容量/(mmol/mL)	≥1.2		≥1.1	≥1.2	
含水量/%(质量分数)	50.0～60.0				
湿视密度/(g/mL)	0.65～0.75				
湿真密度/(g/mL)	1.06～1.10				
有效粒径/mm	≥0.40	≥0.50	≥0.63	0.50～0.80	—
均一系数	≤1.6		≤1.4		—
上限粒度/%	—	—	—	(>0.900 mm) ≤1	
范围粒度/%	(0.315 mm～1.250 mm) ≥95	(0.450 mm～1.250 mm) ≥95	(0.630 mm～1.250 mm) ≥95	(0.400 mm～0.900 mm) ≥95	
下限粒度/%	(<0.315 mm) ≤1	(<0.450 mm) ≤1	(<0.630 mm) ≤1	(<0.315 mm) ≤1	
渗磨圆球率/%	≥90				

5　试验方法

5.1　外观

目测。

5.2　试样预处理

按 GB/T 5476 规定的方法进行处理。

5.3　强型基团容量和体积交换容量的测定

5.3.1　强型基团容量的测定

按 GB/T 11992 规定的方法(方法一为仲裁法)进行测定,结果保留小数点后 2 位数字。

5.3.2　体积交换容量的计算

体积交换容量按式(1)计算,结果保留小数点后 1 位数字:

$$Q_V = Q_w \cdot \rho(1-w) \qquad \cdots\cdots(1)$$

式中:

Q_V ——体积交换容量,单位为毫摩尔每升(mmol/mL);

Q_w ——强型基团容量,单位为毫摩尔每克(mmol/g);

ρ ——湿视密度,单位为克每毫升(g/mL);

w ——含水量,%。

5.4 含水量的测定

按 GB/T 5757 规定的方法进行测定，结果保留小数点后 1 位数字。

5.5 湿视密度的测定

按 GB/T 8331 规定的方法进行测定，结果保留小数点后 2 位数字。

5.6 湿真密度的测定

按 GB/T 8330 规定的方法进行测定，结果保留小数点后 2 位数字。

5.7 有效粒径和均一系数的测定

按 GB/T 5758 规定的方法进行测定，有效粒径结果保留小数点后 2 位数字，均一系数保留小数点后 1 位数字。

5.8 粒度的测定

按 GB/T 5758 规定的方法进行测定，范围粒度结果保留 2 位有效数字，上限粒度及下限粒度结果保留 1 位有效数字。

5.9 渗磨圆球率的测定

采用原样，按 GB/T 12598 规定的渗磨圆球率的方法进行测定，结果保留 2 位有效数字。

6 检验规则

6.1 检验分类与检验项目

产品的检验分为出厂检验和型式检验。

6.1.1 出厂检验

生产单位应对每批产品进行出厂检验。出厂检验至少应包括表 1 中的强型基团容量、体积交换容量、含水量、湿视密度、湿真密度、粒度、渗磨圆球率。供需双方可商定增加出厂检验项目。

6.1.2 型式检验

表 1 中的全部性能项目为型式检验项目。正常生产过程中，每半年至少进行一次型式检验。如有下列情况之一，也应进行型式检验：

a) 新产品投产或者产品转厂生产；

b) 正式生产后，如配方、工艺条件或原料有变化时；

c) 产品停产超过 1 个月，恢复生产时；

d) 当出厂检验结果与型式检验结果有较大差异时。

6.2 取样方法

按 GB/T 5475 的规定进行。

6.3 判定和复验规则

6.3.1 判定规则

产品应由生产单位的质量检验部门按照本标准规定的试验方法进行检验，依据检验结果和标准中的要求对产品作出质量判定，并提供证明。

产品出厂时，每批产品应附有产品质量检验合格证。合格证上应注明产品名称、型号、批号、执行标准，并盖有质检专用章。

6.3.2 复验规则

若一次检验结果中有某项不符合表1的要求时，应重新双倍取样对该项目进行复验。复验应进行两次，两次复验结果均符合该项要求时判定该批产品合格，否则判定该批产品不合格。

7 标志、包装、运输与贮存

7.1 标志

产品的外包装袋上应有明显标志。标志内容应包括：生产单位名称、产品名称、型号、产品执行标准号和净含量等信息。

7.2 包装

产品宜用内衬塑料袋的编织袋或其他包装形式。包装材料应保证在运输、贮存时不被污染和泄漏。

7.3 运输

本产品按非危险品运输。在运输过程中，应保持在5 ℃～40 ℃环境中，避免过冷或过热，注意不使产品失水。

7.4 贮存

产品在7.3规定的温度条件下，贮存在阴凉的室内。贮存期为2年。

ICS 71.120.99;83.140.40
G 42

中华人民共和国国家标准

GB/T 16591—2013/ISO 5771:2008
代替 GB/T 16591—1996

输送无水氨用橡胶软管及软管组合件 规范

Rubber hoses and hose assemblies for transferring anhydrous ammonia—Specification

(ISO 5771:2008,IDT)

2013-07-19 发布 2013-12-01 实施

中华人民共和国国家质量监督检验检疫总局
中国国家标准化管理委员会 发布

前　言

本标准按照 GB/T 1.1—2009 给出的规则起草。

本标准代替 GB/T 16591—1996《输送无水氨用橡胶软管及软管组合件》,与 GB/T 16591—1996 相比主要技术变化如下:

——规范性引用文件有更改(见第 2 章,1996 年版第 2 章);
——增加了术语(见第 3 章);
——增加了同心度的测定(见 6.3);
——修改了软管规格及内径公差(见表 2,1996 年版的表 4);
——提高了内衬层粘合强度和外覆层粘合强度(见表 4,1996 年版的第 2 章);
——修改了内衬层和外覆层所用橡胶胶料的物理性能(见 7.1,1996 年版的 4.1、4.3);
——修改了表 2(见第 7 章,1996 年版的第 4 章);
——删除了表 3(1996 年版的 4.4);
——增加了软管组合件交货试验和年度使用试验要求(见第 8 章);
——增加了试验频次(见第 9 章);
——增加了包装和贮存要求(见第 11 章);
——增加了试验证书(见第 12 章);
——增加了附录 A、附录 B、附录 C(见附录 A、附录 B、附录 C);
——修改了软管切割长度公差(见附录 A,1996 年版的表 5)。

本标准使用翻译法等同采用 ISO 5771:2008《输送无水氨用橡胶软管及软管组合件　规范》。

与本标准中规范性引用的国际文件有一致性对应关系的我国文件如下:

——GB/T 528—2009　硫化橡胶或热塑性橡胶　拉伸应力应变性能的测定(ISO 37:2005,IDT)
——GB/T 3512—2001　硫化橡胶或热塑性橡胶　热空气加速老化和耐热试验(eqv ISO 188:1998)
——GB/T 5563—2006　橡胶和塑料软管及软管组合件　静液压试验方法(ISO 1402:1994,IDT)
——GB/T 7528—2011　橡胶和塑料软管及软管组合件　术语(ISO 8330:2007,IDT)
——GB/T 9573—2003　橡胶、塑料软管及软管组合件尺寸测量方法(ISO 4671:1999,IDT)
——GB/T 9575—2003　工业通用橡胶和塑料软管内径尺寸及公差和长度公差(ISO 1307:1992,IDT)
——GB/T 14905—2009　橡胶和塑料软管　各层间粘合强度的测定(ISO 8033:2006,IDT)

本标准做了下列编辑性修改:

——第 2 章引用的 ISO 7326,因在正文中引用的是 ISO 7326:2006 方法 1,应为注日期引用,所以将其修改为注日期引用,并转换为对应的我国标准 GB/T 24134—2009;
——对表格和附录按出现的顺序进行重新编号。

本标准由中国石油和化学工业联合会提出。

本标准由全国橡胶与橡胶制品标准化技术委员会软管分技术委员会(SAC/TC 35/SC 1)归口。

本标准负责起草单位:平顶山市矿益胶管制品有限责任公司、沈阳橡胶研究设计院。

本标准主要起草人:白鹏、梁西正、王淑丽、李跃旗、胡长对。

本标准于 1996 年首次发布,本次为第一次修订。

输送无水氨用橡胶软管及软管组合件　规范

1　范围

本标准规定了在−40 ℃～55 ℃环境温度下输送液态或气态形式的氨所用橡胶软管的技术要求。它不包括管接头的规范，只限于软管及软管组合件的使用性能。

2　规范性引用文件

下列文件对于本文件的应用是必不可少的。凡是注日期的引用文件，仅注日期的版本适用于本文件。凡是不注日期的引用文件，其最新版本(包括所有的修改单)适用于本文件。

GB/T 5564—2006　橡胶和塑料软管　低温曲挠性试验(ISO 4672:1997,IDT)

GB/T 24134—2009　橡胶和塑料软管　静态条件下耐臭氧性能的评价(ISO 7326:2006,IDT)

ISO 37　硫化橡胶或热塑性橡胶——拉伸应力应变性能的测定(Rubber, vulcanized or thermoplastic —Determination of tensile stress-strain properties)

ISO 188:2007　硫化橡胶或热塑性橡胶　加速老化和耐热试验(Rubber, vulcanized or thermoplastic —Accelerated ageing and heat resistance tests)

ISO 1307　橡胶和塑料软管——软管规格、最小和最大内径和切割成段软管的公差(Rubber and plastics hoses—Hose sizes, minimum and maximum inside diameters, and tolerances on cut-to-length hoses)

ISO 1402　橡胶和塑料软管及软管组合件　静液压试验(Rubber and plastics hoses and hose assemblies —Hydrostatic testing)

ISO 4671　橡胶、塑料软管及软管组合件尺寸测量方法(Rubber and plastics hoses and hose assemblies—Methods of measurement of dimensions)

ISO 8033　橡胶和塑料软管　各层间粘合强度的测定(Rubber and plastics hose—Determination of adhesion between components)

ISO 8330　橡胶和塑料软管及软管组合件　术语(Rubber and plastics hoses and hose assemblies—Vocabulary)

3　术语和定义

ISO 8330 给出的术语和定义适用于本文件。

4　额定压力

压力额定值应符合表 1 的规定。

表 1　压力要求

项　　目	压　力　要　求	
	bar	MPa
最大工作压力	25	2.5
验证压力	63	6.3
最小爆破压力	125	12.5

5　材料和结构

5.1　内衬层

按 ISO 4671 规定测量，内衬层应厚度均匀，至少 1.5 mm，不应有孔眼、气泡和其他缺陷。并应符合表 2 规定的相关物理性能要求。所用材料应耐由于氨的作用而引起的硬化或其他变质。

表 2　内衬层和外覆层所用橡胶胶料的物理性能

性　　能	要　求		试验方法
	内衬层	外覆层	
最小拉伸强度	7.0 MPa	7.0 MPa	ISO 37(哑铃状试样)
最小拉断伸长率	250%	250%	ISO 37(哑铃状试样)
烘箱老化后拉伸强度的变化	—	±25%	按 ISO 188:2007 使用管式烘箱或橱式烘箱在 70 ℃±1 ℃下老化 70 h±2 h(方法 A) 按 ISO 37(哑铃状试样)试验
烘箱老化后拉断伸长率的变化	—	±50%	按 ISO 188:2007 使用管式烘箱或橱式烘箱在 70 ℃±1 ℃下老化 70 h±2 h(方法 A) 按 ISO 37(哑铃状试样)试验

5.2　增强层

增强层应由不受渗透氨影响的材料组成，并且应平整均匀，成品软管应符合表 3 规定的相关要求。耐防腐的不锈钢是一种适合的材料。

表 3　成品软管使用性能要求

性　　能	要　　求	试验方法
验证试验压力	6.3 MPa	ISO 1402
最小爆破压力	12.5 MPa	ISO 1402
在最大工作压力下长度变化　≤	±5%(在 2.5 MPa 下)	ISO 1402
低温曲挠性	在－40 ℃下内衬层和外覆层无裂口或裂纹	GB/T 5564—2006 方法 B
内衬层粘合强度　≥	1.75 kN/m	ISO 8033

表 3（续）

性　　能	要　　求	试验方法
增强层粘合强度　　　　　≥	1.50 kN/m	ISO 8033
外覆层粘合强度　　　　　≥	1.75 kN/m	ISO 8033
外覆层耐臭氧性能	无裂纹	GB/T 24134—2009，方法 1，使用 100×10^{-8} 臭氧
耐氨性能试验		
氨调节	无气泡、裂纹或泄漏	7.3.2
屈挠	无气泡、裂纹或泄漏	7.3.3
调节和屈挠后爆破压力　　≥	12.5 MPa (125 bar)	ISO 1402 和 7.3.6
调节和屈挠后拉伸强度变化　≤	±20%	ISO 37 和 7.3.5
调节和屈挠后拉断伸长率变化 ≤	±50%	ISO 37 和 7.3.5

[a] 粘合强度试验用的试样，应从按 7.3.2 要求注氨调节 30 d 的软管上切取。

5.3　外覆层

外覆层，当使用时，质量和厚度应均匀一致，不应有影响使用的缺陷。其物理性能应符合表 2 规定的相关要求。并应具有耐氨和耐环境劣化的性能。不透气外覆层应在制造过程中进行针刺处理，以便在使用时能释放渗透的气体。不应刺到内衬层，并且每米软管应至少有 40 个有效的针孔。

5.4　软管组合件

软管组合件应由符合表 3 性能要求的软管制造。应只使用永久性装配的含铁的金属接头。具体信息可从软管制造商处获得，也可在 GB/T 24126 找到指南。

6　尺寸

6.1　内径及公差

当按 ISO 4671 进行测量时，内径应符合表 4 规定的值及公差。

表 4　公称内径和允许的内径范围

标称规格	最小 ID mm	最大 ID mm
12.5	12.1	13.5
16	15.3	16.7
19	18.5	19.9
25	24.6	26.6
31.5	31.0	33.4
38	37.3	39.7
51	49.6	52.0
64	62.3	64.7
76	75.0	77.4

6.2 外径

虽然这些规格的软管没有规定外径或公差要求，但是软管制造厂所选择的外径必须适合使用方的需要，并且提供完整的接头适配性，从而满足本标准的使用性能要求。

6.3 同心度

当按 ISO 4671 进行试验时，根据内径与外覆层外表面之间的总指示器读数，内径为 76 mm 及以下的软管同心度不应大于 1.0 mm。

6.4 长度公差

切割长度的公差应符合 ISO 1307 的规定。散装供应的软管长度和软管组合件长度公差的建议参见附录 A。

7 性能要求

7.1 橡胶胶料

当按表 2 所要求的方法进行试验时，内衬层和外覆层所使用的胶料应满足其所要求的值。

试验应从软管上或从硫化程度与生产软管相同的单独硫化的 2 mm 厚胶片上切取的试样进行。

7.2 成品软管

当按表 3 所要求的方法进行试验时，成品软管的物理性能应满足其所要求的值。

7.3 耐氨性能试验

警告：负责试验安装和检验的操作人员应确保遵循有关使用氨的所有安全规定。

7.3.1 试样长度

经调节的软管总长度应足以进行表 3 中的曲挠性、爆破和物理性能试验。曲挠所要求的软管（图 1 中的软管 B）长度取决于曲挠装置设计和软管规格，但是最好应为 3 m～6.2 m。爆破试验需要 600 mm 长的试样。若规定供液软管时（图 1 中的软管 A），其长度应为 910 mm。

单位为厘米

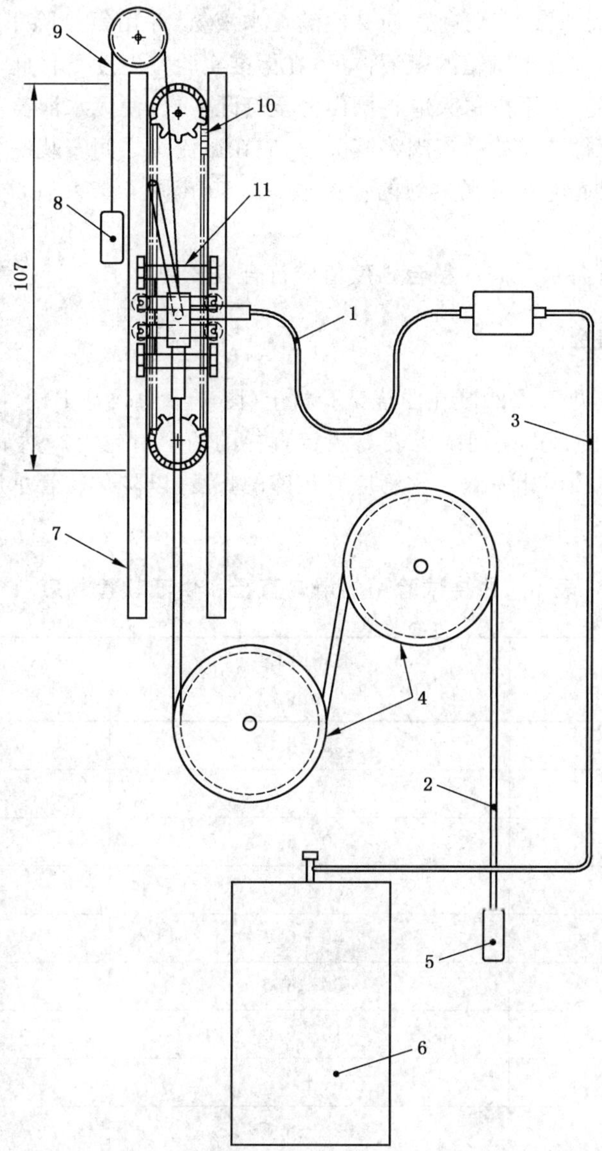

说明：

1 ——软管 A；

2 ——软管 B；

3 ——管路；

4 ——滑轮；

5 ——负荷；

6 ——水箱；

7 ——导轨；

8 ——平衡体；

9 ——钢绳；

10——电机驱动的链条；

11——滑动装置(详见图 2)。

图 1　典型的软管曲挠性试验机

7.3.2 氨调节

将一根或几根软管与无水液氨箱连接，使其注满无水液氨，并用氨排除里面全部空气，封闭每根软管的一端，并将另一端连接到无水氨箱的氨液体里，在标准实验室温度下将此软管调节 30 d。无水氨箱与软管之间的阀门可以关闭，但至少每天应将阀门完全打开一次，使无水液氨能充注到软管里。如果液体充满软管后，要通过软管每一端的截流阀将其关闭，应在截流阀之间安装一个静液压安全阀。每天检查软管的外观，应无外覆层起泡或可观察到的泄漏迹象。30 d 调节结束后，内侧管壁应无起泡或裂纹迹象。

30 d 调节结束后，软管各层之间的粘合强度值应符合表 3 的要求。

7.3.3 经调节的软管的曲挠

将一根经调节的软管(见 7.3.2)装在曲挠试验机上(图 1 中的软管 B)。将软管的一端连接在滑动装置上(见图 2)，并将软管的自由端围绕于表 5 规定直径的两个滑轮上。然后在软管的自由端施加足量的重物，使软管与滑轮的圆周相一致。软管应有足够的长度，以防止软管承压以及滑动装置处于上升位置时，软管的自由端触及滑轮。

表 5 曲挠试验用的滑轮直径和供液软管长度

软管规格	滑轮直径 mm	供水软管长度 mm
12.5	350±6.0	910
16	350±6.0	910
19	350±6.0	910
25	350±6.0	910
31.5	350±6.0	—[a]
38	460±6.0	—
51	610±6.0	—
64	760±6.0	—
76	920±6.0	—

[a] 供液软管的试验不适用于大于 25 mm 规格的软管。为了对较大规格软管进行曲挠，可使用任何方便的软管作为供液软管。

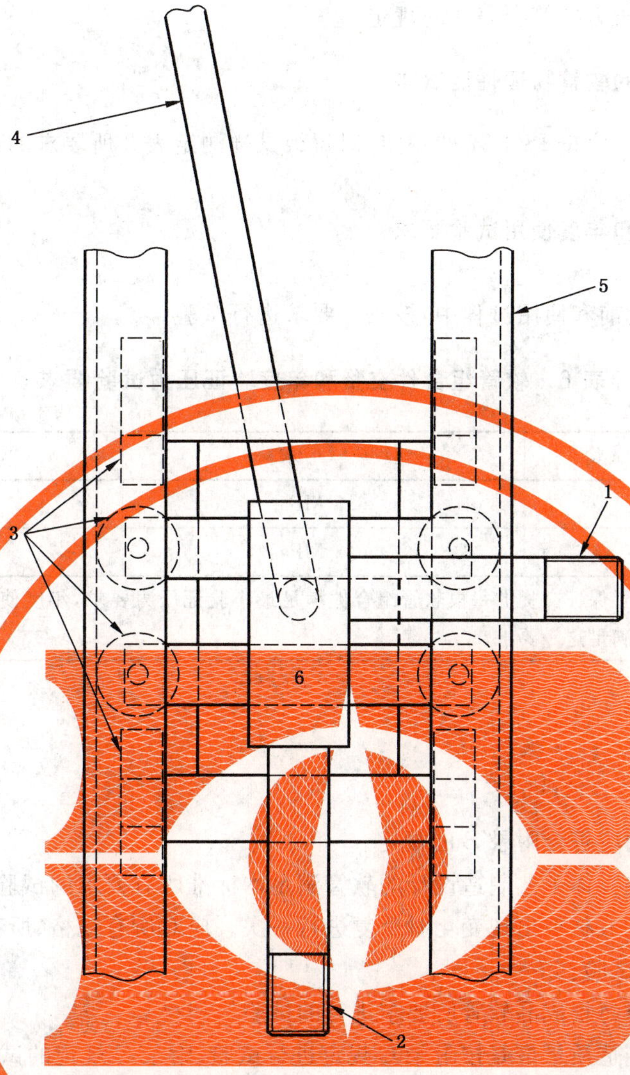

说明：

1——连接软管 A；

2——连接软管 B；

3——滚珠轴承；

4——连接于链条上的拉杆；

5——U 形导轨；

6——移动块。

图 2 滑动装置和导轨结构

将一根长 910 mm 的经调节的软管装在曲挠试验机上（见图 1 中的软管 A），将其一端按图 2 所示连接到直立的滑动装置上，另一端连接到压力为 2.5 MPa 的水源上。

曲挠试验应在软管完成 30 d 调节期后的 6 h～8 h 之内进行。

滑动装置垂直移动 1 m 的距离，以大约 0.13 Hz 的频率，进行曲挠试验 72 h。每天检查软管外观，应无起泡、龟裂或泄漏迹象。

7.3.4 经调节和曲挠后的软管爆破压力试验

软管完成曲挠试验后，从软管 A 和软管 B 的中段截取 600 mm 试样，将每根试样按 ISO 1402 进行静压爆破试验，最小爆破压力应符合表3的规定。

7.3.5 经调节和曲挠后的软管物理性能试验

软管完成曲挠试验后，应按ISO 37的规定，对每根试样测定表3所要求的物理性能。

8 软管组合件交货试验和年度使用试验要求

软管组合件应在交货前和使用过程中，按表6要求进行试验。

表6 软管组合件交货和年度验证压力试验要求

软管组合件的验证压力试验	要　求	试验方法
交货前	6.3 MPa	ISO 1402
年度使用试验	6.3 MPa	ISO 1402
注：规定交货试验是为了保证交货的每根软管组合件满足最小验证压力要求，年度使用试验是为了保证使用中的软管组合件继续满足这一要求。		

9 试验频次

型式试验和例行试验应符合附录B的规定。

型式试验是为确认按具体工艺制造设计的软管满足本标准所有要求的试验。试验应最多每隔5年或者当所使用的制造方法或材料出现变化时重复进行一次。应对所有规格、所有类别和型别（结构和规格相同除外）的软管进行试验。

例行试验是发货前对每根成品软管所要求进行的试验。

定期试验是为控制制造质量最好按附录C规定进行试验，附录C规定的试验频次只作为指南。

交货试验是对每根交货的软管或软管组合件所要求进行的试验（见表6）。

年度试验是在使用过程中，每12个月对每根软管组合件所要求进行的试验（见表6）。

10 标志

软管应至少每隔1.5 m距离，标志出下列内容和制造方与采购方协商同意的附加条款：

a） 制造方名称或认可的符号或商标；

b） 本标准的编号和出版年份，即：GB/T 16591—2013；

c） 软管规格，如12.5；

d） 最大工作压力，如2.5 MPa；

e） 制造的季度和年份的后两位数，如3Q08；

f） 词语："只用于无水氨"。

实例：制造方名称/GB/T 16591—2013/12.5/2.5 MPa/3Q08/只用于无水氨

11 包装和贮存

软管及软管组合件的包装和贮存建议参见ISO 8331。

12 试验证书

如果要求，应提供型别试验的试验证书。

附 录 A
（资料性附录）
软管组合件长度公差和散装供应的软管长度的建议

A.1 软管

以制造厂的标准供应的带有长度标签的软管长度应在标志长度的±2%之内。

当没有订购具体的软管长度时，在任一给定的交货或至少500 m的包装中，不同长度的百分比应符合表A.1给出的值。

表 A.1 每批交货软管的长度

软管长度 m		总长度的百分比 %
大于或等于1但小于或等于10	≤	5
大于10但小于或等于15	≤	25
大于15	≤	75

A.2 软管组合件

软管组合件的长度公差应符合表A.2给出的值。

表 A.2 软管组合件的长度公差

软管组合件长度 mm	公 差
630及以下	(+7/−3)mm
大于630和1 250及以下	(+12/−4) mm
大于1 250和2 500及以下	(+20/−6) mm
大于2 500和8 000及以下	(+1.5/−0.5)%
大于8 000	(+3/−1)%

附　录　B
（规范性附录）
生产软管及软管组合件的型式和例行试验

型式试验和例行试验项目见表 B.1。

表 B.1　型式试验和例行试验

性能	型式试验 频率（每种软管规格和型别）：在初始产品合格资格鉴定时，初始合格资格鉴定后产品变化时和 5 年之后	例行试验 库存或销售之前对每根成品软管进行
外观检查	√	√
尺寸		
内径的测量（见表 4）	√	√
同心度的测量（见 6.3）	√	N/A
内衬层厚度的测量（见 5.1）	√	N/A
软管试验		
验证压力试验（见表 3）	√	√
爆破压力试验（见表 3）	√	N/A
长度变化试验（见表 3）	√	√
耐臭氧性能试验（见表 3）	√	N/A
低温曲挠性试验（见表 3）	√	N/A
粘合强度（外覆层）（见表 3）	√	N/A
粘合强度（内衬层）（见表 3）	√	N/A
粘合强度（增强层）（见表 3）	√	N/A
最小拉伸强度（内衬层和外覆层）（见表 2）	√	N/A
最小拉断伸长率（内衬层和外覆层）（见表 2）	√	N/A
耐氨性能试验（见 7.3 和表 3）		
调节和曲挠之后对 2 个试样的爆破压力试验	√	N/A
调节和曲挠之后最大拉伸强度变化（内衬层和外覆层）	√	N/A
调节和曲挠之后最大拉断伸长率变化（内衬层和外覆层）	√	N/A
加速老化试验（外覆层）（见表 2）		
拉伸强度变化	√	N/A
拉断伸长率变化	√	N/A
软管组合件交货和年度使用试验（见表 6）		
交货之前和使用期间每年一次验证压力试验	√	√
√＝试验应进行。 N/A＝试验不适用。		

附　录　C
（资料性附录）
生产软管的定期(质量管理)试验

生产软管定期进行的试验参见表 C.1。

表 C.1　生产软管的定期(质量管理)试验

性能	生产样品试验[a]	定期试验[b]
外观检查	√	√
尺寸		
内径的测量(见表 4)	√	√
同心度的测量(见 6.3)	√	N/A
内衬层厚度的测量(见 5.1)	√	√
软管试验		
验证压力试验(见表 3)	√	√
爆破压力试验(见表 3)	√	√
耐臭氧性能试验(见表 3)	N/A	√
低温曲挠性试验(见表 3)	N/A	√
粘合强度(外覆层)(见表 3)	N/A	√
粘合强度(内衬层)(见表 3)	N/A	√
粘合强度(增强层)(见表 3)	×	√
最小拉伸强度(内衬层和外覆层)(见表 2)	N/A	√
最小拉断伸长率(内衬层和外覆层)(见表 2)	N/A	√
耐氨性能试验(见 7.3 和表 3)		
曲挠之后最小爆破压力	N/A	√
调节和曲挠之后最大拉伸强度变化(内衬层和外覆层)	N/A	√
调节和曲挠之后最大拉断伸长率变化(内衬层和外覆层)	N/A	√
加速老化试验(外覆层)(见表 2)		
拉伸强度变化	N/A	√
拉断伸长率变化	N/A	√
√＝试验应进行。 N/A＝试验不适用。		
[a] 每种规格的产品每 3 000 m 试验 1 个样品； [b] 每种规格的产品每 12 个月试验 3 个样品。		

参 考 文 献

[1] GB/T 9576 橡胶和塑料软管及软管组合件 选择、贮存、使用和维护指南(GB/T 9576—2001,IDT ISO 8331:1991)

[2] GB/T 24126 橡胶和塑料软管及软管组合件 采购者、组装者、安装者和操作者使用指南(GB/T 24126—2009,ISO/TR 17784:2003,IDT)

ICS 77.150.50
H 64

中华人民共和国国家标准

GB/T 16598—2013
代替 GB/T 16598—1996

钛及钛合金饼和环

Titanium and titanium alloy disc and ring

2013-09-06 发布　　2014-05-01 实施

中华人民共和国国家质量监督检验检疫总局
中国国家标准化管理委员会　发布

前　言

本标准按照 GB/T 1.1—2009 给出的规则起草。

本标准代替 GB/T 16598—1996《钛及钛合金饼和环》，本标准与 GB/T 16598—1996 相比，主要变化如下：

——扩大了产品的尺寸范围；

——根据 GB/T 3620.1 中工业纯钛牌号及其化学成分的修订情况，将工业纯钛的牌号相应修改为 TA1、TA2、TA3 和 TA4；

——增加了 TA5、TA7、TA13、TA15、TC1、TC2 和 TC11 等钛合金牌号；

——修订了力学性能所对应的环材横截面积；

——增加了钛合金产品的 β 转变温度测试要求；

——修订了原有钛合金牌号的显微组织要求；

——增加了新增牌号的各项技术要求；

——修订了产品的尺寸允许偏差要求；

——增加了附录 B，并对标准格式进行了编辑修改。

本标准由全国有色金属标准化技术委员会(SAC/TC 243)归口。

本标准负责起草单位：宝钛集团有限公司、宝鸡钛业股份有限公司。

本标准主要起草人：王永梅、董洁、马忠贤、何书林、李剑、张江峰。

本标准所代替标准的历次版本发布情况为：

——GBn 194—1983；

——GB/T 16598—1996。

钛及钛合金饼和环

1 范围

本标准规定了钛及钛合金饼、环材的要求、试验方法、检验规则、标志、包装、运输、贮存、质量证明书及订货单(或合同)内容。

本标准适用于锻造和轧制方法生产的钛及钛合金饼材和环材。

2 规范性引用文件

下列文件对于本文件的应用是必不可少的。凡是注日期的引用文件,仅注日期的版本适用于本文件。凡是不注日期的引用文件,其最新版本(包括所有的修改单)适用于本文件。

GB/T 228.1 金属材料 拉伸试验 第1部分:室温试验方法

GB/T 228.2 金属材料 拉伸试验 第2部分:高温试验方法

GB/T 2039 金属拉伸蠕变及持久试验方法

GB/T 3620.1 钛及钛合金牌号和化学成分

GB/T 3620.2 钛及钛合金加工产品化学成分允许偏差

GB/T 4698(所有部分) 海绵钛、钛及钛合金化学分析方法

GB/T 5168 α-β钛合金高低倍组织检验方法

GB/T 5193 钛及钛合金加工产品超声波探伤方法

GB/T 8180 钛及钛合金加工产品的包装、标志、运输和贮存

GB/T 23605 钛合金β转变温度测定方法

3 要求

3.1 产品分类

产品的牌号、状态和规格应符合表1的规定。

表1

牌号	供应状态[a]	产品形式	规格/mm			
			外径 D	内径 d	截面高度 H	环材壁厚
TA1、TA2、TA3、TA4、TA5、TA7、TA9、TA10、TA13、TA15、TC1、TC2、TC4、TC11	热加工态(R) 退火态(M)	饼材	150～500	—	$H<D$	—
			>500～1 000	—	50～300	—
		环材	200～500	100～400	25～300	25～150
			>500～900	300～850	110～500	25～250
			>900～1 500	400～1 450	110～700	25～400

[a] TC11钛合金产品的供应状态一般为热加工态(R),其退火态(M)仅限壁厚或高度不大于100 mm的产品。

3.2 化学成分

3.2.1 产品的化学成分应符合 GB/T 3620.1 的规定。

3.2.2 需方在产品上复验时，化学成分允许偏差应符合 GB/T 3620.2 的规定。

3.3 力学性能

3.3.1 产品的力学性能在经热处理后(退火态不需重新热处理)的试样坯上测试。推荐热处理制度参照附录 A 进行。

3.3.2 纵剖面不大于 100 cm^2 的饼材和最大截面积不大于 100 cm^2 的环材，其室温力学性能应符合表 2 的规定。

表 2

牌　号	室温力学性能，不小于			
	抗拉强度 R_m/MPa	规定非比例延伸强度 $R_{p0.2}$/MPa	断后伸长率 A/%	断面收缩率 Z/%
TA1	240	140	24	30
TA2	400	275	20	30
TA3	500	380	18	30
TA4	580	485	15	25
TA5	685	585	15	40
TA7	785	680	10	25
TA9	370	250	20	25
TA10	485	345	18	25
TA13	540	400	16	35
TA15	885	825	8	20
TC1	585	460	15	30
TC2	685	560	12	30
TC4	895	825	10	25
TC11	1030	900	10	30

3.3.3 需方要求并在订货单(或合同)中注明时，纵剖面不大于 100 cm^2 的饼材和最大截面积不大于 100 cm^2 的环材，其高温力学性能应符合表 3 的规定。

表 3

牌　号	试验温度/℃	高温力学性能，不小于			
		抗拉强度 R_m/MPa	持久强度/MPa		
			σ_{100h}	σ_{50h}	σ_{35h}
TA7	350	490	440	—	—
TA15	500	570	—	470	—

表 3（续）

牌　号	试验温度/℃	高温力学性能，不小于			
		抗拉强度 R_m/MPa	持久强度/MPa		
			σ_{100h}	σ_{50h}	σ_{35h}
TC1	350	345	325	—	—
TC2	350	420	390	—	—
TC4	400	620	570	—	—
TC11	500	685	—	—	640[a]

[a] TC11 钛合金产品持久强度不合格时，允许按 500 ℃的 100 h 持久强度 σ_{100h}≥590 MPa 进行检验，检验合格则该批产品的持久强度合格。

3.3.4　纵剖面大于 100 cm^2 的饼材和最大截面积大于 100 cm^2 的环材，当需方要求并在订货单(或合同)中注明时，可测定产品的力学性能，报实测值或由供需双方协商确定指标。

3.4　尺寸和外形

3.4.1　产品经车光后交货，尺寸及其允许偏差应符合表 4 的规定。

表 4

单位为毫米

饼　材				环　材					
直径	允许偏差	截面高度	允许偏差	外径	允许偏差	内径	允许偏差	截面高度	允许偏差
150～300	+3 −1	<50	+2 0	200～400	+3 −1	100～300	+1 −3	25～100	+2 0
>300～600	+3 −2	50～200	+3 −1	>400～600	+3 −2	>300～500	+2 −3	>100～200	+2 −1
>600～1 000	+5 −3	>200～500	+4 −2	>600～900	+5 −3	>500～800	+3 −5	>200～350	+4 −1
—	—	—	—	>900～1 200	+6 −3	>800～1 100	+3 −6	>350～500	+4 −2
—	—	—	—	>1 200～1 500	+8 −4	>1 100～1 450	+4 −8	>500～700	+5 −3

3.4.2　产品的倒角半径 R 为 3 mm～10 mm。

3.5　β 转变温度

钛合金产品(TA10 和 TA13 除外)应按熔炼炉号提供 β 转变温度。

3.6　超声波探伤

当需方要求并在订货单(或合同)中注明时，产品应按 GB/T 5193 进行超声波探伤，检验结果应符合表 5 的规定。

表 5

产品截面高度或壁厚/mm	验收级别
≤150	A
>150	B

3.7 低倍组织

产品的横向低倍组织不应有裂纹、缩尾、气孔、金属夹杂或非金属夹杂、影响使用的偏析及其他目视可见的冶金缺陷。

3.8 显微组织

需方要求并在订货单(或合同)中注明时,应检验产品的显微组织。经热处理后,产品的显微组织应符合如下要求:

3.8.1 TA5、TA7 和 TA13 钛合金的显微组织应是等轴 α 组织或等轴和拉长 α 组织,以及部分破碎和扭曲的晶界 α 及片状 α,无完整的原始 β 晶界。

3.8.2 其他钛合金的显微组织应是两相区加工产生的组织,无完整的原始 β 晶界。在转变的 β 基体上的等轴 α 组织、或等轴 α 和拉长 α 组织,以及部分破碎和扭曲的晶界 α 及片状 α 都是可接受的组织。

3.9 外观质量

3.9.1 产品表面允许存在不大于尺寸允许偏差之半的轻微划伤、压痕、麻点和皱褶等缺陷。

3.9.2 产品表面局部缺陷应予以清除,清理深度不超过产品的尺寸允许偏差;且清除区域的深度与宽度之比应不大于 1∶6。

3.10 表面状况

合同中要求进行超声波检验的产品,其表面粗糙度的 Ra 值应不大于 3.2 μm(以满足探伤要求为准)。

4 试验方法

4.1 化学成分分析按 GB/T 4698 进行。

4.2 室温拉伸试验按 GB/T 228.1 进行,室温拉伸试验选用 R7 试样。

4.3 高温拉伸试验按 GB/T 228.2 进行,选用直径为 5 mm 的试样。

4.4 高温持久试验按 GB/T 2039 进行。

4.5 β 转变温度用 GB/T 23605 或其他方法测定。

4.6 超声波检验按 GB/T 5193 进行。

4.7 低倍、显微组织检验按 GB/T 5168 进行。

4.8 产品尺寸和外形检验用相应精度的量具进行。

4.9 产品的外观质量用目视检验。

4.10 产品的表面粗糙度检验用标块对比法进行。

5 检验规则

5.1 检查和验收

5.1.1 产品应由供方进行检验，保证产品质量符合本标准的规定，并填写质量证明书。
5.1.2 需方应对收到的产品按本标准及订货单（或合同）的规定进行复验。复验结果与本标准及订货单（或合同）的规定不符时，应以书面形式向供方提出，由供需双方协商解决。属于表面质量及尺寸外形的异议，应在收到产品之日起一个月内提出，属于其他性能的异议，应在收到产品之日起三个月内提出。如需仲裁，仲裁取样由供需双方共同进行。

5.2 组批

产品应成批提交验收。每批应由同一牌号、熔炼炉号、规格、生产工艺、状态和生产周期的产品组成。

5.3 检验项目

每批产品应进行化学成分、室温力学性能、外形尺寸、外观质量、表面状况、β转变温度和低倍组织的检验。如订货单（或合同）有要求时，还应进行高温力学性能、超声波探伤和显微组织等检验。

5.4 取样

5.4.1 每批产品任取一件剖成两半或在任一件上截取并解剖试样环，供方在其中一半进行性能、组织等项目的测试，另一半交需方做复验用。
5.4.2 当用同一铸锭采用相近工艺同时生产几种规格相近的产品时，可以用最大规格（截面）产品的检验结果（包括力学性能和组织）代表其他几种规格。
5.4.3 产品的取样规则应符合表6的规定。

表6

检验项目	取样规定	要求的章条号	试验方法的章条号
化学成分[a]	每批1份	3.2	4.1
力学性能[b]	每批各取2个弦向试样	3.3	4.2、4.3、4.4
尺寸和外形	逐件	3.4	4.8
β转变温度[c]	任意部位，每炉1份	3.5	4.5
超声波探伤	逐件	3.6	4.6
低倍组织	每批取1个纵剖面	3.7	4.7
显微组织	每批取1个横向试样	3.8	4.7
外观质量	逐件	3.9	4.9
表面状况	逐件	3.10	4.10

[a] 氢含量在成品上取样；其他化学成分供方以原铸锭的分析结果报出，需方复验均在产品上取样。
[b] 尺寸太小不够取弦向时，可取纵向试样。
[c] 供方可按铸锭的分析结果报出，需方在产品上取样检验。

5.5 检验结果的判定

5.5.1 产品的化学成分检验结果不合格时，判该批产品不合格。

5.5.2 产品的尺寸外形、超声波探伤、外观质量、表面状况不合格时，判单件不合格，但允许供方剔除不合格者后，重新组批交货。

5.5.3 当力学性能检验结果中有试样不合格时，应另取双倍数量的试样对该项目进行重复试验，试验结果中若仍有一个结果不合格，则判该批产品不合格。但允许供方重新热处理后重新取样检验，重新热处理仅限一次。

5.5.4 低倍组织试样中有锻造裂纹、非金属夹杂物和缩尾时，允许供方逐件检验，剔除缺陷，合格者重新组批交货。

5.5.5 显微组织检验不合格时，判该批产品不合格，但允许供方对其余产品逐件检验，合格者重新组批交货。

6 标志、包装、运输、贮存和质量证明书

6.1 产品标志

在检验合格的每件产品上应标记如下内容：

a) 牌号；

b) 批号或熔炼炉号；

c) 规格；

d) 供应状态。

6.2 包装、标志、运输、贮存

产品的包装、标志、运输和贮存应符合 GB/T 8180 的规定。

6.3 质量证明书

每批产品应附有产品质量证明书，其上注明：

a) 供方名称；

b) 产品名称；

c) 牌号；

d) 规格；

e) 供应状态；

f) 批号或熔炼炉号；

g) 净重和件数；

h) 各项分析检验结果和质量检验部门印记；

i) 本标准编号；

j) 出厂日期(或包装日期)。

7 订货单(或合同)内容

订购本标准所列产品的订货单(或合同)内应包括如下内容：

a) 产品名称；

b) 牌号；

c） 状态；

d） 尺寸规格；

e） 件数；

f） 特殊要求；

g） 本标准编号；

h） 其他。

附 录 A
（资料性附录）
钛及钛合金的热处理制度

A.1 钛及钛合金的热处理制度

钛及钛合金产品或试样坯可按表A.1进行热处理。

表 A.1

牌 号	加热温度，保温时间，冷却方式
TA1	600 ℃～700 ℃，1 h～4 h，空冷
TA2	600 ℃～700 ℃，1 h～4 h，空冷
TA3	600 ℃～700 ℃，1 h～4 h，空冷
TA4	600 ℃～700 ℃，1 h～4 h，空冷
TA5	700 ℃～850 ℃，1 h～4 h，空冷
TA7	750 ℃～850 ℃，1 h～4 h，空冷
TA9	600 ℃～700 ℃，1 h～4 h，空冷
TA10	600 ℃～700 ℃，1 h～4 h，空冷
TA13	780 ℃～800 ℃，0.5 h～4 h，空冷
TA15	700 ℃～850 ℃，1 h～4 h，空冷
TC1	700 ℃～850 ℃，1 h～4 h，空冷
TC2	700 ℃～850 ℃，1 h～4 h，空冷
TC4	700 ℃～800 ℃，1 h～4 h，空冷
TC11	950 ℃±10 ℃，1 h～3 h，空冷＋530 ℃±10 ℃，6 h，空冷
注：TC11钛合金的首次退火温度允许在β转变温度以下30 ℃～50 ℃内进行调整。	

附　录　B
（资料性附录）
旧标准中工业纯钛的牌号、化学成分及室温力学性能

B.1　旧标准中工业纯钛的牌号及其化学成分

表 B.1

质量分数/%

牌　号	主要成分	杂质元素，不大于						
	Ti	Fe	C	N	H	O	其余单一	其余总和
TA0	余量	0.15	0.10	0.03	0.015	0.15	0.1	0.4
TA1	余量	0.25	0.10	0.03	0.015	0.20	0.1	0.4
TA2	余量	0.30	0.10	0.05	0.015	0.25	0.1	0.4
TA3	余量	0.40	0.10	0.05	0.015	0.30	0.1	0.4

B.2　旧标准中工业纯钛的室温力学性能

表 B.2

牌号	室温力学性能，不小于			
	抗拉强度 R_m/MPa	规定比例延伸强度 $R_{p0.2}$/MPa	断后伸长率 A/%	断面收缩率 Z/%
TA0	280	170	30	35
TA1	370	250	20	35
TA2	440	320	18	35
TA3	540	410	15	30

ICS 35.240.15
L 64

中华人民共和国国家标准

GB/T 16649.13—2013/ISO/IEC 7816-13:2007

识别卡　集成电路卡　第13部分:在多应用环境中的应用管理命令

Identification cards—Integrated circuit cards—Part 13: Commands for application management in a multi-application environment

(ISO/IEC 7816-13:2007,IDT)

2013-11-12 发布　　2014-05-01 实施

中华人民共和国国家质量监督检验检疫总局
中国国家标准化管理委员会　发布

前　言

GB/T 16649《识别卡　集成电路卡》已经或计划发布以下部分：

——第1部分：带触点的卡　物理特性；

——第2部分：带触点的卡　触点的尺寸和位置；

——第3部分：带触点的卡　电信号和传输协议；

——第4部分：用于交换的结构、安全和命令；

——第5部分：应用标识符的国家编号体系和注册规程；

——第6部分：行业间数据元；

——第7部分：用于结构化卡查询语言(SCQL)的行业间命令；

——第8部分：与安全相关的行业间命令；

——第9部分：用于卡管理的命令；

——第10部分：带触点的卡　同步卡的电信号和复位应答；

——第11部分：通过生物特征识别方法的个人验证(制定中)；

——第12部分：带触点的卡　USB电气接口和操作规程；

——第13部分：在多应用环境中的应用管理命令；

——第15部分：密码信息应用。

本部分为GB/T 16649的第13部分。

本部分按照GB/T 1.1—2009给出的规则起草。

本部分使用翻译法等同采用ISO/IEC 7816-13:2007《识别卡　集成电路卡　第13部分：在多应用环境中的应用管理命令》。

请注意本文件的某些内容可能涉及专利。本文件的发布机构不承担识别这些专利的责任。

本部分由全国信息技术标准化技术委员会(SAC/TC 28)提出并归口。

本部分起草单位：中国电子技术标准化研究院、北京华大智宝电子系统有限公司、东信和平智能卡股份有限公司、深圳市特种证件研究制作中心、航天信息股份有限公司北京航天金卡分公司、北京握奇智能科技有限公司。

本部分主要起草人：耿力、杨海波、赵子渊、冯敬、金倩、赵继红、张咏江、王文峰、牛争科、乔申杰。

引　言

GB/T 16649是规定集成电路卡的参数和交换中集成电路卡的使用的国家标准。集成电路卡是用于信息交换(该信息交换由外界和卡上集成电路之间商定)的识别卡。作为信息交换的结果,卡传送信息(计算结果、存储的数据),和/或更改其内容(数据存储、结果记忆)。

——有5个部分规定了带触点的卡,其中有3部分还规定了电气接口:

- GB/T 16649.1规定了带触点的卡的物理特性;
- GB/T 16649.2规定了触点的尺寸和位置;
- GB/T 16649.3规定了异步卡的电信号和传输协议;
- GB/T 16649.10规定了同步卡的电信号和复位应答;
- GB/T 16649.12规定了USB卡的电气接口和操作规程。

——所有其他部分均独立于物理接口技术,它们适用于通过触点和/或射频访问的卡:

- GB/T 16649.4规定了用于交换的结构、安全和命令;
- GB/T 16649.5规定了应用提供者的注册;
- GB/T 16649.6规定了用于交换的行业间数据元;
- GB/T 16649.7规定了结构化卡查询语言的命令;
- GB/T 16649.8规定了用于安全操作的命令;
- GB/T 16649.9规定了用于卡管理的命令;
- GB/T 16649.11规定了通过生物识别方法的身份认证;
- GB/T 16649.13规定了在多应用环境中的应用管理命令;
- GB/T 16649.15规定了密码信息应用。

附录A～附录D为实施GB/T 16649的本部分提供了应用实例。

识别卡　集成电路卡　第13部分:在多应用环境中的应用管理命令

1　范围

GB/T 16649 的本部分规定了多应用环境中的应用管理命令。这些命令覆盖了多应用集成电路卡中的整个应用生命周期。这些命令可以在卡发行到持卡者之前和之后使用。本部分不包括卡内部和/或卡外部的实现。

2　规范性引用文件

下列文件对于本文件的应用是必不可少的。凡是注日期的引用文件,仅注日期的版本适用于本文件。凡是不注日期的引用文件,其最新版本(包括所有的修改单)适用于本文件。

GB/T 16263.1—2006　信息技术　ASN.1 编码规则　第1部分:基本编码规则(BER)、正则编码规则(CER)和非典型编码规则(DER)规范(ISO/IEC 8825-1:2002,IDT)

GB/T 16649.4—2010　识别卡　集成电路卡　第4部分:用于交换的结构、安全和命令(ISO/IEC 7816-4:2005,IDT)

GB/T 16649.9—2010　识别卡　集成电路卡　第9部分:用于卡管理的命令(ISO/IEC 7816-9:2004,IDT)

3　术语和定义

下列术语和定义适用于本文件。

3.1

应用　application

为满足特定功能所需的数据结构、数据元和程序模块。

[GB/T 16649.4—2010]

3.2

应用提供者　application provider

提供卡上应用的组成部分的实体。

[GB/T 16649.4—2010]

3.3

卡平台　card platform

负责基本卡功能的卡上组件。

3.4

卡管理应用　card manager application

提供卡应用管理功能和指导卡资源分配的卡应用。

4　缩略语和符号

AID　应用标识符(application identifier)

APP　应用（application）
DF　专用文件（dedicated file）
DO　数据对象（data object）
ICC　集成电路卡（integrated circuit card）
P1-P2　参数字节(短划线无意义，为清楚而插入)(parameter bytes)
RID　注册的应用提供者标识符（registered application provider identifier）

5　多应用环境和应用的生命周期

5.1　多应用环境

本部分上下文的多应用环境具有以下特点：

a) 应用是多应用卡上唯一可寻址的功能组，它提供数据存储和计算服务；
b) 在卡发给持卡者之前或者之后，可以给卡添加应用；
c) 可以给卡添加多个应用；
d) 卡平台提供资源管理机制，如存储管理；
e) 卡平台给每个应用提供安全边界机制，以防止来自卡上任何其他应用未授权的互操作和安全侵害；
f) 应用提供者是使用卡应用向持卡者提供服务并对应用行为负责的实体；
g) 卡应用的应用提供者可以不是发卡者；
h) 应用的生命周期与同一卡上的任何其他应用的生命周期无关；
i) 如 GB/T 16649.9—2010 所定义，除了当卡处于终止状态时，应用的生命周期与卡的生命周期无关；
j) 如 GB/T 16649.4—2010 所定义，所有应用至少应该可通过 SELECT 命令的以 AID 为 DF 名称的选择方式被选中；
k) 通过 SELECT 命令的 AID 选择方式选择，卡管理应用应存在且唯一和可被选择。其他卡上的应用可以提供应用管理功能；
l) 卡管理应用的默认 AID 是“E8 28 BD 08 0D”。

图 1 为多应用 IC 卡可能结构的概念性表示。

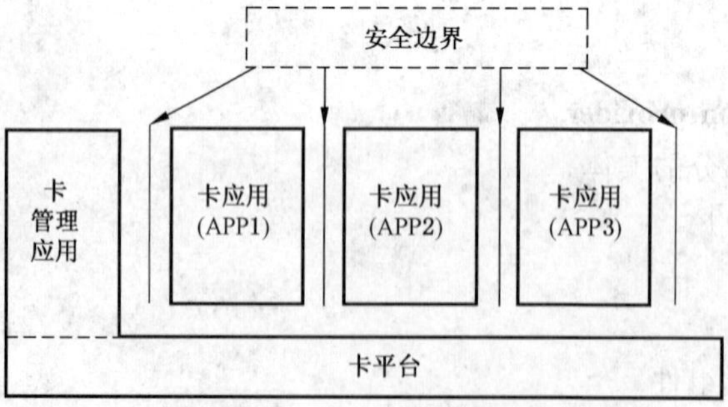

图 1　多应用 IC 卡结构的概念性表示

5.2　应用生命周期

生命周期状态应与每个应用关联。应用可以使用与其安全属性结合的生命周期状态，以确保其执行的任何操作与该应用的安全策略一致。卡管理应用应提供生命周期从不存在到操作激活状态的转换途径。

以下命令启动生命周期状态的转换：

——应用管理请求(APPLICATION MANAGEMENT REQUEST)；

——加载应用(LOAD APPLICATION)；

——删除应用(REMOVE APPLICATION)。

图 2 为生命周期状态的概念性表示以及调用每个状态转换的命令。该图仅示出一个应用在生命周期转换完成时能达到的稳定(永久)状态。其他状态和中间状态可以在生命周期转换期间存在(例如，从不存在到创建状态)，但是当程序中断时不保持。

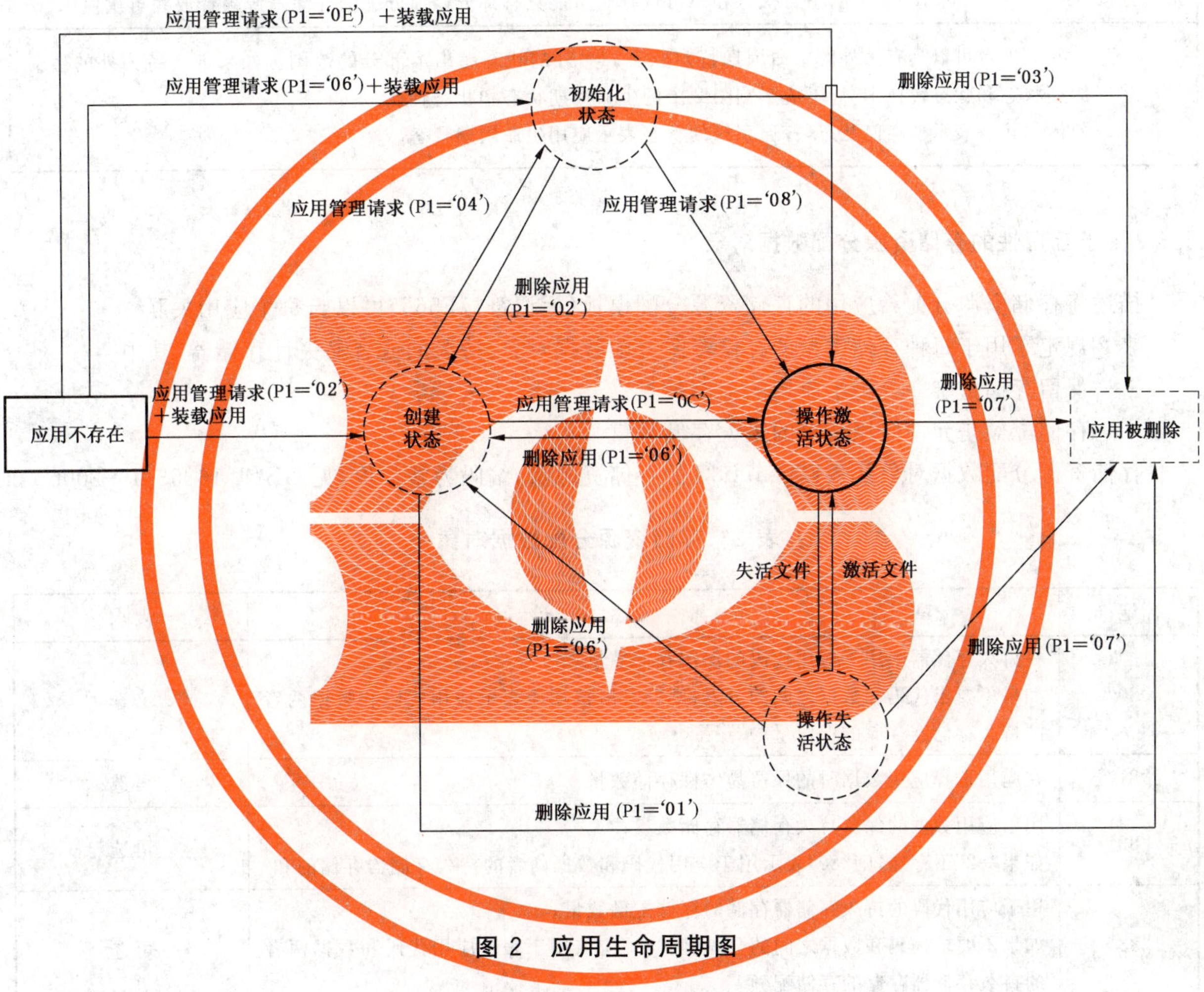

图 2 应用生命周期图

注 1：该图表按照以下方式理解：例如，执行了 APPLICATION MANAGEMENT REQUEST (P1＝"0E")和 LOAD APPLICATION 命令后，应用处于操作激活生命周期状态，即，可执行和可选择。

注 2：方框代表卡存储的状态，圆形代表应用生命周期状态。虚线圆代表可选的应用生命周期状态。

注 3：在 GB/T 16649.9—2010 中定义了 ACTIVATE FILE 和 DEACTIVATE FILE 命令。

应用生命周期状态如表 1 定义。

应用生命周期状态的编码应与 GB/T 16649.4—2010 中定义的生命周期状态位(LCS 位)的编码一致。

表 1 应用生命周期状态

应用不存在	从卡管理应用的角度看，应用不存在
创建状态	从卡管理应用的角度看，应用存在，不可执行和不可选择
初始状态	应用存在，可执行有限的功能，并且不可选择
操作激活状态	应用存在，可执行和可选择
操作失活状态	应用存在，可执行有限的功能，并且 SELECT 命令返回应用是失活的警告
应用删除	应用不存在，不可执行和不可选择。可能只有部分以前分配的存储资源被释放并再次使用
——一些卡平台可以具有另外的生命周期特定状态。另外的状态超出本部分的范围。如果卡支持另外的生命周期状态和状态转换，它们不应影响图 2 中的生命周期状态和状态转换。 ——斜体的状态表示卡存储状态，普通字符的状态表示应用生命周期状态。	

5.3 用于互用性的存储资源分配数据对象

描述将存储资源分配给应用的存储资源分配模板（标记符“7F56”）可以与每个应用关联。

表 2 规定了用于每种存储类型的存储资源分配数据对象：持久的或者易失性存储器，其中：

——保留存储是唯一分配给应用的存储数量；

——存储配额是允许应用请求的最大存储数量。

存储资源分配数据对象代表以字节计算的存储资源量，编码为整数值，见 GB/T 16263.1—2006。

表 2 存储资源分配数据对象

标记符	描　　述	要求
“80”	在持久存储器中用于应用代码的保留存储数量； 如果不要求代码和数据之间的分隔，则“80”应该用于表示应用代码和数据两者的持久存储器存储的保留量	必选
“81”	在应用选择应用数据时的保留易失性存储数量	可选
“82”	用于应用数据的保留持久存储器存储数量； 如果“82”不存在，则“80”表示用于应用代码和数据两者的持久存储器存储的和	可选
“83”	用于应用代码的持久存储器存储的存储配额数量； 如果不要求代码和数据之间的分隔，则“83”应该用于表示应用代码和数据两者的持久存储器存储的存储配额	可选
“84”	在应用选择应用数据时的易失性存储的存储配额数量	可选
“85”	用于应用数据的持久存储器的存储配额数量； 如果“85”不存在，则“83”表示用于应用代码和数据两者的持久存储器存储的和	可选
在此上下文中，ISO/IEC JTC 1/SC 17 保留上下文特定类的任何其他数据对象（第一字节从“80”到“BF”）。		

在使用存储资源分配数据对象的值时，应用以下规则：

——保留存储分配给应用减少卡上其他应用可用的存储资源；

——存储配额分配给应用不减少卡上其他应用可用的存储资源；

——存储配额的值大于或者等于保留存储的值；

——在成功创建应用时（例如，从不存在到操作激活状态的转换），分配给该应用的存储数量首先满足分配给该应用的保留存储，直到全部用完。当应用的保留存储用完时，分配的存储数量减少卡上其他应用可用的存储资源，只要它不超过该应用的存储配额。当任一存储配额超出或者卡上目前可用的存储资源用完时，应用创建失败；

——在成功删除应用时(即，转换到应用删除)，卡上其他应用可用的存储资源以存储实际释放量增加，保留存储的任何未使用部分被重新分配给卡上其他应用可用的存储资源。

6 卡管理服务识别

6.1 卡管理服务模板

卡管理服务模板(标记符“7F64”)应存在。表3定义了卡管理服务模板的内容。

表3 卡管理服务数据对象

标记符	长度/格式	描述	要求
“80”	2字节	卡支持的卡管理能力：该值是表4和表5中定义的位的组合	必选
“81”	可变	卡管理配置名称和版本：指明配置名称和版本(主要的和次要的)的对象标识符值(见GB/T 16263.1—2006)，用于管理卡和其应用	必选
“82”	可变	卡识别过程指示器：指明用于唯一标识卡的过程的对象标识符值(见GB/T 16263.1—2006)。其定义了如何访问卡上的本地标识符，例如，ICC序列号，以及该标识符是否是全球唯一的	可选
“4F”	可变	卡管理应用AID：当与“E8 28 BD 08 0D”不同时，选择卡管理应用的应用识别符	可选
在本部分中，ISO/IEC JTC 1/SC 17保留上下文特定类的任何其他数据对象(第一字节从“80”到“BF”)。			

表4 卡管理能力：第一字节

b8	b7	b6	b5	b4	b3	b2	b1	支持生命周期状态转换的值
—	—	—	—	—	—	—	1	不存在到创建
—	—	—	—	—	—	1	—	创建到初始化
—	—	—	—	—	1	—	—	初始化到操作激活
—	—	—	—	1	—	—	—	创建到操作激活
—	—	—	1	—	—	—	—	不存在到操作激活
—	—	1	—	—	—	—	—	操作激活到操作失活
—	1	—	—	—	—	—	—	操作失活到操作激活
1	—	—	—	—	—	—	—	操作激活到应用删除

表5 卡管理能力：第二字节

b8	b7	b6	b5	b4	b3	b2	b1	支持生命周期状态转换的值
0	0	0	—	—	—	—	1	创建到应用删除
0	0	0	—	—	—	1	—	初始化到应用删除
0	0	0	—	—	1	—	—	初始化到创建
0	0	0	—	1	—	—	—	操作激活到创建
0	0	0	1	—	—	—	—	操作失活到应用删除
任何其他值保留用于ISO/IEC JTC 1/SC 17未来使用。								

6.2 卡管理服务模板获取

获取卡管理服务模板采用 GB/T 16649.4—2010 定义的与应用无关的卡服务。

本条定义的尝试不同获取流程的顺序不在本部分中定义。如果在此描述的所有流程不能返回卡管理服务模板，则卡与本部分不一致。

当选择 MF 或者隐式选择应用 DF 时，可以通过两个流程获取卡管理服务模板：

——读取 EF. ATR，其中可包含"7F64"数据对象；

——GET DATA 命令，P1-P2 设为"7F 64"，可以在其响应数据字段中返回卡管理服务模板。

另一个流程也可获得：选择 AID 为"E8 28 BD 08 0D" 的应用，后跟 P1-P2 设为"7F 64"的 GET DATA 命令，在 GET DATA 的响应数据字段中返回卡管理服务模板。

7 应用管理命令

在选择了卡管理应用和可选的认证程序后，卡应用的管理过程由使用以下三个命令中的一个或者多个产生：

——应用管理请求(APPLICATION MANAGEMENT REQUEST)命令；

——加载应用(LOAD APPLICATION)命令；

——删除应用(REMOVE APPLICATION)命令。

卡管理应用应至少支持前两个命令。

如果卡管理应用支持本条款规定的命令，则应支持至少一个命令选项。

仅当安全状态满足卡管理应用规定的安全条件时，可以执行应用管理命令。

7.1 应用管理请求(APPLICATION MANAGEMENT REQUEST)命令

应用管理请求命令启动应用的管理程序，见表 6。卡管理应用验证命令数据字段中的应用管理请求信息。该命令后面可以跟 7.2 中描述的加载应用命令。如果支持存储资源管理，存储资源分配模板(标记符"7F65")中描述的应用存储资源分配应与 5.3 中规定的规则一致。

表 6 应用管理请求命令—响应对

CLA INS P1 P2	如 GB/T 16649.4—2010 中定义 "40"或"41" 根据表 7 的应用生命周期状态控制 根据表 8 的应用管理控制
L_c 字段	命令数据字段中的字节数
数据字段	卡管理应用(INS="40")知道其格式和内容的应用管理请求信息，或在下面的数据对象(INS="41")中编码： 目标应用的 AID(标记符"4F")(必选)； 存储资源分配(标记符"7F65")； 一个或者多个数字签名块(标记符"7F3D")，包含数字签名 DO(标记符"9E")和可能更多的 DO，例如，具有应用的代码散列值(标记符"90")
Le 字段	编码 $N_e=0$ 时，不存在；编码 $N_e>0$ 时，存在
数据字段	附加信息或不存在
SW1-SW2	见 GB/T 16649.4—2010 的表 5 和表 6 中相关部分，例如"6982"、"6985"

——应用管理请求信息可以包含其他数据对象，例如，发卡者识别号(标记符"42")，文件引用(标记符"51")，或者自由选择的数据(标记符"53"或者"73")。

——数字签名块(标记符"7F3D")的编码超出本部分的范围。

表 7　P1 中的应用生命周期目标状态控制

b8	b7	b6	b5	b4	b3	b2	b1	含　义
0	0	0	0	0	0	0	0	未给出信息
0	0	0	0	0	0	1	0	从不存在状态到创建状态的转换
0	0	0	0	0	1	0	0	从创建状态到初始化状态的转换
0	0	0	0	0	1	1	0	从不存在状态到初始化状态的转换
0	0	0	0	1	0	0	0	从初始化状态到操作激活状态的转换
0	0	0	0	1	1	0	0	从创建状态到操作激活状态的转换
0	0	0	0	1	1	1	0	从不存在状态到操作激活状态的转换
任何其他值保留用于 ISO/IEC JTC 1/SC 17 未来使用。								

表 8　P2 中的应用管理控制

b8	b7	b6	b5	b4	b3	b2	b1	含　义
0	0	0	0	0	0	0	0	未给出信息
0	0	0	0	0	0	0	1	验证应用管理请求
0	0	0	0	0	0	1	0	提交应用管理请求
0	0	0	0	0	0	1	1	验证和提交应用管理请求
任何其他值保留用于 ISO/IEC JTC 1/SC 17 未来使用。								

7.2　加载应用(LOAD APPLICATION)命令

加载应用命令将应用传输到卡上,见表 9。应用可以划分为多个部分,每个部分可以划分为多个程序块用于向卡的传输。每个加载应用命令向卡传输一个程序块。该命令之前可以是应用管理请求命令,见 7.1。

如果加载应用命令之前是应用管理请求命令,则存储资源分配通过前面的应用管理请求命令实现。成功执行该系列命令完成在前面的应用管理请求命令中指明的生命周期转换。

如果加载应用命令之前不是应用管理请求命令,则基于加载应用命令系列提供的信息,分配存储资源并将应用生命周期状态设定为适当值。

如果支持存储资源管理,分配给成功创建应用的存储数量应与 5.3 中规定的规则一致。

表 9　加载应用命令—响应对

CLA INS P1-P2	如 GB/T 16649.4—2010 中定义 “EA”或“EB” 见表 10
L_c 字段	命令数据字段中的字节数
数据字段	应用组件,卡管理应用(INS=“EA”)知道其格式和内容,或者编码为单独的数据对象(INS=“EB”)
Le 字段	编码 N_e=0 时,不存在;编码 N_e>0 时,存在

数据字段	附加信息或不存在
SW1-SW2	见 GB/T 16649.4—2010 的表 5 和表 6 中相关部分,例如“6982”、“6985”

表 10 P1 和 P2 中序列号或偏移量

P1								P2	含　义
b8	b7	b6	b5	b4	b3	b2	b1		
0	0	0	0	0	0	0	0	00	未给出信息
—	×	×	×	×	×	×	×	××	序列号或偏移量
—	0	×	×	×	×	×	×	××	—偏移量
—	1	×	×	×	×	×	×	××	—序列号
0	—	—	—	—	—	—	—	—	更多的块
1	—	—	—	—	—	—	—	—	最后的块

——如果 P1 的 b7 设为 0，则其余的 P1-P2(14 位)编码为从 0 到 16383 的偏移量，如果 P1 的 b7 设为 1，则其余的 P1-P2(14 位)编码为命令的序列号。

——如果 P1 的 b8 设为 0，则预计有后续块，如果 P1 的 b8 设为 0，则该命令包含最后的块。

——偏移量从应用传输开始以字节计算。

——序列号从应用传输开始每个块增加 1。

7.3 删除应用(REMOVE APPLICATION)命令

删除应用命令删除一个应用并且可能收回分配给该应用的存储资源，见表 11。

当在命令数据字段中存在时，卡管理应用验证应用删除信息。

如果支持存储资源管理，根据 5.3 中规定的规则，成功删除应用应增加卡上应用可使用的存储资源。

表 11 删除应用(REMOVE APPLICATION)命令—响应对

CLA INS P1 P2	如 GB/T 16649.4—2010 中定义 "EC"或"ED" 根据表 12 删除状态控制 "00"未给出信息 (任何其他值保留用于 ISO/IEC JTC 1/SC 17 未来使用)
L_C 字段	不存在或者命令数据字段中的字节数
数据字段	不存在或卡管理应用(INS="EC")知道其格式和内容的应用删除信息， 或者在下面的数据对象(INS="ED")中编码的应用删除信息： 目标应用的 AID(标记符"4F")(必选)； 一个或者多个数字签名块(标记符"7F3D")，包含数字签名 DO(标记符"9E")
Le 字段	编码 $N_e=0$ 时，不存在；编码 $N_e>0$ 时，存在

数据字段	附加信息或不存在
SW1-SW2	见 GB/T 16649.4—2010 的表 5 和表 6 中相关部分，例如"6982"、"6985"

——应用删除信息可以包含其他数据对象，例如，自由选择的数据(标记符"53"或"73")。

——数字签名块(标记符"7F3D")的编码超出本部分的范围。

表 12 P1 中删除状态控制

b8	b7	b6	b5	b4	b3	b2	b1	含义
0	0	0	0	0	0	0	0	未给出信息
0	0	0	0	0	0	0	1	从创建状态到应用删除的转换
0	0	0	0	0	0	1	0	从初始化状态到创建状态的转换
0	0	0	0	0	0	1	1	从初始化状态到应用删除的转换
0	0	0	0	0	1	1	0	从操作(激活或失活)状态到创建状态的转换
0	0	0	0	0	1	1	1	从操作(激活或失活)状态到应用删除的转换
任何其他值保留用于 ISO/IEC JTC 1/SC 17 未来使用。								

7.4 应用管理的考虑

卡管理方案和/或发卡者政策规定了被要求签名的类型和数量，例如：

——发卡者签名；

——应用提供者签名；

——卡管理方案授权签名。

卡应能强制这些策略并且处理相应的签名验证密钥。

发卡者和应用提供者之间的应用管理策略及其实现超出本部分的范围。

附 录 A
（资料性附录）
与发卡者和应用提供者无关模型的卡应用管理实例

A.1 引言

本实例示出如何管理与发卡者和应用提供者无关模型的卡的应用。进行以下假定：

——在发卡后，可以由无关的应用提供者添加应用到卡上，该模型在图 A.1 中示出；

——可以通过联网和脱机两种方式发放应用创建证书。

注：下一代 IC 卡系统研究组(NICSS)使用此模型。

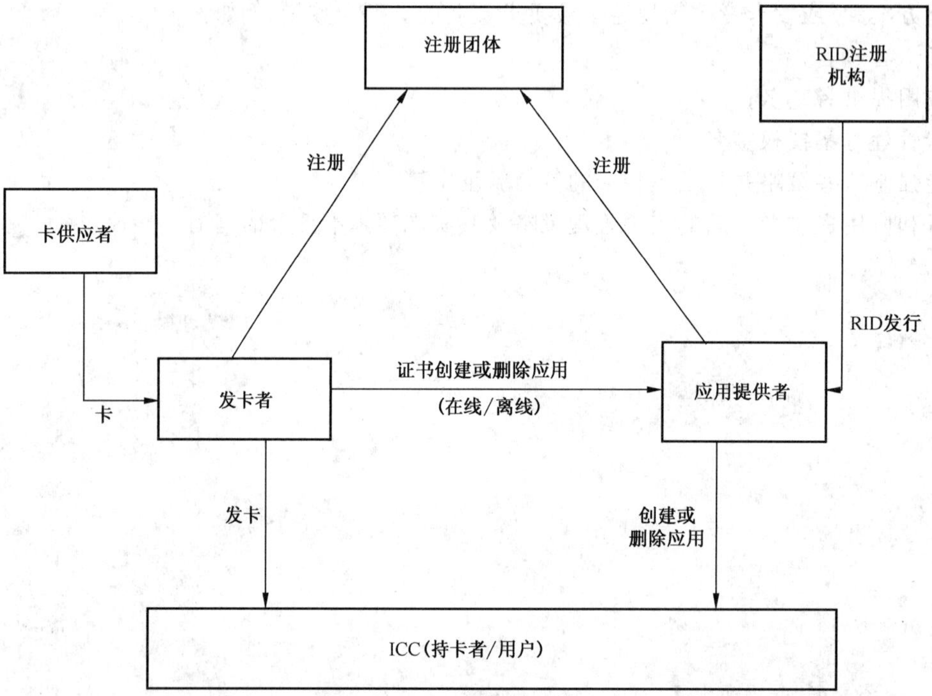

图 A.1 与发卡者和应用提供者无关的模型

A.2 应用管理过程的例子

A.2.1 与 CI（远程 CI)无关的 APR 的例子：加载前验证证书

a) 用 AID“E8 28 BD 08 0D”选择(SELECT)应用；

b) 用 GET DATA 获取卡管理服务模板(标记符“7F64”)；

c) 用卡管理服务模板中指明的 AID(标记符“4F”)选择(SELECT)卡管理应用；

d) 相互授权；

e) 从发卡者(在线/离线)获得应用创建证书。该证书可以包含 AID、应用的散列值、核准的 ID、卡 ID 和发卡者的数字签名；

f) 带证书的 APPLICATION MANAGEMENT REQUEST；

g) 通过 LOAD APPLICATION 加载应用。

A.2.2 远程 CI 的例子:加载后验证证书

a) 用 AID “E8 28 BD 08 0D”选择(SELECT)应用;

b) 用 GET DATA 获取卡管理服务模板(标记符“7F64”);

c) 用卡管理服务模板中指明的 AID(标记符“4F”)选择(SELECT)卡管理应用;

d) 相互授权;

e) 从发卡者获得应用创建证书;

f) 无证书分配给存储的 APPLICATION MANAGEMENT REQUEST;

g) 通过 LOAD APPLICATION 加载应用;

h) 带证书的 APPLICATION MANAGEMENT REQUEST。

A.3 删除程序的例子

A.3.1 远程 CI 的例子:删除期间验证证书

a) 用 AID “E8 28 BD 08 0D”选择(SELECT)应用;

b) 用 GET DATA 获取卡管理服务模板(标记符“7F64”);

c) 用卡管理服务模板中指明的 AID(标记符“4F”)选择(SELECT)卡管理应用;

d) 相互授权;

e) 从发卡者获得应用删除证书(在线/离线)。该证书可以包含 AID、核准的 ID、卡 ID 和发卡者的数字签名;

f) 带证书的 REMOVE APPLICATION。

A.3.2 远程 CI 的例子:删除前验证证书

a) 用 AID “E8 28 BD 08 0D”选择(SELECT)应用;

b) 用 GET DATA 获取卡管理服务模板(标记符“7F64”);

c) 用卡管理服务模板中指明的 AID(标记符“4F”)选择(SELECT)卡管理应用;

d) 相互授权;

e) 从发卡者获得应用删除证书;

f) 带证书的 APPLICATION MANAGEMENT REQUEST;

g) 无证书的 REMOVE APPLICATION。

附 录 B
（资料性附录）
卡应用管理的实例

B.1 引言

本实例示出应用创建和激活的两步模型：首先加载应用代码，然后安装和激活应用实例。

注：GlobalPlatform(GP)使用此模型。

应用包括应用代码和应用数据。使用加载对象（Load Object）将应用代码（但不是应用数据）加载到卡上。应用的安装从加载对象和可能的一些应用数据创建实例。

在此实例中，创建和激活应用另外需要：

——卡应用管理系统（CAMS）的预先认证；

——通过安全信息保护命令及响应；

——验证发卡者的证书。

B.2 用于应用管理的命令

B.2.1 应用管理请求（APPLICATION MANAGEMENT REQUEST）命令

发送应用管理请求命令来启动和执行各种步骤，这些步骤是加载一个加载对象以及安装和激活应用实例所必需的，见表 B.1。

表 B.1 应用管理请求（APPLICATION MANAGEMENT REQUEST ）命令—响应对

CLA INS P1 P2	如 GB/T 16649.4—2010 中定义 “40” 应用生命周期目标状态控制：见表 B.2 应用管理控制：见表 B.3
Lc 字段	命令数据字段中的字节数
数据字段	应用管理请求信息
Le 字段	编码 $N_e=0$ 时，不存在；编码 $N_e>0$ 时，存在
数据字段	不存在或应用管理确认信息
SW1-SW2	见 GB/T 16649.4—2010 的表 5 和表 6 中相关部分，例如“6982”、“6985”

应用管理请求命令的参数 P1 描述了命令的作用并且根据表 B.2 编码。

表 B.2 P1 中的应用生命周期目标状态控制

b8	b7	b6	b5	b4	b3	b2	b1	含 义
0	0	0	0	1	1	0	0	从创建状态到操作激活状态的转换
0	0	0	0	1	0	0	0	从初始化状态到操作激活状态的转换
0	0	0	0	0	1	0	0	从创建状态到初始化状态的转换
0	0	0	0	0	0	1	0	从不存在状态到创建状态的转换
×	×	×	×	—	—	—	—	RFU

b4=1 表示激活命令数据字段中标识的应用。这适用于仅创建(目前的生命周期状态=创建)或者已经初始化(目前的生命周期状态=初始化)的应用。

b3=1 表示命令数据字段中标识的应用的初始化(目前的生命周期状态=创建)。

b2=1 表示命令数据字段中标识的应用的创建(目前的生命周期状态=不存在)。

表 B.3 P2 中的应用管理控制

b8	b7	b6	b5	b4	b3	b2	b1	含　义
0	0	0	0	0	0	0	1	验证应用管理请求
0	0	0	0	0	0	1	1	验证和提交应用管理请求

在本实例中,应用管理请求命令发送两次。

——参数 P1 中的 b2=1,P2 设为"01",以启动对应用代码的加载(加载对象)。命令数据字段包含加载对象标识、应用提供者标识、加载对象存储资源分配信息、加载对象散列和发卡者发行的应用创建证书。在响应消息中不返回响应数据字段。紧跟一个或者多个 LOAD APPLICATION 命令。成功执行最后一个 LOAD APPLICATION 命令时,创建应用管理请求隐含提交,并且应用生命周期状态设为创建。

——参数 P1 中的 b4=1 同时 b3=1,P2 设为"03",来同时安装和激活应用实例。命令数据字段包含已经加载的加载对象标识、应用实例标识、应用实例的存储资源分配信息和发卡者发行的应用初始化和激活证书。成功执行命令时,应用生命周期状态从创建转换到操作激活。在响应消息中可能返回响应数据字段。当存在时,响应数据字段的内容包含长度(根据 GB/T 16263.1—2006 中规定的 ASN.1 规则进行编码)及应用初始化和激活确认的值。

B.2.2 加载应用(LOAD APPLICATION)命令

加载对象分为多个块:用于传输到卡的加载块。加载应用命令启动向卡传输的加载块,见表 B.4。可以请求多个加载应用命令向卡传输加载对象。

表 B.4 加载应用(LOAD APPLICATION)命令—响应对

CLA INS P1 P2	如 GB/T 16649.4—2010 中定义 "EA" 加载块序列号的最高有效字节,见表 B.5 加载块序列号的最低有效字节,见表 B.6
L_C 字段	命令数据字段中的字节数
数据字段	加载块
Le 字段	编码 N_e=0 时,不存在;编码 N_e>0 时,存在
数据字段	不存在或应用创建确认信息
SW1-SW2	见 GB/T 16649.4—2010 的表 5 和表 6 中相关部分,例如"6581"、"6A84"

加载应用命令的参数 P1 和 P2 描述了加载块的顺序并根据表 B.5 和表 B.6 编码。

表 B.5 P1 中的序列号最高有效字节

b8	b7	b6	b5	b4	b3	b2	b1	含义
0	1	×	×	×	×	×	×	更多块,序列号最高有效字节
1	1	×	×	×	×	×	×	最后一个块,序列号最高有效字节

b8=0 表示预计有更多加载块。

b8=1 表示序列中的最后的加载块。

b7=1 表示从 0 到 16383 的第 14 位编码的加载块序列号。

表 B.6 P2 中的序列号最低有效字节

b8	b7	b6	b5	b4	b3	b2	b1	含 义
×	×	×	×	×	×	×	×	序列号最低有效字节位

第一个 LOAD APPLICATION 命令之前是用于创建命令的 APPLICATION MANAGEMENT REQUEST(P1 的 b2 设为 1)。

加载块序列号(P1-P2 的低 14 位)从 0 开始。加载块编号严格按照顺序并且递增 1。卡收到加载对象最后块的通知(LOAD APPLICATION 命令中 P1 的 b8 设为 1)。

响应数据字段可以在响应消息中返回。当存在时,响应数据字段的内容包括长度(根据 GB/T 16263.1—2006 中规定的 ASN.1 规则进行编码)及应用创建确认值。它仅存在于传输最后加载块(P1 的 b8 设为 1)的 LOAD APPLICATION 命令的响应数据字段中。

对于除了传输最后加载块(P1 的 b8 设为 1)的最后 LOAD APPLICATION 命令之外的 LOAD APPLICATION 命令,没有响应数据字段。

B.3 应用管理序列

该模型中用于创建和激活应用的典型应用管理序列如下:

a) 用 AID“E8 28 BD 08 0D”选择(SELECT)应用;
b) 用 GET DATA 获取卡管理服务模板(标记符“7F64”);
c) 用卡管理服务模板中指明的 AID(标记符“4F”)选择(SELECT)卡管理应用;
d) 用于创建的 APPLICATION MANAGEMENT REQUEST,其中 P1=“02”和 P2=“01”;
e) 第一个 LOAD APPLICATION,其中 P1=“40”和 P2=“00”;
f) 多个 LOAD APPLICATION 命令,其中顺序增加 P1-P2;
g) 最后的 LOAD APPLICATION,其中 P1=“Cx”和 P2=“yz”,“xyz”是最后加载块的序列号(假设“xyz”小于 4095);
h) 用于初始化和激活的 APPLICATION MANAGEMENT REQUEST,其中 P1=“0C”和 P2=“03”。

附 录 C
（资料性附录）
卡应用管理的更多实例

C.1 引言

本实例示出应用创建和激活的三步模型：分配卡资源、加载应用代码和数据以及进行操作激活。

注：MULTOS 使用本模型。

最初的应用管理请求命令确保卡资源可用，并准备好该卡对后续卡内容管理的请求。然后用加载应用命令将应用加载到卡。应用包括应用代码和应用数据、默认的文件控制信息、目录文件输入、数字签名和密钥转换单元。所有都作为应用加载单元加载到卡上。第二和最后的应用管理请求命令最后确定应用创建和激活过程，包括检查应用加载单元的发卡者授权和应用服务提供者的数字签名。

C.2 用于应用管理的命令

C.2.1 应用管理请求（APPLICATION MANAGEMENT REQUEST）命令

发送应用管理请求命令来启动和最后确定应用加载过程，见表 C.1。

表 C.1 应用管理请求（APPLICATION MANAGEMENT REQUEST ）命令—响应对

CLA	如 GB/T 16649.4—2010 中定义
INS	“40”
P1	应用管理请求的作用：见表 C.2
P2	应用管理请求的作用：见表 C.3
L_C 字段	命令数据字段中的字节数
数据字段	应用加载证书
Le 字段	编码 $N_e=0$ 时，不存在；编码 $N_e>0$ 时，存在
数据字段	不存在或卡公钥证书
SW1-SW2	见 GB/T 16649.4—2010 的表 5 和表 6 中相关部分，例如“6982”、“6985”

应用管理请求命令的参数 P1 描述了命令的目的并根据表 C.2 编码。

表 C.2 应用管理请求（APPLICATION MANAGEMENT REQUEST ）命令中 P1 的编码

b8	b7	b6	b5	b4	b3	b2	b1	含义
0	0	0	0	1	1	1	0	从不存在状态到操作激活状态的转换

应用管理请求命令的参数 P2 描述了命令的目的并根据表 C.3 编码。

表 C.3 应用管理请求(APPLICATION MANAGEMENT REQUEST)命令的 P2 编码

b8	b7	b6	b5	b4	b3	b2	b1	含义
0	0	0	0	0	0	0	1	验证应用管理请求
0	0	0	0	0	0	1	1	验证和提交应用管理请求

C.2.2 加载应用(LOAD APPLICATION)命令

应用加载单元分为用于向卡传输的更小的组件，见表 C.4。加载应用命令启动该组件向卡传输。可以使用多个加载应用命令向卡传输应用加载单元。

表 C.4 加载应用(LOAD APPLICATION)命令—响应对

CLA	如 GB/T 16649.4—2010 中定义
INS	"EA"
P1	加载块序列号最高有效字节，见表 C.5
P2	加载块序列号最低有效字节，见表 C.6
L_C 字段	命令数据字段中的字节数
数据字段	加载块
Le 字段	编码 $N_e=0$ 时，不存在；编码 $N_e>0$ 时，存在
数据字段	不存在
SW1-SW2	见 GB/T 16649.4—2010 的表 5 和表 6 中相关部分，例如"6581"、"6A84"

加载应用命令的参数 P1 和 P2 描述了组件序列号，并根据表 C.5 和表 C.6 编码。

表 C.5 加载应用(LOAD APPLICATION)命令的 P1 编码

b8	b7	b6	b5	b4	b3	b2	b1	含义
0	1	×	×	×	×	×	×	更多块，序列号最高有效字节
1	1	×	×	×	×	×	×	最后块，序列号最高有效字节

b8=0 表示预计有更多加载块。

b8=1 表示序列中的最后加载块。

b7=1 表示从 0 到 16383，14 位上编码的加载块序列号。

表 C.6 加载应用(LOAD APPLICATION)命令的 P2 编码

b8	b7	b6	b5	b4	b3	b2	b1	含义
×	×	×	×	×	×	×	×	序列号最低有效字节

第一个加载应用命令之前是应用管理请求命令。

加载块序列号(P1-P2 的低 14 位)从 0 开始。加载块编号严格按照顺序并且递增 1。卡收到加载对象最后块的通知(P1 的 b8 设为 1)。

C.3 应用管理序列

该模型中用于创建和激活应用的典型应用管理序列如下：

a) 用 AID “E8 28 BD 08 0D”选择(SELECT)应用；

b) 用 GET DATA 获取卡管理服务模板(标记符“7F64”)；

c) 选择(SELECT)卡管理应用；

d) 用于操作激活请求验证的 APPLICATION MANAGEMENT REQUEST，其中 P1＝“0E”和 P2＝“01”；

e) 第一个 LOAD APPLICATION，其中 P1＝“40”和 P2＝“00”；

f) 多个 LOAD APPLICATION 命令，其中顺序增加 P1-P2；

g) 最后的 LOAD APPLICATION，其中 P1＝“Cx”和 P2＝“yz”，“xyz”是最后加载块的序列号；

h) 用于操作激活的 APPLICATION MANAGEMENT REQUEST，其中 P1＝“0E”和 P2＝“03”。

附 录 D
（资料性附录）
卡应用管理的更多实例

本实例示出了作为应用安装命令包的LOAD APPLICATION命令的使用，见表D.1～表D.4。其允许通过LOAD APPLICATION命令的单个接入规则控制整个加载顺序。例如，需要具有安全消息密钥协议的外部认证。该认证过程可以通过卡应用管理系统（CAMS）执行。

注1：命令顺序可以与安全消息一同发送。

注2：将命令数据字段中待执行的命令进行编码而没有安全消息。

表D.1 加载应用（LOAD APPLICATION）命令—响应对

CLA	如GB/T 16649.4—2010中定义，第5位设为1表示该命令不是系列命令的最后一个
INS	“EB”
P1-P2	“0000”
L_C 字段	命令数据字段中的字节数
数据字段	待执行命令（标记符“52”）： “52”-L-…[创建文件CREATE FILE（DF）命令]
Le字段	不存在

数据字段	不存在
SW1-SW2	“9000”或者特定状态位

表D.2 加载应用（LOAD APPLICATION）命令—响应对

CLA	如GB/T 16649.4—2010中定义，第5位设为1表示该命令不是系列命令的最后一个
INS	“EB”
P1-P2	“0000”
L_C 字段	命令数据字段中的字节数
数据字段	待执行命令（标记符“52”）： “52”-L-…[创建文件（CREATE FILE）（EF）命令]
Le字段	不存在

数据字段	不存在
SW1-SW2	“9000”或者特定状态位

表 D.3　加载应用(LOAD APPLICATION)命令—响应对

CLA	如 GB/T 16649.4—2010 中定义，第 5 位设为 1 表示该命令不是系列命令的最后一个
INS	“EB”
P1-P2	“0000”
L_C 字段	命令数据字段中的字节数
数据字段	待执行命令(标记符“52”)： “52”-L-…[更新二进位(UPDATE BINARY)命令]
Le 字段	不存在

数据字段	不存在
SW1-SW2	“9000”或者特定状态位

表 D.4　加载应用(LOAD APPLICATION)命令—响应对

CLA	如 GB/T 16649.4—2010 中定义，第 5 位设为 1 表示该命令不是系列命令的最后一个
INS	“EB”
P1-P2	“0000”
L_C 字段	命令数据字段中的字节数
数据字段	待执行命令(标记符“52”)： “52”-L-…[激活文件(ACTIVATE FILE)(DF)命令]
Le 字段	不存在

数据字段	不存在
SW1-SW2	“9000”或者特定状态位

参 考 文 献

[1] GB/T 16649(所有部分) 识别卡 集成电路卡

[2] Global Platform Card specification V2.1.1 或更高版本，http://www.globalplatform.org/

[3] NICSS Prerequisites Version 1.20，下一代 IC 卡系统研究组，2001 年 4 月 24 日，http://www.nicss.or.jp/

[4] 装载和删除应用指南，MAO-DOC-REF-008，MAOSCO，http://www.multos.com/

[5] 生成应用装载单元指南，MAO-DOC-REF-009，MAOSCO，http://www.multos.com/

ICS 25.040.40
L 67

中华人民共和国国家标准

GB/T 16656.45—2013/ISO 10303-45:2008
代替 GB/T 16656.45—2001

工业自动化系统与集成 产品数据表达与交换 第45部分:集成通用资源:材料和其他工程特性

Industrial automation systems and integration—
Product data representation and exchange—
Part 45:Integrated generic resources:
Material and other engineering properties

(ISO 10303-45:2008,IDT)

2013-12-17 发布 2014-06-01 实施

中华人民共和国国家质量监督检验检疫总局
中国国家标准化管理委员会 发布

前言

GB/T 16656(ISO 10303)《工业自动化系统与集成　产品数据表达与交换》是一项由多个部分组成的标准,各部分单独出版。GB/T 16656 的所属各部分又组成多个子系列,即:

——第1～19部分规定了描述方法;

——第20～29部分规定了实现方法;

——第30～39部分规定了一致性测试方法与框架;

——第40～59部分规定了集成通用资源;

——第100～199部分规定了集成应用资源;

——第200～299部分规定了应用协议;

——第300～399部分规定了抽象测试套件;

——第400～499部分规定了应用模块;

——第500～599部分规定了应用解释构造;

——第1 000～1 999部分规定了应用模块。

GB/T 16656《工业自动化系统与集成　产品数据表达与交换》现已发布和即将发布的包括以下部分:

——第1部分:概述与基本原理;

——第11部分:描述方法:EXPRESS语言参考手册;

——第21部分:实现方法:交换文件结构的纯正文编码;

——第28部分:实现方法:EXPRESS模式与数据的XML表达(使用XML模式);

——第31部分:一致性测试方法论与框架:基本概念;

——第32部分:一致性测试方法论与框架:对测试实验室与客户的要求;

——第34部分:一致性测试方法论与框架:应用协议实现的抽象测试方法;

——第41部分:集成通用资源:产品描述与支持原理;

——第42部分:集成通用资源:几何与拓扑表达;

——第43部分:集成通用资源:表达结构;

——第44部分:集成通用资源:产品结构配置;

——第45部分:集成通用资源:材料和其他工程特性;

——第46部分:集成通用资源:可视化显示;

——第47部分:集成通用资源:形状变化公差;

——第49部分:集成通用资源:工艺过程结构和特性;

——第51部分:集成通用资源:数学表达;

——第54部分:集成通用资源:分类和集合论;

——第55部分:集成通用资源:过程与混合表达;

——第56部分:集成通用资源:状态;

——第101部分:集成应用资源:绘图;

——第105部分:集成应用资源:运动学;

——第201部分:应用协议:显式绘图;

——第202部分:应用协议:相关绘图;

——第203部分:应用协议:配置控制设计;

——第 238 部分:应用协议:计算机数字控制器的应用解释模型;
——第 501 部分:应用解释构造:基于边的线框;
——第 502 部分:应用解释构造:基于壳的线框;
——第 503 部分:应用解释构造:几何有界二维线框;
——第 504 部分:应用解释构造:绘图注释;
——第 505 部分:应用解释构造:图样结构与管理;
——第 506 部分:应用解释构造:绘图元素;
——第 507 部分:应用解释构造:几何有界曲面;
——第 508 部分:应用解释构造:非流形曲面;
——第 509 部分:应用解释构造:流形曲面;
——第 513 部分:应用解释构造:基本边界表达;
——第 520 部分:应用解释构造:相关绘图元素;
——第 1001 部分:应用模块:外观赋值;
——第 1002 部分:应用模块:颜色;
——第 1003 部分:应用模块:曲线外观;
——第 1004 部分:应用模块:基本几何形状;
——第 1005 部分:应用模块:基本拓扑;
——第 1006 部分:应用模块:基础表达;
——第 1007 部分:应用模块:通用曲面外观;
——第 1008 部分:应用模块:层赋值;
——第 1009 部分:应用模块:形状外观和层。

本部分是 GB/T 16656 的第 45 部分。

本部分按照 GB/T 1.1—2009 给出的规则起草。

本部分代替 GB/T 16656.45—2001《工业自动化系统与集成 产品数据表达与交换 第 45 部分:集成通用资源:材料》。与 GB/T 16656.45—2001 相比主要变化如下:

1) 增添了以下 EXPRESS 说明:
——characterized_product_composition_value;
——maths_value_with_unit;
——maths_value_representation_item;
——maths_value_qualification。

2) 修改了以下 EXPRESS 说明:
——product_material_composition_relationship.constituent_amount 的 EXPRESS 描述改为:product_material_composition_relationship.constituent_amount:SET[1:?]OF characterized_product_composition_value;
——material_designation 的 3.3.3 条款的材料标记的示例移到 4.4.1 的示例 1。

3) 为限制某些实体属性的含义,以下实体添加了规则:
——measure_qualification;
——maths_value_qualification。

4) 作了以下编辑性修改:
——EXPRESS 描述顺序更改为按每个模式的字母顺序排列;
——注的格式已更改为符合最新版本的 GB/T 1.1—2009;
——示例的格式已更改为符合最新版本的 GB/T 1.1—2009;
——第 3 章的标题改为符合最新版本的 GB/T 1.1—2009;

——本部分涉及的模式在引言中进行了说明。

5） 扩展了以下内容：

——扩展了附录E的文本，包括添加的EXPRESS实体描述和图表更新；

——扩展的标题包括本部分结构应用于材料特性以外的其他特性；

——扩展了参考文献。

6） 删除了ISO前言。

7） 删除了ISO引言。

8） 标准的名称改为材料和其他工程特性。

本部分使用翻译法等同采用国际标准ISO 10303-45:2008《工业自动化系统与集成　产品数据表达与交换 第45部分：集成通用资源：材料和其他工程特性》。

与本部分中规范性引用的国际文件有一致性对应关系的我国文件如下：

——GB/T 16262.1—2006　信息技术　抽象语法记法一（ASN.1）　第1部分：基本记法规范（ISO/IEC 8824-1:2002，IDT）

——GB/T 16656.1—2008　工业自动化系统与集成　产品数据表达与交换　第1部分：概述与基本原理（ISO 10303-1:1994，MOD）

——GB/T 16656.11—2010　工业自动化系统与集成　产品数据表达与交换　第11部分：描述方法：EXPRESS语言参考手册（ISO 10303-11:2004，IDT）

——GB/T 16656.41—2010　工业自动化系统与集成　产品数据表达与交换　第41部分：集成通用资源：产品描述与支持原理（ISO 10303-41:2005，IDT）

——GB/T 16656.43—2008　工业自动化系统与集成　产品数据表达与交换　第43部分：集成通用资源：表达结构（ISO 10303-43:2000，IDT）

为便于使用，做了如下编辑性修改：

1） 删去了ISO前言和ISO引言；

2） 对于带下划线的用于EXPRESS语言描述的各黑体英文实体名、属性名和函数名等，为了维护其英文原意，在本部分中，都使用其英文原名，仅当其作为标题时，我们在该英文名前增加了其归属的类型说明。

本部分由中国标准化研究院提出并归口。

本部分起草单位：中国标准化研究院。

本部分主要起草人：王志强、尹书蕊、杨青海、詹俊峰、刘守华、洪岩。

本部分所代替的历次版本发布情况为：

——GB/T 16656.45—2001。

引　言

GB/T 16656 是一个计算机可识别的产品数据表达与交换的标准。目的是提供一种与特定系统无关的中性机制以描述整个产品生命周期的产品数据。这个描述特点不仅适合中性文件的交换，而且也是实现和共享产品数据库和存档的基础。

本部分是集成资源系列中的一个。本部分主要内容包括：

——material_property_definition_schema；

——material_property_representation_schema；

——qualified_measure_schema。

这些模式包含理解该模式内容的背景资料。GB/T 16656.45—2001 的内容继续保持有效。附录 E 提供了模式中结构可能应用的技术讨论。

产品由材料制成，材料特性对产品生命周期的许多方面十分重要，这些方面有：

——产品设计；

——产品制造；

——产品处理；

——产品再生；

——材料选择；

——产品测试；

——产品性能分析；

——工艺规划；

——过程控制；

——产品维护；

——失效分析；

——部件替换。

本部分适用于需描述产品特性的集成通用资源、应用模块和应用协议。这些产品的性质可以是固体、液体、气体或其他物理形式。

本部分进行的修改兼容以前的版本。如果是以下情况，EXPRESS 描述的修改也是兼容的：

——实例编码，其符合 GB/T 16656.21(ISO 10303-21)和符合基于本部分以前版本的应用协议，也符合基于本部分该版本应用协议的修订。

——接口，其符合 GB/T 16656.22(ISO 10303-22)和符合基于本部分以前版本的应用协议，也符合基于本部分该版本应用协议的修订。

——基于本部分以前版本应用协议的映射表在应用协议的修订中继续保持有效。

本部分该版本的主要变化是能够由数学函数来规定构成值和特性值，并且使这些值能达到其限定的精度和可靠度。

本部分的模式与 ISO 10303 集成资源定义模式的关系在 EXPRESS-G 形式的图 1 中进行了说明，在 ISO 10303-11 给出了 EXPRESS-G 的定义。

图 1 所示的模式是集成资源的组成部分。

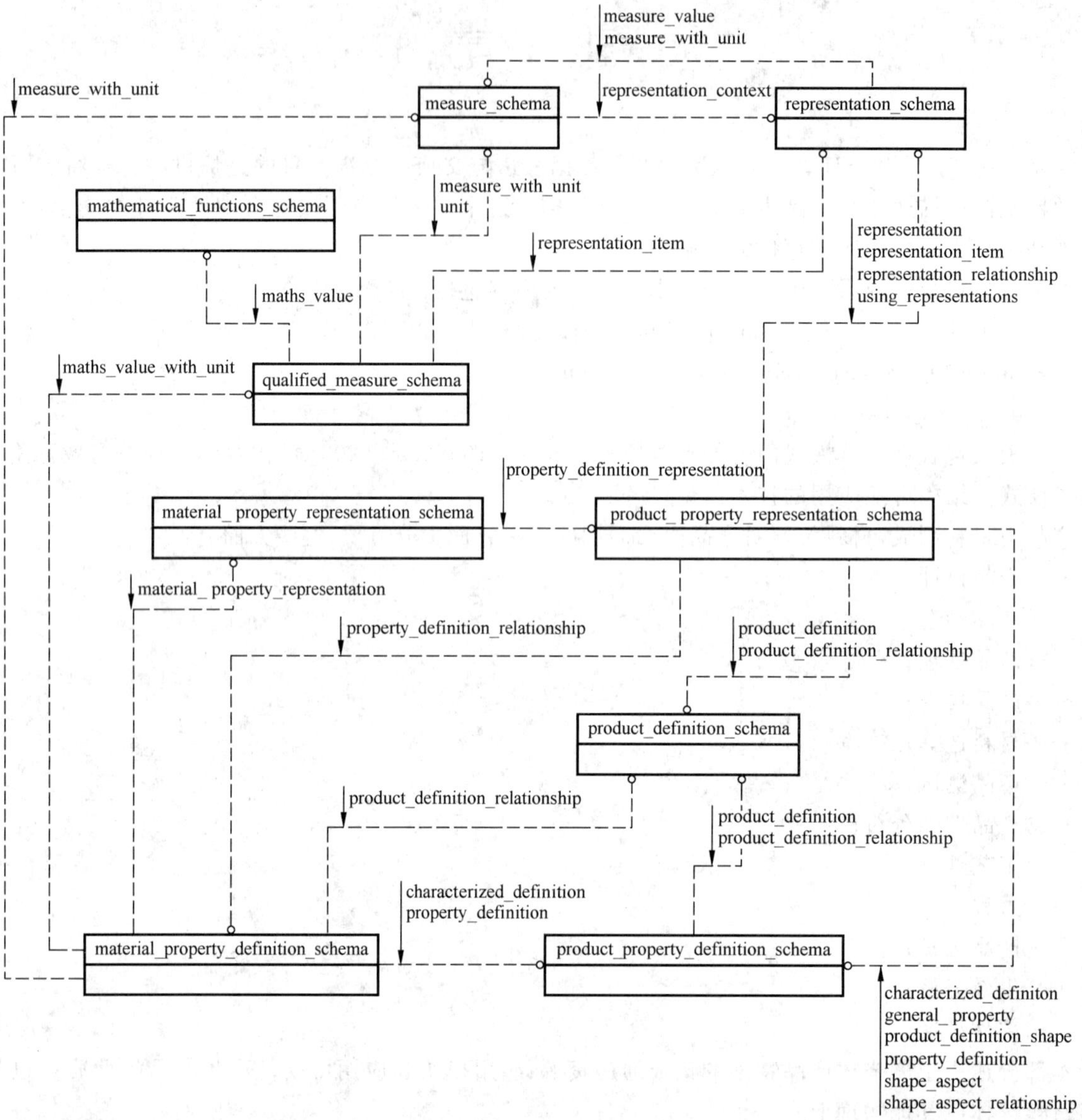

图 1　本部分集成架构的模式关系图(1/1)

工业自动化系统与集成 产品数据表达与交换 第45部分:集成通用资源: 材料和其他工程特性

1 范围

GB/T 16656的本部分规定了产品材料特性的资源构造和按不确定度和可靠度表征的数值数据的资源构造。

下述内容属于本部分的范围:

——特性与产品的关系;

——按成分数量和类型构成产品的规定;

——使材料特性有效的定性和定量条件的规定;

——数值数据按不确定度和可靠度的表征;

——包括被测或被赋值特性的材料特性及其表达的规定;

——数学表达式构成值的表达规范;

——数学表达式特性值的规范;

——关于构成值不确定度和可靠度的描述;

——关于特性值不确定度和可靠度的描述;

——包括涂层的产品表面特性。

注1:本部分可用于描述不同阶段产品的材料特性:第一阶段产品,如铸铁;中间阶段产品,如管材或板材;不需进一步加工的最终阶段产品,如由板材压制成的零件。

下述内容不属于本部分的范围:

——用于测量或指定特性的程序;

——材料特性值的组合与转化;

示例1:对大量相互组合的测试结果进行的统计分析决定了设计值。本部分提供了测试结果和测试结果组合的表达,但没有提供组合的过程。

——材料特性在产品行为分析中的用途;

示例2:将多个单独特性值组合为分析模型中所用的系数矩阵。

——特性和测试方法的名称和定义。

注2:认定ISO 13584零件库字典规定了测试方法和特性的名称和定义。

2 规范性引用文件

下列文件对于本文件的应用是必不可少的。凡是注日期的引用文件,仅注日期的版本适用于本文件。凡是不注日期的引用文件,其最新版本(包括所有的修改单)适用于本文件。

ISO/IEC 8824-1 信息处理系统 开放系统互连 抽象语法记法一(ASN.1) 第1部分:基本记法规范(Information technology—Abstract Syntax Notation One(ASN.1)—Part 1:Specification of basic notation)

ISO 10303-1 工业自动化系统与集成 产品数据表达与交换 第1部分:概述与基本原理

(Industrial automation systems and integration—Product data representation and exchange—Part 1: Overview and fundamental principles)

ISO 10303-11 工业自动化系统与集成 产品数据表达和交换 第11部分:描述方法:EXPRESS语言参考手册(Industrial automation systems and integration—Product data representation and exchange—Part 11:Description methods:The EXPRESS language reference manual)

ISO 10303-41 工业自动化系统与集成 产品数据表达与交换 第41部分:集成通用资源:产品描述与支持原理(Industrial automation systems and integration—Product data representation and exchange—Part 41:Integrated generic resource:Fundamentals of product description and support)

ISO 10303-43 工业自动化系统与集成 产品数据表达与交换 第43部分:集成通用资源:表达结构(Industrial automation systems and integration—Product data representation and exchange—Part 43:Integrated generic resource:Representation structures)

ISO 10303-50 工业自动化系统与集成 产品数据表达与交换 第50部分:集成通用资源:数学结构(Industrial automation systems and integration—Product data representation and exchange—Part 50:Integrated generic resource:Mathematical constructs)

ISO/IEC Guide 98-3:2008 测量的不确定性 第3部分 测量不确定性的表达指南(GUM:1995)(Guide to the expression of uncertainty in measurement(GUM:1995))

3 术语、定义和缩略语

3.1 ISO 10303-1 定义的术语

ISO 10303-1 的界定下列术语适用于本文件:

——应用协议(application protocol);

——数据(data);

——信息(information);

——集成资源(integrated resource);

——产品(product);

——资源构造(resource construct)。

3.2 ISO/IEC Guide 98-3:2008 定义的术语

ISO/IEC Guide 98-3:2008 界定的下列术语适用于本文件:

——不确定度(uncertainty);

——标准不确定度(standard uncertainty);

——组合标准不确定度(combined standard uncertainty);

——扩展不确定度(expanded uncertainty);

——覆盖因子(coverage factor)。

3.3 其他定义

下列术语和定义适用于本文件:

3.3.1

材料 material

组成或制成产品的一种或多种物质。

3.3.2

材料特性　material property

产品的特征之一,它取决于构成该产品的一种或多种材料。

3.3.3

材料标记　material designation

由协议指定的材料标识符。

3.3.4

限定符　qualifier

与值关联的附加信息项。

3.3.5

可靠度　reliability

与定量或定性值相关的特征,该定量或定性值描述了决定某个值的置信度或确信度。

3.4　缩略语

下列缩略语适用于本文件:

URL 统一资源定位符(uniform resource locator)

4　材料特性定义模式

下述 EXPRESS 描述开始了 material_property_definition_schema(材料特性定义模式),并标识了必要的外部引用。

EXPRESS 描述:

```
*)
SCHEMA material_property_definition_schema;
REFERENCE FROM material_property_representation_schema    -- ISO 10303-45
(material_property_representation);
REFERENCE FROM measure_schema    -- ISO 10303-41
(measure_with_unit);
REFERENCE FROM product_definition_schema    -- ISO 10303-41
(product_definition_relationship);
REFERENCE FROM product_property_definition_schema    -- ISO 10303-41
(characterized_definition,
property_definition);
REFERENCE FROM qualified_measure_schema    -- ISO 10303-45
(maths_value_with_unit);
REFERENCE FROM support_resource_schema    -- ISO 10303-41
(label,
text,
bag_to_set);
(*
```

注 1:以上引用模式可在下述部分中找到:

material_property_representation_schema(材料特性表达模式)　本部分第 5 章

measure_schema(测量模式)　ISO 10303-41

product_definition_schema（产品定义模式）	ISO 10303-41
product_property_definition_schema（产品特性定义模式）	ISO 10303-41
qualified_measure_schema（受限测量模式）	本部分第 6 章
support_resource_schema（支持资源模式）	ISO 10303-41

注 2：本模式的图形表示参见附录 D。

4.1 引言

material_property_definition_schema 的主题是产品与材料特性、产品构成描述和材料标识的结合。

4.2 基本概念和假设

以下是有关材料特性的基本概念和假设：

——材料特性是由特定检测方法限定的工程特性表达；

——工程特性表征了产品行为的某些方面；

——产品的构成用对产品成分类型、数量和排列的详细说明描述。

可从产品整件和产品样品（其取样方式与处理产品的方式相同，如切割或完全独立的测试块）的测量中决定工程特性。从测试块到产品整件的结果应用取决于样品与产品的关系，因为产品作为制造过程的结果，它可能不是均质的和各向同性的。

正如在成分结构中所见，固体产品的材料结构可能是均质的，也可能是非均质的，或者是固体混合物。一份完整的结构详细说明包括结构中择优排列元素相互间的关系以及它们和产品间的关系。

通过计算、假定或对规格的引用，也可将材料特性值赋给产品。

示例 1：制造商可能按某种规格生产产品，并可能报告规范中指定的标称值，而不是报告一批特定产品的实际测量结果。

示例 2：化学家可能采用黏合强度的假定值进行计算，来预测还没合成的聚合物的强度。

示例 3：对零件进行有限元分析的分析员可能采取赋特性值的方法，预测作为特性功能的潜在产品性能。

4.3 material_property_definition_schema 模式的类型定义

4.3.1 类型 characterized_material_property

characterized_material_property 类型是一系列替代数据类型。它规定了引用数据类型实例的机制。

EXPRESS 描述

```
*)
TYPE characterized_material_property = SELECT
(material_property_representation,
product_material_composition_relationship);
END_TYPE;
(*
```

4.3.2 类型 characterized_product_composition_value

characterized_product_composition_value 类型是一系列备用数据类型。它提供了关于数据类型实例的机制。

EXPRESS 描述：

```
*)
```

TYPE characterized_product_composition_value = SELECT
(maths_value_with_unit,
measure_with_unit);
END_TYPE;
(*

4.4 material_property_definition_schema 模式的实体定义

4.4.1 实体 material_designation

material_designation 是材料标识与产品、产品零件或未实现产品的关联。

示例 1:"3105"是由协议分配的 material_designation 名称,它标识了具有特定铝、铜、镁和锰含量的产品类别。

示例 2:"铜"是与未实现产品有关的 material_design ation(材料标识)名称,在设计阶段预计使用铜金属与导电性范围内的物质。

EXPRESS 描述:

*)
ENTITY material_designation;
name:label;
definitions:SET [1:?] OF characterized_definition;
END_ENTITY;
(*

属性定义

name:由 material_designation 引用的一个或一组单词。

definition:规定 material_designation 的产品或产品零件的定义。

4.4.2 实体 material_designation_characterization

material_designation_characterization 通过材料标记与 material_property_representation 或与 product_material_composition_relationship 的结合定义了材料标记的表示特征。

EXPRESS 描述:

*)
ENTITY material_designation_characterization;
name:label;
description:text;
designation:material_designation;
property:characterized_material_property;
END_ENTITY;
(*

属性定义:

name:被 material_designation_characterization 引用的一个或一组单词。

description:material_designation_characterization 的叙述式描述。

designation:material_designation_characterization 指定的 material_designation 的定义。

Property:material_designation_characterization 指定的特性的定义。

4.4.3 实体 material_property

material_property 是一个 property_definition,在规定 product_definition 的特性,product_definition,shape_aspect,或 shape_aspect_relationship 时,该 property_definition 应具备确定其合法性的条件。

EXPRESS 描述:

```
*)
ENTITY material_property
SUBTYPE OF (property_definition);
UNIQUE
UR1:name,definition;
WHERE
WR1:('PRODUCT_PROPERTY_DEFINITION_SCHEMA.CHARACTERIZED_OBJECT' IN
TYPEOF(SELF\ property_definition.definition))OR
(SIZEOF(bag_to_set(USEDIN(SELF,
'PRODUCT_PROPERTY_REPRESENTATION_SCHEMA.' +
'PROPERTY_DEFINITION_REPRESENTATION.DEFINITION'))-QUERY(
temp <* bag_to_set(USEDIN(SELF,
'PRODUCT_PROPERTY_REPRESENTATION_SCHEMA.' +
'PROPERTY_DEFINITION_REPRESENTATION.DEFINITION'))|
('MATERIAL_PROPERTY_REPRESENTATION_SCHEMA.' +
'MATERIAL_PROPERTY_REPRESENTATION' IN TYPEOF(temp))))= 0);
END_ENTITY;
(*
```

形式限制:

UR1:在与 product_definition 或 shape_aspect 有关的 material_property 实体集中,与单独的 product_definition 或 shape_aspect(通过它们的 definition 属性)有关的每个 material_property 的名称应该是唯一的。

WR1:如果没有通过 definition 属性将 material_property 赋值给 characterized_object,那么所有引用它的 property_definition_representations 也应是 material_property_representations,并因此与 data_environments 相关。

4.4.4 实体 product_material_composition_relationship

product_material_composition_relationship 是 product_definition_relationship 类型之一。product_material_composition_relationship 将材料成分与 product 结合起来。product 作为 relating_product_definition 参与 product_definition_relationship。成分作为 related_product_definition 参与 product_definition_relationship。

注:产品中材料成分的空间定位可由 product_definition_shape 指定。用这种方法可描述产品的材料结构。

EXPRESS 描述:

```
*)
ENTITY product_material_composition_relationship
SUBTYPE OF (product_definition_relationship);
class:label;
constituent_amount:SET [1:?] OF measure_with_unit;
composition_basis:label;
determination_method:text;
```

```
END_ENTITY;
(*
属性定义:
```

class:成分和产品间的某种关系的名称或标识符。

示例1:包括"混合物""化学黏合剂"和"合金"的类的可能值。

constituent_amount:产品中材料成分的数量及其表示单位。

注:集合元素的例子可能是最小值、最大值、典型值。可用 qualified_measure_schema(受限测量模式)中的结构得到这些如最小值,最大值和典型值的描述。

composition_basis:将产品分解为构成它的要素。

示例2:composition_basis 的期望值包括:"体积""重量""分子量"和"原子量"。

determination_method:确定 constituent_amount 的过程的描述。

4.4.5 实体 property_definition_relationship

property_definition_relationship 是两个 property_definition 之间的联系。特定相关环境关系的意义在该资源构造的专门说明中定义。

注1:采用此实体获得的关系可能是父子关系。在特性化为真时,此实体的特性化过程表明了这一事实。

注2:此实体与特性定义实体相结合,并且此实体是基于 ISO 10303-41 附录 D 所描述的关系模板。

EXPRESS 描述:

```
*)
ENTITY property_definition_relationship;
name:label;
description:text;
relating_property_definition:property_definition;
related_property_definition:property_definition;
END_ENTITY;
(*
```

属性定义:

name:由 property_definition_relationship 引用的一个或一组单词。

description:描述 property_definition_relationship 基本特征的文本。

Relating_property_definition:property_definition 之一,是关系的一部分。

Related_property_definition:其他 property_definition_relationship,是关系的一部分。

注1:如果该关系的某元素依赖于其他元素,则该属性也应依赖它。

注2:related_property_definition 和 relating_property_definition 属性的职能在 GB/T 16656 中使用或规定该实体的那个标准中进行定义。

4.5 material_property_definition_schema 模式的函数定义

4.5.1 函数 acyclic_property_definition_relationship

acyclic_property_definition_relationship 函数决定了给定的 property_definitions 是否通过在特定 property_definition_relationship 中形成的结合来定义自身。此函数可用于计算 property_definition_relationship 或它的任何子类。

注1:property_definition_relationship 实体的特定类型或者是 property_definition_relationship,或者是它的任何子类。如果 specific_relation 变量给出的关系变量中不包含 relative 变量的元素,则该函数的返值为 TRUE。否则为 FALSE。

注 2：该函数不用在此模式中。在这里定义该函数的原因是使用 product_definition_relationship 实体的 GB/T 16656 其他标准定义了使用此函数的规则。

EXPRESS 描述：

```
*)
FUNCTION acyclic_property_definition_relationship(relation:property_definition_relationship,
relatives:SET[1:?] OF property_definition,specific_relation:STRING):LOGICAL;
LOCAL
x:SET OF property_definition_relationship;
END_LOCAL;
IF relation.relating_property_definition IN
relatives THEN
RETURN (FALSE);
END_IF;                    -- IN is based in instance equality
x:= QUERY (pd <* bag_to_set (USEDIN
(relation.relating_property_definition,
'MATERIAL_PROPERTY_DEFINITION_SCHEMA.' +
'PROPERTY_DEFINITION_RELATIONSHIP.' +
'RELATED_PROPERTY_DEFINITION'))|
specific_relation IN TYPEOF (pd));
REPEAT I:= 1 TO HIINDEX(x);                    -- pre-checked loop
IF NOT acyclic_property_definition_relationship
(x[I],
relatives + relation.relating_property_definition,
specific_relation)THEN
RETURN(FALSE);
END_IF;
END_REPEAT;
RETURN(TRUE);
END_FUNCTION;
(*
```

变量定义：

relation:要检验的候选特性 definition_relationship。该变量是函数的输入。

relatives:函数在 relation 变量的 property_definitions 参数中搜索的一组 property_definition。该变量是函数的输入。

Specific_relation:property_definition_relationship 实体子类的完全受限名称。该变量是函数的输入。

```
*)
END_SCHEMA; -- material_property_definition_schema
(*
```

5 材料特性表达模式

以下的 EXPRESS 描述开始了 material_property_representation_schema(材料特性表达模式),并

标识了必要的外部引用。

EXPRESS 描述：

```
*)
SCHEMA material_property_representation_schema;
REFERENCE FROM product_property_representation_schema
(property_definition_representation);
REFERENCE FROM support_resource_schema
(label,
text);
(*
```

注 1：以上引用的模式可在 ISO 10303 的下述部分中找到：

product_property_representation_schema	ISO 10303-41
support_resource_schema	ISO 10303-41

注 2：本模式的图形表示参见附录 D。

5.1 引言

material_property_representation_schema 的目的是表达工程特性，以及使这些特性表达有效的条件。

5.2 基本概念和假设

以下是有关材料特性表达的基本概念和假设：

——材料特性可有多重表达，包括数值、参数或基本公式，图形化表示和非数字值；

注：ISO 10303-43 描述了概念和概念表达的区别。

——材料特性的值可由赋值或测量给出；

——如果该值是测量给出的，那么结果值取决于测量方法和该方法的实施条件；

——如果该值是赋值给出的，那么就可以确定使赋值有效的条件；

——赋值或测量时，使该值有效的条件可表示为一组形成数据环境的定量数据和定性数据。

示例 1：环境条件可表示为“室内条件”（定性条件）或特指 20 ℃和 1 个大气压下的定量条件。

测量方法的条件可在整个测量中保持不变。也就是说一些条件可独立于其他条件变化，从而给出一组相关特性。

不必将所有材料特性的值都定量地表达出来，如给出数值。这些值也可定性地表达，如进行定性描述。

示例 2：尽管可以定量地表达颜色，但更为常见的是采用诸如“红”“海蓝”“金属灰”等词定性地描述它。

5.3 material_property_representation_schema 的实体定义

5.3.1 实体 data_environment

data_environment 实体是一组 property_definition_representation，该组 property_definition_representation 允许将一个或多个与特性相关的条件组合在一起。

EXPRESS 描述：

```
*)
ENTITY data_environment;
name:label;
description:text;
```

elements:SET [1:?] OF property_definition_representation;
END_ENTITY;
(*
属性定义:
name:data_environment 引用的一个或一组单词。
description:data_environment 叙述性的描述。
elements:使 data_environment 有效的一组条件。

5.3.2 实体 data_environment_relationship

data_environment_relationship 是两 data_environments 的关系。

注:该关系存在于与不同 material_property 相关的 data_environments 间,或相同 material property 的不同表达间。

EXPRESS 描述:
*)
ENTITY data_environment_relationship;
name:label;
description:text;
relating_data_environment:data_environment;
related_data_environment:data_environment;
END_ENTITY;
(*
属性定义
name:data_environment_relationship 引用的一个或一组单词。
description:data_environment_relationship 的叙述性描述。
relating_data_environment:起 related_data_environment 父类作用的 data_environment。
related_data_environment:起 relating_data_environment 子类作用的 data_environment。

注:使用或规定该实体的 GB/T16656 分部分定义了 relating_data_environment 和 related_data_environment 属性的作用。

*)
END_SCHEMA; -- material_property_representation_schema
(*

5.3.3 实体 material_property_representation

material_property_representation 规定了与数据环境结合的 property_definition_representation。

注:通过引用具有 characterized_definition 的 material_property 实体实现了与 product 的结合。

EXPRESS 描述:
*)
ENTITY material_property_representation
SUBTYPE OF (property_definition_representation);
dependent_environment:data_environment;
END_ENTITY;
(*
属性定义:
dependent_environment:是使 property_representation 有效的条件。

6 受限测量模式

以下的 EXPRESS 描述开始了 qualified_measure_schema(受限测量模式),并标识了必要的外部引用。

EXPRESS 描述:

```
*)
SCHEMA qualified_measure_schema;
REFERENCE FROM mathematical_functions_schema     -- ISO 10303-50
(maths_value);
REFERENCE FROM measure_schema     -- ISO 10303-41
(measure_with_unit,  unit);
REFERENCE FROM representation_schema     -- ISO 10303-43
(representation_item);
REFERENCE FROM support_resource_schema     -- ISO 10303-41
(label,  text,  bag_to_set);
(*
```

注 1:以上引用的模式可在下述部分中找到:

support_resource_schema	ISO 10303-41
measure_schema	ISO 10303-41
representation_schema	ISO 10303-43

注 2:本模式的图形表示参见附录 D。

6.1 引言

qualified_measure_schema 规定了源自 measure_schema 和 mathematical_functions_schema 的资源构造,以允许一些量受到限制,例如,可进一步表征它们的类型、精度、不确定度和可靠性。

6.2 基本概念和假设

物理量可能有许多特征而不仅仅是它的值和单位。测量过程中固有的可变性导致了测量值不具备重复性,因此该值就可能是不确定的。例如,一个基准值可以标识为已批准用于设计,或者表征为它的类型或状态。本模式支持对这些概念的补充。

本部分所用的测量值不确定度的概念源自不确定度表达的第 2 条。一般地,测量结果 y 仅仅是测量主体(被测对象)特定量 Y 的一个近似值或估计值。测量结果的不确定度反映出缺乏对被测对象被测值的精确认识,因此只有同时给出被测值不确定度的定量描述,测量结果才是完整的。不确定度通常由几个部分构成,按它们数字值的估算方法可将这些部分分为两类:

——采用统计方法计算的;

——采用其他方法计算的。

测量结果不确定度的各个部分是用预估标准偏差表示的,称之为标准不确定度 u_i,它等于预估方差的正平方根。《测量不确定度的表达指南》(ISO/IEC 指南 98-3:2008)的第 4 章描述了估算两类标准不确定度的过程。

如果测量结果是由一些其他量的数值得到的,就将测量结果的标准不确定度称为组合标准不确定度 u_c。它是与测量结果结合在一起的预估标准偏差,它等于组合方差的正平方根,该组合方差则是对所有方差和协方差部分相加后得到的。《测量中不确定度的表达指南》的第 5 章描述了组合方差和协方差部分的过程。本模式给出了表达标准不确定度或组合标准不确定度的方法。

尽管组合标准不确定度用于表达许多测量结果的不确定度,但是更多的要求是测量用于确定变化区间的不确定度,以使被测对象的值可被确定在测量结果的变化区间内。为满足这种要求采用了所谓的扩展不确定度 U,它是 $u_c(y)$ 和覆盖系数 k 相乘后得到的,因而 $U=ku_c(y)$,它明确地确定了 $y-U\leqslant Y\leqslant y+U$,通常写作 $Y=y\pm U$。一般的,k 值的选择基于与由 $U=ku_c$ 确定的变化区间有关的期望确信度。k 的典型取值范围是 2～3。当正态分布适用于测量结果并且 u_c 具有可忽略的不确定度时,$k=2$ 确定的变化区间具有 95%的置信度,$k=3$ 确定的变化区间具有大于 99%置信度。

6.3 qualified_measure_schema 的类型定义

6.3.1 类型 value_qualifier

value_qualifier 类型是一个可选数据类型列表,给出了其中数据类型实例的引用方式。

EXPRESS 描述:

```
*)
TYPE value_qualifier = SELECT
(precision_qualifier,
type_qualifier,
uncertainty_qualifier);
END_TYPE;
(*
```

6.4 qualified_measure_schema 的实体定义

6.4.1 实体 descriptive_representation_item

descriptive_representation_item 是产品数据的文本元素。该产品数据参与了一个或多个 representations 或有助于定义其他的 representation_item。

当 descriptive_representation_item 在仅有两个 representation_items 的 representation 中和另一个 representation_item 成对出现时,或者包含 descriptive_representation_item 的 representation 和另一个 representation 通过 representation_relationship 相关时,descriptive_representation_item 是有助于定义其他 representation_item 的。

EXPRESS 描述:

```
*)
ENTITY descriptive_representation_item
SUBTYPE OF (representation_item);
description:text;
END_ENTITY;
(*
```

属性定义:

description:文本形式的表达值。

6.4.2 实体 expanded_uncertainty

expanded_uncertainty 是 standard_uncertainty 类型,规定了不确定度的覆盖因子。

EXPRESS 描述:

```
*)
```

ENTITY expanded_uncertainty
SUBTYPE OF (standard_uncertainty);
coverage_factor:REAL;
END_ENTITY;
(*
属性定义：
coverage_factor:值的不确定度的乘数。

6.4.3 实体 maths_value_qualification

maths_value_qualification 是一个或多个限定符与 maths_value_with_unit 的联系。

EXPRESS 描述：

```
*)
ENTITY maths_value_qualification;
name:label;
description:text;
qualified_maths_value:maths_value_with_unit;
qualifiers:SET[1:?] OF value_qualifier;
WHERE
WR1:SIZEOF(QUERY(temp <* qualifiers |
'QUALIFIED_MEASURE_SCHEMA.PRECISION_QUALIFIER' IN TYPEOF(temp)))< 2;
WR2:NOT ('REPRESENTATION_SCHEMA.REPRESENTATION_ITEM' IN
TYPEOF(SELF\maths_value_qualification.qualified_maths_value));
END_ENTITY;
(*
```

属性定义：

name:与 maths_value_qualification 有关的一个或一组单词。

description:maths_value_qualification 的叙述性描述。

qualified_maths_value:the maths_value_with_unit 是被限制的。

qualifiers:the maths_value_with_unit 的进一步特征描述。

形式限制：

WR1:限定符属性元素中最多只能有一个为 precision_qualifier(精度限定符)。

WR2:实体不得用于和测量关联的限定符,测量用于伴随 representation_item(表达项)的复杂实体示例。

6.4.4 实体 maths_value_representation_item

maths_value_representation_item 是特定数学函数表示的 representation_item 和 maths_value_with_unit 的类型。

EXPRESS 描述：

```
*)
ENTITY maths_value_representation_item
SUBTYPE OF (representation_item,maths_value_with_unit);
END_ENTITY;
(*
```

6.4.5 实体 maths_value_with_unit

maths_value_with_unit 是由数学函数规定的、带单位的某个定量值。

EXPRESS 描述：

```
*)
ENTITY maths_value_with_unit;
value_component:maths_value;
unit_component:unit;
END_ENTITY;
(*
```

属性定义：Attribute definitions：

value_component：数学函数的规范参考依据。

unit_component：value_component 的单位数量参考依据。

6.4.6 实体 measure_qualification

measure_qualification 使一个或多个限定符与 measure_with_unit 相关。

EXPRESS 描述：

```
*)
ENTITY measure_qualification;
name:label;
description:text;
qualified_measure:measure_with_unit;
qualifiers:SET [1:?] OF value_qualifier;
WHERE
WR1:SIZEOF(QUERY(temp <* qualifiers |
'QUALIFIED_MEASURE_SCHEMA.PRECISION_QUALIFIER' IN TYPEOF(temp)))< 2;
END_ENTITY;
(*
```

属性定义：

name：measure_qualification 引用的一个或一组单词。

description：measure_qualification 的叙述性描述。

qualified_measure：受到限制的 measure_with_unit。

qualifiers：measure_with_unit 的限定符

形式限制：

WR1：限定符属性元素中最多只能有一个为 precision_qualifier。

WR2：实体不得用于和测量关联的限定符，测量用于 representation_item 的复杂实体示例。

6.4.7 实体 measure_representation_item

measure_representation_item 是表达项类型，是表达特殊数值及单位表达所在的 measure_with_unit。

EXPRESS 描述：

```
*)
ENTITY measure_representation_item
SUBTYPE OF (representation_item,measure_with_unit);
```

END_ENTITY;

(*

6.4.8 实体 precision_qualifier

precision_qualifier 规定了值表达中的有效数字的位数。

EXPRESS 描述：

*)

```
ENTITY precision_qualifier;
precision_value:INTEGER;
END_ENTITY;
```

(*

属性定义：

precision_value:值的有效数字的位数。

6.4.9 实体 qualified_representation_item

qualified_representation_item 是一 representation_item。为了描述它的可靠度和(或)不确定度而定义了限定符。

EXPRESS 描述：

*)

```
ENTITY qualified_representation_item
SUBTYPE OF (representation_item);
qualifiers:SET [1:?] OF value_qualifier;
WHERE
WR1:SIZEOF(QUERY(temp <* qualifiers |
'QUALIFIED_MEASURE_SCHEMA.PRECISION_QUALIFIER'
IN TYPEOF(temp)))< 2;
END_ENTITY;
```

(*

属性定义：

qualifiers:representation_item 的限定符。

形式限制：

WR1:限定符属性元素中最多只能有一个为 precision_qualifier。

*)

6.4.10 实体 qualitative_uncertainty

qualitative_uncertainty 是不确定符类型。其规定了用比较方式所得值的不确定度。

EXPRESS 描述：

*)

```
ENTITY qualitative_uncertainty
SUBTYPE OF (uncertainty_qualifier);
uncertainty_value:text;
END_ENTITY;
```

(*

属性定义：

uncertainty_value：值的定性不确定度。

示例：uncertainty_value 的期望值包括“低”“中”和“高”。

6.4.11 实体 standard_uncertainty

standard_uncertainty 是不确定符类型。其规定了值的标准不确定度和组合标准不确定度。

EXPRESS 描述：

```
*)
ENTITY standard_uncertainty
SUPERTYPE OF (expanded_uncertainty)
SUBTYPE OF (uncertainty_qualifier);
uncertainty_value:REAL;
END_ENTITY;
(*
```

属性定义：

uncertainty_value：值的定量的不确定度。

6.4.12 实体 type_qualifier

type_qualifier 规定了数据的类型。

注：应用协议规定了属性合法的值和约束。属性的典型值可包括“被测值”“计算值”“标称值”“最大值”“最小值”“理论值”“剩余值”“设计许用值”“组合值”“A 基统计值”“B 基统计值”和“算术平均值”。

EXPRESS 描述：

```
*)
ENTITY type_qualifier;
name:label;
END_ENTITY;
(*
```

属性定义：

name：值类型或值可靠性引用的一个或一组单词。

6.4.13 实体 uncertainty_qualifier

uncertainty_qualifier 规定了值的不确定度，它可以是 standard_uncertainty 或 qualitative_uncertainty。

EXPRESS 描述：

```
*)
ENTITY uncertainty_qualifier
SUPERTYPE OF (ONEOF (standard_uncertainty,
qualitative_uncertainty));
measure_name:label;
description:text;
END_ENTITY;
(*
```

属性定义：

measure_name：规定了实体定义的不确定度的测量种类。

示例：measure_name 的期望值包括“距离不确定度”“角度不确定度”“曲率不确定度”。

description：值不确定度的描述。

附 录 A
（规范性附录）
实 体 短 名

表 A.1 给出了本部分规定的实体短名。使用短名的要求见 ISO 10303 中的实现方法部分。

表 A.1 实体短名

实 体 名	短 名
descriptive_representation_item	DSRPIT
data_environment_relationship	DTENRL
data_environment	DTENV
expanded_uncertainty	EXPUNC
maths_value_qualification	MTVLQL
maths_value_representation_item	MVRI
maths_value_with_unit	MVWU
measure_representation_item	MSRPIT
measure_qualification	MSRQLF
material_designation	MTRDSG
material_designation_characterization	MTDSCH
material_property	MTRPRP
material_property_representation	MTPRRP
product_material_composition_relationship	PMCR
precision_qualifier	PRCQLF
property_definition_relationship	PRDFR
qualified_representation_item	QLRPIT
qualitative_uncertainty	QLTUNC
standard_uncertainty	STNUNC
type_qualifier	TYPQLF
uncertainty_qualifier	UNCQLF

附 录 B
（规范性附录）
信息对象的标识注册

B.1 文档标识

为了保证在开放系统中信息对象的无二义性标识，分配给本部分的对象标识符是：
{ iso standard 10303 part(45)version(2)}
这个值的意义在 ISO/IEC 8824-1 中定义，且在 ISO 10303-1 中描述。

B.2 模式标识

B.2.1 材料特性定义模式的标识

为了保证在开放系统应用模式的无二义性标识，分配给本模式的对象标识符的如下：
{ iso standard 10303 part(45)version(2)schema(1)material_property_definition_schema(1)}
这个值的意义在 ISO/IEC 8824-1 中定义，且在 ISO 10303-1 中描述。

B.2.2 材料特性表达模式的标识

为了保证在开放系统应用模式的无二义性标识，分配给本模式的对象标识符的如下：
{ iso standard 10303 part(45)version(2)schema(1)material_property_representation_schema(1)}
这个值的意义在 ISO/IEC 8824-1 中定义，且在 ISO 10303-1 中描述。

B.2.3 受限测量模式的标识

为了保证在开放系统应用模式的无二义性标识，分配给本模式的对象标识符的如下：
{ iso standard 10303 part(45)version(2)schema(1)qualified_measure_schema(1)}
这个值的意义在 ISO/IEC 8824-1 中定义，且在 ISO 10303-1 中描述。

附 录 C
(资料性附录)
EXPRESS 列表

本附录提供了本部分中规定或引用的 EXPRESS 实体名称和相应短名的列表。也提供了本部分中规定的每个 EXPRESS 模式列表,但不包括注释或说明性文本。表 C.1 以计算机可识别形式提供了列表,该列表可以在以下网址找到:

Short names:http://www.tc184-sc4.org/Short_Names/

EXPRESS:http://www.tc184-sc4.org/EXPRESS/

表 C.1 EXPRESS 列表

HTML file 文件	ASCII file 文件	Combined ASCII file
material_property_definition_schema.htm	material_property_definition_schema.exp	ISO TC184/SC4/WG12 N5100
material_property_representation_schema.htm	material_property_representation_schema.exp	ISO TC184/SC4/WG12 N5100
qualified_measure_schema.htm	qualified_measure_schema.exp	ISO TC184/SC4/WG12 N5100

如果访问这些网站有困难,请联系 ISO 中央秘书处或直接联系 ISO TC184/SC4 秘书处: sc4sec@tc184-sc4.org。

注:URL 上以计算机可识别形式提供的信息是资料性的,包含在本部分正文部分的信息是规范性的。

附 录 D
(资料性附录)
EXPRESS-G 图

图 D.1～图 D.3 对应于附录 C 中给出的 EXPRESS 列表。这些图使用 EXPRESS 语言的 EXPRESS-G 图形式。EXPRESS-G 在 ISO 10303-11 的附录 D 中定义。

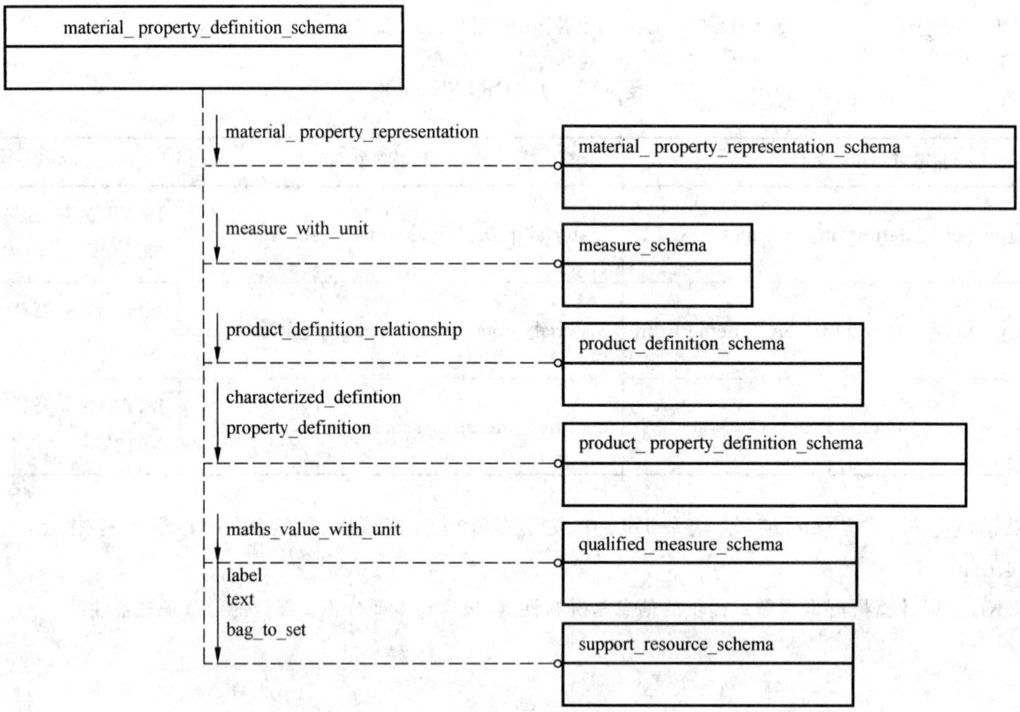

图 D.1　material_property_definition_schema 的 EXPRESS-G 图(1/2)

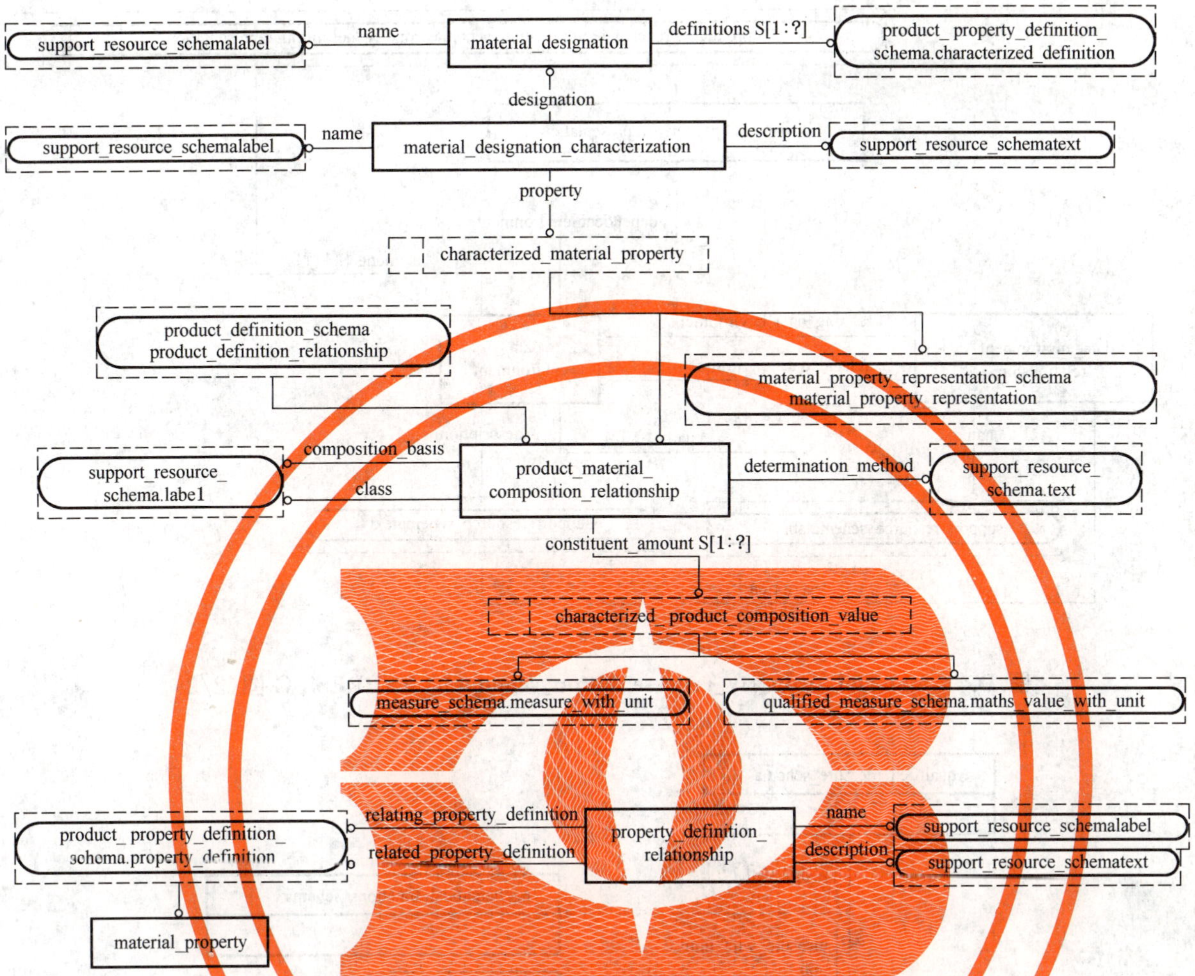

图 D.2 material_property_definition_schema 的 EXPRESS-G 图(2/2)

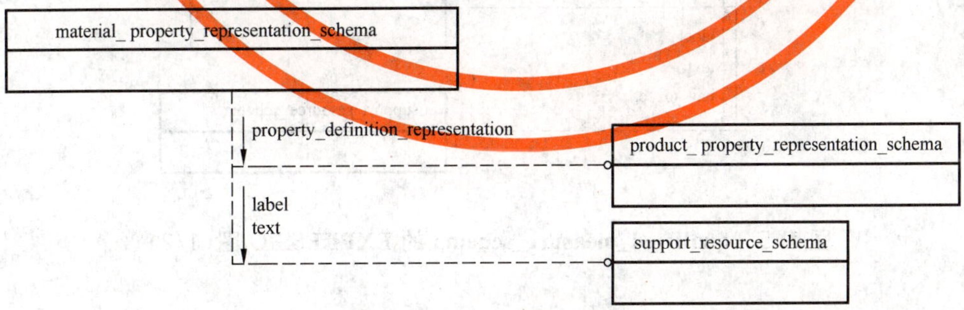

图 D.3 material_property_representation_schema 的 EXPRESS-G 图(1/2)

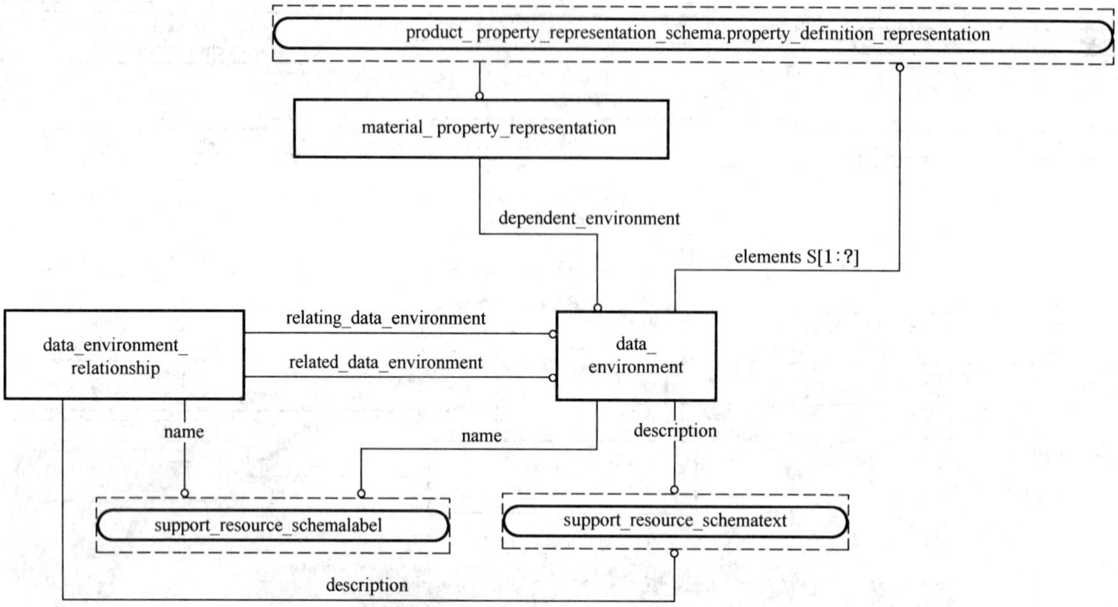

图 D.4 material_property_representation_schema 的 EXPRESS-G 图(2/2)

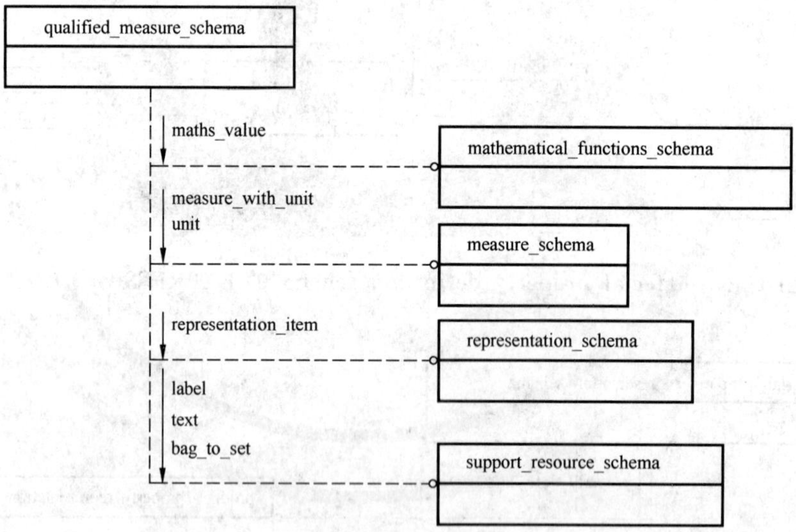

图 D.5 qualified_measure_schema 的 EXPRESS-G 图(1/2)

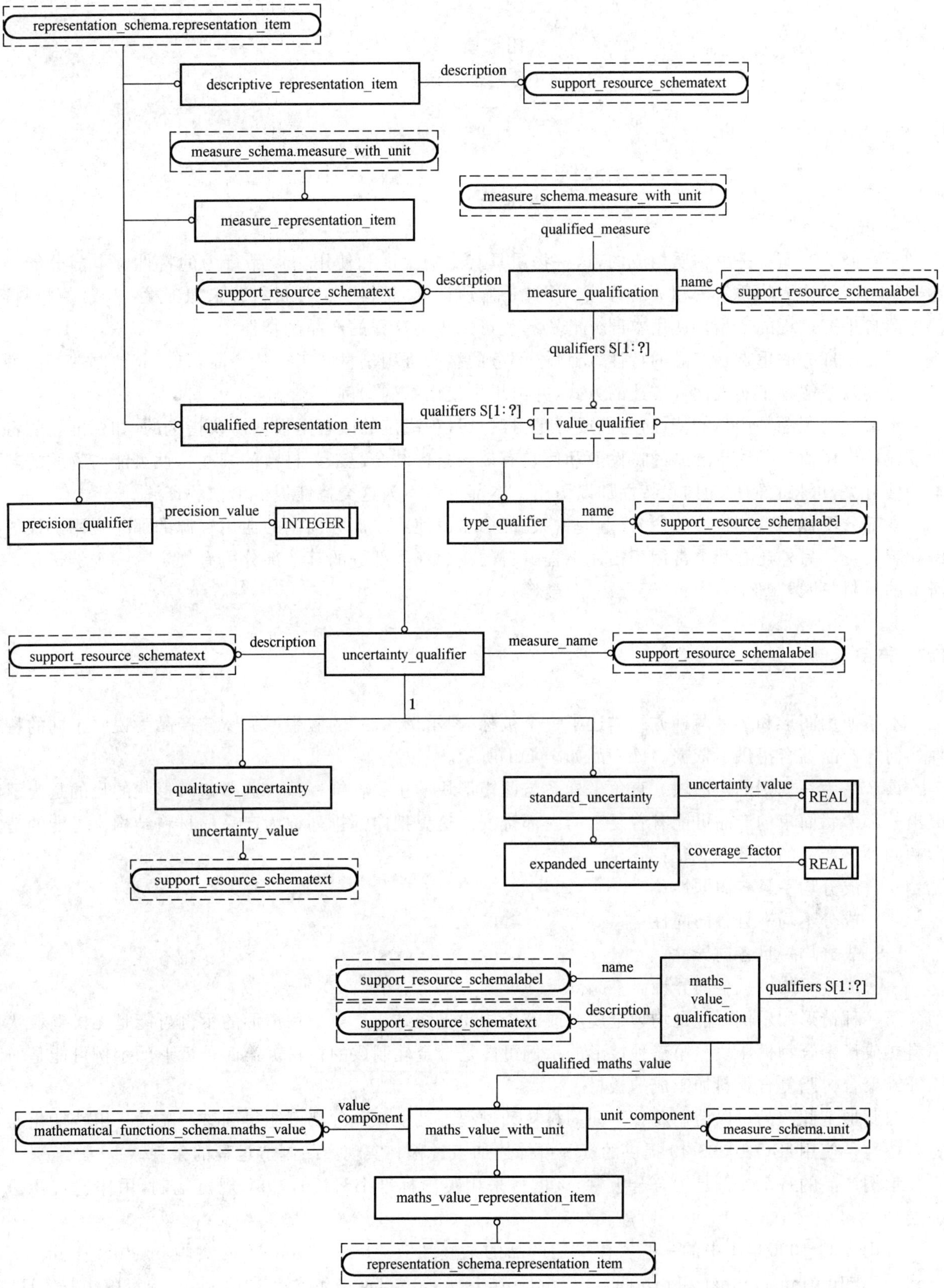

图 D.6 qualified_measure_schema 的 EXPRESS-G 图(2/2)

附 录 E
（资料性附录）
技术讨论

E.1 引言

所有制造产品都是由物质构成的，这些物质具有影响生产和使用中产品行为的特性。本部分能描述这些与产品构成物质紧密相关的特性。因此通常所谓的“材料”“工程材料”“未加工材料”或“原材料”都是源自生产过程的产品。使用本部分的资源就可以描述这样的产品的特性。

因为本部分的重点是产品的特性，所以本部分的结构可用于材料工业的产品，以及其他制造部门的产品。本附录解释了实现这种描述的方式，并给出了使用结构的例子。

本部分的主题是产品的特性，它们或者是由测量过程决定的或者是根据协议指定的，如标准化的特性或设计许用值。必须将产品的特性值和使它有效的条件结合起来。材料的某些特性可能与物质的基本特性有关，可将它们作为内在特性加以引用。本部分并不为这类特性提供单独的资源。

本部分不包括具体特性的命名。这些特性的命名由使用本部分提供的通用资源的那些应用协议的编译者负责。另外还有几个常用于描述工程材料的概念在本部分的其他部分另有规定。一个例子就是所谓的材料“种类”（例如，陶瓷、聚合物、合金等）。

E.2 产品示例

本条使用图形和文字两种方式描述了一个被称为“示例产品”的假想产品。该产品为说明不同的特性如何与产品结合提供了依据。该产品如图 E.1 所示。

该产品为一规则的矩形块。直角坐标系与此矩形块的主要各维一致。选择这一形状的目的是为了突出外部形状简单的产品可能有着复杂的内部排列。这里把内部排列称为产品的材料结构。可能的情形有四种。产品的内部可能是：

——成分均一且各向同性；

——成分不均一且各向同性；

——成分均一且各向异性；

——成分不均一且各向异性。

第一种情形的示例可能是均匀金属质或陶瓷质粉末烧结块。第二种情形的示例可能是无机颗粒状填料热成形聚合物模压块。第三种情形的示例可能是合金轧制成的板材。第四种情形的示例可能是增强纤维聚合树脂复合材料加工成的板材。

因此加工此产品可以使用几种不同的材料和过程。其中每一种都可能得到该产品的一组特征化的材料特性。使用 ISO 10303-49 提供的资源可描述加工过程和实现产品制造过程的条件。

示例产品的一个实例是铝合金板材，该板材采用英国标准 BS1470:1987 规范轧制，用作建筑物的覆层。

可用 ISO 10303-41 中的一些实体描述产品的某些细节。ISO 10303-41 的实体 product_context，product_definition_context 和 product_related_product_category 可包含有关 product 预定用法的信息。ISO 10303-41 的实体 product，product_definition_formation 和 product_definition 可包含有关产品的信息，如名称、板材厚度、批号、条件（如退火）。可在应用协议中定义一实体以得到产品和规范文档（如 BS 1470:1987）间的链接，此应用协议的属性引用了 ISO 10303-41 中的文档实体。

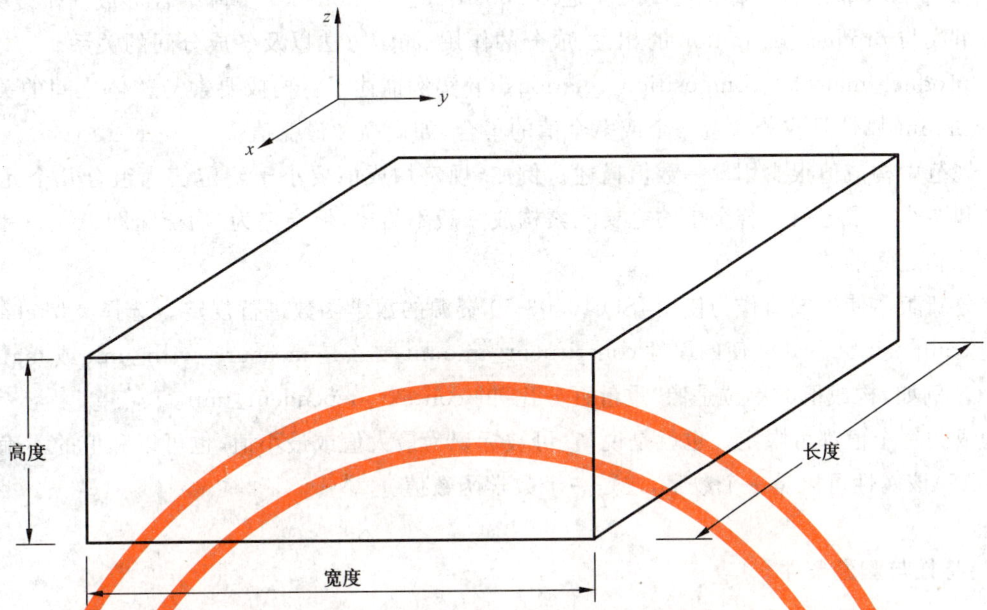

图 E.1　示例产品

E.3　材料标记

材料工业产品常用字母数字混合编制的字符串进行标识和分类,用国家、地区或国际标准进行定义,这种方式被称为材料标记。材料标记通常与构成产品的某个要素相关。一个材料标记的例子是用“3105”来标记某铝合金板材。为了表示其他特征,如冶炼状态,产品标准允许加入更多的字母和数字对标记进行扩展。因此轧制淬硬铝合金板材的材料标记可能为 3104-H12,这里“H12”表明了淬硬状态。同种合金同种状态不同厚度的板材虽然是不同的产品,但是可具有相同的材料标记。因此,材料标记是一个具备重要工程学含义的标签,而本部分对这些工程学含义作了规定。

本部分中的 material_designation 实体通过引用 ISO 10303-41 中的 product_definition 实体将材料标记同产品相关。材料标记与 material_property 或 product_material_composition_relationship 的相关是通过使用 material_designation_characterization 实体得到的,并且它还可用来表明哪些工程概念导致了材料标记。

E.4　产品的材料组成

ISO 10303 提供的若干结构能描述产品的构成且能将产品构成同材料标记结合起来。这些结构可用于组合为合金或化合物的元素,也可用于形成合成混合物的成分,如增强纤维塑料或钢筋混凝土产品。

该组成的每种成分是通过 ISO 10303-41 以及本部分的实体结合使用描述为产品的。Product 实体(ISO 10303-41)可包含成分的名称,例如硅就是标记为 3105 的铝合金的一种成分。ISO 10303-41 的 product_context 实体可将成分的相关环境描述为化学组成。ISO 10303-41 的 product_definition 实体可将成分定义为化学元素或复合材料中的强化纤维。Measure_with_unit 包含化学组成的数值。组成值的单位可以是一个像“重量百分数”这样的 named_unit。ISO 10303-41 的 product_definition_characterization 实体和本部分的 product_material_composition_relationship 实体结合形成一个复杂的实体，就可实现组成与 product_definition 的相关、成分的作用、测定方法以及各成分间的关系。

每个 product_material_composition_relationship 实例描述了各构成要素与整体之间的关系。constituent_amount 属性是成分含量一个或多个值的集合，如最高和最低值。

标准规范中构成值很少用单一数值描述。例如，规定构成值要小于给定值。组合几个元素来指定其值的总和要小于限定值。合金中的主要元素构成一般不给出，但指定为“均衡”，即 100 %和所有其他实际值的总和之间的差别。

本部分新版本使构成值作为使用 ISO 10303-50 资源的数学函数进行规定。选择类型 characterized_product_composition_value 使的属性 constituent_amount 要么是 measure_with_unit 或 maths_value_with_unit。例如，构成值的单位是像“重量百分比”的 context_dependent_unit。

对构成的每个值都可限定。也就是说，它可被标识为最大值或最小值，也可以和值的不确定度相结合。(见 E.8)该属性可以是一个数字，或是一个数学函数值。

E.5 材料特性与测量条件

在本部分中，材料特性值总是和使它们有效的条件结合在一起的。这些条件称为数据环境。被测值数据环境的组成部分是一些测量时的操作参数，此时该测量会影响测量结果的数值，如温度、载荷率、标距等。测量条件的相互依赖也可用一依赖链加以描述和连接。例如，单轴拉伸测试中的轴线不重合性修正系数是由测试件表面对称位置上测得的三个拉伸值导出的。此模型可用来描述这三个拉伸以及它们所依赖的修正值。

使用 ISO 10303-43 提供的资源可表达特性数值。优先采用表达法而不用似乎比较简单的成分法，是因为表达法能使特性和坐标系结合起来并能为坐标系变换提供资源。因此这一决定能把特性与产品内部的方向联系起来。

数据环境组成部分的描述方式与特性值的一样，采用的是 ISO 10303-43 的相同资源，因此，它们也可以根据与产品主要方向有关的参考框架可描述其方向。

方向特性作为方向条件的结果，其例子可以是半导体中的霍尔效应或单晶转换器声发射。在这些情况下，必须根据这些例子中产品的几何和晶体结构，了解激励施加的方向和响应的方向。燃气轮机引擎第一热阶段的叶片可由某种单晶制成，该单晶具备与此叶片几何结构相关的结晶方向。在负荷运行期间提供了一种有利于各向异性行为的条件。

任何测试件样品和产品各向异性间的关系应该也是可被描述的。

产品可以有任何数量的特性且每种特性的表达可有若干数据环境条件。图 E.2 以一种简单的方式说明了材料特性、产品定义、特性表达和与之相关数据环境间关系的一个例子。第一步是将特性与产品结合。此特性又和一个或多个环境条件结合。每一条件的值又用与特性相似的方式加以描述。图中的最后一步说明了数据环境中依赖链的正常终止。

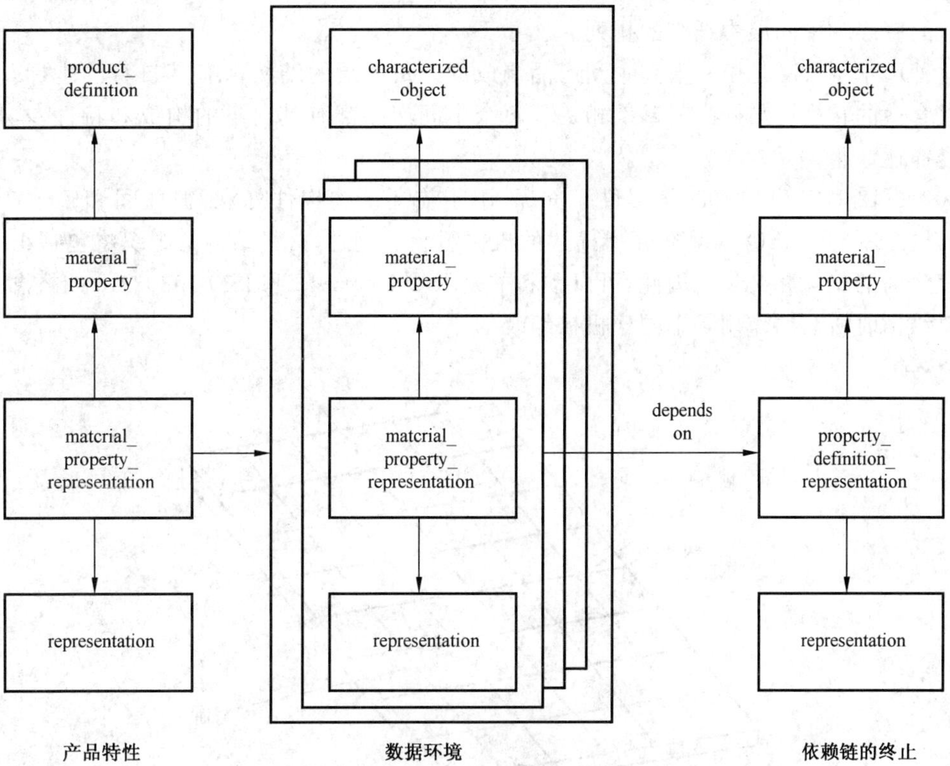

图 E.2　特性和数据环境中条件的关系

E.6　产品的区域特性

加工过程可改变产品不同区域的材质，从而造成产品不同区域特性的不同。两匹配模具挤压成形的铝合金板材就是一个例子。此板材的某些区域会比其他区域具有更好的延展性，这些区域的特性也因更好的局部塑性变形而有所不同。换句话说，产品的某些区域是有可能作了额外的处理，例如对表面某一区域有选择地作了淬火。ISO 10303 以形状外观来引用产品外形的这种可标识的，用几何方式定义的部分。

因此本部分提供了将材料特性与形状外观结合起来的资源。这可用 material_property 实体得到，此 material_property 实体特别指明了(ISO 10303-41 中的)property_definition 实体，以使它能与整个产品或产品的形状相结合。使用 ISO 10303-42 的资源能描述产品形状外观的几何特征。

E.7　材料结构

在许多工程应用中，对产品的内部结构——材料结构的描述是十分必要的。例如，将产品制成固体混合物时，产品材料结构对特性的影响至关重要。含有玻璃纤维阵列的强化聚合树脂就属于这种固体混合物。

作为复杂结构的一个例子，可把合成产品看作由多种形状集合而成。在合成技术中，用不同的术语描述这些形状在中间阶段以及构成最终复合产品中所起的作用。在应用协议中会规定这些术语的名称和定义。

描述产品材料结构成分及其比例的方法可采用规定其构成方法。这两种情形下产品的组成部分被看作是单独的产品，且与整个产品相关。一个能用来描述结构成分的附加概念是它们可具有形状特性。

结构成分也可根据图 E.3 所示的产品参考框架确定，图 E.3 示出了由一系列层材按层叠顺序形成的多层合成产品的底层和中间层中纤维的排列。

因此这种示示例产品是由一系列中间产品制成的。每一层的结构都有其自身的坐标基准，并且这些基准通过合适的转换可与产品的基准相关。每个中间产品都有其自身的构成和特性，本部分的资源对它们作了描述。

ISO 10303-42 和 ISO 10303-43 提供了资源，用于描述结构构件外观，彼此间和整个产品的排列。内部结构的概念不同于 ISO 10303-44 所描述的机械组装的概念，材料结构的组织将包括组成该结构的不同形状表达间的交互和交集。因此，可以预料的是 ISO 10303-42 和 ISO 10303-43 的概念用来表达实施中的材料结构时所起的作用是不同于机械组装的。

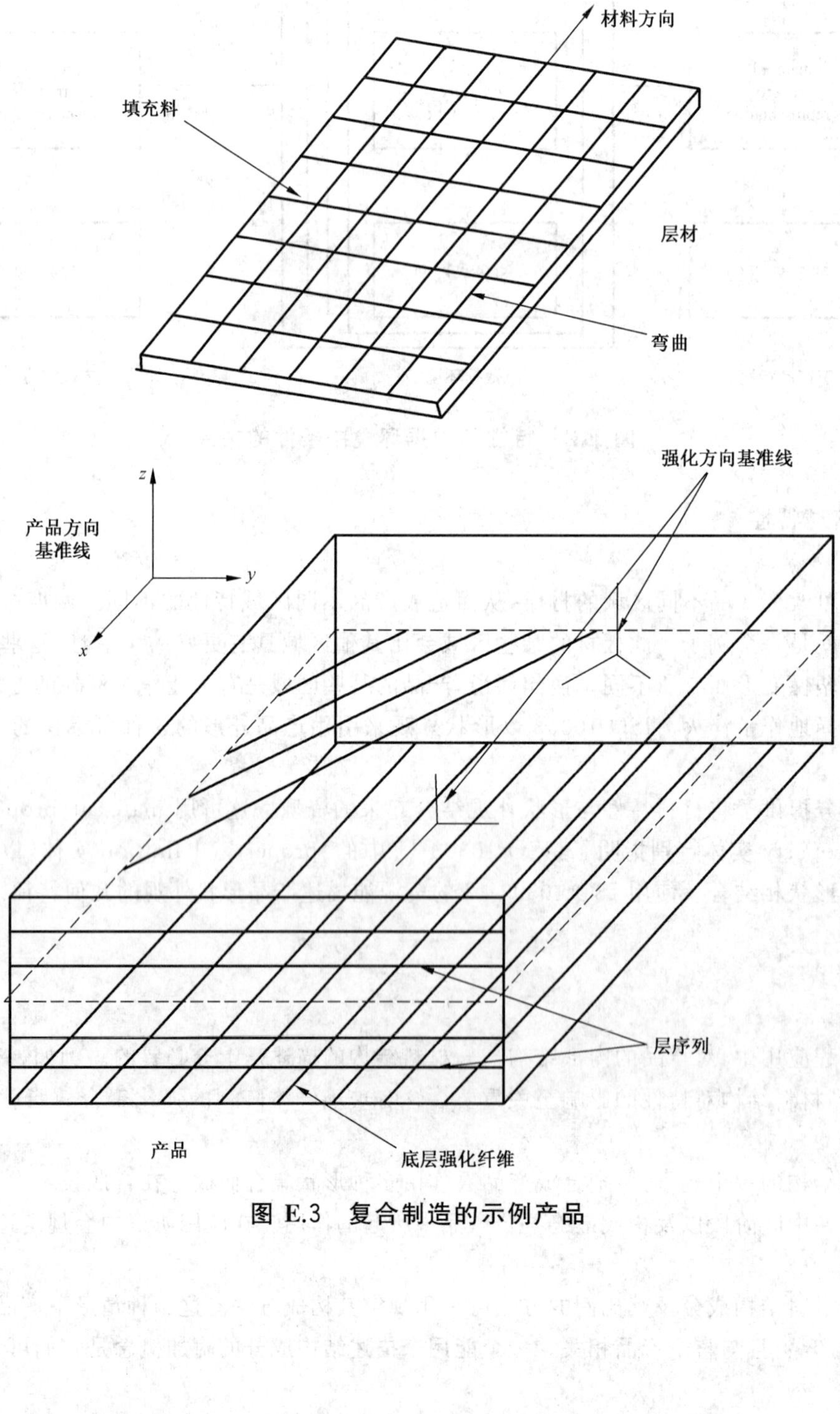

图 E.3 复合制造的示例产品

E.8 特性值的限定

特性的数值表达了在应用条件下能得到的最佳估计值。通常对相同特性的连续测量会产生不同的结果,因此所有测量值都存在不确定度的问题。另外,不管数字特性值是不是被测值,它们通常都会受到限定,例如用来表明它们可代表最大值或最小值。本部分提供了资源,将限定符、统计确定的不确定度测量与特性的定性或定量值及其相关测量条件联系起来。

不确定度的测量和值限定符既可与构成值又可与特性值相关。

这些资源用法的例子包括:

硬度数值可规定为96±4,这里4代表由一系列测量导出,统计测定的不确定度;

化学元素的重量百分数可标识为最大值,并可进一步限定以表明它是一标准化的值。

E.9 其他要求

除了本部分范围所包括的内容,产品规范通常还使用与材质相关的若干其他信息项以及数据项。ISO 10303 标准中其他部分的资源可对这些额外的项进行建模。由于本部分是和 ISO 10303 的其他部分是集成在一起的,所以这些资源也适用于本部分的实施。

这些例子包括:

——ISO 10303-49 中的资源提供的加工过程细节(如,热处理的温度);

——ISO 10303-42 中的资源描述的产品的形状和几何特征,包括测试块的规范;

——产品配置及其组装的描述使用 ISO 10303-44 的资源;

——单位、名称、代码、产品类种,允许细节和相关文档等全部使用 ISO 10303-41 的资源。

参 考 文 献

[1] Guidelines for the content of application modules,ISO TC184/SC4/N1685,2004-02-27.

[2] Swindells,N.Communicating Materials Information—Product Data Technology for Materials,Int.Materials Reviews,vol.47,No 1,2000,31-45.

[3] ISO 10303-21 Industrial automation systems and integration—Product data representation and exchange—Part 21:Implementation methods:Clear text encoding of the exchange structure.

[4] ISO 10303-22 Industrial automation systems and integration—Product data representation and exchange—Part 22:Implementation methods:Standard data access interface.

[5] ISO 10303-42 Industrial automation systems and integration—Product data representation and exchange—Part 42:Integrated generic resource:Geometric and topological representation.

[6] ISO 10303-44 Industrial automation systems and integration—Product data representation and exchange—Part 44:Integrated generic resource:Product structure configuration.

[7] ISO 10303-49 Industrial automation systems and integration—Product data representation and exchange—Part 49:Integrated generic resources:Process structure and properties.

[8] ISO 13584(all parts) Industrial automation systems and integration—Parts library.

[9] BS 1470-1987 Specification for wrought aluminium and aluminium alloys for general engineering purposes plate,sheet and strip.